Sammlung geologischer Führer

Sammlung geologischer Führer

Herausgegeben von Peter Rothe

Band 103

Gebr. Borntraeger · Stuttgart · 2010

# Karlsruhe
## und seine Region

Nordschwarzwald, Kraichgau, Neckartal, Oberrhein-Graben, Pfälzerwald und westliche Schwäbische Alb

von

Gerhard H. Eisbacher
Werner Fielitz

Mit 67 Abbildungen, davon 33 Farbbilder und 1 Tabelle

Gebr. Borntraeger · Stuttgart · 2010

Adressen der Autoren:

Prof. Dr. Gerhard H. Eisbacher
Institut für Angewandte Geowissenschaften
KIT – Karlsruher Institut für Technologie
Hertzstraße 16
76187 Karlsruhe

Dr. Werner Fielitz
Institut für Geowissenschaften
Ruprecht-Karls-Universität
Im Neuenheimer Feld 234
69120 Heidelberg

**Titelbild:** Blick vom Turmberg in Karlsruhe-Durlach nach Norden auf die von der Muschelkalk-Gruppe gebildete östliche Grabenschulter des Oberrhein-Grabens (Aufschluß 27 des Exkursionsgebiets 6).

ISBN 978-3-443-15089-1


∞ Gedruckt auf alterungsbeständigem Papier nach ISO 9706-1994

Informationen zu diesem Buch auf unserer Webseite:
www.borntraeger-cramer.de/9783443150891

Satz: Satzpunkt Ursula Ewert GmbH, Bayreuth
Druck: Tutte Druckerei GmbH, Salzweg bei Passau
Printed in Germany

Verlag: Gebrüder Borntraeger Verlagsbuchhandlung, Johannesstr. 3A, 70176 Stuttgart, Germany
www.borntraeger-cramer.de, mail@borntraeger-cramer.de

## Inhalt

Vorwort ........ 1

Einleitung ........ 11

**I. Aufbau und Entwicklung der Erdkruste in der Region um Karlsruhe** ........ 15

Erdkruste und Lithosphäre ........ 15
Der Kristalline Sockel ........ 16
Das Germanische Becken ........ 30
Rotliegend-Gruppe ........ 33
Zechstein-Gruppe ........ 38
Buntsandstein-Gruppe ........ 39
Muschelkalk-Gruppe ........ 46
Keuper-Gruppe ........ 55
Schichtabfolgen der Jura-Periode ........ 61
Struktur der Germanischen Tafel und Oberrhein-Graben ........ 70
Entstehung des heutigen Flussnetzes in der Pliozän-Epoche ........ 87
Flussablagerungen, Löss und Gletscherspuren aus der Quartär-Periode (Pleistozän-Epoche) ........ 92
Entwicklung der Landoberfläche in der Holozän-Epoche (11,5 ka bis heute) ........ 102
Die Regulierung des Rheins ........ 110
Lagerstätten, Tiefenwässer und Geothermie ........ 112
Aktive Krustenbewegungen, Seismizität und Spannungszustand in der Kruste ........ 124
Steinbrüche, Kiesgruben, Grundwasser und Baggerseen ........ 125

**II. Exkursionsgebiete** ........ 129

Exkursionsgebiet E 1: Kristalliner Sockel und Germanische Tafel im Nordschwarzwald ........ 129
Exkursionsgebiet E 2: Oos-Rotliegend-Becken ........ 151
Exkursionsgebiet E 3: Oberes Murgtal und Freudenstadt-Graben ........ 166
Exkursionsgebiet E 4: Einzugsgebiete der Enz, Nagold und Würm ........ 181

Exkursionsgebiet E 5: Stromberg-Heilbronn Synklinale .......... 197
Exkursionsgebiet E 6: Östlicher Oberrhein-Graben und Kraichgau-Grabenschulter .......... 230
Exkursionsgebiet E 7: Neckartal und nördlicher Kraichgau .......... 250
Exkursionsgebiet E 8: Westlicher Oberrhein-Graben und Pfälzerwald .... 265
Exkursionsgebiet E 9: Westliche Schwäbische Alb (Zollernalb und Hohenzollern-Graben) .......... 289

**Karten**

E 1 Nordschwarzwald .......... 220
E 2 Oos-Rotliegend-Becken .......... 221
E 3 Oberes Murgtal und Freudenstadt-Graben .......... 222
E 4 Enz, Nagold, Würm .......... 223
E 5 Stromberg-Heilbronn Synklinale .......... 224
E 6 Östlicher Oberrhein-Graben und Kraichgau-Grabenschulter 225/226
E 7 Neckartal und nördlicher Kraichgau .......... 227
E 8 Westlicher Oberrhein-Graben und Pfälzerwald .......... 228
E 9 Westliche Schwäbische Alb .......... 229

Literatur .......... 303

Register .......... 327

# Vorwort

Die landschaftliche Vielfalt der Region um Karlsruhe beruht nicht nur auf ihrer historisch-kulturellen Grenzlage, sondern auch auf einem variablen geologischen Untergrund, der oft recht direkt in unterschiedlichen Landschafts- und Siedlungsformen zum Ausdruck kommt. Schon früh konzentrierte sich deshalb das Interesse betroffener Ämter und höherer Lehranstalten in Karlsruhe, Heidelberg, Freiburg und Straßburg auf die geologischen Rahmenbedingungen einer sinnvollen land- oder forstwirtschaftlichen Bodennutzung, einer kostengünstigen Erschließung mineralischer Rohstoffe und eines effektiven Quellen- und Grundwasserschutzes. Dazu fehlte es auch nicht an Versuchen, den jeweiligen Kenntnisstand einem breiteren Publikum nahe zu bringen. Zur Würdigung dieser bis in die Mitte des 19. Jahrhunderts zurückreichenden Pionierarbeiten fügen wir unserem Führer die geologische Kartenskizze aus einer dieser frühen Publikationen bei (Leonhard 1846; Abb. 1).

Die vorliegende Einführung in die Geologie der Region um Karlsruhe erscheint in der Reihe geologischer Führer, in der auch eine ältere Abhandlung über den Großraum Karlsruhe veröffentlicht wurde (Trunko 1984). Da dieser Führer seit einigen Jahren vergriffen ist, ergab sich die Möglichkeit einer Neufassung. In den letzten 30 Jahren hat sich im Raum Karlsruhe viel verändert. Zahlreiche ehemalige Steinbrüche, Tongruben und Schotterwerke wurden in der Zwischenzeit aufgegeben, verschwanden unter Mülldeponien oder verwandelten sich in Naturschutzgebiete. Außerdem wurde zu manchen aktiven Bruchwänden der Zugang stark eingeschränkt. An anderen interessanten Lokalitäten der Region entstanden neue Abbaue, Straßenanschnitte sowie eine Reihe geologisch orientierter Naturpfade und Besucherbergwerke. Viele als Naturdenkmäler ausgewiesene Felsformationen sollten im Sinne langfristiger Schutzbestrebungen nicht mehr „behämmert“ werden. Mit der teilweise dramatischen Ausweitung von Siedlungsflächen haben jedoch auch völlig neue geologische Aspekte das öffentliche Interesse auf sich gezogen. Dazu zählen vor allem die Fragen der Grundwasser-Bewirtschaftung, der seichten und tiefen geothermischen Energiegewinnung, der Verfügbarkeit von Baurohstoffen oder des Straßen- und Tunnelbaus. Diese neue Situation und eine deutliche Ausweitung der öffentlichen Verkehrsverbindungen in die weitere Umgebung von Karlsruhe erforderten eine neue Gewichtung der zu behandelnden regionalgeologischen Aspekte. Um deshalb sämtliche Gesteinseinheiten – vom

Kristallinen Sockel bis zu den jüngsten Bodenbildungen – mit ihren besonderen Aspekten vorzustellen und in sinnvollen Exkursionsgebieten zu erfassen, erstreckt sich das behandelte Gebiet auf den Bereich zwischen Heidelberg im Norden und Offenburg im Süden bzw. zwischen dem Pfälzerwald im Westen und dem Neckar im Osten. Da tiefere Anteile der Schwarzjura-, Braunjura- und Weißjura-Gruppen im Raum Karlsruhe zwar große Teile des Oberrhein-Grabens unterlagern und hier auch immer wieder in Tiefbohrungen angetroffen werden, an der Landoberfläche jedoch kaum aufgeschlossen sind, behandeln wir – sicherlich grenzüberschreitend – diese wissenschaftlich und geotechnisch interessanten Abfolgen mit einem Abstecher auf die westliche Schwäbische Alb.

Die Auswahl, Größe und Lage der Exkursionsgebiete (Abb. 2) erlaubt es, Wanderungen oder Fahrtrouten in Hinsicht auf ganz bestimmte fachliche Schwerpunkte zusammenzustellen. Da wir, wegen der oft recht kurzfristigen Veränderungen der Kulturlandschaft, auf detaillierte Zugangs- und Routenbeschreibungen verzichtet haben, **sollten zur Planung solcher Unternehmungen unter allen Umständen die überall erhältlichen, kommerziellen Freizeit- und Wanderkarten im Maßstab 1:50 000 herangezogen werden.** Mit diesen ausgezeichneten Kartenwerken und mit Hilfe der angegebenen **Rechts- und Hochwerte des UTM-Netzes** (E- und N-Werte der Zone 32U bezogen auf das WGS84/ETRS89) müssten die von uns berührten Exkursionspunkte leicht zu lokalisieren und über die vorgegebenen Straßen- oder Wegenetze zu erreichen sein.

Für das Zustandekommen dieser Einführung in den geologischen Untergrund unserer Region, in der wir versuchen regional-erdgeschichtliche Aspekte nahtlos mit praktisch-geologischen Gesichtspunkten zu verknüpfen, danken wir Prof. P. Rothe (Herausgeber) und den Herren E. und A. Nägele (Verlag Gebrüder Borntraeger). Unser Dank richtet sich auch an PD. Dr. S. Götz (Ruprecht-Karls-Universität Heidelberg) für seine Hilfsbereitschaft und Ratschläge bei der Erstellung der Illustrationen. Herr Prof. R. Greiling hat uns freundlicherweise die Benutzung von Institutsräumen an der Universität Karlsruhe (TH) ermöglicht.

Karlsruhe und Heidelberg, im Juli 2009

Gerhard H. Eisbacher
Werner Fielitz

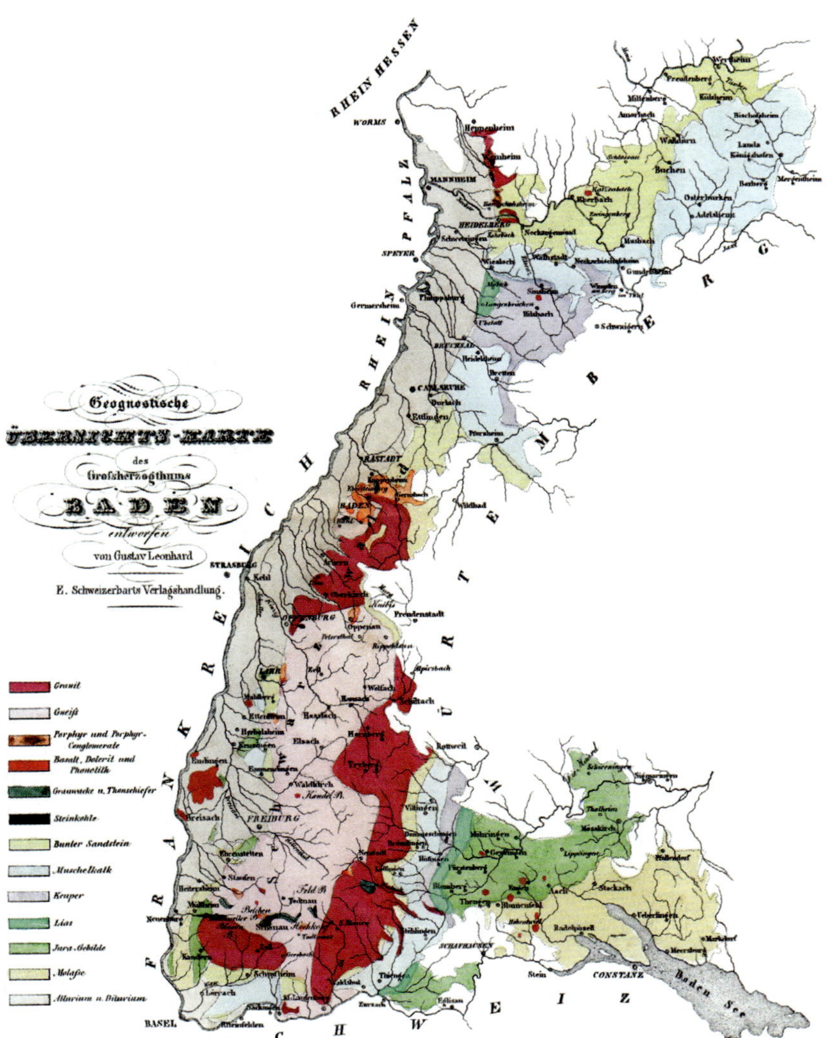


**Abb. 1.** Reproduktion einer frühen, geologischen Übersichtskarte von Baden (Leonhard 1846, Verlag Schweizerbart), die auch Teile unserer Region umfasst.

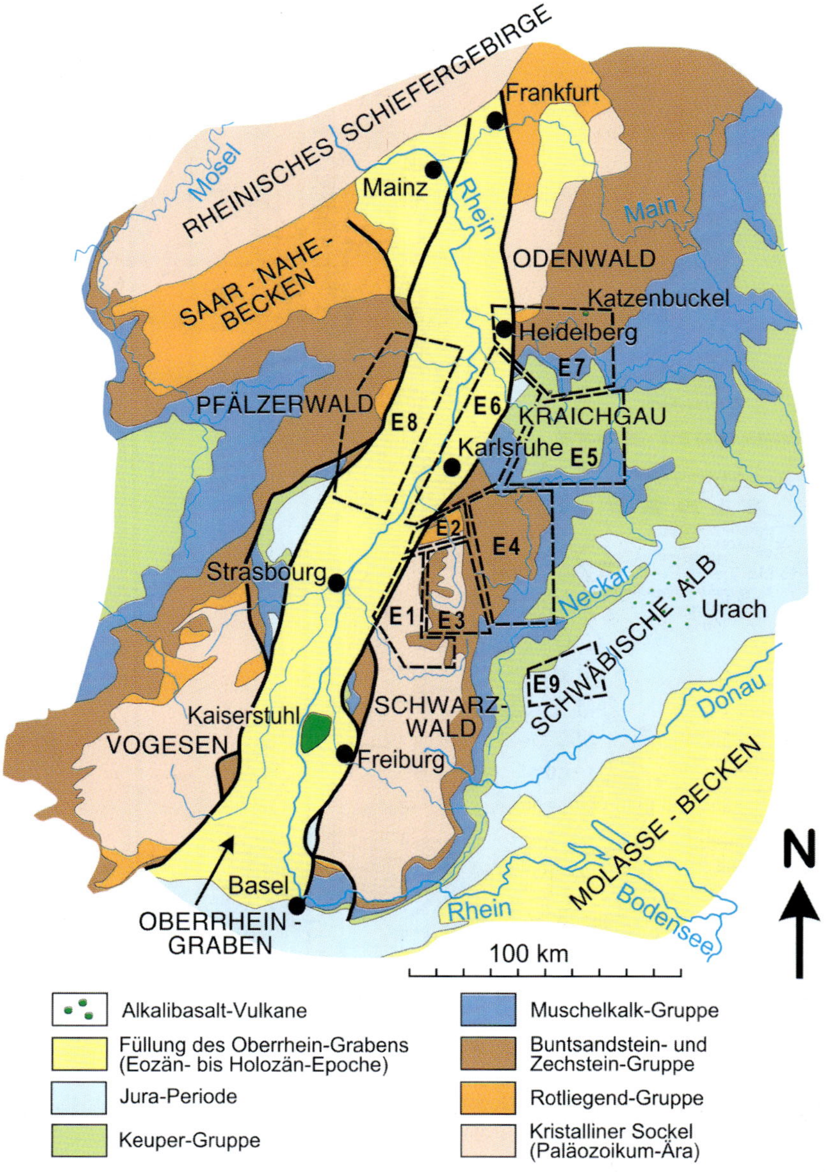


**Abb. 2.** Vereinfachte geologische Karte der weiteren Umgebung von Karlsruhe mit den behandelten Exkursionsgebieten.

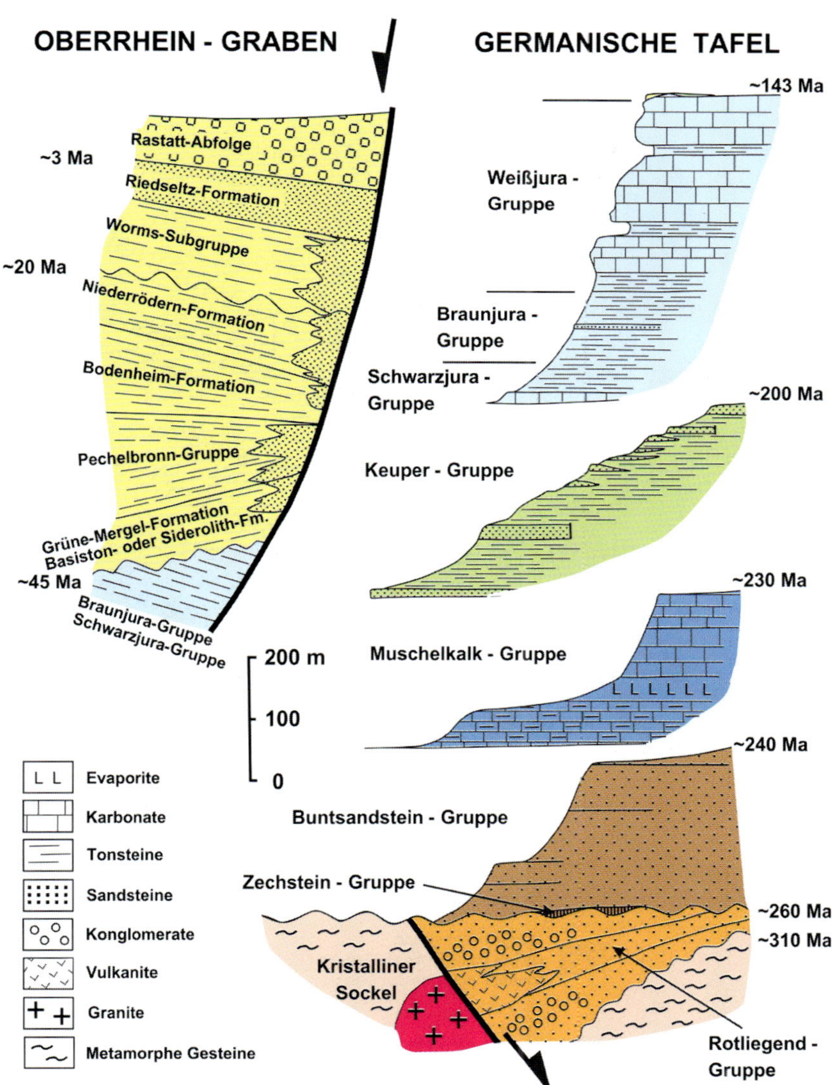


**Abb. 3.** Vereinfachte Säulenprofile für die Zusammensetzung, die durchschnittliche Mächtigkeit und das angenäherte Alter (in Millionen Jahren; Ma) der in unserer Region auf dem Kristallinen Sockel abgelagerten Schichtabfolgen.

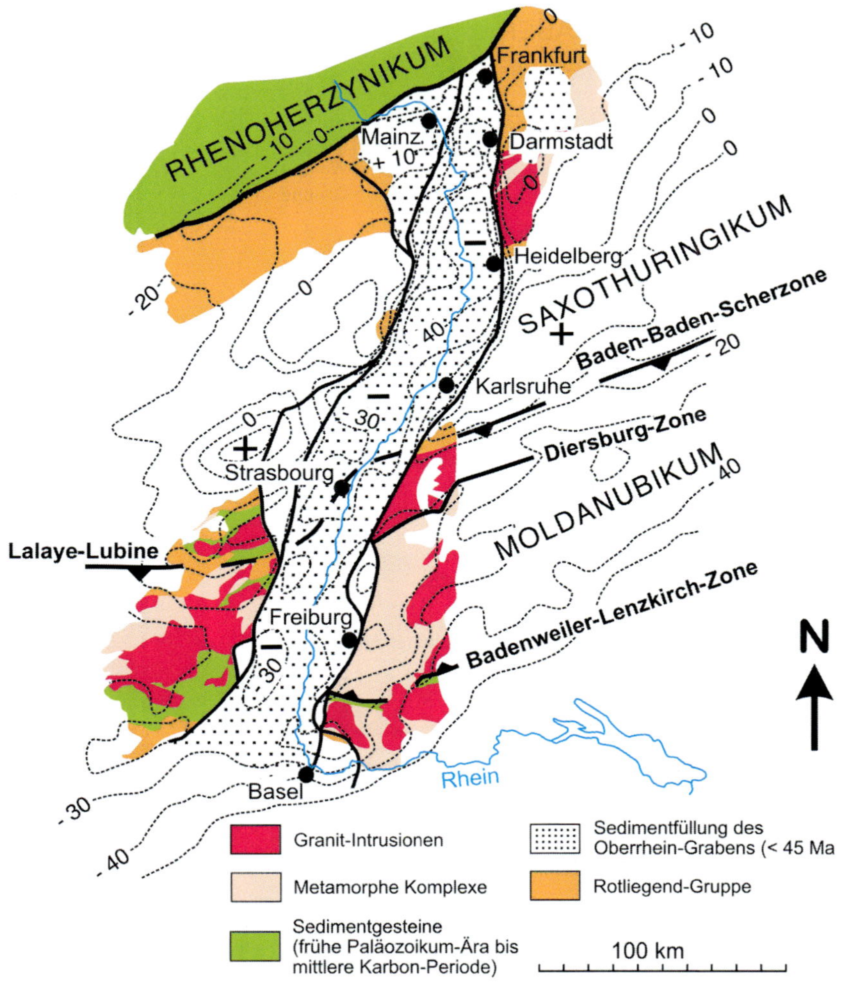


**Abb. 4.** Übersichtskarte der drei NE-ausgerichteten Krustenstreifen und krustalen Scherzonen des Variszischen Gebirgszuges und der Bouguer-Schwereanomalien (in mGal nach Behr et al. 2002) in unserer Region. Auffällig sind die positive Schwereanomalie (+) im Raum Karlsruhe (mafische Intrusionen unter dem Oos-Rotliegend-Becken?) und negative Anomalien (–) der größeren Granitkomplexe im Sockel bzw. der sedimentären Füllung des Oberrhein-Grabens. Nähere Erläuterungen im Text.

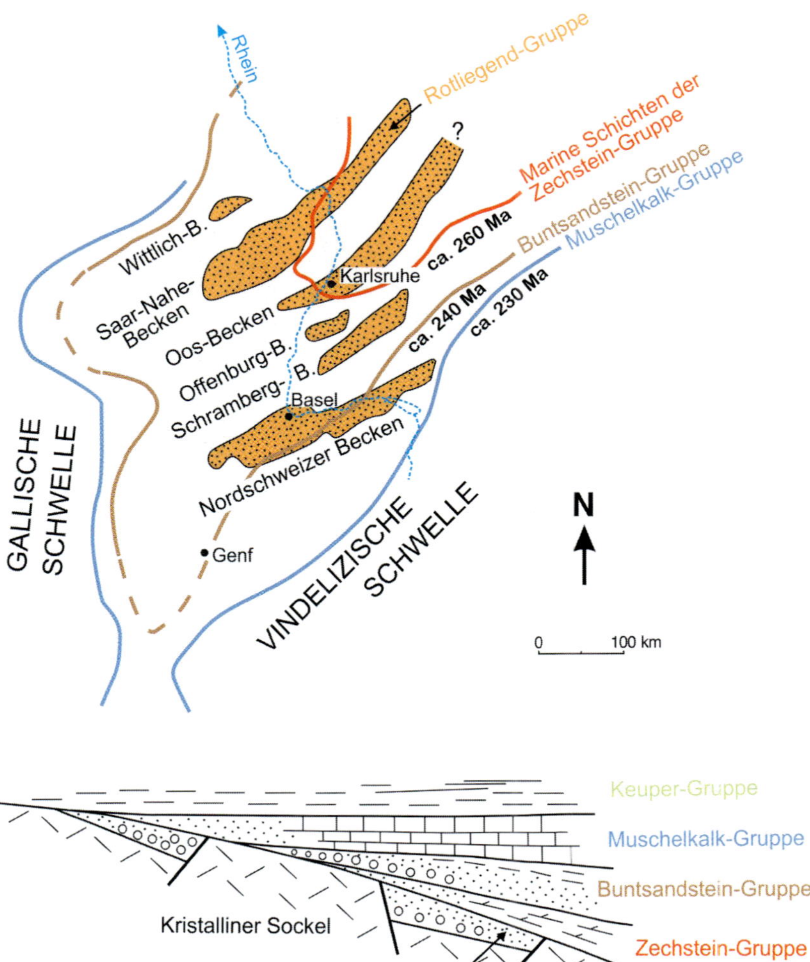


**Abb. 5.** Oben: Lage größerer Rotliegend-Becken in unserer Region, über die sich als Folge regionaler Abkühlung und Subsidenz der Lithosphäre das intrakontinentale Germanische Becken ausbreitete. Unten: Schema für die durch Kippung des Sockels an dessen Beckenrändern verursachten Schichtunterbrechungen (Diskordanzen) und auftretende Beckenrandfazies.

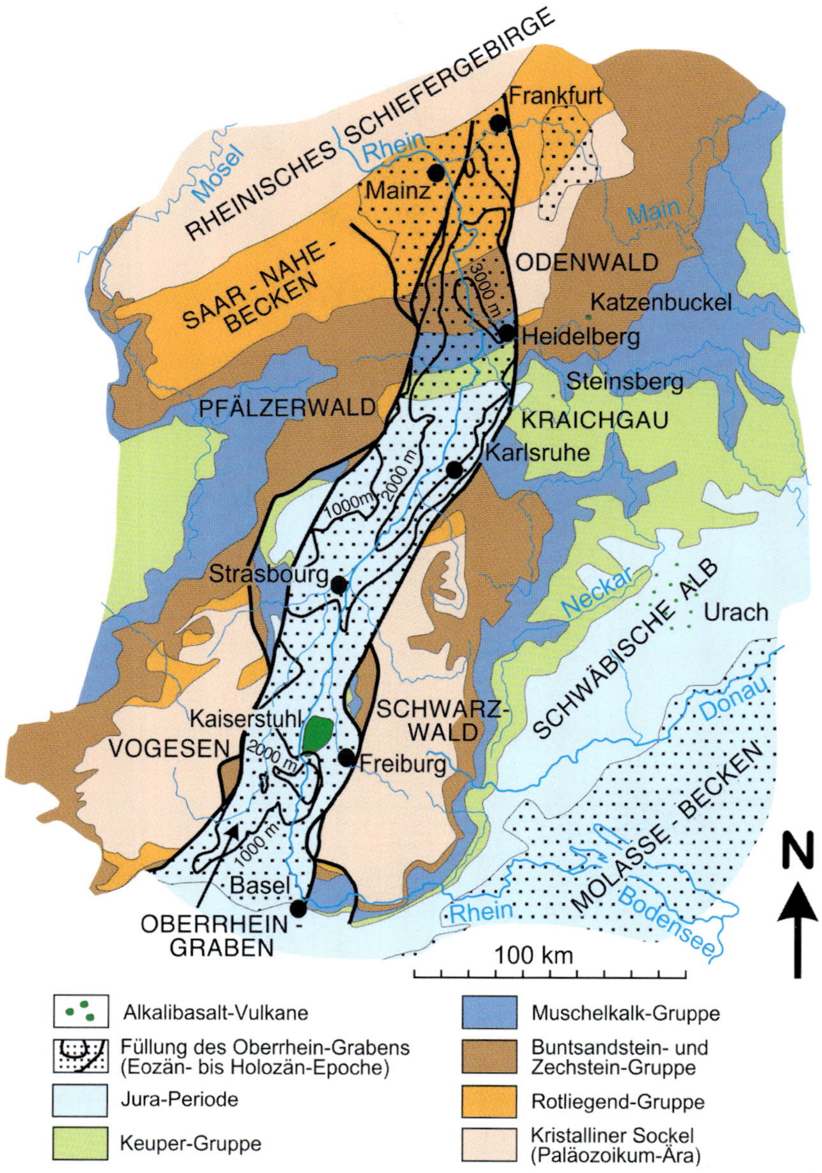


**Abb. 6.** Abgedeckte geologische Karte des Oberrhein-Grabens und seiner Schultern sowie Isopachen der Grabenfüllung. Erläuterungen im Text.

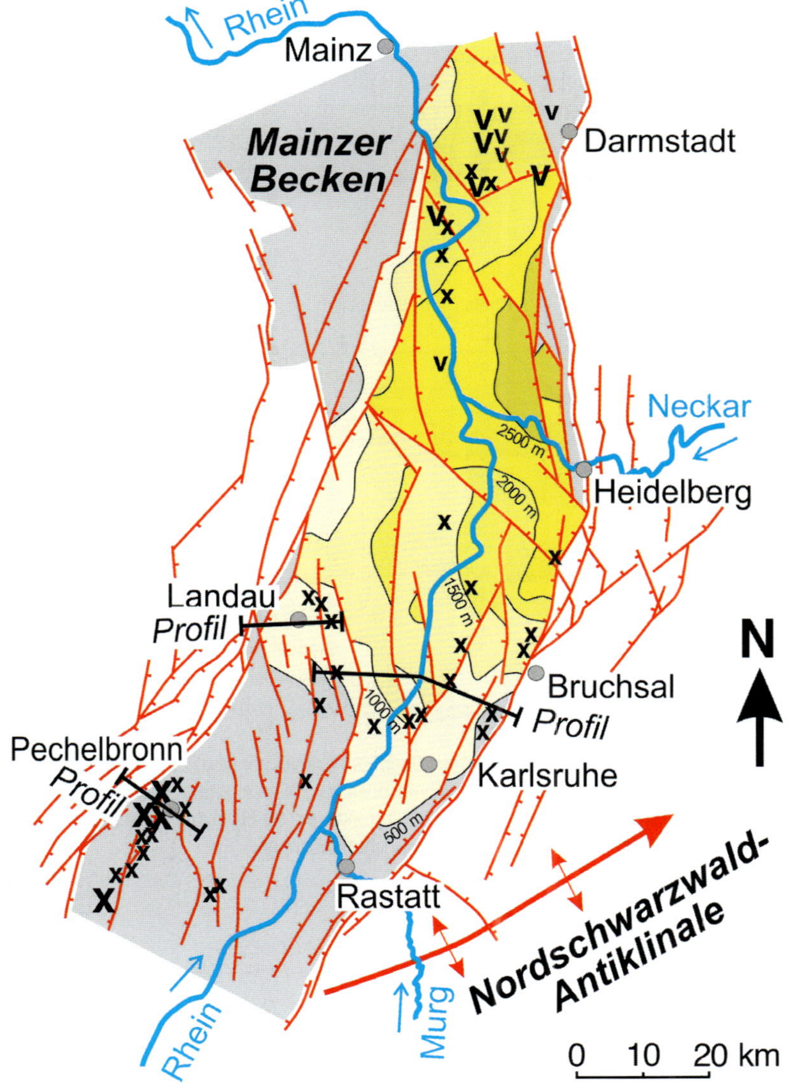


**Abb. 7.** Tiefenlage der Oberkante Niederrödern-Formation (in m; vereinfacht nach Schad 1962) mit verallgemeinerter Lage der jüngeren Abschiebungen bzw. Schrägabschiebungen im nordzentralen Oberrhein-Graben. Angedeutet ist der Verlauf der Profilschnitte in Abb. 8 und 48b und einige erschlossene Erdöl- (x) und Erdgasfelder (v).

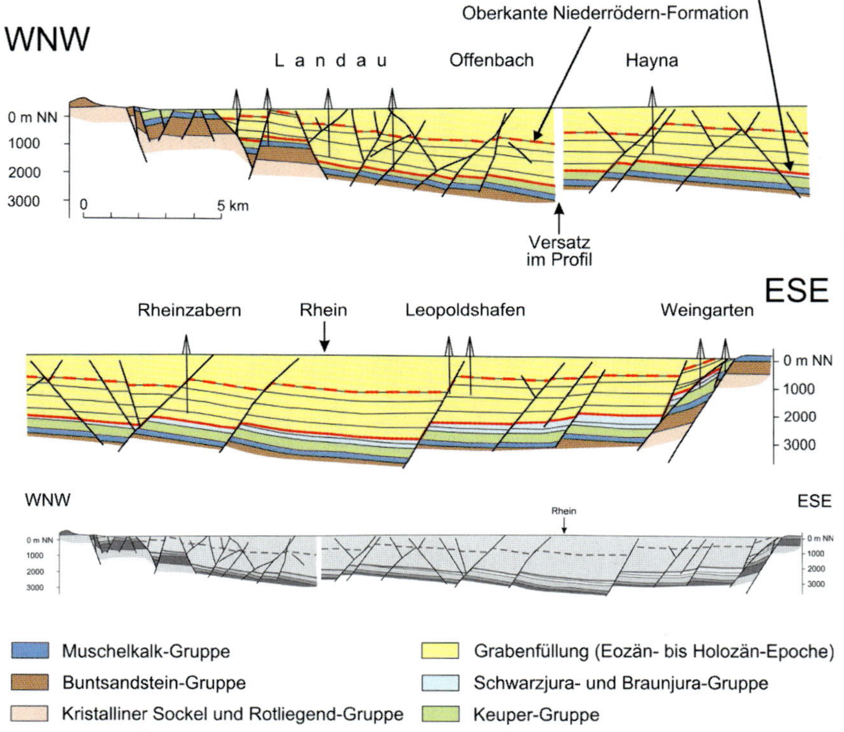


**Abb. 8.** Profilschnitt quer durch den zentralen Oberrhein-Graben nördlich von Karlsruhe (nach Doebl & Teichmüller 1979), unten im Gesamtquerschnitt, oben vergrößert in zwei Teilsektionen. Deutlich zu erkennen ist die asymmetrische Kippung des Untergrunds und die bis in den Bereich des westlichen Grabenrands anzutreffenden W-einfallenden Zweigabschiebungen.

# Einleitung

Die grundlegenden und langfristig wertvollsten Dokumente zur Geologie unserer Region bleiben die systematischen geologischen Landesaufnahmen, die seit nunmehr 150 Jahren von den entsprechenden Landesämtern durchgeführt und vor allem in Form geologischer Karten im Maßstab 1:25 000 und 1:50 000 (mit Erläuterungen) oder als Kompilationen in kleineren Maßstäben veröffentlicht werden. Eine erste Zusammenfassung dieser Arbeiten durch Deeke (1916–1918) bildete den Ausgangspunkt für zahlreiche weitere wissenschaftliche Studien und mehrere Generationen von Exkursionsführern (z. B. Göhringer 1925; Rüger 1928; Metz 1977; Schweizer 1982; Trunko 1984; Bachmann & Brunner 1998). Moderne allgemeine und weiterführende Informationen zu den beschriebenen Gesteinseinheiten, vor allem aber zu den in ihnen enthaltenen fossilen Lebensformen, finden sich in den zusammenfassenden Werken von Geyer & Gwinner (1991), Groschopf & Villinger (1998), Hauschke & Wilde (1999), Steingötter (2005) und Rupf & Nitsch (2008). Die engen Beziehungen zwischen den verschiedenen Gesteinssubstraten und den natürlichen Böden illustrieren Müller (1967) oder Regierungspräsidium Karlsruhe (1999). Geotechnisch relevante Eigenschaften behandelt Wagenplast (2005). Dem historischen Bergbau im Schwarzwald widmen sich die ausgezeichneten Bücher von Bliedtner & Martin (1986), Werner & Dennert (2004), Markl & Lorenz (2004) und Markl (2005). Die jüngste Landschafts- und Vegetationsgeschichte berühren Lang (1994), Gallusser & Schenker (1992), Vogt et al. (2007), aber auch der botanisch orientierte Führer von Wilmanns (2001) und die Beschreibungen von Naturschutzgebieten in Bezirksstelle für Naturschutz und Landschaftspflege Freiburg (1998), Bezirksstelle für Naturschutz und Landschaftspflege Karlsruhe (2000) und Wolf (2002, 2003). Auflistungen sehenswerter Gesteine, Höhlen, Museen, Besucherbergwerke und Lehrpfade enthalten Huth (2002) und Huth & Junker (2003, 2004, 2005).

Da sich die **Geologie** einer Region nicht nur mit der Zusammensetzung und Entstehung der Gesteine, sondern auch mit Mineralrohstoffen, Grundwasservorkommen, Land- und Forstwirtschaftspotenzialen sowie geotechnischen Besonderheiten des Untergrunds beschäftigt, soll hier kurz auf die Dokumentation und Nomenklatur regionalgeologischer Daten eingegangen werden. Die wichtigste geowissenschaftliche Dokumentationsform ist die **geologische Karte**, also eine topografische Basiskarte, die den **Ausbiss** (oder **Ausstrich**) der im Kartengebiet vorhandenen Gesteinseinheiten an der Landoberfläche darstellt (Abb. 2). Dabei zeigt man den Ausbiss von **Festgesteinen** meist in „abgedeckten“ Karten und widmet der immer vorhandenen Decke aus **Lockergesteinen** oder **Böden** im Allgemeinen separate und wesentlich detailliertere Kartenwerke. Manche geologische Karten deuten an, wo Festgesteine in **Aufschlüssen** direkt an der Landoberfläche zugänglich sind. **Natürliche Aufschlüsse** von Festgesteinen finden sich vor allem in tief eingeschnittenen Tälern oder an steil aufragenden Rücken. An flachen Hängen mit m-mächtigen Böden oder Lockergesteinsdecken sind oft **Lesesteine** die einzigen Hinweise auf die Natur der Festgesteinssubstrate und in Flussebenen sind letztere meist unter mächtigen Sand-Kies-Ablagerungen verborgen. **Künstliche Aufschlüsse** von Festgesteinen, wie z.B. die Abbauwände in Steinbrüchen, Kieswerken oder Ziegelgruben, aber auch Böschungen entlang von Verkehrswegen waren in der Vergangenheit zwar meist kleiner, dafür aber wesentlich leichter zugänglich als dies heute der Fall ist. Gegenwärtig werden solche Anschnitte oft kurzfristig begrünt, umzäunt, überbaut, eingeebnet oder zugeschüttet. Die Suche nach vormals gut zugänglichen künstlichen Aufschlüssen kann sich deshalb – auch mit einem geologischen Führer in der Hand – als erfolglos erweisen.

In geologischen Karten werden regional weit verbreitete Gesteinseinheiten nach ihrem Mineralbestand und einem oft nur andeutungsweise bekannten Alter als **Komplexe** (oder informelle **Abfolgen**) > **Gruppen** (und **Subgruppen**) > **Formationen** > **Schichten** > **Schichtglieder** > **Bänke** oder **Horizonte** zusammengefasst. Man versieht diese Einheiten mit lokalen oder regionalen Namen und deutet den Ausbiss durch bestimmte Farben oder Signaturen an. Während sich die Namen früher oft auf die Farbe, den Fossilinhalt oder das Alter bezogen, orientiert sich eine moderne – international ausgerichtete – Nomenklatur vor allem an gut zugänglichen und typischen **Aufschluss-Lokalitäten** (Steininger & Piller 1999). So beschreibt z.B. der Name „Seebach-Granit“ einen relativ homogenen und feinkörnigen Granit aus der Karbon-Periode, der nahe der Ortschaft Seebach im Nordschwarzwald aufgeschlossen ist und sich aufgrund seiner charakteristischen Zusammensetzung und Textur auch ins weitere Umfeld verfolgen lässt. Trotzdem bleiben viele historisch etablierte Namen auch weiterhin im Gebrauch. So bezieht sich z.B. der Name „Muschelkalk“ – hier „Muschelkalk-Gruppe“ – seit mehr als 250 Jahren auf eine in Europa weit verbreitete Abfolge von Kalkstein-, Tonstein-, Dolomitstein- und Evaporit-Schichten der mittleren Trias-Periode. Regionale Varianten von Gesteinseinheiten beschreibt man als **Fazies** und verleiht ihnen als solche oft eigene Namen. So versteht man z.B. unter dem Begriff „Lochen-Fazies“ eine durch Bioherme („Schwammriffe“) gekennzeichnete Variante der Wohlgeschichteten-Kalk-Formation in der tieferen Weißjura-Gruppe (Jura-Periode). Neben den Gesteinseinheiten geben geologische Karten auch wichtige Hinweise auf **Gesteinsstrukturen**, wie z. B. durch das Streichen und Einfallen von Schichten oder Foliationsflächen, durch den Ausbiss von Störungen oder durch die Lage von Falten- Achsenflächen. Man versieht auch größere Strukturen mit regionalen Namen und deutet ihre Spuren an der Landoberfläche mit entsprechenden Symbolen an.

Die vertikale Abfolge und die lateralen Veränderungen der Gesteine innerhalb eines Gebiets werden meist in Form schematischer **Säulenprofile** (Abb. 3) oder geologischer **Profilschnitte** gezeigt. Obwohl solche Darstellungen nur die höchsten Teile der Erdkruste mit größerer Genauigkeit erfassen, enthalten sie für den Fachkundigen immer wertvolle Hinweise auf mineralische Rohstoffe oder auf besondere geotechnische Verhältnisse im Untergrund. Von besonderer praktischer Bedeutung sind dabei Lage und Mächtigkeit von **Aquiferen**, also Grundwasserleitern mit hydraulischen Leitfähigkeiten (= Durchlässigkeitsbeiwerte $k_f$) > $10^{-6}$ m/s, von **Aquitarden**, also Grundwasserstauern mit hydraulischen Leifähigkeiten < $10^{-7}$ m/s und von **Aquicluden**, also praktisch undurchlässigen Gesteinen. Aus der vertikalen **Superposition** (= Überlagerung), durch laterale **Korrelation** (= Verbindung) und mithilfe biostratigraphisch-geochronometrischer **Datierungsmethoden** lässt sich aus Karten und Profilen auch eine vierte Dimension, also die Entstehungsgeschichte der Gesteinsabfolgen, erarbeiten. Geochronometrische Datierungen, die auf dem Zerfall radioaktiver Element-Isotopen und auf anderen physikalischen Eigenschaften der Minerale beruhen, machen es heute möglich, sowohl das Alter von Gesteinen als auch den Ablauf geologischer Ereignisse durch numerischen Werte einzuengen. Diese Alterswerte lassen sich wiederum bestimmten **Ären** ($10^9$–$10^8$ Jahre) > **Perioden** ($10^7$ Jahre) > **Epochen** > **Stufen** ($10^7$–$10^6$ Jahre) einer international immer besser geeichten **geologischen Zeitskala** zuordnen (Tab. 1). Dabei erfolgt die Altersangabe in „Millionen-Jahren-vor-heute" – abgekürzt als **Ma** (oder m.y.) oder, für die jüngste geologische Geschichte, in „Tausend-Jahren-vor-heute" – abgekürzt als **ka** (oder k.y. B.P. = before present).

Hinsichtlich der regionalen Nomenklatur für Gesteinseinheiten, Strukturen und Alter halten wir uns weitgehend an bereits veröffentlichte Karten, wissenschaftliche Arbeiten oder geologische Führer. Allerdings haben wir versucht, die Namen der Gesteinseinheiten von der Zeitspanne ihrer Entstehung zu trennen und damit historisch bedingte Zweideutigkeiten auf ein tolerierbares Minimum zu reduzieren! Wir verwenden deshalb in einzelnen wenigen Fällen neue **informelle**(!) **Lokalnamen**, so z. B. den Ausdruck „Rastatt-Abfolge" für die gesamte, in der Rheinebene abgelagerte jüngere Kies-Sand-Abfolge aus der Pleistozän-Epoche, die meist unter dem Zeitbegriff „das Quartär" geführt wird.

Im **ersten Teil** behandeln wir Gesteinseinheiten, Strukturen und Landschaftselemente der Region in der geochronologischen Folge ihrer Entstehung. Dabei werden auch die relevanten hydrogeologischen, geotechnischen oder

**Tab. 1.** Geologische Zeittafel mit den im Text erwähnten Perioden, Epochen und Stufen sowie den entsprechenden Altersspannen in Millionen Jahren (Ma) bzw. Tausenden Jahren (ka) vor Heute. Für die jüngsten Zeitabschnitte ist anzumerken, dass der Ausdruck Quartär-Periode (von 2,6 Ma bis Heute) bzw. die Ausdrücke Pleistozän- (1,8 Ma bis 11,6 ka) und Holozän-Epoche (11,6 ka bis Heute) der Neogen-Periode gleichwertig verwendet werden können.

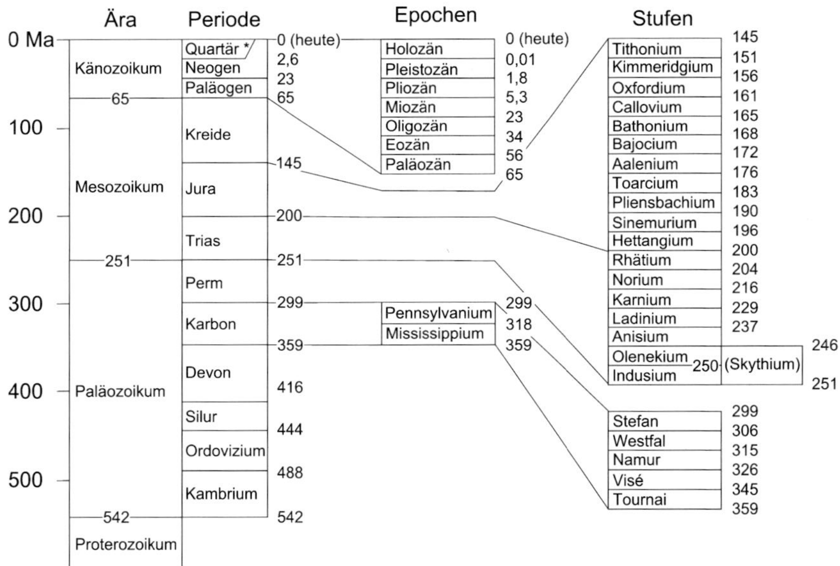


bodenbezogenen Besonderheiten der Gesteine angesprochen. **Viele Fachausdrücke sind bei ihrer ersten Erwähnung fett gedruckt, werden bei dieser Gelegenheit meist definiert und sind im Sachregister aufgelistet.** Literaturzitate und Literaturverzeichnis dienen einem weiterführenden Eintauchen in oft recht spezialisierte geowissenschaftliche Forschungsergebnisse. Der **zweite Teil** erläutert die Geologie ausgewählter Exkursionsgebiete anhand natürlicher oder künstlicher Aufschlüsse und mit Hinweisen auf Daten, die mithilfe von Bohrungen ermittelt wurden. **Alle fett gedruckten Aufschlusslokalitäten, die im Text und in den Exkursionskarten entweder namentlich angeführt oder durch Nummern markiert sind, entsprechen dabei den Lokalnamen oder Signaturen für Felsgruppen, Schluchten, Schottergruben oder Steinbrüchen in den kommerziellen Wander- und Freizeitkarten im Maßstab 1:50 000.** Die Höhenangaben erfolgen in Metern über dem Meeresspiegel („m NN“).

Bei Zugangs- und Parkschwierigkeiten in Aufschlussnähe haben sich **Waldparkplätze** und **Sportanlagen** als beste Ausgangspunkte für kurze oder längere Wanderungen erwiesen. Die günstigsten Jahreszeiten dafür sind der Vorfrühling und Spätherbst. Als zusätzliche Orientierungshilfen bei Exkursionen können neben der Geologischen Übersichtskarte von Baden-Württemberg (Maßstab 1:500 000, Geologisches Landesamt Baden-Württemberg 1989) verschiedene regionalgeologische Kompilationen im Maßstab 1:200 000, vor allem aber topografische und geologische Kartenwerke im Maßstab 1:50 000 oder 1:25 000 (mit Erläuterungen) der jeweiligen Landesämter herangezogen werden. Sie sind am Anfang der entsprechenden Exkursionskapitel aufgelistet.

# I. Aufbau und Entwicklung der Erdkruste in der Region um Karlsruhe

## Erdkruste und Lithosphäre

Die **Erdkruste** unserer Region ist 25 bis 30 km mächtig. Geringere Krustenmächtigkeiten von 25 bis 27 km gelten für den Bereich der Oberrhein-Ebene (Zucca 1984; Zeis et al. 1990), wo die Kruste seit nunmehr rund 40 Millionen Jahren innerhalb einer Grabenstruktur gegenüber angrenzenden Bereichen gedehnt und ausgedünnt wird. Den absinkenden Grabenbereich füllt eine insgesamt bis zu 3,5 km mächtige Abfolge aus Sedimenten der Känozoikum-Ära (Abb. 1 und 3). Unter dieser jungen Schichtabfolge, aber auch außerhalb des Grabens, überlagern 1 bis 3 km mächtige Schichtabfolgen aus der Mesozoikum-Ära als **Germanische Tafel** einen **Kristallinen Sockel** (in der Vergangenheit auch als „Grundgebirge“ bezeichnet), der vor allem aus Gesteinen der Paläozoikum-Ära besteht und den höchsten Teil der eigentlichen **Oberkruste** bildet. Refraktions- und reflexionsseismische „Durchschallungen“ haben gezeigt, dass sich in der Oberkruste seismische oder künstlich induzierte P-Wellen (Longitudinalwellen) mit Geschwindigkeiten von $V_p$ = 5,5 bis 6,0 km $s^{-1}$ ausbreiten. Dies bedeutet, dass die Oberkruste bis in Tiefen um 15 bis 20 km neben Sedimentgesteinen und vulkanischen Abfolgen vor allem aus **felsischen** metamorphen und magmatischen Gesteinen ($SiO_2$ > 60 % und Dichte < 2,9 t/$m^2$), also aus **Gneis** und **Granit** besteht. Die Grenzen zwischen den Gesteinseinheiten weisen dabei recht komplexe Geometrien auf und sind nur für die obersten Kilometer der Oberkruste bekannt. In der **Unterkruste**, also in Tiefen von rund 20 bis 30 km, steigen die Geschwindigkeiten von P-Wellen auf Werte $V_p$ > 6,5 km $s^{-1}$ an, wobei reflexionsseismische Daten andeuten, dass hier im Gegensatz zur Oberkruste zwischen den Gesteinseinheiten subhorizontale

Grenzflächen dominieren. Die Unterkruste könnte deshalb ebenfalls zu überwiegenden Anteilen aus Gneisen bestehen, enthält möglicherweise jedoch auch subhorizontale **mafische Lagerintrusionen** ($SiO_2$ um 50 % und Dichte um 2,9 bis 3,0 t/m³). Die Untergrenze der Kruste ist die flache **Moho-Diskontinuität**, unter welcher der **Obere Erdmantel** einsetzt. Aufgrund der P-Wellen-Geschwindigkeiten von $V_p > 8$ km $s^{-1}$ ist im Oberen Erdmantel mit einer Dominanz **ultramafischer Gesteine**, also mit **Peridotiten** ($SiO_2 < 50$ %, Dichte > 3,2 t/m²) zu rechnen. In dieser Tiefe erreichen die Temperaturen wahrscheinlich Werte im Bereich von 600 °C.

Die Kruste und der oberste Erdmantel bilden zusammen bis in Tiefen um 80 bis 100 km die **Lithosphäre**, also eine „feste" Einheit, die in unserer Region nur einen kleinen Teil der riesigen **Eurasischen Lithosphären-Platte** darstellt. Erst in der **Asthenosphäre**, also in Manteltiefen > 100 km, erreichen die Temperaturen Werte > 1000 °C, wobei hier lokal bis zu 2 % der peridotitischen Gesteine partiell aufgeschmolzen sein können. Diese partiellen Schmelzen sind **Alkalibasalte**, die in unserer Region als solche in der jüngeren geologischen Vergangenheit unter bestimmten tektonischen Rahmenbedingungen gelegentlich bis an die Erdoberfläche gelangt sind (siehe weiter unten). In der Lithosphäre erweisen sich nur die höchsten 20 km der Kruste, wo normalerweise Temperaturen < 400 °C vorherrschen, gegenüber mechanischen Spannungen als **elastisch-spröd**. Überschreiten hier regional induzierte Differentialspannungen die Festigkeit des Gesteinsverbandes, so kommt es zum Bruch oder zu einem Gleiten an bereits existierenden **Störungen**. Die dabei auftretenden abrupten Relativbewegungen lösen in den angrenzenden Gesteinen wellenförmige Schwingungen aus, die ab einer bestimmten Größe an der Landoberfläche als **Erdbeben** registriert werden. In Krustentiefen > 20 km und im obersten Erdmantel verhalten sich die zwar ebenfalls festen Gesteine gegenüber regionalen Differentialspannungen als **duktil-plastisch**. Dies bedeutet, dass die Gesteine gegenüber höheren Differentialspannungen mit einem Zergleiten (oder „aseismischen Fließen") plastischer Minerale reagieren.

## Der Kristalline Sockel

### *Das Variszische Gebirge*

Die Lithosphäre und somit auch der heute sichtbare Kristalline Sockel unserer Region, erhielten ihre heutige Form im Wesentlichen schon zwischen rund 370 und 280 Ma, also gegen Ende der Paläozoikum-Ära. In diesem Zeitintervall erfuhren sedimentäre und vulkanische Schichtabfolgen breiter mariner Randbecken zusammen mit ihren kristallinen Krustensubstraten dramatische Einengungen. Durch eine tektonische Stapelung dieser Krustenfragmente verdickte sich die Kruste auf insgesamt rund 40 bis 50 km. Aufgrund „isostatischer" Hebungen der verdickten Kruste tauchte ihre Oberfläche bald als **Variszisches Gebirge** über dem Meeresspiegel auf und war damit der Erosion ausgesetzt. Gleichzeitig durchliefen die durch einengende Bewegungen tief abgesenkten Gesteinsverbände bei Temperaturen von 300 bis 1000 °C eine plastische **Verformung** und regionale **Metamorphose**, die teilweise bis zur großräumigen partiellen **Aufschmelzung** ihres Mineralbestands führte. Anhaltende krustale Überschiebungen und nachfolgende Abschiebungen brachten Teilbereiche der zuvor tektonisch abgesenkten und veränderten Gesteinseinheiten als **metamorphe Komplexe** wieder in die Nähe der Erdoberfläche zurück. Großräumig aufgeschmolzene Teilbereiche stiegen in Form hochviskoser Kristallbreie in die höhere Kruste auf, wo sie als **granitische Intrusivkomplexe** erstarrten; wesentlich kleinere Schmelzanteile extrudierten als Laven oder Aschen in die noch verbliebenen Reste sedimentärer Becken oder auf neu gebildeten Landoberflächen.

Geochronometrische Mineralalter und somit auch das Alter „eingefrorener" Gesteinsstrukturen im Kristallinen Sockel zeigen, dass Verformung, Metamorphose, Schmelzbildung und Intrusion in unserer Region ihre Höhepunkte in einer geologisch relativ „kurzen" Zeitspanne der frühen bis mittleren Karbon-Periode erreichten (ca. 345 bis 325 Ma; Kalt et al. 2000; Schaltegger et al. 2000; Schulmann et al. 2002). Im Odenwald und Pfälzerwald intrudierten erste basisch-intermediäre Komplexe zwar bereits um 362 Ma bis in Krustentiefen von 20 bis 15 km, aber auch hier fallen die Hauptphasen der Metamorphose und Intrusionsvorgänge in die Zeitspanne zwischen 340 und 335 Ma und große granitische Komplexe stiegen zwischen 335 und 325 Ma auch bis in Krustentiefen < 15 km auf (Reischmann & Anthes 1996; Altherr et al. 1999a, 2000; Hess et al. 2000).

Einengung, Metamorphose und Intrusion verursachten in der duktilen bis partiell aufgeschmolzenen Unteren Kruste und im Oberen Mantel bedeutende horizontale Dichteunterschiede. So setzten schon im Verlauf dieser Vorgänge in tiefen Bereichen des Variszischen Gebirges horizontale Ausgleichsbewegungen ein, die in der Zeitspanne von 325 Ma bis 280 Ma nicht nur Dehnung und Verdünnung der neu gebildeten Kruste, sondern auch „Delamination" (= Ablösung) und Absinken oberster Mantelbereiche in tiefere Regionen des Erdmantels auslösten. In Zusammenhang mit diesen Ausgleichsbewegungen kam es zur „Ausebnung" der Moho-Diskontinuität zwischen den dichten ultramafischen Gesteinen des Oberen Mantels und den weniger dichten Gesteinen der Unterkruste. Die Moho-Diskontinuität hat sich seit dieser Zeit nur unwesentlich verändert (Eisbacher et al. 1989; Henk 1993).

In unserer Region bestehen der Kristalline Sockel und damit die Oberkruste vor allem aus SW-NE-streichenden Gesteinszügen. Diese sind im Schwarzwald, in den Vogesen, im Odenwald und im Pfälzerwald an der Erdoberfläche aufgeschlossen, lassen sich jedoch auch in vereinzelten Bohrungen und als NE-gelängte gravimetrische oder magnetische Anomalien bis unter die Deckschichten der Germanischen Tafel verfolgen (Behr et al. 2002; Abb. 4). Große Teile der Kruste im Schwarzwald und in den Vogesen gehören dabei einer von granitischen ($SiO_2$ > 65 %) und metamorphen Gesteinen dominierten Zentralzone des Variszischen Gebirges an, die als **Moldanubikum** bezeichnet wird und sich von Spanien über das französische Zentralmassiv bis nach Böhmen verfolgen lässt. Ihre Grenze zum nördlich angrenzenden Krustenstreifen des **Saxothuringikums** ist eine konvergente Scherzone, die in den Nordvogesen als **Lalaye-Lubine-** und im Nordschwarzwald als **Baden-Baden-Scherzone** bekannt ist (Abb. 4). Der Krustenstreifen des Saxothuringikums enthält im Gegensatz zum Moldanubikum gut erhaltene Relikte älterer sedimentärer Abfolgen, metamorpher-magmatischer Krustenfragmente (> 400 Ma) und mafisch-intermediäre Intrusivkomplexe ($SiO_2$ < 65 %), die häufig von mafischen (lamprophyrischen) Gangintrusionen durchsetzt sind (Krohe 1991; Willner et al. 1991; Flöttmann & Oncken 1992; Altherr et al. 1999a, 2000). Den Nordwestrand des Saxothuringikums bildet eine weitere bedeutende lithosphärische Scherzone, die möglicherweise sogar die Spur eines verschwundenen Streifens ozeanischer Kruste darstellt. Den angrenzenden Krustenstreifen des **Rhenoherzynikums** bauen vor allem sandig-tonige, aber auch karbonatische und vulkanische Schichtabfolgen der frühen Paläozoikum-Ära auf. Sie wurden in der späten Karbon-Periode (rund 320 bis 310 Ma) durch regionale Einengung gefaltet und bilden das Rheinische Schiefergebirge. Noch weiter nördlich sammelten sich die im Variszischen Gebirge abgetragenen Sedimente in einem **Subvariszischen Vorlandbecken** und verfestigten sich zu Sandstein-Tonstein-Kohle-Abfolgen, die ebenfalls bis in die späte Karbon-Periode (bis ungefähr 310 Ma) durch einengende Bewegungen gefaltet und überschoben wurden.

### *Der Zentralschwarzwälder Gneiskomplex*

Ein Großteil des Kristallinen Sockels im Schwarzwald besteht aus dem **Zentralschwarzwälder Gneiskomplex**. Dieser Gneiskomplex und entsprechend hochgradig metamorphe Gesteine in den Vogesen befanden sich während der variszischen Gebirgsbildung zum Teil bis in Tiefen > 50 km und waren dabei lokal auch Temperaturen bis > 1000 °C ausgesetzt, bevor sie im Verlauf tektonischer Relativbewegungen an Überschiebungen und Abschiebungen wieder in die Nähe der Erdoberfläche zurückkehrten (Kalt et al. 2000; Marschall et al. 2003). Der Zentralschwarzwälder Gneiskomplex wurde dabei im Norden an der **Baden-Baden-Scherzone** schräg in NW-Richtung und im Süden entlang der **Badenweiler-Lenzkirch-Zone** schräg in SE-Richtung über wesentlich geringer metamorphe Schichtabfolgen der frühen Paläozoikum-Ära aufgeschoben. Kurz darauf intrudierte nordwestlich der **Diersburg-Scherzone** im Nordschwarzwald der riesige **Nordschwarzwald-Granitkomplex** in die metamorphen Gesteine des zentralen Schwarzwalds (Abb. 4).

Das Hauptkennzeichen der metamorphen Gesteine des Zentralschwarzwälder Gneiskomplexes ist eine **Foliation** (oder **Bänderung**), die meist durch wechsellagernde helle Quarz-Feldspat(Plagioklas + Orthoklas)-Cordierit-Aggregate und dunkle Biotit(+Sillimanit, Granat)-Aggregate hervorgerufen wird (Abb. 24). Die Foliation entstand durch **Transposition**, d. h. durch raumgreifende plastische Scherungen, bei der vorher vorhandene geologische Vorzeichnungen, wie z. B. Schichtungsflächen, Falten, Mineraladern, Kontakte usw. kräftig gestreckt und geplättet wurden. Im Schwarzwald zeigen die Foliationsflächen meist NNE- bis ENE-Streichen, wobei das variable NW- bis SE-Einfallen eine Faltung der Foliationsflächen in Form von **Antiformen** (= strukturellen Aufwölbungen) und **Synformen** (= strukturellen Einmuldungen) andeutet.

Gleichzeitig mit der plastischen Verformung und der strukturellen Transposition der Gesteine erfolgte eine regionale **Metamorphose** ihres Mineralbestands, wobei sich die rekristallisierten und neugebildeten Minerale den jeweiligen Temperaturen, Drücken und Fluidphasen anpassten. Trotz der kräftigen Veränderungen ihres Mineralbestands lassen sich die Gneise nicht nur nach ihrer mineralogisch-chemischen Zusammensetzung, sondern auch nach ihren **Protolithen** (= prämetamorphen Ausgangsgesteinen) in zwei Hauptgruppen unterteilen. Beide Gruppen sind im Gelände häufig in engster Nachbarschaft anzutreffen, gelegentlich sogar im gleichen Aufschluss. Am weitesten verbreitet sind die **Quarz-Biotit-Plagioklas(Oligoklas)-Paragneise** (60–70 % $SiO_2$). Sie werden in alten geologischen Karten meist unter dem Namen **Rench-Gneise** geführt, weisen eine deutliche Bänderung im cm-Bereich auf und enthalten reichlich Biotit, aber auch Kalifeldspat, Sillimanit und Cordierit (letzterer allerdings oft in Chlorit-Serizit-Aggregate umgewandelt). Zu diesen Gneisen, die aus tonreichen-sandigen Sedimentgesteinen herzuleiten sind, gesellen sich glimmerreiche **Quarzite**, die von quarzreichen Sandsteinen herstammen, **Kalksilikat-Lagen** kalkig-mergeliger Herkunft und **Graphitschiefer**, deren Protolithen wahrscheinlich bituminös-tonige Sedimente waren. In graphitischen Lagen der Graphitschiefer hat man trotz der oft hochgradigen Metamorphose Reste von Mikrofossilien gefunden, die eine Ablagerung der ursprünglichen Sedimentabfolgen in der jüngsten Proterozoikum- und frühen Paläozoikum-Ära nahe legen (Hanel et al. 1999). U-Pb-Datierungen von detritischen Zirkonkörnern aus Paragneisen deuten auf eine Herkunft von ursprünglich sandigen Sedimenten aus südlichen, „panafrikanisch“ konsolidierten Krustenbereichen, die nach 550 Ma angehoben und erodiert wurden (Kober et al. 2004).

Eine zweite Gruppe von Gneisen umfasst meist recht homogene **Orthogneise**, die in älteren geologischen Karten oft als **Schapbach-** oder **Flasergneise** ausgeschieden wurden. Sie fallen durch engständig-planare Texturen und relativ geringe Biotitgehalte auf. Zu ihnen zählen zum einen helle **Quarz-Feldspat(Orthoklas-Albit)-Orthogneise** (auch als „**Leptinite**" bezeichnet, $SiO_2 > 75\,\%$), die möglicherweise von rhyolithischen Laven und vulkanischen Umlagerungsprodukten herstammen (Röhr 1990). Zum anderen sind **Quarz-Plagioklas-Orthogneise** durch graue mittelkörnig-„flaserige" Feldspat-Biotit-Bänder und fleckig zersetzte Orthit-und Hornblende-Kristalle gekennzeichnet. Letztere sind wahrscheinlich ältere granitisch-granodioritische Intrusionen. U-Pb-Datierungen von Zirkonen aus Orthogneisen deuten an, dass sie zwischen der späten Proterozoikum- und der frühen Paläozoikum-Ära in die sedimentären Schichtabfolgen eindrangen (Chen et al. 2000). Wechsellagernd mit den beiden Hauptgruppen der Gneise finden sich gelegentlich linsenförmige Körper von **Amphibolit**. Diese dunklen Gesteine mit den dominierenden Mineralen Hornblende und Plagioklas entstanden im Schwarzwald zum Großteil aus Basalt-Laven, die um 480 bzw. 440 Ma in ursprüngliche Sedimentabfolgen eindrangen und zusammen mit diesen eine regionale Metamorphose erfuhren (Chen et al. 2003). Dazu ist interessant, dass auch im angrenzenden saxothuringischen Krustenstreifen in dieser Zeitspanne granitisch-granodioritische Komplexe in tonig-sandige Schichtabfolgen und rhyolithisch-basaltische Vulkanite intrudierten.

Wichtig und zum Verständnis des Zentralschwarzwälder Gneiskomplexes besonders interessant sind die oft nur als m-große Linsen oder längere Streifen anzutreffenden **Granulit-Gneise**. Sie bestehen im Gegensatz zu den „normalen" Para- und Orthogneisen neben Quarz, Plagioklas und Biotit aus den $H_2O$-freien Mineralen Granat, Disthen (= Kyanit), Rutil und antiperthitischen Feldspäten. Ihre Zusammensetzung und das Alter der Minerale deuten an, dass die Granulit-Gneise sowohl sedimentäre als auch magmatische Protolithen repräsentieren und in der Zeitspanne von 340 bis 335 Ma unter Überschiebungen bis in Krustentiefen von rund 50 km gelangten und dabei eine **prograde** (= zunehmende) **Metamorphose** bis in Temperaturbereiche von 1000 °C erfuhren. Sie kehrten dann bereits um rund 332 Ma im Hangenden von Überschiebungen oder im Liegenden von Abschiebungen wieder bis in Tiefen von 30 bis 10 km zurück und durchliefen bei Temperaturen, die auf ungefähr 750 °C abnahmen, eine **retrograde** (= rückschreitende) **Niederdruck-Hochtemperatur-Metamorphose** (Kalt et al. 2000; Marschall et al. 2003; Schulmann et al. 2002). Im Kontakt mit „normalen" Gneisen und unter Anwesenheit geringer Mengen von $H_2O$ kam es dabei nicht nur zur Neubildung von Biotit und Sillimanit, sondern auch von Cordierit als späte Mg-Fe-Phase. Wie die umgebenden Gesteinspartien erfuhren auch die Granulite partielle Aufschmelzung.

Auch in den Amphiboliten finden sich gelegentlich Mineralrelikte, die auf ein vorhergegangenes extrem hochgradiges Stadium der Metamorphose hinweisen. Es sind dies Kerne aus **Eklogit**, einem rötlich-dunkelgrünen Gestein mit den Mineralen Granat, Pyroxen (Omphacit), Rutil und Disthen. Diese Minerale deuten an, dass basaltische Ausgangsgesteine im Zeitintervall von 350 bis 340 Ma unter Überschiebungszonen in Krustentiefen bis > 50 km gelangten und bei Temperaturen von > 700 °C eine prograde Metamorphose erfuhren, bevor sie – zusammen mit Gneisen – wieder in höhere Krustenbereiche gelangten. Unter Aufnahme von $H_2O$ wurden sie zu Amphiboliten. Noch seltener – aber ebenfalls sehr interessant – sind linsenförmige Körper aus **Peridotit**, grünliche Gesteine mit einem Mineralbestand aus Olivin, Pyroxen, Spinell und Granat. Diese Gesteine entstammen dem Erdmantel und gelangten wahrscheinlich zwischen 345 und 330 Ma als Intrusionen oder **Melangen** (= Mischgesteinskomplexe tektonischer Bewegungszonen) aus Tiefen > 50 km bis in die höhere Kruste (Kalt et al. 1995; Kalt & Altherr 1996; Kalt et al. 2000; Sawatzki 2004).

Die **partielle Aufschmelzung** der Gneise bei Temperaturen um 700 bis 800 °C wurde vor allem durch eine Entwässerung $H_2O$-führender Minerale (vor allem Biotit und Muskovit) in Tiefen um 20 bis 30 km möglich (Röhr 1990; Kalt et al. 1994; Kalt et al. 2000; Marschall et al. 2003). Dabei entwickelten sich zwischen 332 und 328 Ma in zuerst noch weitgehend „fest-plastischen“ Gneisen felsische Quarz-Plagioklas-Linsen, die im heutigen Gesteinsverband als gebänderte **Metatexite** erhalten geblieben sind (Abb. 24a). In gröber kristallinen, gefalteten bis zerscherten **Diatexiten**, besonders aber in chaotisch strukturierten **Anatexiten** (oder **Migmatiten**) kam es dagegen zur weitgehenden Auflösung der Foliationen. Aus diesen Phasen der Schmelzbildung erhaltene, cm- bis dm-breite helle Plagioklas-Quarz-Kalifeldspat-Linsen (= **Leukosome**), stellen wahrscheinlich bereits lagig aufgeschmolzene oder foliationsparallel intrudierte Mobilisate dar, die in dieser Form erstarrten (Abb. 24b). Dunkle Zonen mit Biotit, Granat, Sillimanit, Hornblende usw. (= **Mesosome**, **Melanosome**) aber auch Granat, Cordierit, Biotit, Sillimanit (+ Plagioklas, Kalifeldspat, Quarz, Graphit)-führende Mg-Fe-Al-reiche „Restit“- Gneise, die unter dem Namen **Kinzigit** bekannt sind, werden als rekristallisierte Reste des ursprünglichen Gesteinsrahmens interpretiert (Mehnert 1973; Mehnert & Büsch 1982; Flöttmann 1988; Kalt et al. 1994). Im Allgemeinen sind die Übergänge zwischen normal gebänderten, metatektischen, diatektischen und anatektischen Gneisen fließend. So ähneln insbesondere kilometerlange Körper mit hohen Feldspatgehalten sowie meist parallel zur NNE- bis NE-streichenden Foliation ausgerichtete, dm-mächtige granitische Lager und quer zur Foliation ausbrechende Gangbildungen, bereits granitischen Intrusionen (Schleicher & Fritsche 1978; Schleicher 1994).

Dass die metamorphen Gesteine heute überhaupt als solche an der Erdoberfläche anzutreffen sind, geht darauf zurück, dass größere Kristalle bei ihrem tektonischen Aufstieg auf die abnehmenden Temperaturen kaum mehr reagieren. Dabei erfolgte dieser Aufstieg bei Temperaturen oberhalb von 400 °C in Form von Relativbewegungen an **duktilen Scherzonen**. An diesen Zonen kam es im Verlauf intensiver plastischer Verformungen und Rekristallisationsvorgänge zur Entwicklung sogenannter **Mylonite**, in denen man häufig auch Minerale beobachtet, welche die abnehmenden Temperaturen und Drücke im Gestein widerspiegeln. Mylonite weisen, neben einer extrem plattigen Foliation, vor allem deutliche, raumgreifende **Streckungslineationen** auf (Abb. 24c). Diese resultieren aus der bevorzugten Ausrichtung gelängter rekristallisierter Quarzaggregate, faserförmiger Sillimanitkristalle („Fibrolithe") oder fragmentierter Feldspäte, Biotite und Muskovite in der Richtung der Relativbewegungen. Assoziierte asymmetrische Mineraltexturen deuten häufig neben der Richtung auch den Sinn der Relativbewegungen an. Im Schwarzwald, wo sich das Auftreten von Myloniten im Gelände oft schon durch den Zusatz „Schindel" auf topografischen Karten verrät, belegen mylonitische Foliationen und Streckungslineationen sowohl SE- und NW-gerichtete Überschiebungen, als auch nachfolgende Seitenverschiebungen und späte Abschiebungen. Diese Bewegungen erfassten lokal auch kurz zuvor intrudierte Granite (Krohe & Eisbacher 1986; Flöttmann 1988; Eisbacher et al. 1989; Wickert et al. 1990; Eisbacher & Fielitz 2008).

Bei Temperaturen unterhalb von 400 °C konzentrierten sich die Relativbewegungen an wesentlich schmäleren **spröden Störungszonen**, die durch mm- bis m-breite Zonen aus **Kataklasiten** gekennzeichnet sind. Kataklasite sind im Wesentlichen Streifen fragmentierter Gesteine, in denen sich neben der Fragmentierung auch Fluiddurchströmung ($H_2O$, $CO_2$ usw.) mit Lösung von Si, Mg, Fe, K, Na und Fe nachweisen lässt. Kataklasite sind deshalb durch **Alteration** (= Mineralneubildung $H_2O$-reicher Phasen) und **Silizifizierung** (= Verkieselung durch Ausfällung von Quarz) gekennzeichnet, wobei aus glänzenden schwarzen Biotitkristallen feinstkörnige Aggregate dunkelgrüner Mg-Fe-Chlorite und aus Plagioklasen hellgraue Serizit-Aggregate wurden. Risse – oft quer zu älteren Foliationsflächen – füllten sich mit Quarz, Epidot, Kalifeldspat (Adular, Orthoklas), Albit, Prehnit, Sulfaten oder Karbonaten. In den höchsten Krustenbereichen kam es unter Zutritt oxidierender Wässer zur Bildung rotbrauner Mn-Fe-Oxide und -Hydroxide (Werner & Franzke 2001). Die Übergänge zwischen gebänderten Gneisen in mylonitische und kataklastische Bereiche sind oft subtil. In der Tat hat das Wort „Gneis" möglicherweise eine slawische Wurzel, mit der man im frühen Bergbau auf „faules" oder „morsches" Gestein hinwies. Im Bergbau werden kataklastische Bereiche traditionell als „Lettenklüfte" oder „Ruschelzonen" bezeichnet.

Neben den hochgradig metamorphen, partiell aufgeschmolzenen und retrograd überprägten Gneisen besteht der Kristalline Sockel jedoch auch aus „Septen" niedergradig metamorpher **Sedimentgesteine** und **Vulkanite**, die nie in große Krustentiefen gelangten. Diese Abfolgen grenzen meist entlang von

Störungen an höhergradig metamorphe Gesteine oder wurden von Graniten intrudiert. Sie finden sich z.B. in der **Baden-Baden-Scherzone** des Nordschwarzwalds (Abb. 4; Wickert et al. 1990), in der **Badenweiler-Lenzkirch-Zone** des Südschwarzwalds (Hann et al. 2003) und vor allem in den **Vogesen**, wo sie ein generell etwas höheres Krusteniveau repräsentieren als die Gneise des Schwarzwalds (Wickert & Eisbacher 1988; Krecher & Behrmann 2007). Geringer metamorphe Abfolgen aus der frühen Paläozoikum-Ära, wie z.B. im Schindelklamm-Traischbach-Komplex der Baden-Baden-Scherzone, weisen im Allgemeinen eine **tektonische Schieferung** mit schräg zur Schichtung ausgerichteten Glimmer- und Tonmineral-Aggregaten auf, jedoch werden auch sie von mylonitischen oder kataklastischen Scherzonen durchzogen (Flöttmann & Oncken 1992; Wickert et al. 1990; Montenari & Servais 2000; Vaida et al. 2004). Jüngere bis > 3 km mächtige Schichtkomplexe der späten Devon-Periode und der mittleren Karbon-Periode (von 375 bis 330 Ma) bestehen aus turbiditisch-konglomeratischen Sandsteinen mit kalkig-blockigen Olisthostromen und Komponenten älterer Granit-Gneis-Komplexe, aber auch aus mafisch-rhyodazitischen oder trachyandesitischen Vulkaniten. Diese Abfolgen wurden anscheinend schon kurz nach ihrer Ablagerung zusammen mit ihrem Krustensubstrat deformiert und dann von Graniten intrudiert. Sie sind meist nur schwach geschiefert (Schaltegger et al. 1996; Sawatzki & Hann 2003; Krecher & Behrmann 2007). Da der Kristalline Sockel westlich des Rheins durch wesentlich höhere Anteile an niedriggradig metamorphen Gesteinen gekennzeichnet ist, als jener östlich des Rheins, lassen sich im Zusammenhang mit mylonitischen W-gerichteten Abschiebungszonen und NNE-streichenden granitischen Gängen östlich des Rheins bedeutende W- bis WNW-ausgerichtete Abschiebungsbewegungen im Bereich des später gebildeten Oberrhein-Grabens vermuten. Diese Extension der jungen Lithosphäre erfolgte um 325 Ma und erzeugte möglicherweise mechanische Schwächezonen, die später die Lage des Oberrhein-Grabens beeinflussten (Eisbacher & Fielitz 2008).

### *Granitische Intrusivkomplexe*

Wie bereits angedeutet, waren Sammlung, Mobilisation, Aufstieg, Erstarrung und Abkühlung der granitischen Intrusivkomplexe eng mit der Deformation, Metamorphose und Abkühlung der Gneise verbunden. Die zur großräumigen Schmelzbildung erforderliche Erwärmung der tieferen Kruste ergab sich vermutlich zum Teil aus einer durch Einengung hervorgerufenen Krustenverdickung und damit verstärkten Wärmeproduktion durch radioaktive Elemente in der Kruste. Ein weiterer Beitrag zur Erwärmung der Kruste ergab sich jedoch wahrscheinlich aus der Ablösung („Delamination“) oberster Mantel-Bereiche und aus dem Aufdringen heißer mafischer Schmelzen (> 1000 °C) in die tiefere Kruste (Eisbacher et al. 1989; Marschall et al. 2003). Obwohl ein Großteil der granitischen Schmelzen aus präexistierenden Krustengesteinen hervorging, enthalten gabbroide bis intermediäre Intrusivkomplexe signifikante Anteile an mafischen Schmelzen, die dem Oberen Mantel entstammen (Altherr et al. 1999, 2000; Kalt et al. 2000). Die geringer viskosen mafischen Magmen vermischten sich nicht immer mit den intrudierten krustalen Kristallbreien, sondern erstarrten in diesen gelegentlich als diskrete Einschlüsse (Otto 1970; Altherr et al. 1999b). Granitische Intrusivkomplexe umfassen einerseits riesige, ellipsoidische Körper, also **Plutone** mit Durchmessern von mehreren zehn Kilometern, andererseits Schwärme von dm- bis m-breiten Spaltenfüllungen, die als **Gänge** erstarrten.

**Granit-Plutone** ($SiO_2$ > 65 %, $Al_2O_3$ um 15 %) entstehen wahrscheinlich in großräumig aufgeheizten und partiell aufgeschmolzenen Gesteinsbereichen der tieferen Kruste, in denen sich die Dichte gegenüber dem Nebengestein soweit verringert, dass Auftriebskräfte eine nach oben gerichtete Bewegung fördern. Eine durch Entlastung abnehmende Viskosität in den Schmelzen oder gleichzeitig erfolgende Relativbewegungen in der Kruste, können diesen Intrusionsvorgang beschleunigen. Im Nordschwarzwald lässt sich das Zeitintervall von der initialen Schmelzbildung bis zur Erstarrung der großen Granit-Plutone durch Datierung von Zirkonen, vor allem auf die Zeitspanne zwischen 332 und 325 Ma einengen. Die nachfolgende Phase der Abkühlung unter 500 °C bzw. unter 300 °C umspannt das Zeitintervall von 325 und 315 Ma (Von Drach 1978; Hanel et al. 1993; Lippolt et al. 1994; Kalt et al. 1994; Schaltegger et al. 1996, 2000; Hess et al. 1995, 2000). Im Südschwarzwald tauchen Gerölle von Graniten bereits in Konglomeraten der frühen Karbon-Periode (= Visée-Epoche, rund 330 Ma) auf, was eine recht kurzfristig einsetzende tektonisch-erosive Freilegung höher gelegener Intrusionsbereiche belegt (Sawatzki & Hann 2003). Die auffallendsten Minerale in Graniten sind die cm bis dm großen, meist hellgrauen bis gelblich-rötlichen Kalifeldspäte (Orthoklas oder Mikroklin, oft als Zwillingskristalle), die als **Kalifeldspat-Megacrysten** (= Großkristalle, **Porphyroblasten**) einerseits von einer **Matrix** (= Grundmasse) aus mm bis cm großen, grünlich-hellgrauen **Plagioklasen** (und Orthoklasen), grau glänzenden Quarzen, dunklen Biotiten oder silbrig glänzenden Muskoviten umgeben sind (Abb. 9), andererseits früher auskristallisierte Matrixminerale umschließen oder durchwachsen. In wesentlich geringeren Anteilen führen Granite auch Hornblende, Turmalin, Sillimanit oder Cordierit, oft nur als **Pseudomorphosen**, also in Form von Serizit-Chlorit-Aggregaten, welche die ursprünglichen Kristallformen dieser Minerale nachbilden.

Je nach ihren Anteilen an Biotit bzw. Muskovit unterscheidet man unter den Graniten unserer Region mehrere Hauptgruppen. **Biotit-Granite** (in alten Karten als „Granitite“ bezeichnet) bestehen aus 25–30 % Quarz, 30–35 % Kalifeldspat, 20–40 % Plagioklas und 5–20 % Biotit (und auch Hornblende), wie

**Abb. 9. a.** Aufschluss eines Biotit-Granits mit deutlich parallel ausgerichteten Kalifeldspat-Megacrysten, die auf diese Weise Fließ- bzw. Scherflächen im erstarrenden Granit andeuten (Bad Wildbad). **b.** Pegmatit-Gang in einem Biotit-Granit, der noch vor Erstarrung der Gangfüllung von Scherbewegungen erfasst worden war (Bad Wildbad).

z. B. die **Oberkirch-**, **Triberg-**, **Wildbad-Granite** im Schwarzwald oder der **Heidelberg-Granit** im südlichen Odenwald. **Biotit-Muskovit-Granite** („Zweiglimmergranite") enthalten rund 30–38 % Quarz, 30–45 % Kalifeldspat, 15–25 % Plagioklas, bis zu 5 % Biotit und 5–10 % Muskovit, wie z. B. der

**Bühlertal-Forbach-Schönmünzach-Granitkomplex**, der **Seebach-Granit**, Teile des **Triberg-Granits** oder der Turmalin führende **Nordrach-Granit** im Nordschwarzwald. **Muskovit-Granite** weisen noch höhere Muskovitgehalte auf, wie z. B. der **Sprollenhaus-Granit** im östlichen Nordschwarzwald. **Hornblende-Granite**, **Granodiorite** und **Diorite** sind durch deutlich höhere Anteile an Plagioklas, Hornblende oder Biotit gekennzeichnet, so z. B. der **Friesenberg-Granit** bei Baden-Baden oder die Intrusivkomplexe im Kristallinen Sockel des Pfälzerwalds, der Nordvogesen oder des Odenwalds. Abweichungen von der durchschnittlichen Zusammensetzung der granitischen Intrusivkomplexe beobachtet man vor allem in der Nähe von **Enklaven** (**Schollen** oder **Xenolithen**), also im Bereich unvollkommen absorbierter Nebengesteine oder mafischer Magma-Globulen. Geplättete Enklaven, aber auch **Schlieren** aus Biotit oder Hornblende und parallel angeordnete Feldspat-Tafeln sind Hinweise auf die Orientierung von Fließflächen in den erstarrenden Intrusionen. Auch die im Labor an Granitproben gemessenen magnetischen Anisotropien können auf häufig nicht sichtbare Fließflächen oder duktile Scherzonen hinweisen (Greiling & Verma 2001).

**Granitgänge** ($SiO_2$ > 72 %) zeigen im nördlichen Schwarzwald meist ENE- bis NNE-Streichen und durchziehen sowohl granitische Intrusiva als auch hoch- und niedriggradig metamorphe Gesteine. Ihre Kontakte zu den Nebengesteinen sind teilweise unscharf definierte Übergänge, undeutliche Randzonen oder scharfe Grenzen. Die Kontaktbeziehungen illustrieren Temperaturunterschiede zwischen den intrudierenden Magmen und dem intrudierten Nebengestein. So bilden glimmerreiche, grobkristalline **Pegmatit-Gänge** meist linsenförmige Körper, die häufig nur über kurze Strecken zu verfolgen sind und Füllungen hochtemperierter Dilatationszonen darstellen (Abb. 9b). Sie entstammen isolierten granitischen Restschmelzen, die durch hohe $H_2O$- und Spurenelement-Gehalte gekennzeichnet sind. Andere Gangformen entstammen dagegen $H_2O$-armen, überhitzten und deshalb hochmobilen Magmen, die aus tiefkrustalen Magmenkammern durch kilometerlange und meterbreite Spalten in heiße oder bereits abgekühlte spröde Nebengesteine eindringen. Glimmerarme Quarz-Feldspat-**Aplit-Gänge** weisen meist bis an den Kontakt gleichkörnig-feinkristalline Texturen auf, was auf ihre gleichförmige interne Abkühlung hinweist. **Granitporphyr-Gänge** sind durch Feldspat-Großkristalle und randliche feinkörnige Abkühlungszonen gekennzeichnet, was eine Intrusion in bereits erkaltete Nebengesteine andeutet (Schleicher 1978; Schleicher & Fritsche 1978). Dunkle Biotit-Hornblende führende mafische **Lamprophyr-Gänge** (Abb. 66), die durch ihre hohen Kalium-Gehalte (> 5 %) auffallen, stammen aus Magmenkammern des Oberen Erdmantels und sind im Allgemeinen jünger als die pegmatitisch-aplitischen Gangsysteme. Da sie im Odenwald-Pfälzerwald (Saxothuringikum) wesentlich häufiger anzutreffen sind als im Schwarzwald (Moldanubikum), illustrieren sie möglicherweise eine unterschiedliche Zusammensetzung der neu gebildeten Mantelsubstrate der beiden Krustenbereiche. Noch jüngere Gangsysteme sind **Rhyolith-** und **Basalt-Gänge**, also Förderschlote vulkanischer Produkte in der Rotliegend-Gruppe und auf der Germanischen Tafel (siehe weiter unten).

Nach Abkühlung der Granite und Gneise unter 500 °C wurden erste offene Risse und kataklastische Störungszonen noch längere Zeit von heißen Fluiden durchströmt. Aus den sich abkühlenden Fluiden schied sich entlang von Dilatationszonen gelöstes $SiO_2$ in Form von **Quarzadern** ab. So finden sich z. B. in Graniten und Gneisen des zentralen Schwarzwalds WNW-streichende Quarz-Turmalin-Adern mit den Wolfram-Mineralen Scheelit und Wolframit (Werner et al. 1990; Markl & Schumacher 1996). Heiße K-Na-reiche Fluide förderten wahrscheinlich auch erste **Alterationen** der Nebengesteine durch Sprossung von Kalifeldspäten, Albitisierung von Plagioklasen und Umwandlung Al-reicher Silikate in Serizitaggregate. In alten geologischen Karten wurden solche Alterationsbereiche in Granit-Plutonen gelegentlich als „Chlorophyllit-Granite" ausgeschieden. Das bei der Alteration von Biotiten freigesetzte Eisen wurde vielfach wieder an Mineral-Spaltflächen oder in Gesteinsrissen als Hämatit ($Fe_2O_3$) oder Goethit (FeOOH) ausgeschieden und verleiht vielen Graniten ihre rötliche Färbung. Der Kristalline Sockel erfuhr allerdings auch noch lange nach seiner ersten Abkühlung, erosiven Freilegung und erneuten Überdeckung bedeutende Fluiddurchströmungen und Alterationen bei allerdings wesentlich niedrigeren Temperaturen (siehe weiter unten).

Wichtig für die oberflächennahe Verwitterung der Sockelgesteine sind neben alterierten chloritisch-serizitischen Scher- und Bruchzonen auch **Klüfte**, also diskrete Trennflächen, an denen primär keine Relativbewegungen erfolgt sind (Abb. 10). Klüfte entstehen im Wesentlichen auf dreierlei Weise. **Abkühlungsklüfte** öffnen sich in abkühlenden und erstarrenden Magmen senkrecht zu den jeweiligen Isothermen (= Flächen gleicher Temperatur), sind also senkrecht zu Nebengesteinskontakten oder ursprünglichen Landoberflächen ausgerichtet. **Tektonische Klüfte** bilden meist **Kluftscharen** aus zueinander parallelen, ebenen Flächen senkrecht zur kleinsten regionalen Hauptnormalspannung von regionalen Spannungsfeldern. Dabei überlagern sich Kluftscharen unterschiedlichen Alters und Orientierung häufig in recht komplexen **Kluftsystemen**. **Entlastungsklüfte** bilden sich besonders in massigen Graniten durch oberflächennahe elastische Querdehnung. Sie sind leicht gekrümmt und entwickeln sich anscheinend bis in Tiefen von mehreren Dekametern parallel zu freiliegenden Felsoberflächen. Im Einzelfall erweist sich die Zuordnung von Klüften zu den hier erwähnten Mechanismen als schwierig, insbesondere dann, wenn an den Kluftflächen später Relativbewegungen erfolgt sind oder sie eine tiefgreifende Verwitterung erfahren haben. Auch Sprengungen bei der Schaffung künstlicher Aufschlüsse erzeugen Risse, die allerdings meist abrupt gewinkelt oder verzweigt sind und nur über kurze Distanzen aushalten.

**Abb. 10. a.** Natürlicher Granit-Aufschluss mit den typischen abgerundeten Wollsack-Verwitterungsformen im Verschnitt steiler tektonischer Klüfte mit subhorizontalen Entlastungsklüften (Lanzenfelsen im Forbach-Bühlertal-Granitkomplex südlich von Baden-Baden). **b.** Steinbruch-Großaufschluß im Seebach-Granit mit NNE-streichenden und steil E-einfallenden tektonischen Klüften, an denen zum Teil später auch Abschiebungen und sinistrale Seitenverschiebungen erfolgten. Deutlich sichtbar sind im Unterschied zu natürlich verwitternden Granitfelsen, die scharfkantigen Kluftverschnitte in der Steinbruchwand (Steinbruch östlich oberhalb von Seebach, Nordschwarzwald).

*Verwitterung, Grundwasser und Boden*

Die Gesteine des Kristallinen Sockels sind im Allgemeinen Aquitarde mit Porositäten < 3 %. Im Ausbiss beobachtet man an den Oberkanten des Sockels deshalb häufig Quellketten, die an tiefer gelegenen Hängen in engständige Talnetze übergehen. Abpumpversuche in Bohrlöchern ergeben für Granit oder Gneis stark streuende Werte der hydraulischen Leitfähigkeit von $10^{-5}$ bis $10^{-10}$ m $s^{-1}$ (Stober 1997; Stober & Bucher 1999). Die große Streuung ist darauf zurückzuführen, dass die hydraulische Leitfähigkeit im Bereich offener Spalten, blockig-kataklastischer Störungszonen oder engständiger Kluftscharen mehr als drei Größenordnungen über denen für ungeklüfteten Fels oder für tonig-alterierte Scherzonen liegt. An der Landoberfläche fördern jedenfalls zu Spalten ausgeweitete Trennflächen die Infiltration von Niederschlagswässern und somit das Fortschreiten der Verwitterung. Scharfe Kanten im Verschnitt mehrerer Bruchflächen, wie sie häufig in künstlichen Aufschlüssen zu sehen sind, werden im Verlauf der natürlichen Verwitterung durch **Exfoliation** mm- bis cm-mächtiger Gesteinsblättchen abgerundet. Zwischen mehreren Bruchflächen ausgesparte unverwitterte Blöcke bilden dann m-große „**Wollsäcke**" (Abb. 10a), die an ihren Unterrändern meist von dm- bis m- mächtigen Lagen aus **Grus** (= mm-großen Mineralfragmenten) ummantelt werden.

Die von der Landoberfläche in den Kristallinen Sockel infiltrierenden Wässer treten häufig schon nach einer Verweildauer von nur wenigen Jahren als geringfügig mineralisierte Ca-$HCO_3$-Grundwässer mit Temperaturen von 6 bis 9 °C an **Fels-** oder **Schuttquellen** zutage. Bei hohen topografischen Gradienten können die an Spalten oder Störungszonen eingedrungenen Wässer jedoch in größere Tiefen absinken und sich mit bereits vorhandenen Wässern mischen. So erfolgen oft über Hunderte oder Tausende von Jahren chemische Reaktionen mit den durchströmten Nebengesteinen. Dabei kommt es bei höheren Temperaturen neben Lösungsvorgängen vor allem zum Einbau von $H_2O$-Molekülen in neugebildete Alterationsminerale (Tonminerale, Zeolithe), was eine allmähliche „Austrocknung" der Wässer hervorruft. Diese werden so zu Na-Cl-Ca-$SO_4$-**Tiefenwässern** mit Salinitäten > 1 g/l (Stober & Bucher 1999, 2000). Die durch den Gehalt an gelösten Festsubstanzen erhöhte Dichte verstärkt eine nach unten gerichtete Bewegung der Tiefenwässer, die deshalb nur unter ganz besonderen hydraulisch-strukturellen Bedingungen als **Thermalwässer** wieder zur Erdoberfläche zurückkehren (siehe weiter unten).

An der Landoberfläche bilden sich auf Gneis-, Granit- oder Grussubstraten unter den heutigen Klimabedingungen meist sandige **Ranker-Rohböden** oder **Braunerde-Böden**. Naturnahe Vegetationsdecken auf diesen Böden sind in tieferen Hanglagen Buchen-Eichen-Wälder, in höheren Lagen Buchen-Tannen-Wälder. Auf den bekannten „Felsen" und „Schrofen" des nördlichen Schwarzwalds finden sich bis heute gelegentlich noch alte, naturnahe Waldreste mit Buche (*Fagus sylvatica*), Traubeneiche (*Quercus petraea*), Tanne (*Abies alba*) oder Waldkiefer (*Pinus sylvestris*). Im Gegensatz zu den Forsten mit flachwurzelnden Fichten widerstehen sie anscheinend auch starken Stürmen. Da bei der Verwitterung der Sockelgesteine ausreichende Mengen an Kalium (rund 5 %) und Kalzium freigesetzt werden, dienten tiefer gelegene Hänge im Ausbiss der Sockelgesteine früher als Äcker. Dazu mussten allerdings die meist blockigen Schuttsubstrate in harter Handarbeit entfernt und Felder mit Mauern gestützt werden. Im Schwarzwald finden sich Reste solcher Anlagen heute oft in jungen Waldsäumen. Am Westrand des Schwarzwalds werden bis heute auf lockeren Grus-Löss-Böden bis in Höhen um 400 m NN auf S- bis SW-exponierten Hängen Weine höchster Qualität gezogen.

Granite sind je nach ihrer Kristallgröße, Textur und Klüftung wichtige Werksteine, aber auch ein Schotterrohstoff. Als **Werksteine** eignen sich unverwitterte gleichkörnige Granite mit weitständiger Klüftung und hoher Druckfestigkeit (> 150 MPa). Besonders hohe Druckfestigkeiten > 250 MPa erreichen die meist homogenen feinkristallinen Ganggranite und glimmerfreien Aplite. Da diese jedoch meist recht engständige Bruchflächen aufweisen, kommen sie nur als **Pflastersteine** oder **Strassenschotter** zum Einsatz. Lagig-anisotrope Gneise – meist von retrograden Chlorit- oder Serizit-Alterationszonen durchzogen – finden nur lokal als Strassenschotter Verwendung.

Dem Kristallinen Sockel widmen sich vor allem die Exkursionen E 1 und E 3.

## Das Germanische Becken

Da in der tieferen Kruste des zentralen Variszischen Gebirges anscheinend noch bis in die späte Karbon- und frühe Perm-Periode (bis rund 280 Ma) Temperaturen von 800 bis 1000 °C vorherrschten, erfuhren die duktilen und teilweise noch aufgeschmolzenen Bereiche der Unterkruste und des obersten Mantels horizontale Ausgleichsbewegungen, die sich ab rund 325 Ma in der neugebildeten Lithosphäre als Extension und Verdünnung der Kruste äußerten. Dabei entstanden vor allem östlich des Rheins NNE-streichende und WNW- aber auch ESE-einfallende krustale Abschiebungszonen, an denen auch höchste Anteile der zuvor intrudierten granitischen Komplexe freigelegt wurden (Eisbacher & Fielitz 2008). Schon kurz nach der Freilegung erster granitisch-metamorpher Komplexe wurden in der Namur (?)-Westphal-Stufe (ca. 326 bis 306 Ma) gleichzeitig absinkende Bereiche der gebirgigen Landoberfläche bei feucht-warmen Klimabedingungen von sandig-tonig-kohligen Schichtabfolgen überdeckt. Zu den Abfolgen dieses Alters gehören im weiteren Umkreis unserer Region kohleführende Schichten im tieferen, westlichen Saar-Nahe-Becken, aber auch die rund 200 m mächtige **Berghaupten-Formation** im zentralen Schwarzwald. Letztere bildet wenige Kilometer südlich von Offenburg im Bereich der komplex deformierten, NE-streichenden Diersburg-Scherzone einen 4 km langen und rund 300 m breiten Streifen. Die Berghaupten-Formation besteht aus basalen Konglomeraten, quarzreichen Sandsteinen, rhyolithischen Tuffen und anthrazitischen Kohleflözen, deren hoher Inkohlungsgrad auf die noch hohen Temperaturen direkt unter dem absinkenden Becken hinweist. Die Kenntnis dieser leider nur spärlich aufgeschlossenen Abfolge verdanken wir der Dokumentation eines hier zeitweise betriebenen Untertage-Bergbaus auf Kohle (Ziervogel 1914; Wilser 1935; Kessler & Leiber 1994).

Anhaltende regionale Extensionsbewegungen über dem noch heißen Erdmantel führten sowohl zur Hebung von Rücken, die der Erosion ausgesetzt waren, als auch zur Absenkung zunehmend breiterer Beckenbereiche, in denen zwischen der spätesten Karbon- und der mittleren Perm-Periode (rund 306 bis 270 Ma) das von den Rücken abgetragene Material als **Rotliegend-Gruppe** abgelagert wurde (Abb. 5). Im Verlauf von Dehnungen und Ausdünnungen der Kruste nahm diese ihre heutige Mächtigkeit um 30 km an. Dabei extrudierten innerhalb und am Rand der Rotliegend-Becken basaltisch-andesitische Laven direkt aus Magmakammern im Oberen Mantel und rhyolithisch-dazitische Laven auch aus Magmakammern der tiefen Kruste (Falke 1971; Lorenz & Nicholls 1984; Schäfer 1986, 1989; Henk 1993; Müller 1996; Schneider & Edel 1995; Sittig 2003; Schmidberger & Hegner 1999). In unserer Region entwickelten sich größere Beckenstrukturen vor allem an bedeutenden präexistierenden, NE-streichenden Störungszonen im Kristallinen Sockel. Da die Ausrichtung magmatischer Gänge jedoch weiterhin auf E-W- bis NW-SE-Extension der Kruste hinweist, waren die meisten Störungen an den Beckenrändern wahrscheinlich Schrägabschiebungen, die miteinander an komplexen Transferstörungen in Verbindung standen (siehe z.B. Henk 1993; Peterek et al. 1996). Dies gilt höchstwahrscheinlich für das 150 km lange und 40 km breite, asymmetrisch abgesunkene **Saar-Nahe-Becken** mit seiner 6 km mächtigen Schichtabfolge, die südöstlich einer bedeutenden Schrägabschiebung im Bereich der krustalen Grenzzone Saxothuringikum-Rhenoherzynikum abgelagert wurde, aber auch für das **Oos-Becken** im krustalen Grenzbereich Moldanubikum-Saxothuringikum und für das **Offenburg-Becken**, das Teile der Diersburg-Scherzone überlappt. Andere größere Rotliegend-Becken sind weitgehend unter jüngeren Schichtabfolgen verborgen und deshalb nur in groben Umrissen bekannt, wie z.B. das **Schramberg-Becken**, das sich mit Unterbrechungen durch den Schwarzwald bis unter die Schwäbische Alb erstreckt, oder das 8 km breite **Nordschweizer-(= Bodensee-)Becken**, das vor allem durch Bohrungen und geophysikalische Untersuchungen belegt ist (Marchant et al. 2005).

Aufgrund einer allmählichen Abkühlung und der damit verbundenen Zunahme der Dichte im Oberen Mantel erfuhr die Lithosphäre im Verlauf der Mesozoikum-Ära eine anfangs kräftige, dann aber allmählich abnehmende breitgespannte „isostatische“ **Subsidenz** (=Absenkung). Diese erfasste nicht nur die Krustenbereiche unter den Rotliegend-Becken, sondern auch jene unter den angrenzenden Rücken (Ziegler et al. 2004). Dabei verschwanden freiliegende Oberflächen des Sockels und der Rotliegend-Gruppe erneut unter sedimentären Ablagerungen des großen intrakontinentalen **Germanischen Beckens**, das sich langsam von Norden nach Süden ausweitete (Abb. 5). In der späten Perm-Periode bedeckten erste Sedimente der marinen **Zechstein-Gruppe** unsere Region, wobei von nun an der allmählich größer werdende Absenkungsbereich von der nichtmarinen **Buntsandstein-Gruppe**, der marinen **Muschelkalk-Gruppe** und der lakustrin-lagunären **Keuper-Gruppe** gefüllt wurde (Frank 1937; Wurster 1968; Schröder 1982; Aigner & Bachmann 1992). Für diese drei Gruppen prägte Alberti (1834) ursprünglich den Begriff der „**Trias-Formation**“, aus dem sich später der internationale Begriff der **Trias-Periode** für die Zeitspanne von rund 250 bis 200 Ma entwickelte. In der nachfolgenden **Jura-Periode** (von rund 200 bis 145 Ma) wurde das intrakontinentale Germanische Becken Teil eines breiten, subtropischen Schelfsaums am Nordrand des mediterranen Tethys-Ozeans, in dem die Tonstein-Kalkstein-Abfolgen der Schwarzjura-, Braunjura- und Weißjura-Gruppe abgelagert wurden. Die Mächtigkeit der gesamten Schichtfolge des Germanischen Beckens erreicht in Norddeutschland fast 8 km, in Süddeutschland dagegen nur 1 bis 2 km.

Während sich innerhalb des Germanischen Beckens die durch Abkühlung des Oberen Erdmantels induzierte Absenkung der Lithosphäre durch das Gewicht der auflagernden Sedimente auf ungefähr das Doppelte erhöhte, verursachte der Abtrag der Gesteine außerhalb des Beckens eine Verzögerung der Absenkung. Dadurch wurde die allmähliche Ausweitung des Beckens von Kippungen und Hebungen im Bereich von **Beckenrand-Schwellen** begleitet, so z.B. im Bereich der **Gallischen Schwelle** im Westen und der **Vindelizischen Schwelle** im Südosten. Im Kristallinen Sockel der Nordschweiz und anderswo dokumentieren Zirkon-Spaltspur-Alter zwischen 250 und 200 Ma (Timar-Geng 2006) recht signifikante Hebungen des Kristallinen Sockels vor und während der Ausweitung des Beckens. Auf den sich hebenden Schwellen wurden auch bereits abgelagerte Schichtabfolgen wieder erodiert. Dabei entstanden **Beckenrand-Diskordanzen**, die nicht nur durch das **Auskeilen** (= Ausdünnen) älterer unter jüngeren Formation, sondern auch durch ihre kiesig-sandig-dolomitische **Beckenrandfazies** in jüngeren Formationen gekennzeichnet sind (Abb. 5). Dieses Übergreifen einer oft fossilfreien Beckenrandfazies im Bereich der Beckenrand-Schwellen erschwert hier die zeitliche Festlegung der Schichteinheiten (Frank 1937). Im Becken selbst äußern sich NE- bis ENE-orientierte krustale Grenzzonen im Kristallinen Sockel weiterhin als Bereiche subtiler Faziesübergänge oder Mächtigkeitsschwankungen in den Schichtabfolgen. So entwickelte sich z. B. nördlich der Grenzzone Moldanubikum-Saxothuringikum in unserer Region die **Kraichgau-Senke**, in der es während der Ablagerung der

Buntsandstein-Gruppe zum Vorrücken breiter Flussebenen kam und an deren Südrand in der Muschelkalk-Gruppe ein Übergang von kalkig-tonigen in dolomitische Schichtglieder zu erkennen ist. Außerdem weisen Schichten der Keuper- und der Braunjura-Gruppe in der Kraichgau-Senke deutlich höhere Gesamtmächtigkeiten auf als außerhalb (Frank 1936, 1937; Ortlam 1967; Aigner 1984; Geyer & Gwinner 1986; Rupf & Nitsch 2008).

Im Zuge großräumiger Plattenbewegungen im atlantisch-mediterranen Lithosphärenbereich kam es in der späten Mesozoikum-Ära (um 150 bis 100 Ma) auch in der Kruste unter dem Germanischen Becken zu Verstellungen, bei denen schließlich Teile der Beckenfüllung als **Germanische Tafel** über dem Niveau der regionalen Erosionsbasis auftauchten. Dabei erfuhren der Kristalline Sockel und die Schichtabfolgen des Germanischen Beckens immer wieder kräftige Fluiddurchströmungen, die wiederum lokale Wärmeanomalien, Gesteinsalterationen und Vererzungen hervorriefen.

## Rotliegend-Gruppe

Die **Rotliegend-Gruppe** der späten Karbon- und frühen Perm-Periode (ca. 306 bis 260 Ma) wurde in teilweise recht komplexen, NE-streichenden Grabenstrukturen abgelagert. Diese entwickelten sich als Folge einer generell WNW-ESE-gerichteten Dehnung der Kruste und füllten sich mit km-mächtigen Schwemmfächer-Ablagerungen, Playa-(= Trockensee-)Sedimenten, lokal aber auch mit felsischen oder mafischen Laven. Die Gliederung der Rotliegend-Gruppe war in unserer Region immer wieder Veränderungen unterworfen (Falke 1971; Leiber & Münzing 1979). Sie soll hier nach Sittig (2003) für das Oos-Becken im Bereich Baden-Baden beschrieben und mit Einheiten des weiteren Umfelds verglichen werden.

Die basale **Staufenberg-Formation** (300 bis 400 m mächtig) lagert diskordant auf dem Kristallinen Sockel und besteht in ihren tieferen Teilen aus grauen, dm-geschichteten und meist feldspatreichen Sandsteinen (=Arkosen) mit konglomeratischen Lagen. Schichtstrukturen und kohlig-schluffige Zwischenschichten mit Pflanzenresten sind Hinweise auf eine fluviatile Ablagerung bei noch weitgehend humiden Klimabedingungen der späten Karbon-Periode (Westfal-(?) und Stephan-Epoche; rund 310 bis 299 Ma). Dunkelrot-rostbraun gefärbte fluviatile Sandsteine in höheren Teilen deuten bereits variablere Klimabedingungen an (Sittig 2003; Löffler 1992), wobei gelegentlich anzutreffende vulkanische Aschenlagen einen gleichzeitigen explosiven rhyolithisch-rhyodazitischen Vulkanismus in der näheren Umgebung dokumentieren. Eine dieser Aschenlagen lieferte ein radiometrisches Alter von 300 Ma (Hess et al. 1983).

Über der Staufenberg-Formation folgt die vulkanisch-vulkanoklastische **Lichtental-Formation** (bis 900 m mächtig), die in regionaler Sicht wahr-

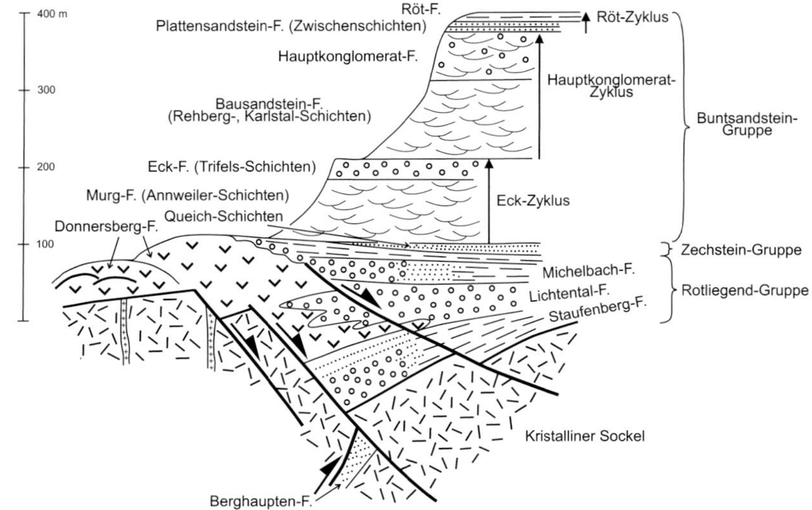


**Abb. 11.** Säulenprofil zur Nomenklatur und Mächtigkeit der Schichtabfolgen in der Rotliegend-, Zechstein- und Buntsandstein-Gruppe unserer Region; Schichtmächtigkeiten und Fazies in der Rotliegend-Gruppe sind stark schematisiert!

scheinlich mit der **Donnersberg-Formation** (oder „**Grenzlager-Gruppe**") des Saar-Nahe-Beckens korreliert. Dort interpretiert man die **bimodalen** (basischen und felsischen) **Vulkanite** als Produkte kalk-alkalischer Differentiationsreihen, teilweise mit Anteilen aufgeschmolzener Krustengesteine (Lorenz et al. 1987; Stollhofen et al. 1999; von Sechendorf et al. 2004). Sie extrudierten in unserer Region vor allem in der Zeitspanne zwischen 296 und 286 Ma. Basaltisch-andesitische Deckenlaven ($SiO_2$ < 55 %), traditionell als „Melaphyre" oder „Olivin-Porphyrite" bezeichnet, entstammen Magmakammern im Oberen Erdmantel, für welche Temperaturen um 1100 bis 1200 °C abgeleitet wurden. Die durch eine Kristallisationsabfolge von Olivin, Pyroxen, Plagioklas, Biotit und Magnetit gekennzeichneten dunkeln Gesteine finden sind vor allem im Bereich des Saxothuringikums, und sind westlich des Rheins anzutreffen. Typisch für die Basalt-Laven sind die mit konzentrischen Quarzaggregaten und anderen Alterationsmineralen gefüllten Gasblasen-Hohlräume („Mandelsteine"). Rhyolithisch-dazitische Lavadome, Brekzien, Ignimbrite und Aschen ($SiO_2$ um 65–75 %), traditionell als „Quarzporphyre" oder „Pinitporphyrtuffe" bezeichnet, gingen zumindest zu Teilen aus aufgeschmolzenen Krustenkomponenten tiefkrustaler Magmakammern hervor und erreichten die Landoberfläche als stark überhitzte Laven. Sie finden sich weitverbreitet beiderseits des

Rheins. Auch sie wurden nach ihrer Extrusion noch längere Zeit von heißen Fluiden durchströmt und erfuhren Verkieselungen und rötliche Hämatit- oder grünliche Serizit(=„Pinit")-Alterationen (Schleicher & Lippolt 1981; von Platen & Hofmeister 1993; Stollhofen 1994; Lebede & Fröhler 1996). Die Eruptionen in unserer Region produzierten anscheinend auch rhyolithisch-rhyodazitische Aschen, die ins zentrale Saar-Nahe-Rotliegend-Becken drifteten und dort in lakustrinen Sedimentabfolgen Leithorizonte bilden (Stollhofen 1994; Königer et al. 2002, Königer & Lorenz 2002). Im Schwarzwald, im Odenwald und in den Vogesen überlagern rhyolithische Dome auch direkt Gesteine des Kristallinen Sockels. Erosionswiderständige Lava-Rücken ragen bis in basale Schichten der Buntsandstein-Gruppe auf. Die Lichtental-Formation des Oos-Beckens besteht aus massiven Laven, Ignimbriten (= Schmelztuffen) oder fluidalen Laven (Abb. 12) eines älteren **Gallenbach-** und eines jüngeren **Yburg-Rhyolith-Komplexes** (Lebede & Fröhler 1996). Sie umfasst jedoch auch eine mehrere Hundert Meter mächtige Abfolge gelblich-hellroter, vulkanisch-pyroklastischer Brekzien, schlecht sortierter Schlammstrom-Ablagerungen (Lahare) und gelegentlicher Aschenlagen (Sittig 2003).

Die Rotschichten der **Michelbach-Formation** (300 bis 400 m mächtig) wurden im Verlauf der mittleren Perm-Periode (rund 280 bis 260 Ma?) im Oos-Becken teilweise diskordant über der synsedimentär nach Nordwesten gekippten Lichtental-Formation abgelagert. Sie besteht im Süden aus hellroten und durchwegs grobkörnigen Fanglomerat-Einheiten einer randlichen **Schwemmfächer-Fazies**, die gegen Norden mit drei dunkelroten Ton-Schluffstein-Einheiten einer zeitgleich sedimentierten **Playa(= Trockensee)-Fazies** wechsellagert (Abb.25a-e). Sowohl die geringe Sortierung der blockig-kantigen Komponenten (Biotit-Muskovit-Granit, Muskovit-Granit, Gneis und Rhyolith) als auch die massig-ebene Schichtung der Fanglomerate deuten an, dass die Schwemmfächer-Ablagerungen durch episodische Schlammströme oder Hochwasser-Schichtfluten aus steilen Einzugsgebieten im Südwesten herantransportiert wurden. Auch die Zusammensetzung fluviatiler Sandsteine (= Arkosen) in der Formation (25 bis 30 % Feldspat, rund 25 % Quarz bzw. 50 % Gesteinsfragmente) entspricht etwa jener der Gerölle und deutet auf geringe Transportdistanzen hin (Bilharz 1935; Sittig 1983; Lindinger 1984; Löffler 1992; Fröhler & Lebede 1994). Die meist dunkelroten tonig-schluffig-sandigen Playa-Ablagerungen enthalten Dolomit-Konkretionen, dolomitische Porenzemente, kaum zersetzte Feldspatkörner und eine durch Hämatit ($Fe_2O_3$) hervorgerufene, raumgreifende Rotfärbung. Alles dies sind Hinweise auf nunmehr vorherrschende semiaride bis aride Klimabedingungen. Fossilien, wie z. B. kleine Krebse mit muschelartigem Gehäuse (Conchostraken) belegen gelegentliche Überflutungen von Trockenseen (Löffler 1992; Löffler et al. 1995; Sittig & Kozur 1981). Die Michelbach-Formation korreliert zum Teil mit der ähnlich zusammengesetzten **Wadern-Formation** des südlichen Saar-Nahe-

**Abb. 12. a.** Ehemalige Steinbruchwand in massigem Rhyolith, in dem eine sonst kaum strukturierte Felswand vor allem durch eine Abkühlungsklüftung sowie eine bankige Absonderung der Laven gegliedert wird (Yburg-Komplex, Varnhalt im westlichen Oos-Becken). **b.** Engständige Fließlamiation in („dünnflüssigen") Rhyolithen. Steile Bruchflächen in der sich abkühlenden Rhyolith-Masse füllten sich anscheinend von unten mit „Sandgängen" (ehemalige Steinbruchwand Leisenberg, Baden-Baden).

Beckens westlich des Rheins. In dieser gehen rund 100 m mächtige grobkörnige Schwemmfächer-Ablagerungen nach Norden in mehr als 2000 m mächtige, feinkörnige Seeablagerungen über (Stapf 1990).

Untersuchungen der Inkohlung organischer Komponenten deuten an, dass die regionale Zunahme der Temperatur mit der Tiefe in den Rotliegend-Becken noch recht hoch war (Teichmüller et al. 1983; Kemper 1987). Nach Absenkung der wegen ihres hohen Tongehalts oft nur geringfügig verfestigten Rotliegend-Gruppe unter bis zu 2 km mächtigen jüngeren Abfolgen des Germanischen Beckens erfuhren die Schichten zweierlei Veränderungen. Erstens beobachtet man in den durch Hämatit rot gefärbten Partien immer wieder ovale bis fleckenförmig gelängte **Bleichungszonen**, die wahrscheinlich durch schicht- und kluftgebundene Ausbreitung reduzierender Porenfluide verursacht wurden. Häufig wurde das als $Fe^{2+}$ gelöste Eisen direkt an den Rändern der Bleichungszonen als $Fe^{3+}$ in Form dunkelroter Hämatitkristalle wieder ausgefällt. Eine zweite bemerkenswerte Veränderung ist eine meist an Störungszonen gebundene **Verkieselung** grobkörnig-konglomeratischer Schichtglieder. In den verkieselten Schichten konnten sich Kluftscharen ausbreiten, wobei sich später durch Erosion umliegender, nicht verkieselter Gesteinspartien markante Felsrippen entwickelten, wie z. B. am Battert bei Baden-Baden oder am Falkenstein in Bad Herrenalb (Abb. 25d).

Die hohen Tonmineralanteile in der Matrix der Fanglomerate und in den schluffigen Playa-Abfolgen machen nicht verkieselte Teile der Rotliegend-Gruppe zu Grundwasser-Aquitarden. Sie sind deshalb im Ausbiss – ähnlich wie der Kristalline Sockel – durch dichte Netze erosiver Rinnen gekennzeichnet. Freiliegende Felsflächen, die an Südhängen zu Trockenheit neigen, verwittern meist durch **Exfoliation**, also durch Ablösung mm- bis cm-mächtiger Gesteinsschuppen. Dabei wurzeln Traubeneiche (*Quercus petraea*) mit Krüppelwuchs, offene Kiefernbestände (*Pinus sylvestris*) und heideähnliches Unterholz mit Blaubeere (*Vaccinium myrtilus*) und Heidekraut (*Calluna vulgaris*) häufig direkt im Felssubstrat. In flachen Hanglagen entwickeln sich im Ausbiss der Rotliegend-Gruppe zwar nährstoffreiche, meist jedoch nur geringmächtige Braunerde-Böden. Im Bereich von Kulturflächen ist der Übergang zwischen Streuobstwiesen oder Mischwäldern auf der Rotliegend-Gruppe in die Nadelwälder auf der Buntsandstein-Gruppe als deutliche Grenze zu erkennen (z. B. bei Loffenau im unteren Murgtal).

Die Rotliegend-Gruppe geriet erstmals in den Mittelpunkt wissenschaftlich-wirtschaftlicher Interessen, als in der ersten Hälfte des 19. Jahrhunderts die weiträumige Abholzung der Wälder enorme Wertsteigerungen für Holz und Holzkohle zur Folge hatte und diese erste „Energiekrise" eine intensive Suche nach Kohlelagerstätten auslöste. Bis in die Mitte des 19. Jahrhunderts wurden mit dem Ziel, unter der Rotliegend-Gruppe Kohle zu finden, in unserer Region nicht nur zahlreiche Schürfe, sondern auch mutige Pionier-Tiefbohrungen abgeteuft. Im Gegensatz zu ähnlichen Erkundungen im Saarland waren diese Unternehmungen weder im Kraichgau noch im Schwarzwald von Erfolg gekrönt. An vielen Stellen musste man feststellen, dass die Rotliegend-Gruppe direkt den Kristallinen Sockel überlagert. Dünne Kohlelagen in der Staufenberg-Formation erweckten zwar lokale Hoffnungen auf eine Nutzung; der Abbau stellte sich jedoch immer als unrentabel heraus. Trotzdem lieferten die frühen Erkundungen wichtige Daten hinsichtlich der bis heute nur in Ansätzen bekannten Geometrie der Rotliegend-Beckenstrukturen unter den jüngeren Schichtabfolgen des Germanischen Beckens (Leiber & Münzing 1979; Kessler & Leiber 1994).

Von wirtschaftlicher Bedeutung sind jedoch die Rhyolithe der Donnersberg-(= Lichtental-)Formation. Sie werden aufgrund ihrer hohen Festigkeit (bis > 300 MPa) und einer meist engständigen Klüftung als Pflastersteine und besonders als Schotter für Eisenbahntrassen verwendet. Auch andesitische Basalte kommen als Schotterbeimischungen zum Einsatz. Kräftig verkieselte Fanglomerate mit Festigkeiten um 150 MPa dienten in der Vergangenheit besonders im Raum Baden-Baden auch als Bausteine.

Der Rotliegend-Gruppe sind vor allem die Exkursionen E 1, E 2 und E 8 gewidmet.

## Zechstein-Gruppe

Die **Zechstein-Gruppe** in der späten Perm-Periode (ca. 260 bis 250 Ma) besteht in Norddeutschland aus einer > 1000 m mächtigen Abfolge mariner Tonsteine, Karbonate und Evaporite. Ihre Ablagerung signalisiert dort, aber auch weiter südlich, den Beginn einer nunmehr breit gespannten Subsidenz der Lithosphäre im Bereich vormaliger Rotliegend-Becken und angrenzender Aufragungen des Kristallinen Sockels. Am Rand eines sich nach Südwesten ausbreitenden seichten Binnenmeers wurden in unserer Region dabei nur mehr bis zu 10 m mächtige marine Dolomitstein-Bänke sedimentiert, die dann im Pfälzerwald als dm-mächtige dolomitische Mergel zwischen sandig-tonigen Rotschichten auskeilen. Die Oberkante der nur wenige Meter mächtigen, dünn gebankten Dolomitstein-Abfolge besteht im südlichen Odenwald aus dunklen cm- bis m-großen, knollenförmigen $SiO_2$-Ausfällungen und Mn-Fe-Hydroxid-Krusten. Bei diesen Mn-Fe-Lagen handelt es sich um fossile Bodenkrusten, die auf eine intensive Lösungsverwitterung freiliegender Mn-Fe-Karbonate vor Ablagerung der schluffig-sandigen Rotsedimente der Zechstein-Beckenrand-Fazies bzw. der Buntsandstein-Gruppe hinweisen. Die Krusten, in denen man Mangangehalte bis 20 % nachweisen konnte, wurden bis vor 100 Jahren an vielen Punkten, wie z. B. auch am Mausbach-Stollen östlich von Heidelberg, bergmännisch abgebaut (Klemm 1897). Neben den dolomitischen Bänken betrachtet man heute eine 50 bis > 100 m mächtige zyklische Abfolge aus dm-gebankten Quarz-Feldspat-Sandsteinen, violett-rotbraunen Tonstein-Schluffstein-Einheiten („Rötelschiefer“, „Leberschiefer“, „Bröckelschiefer“) und sporadisch eingeschalteten dolomitisch-kieseligen Mn-Fe-Bodenkrusten („Karneolen“) im Pfälzerwald und unter der Kraichgau-Senke als eine lagunäre-fluviatile Beckenrand-Fazies der Zechstein-Gruppe. Westlich des Rheins lässt sich ein zweimal wiederholter Tonstein-Sandstein-Zyklus erkennen (**Queich-Schichten**), wobei ein eingeschaltetes dm- bis m-mächtiges dolomitisches Mergelband mit Muschelfossilien (**Rothenberg-Schichten**) wahrscheinlich als südwestlichster Ausläufer der marinen Zechstein-Fazies anzusehen ist. Über der Schicht folgen plattige bis gut gebankte Quarz-Sandsteine und Ton-Schluffstein-Einheiten einer Abfolge, die traditionell als **Annweiler-Schichten** bezeichnet wird und nach oben hin allmählich in die Buntsandstein-

Gruppe übergeht (Hentschel 1963; Hug 2004; Steingötter 2005; Rupf & Nitsch 2008). Obwohl diese Tonstein-Schluffstein-Sandstein-Schichtglieder in Bohrungen anscheinend auch über km-Distanzen gut zu verfolgen sind, lassen sie sich in isolierten Aufschlüssen nur schwer auseinander halten und die Basis der Buntsandstein-Gruppe ist im Gelände oft nur ungenau festzulegen.

Die Beckenrand-Fazies der Zechstein-Gruppe und der Übergang in die Buntsandstein-Gruppe lassen sich vor allem im Exkursionsgebiet E 8 studieren.

## Buntsandstein-Gruppe

Die **Buntsandstein-Gruppe** (späteste Perm-Periode, Skythium-Stufe und Beginn der Anisium-Stufe der Trias-Periode; ca. 255(?) bis 246 Ma) ist die am weitesten aufgeschlossene Gesteinseinheit in unserer Region. Sie besteht aus roten Sandstein-Bänken, die mit linsenförmig auskeilenden, roten bis hellgrünen Tonsteinen oder gelblich-weiß gebleichten Feinsandstein- und Schluffstein-Schichten wechsellagern. Die Gesamtmächtigkeit der Buntsandstein-Gruppe erreicht im zentralen Schwarzwald rund 100 m, im Raum Nordschwarzwald-Pfälzerwald 300 bis 400 m, im Kraichgau-Odenwald Werte um 500 m und in Norddeutschland 1000 m. Die mit der Gesamtmächtigkeit nach Norden zunehmenden Anteile an Tonstein-Schluffstein-Schichten, gepaart mit der Abnahme von Kies- und Feldspatanteilen in den Sandsteinen, aber auch die statistisch ENE- bis NNE-einfallenden fluviatilen Schrägschichtungen in den Sandsteinbänken deuten an, dass die Ablagerung der Sande auf breiten NE-abfallenden alluvialen Fächern und Flussebenen erfolgte. Ihre primäre Rotfärbung, hervorgerufen durch den Zersatz $Fe^{2+}$-führender Biotit- oder Hornblendekörner und nachfolgende „Reifung" Fe-hydroxidischer Gele zu Goethit oder Hämatit, sowie evaporitische Minerale (Salz, Gips) in den höchsten Schichtgliedern weisen auf semiaride bis aride Klimabedingungen während der Ablagerung der Buntsandstein-Gruppe hin. Obwohl sich aus der Gesamtmächtigkeit und der Ablagerungszeit der Buntsandstein-Gruppe eine durchschnittliche Sedimentationsrate von nur 1 cm in 1000 Jahren ergibt, sind die lateral überlappenden, dm-bis m-mächtigen Sandsteinbänke vor allem das Ergebnis singulärer sedimentüberfrachteter Abflussereignisse in komplex verzweigten, m-tiefen Rinnensystemen. Feinkörnige Lagen wurden in kurzfristigen Süßwasserkörpern sedimentiert, die dann wieder über längere Zeiträume als Playas (= Trockenseen) freie Landoberflächen bildeten. „Geröllpflaster" an der Oberkante kiesiger Sandsteinbänke und überlagernde, gut sortierte Feinsandlinsen lassen vermuten, dass die Feinsande lokal durch äolische Deflation in Form linsenförmiger Flugsanddecken umgelagert wurden (Strigel 1929; Forche 1935; Backhaus 1974, 1981; Mader 1985; Backhaus & Bähr 1987; Dachroth 1988; Bindig & Backhaus 1995).

Die Herkunftsgebiete der kiesigen Sande waren die Hochgebiete der Vindelizischen Schwelle im Südosten und der Gallischen Schwelle im Westen. Dort wurden nicht nur ältere Aufragungen des Kristallinen Sockels (und der Rotliegend-Gruppe), sondern auch älteste Ablagerungen der Zechstein- und Buntsandstein-Gruppe an erosiven Diskordanzen abgetragen und von jüngeren Formationen überdeckt. Sowohl das Übergreifen jüngerer Formationen auf den Kristallinen Sockel als auch die erosive Rinnenbildung innerhalb der Buntsandstein-Gruppe erschweren die Korrelation „proximaler" kiesig-grobsandiger Rinnenfüllungen südwestlich des Rheins mit den „distalen" sandig-schluffig-tonigen" Schichtabfolgen nordöstlich des Rheins. Deshalb stößt die einheitliche Formationsnomenklatur für das gesamte Germanische Becken hier an ihre Grenzen (Frank 1937; Dachroth 1988). In unserer Region illustriert die Buntsandstein-Gruppe jedoch zwei Zyklen fluviatiler **Progradation**, also ein zweimaliges NE-gerichtetes Vorrücken kiesig-grobsandiger alluvialer Fächer über feinsandig-schluffige Flussebenen. Ein abschließender Zyklus fluviatiler **Retrogradation** bedeutet den SW-gerichteten Rückzug der Flussebenen mit gleichzeitiger Ausweitung meeresnaher Schlammebenen oder Lagunen von Norden nach Süden. Die zwei Progradationszyklen – hier informell als **Eck-** und **Hauptkonglomerat-Zyklus** bezeichnet – äußern sich in einer zweimaligen Zunahme des Kiesanteils in den Sandstein-Bankfolgen. Der dritte Zyklus – hier als **Röt-Zyklus** bezeichnet – findet seinen Ausdruck in einer allmählichen Abnahme der Sandstein-Korngrößen sowie im Auftreten dolomitisch-kieseliger Bodenkrusten, gelegentlicher Pflanzenfossilien und Tierfährten (Eissele 1957, 1966a; Ortlam 1967; Dachroth 1988; Konrad 1990; Backhaus 1994).

Der **Eck-Zyklus** (50 bis 150 m mächtig) setzte in der späten Perm-Periode ein, begann also zeitgleich mit der Ablagerung mariner Ton-Karbonat-Evaporit-Schichten der Zechstein-Gruppe weiter im Norden. Basale Einheiten, die gegen Süden im mittleren Schwarzwald über einer unregelmäßig gewellten Diskordanzfläche auskeilen, bestehen hauptsächlich aus hellroten bis bräunlich-gefleckten, lokal grob-nach-fein gradierten Fein- bis Mittelsandstein-Bänken ($SiO_2$-Gehalt meist um 80 %). Diese sollen hier nach Eissele (1966) östlich des Rheins informell als **Murg-Formation** (30 bis 70 m mächtig) bezeichnet werden, obwohl sie traditionell unter dem Namen **Tigersandstein** bekannt sind. Ihnen entsprechen westlich des Rheins teilweise die höheren Anteile der **Annweiler-Schichten**, im Odenwald die **Calvörde-** und **Bernburg-Formation**. Anteile von bis zu 20 % an kantigen Feldspatkörnern (vor allem Mikroklin/Orthoklas) sind neben Quarz und Gesteinsfragmenten besonders auffallend. Intern horizontal bis schräggeschichtete Bankfolgen mit Schollen des erodierten tonigen Rinnensubstrats und Lagen erodierter Bodenbildungen lassen sich als Rinnenfüllungen im Bereich breiter meeresnaher Schlammebenen deuten. In Hinsicht auf die Mn-Fe-Krusten in der Zechstein-Gruppe ist interessant, dass die ursprünglichen Porenraum-Zemente der Sandsteine aus Mg-Fe-Mn-Ca-Karbonaten (Siderit, Ankerit und Dolomit) bestanden, später im Verlauf sekundärer Bleichungen jedoch durch Fe-(Mn-)Oxyhydroxid-Aggregate ersetzt wurden und in den Sandsteinen als braune Flecken (vulgo „Tigerung") verwittern. Über den basalen Schluffstein-Sandstein-Schichten folgt die hellrötliche **Eck-Formation** (rund 50 bis 90 m mächtig); sie wird östlich des Rheins auch **Eck'scher Geröllhorizont** genannt und entspricht grob den **Trifels-Schichten** im Westen (Abb. 26a). Der Name dieser Formation geht auf den Verfasser einer bedeutenden frühen Monographie über das Gebiet um Baden-Baden zurück (Eck 1892). Bei der Eck-Formation handelt es sich um massige bis grob gebankte, parallel- bis schräggeschichtete kiesige Quarz-Sandsteine, deren Gehalt an Feldspat- und Gesteinsfragment-Körnern ungefähr dem der Murg-Formation entspricht. Während in basisnahen Konglomeraten des südwestlichen Beckenrands die Kieselschiefer- und Quarzit-Gerölle Durchmesser > 10 cm erreichen, dominieren gegen Nordosten mit abnehmender Häufigkeit und Korngröße der Kieskomponenten vor allem Gangquarz, Granit, oder Rhyolith. Die kiesigen Sande gelangten wahrscheinlich als gravitativ bewegte Schutt- und Schlammströme an die Beckenränder und wurden von dort in den verzweigten Rinnensystemen riesiger alluvialer Fächer als intermittierend bewegte Flussfrachten umgelagert. Die grobkörnigen kiesigen Sandsteine weisen östlich des Rheins häufig eine tonige Matrix auf und verwittern ähnlich wie die „mürben" kiesigen Sandsteine der Rotliegend-Gruppe. Westlich des Rheins bilden die hier gut zementierten, schräggeschichteten Trifels-Schichten eine erste Steilstufe über den sandig-tonigen Schichtgliedern der Annweiler Schichten und verwittern in freistehenden Felsmauern, wobei sekundär gebleichte Feinsandstein-Schluffstein-Intervalle deutliche Wand-Einsprünge bilden (Abb. 26b, c, d).

Der **Hauptkonglomerat-Zyklus** (150 bis 350 m mächtig) beginnt mit der **Bausandstein-Formation**. Diese auch als **Hauptbuntsandstein** (oder fälschlich als **Pseudomorphosensandstein**) bezeichnete Einheit entspricht grob den **Rehberg-** und **Karlstal-Schichten** westlich des Rheins und der **Volpriehausen-** und **Detfurth-Formation** weiter im Norden. Im Gegensatz zur Eck-Formation enthalten die etwas feinkörnigeren Quarz-Sandsteine ($SiO_2$-Gehalt > 90 %) der Bausandstein-Formation normalerweise weniger als 15 % an Feldspäten (nur Mikroklin), was auf nunmehr größere Einzugsgebiete hinweisen könnte. Helle Kaolinit- (oder Illit-)Aggregate in der feinkörnigen Matrix deuten jedoch auch die Möglichkeit einer sekundären Umwandlung der Feldspatanteile an. Die lateral durchhaltenden, m-mächtigen und intern schräggeschichteten Mittelsandstein-Sohlbankfolgen stellen ineinander geschachtelte Rinnenfüllungen dar. Die dm- bis m-mächtigen Schrägschichtungen, die unregelmäßig verteilten Schollen erodierter Tonsteinfragmente (Abb.26 e) sowie kaum nachweisbare vertikale Korngrößen-Gradierungen und abrupte Überlagerungen durch feinkörnige Dünnschichten mit gelegentlichen Rippelmarken, deuten auf eine Ablagerung der sandigen Bodenfracht durch intermittierende Schichtfluten in kurzfristig existierenden, m-tiefen Wasserkörpern. Trockenrisse in Tonsteinen belegen nachfolgende Austrocknung freiliegender, pfannenförmiger Depressionen. Die Bausandstein-Formation geht nach oben allmählich in die grobkörnige **Hauptkonglomerat-Formation** über. Dieser entspricht im Norden eine als **Hardegsen-Formation** bezeichnete Abfolge, die auch mit einer regionalen Diskordanz in Verbindung gebracht wird. Die Hauptkonglomerat-Formation verwittert über Steilhängen häufig zu Felspfeilern und auf Plateauflächen in blockige Felsenmeere. Die generell gut zementierten, schräggeschichteten und kiesigen Quarz-Sandsteinbänke des Hauptkonglomerat-Zyklus wurden ebenfalls in verzweigten flachen Rinnen abgelagert, enthalten jedoch im Gegensatz zum Eck-Zyklus nur cm-große Gangquarz-Kieskomponenten. Den offenen Porenraum der Sandsteine füllen teilweise freiwachsende Quarzkristalle, die an Gesteinsbruchflächen im Sonnenlicht glitzern („Kristallsandsteine“). Einzelne Sandsteinbänke enthalten kugelig verwitternde Karbonat-, Baryt- und Eisenoxyd-Konkretionen (Abb. 26f).

Der **Röt-Zyklus** (30 bis 60 m mächtig) beginnt mit der **Plattensandstein-Formation** (Abb. 27a). Diese wird im Westen als **Zwischenschichten** bezeichnet und nach Norden hin auch als Teil der basalen **Solling-Formation** beschrieben (Backhaus 1994). Die hellroten, dm- bis m-gebankten, intern häufig horizontal laminierten bis flach schräggeschichteten Quarz-Feinsandsteine wurden anscheinend durch sporadische Hochwässer in meeresnahe Rinnen getragen. Ein erneut bis auf 20 % ansteigender Gehalt an Feldspatkörnern und ein signifikanter Anteil an Muskovit deuten auf Hebung und Erosion kristalliner Beckenrandschwellen hin. In den tonig-schluffigen Schichtgliedern finden sich gelegentlich gelbliche bis dunkelbraun-violette, lagig-knollige Dolomit- oder $SiO_2$-Konkretionen (Abb. 27b), die wahrscheinlich auf Verdunstung aufsteigender salziger Kapillarwässer zurückzuführen sind. Sie wurden lokal auch durch Rinnenerosion umgelagert (Ortlam 1967; Dachroth 1988). Diese Horizonte wurden als lagige **Violette Horizonte** (**Karneole**) regional kartiert. Die über der Plattensandstein-Formation einsetzende **Röt-Formation** (auch **Röt-Tonstein**, im Westen **Voltziensandstein**; 5 bis 20 m mächtig) besteht aus dunkelroten Tonstein-Schluffstein-Schichten und dünnen Feinsandsteinlagen, die auf einer schlammigen Tiefebene sedimentiert wurden (Abb. 27a). Die Formation enthält lokal Pflanzenreste, wie z. B. der Konifere *Voltzia*; auf den Schichtflächen finden sich gelegentlich Spuren von Reptilien, wie z. B. die handförmigen „*Chirotherien*“-Abdrücke. An der Obergrenze der Formation belegen dm-mächtige Dolomitstein-Bänke mit marinen Muscheln (*Myophoria*), gegen Norden außerdem evaporitische Schichten, das beginnende Übergreifen seichter, meeresnaher Lagunen (Backhaus 1981, 1994).

In allen Sandsteinen der Buntsandstein-Gruppe sind sowohl Quarz- oder Karbonat-Zementation als auch sekundäre „Bleichungen" durch reduzierende Porenfluide eng an Schichtflächen und bankinterne Zementationsbahnen gebunden. „Mürbe" Sandsteine sind meist durch hohe Anteile an Tonmineralen oder Karbonat-Zement gekennzeichnet. Warme, reduzierende Wässer (Bauer 1994; Schlegel et al. 2007) verursachten im Porenraum der Sandsteine lokale Lösung, Umlagerung und Wiederausfällung von $SiO_2$, aber auch Bleichung durch Verlagerung von $Fe^{2+}$-Ionen und Neubildung von Tonmineralen (Illit oder Kaolinit) in der Matrix. Durch zahlreiche Szintillometer-Messungen an Aufschlüssen konnte gezeigt werden, dass insbesondere gebleichte, feinkörnige Linsen und Lagen eine bis zu 50 % höhere Radioaktivität aufweisen als umgebende grobkörnige Rotschichten (Brand & Krämer 1989; Heckemanns & Krämer 1989). In Oberflächennähe kam es durch kalte, oxidierende Wässer neben der punktuellen Sammelkristallisation von Fe-Mn-Hydroxiden auch zur Umlagerung und zur Ausfällung von Kalium als hydratisiertes Sulfat oder „Gelbeisenerz" (= Jarosit).

In gut zementierten Sandsteinabfolgen bestimmen vor allem tektonische Kluftscharen und Störungen die Ausrichtung von Steilhängen oder Felsstufen. Allerdings verstärken Entlastungsklüfte, bis in Tiefen von > 20 m die Auflockerung natürlicher und künstlicher Aufschlüsse. Auf freiliegenden Plateauflächen verursachte die tiefgreifende Frostverwitterung während der Kaltzeiten der Pleistozän-Epoche eine Ausweitung von Klüften zu Spalten und eine Verschiebung großer Gesteinsblöcke gegeneinander. Letztere bilden deshalb häufig geschlossene **Felsenmeere**, muldenfüllende **Blockströme** (oder reliktische **Blockgletscher**?) und fast immer mächtige **Hangschutt-Decken**. Der Ausbiss der aufgelockerten Sandsteine bildet jedenfalls bis in Tiefen um 30 bis 50 m einen freien Aquifer mit hohen hydraulischen Leitfähigkeiten ($k_f = 10^{-4}$ bis $10^{-6}$ m/s) und Flurabständen, die in Trockenzeiten sogar das Versickern größerer Bäche mit sich bringen (Eissele 1966; Seeger et al. 1989). Obwohl tonreiche und schwach geklüftete Einheiten wie die Eck- oder Röt-Formation lokale Aquitarde darstellen, fördern steile Klüfte und Bruchzonen bis weit unter die Landoberfläche eine zügige Grundwasserbewegung. Das hat in der Vergangenheit nicht nur die Wasserversorgung von Feldern und Gemeinden auf der höheren Buntsandstein-Tafel erschwert, sondern machte auch die Wasserhaltung von Bergwerken unter dem Niveau größerer Talböden zu einem oft unüberwindlichen Problem. In höheren Hanglagen weisen Grundwässer in der oberflächennahen Buntsandstein-Gruppe generell Lösungsgehalte < 100 mg/l auf. Das oft nicht nur „weiche" sondern sogar „kalkaggressive" Wasser der hier kaum ergiebigen Quellen enthält meist Spuren von gelöstem Eisen und Aluminium. Besonders unter Hochmooren, Missen oder Karseen sind geringe pH-Werte < 4 bis 5 keine Seltenheit (Steinberg et al. 1987). Tiefer gelegene Tal-Quellen erbringen aufgrund längerer Verweilzeiten des Grundwassers und durch Lösung karbonatischer Zementations-Minerale im Buntsandstein-Aquifer meist pH-Werte > 6 (Hinderer & Einsele 1998). Beiderseits des Rheins ist der Buntsandstein-Aquifer von großer Bedeutung für die lokale Trinkwasser-Versorgung. Durchströmen Wässer jedoch vor ihrem Eintritt in den Buntsandstein-Aquifer höhere evaporitische Schichtabfolgen der Germanischen Tafel, wie z. B. die Mittlere Muschelkalk-Subgruppe, so entstehen bereits in Tiefen um 1 km Sulfat-Chlorid-Wässer mit ansehnlichen Festsubstanz-Gehalten.

**Quellmulden** und **Quelltrichter** im Ausbiss der Buntsandstein-Gruppe sind häufig als horizontale **Quellketten** an die Oberkanten des Kristallinen Sockels, der Rotliegend-Gruppe oder der tonreichen Eck- oder Röt-Formationen gebunden. Quellen in deutlich einspringenden Quellmulden finden sich z. B. im nordöstlichen Schwarzwald aufgrund eines vorherrschenden E- bis ESE-Einfallens der Schichten bevorzugt an E- bis ESE-exponierten Hängen (Gwinner 1965), wogegen W-exponierte Hänge wesentlich trockener sind und meist auch geradliniger verlaufen. Oberhalb von 700 m NN, wo sich in den letzten Kaltzeiten der Pleistozän-Epoche besonders in NE-gerichteten Quellmulden oberhalb der Eck-Formation Kargletscher und Firnfelder ansammeln konnten, verstärken die Kare und Nivationsmulden den Kontrast zwischen den E- und NE-Hängen und den von Blockhalden ummantelten W- und SW-Hängen (Fezer 1957; siehe weiter unten). Übereinander liegende Quellen in der Buntsandstein-Gruppe folgen meist Störungen oder Kluftscharen, die an vielen Steilhängen die Ausgangspunkte für Rutschungen („Schlipfe" oder „Schliffe"), schmale Schluchten („Klingen") oder konkave Tobelbildungen sind.

An frei aufragenden Felsen massiger bis grob gebankter Sandsteine ist neben einer Auflockerung durch oberflächenparallele, leicht gekrümmte **Entlastungsklüfte** im dm- bis m-Abstand meist auch eine oberflächenparallele **Exfoliation** mm- bis cm-mächtiger Gesteinsschuppen zu beobachten. Vor allen feinkörnige Sandsteinlagen oder die cm- bis dm-mächtigen Ton-Zwischenschichten verwittern dabei zu Hohlformen („Teufelslöchern"), die sich im Bereich schmaler Felsrippen zu „Fenstern" erweitern können. Bei einem im Gegensatz zum Schwarzwald trockeneren Klima westlich des Rheins bilden grobkörnige, gut zementierte Bänke die bekannten **Tischfelsen**. Sonnseitig exponierte Wände verwittern in Form der so genannten **Tafoni** oder **Alveolen** (Abb. 26b). Diese wabenförmigen Hohlräume reflektieren vor allem eine räumlich variable Löslichkeit der Porenraum-Zemente durch eindringende Kapillarwässer, wobei stärker verfestigte primäre Schichtstrukturen oder sekundäre Zementationsbahnen gegenüber den von Exfoliation betroffenen Bereichen leistenförmig hervortreten. Verdunstung der Kapillarwässer verursacht daneben die Kristallisation von auffallend hellfarbigen, $H_2O$-haltigen K-, Na-, Ca- und Mg-Karbonaten, -Chloriden und -Sulfaten (vor allem Gips). Diese

Form einer unter Flechten (oder Moosen) durch organische Säuren verstärkten Verwitterung liefert schließlich lose Sandkörner, die vom Wind aus den Alveolen ausgeblasen werden.

Auf der Buntsandstein-Tafel dominieren im Allgemeinen kalkfreie, nährstoffarme, steinige Ranker-, Braunerde- oder Podsol-Böden. An nordseitigen Hängen sind unter dunklen **Moder-** oder **Rohhumus-Auflage** alle Übergänge zwischen farblich gegliederten Podsol-Böden und hellen kaolinitischen Gley-Böden anzutreffen. Dagegen beobachtet man an südseitigen Hängen häufig dm-mächtige lockere **Bleichsande** über harten gelb bis rötlich gefärbten **Ortsteinkrusten** mit cm-mächtigen Anreicherungen von Fe-Oxyhydroxiden. Da letztere durch geringe hydraulische Leitfähigkeiten ($k_f$ um $10^{-7}$ m/s) gekennzeichnet sind, bilden sich über ihnen nach Starkniederschlägen schwebende Aquifere mit hohen Abflussraten. Auch in der Vergangenheit beschränkte sich der Ackerbau auf den Ausbiss tonig-dolomitischer Schichten in basalen oder höchsten Einheiten der Buntsandstein-Gruppe in Höhenlagen < 600 m NN. Viele dieser ehemaligen Landwirtschaftsflächen sind heute Grünland, Siedlungsraum oder Wald. Auf großen Teilen der Buntsandstein-Tafel kam es durch die mittelalterlichen-frühneuzeitlichen Rodungen der Buchen-Tannen-Mischwälder, durch nachfolgende Aufforstungen von Fichten-Monokulturen und durch jüngste atmosphärische Einträge von industrieller Schwefelsäure oder verkehrsbedingter Salpetersäure zur Abnahme der von Natur aus geringen Pufferkapazität der Buntsandstein-Böden. So gedeihen an Nordhängen in Fichtenforsten neben Moosen oft nur Sauerklee (*Oxalis acetosella*) oder Farne (z. B. *Blechnum spicant*). Auf südseitigen Blockhalden dominiert unter Waldkiefern *(Pinus sylvestris)* und Lärchen (*Larix decidua*) meist ein heideähnlicher Unterwuchs aus Heidekraut *(Calluna vulgaris)*, Schwarzbeere (*Vaccinium myrtillus*), Preiselbeere (*Vaccinium vitis-idea*), Pfeifengras (*Molinia coerulea*) oder Adlerfarn (*Pteridium aquilinum*). Im Bereich plateauähnlicher Wasserscheiden und besonders auf Schluff-Tonsteinsubstraten finden sich **Missen** (= leicht geöffnete Waldmoore) oder offene **Hochmoore** mit Legföhren (*Pinus mugo rotundata*). Auf den **Grinden** des Nordschwarzwalds, wo durch Kahlschlag, Brandrodung, Streunutzung, Windfall und Beweidung seit dem 15. Jahrhundert heideähnliche Kernzonen aus Borstgras (*Nardus stricta*), Rasenbinse (*Trichophorum cespitosum*), Pfeifengras (*Molinia coerulea*), Torfmoos (*Sphagnum*) oder Wollgras (*Eriophorum*) geschaffen wurden, dringen heute wieder lichtliebende „Solitär"-Fichten (*Picea abies*), Waldkiefern (*Pinus sylvestris*), Moorbirken (*Betula pubescens*), Vogelbeer- (*Sorbus aucuparia*) und Mehlbeer-Bäume (*Sorbus aria*) vor. Die flachwurzelnden Fichten-Monokulturen sind besonders an windexponierten Südwesthängen extrem anfällig gegen Windwurf, was z. B. durch die Schäden des Orkans „Lothar" (26. Dezember 1999) deutlich wurde. Windwurf sorgt allerdings auch für ein „umpflügendes" Aufbrechen von Ortsteinkrusten.

Plattige, subhorizontal laminerte und gleichmäßig zementierte Sandsteinbänke der Buntsandstein-Gruppe dienen seit der römischen Kolonisation in unserer Region als wichtige Bau- und Werksteine. Sie eignen sich bei homogener Interntextur auch für dekorative Skulpturarbeiten. Größere Sandsteinquader mit geringer Verkieselung weisen zwar meist nur Druckfestigkeiten < 100 MPa auf, wurden aber trotzdem bis vor rund 100 Jahren z. B. an der Ostflanke des unteren Murgtals in riesigen Mengen abgebaut. Dabei erfreuten sich sekundär alterierte, hellere Sandsteine besonders großer Beliebtheit. Bei hohen Quarzzement-Anteilen erreicht die Festigkeit größerer Sandsteinblöcke Werte um 200 MPa. Aufgrund der geringen Zugfestigkeit zerbrechen Sandsteinplatten jedoch oft schon bei nur geringen Biege-Beanspruchungen. Die einförmig roten Tonsteine der Röt-Formation sind bis heute ein Rohstoff der Ziegel-Industrie. Sie werden im Odenwald, wo die Formation eine Mächtigkeit von mehreren Zehner Metern erreicht, in offenen Gruben abgebaut.

Mit Aspekten der Buntsandstein-Gruppe beschäftigen sich die Exkursionen E 2, E 3, E 4, E 7 und E 8.

## Muschelkalk-Gruppe

Die **Muschelkalk-Gruppe** der mittleren Trias-Periode (Anisium- und Ladinium-Stufe; ca. 237 bis 229 Ma) ist eine Abfolge dm-mächtiger, hellgrauer Kalkstein-(oder Dolomitstein-)Bänke und mm- bis cm-mächtiger, braungrauer Tonstein-Mergelstein-Lagen. Sie erreicht in unserer Region eine Gesamtmächtigkeit um 250 m (Abb. 13). Die wichtigsten Aufschlüsse der Muschelkalk-Gruppe und der unmittelbar darüber folgenden Erfurt-Formation (basale Keuper-Gruppe) sind hohe und deshalb oft nur beschränkt zugängliche Steinbruchwände (Abb. 28). Aufgrund der in der Muschelkalk-Gruppe enthaltenen Salzlager, die schon früh wirtschaftlich-wissenschaftliche Interessen weckten (Alberti 1834), unterschied man bald dolomitisch-kalkige untere, salzführende mittlere und kalkig-dolomitische obere Muschelkalk-Einheiten. Diese Grobgliederung wird heute durch eine Unterteilung in sechs (oder mehr) Formationen und lokale Faziesentwicklungen ergänzt (Abb. 13, siehe weiter unten). Die Sedimentation der Schichtabfolge erfolgte unter subtropischen Klimabedingungen in einem Binnenmeer, das sich über die Ränder des Buntsandstein-Beckens ausgeweitet hatte und an einzelnen schmalen „Pforten“ (= Meeresstraßen) bereits mit dem Schelf des „alpinen“ Tethys-Ozeans in Verbindung stand. In unserer Region erfolgte die Ablagerung der Muschelkalk-Gruppe im Bereich einer breiten, flach NW-abfallenden **untermeerischen Rampe**, die in ihrer Lage grob der Übergangszone Moldanubikum-Saxothuringikum im unterlagernden Kristallinen Sockel entspricht. Die in den Kalkbänken und Mergellagen erhaltene fossile Lebewelt belegt die weitgehende Isolation eines

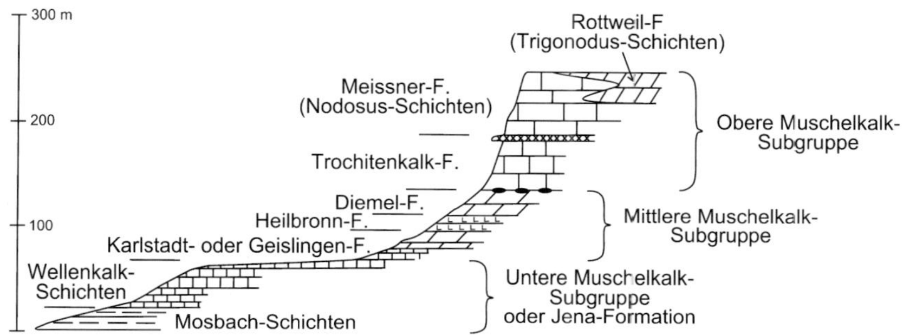


**Abb. 13.** Säulenprofil zur Nomenklatur und Mächtigkeit der Schichtabfolgen der Muschelkalk-Gruppe unserer Region.

hochsalinaren und stabil geschichteten Wasserkörpers vom Weltmeer. Sie fällt durch Artenarmut, aber auch Individuenreichtum auf und setzt sich aus Crinoiden, Brachiopoden, Muscheln und Cephalopoden zusammen. Die Isolation des Beckens ging schließlich so weit, dass es innerhalb des NNE-gerichteten Beckenzentrums zur Ausfällung evaporitischer Schichtfolgen kam.

Besonders interessant für die Sedimentationsdynamik – auch an kleineren Aufschlüssen gut nachvollziehbar – ist der Charakter der meist scharf gegeneinander abgegrenzten Einzelschichten. Diese sind (a) kalkige oder dolomitische Mikrit-Bänke, (b) weit lateral aushaltende, bioklastische Kalkbänke oder (c) banktrennende Mergel- oder Tonstein-Lagen (Aigner 1984, 1985; Hagdorn & Simon 1988; Bachmann & Brunner 1998). (a) Bei den bläulich-grauen, cm- bis dm-mächtigen, intern homogenen und feinkristallinen **Kalkmikrit-** (oder **Dolomikrit**) **Bänken** handelt es sich im Wesentlichen um verfestigte Karbonatschlämme. Dabei ist in **Wellenkalk-Bänken** (Abb. 29a) die meist dünne, flaserige, knauerige, linsige, verfaltete oder knollige Schichtung ein Hinweis auf einen leicht geneigten Meeresboden und auf Bioturbation, Belastung, Erosion, Gleitung oder Lösung der Karbonatschlämme vor und während ihrer Verfestigung. Im Gegensatz dazu weisen die meist dm-mächtigen **Blaukalk-Bänke** im Allgemeinen ebenflächige und ungestörte Basisflächen auf, was ihre Ablagerung auf weitgehend horizontalen Meeresböden nahe legt. Durch Lösung an den Oberseiten („Kondensationsflächen") oder durch sekundäre Veränderungen an den Unterseiten nehmen Blaukalk-Bänke häufig knollenförmig-linsige Schichtformen an. (b) Die hellgrauen dm- bis m-mächtigen **bioklastischen Kalkbänke** („**Schaumkalke**", „**Schalentrümmerkalke**" oder „**Schillbänke**") fallen in Aufschlüssen als deutlich vorspringende Einzelbänke oder Bankkomplexe auf (Abb. 14a, b). Sie bestehen aus kalkigen Oolithen und Intraklasten, vor allem jedoch aus Fossilfragmenten – oft mit Dominanz einer einzigen Spezies oder Gattung. So bestimmen z. B. in den besonders häufigen **Trochiten-**

**kalk-Bänken** cm-große, säulige Stielgliederfragmente von Seelilien (*Encrinus liliiformis*) den Bankinhalt, in **Terebratel-** oder **Spiriferina-Bänken** sind es Schalen von Brachiopoden und in **Myophorien-Bänken** Muschelschalen. Rinnenförmige basale Erosionskontakte, vertikale Korngrößen-Gradierungen und eine häufig strömungsbedingte Schalenausrichtung deuten an, dass Karbonatpartikel und biogene Hartteile durch sturminduzierten Wellenschlag und Schwereströmungen als **Tempestite** (= Sturmlagen) aus Flachwasserbereichen in tiefere Beckenbereiche umgelagert wurden. Tempestite sind also meist ein Register singulärer Ereignisse („Events") und lassen sich als Leitschichten über erstaunlich große Distanzen verfolgen (Wirth 1957; Geyer & Gwinner 1986). Sie bilden gelegentlich auch m-mächtige Gruppen von nach oben hin zunehmend mächtigeren Bänken, die möglicherweise **Progradationszyklen** darstellen und den allmählichen Aufbau bzw. die nachfolgende, sturminduzierte Zerstörung ganzer Karbonat-Barren illustrieren (Aigner 1984). Die Oberseiten von Tempestit-Bänken sind häufig durch primär abgelagerte „Schalenpflaster" und sekundäre, lösungsbedingte **Hartgründe** mit bräunlichen Mn-Fe-reichen Krusten gekennzeichnet (Aigner 1982; Aigner in Hauschke & Wilde 1999). (c) Die hell bräunlich-grauen, oft auffallend „bröckelig" verwitternden, mm- bis m-mächtigen **Mergel-Tonstein-Lagen** („**Tonplatten**") zwischen den Wellenkalk-, Blaukalk- oder Tempestit-Bänken, entstanden während zyklisch wiederholter Phasen reduzierter Karbonatsedimentation. Vor allem in der oberen Muschelkalk-Gruppe und nach Nordwesten spiegeln hohe Anteile an Tonsteinlagen und Kalkbänke mit Cephalopoden eine „distale" **Tonplatten-Fazies** ruhigerer Tiefwasserbereiche wider, wogegen im Südosten dünnere Tonstein-Zwischenlagen und Kalkbänke mit Echinoiden oder Bivalven eine „proximale" **Kornstein-Fazies** küstennaher Karbonatsand-Barrieren darstellen. In der Kornstein-Fazies wurden poröse Kalkbänke häufig von einer frühen Dolomitisierung erfasst. Eine bevorzugte Kalklösung mergeliger Zwischenlagen förderte anscheinend sekundäre Kalk-Neuausfällungen an den Unterseiten der Kalkbänke, wodurch sich der Kontrast zwischen Bänken und Mergel-Tonstein-Lagen erhöhte. An manchen Bankungsfugen bewirkten Auflast und Lösung wellige Lösungssäume (**Mikrosuturen**). Schräg zur Schichtung orientierte Mikrosuturen mit N- und NW-ausgerichteten horizontalen Zapfen entstanden allerdings erst im festen Gestein unter den Einwirkungen tektonischer Horizontalspannungen, wobei auch ursprünglich feinkörnige Kalkkomponenten in Form heller, fleckig-aderförmiger Kristallaggregate rekristallisierten.

Die **Untere Muschelkalk-Subgruppe** (= **Jena-Formation**, **Freudenstadt-Formation**; 50 bis 80 m mächtig) setzt ohne deutliche Schichtunterbrechungen über den roten Tonsteinen der Röt-Formation mit gelblich-braunen, zuerst noch dolomitischen und meist fossilarmen Mergelsteinen ein (**Mosbach-Schichten**). Singuläre, dm-mächtige, sandige Dolomitstein-Bänke und linsenförmige konglomeratische Rinnenfüllungen deuten an, dass im Ablagerungsraum nunmehr breite marine Wattflächen mit Gezeiten-Rinnen vorherrschten. Im mittleren Abschnitt der Formation dienen eine Tempestitbank mit kleinwüchsigen Brachiopoden (**Ecki-Bank**) und Mergelsteine mit winzigen Cephalopoden (**Buchi-Schichten**) als Leiteinheiten. In der oberen Hälfte der Formation dominieren graue, cm-geschichtete, linsig-flaserige Kalkmikrit-Bänke (**Wellenkalk-Schichten**), in denen Bioturbationsstrukturen und synsedimentäre Gleitfalten auf die Entwicklung einer flach beckenwärts geneigten untermeerischen Rampe hinweisen. Dolomitische Bänke und kalkige Tempestite mit erstaunlich dicht besetzten Schalenpflastern aus Brachiopoden (*Punctospirella fragilis* = *Spiriferina*), mit Crinoiden-Stielgliedern, kalkigen Bioklasten, Intraklasten oder Ooiden („Schaumkalke") und mit Steinkernen kleinwüchsiger Muscheln (*Plagiostoma* = Feilenmuschel; *Neoschizodus orbicularis*) belegen im oberen Drittel der Formation eine Umlagerung von Seichtwasser-Sedimenten in nunmehr bereits tiefere angrenzende Beckenbereiche. Gegen Südwesten enthält eine überwiegend dünnschichtig-dolomitische Beckenrandfazies auch feinsandige Quarz-Komponenten. Tiefere Partien der Muschelkalk-Gruppe bilden im Ausbiss flache Hänge und verwittern in Form feuchter Hohlkehlen.

Die **Mittlere Muschelkalk-Subgruppe** (50 bis 100 m mächtig) besteht aus drei Formationen, die zuerst eine progressive Isolation, dann eine zunehmende Salinität im NNE-ausgerichteten zentralen Beckenbereich und schließlich die erneute Ausweitung des Binnenmeeres widerspiegeln (Friedel & Schweizer 1989; Hansch & Simon 2003). In der **Karlstadt-Formation** (oder **Untere Dolomite** = **Geislingen-Formation**; rund 10 m mächtig) deuten dunkle, bituminöse Mergelstein-, Kalk- und Dolomitstein-Schichten („Stinkkalke") die beginnende Stagnation des Meerwassers an. Die darüber folgende **Heilbronn-Formation** (oder **Salinar-Formation**; lokal bis > 50 m mächtig) ist heute nur im tieferen Untergrund, wie z.B. im Salzbergwerk Heilbronn, als vollständige Abfolge erhalten geblieben. Sie beginnt mit den „Unteren Sulfatschichten" (= „Grundanhydrit") mit dm- bis m-mächtigen Lagen aus Anhydrit, $CaSO_4$, aber auch Gips, $CaSO_4.2H_2O$. Darüber folgen die drei Steinsalz(NaCl)-Lager mit dem massigen „Unteren Steinsalz", dem geschichteten „Bändersalz" und dem massigen „Oberen Steinsalz". Dekameter mächtige „Obere Sulfatschichten" (Ton-Anhydrit-Schichten) bilden die höchste Einheit der Heilbronn-Formation. Vor allem das Untere und Obere Steinsalz durchliefen nach ihrer Ablagerung erstaunliche raumgreifende Veränderungen. So entwickelten sich in ursprünglich horizontal geschichteten Salzlagen m-hohe vertikale Palisaden, die sich in vertikalen Anschnitten als hell-dunkel-Streifungen, Salz-Großkristallbildungen und „Sporaden" aus Ton-Anhydrit-Aggregaten zu erkennen geben. Außerdem entstanden über kuppenförmigen Aufwölbungen der Unteren Sulfatschichten muldenförmige Lösungsdepressionen an der Salzoberfläche. Diese sekundären Veränderungen der Salzlager standen möglicherweise mit der Dehydration primärer

**Abb. 14. a.** Teil einer ehemaligen Steinbruchwand in der Trochitenkalk-Formation der Oberen Muschelkalk-Subgruppe mit Tempestit- und Blaukalk-Bänken (Kapf bei Egenhausen). **b.** Nahansicht der mächtigen Spiriferina-Tempestit-Bank an der Grenze der Trochiten- und Meissner-Formation. Unregelmäßige Lösungs- und Ausfällungstexturen führten zum früher gebräuchlichen Ausdruck „Schaumkalk“ für diese Art der Bänke (Neckar-Uferweg bei Kirchheim).

Gipslagen und einer vertikalen Aufwärtsbewegung von Kapillarwässern in Verbindung (Schachl 1954; Hansch & Simon 2003; Bohnenberger et al. 2005). Auch feinstkörnige „authigene" Quarzkristalle, die in der Vergangenheit z. B. bei Pforzheim sogar als Poliermittel verwendet wurden, belegen sekundäre Fluid-Durchströmungen der Evaporite. Die **Diemel-Formation** (oder **Obere Dolomit-Formation**), die wiederum aus Dolomitstein-Bänken besteht, leitet bereits in die Bankabfolgen der Oberen Muschelkalk-Subgruppe über und deutet somit die erneute Ausweitung des Binnenmeers an. Die mittleren Partien der Muschelkalk-Gruppe sind in seltenen natürlichen Aufschlüssen meist nur als tonig-karbonatisch-evaporitische Lösungsrelikte („Zellendolomite") anzutreffen.

Die **Obere Muschelkalk-Subgruppe** (=**Hauptmuschelkalk**, 70 bis 100 m mächtig) ist eine monotone Abfolge dm-mächtiger, kalkig-dolomitischer Blaukalk-Bänke und cm-mächtiger Ton-Mergelstein-Lagen („Bröckelkalke"), in die immer wieder bioklastische Tempestit-Bankfolgen eingeschaltet sind. Die Abfolge ist an steilen Schichtstufen, Talmäanderhängen oder Steinbruchwänden aufgeschlossen und besteht aus zwei Formationen (Wirth 1957; Aigner 1985; Seufert & Schweizer 1985; Bachmann & Brunner 1998). Die **Trochitenkalk-Formation** (30 bis 40 m mächtig) setzt mit einer verkieselten, dunklen Kalksteinschicht („Hornsteinbank") ein und enthält 7 bis 12 Tempestit-Bänke mit massenhaften Ansammlungen von Seelilien-Stielgliedern („Trochiten"). In der Abfolge von Blaukalk-Bänken finden sich im untersten Drittel die mergeligen „**Zwergfauna-Schichten**" (mit Gastropoden und Mollusken) und die tonig-mergeligen „**Haßmersheimer-** oder **Crailsheimer-Schichten**" mit vier Trochiten-Tempestiten, im mittleren Drittel eine 1 bis 2 m mächtige Trochiten-Leitbank („**Mundelsheimer Bank**") und im oberen Drittel ein 2 bis 4 m mächtiges Intervall mit Wellenkalk-Fazies, in der einzelne Bänke fast ausschließlich aus Muscheln (*Gervilleia, Myophoria* usw.) bestehen. Die Obergrenze der Formation bildet die dm- bis m-mächtige „Spiriferina-Bank" – eine weit verbreitete Tempestit-Trümmerkalk-Leitschicht (Abb. 14b) mit dem Brachiopoden *Punctospirella fragilis* (früher *Spiriferina*). Die **Meissner-Formation** (rund 40 m mächtig), auch unter dem Namen **Nodosus-** (nach *Ceratites nodosus*) oder **Ceratiten-Schichten** bekannt, ähnelt der Tochitenkalk-Formation. Die dm-mächtigen Blaukalke bilden jedoch häufig durch sekundäre Lösung veränderte Knollenkalk-Bänke, die mit auffallend hellen mergeligen Tonplatten-Zwischenschichten wechsellagern. Ceratiten finden sich vor allem an den Oberseiten der Bänke und in den mergeligen Tonplatten. Tempestite mit Brachiopoden (Terebrateln), wie die „cycloides-Bänke" mit der schichtbedeckenden, cm-großen Terebratel *Coenothyris cycloides*, bilden im höchsten Teil der Formation regional weit verbreitete Leiteinheiten. In den höchsten Teilen der Formation und besonders in Abfolgen südöstlicher Beckenbereiche deuten dolomitische Bänke den Übergang in eine küstennahe Dolomitstein-Fazies an. Diese wird in geologischen Karten auch als **Rottweil-Formation** (**Trigonodus-Schichten** oder **Tri-**

**gonodus-Dolomit**) innerhalb der Oberen Muschelkalk-Subgruppe abgetrennt. An der Oberkante der höchsten Schichten finden sich normalerweise tonig-mergelige „**Bairdien-Schichten**“ – benannt nach winzigen Ostrakoden – oder im Osten das „**Grenz-Bonebed**“ – eine sandig-tonige Kondensationslage mit Vertebratenresten, die auch in anderen Beckenbereichen eine nun nur mehr geringe Wassertiefe belegen.

Die Obere Muschelkalk-Subgruppe ist in der gesamten Region von **Verkarstung** betroffen. Die Verkarstung beginnt im Allgemeinen im Bereich konzentrierter Süßwasser-Infiltration am Ausbissrand der überlagernden tonigen Erfurt-Formation und hält sich bevorzugt an präexistierende Kluftscharen oder Störungen. Die dabei entstehenden oberflächennahen Spalten sind häufig mit reliktischen roten Bodenbildungen gefüllt (Abb. 30). Klüftung und Verkarstung sorgen auch in größerer Tiefe für regional hohe hydraulische Leitfähigkeiten ($k_f = 10^{-3}$ bis $10^{-4}$ m $s^{-1}$) und eine zügige Grundwasserbewegung. Die Grundwässer des Muschelkalk-Aquifers werden je nach lokaler Situation und Brunnentiefe als Trinkwasser, Mineralwasser oder Sole genutzt (Simon 1997). Auch wo Karst-Grundwasser schon nach kurzer Verweildauer im Untergrund an Talflanken aus der Muschelkalk-Gruppe austritt, beobachtet man gelegentlich laminiert-poröse Ausfällungen von **Travertin-Kalksinter** („Kalktuff“) oder durch kalkigen Zement verfestigte Terrassenschotter der Pleistozän-Epoche. Eng verbunden mit der Verkarstung der Oberen Muschelkalk-Subgruppe ist die **Subsolution** (= Auslaugung) der mittleren Muschelkalk-Gruppe. Diese besteht deshalb bis in Tiefen um 50 m unter der Landoberfläche meist nur mehr aus blockigen Kalk-Dolomitstein-Gips-Residuen („Zellendolomit“). Die von der Landoberfläche in den oberen Muschelkalk-Aquifer infiltrierenden Grundwässer sind normalerweise bis in Tiefen um 200 m relativ untersättigt; darunter kann der Gehalt an gelösten Festsubstanzen durch Lösung von Salz, Anhydrit oder Gips relativ rasch auf Werte > 10 g/l ansteigen. Die langsame Bewegung tieferer Formationswässer im Muschelkalk-Aquifer wird von regionalen hydraulischen Gradienten, Anisotropien der Schichtung und von Bruchzonen gesteuert. Zwischen den Infiltrationsbereichen am Ostrand des Schwarzwalds und dem weit im Süden und Osten gelegenen primären Auskeilungsbereich der Muschelkalk-Gruppe, bewegt sich der warme Tiefenwasser-Strom generell nach Norden (Villinger 1982; Stober & Villinger 1997; Abb. 15) und bereitet so möglicherweise durch Verkarstung und Subsolution die nach Süden gerichtete Ausweitung des Neckar-Einzugsgebiets vor. Aufsteigende Zweige des Stroms liefern wahrscheinlich einen wesentlichen Beitrag zur Uracher Wärmeanomalie am Nordrand der Schwäbischen Alb (siehe weiter unten). An vielen Punkten entnimmt man dem Muschelkalk-Aquifer in Bohrungen Mineralwässer und Solen für Heil- und Thermalbäder. Die Über- und Unterlagerung des Oberen Muschelkalk-Aquifers durch tonig-evaporitische Schichtfolgen und ihre Anfälligkeit gegenüber Lösung bzw. Schwellung, erfordert besonders bei der Erkundung für geothermische Reservoire geologisches Geschick.

Am Rand von Schichtstufen wirkt eine turm- bis blockförmige Auflösung der Oberen Muschelkalk-Subgruppe über den evaporitischen Lösungsresiduen häufig selbstverstärkend auf die Entwicklung von Dolinen und Subsolutionswannen (Friedel & Schweizer 1991). Im Raum Heilbronn und in Haigerloch-Stetten, wo seit fast 200 Jahren in der Heilbronn-Formation Salz abgebaut wird, haben besonders in der Pionierphase des Bergbaus unkontrollierte Wassereinbrüche aus dem verkarsteten Oberen Muschelkalk-Aquifer immer wieder den Vortrieb von Schächten verzögert (Hansch & Simon 2003). Auch unter größeren Bauwerken über dem Ausbiss der Mittleren Muschelkalk-Subgruppe können kollabierende unterirdische Subsolutionshohlräume gelegentlich unangenehme Setzungen auslösen. Da große Teile der Muschelkalk-Tafel unter Lockergesteinsdecken aus Löss oder Terrassenschottern verborgen sind, dominieren im Ausbiss der Muschelkalk-Gruppe von Natur aus lehmig-alluviale bis steinig-kolluviale Böden. Fehlt die Lockergesteinsdecke, so beobachtet man meist dünne, steinige **Rendzina-Böden** (Kalk-Rohböden), die von einer nur geringmächtigen Humusschicht überdeckt sind. Gelegentlich findet sich unter diesen rezenten Böden und Lössdecken rote bis gelblich-braune **Terra Fusca**, also Bodenrelikte aus früheren Epochen der Känozoikum-Ära. Auf der Muschelkalk-Tafel bestehen naturnahe Laubwälder an Nordhängen vor allem aus Eiche (*Quercus robur, Quercus petrea*), Buche (*Fagus sylvatica*) oder Hainbuche (*Carpinus betulus*). In S-Exposition überwiegen häufig zwischen „Steinriedel"-Heckenbegrenzungen trockene Magerrasen mit Wacholderbüschen (*Juniperus communis*), die ehemalige Schafweiden markieren. An steilen südexponierten Schichtstufen und Talmäanderhängen des mittleren Neckars sorgen spektakuläre Stufenraine für den Rückhalt künstlicher Bodensubstrate, auf denen ein einträglicher Weinbau betrieben wird.

Die **Kalk-** und **Mergelsteine** der Muschelkalk-Gruppe sind ein wirtschaftlich wichtiger Rohstoff, dessen Abbau heute an bis zu 100 m hohen Wandfluchten erfolgt. Die Wandrichtungen sind meist durch vertikale tektonische Klüfte vorgegeben. Der Gefahr eines gelegentlichen Abgleitens größerer Gesteinspakete an schräg zu den Abbauwänden orientierten Störungsflächen beugt man durch zwischengestufte Bermen vor, wobei der Abtransport der gebrochenen Steine die Anlage geneigter Rampen erfordert. Die Kalksteine werden industriell zu Zementklinker für den Tief- und Hochbau verarbeitet, wobei man zur Stabilisierung und Härtung der Betonprodukte allerdings bestimmte Mengen von Ton, Sand und Eisen beimischt. Kalkstein aus Muschelkalk-Brüchen ersetzt heute besonders in der Nähe von Baustellen und Verkehrswegen auch in zunehmendem Ausmaß die vormals fast ausschließlich verwendeten Kiese der Rheinebene. Im Schwarzwald versucht man mit Kalk-Split und Kalk-Brechsand-Belägen von Forstwegen die natürliche Azidität von Sicker-

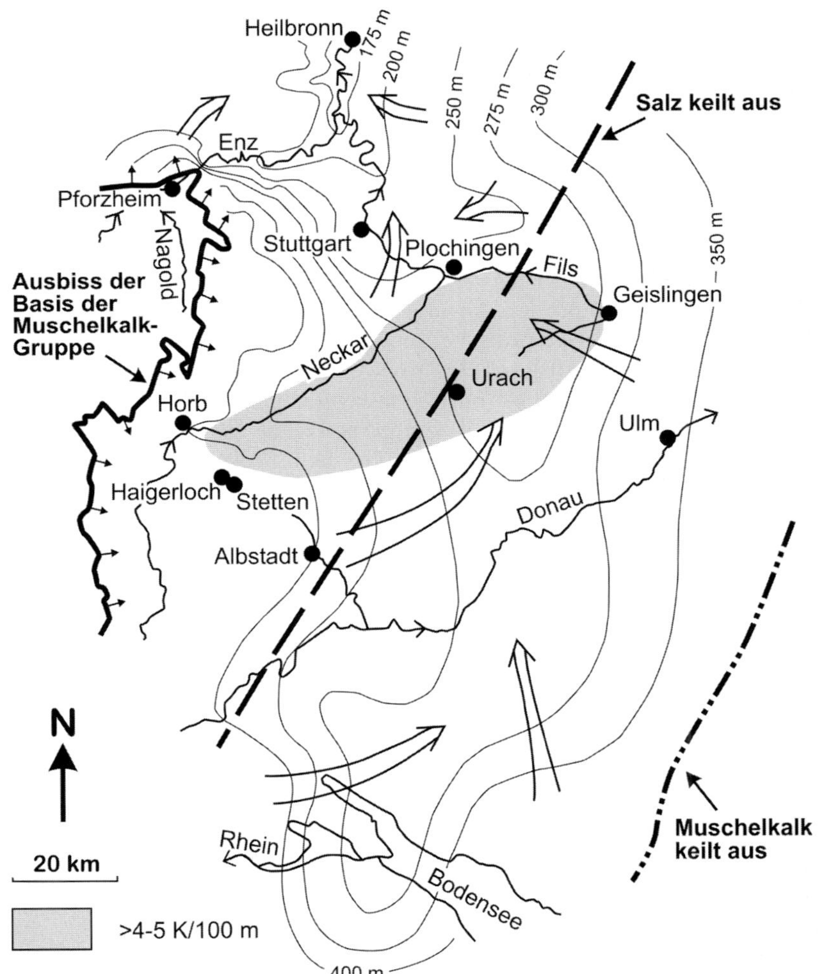


**Abb. 15.** Kartenskizze der hydraulischen Equipotentialfläche („Druckhöhe" in m NN) für die Grund- und Tiefenwässer des Muschelkalk-Aquifers östlich des Schwarzwalds (nach Villinger 1982; Stober & Villinger 1997). Angedeutet sind die Fließrichtungen (Pfeile) der Tiefenwässer und das laterale Auskeilen der Salzeinheiten in der mittleren Muschelkalk-Gruppe gegen Südosten. Die im Bereich Urach leicht aufwärts gerichtete Bewegung der Tiefenwässer könnte für einen Teil der Uracher Wärmeanomalie verantwortlich sein. Salzsubsolution im Untergrund wirkt möglicherweise vorbereitend für die nach Süden gerichtete, geologisch junge Ausweitung des Neckar-Einzugsgebiets.

und Grundwässern im Buntsandstein-Aquifer zu neutralisieren. Aus der Mittleren Muschelkalk-Subgruppe gewinnt man bis heute in Heilbronn und in Stetten an der Eyach **Steinsalz** für die chemische Industrie und anderweitige technische Zwecke. Auch **Anhydritstein** kommt heute verstärkt in der Bauindustrie sowie im Verputz- und Verpackungsgewerbe zum Einsatz.

Die Muschelkalk-Gruppe lässt sich vor allem in den Exkursionsgebieten E 4, E 5 und E 6 studieren.

## Keuper-Gruppe

Die **Keuper-Gruppe** der mittleren bis späten Trias-Periode (Ladinium-, Karnium- und Rhätium-Stufe; ca. 237 bis 200 Ma) ist eine 300 bis 400 m mächtige, bunt gefärbte Abfolge aus Tonsteinen und Evaporiten (Gips oder Andydrit), die von Dolomit-Bankfolgen („Steinmergel") und fluviatilen Sandsteinintervallen unterbrochen werden (Abb. 16). Zur Zeit der Ablagerung der Keuper-Gruppe erstreckte sich das Germanische Becken bereits weit nach Süden, wo Sandschüttungen wahrscheinlich sogar bis in die Schelfbereiche des Tethys-Ozeans vorrückten. Sandstein-Bankfolgen und regionale Diskordanzen demonstrieren eine wiederholte, durch Sockelhebungen ausgelöste Progradation von Flussebenen ins schlammig-evaporitische Beckenzentrum. Dabei erfolgte die fluviatile Progradation zuerst aus nördlichen (= baltischen), später aus südöstlichen (= vindelizischen) Bereichen. Zyklen im dm- bis m-Bereich deuten auf eine Ablagerung toniger Sedimente in flachen intrakontinentalen Playas. Dabei belegen mikritisch-oolithische, oft brekziös aufgelöste Dolomit-Mergel-Bänke mit Muschelfragmenten und Spuren von Gliederfüßern auch eine längerfristige Existenz von Süß- oder Brackwasser-Endseen, gelegentlich sogar meeresnahen Lagunen. Unter vorherrschend semiariden Klimabedingungen wurde in diesen Depressionen Gips ausgefällt und unter den trockenliegenden Pfannen kam es durch Kapilarwasserbewegungen zur Ausfällung einer Vielfalt konkretionärer kalkig-sulfatischer Bodenbildungen. In den Tonsteinschichten, in denen die Tonminerale Illit, Chlorit, Illit/Chlorit (= Corrensit) dominieren, bewirkte eine oftmals wiederholte Austrocknung eine Vielfalt cm- bis m-breiter, blockig-polyedrischer Schrumpfungstexturen. Da die Keuper-Gruppe im Verlauf der weiteren Subsidenz des Germanischen Beckens unter rund 1 km mächtige Schichtabfolgen der Jura-Periode zu liegen kam und dabei möglicherweise Temperaturen > 80 °C ausgesetzt war, erfuhren ursprünglich gebildete Gipskristalle eine Umwandlung in Anhydrit und Tonminerale eine teilweise Entwässerung. Noch später wurden cm-breite, netzförmig angeordnete Risse, Spalten und Lösungsbrekzien („Zellenmergel") mit Fasergips oder sekundären Kristallrasen aus Dolomit, Kalzit oder Quarz gefüllt. Diese Texturen bestimmen häufig den Charakter von Aufschlüssen und die scherbige Verwitterung der Schichten, auf die sich wahrscheinlich der volkstümliche Begriff „Keuper“ bezieht (Brenner & Villinger 1981; Bachmann & Brunner 1998; Hauschke & Wilde 1999; Reinhardt & Ricken 2000; Lutz & Etzold 2003; Nitsch 2005; siehe auch Kelber & Nitsch 2005; Etzold & Franz 2005).

Die basale **Erfurt-**(oder **Lettenkeuper-)Formation** (Ladinium-Epoche, 20–30 m mächtig), bildet häufig eine bräunlich verwitternde Geländekante über den Schichtstufen und Steinbruchwänden in der Oberen Muschelkalk-Subgruppe. Ihre dolomitischen Karbonatbänke und grau-grünen Ton-Mergelstein-Schichten ähneln noch denen der höchsten Meissner-Formation. Allerdings wechsellagern bereits nahe der Basis weit aushaltende Dolomikrit-Bänke mit Muscheln oder Brachiopoden (Untere Dolomitschichten, Alberti-Bank, Anoplophora-Dolomit, Lingula-Dolomit) mit Feinsandsteinlagen („Hauptsandstein“). Die Sande dieser Rinnenfüllungen stammen von einer kristallinen („baltischen“) Beckenrandschwelle am Nordrand des Germanischen Beckens. Ihre Ablagerung erfolgte auf Flussebenen, die in breite verlandende Lagunen des Muschelkalk-Meeres progradierten. Ein dm- bis m-mächtiger, heller, kavernöser „Grenzdolomit“ kennzeichnet die Oberkante der Formation, deren Ausbiss nicht nur von Quellen, sondern auch von Dolinen begleitet wird.

Die **Grabfeld-**(oder **Gipskeuper-)Formation** (Ladinium- bis Karnium-Epoche, 100–150 m mächtig) ist an der Basis durch einen Umschlag von graubraunen in hellrote Farbtöne gekennzeichnet. Obwohl die Formation meist nur punktuell aufgeschlossen ist, wurde sie durch Tiefbohrungen und bei geologischen Erkundungen für die Bundesbahn-Neubaustrecke Mannheim-Stuttgart im westlichen Kraichgau durchgehend erkundet und ausgezeichnet dokumen-

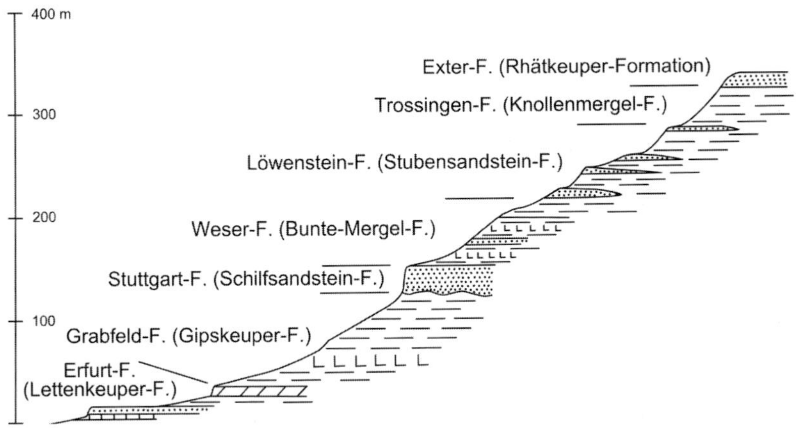


**Abb. 16.** Säulenprofil zur Nomenklatur und Mächtigkeit der Schichtabfolgen in der Keuper-Gruppe unserer Region.

tiert (Rockenbauch 1987; Wurm et al. 1997; Swoboda 2003; Franz et al. 2005). Die Formation besteht aus einer Abfolge von m-mächtigen Ablagerungszyklen. In diesen gehen jeweils Tonstein-Schluffstein-Lagen in gebankte Dolomitstein-Mikrite („Steinmergel") oder Feinsandsteine (mit gelegentlichem Muschelschill) über und enden mit lagigen bis knolligen Bodenbildungen (Karbonat- oder Sulfat-Aggregate). Die Zyklen reflektieren zuerst zunehmende Wasserstände, dann zunehmende Salinität am Boden riesiger Depressionen (Pfannen, Playas). Einzelne m-mächtige schräglaminierte, oolithische oder intraklastische Dolomit-Feinsandstein-Bänke deuten an, dass die seichten Wasserkörper zeitweise kräftigen Strömungen ausgesetzt waren. Feinklastische Komponenten (vor allem Quarz) gelangten entweder aus dem Bereich vorrückender Deltas oder durch Stürme in die zentralen Beckenbereiche. Dabei stellen einzelne sandig-dolomitische Bankfolgen aufgrund ihrer weiten Verbreitung regionale Leithorizonte dar, so z. B. ein mergeliger „**Bochingen-Horizont**" in den rund 20 m mächtigen basalen „Grundgips-Schichten" oder ein dunkelgrauer dolomitischer „**Bleiglanz-Horizont**" an der Oberkante der darüber folgenden rund 25 m mächtigen „Dunkelroten Mergel". In der Bleiglanz-Bank ist das Auftreten von Bleiglanz (Galenit, PbS), Kupferkies (Chalcopyrit, $CuFeS_2$) und Zinkblende (Sphalerit, ZnS) möglicherweise ein Hinweis auf den Austritt hydrothermaler Wässer am Boden eines großen Seebeckens. Über einem rund 60 m mächtigen „Mittleren Gipshorizont", der neben grauen lagigen und knolligen bunten Evaporiten dolomitische Bänke („**Engelhofer-Horizont**") aufweist, besteht die höchste Einheit der Grabfeld-Formation vor allem aus Gips (oder Anhydrit) führenden Tonsteinschichten, die nach den in ihnen gelegentlich anzutreffenden Conchostraken in Untere Bunte, Graue und Obere Bunte „Estherienschichten" (rund 35 m) unterteilt werden.

Die **Stuttgart-**(oder **Schilfsandstein-**)**Formation** (Karnium-Epoche, 10–30 m mächtig) besteht aus braungelb bis rötlichen, fein- bis mittelkörnigen fluviatilen Sandsteinen, in denen sich zwei Faziesentwicklungen unterscheiden lassen. In der durch m-mächtige Bänke gekennzeichneten Rinnenfazies (auch „Werksteinfazies"), füllen schräggeschichtete bis schräglaminierte Feinsandstein-Bänke maximal 10 bis 15 m tiefe und km-breite erosive Rinnen, die in die höchsten Grauen oder Oberen Bunten „Estherien-Schichten" der Grabfeld-Formation erodiert wurden (Abb. 31). Außerhalb des Rinnenbereichs überlagern cm- bis dm-mächtige Sandstein-Tonstein-Wechselfolgen einer Überschwemmungsfazies („Normalfazies"), ohne deutliche Erosionsdiskordanzen, die höchsten Tonsteinschichten der Grabfeld-Formation (Wurster 1964; Linck 1970; Dittrich 1989). In beiden Faziesbereichen bestehen die Sandsteinkomponenten aus kaum gerundetem Quarz, Feldspat (bis zu 30 %!) und einer glimmerreichen Matrix. Eine in den Sandsteinbänken dominierende Rippeldrift-Schräglamination und Schrägschichtung belegt den SW-gerichteten Vorbau lobenförmiger Sandkörper über schlammige Tiefebenen, die sich zwischen dem Baltischen Schild und den Schelfbereichen des Tethys-Ozeans erstreckten. Nach Südwesten zunehmende Anteile des Minerals Glaukonit und des Elements Bor in der Stuttgart-Formation lassen einen Übergang der Sandebene in seichte meeresnahe Lagunen oder Ästuare vermuten. Außerdem trennt gelegentlich ein toniger bis dolomitischer „Gaildorf-Horizont" tiefere, grobkörnigere Rinnenfüllungen von überlagernden feinsandigen bis schluffig-kohligen Lagen, in denen gelegentlich Fragmente von Schachtelhalm-Blättern und Muscheln gefunden wurden. Der ursprüngliche Porenraum der Sandsteine wurde später zum Großteil durch Sprossung von Chlorit- und Feldspatkristallen gefüllt (Heling 1965). Über den Sandsteinbänken folgen meist m-mächtige tonig-schluffige Schichten („Dunkle Mergel"), die den Übergang in die Weser-Formation markieren. Im Ausbiss bildet die Stuttgart-Formation deutliche Schichtstufen, an denen früher in zahlreichen Brüchen besonders die gelblich-rötlichen und durch Rippeldrift „geflaserten" Werksteine gewonnen wurden. Letztere sind als attraktive Fassaden in zahlreichen privaten und öffentlichen Gebäuden der Region zu bewundern. Aus 400 bis 600 m tief im nordöstlichen Oberrhein-Graben abgesenkten, geklüfteten Speichergesteinen der Erfurt- und der Stuttgart-Formation wurde zeitweise Erdöl gefördert.

Die **Weser-**(oder **Bunte-Mergel-)Formation** (Karnium-Epoche, rund 30 m mächtig), die der Stuttgart-Formation anscheinend konkordant auflagert, besteht aus einem basalen, lokal dolomitischen „Beaumont-Horizont" (Lutz & Etzold 2003). Darüber dominieren dm-Zyklen aus violett-grauen Schluff-Tonstein-Mergel-Schichten und ziegelroten knollig-evaporitischen Bodenkrusten („**Rote Wand**"), dann folgen erste hell-graugrüne Feinsandstein-Dolomitstein-Lagen („Lehrberg-Schichten"), Sandsteinbänke („**Kieselsandstein**") und eine abschließende „Obere Bunte Mergel-Einheit". Auch diese Einheiten wurden anscheinend auf flachen Schlammebenen und in intermittierenden, m-tiefen Seen sedimentiert (Kern & Aigner 1997). Die fluviatil eingetragenen sandigen Komponenten stammen nunmehr aus östlichen Beckenrandbereichen. Brekziöse Auslaugungsresiduen und Gipsadern, aber auch spätere Quarz- oder Kalzit-Auskleidungen von Gesteinsrissen gehen auf Fluidbewegungen zurück, welche die allmähliche Verfestigung der Schichtpakete sowohl bei ihrer Absenkung als auch bei ihrem späteren Aufstieg begleiteten.

Die **Löwenstein-**(oder **Stubensandstein-)Formation** (Norium-Epoche, 100–150 m mächtig) überlagert die Weser-Formation an einer weiteren regionalen Diskordanz, wobei m-mächtige, schräggeschichtete Sandsteinbänke eine wiederholte NW-gerichtete Progradation sandiger Flussebenen ins Beckeninnere andeuten. Die Porenraumzemente der vier mittel- bis grobkörnigen Quarz-Sandstein-Einheiten, die gegen Westen als rötlich-graue Ton-Schluff-Mergelstein-Schichten ausdünnen, bestehen im Gegensatz zur Stuttgart-Formation nicht nur aus Quarz und Karbonat, sondern vor allem aus Kaolinit (Heling 1965). Diese deshalb weniger festen „Stubensandsteine" wurden früher am

Strombergrücken von „Sandbauern“ zu Scheuersanden verarbeitet und als solche vertrieben. Unter der zweiten Sandstein-Einheit in der Löwenstein-Formation findet sich, eingeschaltet in grünliche Tonsteine, eine Gruppe dm-mächtiger, hellgrau-gelblicher Dolomitstein-Schichten („**Ochsenbach-Bank**“). Ooidische Körner, Fragmente von Muschelschalen und cm-große Lithoklasten deuten auf eine Ablagerung in einem zumindest zeitweise bewegten Wasserkörper. Obwohl Fossilien in den höchsten Teilen der Löwenstein-Formation als mögliche Hinweise auf meeresnahe Lagunen gedeutet werden, stellen die evaporitischen Intervalle möglicherweise Austrocknungszyklen temporärer Seen dar. Dolomitrinden sowie Quarz- und Calcit-Zemente in Gesteinsrissen entstanden auch in diesen Schichten durch spätere Rekristallisationsvorgänge (Blunk & Schweizer 1983). Die **Exter-(Rhätkeuper-)Formation** (Rhätium-Epoche, 5 m mächtig) stellt eine höchste fluviatile Sandsteineinheit der Keuper-Gruppe dar, die in unserer Region kaum aufgeschlossen ist, jedoch gelegentlich in Form loser Blöcke die Grenze zum terrassenförmigen Ausbiss der Schwarzjura-Gruppe bildet.

Der Ausbiss der Keuper-Gruppe ist meist von m-mächtigem Löss oder Schwemmlöss überdeckt. Über flach-konkaven Hängen und breitwelligen Subsolutionssenken bilden Sandstein- und Dolomitstein-Bänke treppenförmige Schichtstufen, die als lokale Aquifere durch Felsquellen gekennzeichnet sind. Deren Schüttungen übersteigen allerdings nur selten Werte > 1 l/s. Aufgrund der dominierenden Tonsteineinheiten („Letten“) ist die Keuper-Gruppe insgesamt ein Aquitard und lokale $H_2S$-führende „Schwefelquellen“ sind im Allgemeinen durch extrem geringe Schüttungen gekennzeichnet. In Hinsicht auf das geotechnische Verhalten im Untergrund ist die Grabfeld-Formation von besonderem Interesse, da sie in unserer Region in zahlreichen Tunnelstrecken durchfahren werden musste, anderswo bebautes Gelände unterlagert und in Tiefbohrungen erschlossen wurde. Aufgrund einer geringen hydraulischen Leitfähigkeit ($k_f$ = $10^{-8}$ bis $10^{-9}$ m/s) und einer stark verzögerten Infiltration ungesättigter $HCO_3$-Grundwässer weist die Grabfeld-Formation unter der Landoberfläche recht stationäre Auslaugungsfronten auf. Diese als **Gipsspiegel** bzw. **Anhydritspiegel** bezeichneten Grenzflächen befinden sich unter Geländemulden in Tiefen von 30 bis 50 m, unter Geländerücken jedoch bis in Tiefen von 80 bis 100 m und im Bereich stark gestörter Gesteinskörper noch tiefer. Bei geneigter Schichtlagerung verlaufen Gips- und Anhydritspiegel also meist schräg zu den Schichtgrenzen (Abb. 17; Swoboda 2002). Über dem Gipsspiegel fehlen Anhydrit-($CaSO_4$) bzw. Gipskristalle ($CaSO_4 \cdot 2H_2O$) in den Tonsteinen durch natürliche Lösung, unter dem Gipsspiegel in einer 2 bis 10 m mächtigen „feuchten“ Zone wird Gips erneut ausgefällt. Nur wenig unterhalb dieser Zone bildet der **Anhydritspiegel** eine Grenze zu relativ „trockenen“ und von infiltrierenden Grundwässern kaum berührten Bereichen, in denen Anhydrit als Sulfatphase dominiert. Da Gipskristalle ein rund 60 % größeres

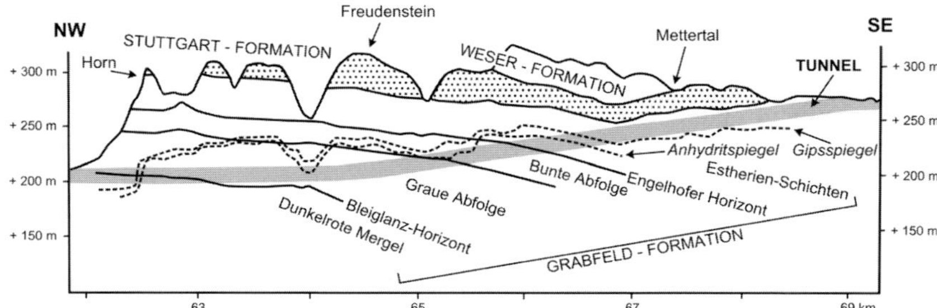


**Abb. 17.** Stark überhöhter Querschnitt durch die Keuper-Gruppe im Bereich des Freudenstein-Tunnels am Westrand des Strombergs mit den im Text näher diskutierten Niveaus des Gips- und Anhydrit-Spiegels in der Grabfeld-Formation (nach Swoboda 2002).

Volumen aufweisen als Anhydrit-Kristalle kann Zutritt von Wasser eine Umwandlung von Anhydrit in Gips – oft in Verbindung mit der Wasseraufnahme von Chlorit/Smektit-(= Corrensit)-Tonmineralaggregaten – eine dramatische Expansion betroffener Gesteinsbereiche auslösen. Dies erfordert besonders in freiliegenden Tunnelstrecken oder nicht verrohrten Bohrungen eine Vorsorge gegen zutretende Wässer – sogar durch Kondensation aus der Luft! Durch kurzfristige Lösung und Neuausfällung von Anhydrit-Gips-Kristallen verursachte Sohlhebungen und Firstsenkungen in Tunnels können die Größenordnung von Dezimetern erreichen. Man versucht deshalb im Bereich projektierter Tunnelprofile den Zutritt von Wasser soweit wie möglich durch vorbeugende temporäre Absenkungen des lokalen Grundwasserspiegels unter das geplante Tunnelniveau zu unterbinden. Im Vollausbau neutralisiert man eventuell auftretende Druckspannungen durch bis zu 1,5 m mächtige Sohlbetonierungen oder offene „Knautschzonen“. Auch ein durch Bohrungen ausgelöster Wasserzutritt aus unterlagernden Aquiferen kann sich in der Grabfeld-Formation durch entsprechende Volumenzunahmen äußern.

Im Ausbiss der Keuper-Gruppe entstehen durch natürliche Sandstein-Verwitterung dünne Ranker- bzw. Braunerde-Böden, bei der Verwitterung tonig-mergeliger Schichten feuchte Gley- oder Pelosol-Böden, die sich in unserer Region jedoch meist unter m-mächtigen Löss- oder Schwemmlössdecken befinden. Sonnige Südhänge im Ausbiss tonig-mergeliger Schichten dienen häufig als Weinberge. Hier lassen sich direkt vor Ort „künstliche“ mergelige Böden schaffen und Sandsteine können Material für erosionsschützende Stufenraine liefern. Viele Mergelgruben und Stufenraine sind allerdings in jüngster Zeit bei Flurbereinigungen verschwunden. Schattige Nordhänge, wie z.B. am Stromberg oder Heuchelberg, weisen meist dichte Eichen-Buchen-

Wälder auf, wobei tonige Substrate zu Bodenkriechen und flachgründigen Rutschungen neigen.

Der Keuper-Gruppe widmet sich vor allem das Exkursionsgebiet E 5.

## Schichtabfolgen der Jura-Periode

Im Verlauf der Jura-Periode (ca. 200 bis 145 Ma) wurde das intrakontinentale Germanische Becken zu einem Teil des breiten, subtropischen Schelfs am Nordrand des mediterranen Tethys-Ozeans. In Wassertiefen um 50 bis 100 m kam es in unserer Region zur Ablagerung einer insgesamt 500 bis 700 m mächtigen Schichtabfolge, die sich nach den dominierenden Farbschattierungen der Formationen grob in die Schwarzjura-, Braunjura- und Weißjura-Gruppe gliedern lässt (Abb. 18). Tonige, feinsandige und kalkig-oolithische Sedimentanteile in den Schichten wurden weiterhin aus nordöstlichen Küstenstreifen im Bereich der Vindelizischen Schwelle durch Meeresströmungen herantransportiert und über leicht abfallende submarine Rampen in tiefere Beckenbereiche

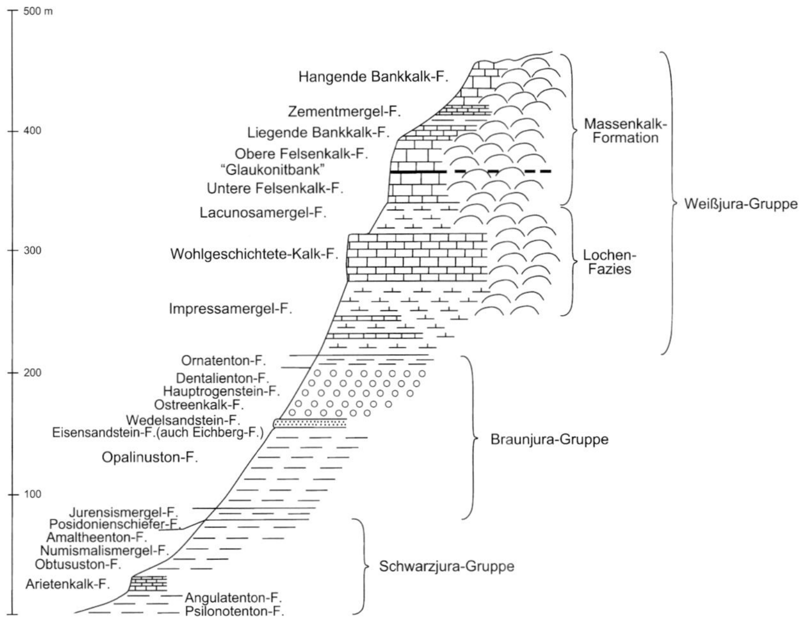


**Abb. 18.** Verallgemeinertes Säulenprofil zur Nomenklatur und Mächtigkeit der Schwarzjura-, Braunjura- und Weißjura-Gruppe unserer Region.

verlagert, wo sie besonders in der mittleren Jura-Periode NE- bis NNE-streichende synsedimentäre Einmuldungen füllten (Rupf & Nitsch 2008). Die tieferen Schichtabfolgen der Jura-Periode bilden zwar die große Auflagerungsfläche unter der Füllung des zentralen Oberrhein-Grabens, sind aber nur unvollkommen südlich von Heidelberg oder westlich von Straßburg in angehobenen Grabenrandbereichen aufgeschlossen. Vollständig sind sie dagegen auf der Schwäbischen Alb zu studieren. Seit den klassischen Arbeiten von Quenstedt und Oppel konnte hier das grob dreigeteilte Schichtpaket mit Hilfe von reichlich vorhandenen Cephalopoden-, Brachiopoden- und Mollusken-Faunen biostratigraphisch in zahlreiche Stufen gegliedert werden (Geyer & Gwinner 1979; Hildebrandt & Schweizer 1992; Villinger 1997; Villinger & Sauter 1999). Die Abfolge beginnt mit überwiegend dunklen, kalkig-tonig-sandigen Schichten der Schwarzjura-Gruppe, setzt sich mit gelblich-braunen, eisenreichen Sand- und Mergelsteinen der Braunjura-Gruppe fort und endet mit hellen, gebankten bis massigen Kalken der Weißjura-Gruppe. Nicht nur Formationsgrenzen, sondern auch formationsinterne Diskontinuitäten und Sturmschichten belegen zahlreiche Phasen submariner Kondensation und Erosion. Auffallend in den tieferen Ton-Mergel-Sandstein-Formationen sind neben der reichlichen Fossilführung (Cephalopoden, Muscheln, Brachiopoden, Echinoiden) die relativ hohen Gehalte an Eisen, das bei Abwesenheit von Sauerstoff in Sulfiden (Pyrit) oder Karbonaten (Siderit, Ankerit), bei Anwesenheit von Sauerstoff in feinstkörnigen Tonmineralen (Chamosit) oder in Oxiden-Oxihydroxiden (Hämatit, Goethit) oolithischer Mineralaggregate gebunden wurde. Das Eisen könnte primär aus Fe-reichen hydrothermalen Fluiden stammen, die in der frühen und mittleren Jura-Periode an NW-streichenden Spalten durch den Kristallinen Sockel aufstiegen und möglicherweise auch am Meeresboden austraten. Nach einer allmählichen Verflachung des Meeresbodens in der späten Jura-Periode beendeten breitgespannte Hebungen der Lithosphäre die Sedimentation im Germanischen Becken unserer Region.

Die **Schwarzjura-Gruppe** („Lias-Tonsteine“ oder Unterjura; Hettangium- bis Toarcium-Stufe; ca. 200 bis 176 Ma; rund 50–100 m mächtig) besteht vor allem aus dunklen Ton- und Mergelsteinen, in denen Illit und Kaolinit als Tonminerale dominieren. Neben Bankfolgen aus Fe-reichen Feinsandsteinen, deuten Kondensationsflächen in den meist linsenförmig erhaltenen, dunkelgrauen Kalksteinbänken auf subtile Ausfällungs- und Lösungsvorgänge in schlammigen Sedimentsubstraten, in denen sich auch konkretionäre Fe-Sulfide (vor allem Pyrit), Karbonate und Phosphoritknollen bildeten. Über den hellen sandig-mergeligen Einheiten der höchsten Keuper-Gruppe setzt über einer deutlichen Grenzfläche die basale **Psilonotenton-Formation** (benannt nach dem Ammoniten *Psiloceras planorbis*; Hettangium-Stufe) mit dunklen Kalkbänken und Tonsteinlagen ein. Unmittelbar darüber enthält die **Angulatenton-Formation** (benannt nach dem Ammoniten *Schlotheimia angulata*; Hettangium-Stufe) neben Tonstein-Schichten auch eine dunkelrot-graugrün gefleckte, kalkig-sandige Leiteinheit („Oolithenbank"), die wahrscheinlich als Sturmschicht abgelagert wurde und nach oben hin von gelblichen Kalksandsteinbänken mit Austernschalen (*Gryphaea*) überdeckt wird. Die Sande in dieser Formation wurden wahrscheinlich aus breiten Strandsäumen im Nordosten durch S- bis SW-gerichtete Strömungen umgelagert. Die **Arieten-**(oder **Arietitenkalk**)**-Formation,** benannt nach den großen Ammoniten *Arietites*; Sinemurium-Stufe), setzt sich aus knolligen, dunklen Kalksteinbänken, bituminösen Tonsteinen und dm-mächtigen „Blaukalk"-Bänken zusammen. In den darüber folgenden, nach Ammoniten bzw. Brachiopoden benannten Tonstein-Schichten der **Obtususton-Formation**, der **Numismalismergel-Formation** und der **Amaltheenton-Formation** (Sinemurium- und Pliensbachium-Stufen) finden sich neben Pyrit- und Siderit-Phosphorit-Konkretionen immer wieder linsenförmig aufgelöste, dunkle Kalkbänke, wie z. B. die „Costatenkalk-Bank" in der obersten Amaltheenton-Formation. Auf diesen Schichten folgt dann die zwar nur rund 10 m mächtige aber weithin bekannte **Posidonienschiefer-Formation** (Abb. 19). Diese Einheit wurde um 185 Ma in einem Zeitintervall von nur 2 bis 3 Millionen Jahren (Toarcium-Stufe) abgelagert und ist nach der kleinwüchsigen Muschel *Posidonia* (heute *Bositra*) benannt. Sie erlangte durch die wunderbar erhaltenen Abdrücke von Wirbeltier-Fossilen Weltberühmtheit. Die feinst laminierten und stark bituminösen bis mergeligen Tonsteine, die einen Tonmineralgehalt von rund 50 % und einen Karbonatgehalt

**Abb. 19.** Natürlicher Aufschluss der dünnplattig verwitternden Posidonienschiefer-Formation (nördliches Eyachufer unterhalb des Friedhofs Frommern, westliche Schwäbische Alb).

**Abb. 20.** Aufschluss der Opalinus-Formation; deutlich zu erkennen sind die als horizontale Rippen in der Tonsteinabfolge hervortretenden Feinsandstein-Bänke (ehemalige Mergelgrube nordöstlich von Schlach, Tal der Starzel, westliche Schwäbische Alb).

(Phytoplankton in Form von Coccolithophoriden) von rund 30% aufweisen, enthalten bis zu 10% an organischem Kohlenstoff. Die fast perfekt konservierten Fossilien spiegeln die Sedimentations- und Einbettungsbedingungen unter einem stagnierenden Schelfmeer wider und sind z.B. im ausgezeichneten Werkmuseum Dotternhausen ausgestellt (Oschmann et al. 1999; Jäger 2001). Eine stabile Wasserschichtung mit einer salzarmen oxidierenden Schicht an der Oberfläche und salzigem sauerstoffarmem Wasser darunter erzeugte in den Schlämmen des Meeresbodens weitgehend **euxinische** (= sauerstofffreie) Bedingungen, die den Abbau organischer Sedimentanteile unterdrückten. Durch sulfatreduzierende Bakterien freigesetztes $H_2S$-Gas führte zur Bildung linsenartiger Pyrit ($FeS_2$)-Konkretionen, die in Aufschlüssen als bräunliche Fe-Oxihydroxide verwittern. Über der Posidonienschiefer-Formation bildet die **Jurensismergel-Formation** (benannt nach dem Ammoniten *Lytoceras jurensis*) die höchste Einheit der Schwarzjura-Gruppe; sie besteht aus gelblich-braunen Tonstein- und knolligen Mergelstein-Schichten.

Die **Braunjura-Gruppe** („Dogger-Mergelsteine"; Aalenium- bis Callovium-Stufen; ca. 176 bis 161 Ma; rund 150–250 m mächtig) setzt sich aus Tonstein- und Mergelsteinschichten zusammen, die häufig von Kondensationsflächen begrenzt werden, reichlich Cephalopoden oder Muscheln führen und durch Fe-reiche, oolithische Kalk-Sandsteinbänke gekennzeichnet sind. Die untere Hälfte der Gruppe wird von der **Opalinuston-Formation** (Aalenium-Stufe) eingenommen. Diese Formation ist nach dem durch seine „opalisierenden“ Aragonit-Schalen gekennzeichneten Ammoniten *Leioceras opalinum* benannt und besteht aus einer recht homogenen grau-bräunlichen Schluffstein-Tonstein-Mergelstein-Abfolge. Nach oben hin wechsellagert diese mit cm- bis dm-mächtigen, Fe-reichen und von Grabspuren durchzogenen Feinsandlagen (Abb. 20). Über diesen sandigen „Wasserfall-Schichten“ folgen mit der **Eisensandstein-** oder **Eichberg-Formation** (Aalenium-Stufe) und der **Wedelsandstein-Formation** (Bajocium-Stufe) weitere dünnbankige, eisenreiche Feinsandsteine und mergelige Tonsteine. Auch Austern führende Einheiten der **Ostreenkalk-Formation**, die **Hauptrogenstein-Formation** und die **Dentalienton-Formation** (Bajocium- und Bathonium-Stufen) sind durch eisen- bis kalkoolithische Bankfolgen mit jeweils abschließenden „Blaukalk“-Bänken gekennzeichnet. Es ist anzunehmen, dass die sandig-kalkigen und Fe-reichen-oolithischen Komponenten dieser Schichtglieder durch kräftige Meeresströmungen oder bei Sturmereignissen aus seichten Schelfbereichen in tiefere Rampen- bzw. Hangbereiche gelangten und dort breite Rinnen füllten. Auf der östlichen Schwäbischen Alb wurden eisenhaltige Bankabfolgen mit bis zu 30 % Fe bis in die Mitte des 20. Jahrhunderts bergmännisch abgebaut und auch in einer Scholle am Ostrand des Oberrhein-Grabens südlich von Lahr waren Fe-reiche Oolith-Schichten der Eichberg-Formation zeitweise in offenen Gruben und Stollen erschlossen (Urban 1966). In der **Ornatenton-Formation** (Bathonium- und Callovium-Stufen), die nach dem Ammoniten *Kosmoceras ornatum* benannt ist und die Oberkante der Braunjura-Formation bildet, enthalten dunkle Tonsteine ebenfalls noch einzelne oolithische Schichtglieder.

Sowohl die Schwarzjura-Gruppe als auch die Braunjura-Gruppe sind Aquitarde mit hydraulischen Leitfähigkeiten von $10^{-13}$ bis $10^{-14}$ m/s, wobei für geklüftete Bereiche allerdings auch Werte > $10^{-10}$ m/s gelten. Langsam fließende Grundwässer in den Aquitarden nehmen besonders in der Schwarzjura-Gruppe häufig schon nahe der Landoberfläche den Charakter Fe-reicher Na-Ca-Mg-$HCO_3$-$SO_4$-Mineralwässer mit Lösungsgehalten > 1 g/l an. Oxidation und bakterieller Abbau von Sulfiden (vor allem Pyrit) sowie Anreicherung von Sulfat-Ionen kann bei einer oberflächennahen Austrocknung (= Verdunstung) der Ton-Mergelsteinabfolgen schichtparallele Ausfällungen von Gips, seltener auch von $FeSO_4.7\,H_2O$ bewirken. Die lagenparallele Ausfällung von Gipskristallen ist geotechnisch deshalb interessant, weil sie unter geheizten Gebäuden durch Expansion und Aufblätterung des Gesteins signifikante Baugrundhebungen auslösen kann (Tietze 1981; Wagenplast 2005). Die Ton-Mergelsteine der Schwarz- und Braunjura-Gruppe haben vielfach als Ziegelrohstoffe, Zementzuschläge oder Abdichtungsmaterial Verwendung gefunden; sie verwittern zu feuchten Gley- oder Pelosol-Böden, die je nach lokaler Lössbedeckung landwirtschaftlich genutzt werden. Stärker geneigte Hänge, auf denen „Kalk-Buchenwälder“ oder Buchen-Tannen-Wälder überwiegen, neigen besonders nach längeren Niederschlägen zu Rutschungen, in denen 5 bis 20 m mächtige Gesteinspakete in Bewegung geraten.

Die **Weißjura-Gruppe** („Malm-Kalke“; Oxfordium- bis Tithonium-Stufe; ca. 161 bis 145 Ma; durchschnittlich rund 500 m mächtig) ist die „sichtbarste“ Schichtabfolge der Jura-Periode. Ihr ursprünglicher Ablagerungsraum reichte wahrscheinlich nicht viel weiter nach Norden als in unsere Region und auch im Untergrund des nordzentralen Oberrhein-Grabens finden sich nur die tiefsten Schichten der Abfolge. Die Arbeiten von Fischer (1913), Roll (1934), Gwinner (1962), Meyer & Schmidt-Kahler (1989), Pawellek & Aigner (2002, 2003) und Pawellek (2003) vermitteln ein gutes Bild vom Gang der Forschungen über diese Abfolge. Schon früh im 19. Jahrhundert erkannte man, dass die Cephalopoden führenden, geschichteten Mergelstein-Bankkalk-Abfolgen und die Kieselschwämme führenden Massenkalk-Bioherme gleichaltrige Fazies darstellen. Die Basis der Weißjura-Gruppe ist ein grünlicher Glaukonit-Horizont (lokal mit Phosphoritkonkretionen), mit dem die **Impressamergel-Formation** (benannt nach dem Brachiopoden *Aulacothyris impressa*; Oxfordium-Stufe, rund 50 m mächtig) einsetzt. Diese Formation besteht aus grau-grünlichen bis gelblichen Mergelsteinen (50 bis 70 % $CaCO_3$), die mit dünnen, oft durch Lösung am Meeresboden linsenförmig aufgelösten, hellgrauen Kalkbänken (mit Cephalopoden und Brachiopoden) wechsellagern. Zunehmend mächtigere, grau-gelblich verwitternde Kalkbänke signalisieren den Übergang in die **Wohlgeschichtete-Kalk-Formation** (Oxfordium-Kimmeridgium(?)-Stufen, rund 70 m), in der aus Coccolithophoriden-Schlämmen hervorgegangene mikritische Kalksteinbänke (90 bis 95 % $CaCO_3$) an erstaunlich scharfen Grenzen durch oft nur mm-mächtige Mergel-Lagen (70 bis 90 % $CaCO_3$) voneinander getrennt werden (Abb. 21a). Während gut erhaltene Bioturbationsspuren in den Kalksteinbänken ihre frühe Zementation andeuten, liefern flaserig-linsig-knollige Mergelsteine, auskeilende Bänke und „abgeschnittene“ Reste von Fossilien deutliche Hinweise auf spätere intensive Lösungsvorgänge, welche die Schichtfugen akzentuierten. Zusammen mit der deutlichen Bankung sorgt eine engständige tektonische Klüftung unter Aufschlüssen für scherbig-splittrige Halden. Die **Lacunosamergel-Formation** (Kimmeridgium-Stufe; rund 40 m mächtig), deren Name sich auf den Brachiopoden *Lacunosella* bezieht, ist eine zweite Abfolge aus lokal pyritführenden, hellen Mergelsteinschichten und Kalkbänken mit Cephalopoden. Auf der westlichen Schwäbischen Alb finden sich bereits in den Bankkalken der drei tiefsten Formationen der Weißjura-Gruppe erste „Stotzen“ von Kieselschwamm-Stromatolith-Biohermen, die man deshalb zusammen als **Lochen-Fazies** (oder als **Lochen-Formation**) bezeichnet (Abb. 21b).

In der höheren Weißjura-Gruppe setzen dickbankige bis massige Kalk-Dolomit-Gesteine ein, die als **Untere** und **Obere Felsenkalk-Formation** bezeichnet

**Abb. 21. a.** Die dm-gebankten und meist engständig geklüfteten Coccolithophoriden-Kalkmikrit-Bänke der Wohlgeschichteten Kalk-Formation (ehemalige Steinbruchwand nördlich von Pfeffingen, westliche Schwäbische Alb). **b.** Lateraler Anlagerungskontakt der Wohlgeschichteten Kalk-Formation (rechts) am Rand eines intern stark aufgelockerten Schwamm-Bioherms (links) der Lochen-Fazies (Steinbruch Plettenberg bei Dotternhausen, westliche Schwäbische Alb).

werden und lateral in Bioherme der **Massenkalk-Formation** (Kimmeridgium-Stufe) übergehen. Darüber lagern wiederum die gut geschichtete **Liegende Bankkalk-Formation**, die **Zementmergel-Formation** und die **Hangende Bankkalk-Formation** (Kimmeridgium- und Tithonium-Stufe; rund 250 m mächtig). Die abschließende Sedimentation der bituminösen **Zementmergel-**

und **Bankkalk-Formation** (Tithonium-Stufe) erfolgte bereits in teilweise isolierten, wannenförmigen Depressionen zwischen Massenkalk-Aufragungen des sich nach Süden zurückziehenden Schelfmeers. Die Ablagerung der intern zyklisch strukturierten, leicht domförmigen Kieselschwamm-Mikrobenkrusten-Bioherme erfolgte anfänglich noch unter der Sturmwellenbasis, vielleicht sogar in Wassertiefen bis zu 100 m. Erst in den höchsten Teilen der Abfolge deutet die Anwesenheit von Korallen auf Wassertiefen < 50 m hin. Größere Aufschlussbereiche in der Weißjura-Gruppe zeigen häufig eine wellige Verformung der Kalk-Bänke, die möglicherweise durch differentielle Kompaktion oder synsedimentäre Gleitbewegungen verursacht wurde. Die Kieselschwämme, die in Lebensstellung noch von einer Matrix aus Intraklasten, Peloiden und Ooiden umgeben waren, wurden nach ihrem Absterben durch Kalk ersetzt und sind vor allem als strahlenförmige Abdrücke erhalten. Das aus den Kieselschwammskeletten gelöste $SiO_2$ wurde zum Teil in Form von Hornsteinknollen wieder in den Bankkalken ausgefällt. Einen signifikanten Anteil der Bioherme bilden durch Cyanobakterien geschaffene horizontal-wellig-laminierte Stromatolithen oder vertikal verzweigte Thromboliten. An sturm- oder lösungsbedingten(?) Abtragsflächen setzen am Rand der Bioherme dm- bis m-mächtige, geschichtete Partikel-Intraklasten-Schuttkalke, Tempestite und Turbidite ein (Quaderkalke, Flaserkalke, Kalkbank-Mergel-Wechsellagerungen usw.). Auch diese aus dunklen „tuberoiden“ Schwamm-Stromatolith-Fragmenten, Kalkpartikeln usw. bestehenden Schichten werden selbst häufig von Nichtablagerungs- oder Lösungsflächen gekappt (Pawellek 2003; Pawellek & Aigner 2003). Die Massen- und Felsenkalke sind nicht nur durch Nichtablagerungs-Diskontinuitäten in m-mächtige Zyklen gegliedert, sondern enthalten auch regional verfolgbare Leitschichten, wie z. B. eine weit verfolgbare doppelte „Glaukonitbank“ im Niveau der Unteren Felsenkalk-Formation. Lange nach Ablagerung der Massenkalke schufen lokale Dolomitisierung und spätere Dedolomitisierung Bereiche aus „zuckerkörnigem Lochfels“, der durch bröselig-sandige Texturen, rötliche Eisenoxid-Anreicherungen und Calzit-Großkristalle gekennzeichnet ist (Giese & Werner 1997).

Ein bedeutender Aspekt der Weißjura-Gruppe der Schwäbischen Alb ist ihre regionale **Verkarstung**. Sie setzte wahrscheinlich bereits in der Kreide-Periode als Folge breiter SE-gerichteter Kippungen der Germanischen Tafel ein und konnte sich im Verlauf der Känozoikum-Ära mit der Anhebung der Landoberfläche auf bis zu 800 m NN bis in Tiefen von > 200 m ausweiten (Villinger & Sauter 1999). Die Verkarstung der Weißjura-Gruppe äußert sich in vielen Aufschlüssen durch intern zerbrochene, lokal verkippte Kalkschollen und sorgt vor allem in den relativ reinen Kalken der höheren Weißjura-Gruppe für hohe regionale hydraulische Leitfähigkeiten ($10^{-3}$ bis $10^{-5}$ m/s). Dabei bilden Mergelstein-Aquitarde (Impressamergel-Formation und Lacunosamergel-Formation) lokale Untergrenzen der Verkarstung. Seichte Karstgrundwässer haben deshalb relativ kurze Verweilzeiten im Untergrund und ihr Gehalt an

**Abb. 22.** Die an einer Steinbruch-Oberkante angeschnittene Landoberfläche im Ausbiss der Felsenkalk-Massenkalk-Fazies der höheren Weißjura-Gruppe; NNW-streichende Spalten mit einer Füllung aus dunkelroten bis gelblichen Bohnerz-Tonen, die reliktische Bodenbildungen der späten Kreide-Periode oder frühen Känozoikum-Ära darstellen (Steinbruchwand nördlich von Strassberg, Ostseite des Schmiecha-Tals, westliche Schwäbische Alb).

fester Lösungssubstanz übersteigt nur selten 500 mg/l. Trotzdem kommt es an kaskadenartig austretenden Ca-$HCO_3$-Quellwässern unter Teilnahme kalkabscheidender Cyanobakterien und Moose häufig zur Abscheidung laminierter **Travertin-Kalksteine** („Kalktuffe"). An der Schichtstufe des Albtraufs wirkt die Verkarstung massiger Kalk-Aquifere auch vorbereitend für bedeutende Massenbewegungen. In bis zu 30 m tiefen Lösungswannen, Trockentälern, Hohlräumen, Störungszonen und Spalten der Weißjura-Tafel finden sich immer wieder lehmige, gelblich bis rot gefärbte Reste von **Bohnerz-Böden**, die neben Anreicherungen m-mächtiger Lagen kugelig-pisolithischer Eisen-Oxyhydroxide und Kieselknollen auch Quarzsande enthalten. Die Bohnerz-Tone spiegeln die Verwitterung der Landoberfläche unter den warm-feuchten Klimabedingungen während der Kreide-Periode und der frühen Känozoikum-Ära wider, also jene Bedingungen, die vor Absenkung des Oberrhein-Grabens in unserer Region vorherrschten (Abb. 22). Bohnerze, deren Eisen wahrscheinlich aus Ton-, Mergel- und Kalksteinen der Jura-Periode stammt, wurden bis Mitte des 19.Jahrhunderts in meist kleinen Schürfen am Südabfall der Schwäbischen Alb abgebaut.

Landwirtschaftlich werden auf der Alb-Hochfläche vor allem die erstaunlich tiefen sandig-humosen Braunerdeböden auf der Wohlgeschichteten Kalk-

Formation genutzt, wogegen auf den trockenen Felsen- und Massenkalk-Oberflächen steinige Rendzina-Böden dominieren und im Bereich ehemaliger Schafweiden heute meist Kiefern-Fichtenwälder vorherrschen. Felsen- und Massenkalke sind von großer wirtschaftlicher Bedeutung und werden in großen Steinbruch-Landschaften abgebaut (Kimmig et al. 2001). Die sogenannten „**Hochreinen Kalksteine**" aus der höheren Weißjura-Gruppe werden ungebrannt als Kalk ($CaCO_3$), gebrannt als Branntkalk (CaO), gelöscht als Mörtel ($CaO+2H_2O= Ca(OH)_2$) oder „abgebunden" als Mörtel ($Ca(OH)_2 +CO_2 = CaCO_3+H_2 O$) vermarktet. Für die Herstellung von Beton, Glasprodukten oder Weißpigmenten unterscheidet man eine „Halbweißqualität" ($CaCO_3 > 98{,}5\,\%$) und eine „Weißqualität" ($CaCO_3 > 99\,\%$) der Hochreinen Kalksteine. Dunkle Farbtöne auf frischen Bruchflächen und eine gelblich-bräunliche Färbung verwitterter Felsbereiche gehen häufig auf geringe Anteile von Pyrit-Kristallen zurück.

Den Schichten der Jura-Periode, die an der Landoberfläche in der engeren Umgebung von Karlsruhe praktisch nicht zu studieren, aber im Untergrund des Oberrhein-Grabens von überregionaler Bedeutung sind, widmet sich der Abstecher ins Exkursionsgebiet E 9.

## Struktur der Germanischen Tafel und Oberrhein-Graben

### *Germanische Tafel*

Während sich in der mittleren bis späten Jura-Periode (ab rund 165 Ma) der zentrale Atlantik und der mediterrane Tethys-Ozean durch Neubildung ozeanischer Krusten ausweiteten und ozeanische Lithosphäre in südöstlichen Bereichen des Tethys-Ozeans bereits wieder subduziert wurde, erfuhr auch die kontinentale Lithosphäre unter dem Germanischen Becken erste tektonische Verstellungen. Dabei tauchten höhere Schichtfolgen der Beckenfüllung als **Germanische Tafel** über dem Meeresspiegel auf. Möglicherweise kam es dabei zu regionalen Einengungen in NW-SE-Richtung, vor allem jedoch zu Dehnungen in NE-SW-Richtung (Rocher et al. 2004). Geochronometrische Daten an Serizit-Illit-Kristallen und anderen Alterationsmineralen in NW-streichenden Klüften, Spalten und Störungszonen des Kristallinen Sockels machen jedenfalls deutlich, dass diese Bewegungen in unserer Region von intensiven Fluidverlagerungen in der höheren Kruste begleitet waren (z.B. Lippolt & Wernecke 1997; Lippolt & Leyk 2004; Werner & Dennert 2004; Schleicher 2005).

Im Verlauf der Kreide-Periode bauten sich dann über weite Teile des Germanischen Beckens SSW-NNE-orientierte kompressive Horizontalspannungen auf, die in kalkigen Schichten unserer Region horizontale, NNE-ausgerichtete

**Stylolithen** (= mm- bis cm-lange, zapfenförmige Lösungsformen) erzeugten (Wagner 1967; Buchner 1978; Rocher et al. 2004). Die Stylolithen halten sich überwiegend an ESE-streichende **Mikrosuturen** (= Drucklösungssäume im dm-Bereich) und überlagern dabei gelegentlich ältere NW-orientierte Stylolithen. In Teilbereichen des Beckens kam es an präexistierenden **Störungen** sowohl zu Seitenverschiebungen als auch zu Überschiebungen (Lacombe et al. 1993; Michon et al. 2003). Während gegen Norden hin, wie z. B. in Thüringen oder im Harz, Sockelgesteine auch km-weit über Schichten der Germanischen Tafel aufgeschoben wurden, stellte der Kristalline Sockel unserer Region anscheinend einen relativ starren Bereich innerhalb der von großregionalen Spannungen erfassten Lithosphäre dar (Kley & Voigt 2008). In unserer Region entwickelten sich größere **Flexuren** (= großräumige Schichtverbiegungen), wie z. B. die **Gernsbach-Neuenbürg-Flexur** am Südrand des Oos-Rotliegend-Beckens. Dabei lassen sich Hebungen, SE-gerichtete Kippungen und erosive Freilegung des Kristallinen Sockels vor allem aus Apatit-Spaltspur-Altern ableiten. Letztere deuten an, dass sich z. B. höchste Sockelbereiche im nördlichen Odenwald bereits zwischen 90 und 60 Ma unter 100 °C abkühlten, wogegen dieser Temperaturbereich im höheren Sockel des Schwarzwalds und der Vogesen erst zwischen 70 und 40 Ma unterschritten wurde (Wagner & Storzer 1975; Wagner et al. 1989).

Im Verlauf der späten Mesozoikum Ära kam es wahrscheinlich auch zur Verkrümmung der Germanischen Tafel in generell NE-SW- bis E-W-ausgerichteten **Antiklinalen** (= Aufwölbungen) und **Synklinalen** (= Einmuldungen) mit großen Wellenlängen und geringen Amplituden. Von Nordwesten nach Südosten gehören zu diesen Strukturen westlich des Rheins die **Saarbrücken-Antiklinale** und **-Überschiebung** am Südrand des Saar-Nahe-Beckens und die SW-abtauchende **Pfälzer Synklinale**. Östlich des Rheins ist die SW-abtauchende **Langenbrücken-Synklinale** bis unter die Füllung des Rheingrabens zu verfolgen, gegen Südosten folgt dann die **Michelfeld-Antiklinale**, die **Eichelberg-Synklinale**, die **Gochsheim-Antiklinale** und die breite **Stromberg-Heilbronn-Synklinale**. Weiter nach Südosten folgen die ebenfalls NE-SW ausgerichtete **Hessigheim-Antiklinale**, die **Pleidelsheim-Synklinale** sowie die breite ENE-abtauchende **Nordschwarzwald-Antiklinale** („Schwäbisch-Fränkischer Sattel"). Wir haben die Achsenflächen dieser Strukturen durch entsprechende Signaturen in den Exkursionskarten angedeutet. Eine weitere breite NE-ausgerichtete Aufwölbung befindet sich innerhalb der nördlichen Schwäbischen Alb. Das Alter all dieser Strukturen ist nur schwer festzulegen. Sicher älter als die Absenkung des Oberrhein-Grabens sind breite NE-ausgerichtete Einmuldungen mit relativ mächtigen Schichten der Schwarzjura-, Braunjura- und tiefsten Weißjura-Gruppe, die diskordant von der basalen Grabenfüllung überlagert werden (Abb. 6). Auch das Alter breitgespannter **Periklinen** (**Schwarzwald-Perikline**, **Odenwald-Perikline** oder **Vogesen-Perikline**), in denen der Kristalline Sockel und die Germanische Tafel flach-halbkegelförmig abfallen, und entsprechender **Senken** (**Kraichgau-Senke**) lässt sich nur schwer fixieren.

Neben den Verkrümmungen sind die Schichtabfolgen auch an **Störungen** versetzt und werden von **Kluftscharen** (= Gruppen ebener Trennflächen ohne Spuren von Relativbewegungen) durchschlagen. Der Ausbiss größerer Störungen ist ebenfalls in den Exkursionskarten angedeutet; sie folgen über weite Teile unserer Region in zwei statistisch signifikanten Richtungen: einer NNE- und einer NW-Richtung. An NNE- bis NE-streichenden **Störungen** finden sich häufig Hinweise auf Abschiebungen und auf **sinistrale** (= linksverschiebende) Horizontalbewegungen (Lacombe et al. 1993; Michon et al. 2003), so z.B. an der **Vogesen-Störungszone** westlich des Rheins, am **Pfinztal-Graben** oder an den N-S-streichenden **Odenwald-Störungen** östlich des Rheins. Die WNW- bis NW- streichenden Störungen bilden häufig staffelförmig gegeneinander abgesetzte Bruchzonen, die von lokalen **Schichtflexuren** begleitet werden und an denen neben Abschiebungen auch **dextrale** (= rechtsverschiebende) oder sinistrale Horizontalverschiebungen erfolgt sind. Zu den NW-streichenden Störungen gehören z.B. die **Nußloch-Störung** am Südrand der Odenwald-Perikline oder die **Bernbach-Störungszone**, die in Segmenten vom Rand des zentralen Oberrhein-Grabens bis in den Bereich Neubulach im Nagoldtal nach Südosten zu verfolgen ist. Besonders interessant sind die NW-streichenden Störungen am Rand des **Freudenstadt-Grabens**; sie scheinen im Südosten abrupt an der ENE-WSW-streichenden **Bebenhausen-Störungszone** (=**„Schwäbisches Lineament“**) zu enden. Die Bebenhausen-Störungszone folgt – ähnlich wie die Gernsbach-Neuenbürg-Flexur – im Streichen über fast 100 km dem Nordrand eines im Untergrund verborgenen Rotliegend-Beckens. Weiter südlich durchquert der NW-ausgerichtete **Hohenzollern-Graben** den Bereich des westlichen Albtraufs. Obwohl die Anlage eines Teils der NW-streichenden Störungen in der Germanischen Tafel möglicherweise bereits in der späten Mesozoikum-Ära erfolgte, wurden an NW-streichenden Störungen junge Ablagerungen im voralpinen Molasse-Becken (Schreiner 1975) und im Oberrhein-Grabens versetzt (siehe weiter unten). Ähnlich wie die NW-streichenden Bruchzonen und Klüfte im Kristallinen Sockel, wurden NW-streichende Bruch- und Auflockerungszonen in der Germanischen Tafel von Hydrothermalfluiden durchströmt und dabei mineralisiert. Klüfte und Störungszonen sind außerdem von besonderer Bedeutung für die Bewegung tiefer und seichter Grundwässer in den Aquiferen der Buntsandstein- und Muschelkalk-Gruppe.

### *Oberrhein-Graben*

Die regionale WNW-ESE-**Extension** (= Dehnung) der Lithosphäre, die in der Eozän-Epoche (um rund 45 Ma) die Absenkung des Oberrhein-Grabens auslöste, machte sich vor allem im Odenwald – aber auch weiter östlich – schon seit rund 70 Ma im Aufstieg von Alkalibasalten in NNE- bis NE-streichende Spaltensysteme bemerkbar. Als Folge geringfügiger Hebungen der Lithosphäre sammelten sich dabei in Tiefen von 50 bis 100 km in metasomatisch (= durch Fluidbewegungen) angereicherten ultramafischen Mantelgesteinen kleine Mengen partieller Schmelzen. Diese alkalischen Magmen stiegen bis in die Obere Kruste auf und durchbrachen als K+Na-reiche Olivin-Nephelinit- und Olivin-Melilit-Basalte auch die Germanische Tafel. Sie füllten zum Teil **Schlote**, wie z. B. am Katzenbuckel im südlichen Odenwald (um 70 Ma) und am Steinsberg im nördlichen Kraichgau oder sie erstarrten als spaltenfüllende NNE- bis NE-streichende **Gänge**, wie z. B. in der Nähe von Forst bei Bad Dürkheim (55 Ma) im Pfälzerwald, bei Neckarbischofsheim (65 Ma) oder in Neckarelz (60 Ma) am Südrand des Odenwalds (Lippolt et al. 1976; Keller et al. 2002; Mann et al. 2006; Schmitt et al. 2007). Die mehr als 1000 °C heißen Magmen erwärmten dabei das Grundwasser knapp unter der Landoberfläche so stark, dass der Dampfdruck im Verlauf **phreatomagmatischer Eruptionen** das Nebengestein der Schlote zertrümmerte. Große Teile der Schlotfüllungen bestehen deshalb aus Blöcken von Schichten, die aufgrund der seitdem erfolgten Erosion heute an den Eruptionspunkten nicht mehr an der Landoberfläche anzutreffen sind. So belegen z. B. Blöcke der Braunjura-Gruppe am **Katzenbuckel** und am **Steinsberg** einen Abtrag der Landoberfläche seit dem Aufdringen der Magmen von mindestens 600 bzw. 150 m. Nachträglich in die Krater einströmende Grundwässer bildeten **Maarseen**, wie z. B. im bekannten Messel-Maar nordöstlich von Darmstadt.

Seit der mittleren Eozän-Epoche konzentrierte sich die Extension der Lithosphäre auf den Bereich des **westeuropäischen Riftsystems**, das sich vom westlichen Mittelmeer bis in den Nordseeraum erstreckt. Aufgrund der geringen Förderung von Magmen in den einzelnen Grabenstrukturen ist es als „passives“ Riftsystem zu bezeichnen und seine Entwicklung wurde weitgehend durch großregionale Spannungsfelder gesteuert. Der **Oberrhein-Graben** ist Teil des Riftsystems. Er erreicht zwischen Basel im Süden und Frankfurt im Norden eine Länge von rund 300 km, eine durchschnittliche Breite von 30 bis 40 km und wird durch zwei Systeme von **Grabenrand-Hauptabschiebungen** begrenzt. Diese trennen die der Erosion ausgesetzten **Grabenschultern** vom abgesenkten und mit Sedimenten gefüllten **Grabeninneren** (Sissingh 1998; Dezes et al. 2004). Besonders der nördliche Teil der Grabenstruktur ist im Querschnitt deutlich asymmetrisch, d. h. die östliche Hauptabschiebung weist einen größeren Versatz auf als die westliche. Es ist gut möglich, dass die Lage und Asymmetrie des Grabens entscheidend von N- bis NE-streichenden, W-einfallenden duktilen Abschiebungszonen, die bei der Neubildung der westeuropäischen Lithosphäre um 325 Ma entstanden waren, beeinflusst wurden (Eisbacher & Fielitz 2008). Über längere Distanzen werden die Grabenränder von streifenförmig angeordneten **Randschollen** begleitet, die sich teilweise nur geringfügig unter dem Niveau der heutigen Rheinebene, teilweise in **Vorhügel-Hochterrassenzonen** geringfügig über und in **Vorbergzonen** hoch über dem Niveau des Grabeninneren befinden. Besonders breite Zonen mit Randschollen finden sich im **Zaberner Bruchfeld** bei Straßburg und im **Mainzer Becken** am Westrand des Grabens; diese unterstreichen die Graben-Asymmetrie, welche auch deutlich in der Mächtigkeit der sedimentären **Grabenfüllung** zum Ausdruck kommt. Die nördlichen und südlichen Grabenenden, aber auch eine zentrale Verkrümmung des Oberrhein-Grabens, fallen anscheinend mit präexistierenden krustalen Scherzonen zusammen. Dabei unterteilen ENE-streichende Sockel-Störungen im Bereich größerer Rotliegend-Becken den Graben in drei Segmente (Abb. 4): in ein NNE-ausgerichtetes **Südsegment** zwischen Basel und Straßburg, ein NE-ausgerichtetes **Zentralsegment** zwischen Straßburg und Karlsruhe und ein N- bis NNW-ausgerichtetes **Nordsegment** zwischen Karlsruhe und Frankfurt. Zwischen den Segmenten erfolgte die Extension im Grabeninneren wahrscheinlich an komplex gestaffelten **Transfer-Störungen**, also vor allem an Schrägabschiebungen, die teilweise NE-streichenden krustalen Scherzonen im Sockel folgen könnten (Edel et al. 2007). Das Grabeninnere selbst ist durch zahlreiche **Zweigabschiebungen** in km-lange und oft muldenförmig abgesenkte **Halbgräben** gegliedert. Die im Verlauf der Suche nach Erdöl, Erdgas, Kalisalzen oder Thermalwasser abgeteuften Explorationsbohrungen haben gezeigt, dass der **Grabenuntergrund** unter der Grabenfüllung südlich der Linie Landau-Heidelberg aus breitwellig gefalteten Formationen der frühen und mittleren Jura-Periode besteht; weiter nördlich erhoben sich zur Zeit der beginnenden Absenkung über der Landoberfläche bereits ältere Schichten der Germanischen Tafel und kleine Bereiche des Kristallinen Sockels (siehe Abb. 6). Die durch Dehnung der Lithosphäre ausgelöste **Subsidenz** (= Absenkung) des Grabeninneren ermöglichte die Ablagerung einer bis zu 3,5 km mächtigen sedimentären Schichtabfolge mit einem Gesamtvolumen von ca. 20 000 km$^3$ (siehe Abb. 3). Ihr Gewicht ist wahrscheinlich für mehr als die Hälfte der Absenkung verantwortlich. Da die Lage der Hauptabschiebungen im Verlauf der Absenkung des Grabeninneren relativ konstant blieb, dominieren in der Grabenfüllung in der Nähe der Hauptabschiebungen von den Grabenschultern abgetragene sandig-kiesige Sedimente. Abrupt anschwellende Mächtigkeiten der Grabenfüllungen sowohl an den Hauptabschiebungen als auch an Zweigstörungen belegen den synsedimentären Charakter der Abschiebungsbewegungen. Dabei verlagerten sich die Bereiche maximaler Absenkung allmählich von Süden nach Norden. Eine großregionale Diskordanz innerhalb der Grabenfüllung deutet dabei zwei, durch unterschiedliche Extensionsrichtungen gekennzeichnete Abschnitte der Subsidenz an (Schnaebele 1948; Schad 1962; Rothe & Sauer 1967; Illies 1962, 1965; Doebl & Olbrecht 1974; Doebl & Teichmüller 1979; Roll 1979; Sauer

1981; Sittler 1985; Maier & Eisbacher 1991; Müller 1996; Schröder 1996; Michon 2003; für weitere Details siehe Berger et al. 2005; Grimm 2005).

Die **„ältere" Grabenentwicklung** umfasst eine Zeitspanne von der mittleren Eozän-Epoche bis in die späte Oligozän-Epoche (ca. 45 bis 25 Ma). In dieser Zeitspanne führte eine regionale WNW-ESE-Extension der Lithosphäre zur Entwicklung grabenwärts gerichteter **Schicht-Flexuren** in der Germanischen Tafel. Diese wurden jedoch bald von den randlichen Hauptabschiebungen durchschlagen, wobei besonders im südlichen Grabeninneren die Absenkung vorerst noch relativ symmetrisch erfolgte. In der m-mächtigen **Siderolith-**(oder **Bohnerz-**)**Formation** der basalen Grabenfüllung blieben die unter warm-feuchten Klimabedingungen auf tonig-karbonatischen Schichten entstandenen „Bohnerz"-Bodenbildungen aus Kaolinit, Gibbsit und Goethit erhalten. Zwischen 45 und 37 Ma kam es ausgehend vom südlichen Grabensegment über diesen zur Ausbreitung seichter Seen und Lagunen, in denen mergelig-bituminöse **Basistone** und **Basissande** (10–60 m mächtig), aber auch schneckenreiche **Planorben-Kalke** sedimentiert wurden. Auch außerhalb des Grabens sind aus dieser Zeit Seesedimente erhalten geblieben, wie z. B. die bituminöse und außergewöhnlich fossilreiche **Messel-Formation** (100–150 m mächtig), die um ca. 47 Ma in einem Maarsee nordöstlich von Darmstadt über phreatomagmatischen Brekzien und Lapilli-Tuffen abgelagert wurde (Jacoby et al. 2000; Pirrung et al. 2001; Schulz et al. 2002; Nix 2003). Mit der nach Norden fortschreitenden Absenkung des Grabeninneren wurde dann auch die **Grüne-Mergel-**(oder **Lymnaeenmergel-**)**Formation** (bis > 700 m mächtig) am Boden gut durchlüfteter Seen abgelagert. Diese Formation, die nach Süßwasser-Schnecken benannt ist, besteht aus grün-grauen, kalkig-dolomitischen Mergelsteinen und enthält evaporitische und kalkige Schichtglieder („Melanienkalke"). Darüber folgte in der späten Eozän- und frühen Oligozän-Epoche (ca. 37 bis 31 Ma) im gesamten Grabeninneren die Sedimentation der **Pechelbronn-Formation** (oder **-Gruppe**; bis 950 m mächtig) in schlecht durchlüfteten, brackischen Seen oder meeresnahen Lagunen. Sie setzt mit einer sandig-dolomitischen „Roten Leitschicht" ein, auf der eine „Mergelig-bituminöse Einheit", dann marine Tonsteine einer „Versteinerungsreichen Einheit" und eine „Kalkig-mergelige Einheit" folgen. An den Grabenrändern wechsellagert sie mit konglomeratisch-sandigen Deltaschüttungen und im südlich-zentralen Grabeninneren enthalten bituminöse Schichtglieder auch Anhydrit-Steinsalz-Kalisalz(= Sylvin, KCl)-Folgen, in denen in der Vergangenheit bei Mühlhausen und Buggingen rund 650 bis 1000 m unter der Rheinebene m-mächtige Kalisalz-Lager abgebaut wurden.

In der mittleren Oligozän-Epoche (ca. 31 bis 29 Ma) wurde der Oberrhein-Graben zeitweise von einem schmalen Meeresarm überflutet, der anscheinend eine Verbindung zwischen dem marinen Molasse-Vorlandbecken im Süden und dem marinen Nordsee-Ostsee-Bereich herstellte. Im Bereich des Oberrhein-

Grabens bildete sich mit der **Bodenheim-**(oder **Graue Mergel-)Formation** (rund 300 m mächtig) eine durchwegs marine Schichtabfolge. Die Sedimentation der „Foraminiferenmergel“, konkretionsreichen „Septarientone“ und „Fischschiefer“ erfolgte dabei unter anoxischen Bedingungen, die der ebenfalls nach Fischfossilien – heute *Clupea* – benannten „Meletta-Schichten“ unter Einwirkung starker Strömungen. An den Grabenrändern progradierten als „Meeressande“ oder „Schleichsande“ bezeichnete Delta-Schüttungen. Die Einheiten der Bodenheim-Formation lassen sich gut zwischen Bohrungen korrelieren und haben sich auch als weit verfolgbare reflexionsseismische Leithorizonte erwiesen. Brackwasser-Muscheln in den höchsten Bereichen („Cyrenenmergel“) deuten an, dass sich der Meeresarm zwischen 29 und 26 Ma – möglicherweise als Folge einer globalen Meeresspiegel-Absenkung – wieder in brackische Lagunen auflöste. In der tonig-bituminösen **Niederrödern-Formation** (oder **Bunte-Niederrödern-Schichten**; bis rund 300 m mächtig) deuten jedenfalls Süßwasserkalke („Landschneckenkalke“) und Evaporite bereits die Wende zum zweiten Abschnitt der Beckenentwicklung an (Schad 1962a, b; Durst 1991).

Die **„jüngere“ Grabenentwicklung** setzte in der späten Oligozän-Epoche (ca. 25 Ma) ein und dauert bis heute an. Nun wurden Teile der südlichen Grabenfüllung bzw. angrenzender Schulterbereiche bis zu 1 km angehoben und erodiert. In nördlich-zentralen Grabenbereichen hatten die Relativbewegungen an der östlichen Grabenrand-Hauptabschiebung eine deutlich E- bis NE-gerichtete Kippung des Grabenuntergrunds zur Folge, wobei dieser nun von einer ENE-WSW- bis NE-SW-ausgerichteten Extension erfasst wurde. An neuen km-langen N- bis NNW-streichenden und 40 bis 60° W-einfallenden Zweigabschiebungen bildeten sich Halbgräben, an denen der Vertikalversatz häufig schon nach wenigen Kilometern ausklingt, was besonders im Bereich aktiv erkundeter Erdölfelder belegt wurde. So beträgt der Vertikalversatz z. B. im Feld Leopoldshafen bis rund 500 m, bei Scheibenhard 500 m, bei Hayna 250 m, bei Offenbach 200 m, bei Minfeld 50 m. Die allgemeine Form der jüngeren Subsidenz und der im Grabeninneren aktiven Strukturen im nordzentralen Grabenbereich lässt sich gut aus der heutigen Tiefenlage des Leithorizonts „Oberkante-Bunte-Niederrödener-Schichten“ ablesen (Abb. 7 nach Schad 1962a, 1964; Sauer 1981). Ähnlich wie in nördlichen Teilen des westeuropäischen Riftgürtels (Michon 2003) erfuhren einzelne Randbereiche des Oberrhein-Grabens auch einengende Bewegungen (Illies & Greiner 1976; Rotstein & Schaming 2008). Am Ostrand des Grabens blieben Ton- und Mergelstein-Abfolgen der älteren Grabenfüllung nur gelegentlich in tektonisch angehobenen Streifen der Vorhügel-Hochterrassenzone oder als geringfügig abgesunkene Randschollen nahe der Landoberfläche erhalten. Sie sind heute spärlich aufgeschlossen, obwohl sie in der Vergangenheit vielfach in Gruben als Rohstoffe der Grobkeramik- und Ziegel-Industrie abgebaut wurden (Abb. 23). Im westlichen Grabeninneren und besonders im Mainzer Becken wurden diese

**Abb. 23.** Kleiner Aufschluss bituminöser Tonstein-Schichten („Erdölmuttergesteine") in der Pechelbronn-Gruppe (ehemalige Ziegelgrube bei Frauenweiler am östlichen Grabenrand).

Abfolgen über die lokale Erosionsbasis angehoben und sind dort teilweise recht gut aufgeschlossen.

Von der späten Oligozän- bis in die frühe Miozän-Epoche (also ca. 26 bis 18 Ma), als ältere NE-streichende Störungen oder Flexuren von jüngeren N- bis NW-streichenden Störungssystemen überprägt wurden, kam es in Brackwasserseen oder salzigen Lagunen des nördlichen Oberrhein-Grabens zur Ablagerung von Schichtfolgen mit extrem kleinräumigen Faziesübergängen. Man fasst diese rund 500 bis 1000 m mächtigen mergelig-bituminös-sandigen Schichten, laminierten „Landschnecken-Kalke" und Evaporite als **Worms-Subgruppe** (oder als **Landschneckenmergel-Formation**) zusammen (Grimm 2005). Einzelne Schichtglieder werden – von unten nach oben – nach charakteristischen fossilen Schnecken und Muscheln als **Cerithien-**, **Inflata-** und **Hydrobien-Schichten** bezeichnet.

Apatit-Spaltspur-Datierungen aus Gesteinen des Kristallinen Sockels im südlichen Schwarzwald deuten an, dass dieser in der frühen Miozän-Epoche noch von rund 1,5 km mächtigen Schichten der Germanischen Tafel bedeckt war, seither mit Raten von ungefähr 0,1 mm $a^{-1}$ angehoben und erodiert wird (Wagner et al. 1989). Die Hebungen der Lithosphäre verursachten in Manteltiefen von 70 bis 150 km erneute Fluidbewegungen und partielle Schmelzbildungen (Dunworth & Wilson 1998). So kam es zwischen 18 und 10 Ma im Graben und seinem östlichen Umfeld zur Extrusion von Alkalibasalten (vor allem Olivin-Melilithe; $SiO_2$-Gehalt < 40 %), wie z. B. am Kaiserstuhl (19 bis 15 Ma), Vogelsberg (19 bis 15 Ma) und im Hegau (15 bis 7 Ma). Auch im Uracher Vulkangebiet, rund 80 km östlich des Oberrhein-Grabens, durchschlugen um 17 bis 16 Ma heiße, gasreiche und gering viskose Magmen an rund 360 Eruptionspunkten ein kreisförmiges Areal mit einem Radius von rund 45 km. Phreatomagmatische Eruptionen schufen dabei besonders in der Weißjura-Tafel **Diatreme** (= brekziöse Schlotfüllungen) und **Maare** (= Explosionstrichter), die sich in der späten Miozän-Epoche teilweise mit mergeligen Seesedimenten füllten (Cloos 1941; Mäussnest 1974a; Lorenz 1982; Neumann 1999). Der deutlich östlich der Achse des Oberrhein-Grabens konzentrierte Vulkanismus ist ein weiterer Hinweis auf die generelle lithospärische Asymmetrie der Grabenstruktur. Mit Hebungen im südlichen Grabensegment und mit der Entwicklung des südlich angrenzenden Jura-Faltengürtels entstand im Verlauf der späten Miozän-Epoche (um 15 bis 10 Ma) im Grabeninneren ein bedeutendes N-gerichtetes Flussnetz (Ziegler & Fraefel 2009). Durch dieses kam es bereits in der späten Miozän-Epoche im nördlichen Graben über einer bedeutenden Diskordanz zur Ablagerung der **Dinotherien-Sande** und im Verlauf der Pliozän-Epoche lieferte es die in vielen Teilen des Grabens anzutreffenden Sande der **Riedseltz-Formation** (oder **Iffezheim-Formation**). In der Pleistozän-Epoche (oder Quartär-Periode, also seit ungefähr 2 bis 2,6 Ma) nahm mit der Entwicklung eines breiten Flusssystems und der Ablagerung sandig-kiesiger Sedimente der **Rastatt-Abfolge** die Rheinebene ihre heutige Form an (siehe weiter unten).

Geologische Profilschnitte quer zum zentralen Oberrhein-Graben, abgeleitet aus Tausenden von Tiefbohrungen und zahlreichen seismischen Profilen, dokumentieren neben der randlichen Hauptabschiebungszone vor allem noch weit im westlichen Grabeninneren anzutreffende W-einfallende Zweigabschiebungen (Abb. 23 nach Schad 1962a; Doebl & Teichmüller 1979). Die Asymmetrie der Absenkung belegen außerdem ein Gesamtversatz an der östlichen Hauptabschiebungszone des nordzentralen Grabensegments mit Maximalwerten bis zu 4 km und Versatzwerte um 2 km am Westrand des Grabens. Die Gesamtextension der Kruste, die sich aus den Extensionskomponenten aller Abschiebungen im Grabenbereich ergibt, beträgt mindestens 6 km, wobei sich die Extension in der Oberkruste in der tieferen Kruste und im Oberen Mantel möglicherweise auf wenige spröd-duktile Scherzonen verlagert (Maier & Eisbacher 1991; Durst 1991; Schwarz & Henk 2005).

Verschiedene Aspekte des Oberrhein-Grabens behandeln die Exkursionen E 6, E 7 und E 8.

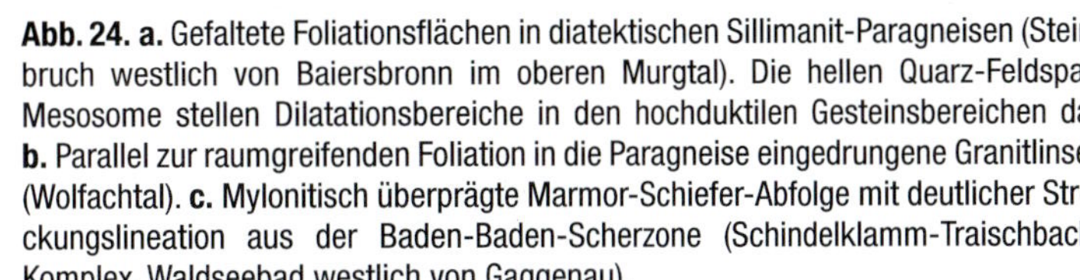
**Abb. 24. a.** Gefaltete Foliationsflächen in diatektischen Sillimanit-Paragneisen (Steinbruch westlich von Baiersbronn im oberen Murgtal). Die hellen Quarz-Feldspat-Mesosome stellen Dilatationsbereiche in den hochduktilen Gesteinsbereichen dar. **b.** Parallel zur raumgreifenden Foliation in die Paragneise eingedrungene Granitlinsen (Wolfachtal). **c.** Mylonitisch überprägte Marmor-Schiefer-Abfolge mit deutlicher Streckungslineation aus der Baden-Baden-Scherzone (Schindelklamm-Traischbach-Komplex, Waldseebad westlich von Gaggenau).

**Abb. 25. a.** Massige Fanglomerate der Michelbach-Formation mit größeren Bleichungszonen (Straßenböschung in Selbach bei Gaggenau). **b.** Die Schichtung der kaum geklüfteten Fanglomerate wird durch sekundär gebleichte Zonen angedeutet (Straßenaufschluss östlich von Selbach). **c.** Detail der horizontal bis linsig geschichteten konglomeratisch-sandigen Schwemmfächer-Fazies.

**Abb. 25d.** Verkieselte und geklüftete Fanglomerate der Michelbach-Formation verwittern meist als rippenförmig aufragende Pfeiler (nördlicher Ortsausgang von Bad Herrenalb).

**Abb. 25e.** Straßenböschung in der schluffig-tonig-dolomitischen Playa (= Trockensee)-Fazies der Michelbach-Formation (östlich der Murg oberhalb von Michelbach).

**Abb. 26a.** Trifels-Schichten (Eck-Formation) an der Typuslokalität. Die kiesigen Sandsteine bilden häufig natürliche Felstürme, deren Ausrichtung durch weitständige Klüfte vorgegeben sind (Burg Trifels).

**Abb. 26b.** Trifels-Schichten innerhalb der Burg Altdahn mit Schrägschichtung, gebleichten Lagen sowie Verwitterungs-Hohlräumen (Tafoni) und oberflächenparallelen Exfoliationsrissen (links hinter der Person) .

**Abb. 26c.** Typische Schrägschichtungsblätter in den Trifels-Schichten, wie sie beim Vorrücken rinnenfüllender, transversaler Sandbarren entstehen (Dahn).

**Abb. 26d.** Raumgreifend gebleichte Trifels-Schichten. Mächtigkeit und laterale Erstreckung der Sandsteinbänke zeigen die Tiefe und Breite der fluviatilen Rinnensysteme (Steinbruch Hanbach nördlich von Haard).

**Abb. 26e.** Durch fluviatile Erosion aufgearbeitete Tonstein-Schollen in breite Rinnen darstellende Sandsteinbänke der Bausandstein-Formation (Ortausgang Neckargerach-Süd).

**Abb. 26f.** In Fe-Oxyhydroxide umgewandelte, ursprünglich karbonatische Fe-Mn-Konkretionen innerhalb deutlich gebleichter Bereiche der höheren Bausandstein-Formation.

**Abb. 27a.** Übergang der Sandsteine der Plattensandstein-Formation in die Tonsteine der Röt-Formation und basalen Mergellagen der Jena-Formation und Löss-Überdeckung (Steinbruch W von Wilferdingen).

**Abb. 27b.** Knollig verkieselte oder dolomitische Bodenbildungen, die gelegentlich in der Plattensandstein-Formation auftreten und als „Violette Horizonte“ bekannt sind.

**Abb. 28.** Blaukalk-Tonplatten-Abfolge der Oberen Muschelkalk-Subgruppe und tonig-mergelige Schichten der basalen Erfurt Formation (Keuper-Gruppe) im Steinbruch westlich von Gemmingen.

**Abb. 29.** Dünnbankige Wellenkalk-Fazies der Jena-Formation (= Untere Muschelkalk-Subgruppe) in einer Felswand am linken Neckarufer unterhalb der L 588 bei Neckarzimmern.

**Abb. 30.** Oberflächennahe Verkarstung an den zu Spalten erweiterten Kluftflächen in einer Blaukalk-Tonplatten-Abfolge der Meissner-Formation (Steinbruch Zementwerk Wössingen).

**Abb. 31a.** Gebankte fluviatile Rinnen-Fazies der Stuttgart-Formation. Tonige Zwischenschichten trennen sie von einer mächtigeren unteren Sandstein-Einheit (Steinbruch am Ostrand von Maulbronn).

**Abb. 31b.** Nahaufnahme der fluviatilen Feinsandsteine der Stuttgart-Formation mit der typischen rötlich-braunen Rippeldrift-Lamination.

**Abb. 32.** Tonstein-Schluffstein-Dolomit-Mergel-Feinsandstein-Zyklen in der mittleren Weser-Formation („Rote Wand“) der Keuper-Gruppe (Weinberge oberhalb von Hohenhaslach, Stromberg).

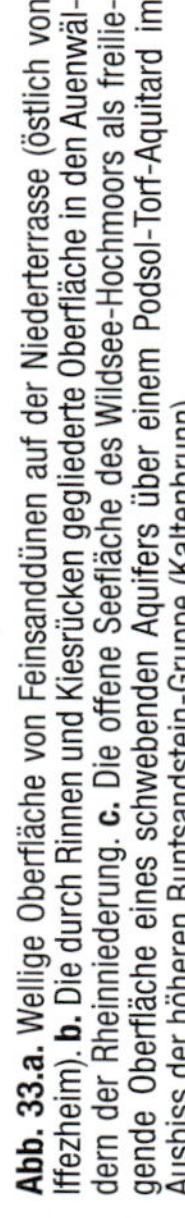

**Abb. 33.a.** Wellige Oberfläche von Feinsanddünen auf der Niederterrasse (östlich von Iffezheim). **b.** Die durch Rinnen und Kiesrücken gegliederte Oberfläche in den Auenwäldern der Rheinniederung. **c.** Die offene Seefläche des Wildsee-Hochmoors als freiliegende Oberfläche eines schwebenden Aquifers über einem Podsol-Torf-Aquitard im Ausbiss der höheren Buntsandstein-Gruppe (Kaltenbrunn).

**Abb. 34.** Vier Beispiele mineralisierter Gangbrekzien.
**a.** Verkieselter Kataklasit in einer dichten Hämatit-Matrix, die von einer Quarz-gefüllten Spalte durchzogen wird (Sandgrube südlich von Ottenhöfen).

**Abb. 34b.** Oxydisch-hydroxidisches Eisenerz mit tafeligen Baryt-Kristallen zwischen Fragmenten aus Sandstein (Buntsandstein-Gruppe nahe Freudenstadt).

**Abb. 34c.** Fe-(Mn)-Hydroxid-Glaskopf auf Sandstein-Fragmenten einer Gangfüllung in der Buntsandstein-Gruppe (Neuenbürg).

**Abb. 34d.** Gebleichter Sandstein, den Fe-führende Lösungen an Bruchflächen durchtränkten, wobei die Mineralisation cm-weit auch in den verkieselten Porenraum eindrang (Neuenbürg).

## Entstehung des heutigen Flussnetzes in der Pliozän-Epoche

Es ist anzunehmen, dass bereits im Verlauf der späten Jura-Periode mit der Verlagerung der Küstenlinie nach Südosten und mit den ersten regionalen Hebungen der Germanischen Tafel in der späten Mesozoikum- und frühen Känozoikum-Ära, erste Täler an der Landoberfläche wahrscheinlich **konsequent**, also parallel zum flachen SE-Einfallen der kalkig-tonigen Schichtfolgen ausgerichtet waren (Schröder 1996). Die in die Tonstein-Aquitarde eingekerbten frühen Flussrinnen hatten aufgrund des anfänglich geringen Gefälles und einer überwiegend tonigen Schwebfracht wahrscheinlich die Form stark gekrümmter **Mäander** und auf den Interfluven zwischen den Rinnen entwickelten sich im Ausbiss eisenreicher Formationen erste rotbraune **Bohnerz-Böden**. Mit der gleichzeitigen erosiven Freilegung stark geklüfteter Sandstein- und verkarsteter Kalkstein-Aquifere erhoben sich jedoch bald auch steilere **Schichtstufen** (Aquifere) über flachen **Landterrassen** (Aquitarde). So überragen bis heute die **Weißjura-Schichtstufen** die Braunjura-Schwarzjura-Landterrasse, **Keuper-Sandstein-Schichtstufen** die Keuper-Mergelstein-Landterrassen, die **Obere Muschelkalk-Schichtstufe** die Landterrasse in der Jena- und Röt-Formation, und schließlich **Buntsandstein-Schichtstufen** die Terrassen an den Oberkanten der Rotliegend-Gruppe und des Kristallinen Sockels. Zusammen mit den Schichtstufen entwickelten sich breite, parallel zum Schichtstreichen ausgerichtete **subsequente** Täler mit geringem Gefälle und schmale, dem Schichtfallen entgegengesetzte **obsequente** Täler mit hohem Gefälle. An Letzteren erfolgt seitdem die vor allem S- bis SE-gerichtete Schichtstufen-Erosion, die sowohl durch unterirdische Verkarstung und Subsolution als auch durch mechanische Ausspülung aufgelockerter Gesteinsbereiche an engständigen Kluftscharen oder regionalen Störungen vorbereitet wird. Im Bereich von **Quellnischen**, die den Kontakt zwischen den erosionswiderständigen Aquiferen und den vorgelagerten Aquitarden markieren, verstärken sporadische Felsstürze, Rutschungen oder Muren die punktuelle Rückverlegung der Schichtstufen an engen „**Klingen**“ oder breiten „**Tobeln**“. So konnten sich erosionswiderständige Schichtkomplexe auch in strukturell tieferen Lagen, wie z. B. im Kern von Synklinalen oder in abgesenkten Gräben, durch erosive **Reliefinversion** zu hoch aufragenden Schichtstufen entwickeln (Schmitthenner 1913; Löffler 1929; Ahnert 1955; Dongus 1977). Die Verschiebung der Grenzen von Einzugsgebieten erfolgt dabei im Allgemeinen durch **Flussanzapfungen**, also durch rückschreitende Ausweitung gefällsstarker obsequenter Einzugsgebiete in flache subsequente oder konsequente Talstrecken. Zeugen dieser Vorgänge sind z. B. hakenförmige Mündungen flacher, breiter Nebentäler in steile, enge Haupttäler. Etwas rätselhaft ist dabei die Rolle der **Talmäander**, also der tief in die Felssubstrate eingekerbten und trotzdem stark gekrümmten Flussstrecken. Möglicherweise handelt es sich bei diesen Talformen um Relikte von Rinnensystemen, die bei einem geringeren Gefälle der Landoberfläche angelegt wurden und im Verlauf jüngster Hebungen der Landoberfläche als solche solang erhalten bleiben, bis an erosiven Prallhängen schmale **Mäanderhälse** durchbrochen und damit die Rinnen versteilt werden.

Für die langfristigen Raten, mit denen sich Schichtstufen und Landterrassen verschieben, gibt es in unserer Region zwei gute geologische Anhaltspunkte. Erstens finden sich am Katzenbuckel und Steinsberg vulkanische Schlotfüllungen mit einem Alter um 70 bis 60 Ma, die Blöcke der Braunjura-Gruppe enthalten. Dies zeigt, dass zur Zeit der Ausbrüche die Landoberfläche im heutigen südlichen Odenwald zumindest teilweise aus älteren Schichten der Jura-Periode bestand und hier seitdem eine 200 bis 600 m mächtige Gesteinsschicht abgetragen wurde (Simon 1987; Schröder 1996; Villinger 1998). Zweitens ist der nördliche Ausbissrand der Schwarzjura- und Braunjura-Gruppen unter der Füllung des Oberrhein-Grabens, also aus einer Zeit um 50 bis 45 Ma bis in den Bereich Landau-Heidelberg erhalten geblieben. Auf der östlichen Grabenschulter befindet sich der Ausbiss heute aufgrund des seither erfolgten Abtrags an der freiliegenden Landoberfläche rund 100 km weiter südlich (Abb. 6). Daraus ist zu schließen, dass sich bei einem durchschnittlichen Abtrag der Landoberfläche in der Größenordnung von 0,01 mm/Jahr die Landterrassen und Schichtstufen im Verlauf der Känozoikum-Ära mit durchschnittlichen Raten von 1 bis 2 mm/Jahr nach Süden verschoben haben. Für die westliche Grabenschulter, wo der heutige Ausbiss der Schwarzjura-Gruppe den Ostrand des Pariser Beckens bildet, könnten ähnliche Werte gelten. Die Geröll-Zusammensetzungen konglomeratischer Delta-Schüttungen, die während der frühen Eozän-Epoche (ca. 40 Ma) am Rand des Oberrhein-Grabens abgelagert wurden, deuten an, dass zu dieser Zeit die Bäche im angehobenen Grabenrand sogar noch restliche Kalkschichten der Weißjura-Gruppe erodierten. In der Oligozän-Epoche bildeten dann vor allem die Schichtabfolgen der Muschelkalk-Gruppe große Teile der Landoberfläche (Schad 1962b; Illies 1963, 1965). Mit einer anfänglich stärkeren Subsidenz im südlichen Grabeninneren, dominierten möglicherweise auch auf den damals noch recht tief liegenden Grabenschultern nach Süden entwässernde Flüsse und Bäche. Erst zwischen 18 und 5 Ma, als im Verlauf regionaler Hebungen des Alpenvorlands auch südliche Graben- und Schulterbereiche kräftig angehoben wurden, expandierten neue N-gerichtete Einzugsgebiete nicht nur im Grabeninneren, sondern auch in die Grabenschultern, deren Oberfläche nun vor allem aus der Buntsandstein-Gruppe bestand.

Diese Ausweitungen des N-gerichteten Flusssystems im Verlauf der Miozän-, Pliozän-und Pleistozän-Epochen erhöhten die Erosionsraten und verstärkten so isostatische Hebungen in den Grabenschultern; in absinkenden Teilen des Grabeninneren wurden über einer regionalen Diskordanz von nun an überwiegend fluviatile sandig-kiesige Schichtfolgen abgelagert (Werveke

1892; Brill 1929; Bartz 1961, 1982; Schad 1964; Villinger 1989). Die ältere dieser Abfolgen soll hier nach den großen Sandgruben im Elsass mit ihrem klassisch-traditionellen Namen **Riedseltz-Formation** bezeichnet werden, obwohl sie in verschiedenen Teilen des Oberrhein-Grabens auch unter den Namen **Iffezheim-Formation**, „**Weißsand-Schichten**", „**Klebsande**", **Ried-Gruppe** oder „**Jungtertiär II-Schichten**" geführt wird (Abb. 35a, b, 45). Im Norden trennt man die bereits gegen Ende der Miozän-Epoche im westlichen Mainzer Becken abgelagerten **Dinotherien-Sande** von den aus der Pliozän-Epoche stammenden **Arvernensis-Schottern** bzw. dem „Weißen Oberpliozän", die sich durch die in ihnen enthaltenen Großtierfossilreste unterscheiden (Rothausen & Sonne 1984). Die Riedseltz-Formation ist gelegentlich am östlichen Grabenrand in der tektonisch angehobenen **Vorhügel-Hochterrassen-Zone** und im westlichen Graben in den westwärts ansteigenden **Riedel-Rücken** bis in Höhen > 200 m NN aufgeschlossen. Sie ist durchschnittlich rund 200 m mächtig, erreicht jedoch bei Heidelberg maximale Mächtigkeiten von > 600 m (Bartz 1951; Stäblein 1968). In den hellgrauen bis weißen, weitgehend kalkfreien Quarzsanden (> 90 % Quarz) belegt das Auftreten der verwitterungsresistenten Schwerminerale Zirkon, Anatas oder Turmalin, dass zu dieser Zeit in den Einzugsgebieten bei einem wechselhaft feucht-warmen Klima tiefgreifende chemische Verwitterungsvorgänge vorherrschten (Bartz 1976). Die hellgelb-rostbraunen Verwitterungsfarben verdanken die Sande meist oberflächennah gebildeten hydroxidischen Eisen-Verbindungen. Die Sande wechsellagern mit hellen Linsen aus Kaolinit und dunklen Lignit(= Braunkohle-)Lagen, die als Hinweise auf die Existenz bewaldeter Sümpfe im Bereich von Flussniederungen gewertet werden. In Grabenrandnähe führt die Formation kiesig-blockige Lagen mit „gebleichten" bis intern zersetzten Buntsandstein-Komponenten. Die Weißsande, die westlich des Rheins teilweise bis heute in größeren Gruben abgebaut werden, haben vor allem in der glaserzeugenden oder chemischen Industrie, aber auch im Baugewerbe und bei der Wasserreinigung Verwendung gefunden. Die dm-mächtigen, weißen „klebrigen" Kaolinit-Linsen stellten in der Vergangenheit einen wertvollen Keramik-Rohstoff dar, der z. B. in der Nähe von Baden-Baden sogar unter recht riskanten Bedingungen untertage bergmännisch erschlossen wurde. Im Elsass verwendet man Tone aus diesem Schichtkomplex bis heute in der Töpferei.

Auf den Grabenschultern weiteten sich die neuen N-gerichteten Einzugsgebiete besonders auf der östlichen Grabenschulter in vormals SE- bis E-gerichtete breite Täler aus, wobei Letztere asymmetrisch und hakenförmig von tieferen, schmäleren N- bis NW-gerichteten Haupttälern angeschnitten werden, wie z. B. im oberen Murgtal. Hinweise auf erste Stadien dieser neuen Flussentwicklung sind die so genannten **Höhenschotter**. Ihre blockigen und gut gerundeten Buntsandstein-Komponenten sind – ähnlich wie die der Riedseltz-Formation – intern gebleicht und an der Oberfläche mit dunkelroten Krusten versehen (Abb. 36).

**Abb. 35. a.** Blick nach Nordwesten in die große „Weißsand-Grube" nördlich von Riedseltz, Elsass, mit der hellen Riedseltz-(Iffezheim-)Formation (Plio-zän-Epoche) und der unter Vegetation verborgenen mächtigen Lössdecke (Pleistozän-Epoche). **b.** Abbauwand in der früheren Sandgrube von Barbelroth, wo die gelblichen Sande der Riedseltz-Formation von geringmächtigen Kiesen und Flugsanden der jüngeren Pleistozän-Epoche überlagert werden.

Sie wurden wahrscheinlich in der Pliozän- oder frühen Pleistozän-Epoche durch kräftige Abflussereignisse aus tief verwitterten Einzugsgebieten im Ausbiss der Buntsandstein-Gruppe bis weit nach Osten über die Muschelkalk- und Keuper-Tafel getragen. Sie finden sich heute z.B. in einem ca. 10 km breiten Streifen

**Abb. 36.** Typische, gut gerundete Buntsandstein-Gerölle der Höhenschotter, wie sie oft an den Rändern von Talmäandern der Enz und des Neckars aus Feldern ausgepflügt oder an der Oberkante von Steinbrüchen angeschnitten werden.

rund 100 bis 120 m über den Talböden der Enz und des Neckars, gelangten dort allerdings im Verlauf der Pleistozän-Epoche häufig durch fluviatile Umlagerung oder periglaziale Solifluktion in jüngere Terrassenschotter oder Schwemmlöss-Ablagerungen (Bachmann & Brunner 1998; Bibus 2002). Man findet sie deshalb oft nur „ausgepflügt" als Haufen am Rand von Feldwegen. Weitere Hinweise auf jüngere Stadien der Talbildung sind die im westlichen Kraichgau in Höhen um 170 bis 250 m NN anzutreffenden hellen Tonlagen, rötlich-braunen Bohnerz-Ansammlungen oder Sandstein-Blöcke aus der Keuper-Gruppe, die unter 10 bis 15 m mächtigen Lössdecken den Verlauf ehemaliger breiter Täler andeuten (Schmidt 1941; Eitel 1991). Die Höhenlage der ehemaligen Talböden belegt eine durchschnittliche Tieferlegung der Täler seit der Pliozän-Epoche von mehr als 100 m. Dazu ist interessant, dass auch an den Flanken des tief eingeschnittenen Rhein-Durchbruchstals zwischen Bingen und Bonn fluviatile Terrassenablagerungen aus der Pliozän-Epoche in Niveaus bis rund 200 m über der heutigen Rhein-Rinne erhalten geblieben sind (Boenigk & Frechen 2006). Sowohl am Neckar als auch in der Durchbruchsstrecke des Rheins illustrieren tiefer gelegene Terrassen-Schotter aus der Pleistozän-Epoche die allmähliche Einkerbung der Flussrinnen in die Landoberflächen, die anscheinend gleichzeitig breitgespannte, isostatische Hebungen erfuhren.

Verschiedene Aspekte der Talbildung lassen sich vor allem in den Exkursionsgebieten E 4, E 5, E 7 und E 8 studieren.

## Flussablagerungen, Löss und Gletscherspuren aus der Quartär-Periode (Pleistozän-Epoche)

*Die Flussablagerungen der Rastatt-Abfolge*

Die durch breitgespannte Hebungen im Vorland der Alpen ausgelöste rückschreitende Ausweitung neuer N-gerichteter Einzugsgebiete führte um rund 3 Ma auch zur Anzapfung des bis dahin WSW-abfließenden Alpenrhein-Aare-Systems (Tillmanns 1984; Villinger 1998; Giamboni et al. 2004; Ziegler & Fraefel 2009). In der **Quartär-Periode** (also ca. 2,6 Ma bis heute) bzw. im Verlauf der **Pleistozän-Epoche** (ca. 1,8 Ma bis 11,7 ka), ganz besonders jedoch während der letzten 300 000 Jahre, haben die aus alpinen Einzugsgebieten kommenden Vorläufer des Rheins eine zunehmend kalkige und grobkörnige Flussfracht in den Oberrhein-Graben transportiert. Aufgrund der anhaltenden NE-gerichteten Kippung des Grabenuntergrunds kam diese Fracht vor allem im nordöstlichen Grabenbereich über der hier ebenfalls recht mächtigen Riedseltz(= Iffezheim)-Formation zur Ablagerung. Die dabei resultierende sandig-kiesige Schichtabfolge wird vielfach unter dem Zeitbegriff „das Quartär" beschrieben. Da die zeitliche Einstufung besonders der basalen Schichtglieder noch unbefriedigend ist, benutzen wir hier den informellen Ausdruck **Rastatt-Abfolge** für die fluviatilen Schichten, die der Riedseltz-Formation auflagern und vor allem im Raum Rastatt-Karlsruhe aus zahlreichen Kiesgruben oder durch Flachbohrungen bekannt geworden sind (Bartz 1974, 1976, 1982; Werner et al. 1995, 1997). Da sich die Oberkante der Riedseltz-Formation in Bohrungen und als seismischer Reflektor im gesamten Oberrhein-Graben gut verfolgen lässt, sind Tiefenlagen der Basis und Mächtigkeiten der Rastatt-Abfolge recht gut bekannt (Abb. 46). Maximale Mächtigkeiten der Rastatt-Abfolge erreichen im Raum Heidelberg Werte um 400 m, wobei hier der vom Neckar vorgebaute Schwemmfächer einen wesentlichen Anteil der Schichtfolge ausmacht. Die geochronologische Einstufung und regionale Korrelation einzelner Schichtglieder innerhalb der Rastatt-Abfolge bleibt schwierig, obwohl zwischen grobkörnigen Sand-Kies-Lagern immer wieder interessante, feinkörnige und fossilführende Schichtglieder auftreten (Wirsing & Lutz 2007). Jedenfalls verschwinden an der Oberkante der Riedseltz-Formation die für die wärmere Pliozän-Epoche charakteristischen fossilen Pollen, wie z. B. von *Sequoia* oder *Taxodium* (Bartz 1976, 1982; Fezer et al. 1992). Tiefere Einheiten der Rastatt-Abfolge entsprechen zum Teil z. B. den **Mosbacher Sanden**, die in der frühen bis mittleren Pleistozän-Epoche (bis um ca. 500 ka) von einem Vorläufer des Mains in den nördlichen Oberrhein-Graben geschüttet wurden und in der Folge bei Frankfurt als Terrassen über das Niveau des Grabeninneren angehoben wurden. Auf einer Terrasse dieses Alters befindet sich z. B. der Frankfurter Flughafen (Semmel 2001).

Für praktische Zwecke unterscheidet man im zentralen Oberrhein-Graben tiefere, überwiegend schluffig-sandige Einheiten von höheren sandig-kiesigen Einheiten (Bartz 1982). Die **tiefere Rastatt-Abfolge** – informell „Schneckensande“, im Norden **Kurpfalz-Formation**, im zentralen Grabensegment **Ortenau-Formation** und im südlichen Grabensegment als **Breisgau-Formation** bezeichnet – ist vor allem aus Grundwasser-Flachbohrungen und gelegentlichen Aufschlüssen in tektonisch angehobenen Hochterrassen oder Riedel-Rücken bekannt (siehe Ellwanger & Villinger oder Seite 27 in Wirsing & Lutz 2007). Die meist grauen Sande, die wahrscheinlich zu größten Teilen in der älteren bis mittleren Pleistozän-Epoche (ca. 2 bis 0,3 ka) abgelagert wurden, enthalten gelegentlich kalkig zementierte Kies-Linsen und kohlig-tonige Schluffintervalle. Mit Quarz, Feldspat, Illit und den kaum verwitterungsresistenten Schwermineralen Granat, Epidot und Hornblende ist ihr Mineralbestand wesentlich vielfältiger als jener in der Riedseltz-Formation, was als Hinweis auf eine nunmehr schwächere chemische Verwitterung und möglicherweise geringere Temperaturen in den fluviatilen Einzugsgebieten gewertet werden kann. Trotzdem belegen die in feinsandig-tonigen „Zwischenhorizonten“ gefundenen Reste von Wirbeltieren, Laubbaum-Pollen, Schnecken und Muscheln ein noch weitgehend gemäßigtes Waldklima. Ein regional besonders weit verbreiteter Zwischenhorizont ist der **„Obere“ Zwischenhorizont** (oder **Ladenburg-Horizont**), der mit einer Mächtigkeit von 10 bis 20 m und unter den gegen Westen auskeilenden jüngeren Kieslagen, dort gelegentlich sogar in größeren Tongruben, aufgeschlossen ist/war. Dieser Horizont wurde möglicherweise bereits in der **Cromer-Zeit** (ca. 700 bis 440 ka) auf einer breiten, durch mäandrierende Rinnen gekennzeichneten Flussebene abgelagert (Bartz 1976, 1982; Monninger 1985; Kärcher 1987; Weidenfeller & Zöller 1995; Stober et al. 2003; Rähle 2005).

Die **höhere Rastatt-Abfolge** („Kieslager“) – im Norden als **Mannheim-Formation** und weiter südlich als **Neuenburg-Formation** bezeichnet – wurde im Verlauf der jüngeren Pleistozän-Epoche (< 0,3 ka) abgelagert. Die durch raumgreifende Schrägschichtungsstrukturen und geringe Tongehalte gekennzeichneten sandigen Kiese sind häufig am Rand von Baggerseen aufgeschlossen. Die variable Tiefenlage der Kiesbasis, ein systematisches Auskeilen gegen Westen und abrupte lokale Mächtigkeitszunahmen deuten für das östliche Grabeninnere auf anhaltende synsedimentäre Relativbewegungen im Grabenuntergrund hin. Auffallend ist dabei eine Querstruktur im zentralen Grabensegment, die sich in einer relativ geringen Tiefenlage der Kiesbasis äußert (Abb. 47). Vor allem höhere Kieslager sind reich an Geröllen alpiner Herkunft, wie z. B. an roten Radiolariten der Jura-Periode oder hellen Kalksteinen der Kreide-Periode. In den höchsten Kieslagern kann der Anteil an kalkigen Geröllen alpiner Herkunft sogar bis auf 40 % ansteigen und der Anteil an Quarz-Komponenten bis auf < 15 % abnehmen. Vor den größeren Tälern der östlichen

**Abb. 37. a.** Blick auf einen „Baggersee“ mit der über dem Seeniveau (= Grundwasserspiegel) aufragenden Abbauwand in sandigen Kiesen der oberen Rastatt-Folge. **b.** Schräggeschichtete sandige Kiese der höchsten Rastatt-Abfolge und überlagernde Flugsand- und Bodenbildungen mit Wohnbauten von Uferschwalben (Malsch nördlich von Rastatt).

Grabenschulter gesellen sich zu diesen Komponenten granitische Gerölle und Gerölle aus der Buntsandstein-Gruppe des Schwarzwalds und Odenwalds. Die Zunahme der durchschnittlichen Geröll-Durchmesser nach Süden und in der Abfolge nach oben (Werner et al. 1995) deuten allmähliche, longitudinale Gefällsversteilungen der Rheinebene an, wobei eine zunehmende Dominanz seichter, verzweigter Rinnensysteme in jüngeren Abschnitten der Pleistozän-Epoche anzunehmen ist. Sandige Kieslager mit Knochen von Mammut, Wollnashorn, Rentier und Steppenbison deuten an, dass die Rinnen während trocken-kalter Glaziale (oder Stadiale) von offenen Steppen gesäumt wurden. Dagegen sind schluffig-kaolinitische Zwischenschichten (= Zwischenhorizonte) mit sideritischen Konkretionen, Pollen von Nadelbäumen, Knochen von Waldelefanten, Flusspferden oder Waldnashörnern deutliche Hinweise auf Ablagerungsvorgänge in tieferen, mäandrierenden Rinnen, die während feuchterer-wärmerer Interglaziale (oder Interstadiale) von bewaldeten Flussebenen flankiert wurden. Auch die gelegentlich bankige Verfestigung der Kieslager durch kalkige Porenzemente deutet niederschlagsreiche Zeitintervalle an, in deren Verlauf kräftige Grundwasserbewegungen entsprechende Lösungs- und Ausfällungsvorgänge auslösten.

Die jüngsten Kies-Lager entstanden im **Weichsel-(=Würm-)Glazial** (< 115 ka) während zweier Hochglaziale (um 50 und 20 ka), in denen die Temperaturen wahrscheinlich zeitweise bis zu 10 °C unter die heutigen abfielen und sich die Vegetationsdecke der Rheinebene auf offene Kiefern- und Strauchbestände reduzierte. Der Fund eines menschlichen Craniums, das mit 31 ka datiert wurde, ist ein Hinweis, dass neben kaltzeitlichen Großsäugern auch *Homo sapiens* als Jäger die offene Flusslandschaft durchstreifte (Semmel 2001). Anhaltende tektonische Kippung und Kompaktion tieferer Schichtabfolgen bewirkten am östlichen Grabenrand eine Verstärkung des Lokalreliefs, was am Ausgang größerer Täler das Vorrücken grobkörniger Schwemmfächer über die Kiese der Flussebene vorantrieb. So zeigen z. B. $^{14}$C-Datierungen von Hölzern und Schnecken aus dem Schwemmfächer des Neckars, dass hier in der Zeitspanne zwischen 40 und 10 ka eine mindestens 10 m mächtige Kies-Sand-Abfolge aus blockigem Material lokaler Herkunft aufgeschüttet wurde (Löscher et al. 1980; Fezer et al. 1992). Gleichzeitig führte im westlichen Graben die Hebung und Kippung älterer Flussablagerungen und Schwemmfächer zu ihrem teilweisen Abtrag, weshalb sie hier nur als streifenförmige Reste unter den Lössdecken der angehobenen Riedel-Rücken erhalten geblieben sind. Die zwischen den Riedel-Rücken gelegenen jüngsten Schwemmfächer bestehen aus den meist nur m-mächtigen und gegen Westen auskeilenden rötlichen „Vogesen-“ oder „Bienwald-Schottern“, in denen Komponenten der Buntsandstein-Gruppe dominieren (Stäblein 1968).

Außerhalb des Oberrhein-Grabens, wo sich die Nebenflüsse des Rheins im Verlauf der Quartär-Periode verstärkt in die Germanische Tafel und in den Kristallinen Sockel der Grabenschultern einkerbten, ist dieses Geschehen an den Talflanken bis in Höhen um 70 m über den heutigen Talböden in Form der m-mächtigen **Hochterrassenschotter** nachzuvollziehen. Dabei zeigt sich, dass vor allem an der Enz und am Neckar Hochterrassenschotter in Höhen von

> 30 m über dem heutigen Talboden wahrscheinlich älter als 750 ka sind (Bibus 2002). Die bekanntesten Hochterrassenschotter in unserer Region sind die sandig-kiesigen **Mauerer Sande** des unteren Elsenztals und die **Frankenbacher Sande** am Westrand des Neckartals bei Heilbronn. Beide Hochterrassen-Abfolgen stammen anscheinend aus der mittleren Pleistozän-Epoche (Cromer-Intervall; ca. 700 bis 500 ka), als noch relativ milde Klimabedingungen vorherrschten. Berühmt wurden die Mauerer Sande wegen des in ihnen gefundenen Unterkieferknochens des *Homo heidelbergensis* und der begleitenden Säugetierfossilien (Rosendahl 2001; Wagner et al. 2002). Beide Abfolgen werden von rund 15 m mächtigen Lössdecken überlagert. Jüngere Hochterrassenschotter, die während der Einkerbung der Flüsse abgelagert wurden, weisen entsprechend geringmächtigere Lössdecken auf. Mit zunehmender Tiefe der häufig in Form von Talmäandern eingekerbten Talstrecken buchteten sich die Prallhänge oft bevorzugt in Richtung des regionalen Schicht-Einfallens aus. Letztendlich schufen gelegentliche **Mäanderhals-Durchbrüche** sowohl isolierte **Umlaufberge** (Abb. 62) als auch ein lokal höheres Rinnengefälle, das wiederum die Grundlage für eine stärkere Tiefenerosion schuf.

### *Löss*

Wie andere mittel- und osteuropäische Flussebenen zwischen den alpinen und baltischen Eisschilden war auch die Aggradationsfläche der Rheinebene im Verlauf der trocken-kalten Hochglaziale der jüngeren Pleistozän-Epoche weitgehend waldfrei und damit kräftigen WSW-Winden ausgesetzt. Während in der Rheinebene selbst die durch den Wind bewegten Flugsande oder Dünenzüge immer wieder im frei pendelnden Rinnensystem aufgearbeitet wurden, blieben die durch Staubstürme aufgewirbelten und auf Hochterrassen, auf Riedelflächen und auf der östlichen Grabenschulter des Kraichgaus abgelagerten Schluff-Ton-Komponenten (< 0,06 mm), bis in Höhen um 500 m NN als Decken von **Löss** erhalten (Abb. 38). Nur gelegentlich wechsellagern an den steilen Hangstufen am Ostrand des Oberrhein-Grabens feinkörnige Flugsande oder Kletterdünen mit diesen Staubschichten. Die 10 bis 30 m mächtigen Löss-Decken sind heute besonders an den Flanken von Hohlwegen und an den Oberkanten von Steinbrüchen aufgeschlossen (Abb. 39a). Der Begriff „Löss“ (von „loesch“= lose), der 1824 von K.C. v. Leonhardt erstmals für hellgelbliche, schluffig-kalkige Lockergesteine in der Nähe von Heidelberg verwendet wurde, fand durch Charles Lyell Eingang in die internationale wissenschaftliche Literatur. Eine überzeugende Interpretation der Lössdecken als äolische Gebilde lieferte allerdings erst 40 Jahre später von Richthofen, nachdem er die mächtigen Lössbildungen an den Rändern der Trockengebiete Zentralasiens durchreist hatte.

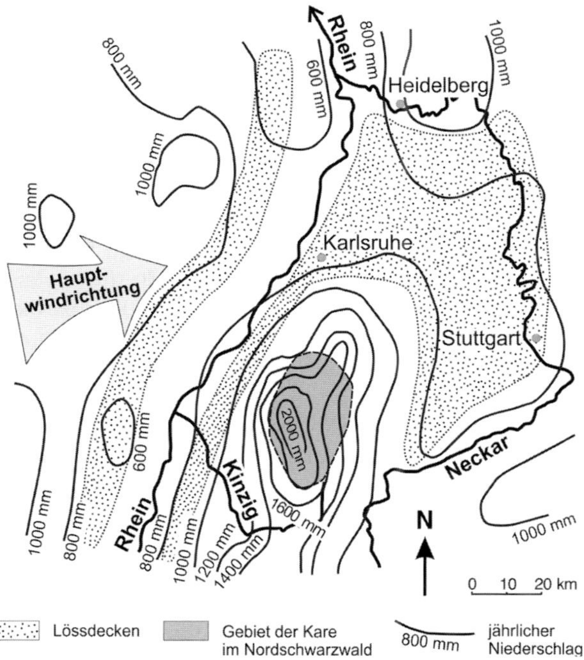


**Abb. 38.** Gegenwärtige Niederschlagsverteilung (in mm/Jahr) und Hauptwindrichtung (wahrscheinlich auch in der Pleistozän-Epoche) sowie das Gebiet bedeutender Kare auf der Buntsandstein-Tafel des Hochschwarzwalds; die Punktsignatur deutet Flächen mit m-mächtigen Lössdecken der Pleistozän-Epoche an (siehe Text).

Die Schluffkörner im Löss bestehen zu 60 bis 70% aus Quarz, zu 25 bis 40% aus Kalk und zu 10 bis 20% aus Feldspäten, Tonmineralen oder Glimmern. Die Basis der Lössdecken bilden häufig ältere sandig-kiesige Rinnenfüllungen der frühen Pleistozän- oder späten Pliozän-Epoche. Für die Fixierung und den Erhalt der Staublagen spielte die Ausrichtung der Landoberfläche gegenüber den dominierenden ESE-Winden eine ausschlaggebende Rolle. Während an sonnigen, WSW-Hängen aufgrund einer kräftigen Windscherung und Trockenheit oft freiliegende Felskanten erhalten blieben, entwickelten sich im Lee solcher Kanten ENE-gelängte Lössrücken („Gredas“), auf denen sich eine dem relativ hohen Sonnenstand mittlerer Breiten angepasste Kaltsteppen-Krautvegetation aus *Artemisia-, Chenopodium-,* und *Ephedra*-Arten für die Bindung der Staublagen als wichtig erwies. Auch die im Löss erhaltenen Schneckengehäuse (*Pupilla, Columella, Striata*) und Reste von Kleinwirbeltieren sind typisch für Klimate, wie sie z. B. heute in Teilen Zentralasiens vorherrschen. Die Wurzeln der Pflanzen erzeugten eine für Löss charakteristische vertikale „Röhrenstruktur“ und der Entzug von Wasser aus den Kapillarwassersäumen sorgte für die Ausfällung cm- bis dm-großer Kalk-Konkretionen, die aufgrund ihrer Form auch als „Lösskindel“ bekannt sind. Phasen der Staubablagerung wurden in feuchteren Stadialen und wärmeren Interstadialen oder Interglazialen immer wieder von Phasen der Bodenbildung abgelöst (Abb. 39b). Mit organischen Komponenten angereicherte **Humuszonen** deuten dabei ein steppenähnliches Umfeld an, wogegen **Bleichungszonen** mit diffusen bis kugelförmigen Mn-Fe-Hydroxid-Ausfällungen und kryoturbater Schichtung als Gley-Böden („Nassböden“) ein kalt-feuchtes periglaziales Umfeld belegen. Durch Sickerwässer verursachte Lösung von Kalkpartikeln und durch Verlagerung feinstkörniger Tonminerale in tiefere Bodenhorizonte entstanden auf Lösssubstraten jedoch auch dm-mächtige, dunkle **Parabraunerde-**(oder **Luvisol-)Böden** mit Tonanteilen bis zu 30 %. Der Übergang von dunklen, humosen Lehmen in tiefere rötliche „Verbraunungshorizonte“ ist an freiliegenden Lösswänden recht gut zu erkennen. In Mulden wechsellagern Löss-Lössboden-Abfolgen häufig mit chaotisch strukturierten **periglazialen Fließerden** oder mit warmzeitlichen **Schwemmlöss-Decken**, die meist kantige Gerölle des jeweiligen Felssubstrats enthalten (Meyer 1989; Bibus 2002).

Die regionale Korrelation und Alterszuordnung von Lössabfolgen ist schwierig. Dazu dienen jedoch z. B. dünne Lagen vulkanischer Aschen, die in unserer Region vor allem auf explosive Ausbrüche der Westeifel-Vulkane zurückzuführen sind, wie z. B. die **Eltviller Tephra** (rund 20 ka) oder die **Laacher-See-Tephra** (12,9 ka). Direkte Altersbestimmungen von Lösskomponenten (Quarz) mit Hilfe der Infrarot-stimulierten Lumineszenz- und Thermolumineszenz-Methoden oder $^{14}$C-Alter organischer Bestandteile zeigen, dass z. B. im südlichen Oberrhein-Graben die ältesten Lösslagen in einer hier > 30 m mächtigen Lössdecke am Kaiserstuhl wahrscheinlich bereits um 400 ka abgelagert wurden (Guenther 1987; Zöller 1994). Auch die rund 10 bis 15 m mächtigen Lössdecken der Riedelrücken des nordwestlichen Oberrhein-Grabens weisen an ihrer Basis sicherlich Ablagerungen mit Altern > 100 ka auf (Weidenfeller & Zöller 1995; Löscher & Zöller 2001). Die rund 15 m mächtigen Lössdecken im Kraichgau wurden dagegen zum größten Teil erst nach rund 70 ka abgelagert (Frechen 1999; Antoine et al. 2001). Dabei folgen im Kraichgau in einer Tiefe von rund 10 bis 15 m unter der Geländekante auf dunklen Steppen-Bodenbildungen des letzten **Eem-Interglazials** (rund 120 bis 110 ka), meist Lösslagen mit den so genannten **Mosbacher Böden** (um 70 ka). Darüber enthalten Lössabfolgen mit einem Alter von ca. 60 ka auch Flugsande, die eine erste bedeutende Kaltzeit des **Würm-(oder Weichsel)-Glazials** belegen. Über weiteren Bodenbildungen (**Gräselberger** und **Lohner Böden**) die um 45 bzw. 34 bis 32 ka ein milderes „Nussloch“-Interstadial markieren, folgen die rund 10 m mächtigen, höchsten Löss-Einheiten mit der Eltviller-Tephra und dünnen Intervallen aus Tundra-

**Abb. 39. a.** Typischer Hohlweganschnitt einer Lössdecke im Kraichgau mit der für sonnseitige Lösswände typischen cm-tiefen Zementation und plattigen Absonderung (westlich von Odenheim). **b.** Eine durch Löss-Böden gegliederte Löss-Abfolge der späten Pleistozän-Epoche in einer Grube südlich von Bönnigheim (siehe Text).

Gleybodenbildungen. Diese Abfolge des letzten Weichsel-(oder Würm-) Hochglazials entstand in der Zeit von 30 bis 15 ka und registriert intensivste Umlagerungen von Staub, der zwischen 25 und 20 ka lokal mit Raten von > 1 m/ka abgelagert wurde (Zöller et al. 1988; Zöller 1994; Antoine et al. 2001). Weiter gegen Osten umfassen die hier 10 bis 20 m mächtigen Lössdecken am mittleren Neckar Ablagerungen, deren Alter sicherlich > 200 ka (= Riss-Glazial) ist. Hier befinden sich die Bodenbildungen des Eem-Interglazials normalerweise 4 bis 6 m unter der Geländekante. Reste von Wald-Parabraunerden (Luvisol-Bodenbildungen) der Holozän-Epoche bilden die Oberkante der Lössabfolgen (Zöller 1994; Bibus 2002).

Flussablagerungen und Lössdecken der Pleistozän-Epoche sind vor allem in den Exkursionsgebieten E 5, E 6 und E 8 zu studieren.

### *Gletschererosion*

Es ist unbekannt, wann im Verlauf der Pleistozän-Epoche die höchsten Rücken des Schwarzwalds und der Vogesen erstmals „permanente" **Firnfelder** oder kleine **Kargletscher** trugen, oder wann auf den freiliegenden Plateauflächen das Porenwasser oberflächennaher Fest- und Lockergesteine erstmals längerfristig als m-mächtiger **Permafrost** erstarrte. Analog zu den Alpen ist jedoch anzunehmen, dass im Verlauf der späteren Pleistozän-Epoche (< 500 ka) während längerer Glaziale bzw. Stadiale Perioden mit kühlen-feuchten Sommern den Erhalt größerer Firn- oder Eisfelder ermöglichten. Für die Zeit nach 300 ka belegen glaziale Erosionsformen und Ablagerungen sowohl im Schwarzwald als auch in den Vogesen die Existenz kleiner Eiskappen, Tal- und Kargletscher. Für das Würm-(oder Weichsel-)Glazial (115 ka bis 11,5 ka) gibt es außerdem zahlreiche paläobotanische und isotopengeologische Hinweise auf besonders kalte Intervalle in den Zeitspannen von 70 bis 60 ka und 30 bis 20 ka, als die Baumvegetation der Mittelgebirge dramatisch schrumpfte (Woillard & Mook 1982). Im letzten Hochglazial (um 20 ka) lagen die Lufttemperaturen im Sommer zeitweise fast 10 °C unter den heutigen und auf den höchsten Erhebungen des Südschwarzwalds und der Vogesen entwickelten sich Eiskappen mit Durchmessern bis zu 30 km, die in bis zu 500 m mächtigen Talgletschern endeten (Schreiner & Sawatzki 2000). Im nördlichen Hochschwarzwald entstanden dort, wo auch heute noch die höchsten Niederschläge registriert werden und besonders in ENE- bis NE-exponierten Quellmulden der Buntsandstein-Tafel über dem Ausbiss der Eck-Formation immer wieder Firnfelder (Abb. 40). Im Lee der vorherrschenden Westwinde waren in Höhen um 600 bis 800 m NN die winterlichen Schneerücklagen, besonders unter N-exponierten Steilhängen, anscheinend so weit von der Sonneneinstrahlung geschützt, dass hier neben permanenten Firnfeldern auch kleinere Gletscher existierten. Außer auf der Hornisgrinde, wo sich wahrscheinlich zeitweise eine kleine Eiskappe aufbaute, erreichten diese Kargletscher jedoch nur Längen < 1 km und Mächtigkeiten < 100 m (Fezer 1957). Trotzdem erodierten sie in den aufgelockerten Sandsteinsubstraten bis heute erhaltene **Kare**. Die steilen **Karwände** an den

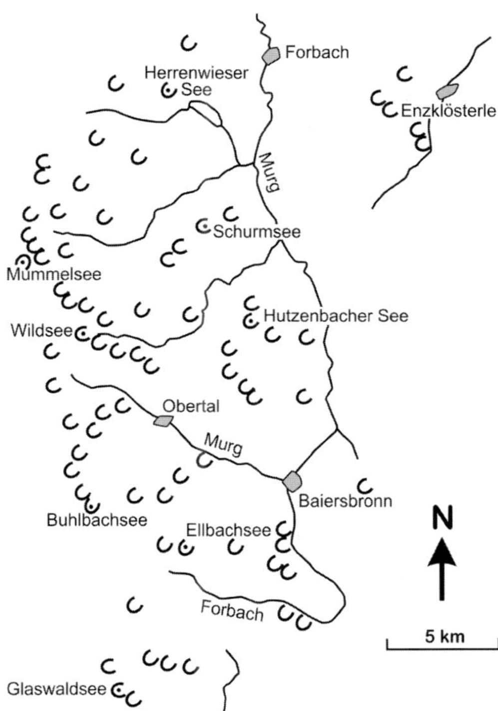


**Abb. 40.** Skizze des asymmetrischen Einzugsgebiets der Murg am Ostabfall des nördlichen Hochschwarzwalds mit einigen der größeren Kare, die sich vor allem in Quellmulden oberhalb der Eck-Formation (Buntsandstein-Gruppe) entwickeln konnten.

obersten Eis-Fels-Kontakten folgen meist NW-streichenden Kluftscharen, die durch Frostsprengung zu Spalten erweitert wurden. In tieferen Bereichen sorgte die ausschürfende Erosion der basal gleitenden und intern plastisch fließenden Eismassen für deutliche **Karmulden** (oder Karnischen), an deren Unterrändern sich das im Eis transportierte blockige Material in **Moränenrücken** (= Karriegeln) ansammelte. Auch kleinere Firnfelder schufen unzählige, schwach konkave **Nivationsmulden**, die bis heute durch randliche Streifen locker gelagerter Felsblöcke zu erkennen sind. Mit dem Zerfall der Kargletscher und Firnfelder gegen Ende der Pleistozän-Epoche füllten sich manche der Karmulden mit 5 bis 20 m tiefen **Karseen**, die teilweise bis heute bestehen, in vielen Fällen jedoch im Verlauf der Holozän-Epoche verlandeten. H. Schmitthenner (1913), der die engen Beziehungen zwischen dem geologischen Untergrund, den vergangenen Kargletschern und den seichten Karseen des Nordschwarzwalds beschrieb, konnte trotzdem nicht umhin, seinen Erkenntnissen voranzusetzen, dass „....die feierliche Stille in ihrer Umgebung, die Waldverlorenheit fernab von jedem Dorf, die weißen Nebel, die häufig aus dem dunklen Wasser steigen, auf die Phantasie des Volkes wirken....."

Da im Schwarzwald und in anderen Bereichen der Mittelgebirge besonders die Hochflächen im Ausbiss der Hauptkonglomerat-Formation, aber auch Steilhänge im Kristallinen Sockel von periglazialem Permafrost durchsetzt waren, entwickelten sich auf diesen durch Frostsprengung blockige **Felsenmeere**, an schattigen Hängen möglicherweise **Blockgletscher** mit Eiskernen, in Rinnen m-mächtige **Blockströme** und an sonnseitigen Hängen **Wanderschutt**. Beim Auftauen des Permafrosts wurden tiefere Anteile dieser instabilen **Schuttvorlagen** über Schwemmfächer bis in die angrenzenden Flussebenen verlagert.

Die glazialen und periglazialen Landformen des nördlichen Hochschwarzwalds lassen sich besonders in den Exkursionsgebieten E 3 und E 4 studieren.

## Entwicklung der Landoberfläche in der Holozän-Epoche (11,5 ka bis heute)

Geologische Wanderungen in unserer Region erschließen dem geübten Beobachter immer wieder die engen Beziehungen zwischen dem geologischen Untergrund, reliktischen Landformen aus der Pliozän- oder Pleistozän-Epoche und den heutigen Böden, Vegetationsdecken oder Kulturlandschaften. Die nach dem letzten Hochglazial (20 ka) einsetzenden Temperaturerhöhungen und die dadurch ausgelösten Veränderungen in der Vegetationsdecke lassen sich vor allem aus Pollen, Sporen und Diatomeen („Kieselalgenskeletten" aus Opal), aber auch aus der Analyse von Kohlenstoff- und Sauerstoff-Isotopen in den Schichten $^{14}$C-datierter Moore und Seebodensedimente ableiten (Lang 1995; Hölzer & Hölzer 1988; Radke 1973; Frenzel 1978; Rösch 1989). So demonstrieren die Pollenspektren aus dem Bereich tiefer gelegener Flussebenen, dass sich dort im Spätglazial (20 bis 12 ka) die Vegetationsdecke noch aus Legföhren (*Pinus mugo*), Zwergbirken (*Betula nana*), Kriechweiden (*Salix repens*), Wacholder (*Juniperus communis*) oder Sanddorn (*Hippophae rhamnoides*) zusammensetzte. Auf etwas höher gelegenen Lössflächen und an tieferen Hängen der Mittelgebirge stellten neben den kalkliebenden Zwergsträuchern wie Silberwurz (*Dryas octopetala*) oder Weiden (*Salix reticulata* und *Salix retusa*) vor allem Waldkiefer (*Pinus sylvestris*) und Birke (*Betula pubescens, Betula pendula*) die wichtigsten Wald-Pioniere dar. Die riesigen Herden von Wildpferden und Rentieren, die in den letzten Phasen des Hochglazials spätpaläolithischen Jägern noch reichlich Nahrung boten, verschwanden allmählich und an ihre Stelle traten Elche und Hirsche, die vom Menschen neue Jagdmethoden erforderten.

In der Rheinebene bewirkten ein nunmehr geringerer Abfluss und eine zunehmend dichtere Vegetation die Entwicklung wesentlich stabilerer Rinnensysteme. Gleichzeitig bauten vor allem die aus dem Schwarzwald und Odenwald zufließenden Gewässer, wie z. B. die Kinzig, Rench, Murg, Alb oder der Neckar breite **Schwemmfächer** auf, welche anscheinend die Verlagerung des Rhein-Rinnensystems gegen Westen erzwangen. Trotzdem dominierte in der Rheinniederung südlich von Straßburg-Rastatt bei einem durchschnittlichen Gefälle > 0,8 m/km und einem relativ hohen Anteil an grobkörniger Boden-Fracht weiterhin ein bis zu 4 km breites, komplex verzweigtes Rinnensystem. In diesem gingen die linearen Kiesrücken (= **Hurste**) zuströmender Nebenbäche direkt in die Kies- und Sandbänke der Rheinrinne über. Im Gegensatz dazu entwickelte sich nördlich der Strecke Straßburg-Rastatt bei einem Gefälle < 0,4 m/km und einem deutlich geringeren Bodenfracht-Anteil ein mäandrierendes Rinnensystem, das sich allmählich in die Schotterdecke einkerbte. Dabei entstand eine deutlich begrenzte 8 bis 10 km breite **Rheinniederung** (auch **Rheinaue**), die seitdem an der bis zu 10 m hohen **Hochgestade-Stufe** von nunmehr weitgehend trocken liegenden Kiesflächen der **Niederterrasse** überragt wird.

Der Übergangsbereich zwischen den im Süden vorherrschenden instabil-verzweigten Rinnen und dem weiter nördlich einsetzenden stabileren Mäandergürtel stellte eine Zone dar, in der aus den Uferhängen erodierte sandige Kiese der Rastatt-Abfolge in Form relativ stabiler Gleitbänke umgelagert und dabei gut sortiert wurden. Dadurch kam es zu lokalen Anreicherungen von Schwermineralen, wie z. B. von dunklem Magnetit ($Fe_3O_4$) und – in extrem geringen Mengen – auch von Gold. Dieses **Rheingold**, das in Form winziger „Flitterchen" (durchschnittliche Durchmesser ca. 0,2 mm) bis um 1850 vor allem im Raum Daxlanden aus den Gleituferbänken des Rheins in mühsamer Handarbeit gewaschen wurde, stammt wahrscheinlich ursprünglich aus Gangvererzungen des Schwarzwalds, der Vogesen oder der Alpen, von wo es mit der fluviatilen Bodenfracht der höheren Rastatt-Abfolge in die Rheinebene gelangte.

Das Alter der „Trockenlegung" der Niederterrasse deuten jüngste feinkörnige „Hochflutsedimente" an, die mit vulkanischen Aschen einer um 12,9 ka erfolgten Eruption des Laacher-See-Vulkans in der Westeifel auf der Niederterrasse wechsellagern und bald nach ihrer Ablagerung durch Bodenbildungen – vor allem karbonatreiche „Rheinweiß"-Horizonte – stabilisiert wurden (Dambeck & Sabel 2001). Viele der vormaligen Flussrinnen auf der Niederterrasse, die nach 12 ka austrockneten, blieben als solche zum Teil bis heute erhalten, wie z. B. im Zentrum der Beiertheimer Allee (Albtal-Bahnhof, Stadtgebiet Karlsruhe). Am aktiv absinkenden östlichen Grabenrand hielt sich allerdings über längere Zeitspannen ein km-breites System m-tiefer **Talrandrinnen**. Dieses wird in der Literatur häufig als „Kinzig-Murg-Fluss" bezeichnet, obwohl keineswegs sicher ist, ob größere Flüsse wie die Kinzig oder die Murg nicht schon gegen Ende der Pleistozän-Epoche über Schwemmfächer direkt dem Rhein zuflossen. Das Talrandrinnensystem setzt jedenfalls bei

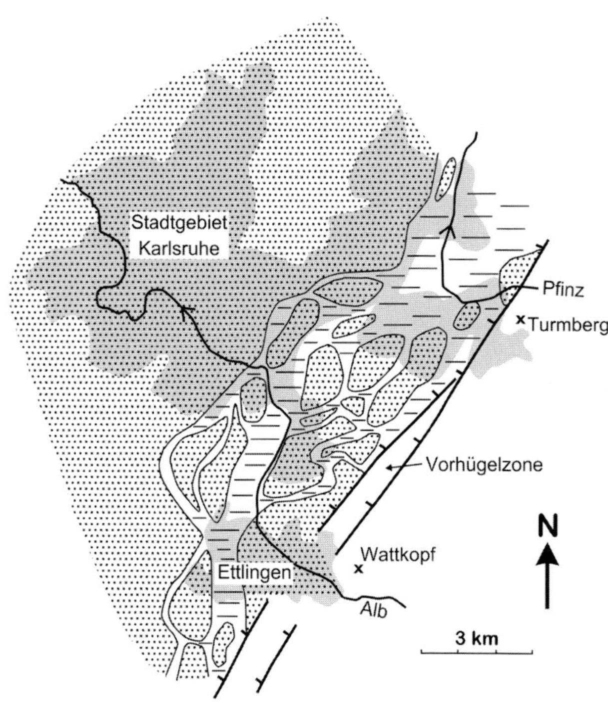


**Abb. 41.** Der durch zahlreiche Flachbohrungen ermittelte Verlauf verlandeter Talrand-Rinnen (gestrichelt) innerhalb des absinkenden östlichen Randbereichs der Niederterrasse (gepunktet) im Stadtgebiet Karlsruhe-Ettlingen (grau).

Bühl im Süden ein und ist besonders deutlich im Raum Karlsruhe ausgeprägt (Abb. 41), von wo es eng am Grabenrand bis zum Schwemmfächer des Neckars zu verfolgen ist. Auch die Arme des Neckars waren anscheinend zeitweise nicht direkt über den Schwemmfächer zum Rhein gerichtet, sondern benützten ein ähnliches Talrandrinnensystem nördlich des Schwemmfächers und mündeten dann erst weit im Norden in den Rhein (Dambeck & Sabel 2001). Die heute weitgehend zu Niedermooren verlandeten und nur wenige Meter tiefen Talrandrinnen verraten sich vor allem in Flachbohrungen durch m-mächtige Schluff- und Torflagen und geringe Flurabstände zum Grundwasserspiegel. Sie waren bis in jüngste Zeiten bei Hochwässern von Nebenbächen des Grabenschulter-Bereichs überflutet und entwässerten gelegentlich sogar direkt über reliktische Rinnen auf der Niederterrasse zum Rhein. Die natürlichen Vorgaben der Bodenqualität, Wassernähe und Überschwemmungsgefährdung bestimmten schon früh die Lage menschlicher Siedlungsanlagen: im Süden waren dies vor allem die langgestreckten kiesigen Hurste zwischen den Bachläufen, weiter nördlich einerseits die Oberkante des Hochgestades, andererseits Schwemmfächer an den Talausgängen am Fuß der Grabenschulter, wo zum Teil bereits eine steinzeitliche Anwesenheit des Menschen nachzuweisen ist.

Als in der letzten kurzen Kaltphase der Pleistozän-Epoche, dem sogenannten **Jüngeren Dryas-Stadial** (12,8 bis 11,7 ka), die Temperaturen nochmals beträchtlich absanken und kräftige WSW-Winde in der Rheinebene eine erneute Deflation von Feinsand-Komponenten (0,1 bis 0,5 mm) auslösten, bildeten diese nun auf der weitgehend trocken liegenden Niederterrasse dm- bis m-mächtige **Flugsand-Decken** und lokal sogar 10- bis 20 m hohe **Dünen**. Mehrere $^{14}$C-Datierungen an Bruchstücken von Schneckengehäusen, die südlich von Heidelberg aus Schlufflagen unter den Dünen entnommen wurden, sowie direkte Thermolumineszenz-Datierungen von Dünensanden ergeben für die Flugsand- und Dünenbildungen ein Alter um 12 ka (Zöller et al. 1988; Löscher 1994). Die parabolisch-gelängte Form und die nach hinten auslaufenden Ränder der Dünen deuten an, dass die ENE- bis NE-gerichteten Sandbewegungen bald durch eine zu Beginn der Holozän-Epoche aufkommende Vegetationsdecke gebremst und schließlich blockiert wurden. Die Dünen setzen zum Teil direkt am Hochgestade ein und bilden z. B. bei Iffezheim oder am Südwestrand des Neckar-Schwemmfächers deutlich gewellte Landoberflächen, die auf Karten häufig als „Buckel“ markiert sind (Abb. 33), meist offene Kiefernwald-Bestände aufweisen und in der Vergangenheit auch in Sandgruben abgebaut wurden.

Zu Beginn der **Holozän-Epoche** waren die relativ trocken-warmen **Präboreal-** und **Boreal-Zeiten** (11,7 bis 8,2 ka) durch eine Vordringen der lichtliebenden Haselnuss (*Corylus avellana*) in die offenen Birken-Kiefernwälder gekennzeichnet. Die Haselnuss, die wahrscheinlich dem bereits etwas sesshafteren mesolithischen Menschen als Nahrung diente, verschwand allerdings nach einer kurzen Phase der globalen Abkühlung um rund 8,2 ka aus vielen Beständen. In der folgenden feuchten **Atlantikum-Zeit** (rund 8,2 bis 5,7 ka), in der die Durchschnittstemperaturen möglicherweise bis zu 2 °C über den heutigen lagen, sorgte eine stärkere chemische Verwitterung an der Landoberfläche für einen auch gleichmäßig höheren Eintrag von nährstoffreicher Suspensionsfracht in die Rheinniederung. Bis zur Regulierung des Rheins wurde diese Feinsand-Schluff-Tonfracht vor allem in feuchten Depressionen („Schluten“ oder „Gießen“) zwischen den m-hohen grobkörnigen Aggradationsrippen („Brennen“) als cm-mächtige, grau-braune Schichten abgelagert (Abb. 33c). Auf diese Weise entwickelte sich an den Rheinufern ein dichter Vegetationsstreifen mit Weiden (*Salix* sp.), Schwarzerlen (*Alnus glutinosa*) oder Eschen (*Fraxinus excelsior*). Auf der trockenen Niederterrasse verdrängten Eichen (*Quercus robur, Quercus petraea*), Ulmen (*Ulmus glabra*),

Ahorne (*Acer pseudoplatanus*) oder Linden (*Tilia cordata*) die vormalige Strauchvegetation und nur auf besonders trockenen Flugsanden oder Dünenrücken hielten sich vereinzelte Kiefernbestände. Die verlandenden Talrandrinnen wurden infolge des anhaltenden lateralen Grundwasser-Zustroms in die kalkreichen Ton-Schluff-Feinsand-Substrate zu Röhricht-Seggenried-Niedermooren, aus denen m-mächtige Torfschichten resultierten; in diesen wurzelten wiederum **Bruchwälder** mit Schwarzerle (*Alnus glutinosa*) und Esche (*Fraxinus excelsior*). Auf den Lössdecken an den Grabenrändern und auf den Grabenschultern wurde die Eiche (*Quercus petraea, Quercus robur*) zum dominierenden Laubbaum. Von Südosten zuwandernde neolithische „Bandkeramiker" schufen durch Brandrodungen erste „landwirtschaftlich" genutzte Lichtungen. An den höheren Hängen des Schwarzwalds stießen typisch „atlantische" Begleiter der Eiche, wie Efeu (*Hedera helix*), Stechpalme (*Ilex aquifolium*) oder Mistel (*Viscum album*), die heute auch an winterwarmen-luftfeuchten Standorten nur bis in Höhen um 800 m NN anzutreffen sind, bis in Höhen um 1000 m NN vor.

In den nachfolgenden **Subboreal-** und **Subatlantikum-Zeiten** (rund 5,7 bis 3 ka) setzte sich bei etwas kühleren Klimabedingungen, besonders auf Löss- und Flugsand-Decken, die Bodenbildung mit einer Umlagerung von Kalk, Tonmineralen und Fe-Oxyhydroxiden in tiefere Bodenhorizonte fort. Dabei veränderte sich die Vegetationsdecke in der Rheinebene nur mehr unerheblich (Frenzel 1978; Hölzer & Hölzer 1987). An trockenen Südhängen der Mittelgebirge blieben Traubeneiche (*Quercus petrea*) und Kiefer (*Pinus sylvestris)* bestandsbildend, wogegen sich an Nordhängen nun die aus mediterranen Refugien eingewanderten „Schattenbäume" wie die Weisstanne (*Abies alba*) oder die Buche (*Fagus sylvatica*) durchsetzten. Gleichzeitig begann die Verlandung der meisten **Karseen**, ausgehend von randlichen Großseggengürteln (mit der Schnabelsegge, *Carex rostrata*) und Schwingrasen (mit Torfmoos, *Sphagnum* sp. und Scheidigem Wollgras, *Eriophorum vaginatum*). Besonders auf tonigen Substraten der höheren Buntsandstein-Gruppe entwickelten sich – möglicherweise nach großflächigen Waldbränden – erste feuchte **Missen**, also aufgelichtete „moosige" Waldflecken mit dm-mächtigen Rohhumusdecken, in höheren Lagen des Nordschwarzwalds sogar waldfreie **Hochmoore**. Da die in den Missen und Mooren dominierenden Torfmoose ihre Nährstoffe vor allem aus Aerosolen beziehen und die Aufnahme von Kationen (auch von $NH_4^+$ und Schwermetallen) eine entsprechende Abgabe von Protonen ($H^+$) erzwingt, sind Missen und Hochmoore bis heute durch extrem geringe Basensättigungen (Ca-Gehalte < 1 mg/l) und geringe pH-Werte von 3 bis 5 gekennzeichnet. Sauerstoffarmut verhindert sowohl unter feuchten „Schlenken" als auch unter trockeneren „Bulten" einen bakteriellen Abbau der abgestorbenen Moose, weshalb sich schichtweise mit Raten von 1 bis 100 mm/a ansammeln und zu **Torf** kompaktierten. In den mindestens 6000 Jahre alten Mooren des

Nordschwarzwalds erreichen die Torfschichten lokal Mächtigkeiten von mehreren Metern. Da die lebenden Moose ein 10 bis 20-faches ihres Trockengewichts an Wasser zurückhalten können, bilden Hochmoore und Missen – oft auf relativ undurchlässigen Podsol- oder Ortsteinsubstraten – bis heute schwebende Aquifere und freiliegende Wasserflächen auf der sonst recht durchlässigen Buntsandstein-Tafel (Abb. 33c). Der Abfluss aus diesen häufig gesättigten Aquiferen ist besonders nach Starkniederschlägen reich an Lignin-, Humin- und Fulvosäuren, was sich in den Bächen als intensive Braunfärbung äußert.

Um 4 ka kam es im Umfeld **bronzezeitlicher** und später **keltischer Siedlungen** im Zyklus Brandrodung, Feld-und-Gras-Brache und Waldweide zu recht deutlichen Eingriffen des Menschen in die Vegetationsdecke und in die obersten Bodenschichten. Neue Organisationsformen ermöglichten dabei die Anlage erster tieferer Brunnen in Tallagen, aber auch die Auflichtung sommerlicher Hochweiden auf höher gelegenen Bergrücken. Für die nähere Umgebung von Neuenbürg im Enztal lässt sich bereits für die Zeit um 600 v. Chr. der Abbau und die Verhüttung oberflächennah angereicherter Eisen-Mangan-Erze nachweisen (Werner & Dennert 2004). Während der **römischen Kolonisation** erforderte die Versorgung des bis Mitte des 3. Jahrhunderts n. Ch. östlich des Rheins stationierten Militärs vor allem am Neckar einen großflächigen Anbau von Getreide, Gemüse und Obst. Während der westlich des Rheins bis ins 5. Jahrhundert andauernden römischen Siedlungstätigkeit, wurden hier die Kultur-Weinrebe (*Vitis vinifera*), der Nussbaum (*Juglans regia*) und die Esskastanie (*Castanea sativa*) heimisch. Baumstämme und Kulturreste, die bis in 10 m Tiefe in den schluffig-sandigen Überschwemmungsschichten der Rheinniederung gefunden wurden, belegen eine durch die Rodungstätigkeit der Römer im 1. und 2. Jahrhundert deutlich verstärkte Erosion auf den umliegenden Landoberflächen. Mit dem Rückzug der Römer und dem Vordringen der Alamannen nach Südwesten vergrößerte sich die Waldfläche wieder. Erst mit der systematischen **Landnahme** im 11. und 12. Jahrhundert wichen besonders auf Kalk-Ton-Löss-Substraten die Eichen-Buchen-Tannen-Mischwälder einer nunmehr großflächigen Landwirtschaft.

In den heute verbliebenen Resten naturnaher Wälder überlagern sich in unserer Region Elemente einer nach Westen abklingenden **kontinentalen Vegetationsdecke**, die an unregelmäßige geringe Niederschläge und kalte Winter angepasst ist, und eine nach Osten auslaufende **ozeanische Vegetationsdecke**, die regelmäßige höhere Niederschläge und mildere Winter erfordert. So mischen sich in naturnahen Eichen-Buchen-Tannen-Mischwäldern kontinentale Grenzgänger wie die Tanne (*Abies alba*), Waldkiefer (*Pinus sylvestris*) oder Fichte (*Picea abies*) mit ozeanischen Grenzgängern wie die Stechpalme (*Ilex aquifolium*). **Jahresniederschläge** von 600 mm in der Oberrheinebene oder im östlichen Kraichgau, bis zu 2100 mm auf den Höhen des Nordschwarzwalds (Abb. 38), aber auch **Jahresmittel-Temperaturen** zwischen rund 10 °C in der Rheinebene und 6 °C auf den Schwarzwaldhöhen, bestimmen heute im Zusammenspiel mit forstwirtschaftlichen Entscheidungen ein komplexes Waldmosaik, in dem bei der natürlichen Erneuerung der Waldböden Nadel- und Laubhölzer recht unterschiedliche Rollen spielen. Unter **Nadelbäumen** bilden die durch Lignin und Wachse verstärkten Nadelblätter eine oft recht trockene Decke aus schwer zersetzbarem **Moder**, in dem Mineralstoffe nur langsam durch Boden-Mikroorganismen freigesetzt werden. Außerdem lässt Lichtmangel häufig einen nur verarmten Farn-Moos-Unterwuchs zu und die ganzjährige Interzeption der Niederschläge sowie das „Auskämmen“ saurer Nebelschwaden, erhöhen besonders in exponierten Kammlagen eine oft schon hohe natürliche Acidität der Böden. Nadelhölzer – vor allem die Fichte, nicht die Kiefer – finden als Flachwurzler ihr natürliches Ende meist durch Windwurf, ganz besonders an Westhängen. Heftige SW-Stürme, wie in den Jahren 1939, 1950 oder 1967, besonders aber Orkane mit Windgeschwindigkeiten > 120 km/h, wie in den Jahren 1970, 1990 (Orkan Wiebke) oder am 26.12.1999 (Orkan Lothar) sorgen deshalb in Fichten-Forsten gelegentlich für großflächigen Windwurf. Im Gegensatz zu den Nadelhölzern bildet sich unter **Laubbäumen** durch den jährlichen Blattabwurf **Mull**, also Streuschichten, die oft schon innerhalb von zwei Jahren von einer reichlich vorhandenen Bodenfauna mineralisiert werden. Diese „Selbstdüngung“ ($Ca^{2+}$, $Mg^{2+}$, $NO_3^-$ usw.), ein frühsommerlicher Unterwuchs und geringe Säure-und-Schwermetall-Auskämmung im Winter, resultieren häufig in neutral-basischen Oberböden. Laubbäume sind meist Tiefwurzler und finden ihr natürliches Ende oft durch Insekten- oder Pilzbefall.

Die frühmittelalterlichen Rodungen, besonders aber die kräftige Zunahme des Holzexports und -verbrauchs im Bergbau, im Hüttenwesen, in Salinen oder in Glasbetrieben erforderten bis zum Ende des 18. Jahrhundert immer größere Kahlschläge. Eine ebenfalls immer besser organisierte Flößerei stieß dabei mit Systemen von „Schwallungen“ bis in höhere Mittelgebirgstäler vor, wo im frühen 19. Jahrhundert die Waldfläche lokal bis auf ein Viertel des ursprünglichen Bestands schrumpfte. Kommunale Waldweide, Streuentnahme und Fruchternte setzten in vielen Waldböden einen langen Zyklus der Nährstoffverarmung in Gang. Ein verändertes Infiltrations- und Abflussgeschehen löste an den gerodeten Mittelgebirgsflanken sowohl verstärkte Rinnenerosion als auch „abnormale“ Massenbewegungen aus, die sich bis in die Rheinniederung in einem verstärkten Eintrag von Sand oder Schluff äußerten. Auf der trockenen Niederterrasse der Rheinebene kam es auf Rodungsflächen zu erneuten äolischen Sandumlagerungen, denen man jedoch schon im 17. und 18. Jahrhundert mit großflächigen Anpflanzungen von Kiefern begegnete. Mit dem Verfall des Holzexports und des Bergbaus am Anfang des 19. Jahrhunderts wurden bald auch Waldweide, Streuentnahme und andere „Waldgewerbe“ aufgegeben. Durch Aufforstung wurden schnell wachsende Fichten- und Kiefern-Kunstwälder geschaffen. Die Abwesenheit der ursprünglichen Buchen- und Eichenanteile hatte jedoch eine weitere Erniedrigung der Basensättigung in den Waldböden zur Folge, wobei der Eintrag saurer industrieller Aerosole die Boden-Aciditäten nochmals erhöhte. Durch Rodung geschaffene „Hochweiden“ im höchsten Nordschwarzwald blieben allerdings weitgehend frei von Baumvegetation und auf diesen **Grinden** herrschen bis heute Vernässung, Sauerstoff-Armut und Nährstoff-Austrag vor. Gegen Ende des 20.Jahrhunderts begegnete man dem befürchteten „Waldsterben“ in Hochlagen mit intensiven Kalkschotterungen der Waldwege oder mit Kalk-Düngungen aus der Luft. Inzwischen versucht man allerdings auch die baumlosen Grinden-Hochflächen als solche zu erhalten (Zimmermann 1993).

Am deutlichsten blieb der Einfluss des wirtschaftenden Menschen jedoch im Bereich der Lössflächen des Kraichgaus und der westlichen Rheinebene. Kalkgehalt, Korngröße und vertikale „Haarröhren-Struktur“ sorgen auf Lössdecken für die Entwicklung besonders nährstoffreicher und gut durchlüfteter **Parabraunerde**-(oder Luvisol-)Böden. Außerdem bewirkt eine hohe **Feldkapazität** – also die Fähigkeit, Wasser im Porenraum gegen die Schwerkraft zurückzuhalten – die Entwicklung von weit über den Grundwasserspiegel aufsteigenden Kapillarwassersäumen. An Hängen beobachtet man deshalb in Lössablagerungen häufig flächenhaftes Bodenkriechen, das sich bei Starkregen zu Rutschungen und kräftiger Rinnenerosion verstärken kann. Die keltische Silbe „Kraich“ ist ein Hinweis auf dieses Verhalten, das am Rand vieler Täler zur Ablagerung kolluvialer **Schwemmlöss-Decken** geführt hat. Bereits erste neolithische Brandrodungen, die um 5 ka einsetzten, bewirkten auf freiliegenden Brachflächen verstärkte Erosion und auch später verschwanden am Fuß vegetationsfreier Lösshänge immer wieder neolithische, keltische, römische und frühmittelalterliche Behausungen unter m-mächtigen kolluvialem Schwemmlöss. So lassen sich z. B. nordöstlich von Bretten in einer insgesamt etwa 5 m mächtigen kolluvialen Schwemmlöss-Decke durch Thermolumineszenz-Datierungen sowohl für die keltisch-römischen, als auch für die frühmittelalterlichen Rodungsphasen deutlich erhöhte Schwemmlöss-Ablagerungsraten nachweisen (Wagner et al. 2003). Auf den Talböden selbst verschwanden im Verlauf der Holozän-Epoche die älteren kiesigen Rinnensubstrate häufig unter schluffigen Überschwemmungsschichten, die im Uferbereich von nunmehr mäandrierenden Rinnen abgelagert wurden. Bis heute äußert sich die verstärkte Erosion auf freiliegenden Feldern durch dm- bis m-hohe Stufen an den Grenzen zwischen Feld- und Waldflächen. In der Vergangenheit begegnete man dem Abtrag geneigter Lössflächen durch die Anlage von Mauern in Form von **Stufenrainen**. Von diesen sind bereits viele bei jüngsten Flurbereinigungen verschwunden. Die durch Rinnen- und Flächenerosion anfallenden schluffigen Hochwasserfrachten werden heute besonders oberhalb von Siedlungen in talquerenden Rückhaltebecken aufgefangen. Da die von Lösshängen flankierten Talböden oft auch sumpfige Feuchtgebiete darstellen, führten frühere Verkehrswege meist über trockene Geländerücken, in die sich so im Lauf der Zeit m-tiefe, U-förmige **Hohlwege** eingekerbt haben (Abb. 39a). Der Charakter der Hohlwegwände illustriert das typische Verhalten künstlicher oder natürlicher Löss-Aufschlüsse: an den trockenen und relativ stabilen Sonnseiten bilden sich aus verdunstenden Kapillarwässern häufig mm- bis cm-mächtige Kalkkrusten, wogegen sich feuchte Schattenseiten häufig durch Rutschungen oder Ausspülungen abflachen.

## Die Regulierung des Rheins

Bedeutende Veränderungen erfuhren vor allem die natürlichen Uferzonen des Rheins. Der Abfluss des Rheins, der bei Basel im Mittel rund 1000 $m^3/s$ und bei Worms rund 1500 $m^3/s$ beträgt, kann bei Hochwasser bis auf das Fünffache ansteigen, wobei sich kurzfristig das Volumen der Boden- und Schwebfracht kräftig erhöht. Der natürliche Sedimenteintrag in die Rheinniederung war anscheinend während der römischen und mittelalterlichen Rodungen im nahen Umfeld des Rheins signifikant angestiegen und hatte eine deutliche Anhebung des Hauptrinnensystems und damit häufigere Hochwässer zur Folge. Kulturgegenstände und datierbare Baumstämme, die in schluffigen Sedimenten bis in Tiefen um 10 m unter dem heutigen Niveau der Rheinniederung gefunden wurden, deuten ein vormals deutlich tieferes Rinnenniveau an (Monninger 1985; Kuhnen 2005). Auf den alluvialen Schluffsubstraten der Rheinniederung, die auch als **Rheinschlick** bezeichnet werden, entwickeln sich von Natur aus kalkreiche **Gley-Böden**. Diese Alluvial-Böden, die im Bereich der vormals verzweigten Flussstrecken südlich von Straßburg-Karlsruhe im Durchschnitt kaum mehr als 50 cm mächtig sind, erreichen weiter nördlich, entlang der vormals frei mäandrierenden Rinnen, auch Mächtigkeiten > 1 m und ruhen in verlandenden Totarmen lokal auf bis zu 3 m mächtigen Torfschichten. Graue Farbtöne der Böden belegen die durch geringe Flurabstände des Grundwassers bedingten reduzierenden Bedingungen; bräunliche Farbtöne deuten auf die gelegentlich bis in Tiefen um 1 m reichende Oxidation. In der Zeitspanne zwischen 1550 und 1850, als sich das regionale Klima in Mitteleuropa verschlechterte und man durch Entwässerung sumpfiger Talrandrinnen und Bachbegradigungen neue Landwirtschaftsflächen schuf, wurde auch die Rheinniederung Ziel landwirtschaftlicher Erschließungen. Die ständigen Verlagerungen des Rhein-Rinnensystems bewirkten jedoch nicht nur Verluste von Äckern und Siedlungsflächen sondern sogar unliebsame Verschiebungen von Landesgrenzen. Da die zum Schutz gegen Hochwässer errichteten Holzbarrieren häufig bei der nächsten Überschwemmung wieder weggerissen wurden, begann man

– beschleunigt durch zwei katastrophale Überflutungen in den Jahren 1816 und 1817 – mit der systematischen **Rhein-Korrektion** (oder -„**Rectification**“), die dann nach den Plänen von J.G. Tulla zwischen 1817 und 1879 ausgeführt wurde (Bludau & Feldhoff 1997). Dazu begradigte man vor allem das Gefälle der mäandrierenden Rhein-Hauptrinne zwischen Straßburg und Mannheim an zahlreichen rund 20 m breiten Durchstichen, wobei sich die Durchstiche von selbst erosiv versteilten und verbreiterten. Da die schließlich um insgesamt 80 km verkürzte Rheinrinne einen Abfluss von maximal rund 2000 $m^3/s$ aufnehmen sollte, stabilisierte man sie mit einer Breite von 250 m durch Seitendämme. Ein nunmehr höheres Gefälle und größere Fließgeschwindigkeiten verursachten in den letzten 200 Jahren vor allem im südlichen verzweigten Rinnensystem eine Tiefenerosion, die von rund 7 m bei Basel bis 1 m bei Straßburg abnimmt. Die jährliche Verlagerung von rund 500 000 $m^3$ an kiesiger Bodenfracht führte im Raum Straßburg-Karlsruhe zur leichten Anhebungen der Rinnensohle. Entlang dieser Flussstrecke, an der der Anteil an Kiesfracht (> 20 mm) von 75 % auf 25 % abnimmt (Felkel 1972), stellte sich innerhalb der neuen Rinne ein unstetiges Pendeln von Kolken und Kies-Bänken ein. Da dies die kommerzielle Rhein-Schifffahrt gefährdete, begann man um 1907 mit der **Niederwasser-Regulierung**, die seither mit Leitwerken und Buhnen eine mindestens 1,70 m (und später 2 m) tiefe Rinne garantiert. Mit dem Bau des französischen **Rheinseitenkanals** (Grand Canal d´Alsace) am Westufer des Rheins südlich von Straßburg, sank im Ostufer des bereits erosiv vertieften, zeitweise ausgetrockneten „Restrheins“ der Grundwasserspiegel um mehr als 5 m. In diesen „Trockenauen“ stellt der Sanddorn (*Hippophaae rhamnoides*) das dominierende Vegetationselement dar. Auch im begradigten Mäandergürtel sank der ufernahe Grundwasserspiegel lokal um 1 bis 2 m. Zwischen 1928 und 1977 errichtete man dann an der Rheinrinne und an abgezweigten „Schlingen“ mehrere **Staustufen** zur Elektrizitätsgewinnung. Im Unterlauf der jeweils zuletzt errichteten Wehre hörte damit nicht nur die Zufuhr an grobkörniger Bodenfracht auf, sondern es kam auch zu erosiven Vertiefungen der Rinnensohle. Unterhalb der letzten und nördlichsten Staustufe bei Iffezheim wird versucht, diese Rinnenvertiefung durch jährliche Zugaben von > 100 000 $m^3$ an kiesiger Bodenfracht zu neutralisieren. Außerhalb der **Sommerdämme**, die gegen frühsommerliche Abfluss-Maxima um 2000 $m^3/s$ schützen und teilweise sogar außerhalb der isolierten **Altrheinarme,** errichtete man im Lauf der Jahre **Rheinhauptdeiche** gegen spätherbstlich-winterliche Extrem-Abfluss-Ereignisse von > 5000 $m^3/s$. Da Hochwässer in der Rheinrinne durch Grundwasserinfluenz auch außerhalb der Rinne temporäre Anstiege des Grundwasserspiegels um dm- bis m-Beträge erzwingen können, kann dieses „Druckwasser“ gelegentlich außerhalb der Dämme kurzfristige Überflutungen von Landwirtschaftsflächen verursachen. Durch die seitliche Eindämmung der Rinne wurden die Hochwasserspitzen höher und fließen auch schneller ab. Man plant deshalb in der Rheinniederung langfristig nutzungsfreie Überflutungsflächen oder **Taschenpolder**. Solche Pläne stoßen nicht immer auf die ungeteilte Zustimmung der Anrainer (Beeger 1990).

In der Rhein-Rinne selbst sorgen abnormale bis extreme Abflussereignisse weiterhin für den mittelfristig pulsierenden Transport einer sandig-kiesigen Bodenfracht in Form von nur scheinbar „stabilen“ Mittstrom- und Gleithangbänken, wobei entlang der Dämme eine schmale Weichholzaue mit Silberweiden (*Salix alba*) starken Strömungen ausgesetzt ist. Die schluffig-tonige Schwebfracht und an sie adsorbierte Nähr- bzw. Schadstoffe gelangen bei Hochwässern an Damm-Durchlässen vor allem in die als Naturschutzgebiete ausgewiesenen Reste von Auenwäldern und Totwasserarmen. In diesen Bruchwäldern gedeihen vor allem Schwarzerlen (*Alnus glutinosa*), Traubenkirschen (*Prunus avium*) und Grauweiden (*Salix cinerea*). In den etwas höher gelegenen Hartholzauen dominieren Stieleichen (*Quercus robur*), Eschen (*Fraxinus excelsior*), Flatterulmen (*Ulmus laevis*) und angepflanzte Pappeln (*Populus hybrid.*).

Im Gegensatz zum Rhein und seinen größeren Nebenflüssen finden sich in den steilen Einzugsgebieten des Schwarzwalds, trotz vereinzelter Spuren einer längst vergangenen Flößerei und jüngerer Uferverbauungen, noch relativ naturnahe Bachstrecken. Die blockigen Rinnensohlen dieser naturnahen Bäche bestehen im Längsprofil aus seichten Schnellen („Riffln“) und tieferen Stillen („Kolken“), die sich in 5 bis 10 m-Abständen abwechseln. Im Verlauf kurzfristiger Extremabflüsse nach winterlichen Starkregenereignissen oder sommerlichen Gewittern kann es allerdings durch losgerissene Bäume oder Uferrutschungen zu punktuellen Rinnen-Verklausungen kommen. Unterhalb solcher Punkte entwickeln sich dann häufig konvexe Geröll-Bänke und breitere, geteilte Rinnensohlen. Unter den angrenzenden und oft nicht mehr kultivierten Talböden kann dabei der Grundwasserspiegel deutlich ansteigen.

## Lagerstätten, Tiefenwässer und Geothermie

### *Erzlagerstätten*

Frei bewegliches Wasser gelangt entweder durch Infiltration von der Erdoberfläche als **meteorisches Wasser** oder im Porenraum tektonisch absinkender Sedimentgesteine als **konnates Wasser** in tiefere Bereiche der Erdkruste. Da der Volumenanteil an offenen Poren, Spalten oder Rissen und damit auch die hydraulische Leitfähigkeit von Gesteinen in der höheren Kruste mit der Tiefe abnimmt, bewegen sich meteorische und konnate Wässer normalerweise schon wenige Kilometer unter der Erdoberfläche nur mehr mit Raten von wenigen Zentimetern im Jahr. Die Richtung der Wasserbewegung bestimmen regionale hydraulische Gradienten und Anisotropien in der Durchlässigkeit der Gesteine. Dabei vermischen sich infiltrierende mit bereits in den Gesteinen vorhandenen Wässern. Da außerdem die Temperatur der durchströmten Gesteine mit der Tiefe um durchschnittlich rund 3 bis 4 °C/100m ansteigt, setzen zwischen Wässern und Nebengesteinen chemische Reaktionen ein. So erhöht sich mit zunehmender Temperatur z. B. die Löslichkeit von $SiO_2$ (Quarz). Allerdings kommt es in den Nebengesteinen nicht nur zur **Lösung** von Mineralen, sondern auch zur **Alteration**, also zu einer Neubildung $H_2O$-führender Minerale. In den infiltrierenden Wässern verändert sich deshalb nicht nur die Zusammensetzung der gelösten Komponenten, sondern auch deren Salinität (Bucher & Stober 2000). Neben der Temperatur der Fluide beeinflussen jedoch auch Azidität, Gasgehalt und Oxidationszustand wesentlich die Lösungs- und Alterationsvorgänge im Gestein. Außer leicht löslichen Chloriden, Sulfaten und Karbonaten sedimentärer Formationen werden auch die nichtmetallischen und metallischen Elemente alterierter Silikate (Feldspäte, Glimmer, Hornblenden usw.) Apatite, Oxide, Sulfide oder Arsenide des Kristallinen Sockels zu einem Teil der Lösungsfracht. Die für den Transport von Kationen, wie z. B. Si, Na, Ca, K, Ba, Fe, Cu, Pb, Zn, Co, Ag usw.) wichtigen Anionen (z. B. F, Cl, $SO_4$ usw.), stammen häufig aus primären konnaten Porenfluiden sedimentärer Abfolgen (z. B. aus der mittleren Muschelkalk-Gruppe). Zu den gelösten Komponenten gesellen sich freie Gasphasen (z. B. $CO_2$, $H_2S$, $CH_4$ oder $SO_2$).

Insgesamt entstehen also aus relativ „normalem“ Grundwasser im Verlauf seiner Bewegung durch den tieferen Untergrund warme **Tiefenwässer** oder heiße **Hydrothermalfluide**, zu denen in Sedimentgesteinen die aus organischen Substanzen freigesetzten Erdöl- und Erdgaskomponenten kommen (siehe weiter unten). Unter bestimmten regionaltektonisch-thermisch-hydraulischen Bedingungen, die bis heute im Einzelfall noch kaum geklärt sind, können diese Fluide fokussiert, also an Spalten und Bruchzonen, wieder in höhere Bereiche der Erdkruste aufsteigen. Ihre Abkühlung verursacht dabei häufig raumgreifende **Verkieselung** oder Ausfällung diskreter **Quarz-Adern** in Gesteinsrissen. An thermisch-geochemischen Grenzen – oft verstärkt durch die Mischung verschiedener Fluidströme – kann es zur konzentrierten Abscheidung metallischer **Erze** in Form von Sulfiden, Arseniden, Oxiden, Hydroxiden, Karbonaten, Sulfaten, Chloriden, Fluoriden oder Silikaten kommen. Solche Grenzzonen sind z. B. die Mischungsbereiche heißer-reduzierender-neutraler Hydrothermal- oder Tiefenwässer, mit oberflächennahen kalten-oxidierenden-alkalischen Grundwässern. In unserer Region sind Erzanreicherungen meist Teil von dm- bis m-breiten **Gängen**, also von Füllungen steil einfallender Spalten, Störungsbrekzien oder Kluftscharen. Seltener bilden sie auch subhorizontale, schichtparallele Linsen. Die in Gängen kontaktparallel angeordneten Lagen verschiedener Minerale sind Hinweise auf eine meist **„polyphase“** (= mehrfache) Durchströmung der Spaltensysteme (Metz 1977;

Werner & Franzke 1994; Bliedtner & Martin 1986; Werner & Dennert 2004; Baatartsogt et al. 2007). In Hinsicht auf die Herkunft und Ausfällung der Elemente in den Gang-Vererzungen des Nordschwarzwalds schloss schon Sandberger (1863) nach sorgfältigen Geländearbeiten, dass die Erze „... aus dem Nebengestein durch Auslaugung und Konzentration auf bestimmten Spalten..." entstanden waren. Diese vernünftige Interpretation wurde später aus theoretischen Gründen vielfach abgelehnt. Die Länge der Ionenwege vor ihrer Bindung in Gang-Mineralen ist allerdings auch heute noch weitgehend ungeklärt.

**Ältere Mineralisationsphasen** waren anscheinend noch eng an die Kristallisation pegmatitischer und aplitischer Gänge in den sich abkühlenden Sockelgesteinen des Variszischen Gebirges (> 325 Ma) gebunden. Bei Temperaturen, die allmählich von 550 bis zu 250 °C abnahmen, kam es z.B. im östlich-zentralen Schwarzwald, bei raumgreifenden hydrothermalen Verkieselungen, zur Bildung von „Greisen" mit Cassiterit ($SnO_2$)-Beryll ($Al_2Be_3(Si_6O_{18})$ (Markl 1997; Markl & Schumacher) und im unteren Kinzigtal entstanden „edle" E-W-streichende Quarz-Turmalin-Adern mit Scheelit ($CaWO_4$) bzw. Wolframit (Mn, Fe($WO_4$) (Werner et al. 1990). In Oberflächennähe aufgerissene Bruchzonen füllten sich mit einer ersten Generation rötlich-brauner Fe-Mn-Oxide, lokal auch mit Uran-Oxid (Pechblende, $UO_2$) (Werner et al. 1990; Brander & Lippolt 2004; Markl & Lorenz 2004). Bis in den Temperaturbereich von 350 bis 250 °C waren die zirkulierenden Na-K-Cl-Fluide noch durch relativ geringe Lösungsgehalte (< 10 mg/l) gekennzeichnet.

**Jüngere Mineralisationsphasen**, die mit Absenkungen, Verschiebungen und Hebungen des Sockels unter dem Germanischen Becken zusammenhingen, halten sich in unserer Region vor allem an steile NNW- bis WNW-streichende (lokal auch N- bis NNE-streichende) Bruchzonen. In diesen wurden linsenförmig aufgelöste Störungsbrekzien sowohl im Kristallinen Sockel als auch in der Germanischen Tafel im Verlauf mehrerer Durchströmungen mineralisiert. In metamorphen Sockelgesteinen wirkten dabei die meist E- bis NNE-streichenden und selbst kaum mineralisierten Scherzonen („Ruschelzonen") als Aquitarde, an denen häufig ein Auffiedern der Gänge zu beobachten ist. In der Germanischen Tafel spielten Tonstein-Abfolgen eine ähnliche Rolle. Ein auffälliger Bereich, mit einer Vielzahl mineralisierter Gänge, erstreckt sich von den alten „Revieren" im Kristallinen Sockel des Kinzigtals (zentraler Schwarzwald) nach Nordosten bis in die Buntsandstein-Gruppe bei Pforzheim und möglicherweise sogar bis in den mineralisierten Bereich der Muschelkalk-Gruppe südlich von Heidelberg.

Die in Gangmineralen enthaltenen Fluideinschlüsse zeigen, dass die Fluidströme der jüngeren Mineralisationsphasen meist neutralen-reduzierenden Charakter, hohe (um 20 mg/l) Ca-Na-Cl-Ba-Gehalte und Temperaturen um 80 bis 200 °C hatten. Die Ausfällung der Gangminerale erfolgte häufig in schon vorher verkieselten und an Spalten ausgeweiteten Gesteinsbereichen, die von

5 bis 10 m breiten und farblich „gebleichten“ Alterationszonen begleitet werden. In den Alterationszonen kam es durch den Zersatz von Plagioklas und Biotit meist zu einer Abreicherung der Elemente Ca, Na, Mg und Fe, durch Zufuhr von K und $SiO_2$ in Gangnähe aber auch zur Neubildung von Quarz-Illit-Serizit-Aggregaten und Kalifeldspäten, in etwas größerer Entfernung zur Sprossung von Chlorit-Aggregaten. Dazu gesellen sich fast immer hell- bis dunkelbraune Fe-Mn-Oxide (entweder als „Glaskopf“ oder als kristalliner Spekularit und Psilomelan) oder gelblich-rote Oxid-Hydroxid-(= Hämatit-Goethit)-Mischungen. Diese durch Alteration aufgelockerten Gesteine wurden bereits von den frühen Bergleuten als „freundliches Gebirge“ erkannt und regten die Suche nach Erzen an! Unterschiedliche geochronometrische Untersuchungen an Alterationsmineralen – vor allem an Illit-Serizit, aber auch an Hämatit-Aggregaten – deuten an, dass die Alterationen vor allem im Zeitintervall von 180 bis 100 Ma erfolgten (Brockamp et al. 1987, 1994, 2003; Wernicke 1991; Wernicke & Lippolt 1993, 1997; Hagedorn & Lippolt 1994; Lippolt & Leyk 2004; Baatartsogt et al. 2007).

Die m-breiten Gangfüllungen selbst bestehen meist aus Quarz ($SiO_2$), Baryt (Schwerspat, $BaSO_4$), Fluorit (Flussspat, $CaF_2$), Ca-, Ca/Mg-, Fe- und Mn-Karbonaten und Fe-Mn-Oxiden oder -Hydroxiden (Abb. 34). Dazu „primär“ kontaktparallel oder lagig-linsig angereicherte Buntmetalle sind vielfach an feinkörnige Tetraedrit-Tennantit-„Fahlerze“ ($(CuFeZn)_{12}(SbAs)_4S_{13}$), Galenit (Bleiglanz, PbS), Emplektit ($CuBiS_2$), Skutterrudit (Speiskobalt, $CoNiAs_3$), Chalkopyrit (Kupferkies, $CuFeS_2$) und andere Co-, Ni-, Bi-, Cu-, oder Fe-Sulfide, Arsenide und Legierungen gebunden. In vielen hydrothermalen Gangsystemen verursachte eine spätere Infiltration oberflächennaher Grundwässer bis in Tiefen von mehreren Hunderten von Metern „sekundäre“ Mineralisationen, in denen häufig Schwerspat durch Quarz, sulfidische Metallphasen durch bunt gefärbte Karbonate (Malachit, Azurit usw.) und ursprüngliche Fe-Mn-führende Karbonate, Oxide oder Silikate durch hydroxidische Eisenerze ersetzt wurden. All diese Erze erweckten ein bergmännisches Interesse meist nur wegen des fast immer vorhandenen, aber stark wechselnden Gehalts an Silber, das gelegentlich sogar in Legierungen oder gediegen zu finden war (Metz 1977; Bliedtner & Martin 1986; Werner & Franzke 1994, 2001; Werner & Dennert 2004; Staude et al. 2007).

In einzelnen Schichtgliedern des Germanischen Beckens entstanden auch schichtparallele Mineralanreicherungen, wie z. B. eine konkretionäre Pechblende ($UO_2$)-Mineralisation in tonig-kohligen Schichten der Staufenberg-Formation am Südrand des Oos-Rotliegend-Beckens (Kneuper et al. 1977; Zuther 1983; Brockamp & Zuther 1983). Aus der Buntsandstein-Gruppe kennt man weitgehend schichtgebundene Zonen mit Quarz-, Baryt- und Karbonat-Konkretionen, Bleichungen und serizitisierten Feldspäten (Brockamp et al. 2003; Schlegel et al. 2007). Im Raum Karlsruhe-Wiesloch durchströmten hydrothermale Fluide mit Temperaturen um 100 °C die Muschelkalk-Subgruppe anscheinend bis an die Basis der Erfurt-Formation (Keuper-Gruppe). Dabei kam es zu Ausfällungen von Calcit-Dolomit-Kristallen, Pb-Zn-Ag-Sulfiden und Bitumen nicht nur in N- bis NW-streichenden Spalten, sondern auch in schichtparallelen Hohlräumen (Schmidt 1881; Seeliger 1963; Joachim & Dick 1991; Brannath 1995). Eine weit verbreitete „Bleiglanz-Bank" innerhalb der Keuper-Gruppe könnte den Austritt mineralisierender Fluide ins Becken selbst andeuten.

Auf der westlichen Oberrhein-Grabenschulter, nur wenige Kilometer westlich der Grabenrand-Hauptabschiebungszone, füllen oxydisch-hydroxidische Fe-Mn-Erze (gelegentlich auch karbonatische Pb-Zn-Minerale) m-breite, NE-streichende Spalten in der Buntsandstein-Gruppe. Gebleichte Buntsandstein-Gerölle, die in Konglomeraten der Oligozän-Epoche im angrenzenden Oberrhein-Graben gefunden wurden, deuten an, dass der Porenraum der Sandsteine wahrscheinlich vor oder zumindest während der frühen Grabenbildung von reduzierenden Fluiden durchströmt wurde (Heling 1980; Bauer 1994). In einem bis zu 2 km breiten Streifen am Rand der zukünftigen Grabenschulter wurde dabei Hämatit ($Fe_2O_3$) instabil und Eisen ging als $Fe^{2+}$ in Lösung. Beim späteren Aufstieg der auf 150 bis 200 °C erwärmten Tiefenwässer kam es wahrscheinlich im Kontakt mit kälteren, oxidierenden Wässern zur Ausfällung von Goethit oder Hämatit.

Obwohl die tektonisch-thermischen Antriebsmechanismen der Mineralisationen durch Hydrothermalwässer noch kaum bekannt sind, wurde der Aufstieg in dilatierende NW-streichende Bruchzonen möglicherweise durch frühe Verstellungen und SE-gerichteter Kippungen der Kruste in Gang gesetzt. So konnte man in der Germanischen Tafel westlich der Vogesen für die Jura-Periode eine SW-NE-Extension und NW-SE-Kontraktion der Schichtfolgen nachweisen (Lacombe et al. 1990; Rocher et al. 2004). Beide Vorgänge könnten eine Dilatation und Brekzienbildung im Bereich NW-streichender Spaltensysteme gefördert haben. Bei den Mineralisationen entlang NW-streichender Bruchsysteme handelt es sich jedenfalls um Vorgänge die anscheinend den gesamten Bereich des Germanischen Beckens erfassten (Franzke et al. 1996). Dazu ist bemerkenswert, dass zur Zeit der an Spalten fokussierten Mineralisation am Boden des Germanischen Beckens eisenreiche Tonsteine und oolithische Eisenerze sedimentiert wurden. Die eisenreichen Schichten der Schwarz- und Braunjura-Gruppe könnten Hinweise auf den Austritt Fe-reicher Hydrothermalfluide zum Meeresboden sein.

Die bergmännische Gewinnung und Verhüttung von Metallen begann in unserer Region bereits vor 2600 Jahren mit dem Abbau oxidisch-hydroxidischer Fe-Mn-Erze bei Neuenbürg an der Enz. Auch unter den Römern schürfte man beiderseits des Rheins nach oberflächennah angereicherten Eisen- und Silbererzen. Ein systematischer und landesherrschaftlich geförderter Bergbau setzte um das 11. Jahrhundert ein und eine erste „Blütephase" des Bergbaus vom 14. bis ins späte 16. Jahrhundert konzentrierte sich auf Silber, das für die damals extrem wichtige Münzprägung gebraucht wurde. Eine zweite Phase hatte im zentralen Schwarzwald ihre Höhepunkte zwischen 1740 und 1790 und war der Förderung von Cu-Bi-Co-Ag-Pb-Zn-Fe-Sulfid- bzw. Arsenid-Erzen gewidmet. Aus ihnen gewann man nun neben Silber, Kupfer und Blei auch Kobalt, das der Herstellung von Blaufarben diente. Im 19. Jahrhundert setzte dann ein verstärkter Abbau oxydisch-hydroxidischer Eisenerze aus Gang-Brekzien ein. In den letzten 150 Jahren verlagerte sich das Interesse auf die gangbildenden Industrieminerale Baryt und Fluorit (Markl & Lorenz 2004; Werner & Dennert 2004; Markl 2005).

Direkte Spuren ehemaliger Bergbaue sind gelegentlich noch erhaltene **Halden** und **Pingen**, also Ketten trichterförmiger Senken über vormaligen Schürfen, Stollen oder Schächten. Obwohl vorgeschichtliche bis neuzeitliche Abraumhalden heute meist dicht bewaldet, eingeebnet oder überbaut sind, ermöglichen Erzbrocken oder Schlacken in nahegelegenen Bachbetten oft die Rekonstruktion der Position alter Abbau- und Verhüttungsanlagen. Auch geochemische Anomalien in den oberen Bodenschichten liefern manchmal Hinweise auf vormalige Erz-Aufbereitungsstätten (Markl & Lorenz 2004). Heute vermitteln wiedererschlossene **Besucherbergwerke** direkte und sonst nicht verfügbare Einblicke in die Gang-Mineralisationen und die Abbaumethoden, die im frühen Bergbau zum Einsatz kamen. Bei der Neuerschließung der Bergwerke hat sich gezeigt, dass der langfristige Erhalt von Stollen vor allem auf die Standfestigkeit dm-breiter Verkieselungszonen am äußeren Rand der Erzgänge zurückzuführen ist. Wichtige Erzminerale aus der Region sind im Naturkundemuseum Karlsruhe, im Mineralienmuseum Pforzheim (ehemaliges Rathaus Dillweißenstein) oder im Mineralienmuseum Oberwolfach ausgestellt. Farbige Illustrationen, besonders der vielfältigen sekundären Mineralbildungen, enthalten die Arbeiten von Walenta (1979) und Baumgärtl & Burow (2003).

### *Mineral- und Thermalwässer*

Wegen ihrer normalerweise kurzen Verweilzeit im Untergrund registriert man in Grundwässern, die an Quellen austreten, meist Temperaturen, die dem Jahresdurchschnitt der umgebenden Luft entsprechen. Auch der Lösungsgehalt in diesen Ca-$HCO_3$-Wässern ist meist gering. Bei höheren $Ca^{2+}$-$HCO_3^-$-Gehalten, wie sie z. B. in den Grundwässern der Weißjura- oder Muschelkalk-Gruppe festzustellen sind, kommt es allerdings an Quellen unter Beteiligung von Algen und Moosen zur Ausfällung von **Travertin** (oder **Sinterkalk** = $CaCO_3$-Lagen). **Kalte Mineralwässer** – definitionsgemäß mit Temperaturen < 20 °C – enthalten dagegen bereits zwischen 0,1 und 10 g/l an gelösten Festsubstanzen und in **Säuerlingen** gesellen sich dazu oft noch erstaunlich hohe freie $CO_2$-Anteile (> 1 g/l). Die Herkunft des freien Anteils an $CO_2$, wie z. B. in den bekannten Säuerlingen von Bad Peterstal, Bad Griesbach oder Bad Rippoldsau des Schwarzwalds, ist im Detail noch weitgehend ungeklärt (siehe Stober 1996; Stober & Bucher 1999, 2000). Mit zunehmendem Tiefgang stammt der Gehalt an Ionen in Grundwässern des Kristallinen Sockels jedenfalls aus alterierten Silikaten und aus reliktischen salinaren Kluft-Grundwässern, wogegen in der Germanischen Tafel die Lösungsfracht der Ca-Mg-Na-$HCO_3$-($SO_4$)-haltigen Mineralwässer vor allem einer Lösung von Clorid-Karbonat-Sulfat-Mineralen in der Muschelkalk- oder Keuper-Gruppe zuzuschreiben ist (Carle 1972).

**Thermalwässer** – definitionsgemäß mit Temperaturen > 20 °C – sind meist Ca-Na-Cl-($SO_4$)-Wässer mit Lösungsgehalten > 1 g/l. In Thermalwässern des Kristallinen Sockels erhöht sich die Ionenkonzentration im Allgemeinen mit der Tiefenlage von „Reservoiren“, aus denen die Wässer wieder zur Erdoberfläche aufsteigen. Hohe Anteile von $SiO_2$ und anderen Feststoffen (z. B. Lithium) deuten generell hohe Temperaturen der Thermalwasser-Reservoire an. Für die Thermalwässer von Baden-Baden (50 bis 67 °C), Bad Wildbad (rund 40 °C) oder Bad Liebenzell (rund 25 °C) liegen die Reservoire in geklüfteten Biotit-Muskovit-Graniten, also in Gesteinen mit erhöhter radioaktiver Wärmeproduktion. Hier werden in Tiefen von 3 bis 4 km Temperaturen von 100 bis 180 °C und Ionen-Massenkonzentrationen von 1 bis 3 g/l erreicht. Der Anteil an $CO_2$ in diesen Thermalwässern liegt meist bei Werten < 30 mg/l. Die Zirkulation der Wässer vom Zeitpunkt ihrer Infiltration bis zu ihrem Austritt umfasst wahrscheinlich Zeitspannen von > 10 000 Jahren (Bender 1995; Stober 1996; Heldmann 1997; Stober & Bucher 1999, 2000). Aus Pegmatiten stammende Elemente wie Fluor (meist > 1 %), erhöhte Anteile an Barium, Lithium, aber auch radioaktive Elemente in **Sinterablagerungen** aus Aragonit ($CaCO_3$), Opal ($SiO_2$) oder Mn-Fe-Gelen an den Austrittsstellen der Thermalwässer untermauern eine mehrere Kilometer tief reichende natürliche Fluidzirkulation (Kirchheimer 1973). Thermalwässer, die aus sedimentären Formationen stammen, wie z. B. die Na-Cl-$SO_4$-reichen Thermalwässer von Bad Schönborn, weisen Lösungsgehalte um 10 bis 30 g/l auf. Im Bereich des Oberrhein-Grabens, wo Formationswässer in Kontakt mit evaporitischen Lagen treten, sind auch Werte > 100 g/l bekannt. Die Sulfatanteile in diesen Wässern sind teilweise aus oxidiertem Pyrit herzuleiten, dessen exotherme Oxidation sogar zu einer geringfügigen Erhöhung der Wassertemperatur beitragen kann. Für die Wässer, die heute in Anlagen der „tiefen“ geothermischen Energiegewinnung gefördert werden, gelten ähnliche Regeln wie für Thermalwässer. Aufgrund der in ihnen enthaltenen toxischen Spurenelemente erfordert ihre Wiederverwendung besondere Sorgfalt!

*Erdöl-Erdgas*

Die Entstehung der kleinen **Erdöl-** und **Erdgasfelder** im Oberrhein-Graben ist eng mit der Bewegung von salinaren Tiefen- oder Formationswässern verbunden. Die flüssigen und gasförmigen Kohlenwasserstoffe (= Erdöl und Erdgas) stammen primär aus organischen Komponenten (vor allem Bakterien und Algen), die zusammen mit tonig-bituminösen „Erdöl-Muttergesteinen" der Grünen-Mergel-Formation, der unteren Pechelbronn-Gruppe und der Schwarzjura- oder Braunjura-Gruppe abgelagert wurden. Überdeckung durch jüngere Schichten und Absenkung der Sedimente zusammen mit den zu **Kerogen** verfestigten organischen Komponenten bewirkt bei Temperaturen von 70 bis > 150 °C eine Freisetzung sowohl von Erdöl als auch Erdgas (vor allem Methan, $CH_4$). Angetrieben von regionalen hydraulischen Gradienten „migrieren" Erdöl und Erdgas zusammen mit salinaren Na-Cl-Ca-$SO_4$-Formationswässern (10 bis 100 g/l) meist schräg aufwärts in seichtere Teile der Grabenfüllung. Diese Migration erfolgt mit Geschwindigkeiten von wenigen cm/a und hält sich an formationsbedingte Anisotropien oder aufgelockerte Störungszonen. Normalerweise wird die Bewegung der Fluide durch tonig-mergelige Aquitarde (= **Siegel**) gebremst. In solchen **Erdöl-Fallen** werden die porösen Aquifere, z. B. sandige Schichten der Pechelbronn-Gruppe, der Niederrödern-Formation, der Dinotherien-Sande, oder geklüftete Einheiten der Germanischen Tafel zu **Erdöl-** oder **Ergas-Reservoiren**. Aufgrund der unterschiedlichen Dichten von Salzwasser > Erdöl > Erdgas stellt sich in den Erdöl-Erdgas-Feldern eine vertikale Schichtung der Fluide nach ihrer Dichte ein. Erreichen Erdöl oder Erdgas die Erdoberfläche, wie z. B. im westlich zentralen Oberrhein-Graben, so gelangen sie – oft mit signifikanten Anteilen von bakteriell erzeugtem $H_2S$ – an natürlichen Bahnen sogar ins oberflächennahe Grundwasser und treten auch an Quellen aus.

Im nördlichen Elsass, wo Erdöl in die Poren und Klüfte der hier knapp unter der Landoberfläche befindlichen sandigen Pechelbronn-Gruppe migrierte, entstand durch bakteriellen Abbau des Erdöls ein teeriges Bitumen. Erste schriftliche Nachrichten zu den Bitumen führenden Quellwässern nahe Pechelbronn stammen aus dem Jahr 1498, da die teerige Flüssigkeit damals nicht nur als Wagenschmiere, sondern auch zu Heilzwecken (!) verwendet wurde. Erste Versuche einer bergmännischen Gewinnung des Bitumens und der zähflüssigen Öle stellte man allerdings erst in der Mitte des 18. Jahrhunderts an. Der bergmännische Schweröl-Abbau wurde bis 1962 betrieben und nutzte mehrere 100 bis 400 m tiefe Schächte, von denen aus in einem gewaltigen System horizontaler Strecken das „Sickeröl" aus 10 m tiefen Senkgruben aufgesammelt wurde. Mit Ende des 19. Jahrhunderts, als die systematische Erkundung tieferer Erdölreservoire begann, setzte man erstmals auch die geophysikalischen Explorationsmethoden der Brüder Schlumberger ein. Allein im Elsass brachte

**Abb. 42.** Pumpanlagen im Erdölfeld Landau (Weinberge auf der Riedelfläche nördlich von Landau).

man im Lauf der Jahre rund 5000 Bohrungen nieder. Im Oberrhein-Graben fallen die Höhepunkte der Exploration und Erdölförderung insgesamt in die Zeitspanne zwischen 1920 bis 1970. Die meisten der kleinen Felder, die sich in Tiefen um 1 bis 1,5 km befinden, wurden seitdem wieder aufgegeben. Einige, wie z. B. das erst um 1955 entdeckte Erdölfeld Landau, fördern bis heute (Abb. 42). Entleerte Gasfelder im nördlichen Oberrhein-Graben werden heute als Speicher für importiertes Gas genutzt. Da im Oberrhein-Graben nicht nur die Struktur der Felder, sondern auch die Mächtigkeiten syntektonischer Sedimentablagerungen extrem kleinräumig variieren (Abb. 48a, b), hat sich die Kohlenwasserstoff-Exploration im Allgemeinen als schwierig und die Förderung oft schon nach kurzer Zeit als unrentabel erwiesen. Zahlreiche Daten betreffend die Temperaturverteilung im Untergrund haben sich in jüngster Zeit jedoch als außerordentlich interessant erwiesen (Schad 1962a; Doebl & Teichmüller 1979; Person & Garven 1992; Sittler 1985; Sittler 1985; Plein 1993, Sittler et al. 1995; Pribnow & Schellschmidt 2000).

*Geothermie*

Der wärmeerzeugende Zerfall von radioaktiven Isotopen (vor allem von Uran, Thorium, Kalium und anderer) in der Kruste und im Erdmantel verursacht in der Kruste einen **geothermischen Gradienten**, also einen Temperaturanstieg mit der Tiefe von durchschnittlich 3 bis 4 °C/100 m. Diese Temperaturzunahme setzt unter dem durch jahreszeitliche Schwankungen beeinflussten Tiefenbereich von rund 20 m ein und wird in Bohrlöchern, Bergwerken oder Tunnels gemessen. Zahlreiche Tiefbohrungen in unserer Region demonstrierten allerdings recht kräftige Abweichungen von diesem „normalen“ Temperaturanstieg in Form **geothermischer Anomalien**. Verantwortlich für diese Anomalien sind z. B. im Bereich Landau oder im nördlichen Elsass anscheinend warme Tiefenwässer, möglicherweise aber auch eine regional höhere Wärmeproduktion der unterlagernden granitischen Gesteine der Oberkruste. Systematische Messungen des geothermischen Gradienten begannen in unserer Region bereits um 1895 in Schächten und Bohrlöchern des elsässischen Erdölgebiets. In einer klassischen Studie von 500 Temperaturprofilen konnten Haas & Hoffmann (1929) hier erstmals hohe Gradienten von bis zu 12 °C/100 m in einer Zone NE-ausgerichteter tektonischer Horste in der mergeligen Grabenfüllung nachweisen. Als beispielhaft für die Zunahme der Temperaturen in diesem Bereich des Oberrhein-Grabens lässt sich die in den vergangenen Jahren bis in Tiefen > 5 km vorgetriebene **Forschungs- und Geothermiebohrung Soultz-sous-Forêts** heranziehen, da sie nicht nur die Temperaturzunahme in der Grabenfüllung und in der Germanischen Tafel, sondern auch im unterlagernden Kristallinen Sockel illustriert (Sittler et al. 1995; Pribnow & Schellschmidt 2000; Alexandrov et al. 2001). In der überwiegend mergeligen und durch geringe hydraulische Leitfähigkeiten gekennzeichneten Grabenfüllung, registriert man einen außergewöhnlich hohen Anstieg der Temperaturen von > 10 °C/100m, weshalb an der Basis der Grabenfüllung in Tiefen um 900 m bereits Temperaturen um 110 °C gemessen werden. In den geklüfteten und durch höhere hydraulische Leitfähigkeiten gekennzeichneten Schichten der Germanischen Tafel, die im Tiefenbereich von 900 bis 1400 m durchfahren wurden, verringert sich der geothermische Gradient auf Werte < 3 °C/100 m und im darunter liegenden granitischen Sockel, der aus einem um 331 Ma intrudierten, feinkörnigen Biotit-Muskovit-Granit besteht, nimmt der Temperaturgradient bis in Tiefen um 3700 m sogar auf Werte < 1 °C/100 m ab. Erst darunter stellt sich ein „normaler“ Wert von 3 °C/100 m ein, weshalb in Tiefen um 5000 m die Temperaturen Werte von 200 bis 220 °C erreichen. Der unregelmäßige Temperaturanstieg deutet an, dass der Wärmetransport aus der tieferen Lithosphäre bis in Tiefen um 4 km unter der Landoberfläche vor allem durch Wärmeleitung in einem weitgehend “trockenen“ Gestein erfolgt, dann in der Germanischen Tafel auch relativ frei konvektierende Tiefenwässer Wärme nach oben transportieren und ein Fluid- und Wärmestau in der mergeligen Grabenfüllung dort relativ hohe Temperaturgradienten erzeugt.

Auch in zahlreichen anderen Erdöl-Explorationsbohrungen des zentralen Oberrhein-Grabens, wie z.B. bei Scheibenhardt, Büchelberg oder Landau, wurden in der Grabenfüllung immer wieder variable und lokal auch stark erhöhte Temperaturgradienten (> 7 °C/100 m) registriert. Dabei zeigten interessante Studien, dass die heute in Bohrlöchern gemessenen geothermischen Gradienten höher sind als „paläogeothermische“ Gradienten, die sich aus der Inkohlung kohliger Partikeln in den Schichten der Grabenfüllung ableiten lassen (Teichmüller & Teichmüller 1979). Dies unterstreicht die Rolle aktiv aufsteigender Fluide für die heutige Temperaturverteilung innerhalb der Schichtabfolgen des Oberrhein-Grabens. In thermisch „abnormalen“ Bereichen des Oberrhein-Grabens versucht man heute die Temperaturen des tieferen Untergrunds als Wärme- und/oder Energie-Quelle zu nutzen. Für die praktische Erschließung sind jedoch neben den Gesteinstemperaturen vor allem die Mengen der potenziell an Bruchflächen zuströmenden Tiefenwässer (mindestens 10–100 l/s) und die Zusammensetzung der in ihnen gelösten Festsubstanzen (meist > 100 g/l) von Bedeutung, wobei die Wässer in geschlossenen Kreisläufen (Injektionsbohrung-Förderbohrung-Kraftwerk-Injektionsbohrung) verwendet werden sollen. Im Oberrhein-Graben zielt man nicht nur auf tiefe Sockelgesteine, in denen Aquifer-Eigenschaften häufig durch künstlich induzierte Bruchflächen erzeugt werden, sondern auch auf den tiefliegenden Muschelkalk-Aquifer (mit Temperaturen um 100 bis 150 °C) und den Buntsandstein-Aquifer (mit Temperaturen > 150 °C). In Soultz-sous-Forets soll das geplante geothermische Dampfturbinen-Kraftwerk eine Kapazität von 1,5 bis 4 Megawatt haben. Auch in Landau arbeitet ein Geothermie-Kraftwerk mit einer Leistung um 3 Megawatt, wobei aus dem hier geklüfteten granitischen Sockel in einer Tiefe um 3,3 km Dampf mit Temperaturen von rund 170 °C entzogen wird. Auch in Speyer, Bruchsal, Germersheim und anderswo sind tiefengeothermische Anlagen geplant oder im Bau.

Die Rolle von Tiefenwasserbewegungen bei der Entwicklung geothermischer Anomalien lässt sich auch für Schulterbereiche außerhalb des Oberrhein-Grabens demonstrieren, wie z.B. für die punktuellen Thermalwasser-Austritte aus den Biotit-Muskovit-Graniten des Nordschwarzwalds, vor allem aber für die breite, ENE-ausgerichtete **Uracher Wärmeanomalie**, die am Ostrand unserer Region den Nordabfall der Schwäbischen Alb begleitet (Abb. 15). Dort fördert man seit 1970 in Brunnentiefen um 600 bis 700 m aus NW-orientierten Bruchsystemen des Oberen Muschelkalk-Aquifers Na-Ca-$HCO_3$-Cl-$SO_4$-Wässer mit 5 bis 7 g/l an gelösten Festsubstanzen und Temperaturen zwischen 40 und 45 °C. Auch der etwas tiefere Buntsandstein-Aquifer liefert Na-Mg-Ca-$SO_4$-Wässer mit > 7 g/l an Festsubstanzen und Temperaturen um 45 °C. Diese Wässer finden in den Bädern von Überkingen, Bad Ditzenbach, Boll, Urach, Beuren usw. Verwendung (Carle 1972; Etzold et al. 1996). Der Bereich der Wärmeanomalie wurde regional mit geophysikalischen Methoden und in ihrem Zentrum durch die Tiefbohrung URACH 3 (1978–1993) erkundet (Carle 1974; Haenel 1982; Schädel & Stober 1984; Glahn et al. 1992; Giese & Werner 1997; Stober & Bucher 2000; Prestel et al. 2005). Die Oberfläche der Schwäbischen Alb, die normalerweise in Höhen 800 bis 900 m NN gelegen ist, weist im Zentralbereich der Anomalie eine bis zu 15 km breite und 100 bis 150 m tiefe, N-bis NNW-orientierte Einmuldung auf. Reflexionsseismische Studien und Bohrungen zeigen, dass die rund 800 m unter der Landoberfläche einsetzenden Paragneise-Metatexite des Kristallinen Sockels im Bereich der Anomalie innerhalb einer 20 km breiten und 70 km langen ENE-orientierten Grabenstruktur des Schramberg-Rotliegend-Becken abgesenkt wurden und der Graben eine 600 bis 800 m mächtige Abfolge der Rotliegend-Gruppe enthält. Am Nordrand der Beckenstruktur wurden die Schichtabfolgen der Germanischen Tafel an der ENE-streichenden Bebenhauser-Störungszone versetzt und am Südrand in einer ENE-gerichteten Aufwölbung leicht angehoben. In der Tiefbohrung URACH 3 wurde für die höhere Germanische Tafel ein kräftiger Temperaturanstieg von 5 °C/100 m festgestellt, wobei an der Basis der Rotliegend-Gruppe in Tiefen um 1700 m Temperaturen um 90 °C vorherrschen. Im darunter liegenden Kristallinen Sockel stellte man dagegen einen normalen Gradient von nur mehr 3 °C/100 m fest und ermittelte in Tiefen von 4400 m Temperaturen um 170 °C. Im Gegensatz zu den relativ gering mineralisierten Tiefenwässern des Muschelkalk-Aquifers weisen Na-Cl-Tiefenwässer des Sockels rund 30 bis 60 g/l an gelösten Festsubstanzen auf, was für deren wesentlich längere Residenz im Untergrund spricht. Auf das Gebiet der Wärmeanomalie beschränkte, geringere seismische Wellengeschwindigkeiten in der Kruste bzw. im Oberen Mantel deuten möglicherweise fluidinduzierte Mineralalterationen an. Magnetotellurische Untersuchungen liefern Hinweise auf erhöhte elektrische Leitfähigkeiten bzw. aktive Fluidströme in NW-ausgerichteten Bruchsystemen der tieferen Germanischen Tafel und/oder des obersten Kristallinen Sockels. Planare seismische Reflektorhorizonte in der Unterkruste, Xenolithe (= Einschlüsse) in den vulkanischen Schloten des Uracher Vulkangebiets und eine leicht positive Bouguer-Schwereanomalie sind Hinweise auf mafische Gänge oder Lager-Intrusionen in der tieferen Kruste. Diese Verhältnisse im Untergrund ähneln denen des Oos-Rotliegend-Beckens bzw. der Gernsbach-Neuenbürg-Flexur am Südrand der Kraichgau-Senke. Auch bei Urach könnte der Rotliegend-Aquitard im Zusammenspiel mit reaktivierten Störungen die aufwärts gerichtete, zum Teil fokussierte Bewegung von warmen Fluiden entlang tiefreichender, reaktivierter Bruchzonen steuern. Die Tiefenwässer des Muschelkalk-Aquifers gehören dabei möglicherweise einem System an, das durch weit nach Süden reichende hydraulische Gradienten angetrieben wird (Carle 1975a, b; Stober & Villinger 1997; Villinger 1982; siehe Abb. 15).

## Aktive Krustenbewegungen, Seismizität und Spannungszustand in der Kruste

Abrupte Mächtigkeitszunahmen in jüngsten Flussablagerungen der Rheinebene, eine historisch-instrumentell belegte Erdbebentätigkeit und geodätische Messreihen liefern Hinweise auf bis heute anhaltende Relativbewegungen in der Kruste unserer Region. Obwohl **geodätische Vermessungen** in ihrer Tendenz nicht direkt die Hauptstörungsgeometrien des Oberrhein-Grabens widerspiegeln, belegen sie doch eine Kippung der Landoberfläche im Graben nach Nordosten und Hebungen im Südwesten. Dabei erreichen die Absenkungsraten im nordöstlichen Grabenbereich bei Heidelberg-Mannheim lokal Werte > 0,6 mm/a. Diese Werte werden sicherlich durch Kompaktion der Grabenfüllung und Grundwasserentnahmen verstärkt, sind jedoch auch Anzeichen für Bewegungen am Rand und im Untergrund der Grabenstruktur. Dabei überschreiten horizontale Extensions- bzw. Kontraktionskomponenten nirgends die Größenordnung von 0,5 bis 1 mm/a (Zippelt & Mälzer 1981; Mälzer 1988; Demoulin et al. 1995).

Ein regionale **Seismizität** (= Erdbebebentätigkeit) hält sich vor allem an NNW- bis NW-streichende Abschiebungen und Schrägabschiebungen, aber auch an steile N-streichende sinistrale Seitenverschiebungen in der Oberkruste. Die Magnituden der Beben, deren Herde bis in Tiefen um 20 km auftreten, überschreiten nur selten Werte von M = 6. Bebenherde unter dem Oberrhein-Graben liegen meist in Krustentiefen < 10 bis 15 km und sind nur vereinzelt bis in Tiefen von 20 km nachzuweisen (Bonjer et al. 1984; Plenefisch & Bonjer 1997; Edel et al. 2006; Ritter et al. 2009). Beide Arten der Relativbewegungen gehen wahrscheinlich indirekt auf die aktive Lithosphären-Konvergenz am Südrand der Alpen zurück (Kastrup et al. 2004). Die aktive NE-SW-Extension der Kruste belegen vor allem **Abschiebungsbeben**, wie z. B. ein Beben, das mit einer Magnitude 5,8 und einer Herdtiefe von 9 km am 22. Februar 2003 den Raum St. Dié in den westlichen Vogesen erschütterte. Auch die **Mikroseismizität**, die z. B. in der Forschungsbohrung Soultz-sous-Forets (Elsass) aufgezeichnet wurde, ist durch eine deutliche Längung der Bebenbereiche in SE-NW-Richtung gekennzeichnet. Im Rheingraben gelegentlich registrierte **Erdbebenschwärme**, die durch eine über Monate oder Jahre andauernde seismische Tätigkeit gekennzeichnet sind, werden wahrscheinlich von Fluidbewegungen im Untergrund begleitet, wie z. B. der Erdbebenschwarm, der in der Zeit von 1880 bis 1903 im Bereich Kandel westlich von Karlsruhe registriert wurde. Vereinzelte Flachbeben, wie z. B. bei Heidelberg (Ritter et al. 2009) und möglicherweise das Erdbeben von 1933 im Bereich Rastatt, deuten lokale Einengungen der obersten Kruste an. Östlich des Oberrhein-Grabens und ganz besonders unter der westlichen Schwäbischen Alb, verursachen auch **sinistrale Horizontalverschiebungen** an steilen NNE-SSW-orientierten Störungen im Kristallinen Sockel stärkere Erdbeben, wie z. B. im **Hohenzollern-Graben** am 3. September 1978. Dabei kommt es anscheinend gleichzeitig an NW-streichenden Abschiebungen in der obersten Kruste zu einer NE-SW-gerichteten, aseismischen Extension (Schneider 1980; Haessler et al. 1980; Stange & Brüstle 2005).

Die Analyse seismischer Bewegungen im tieferen Untergrund, zahlreiche Beobachtungen von Ausbrüchen an den Wänden von Bohrlöchern und direkte oberflächennahe Messungen (Illies et al. 1981) ermöglichen auch Aussagen über das vorherrschende **Spannungsfeld** in der Oberkruste unserer Region. Die kleinste horizontale Hauptspannungskomponente weist im Allgemeinen eine recht konstante ENE- bis NE-Orientierung auf. Regional variable Ausrichtungen der beiden senkrecht dazu orientierten Hauptspannungskomponenten ermöglichen deshalb in der Kruste vor allem Extension und Abschiebungsbewegungen an NW-streichenden Flächen aber auch sinistrale Seitenverschiebungen an N-streichenden und dextrale Verschiebungen an W-streichenden Bruchzonen.

## Steinbrüche, Kiesgruben, Grundwasser und Baggerseen

Steinbrüche, in denen **Werksteine** für Bauten, Skulpturen oder Grabsteine gewonnen werden, und Kiesgruben, in denen man **Schotter** für das Baugewerbe abbaut, bieten oft einzigartige Einblicke in den geologischen Untergrund. Der Abbau von Bausteinen in Kalk und Sandsteinbrüchen erfuhr besonders zu Beginn des 19. Jahrhunderts einen deutlichen Anschub, da in damals eingeführten Brandschutz-Verordnungen für das Erdgeschoß von Häusern statt der bisher üblichen Lehm-Fachwerk-Mauern Steinmauerwerk vorgeschrieben wurde. Gegen Ende des 19. Jahrhunderts machte der Einsatz von Dynamit auch massigen Granit als Baustein interessant. Im Verlauf des 20. Jahrhunderts intensivierte sich vor allem der Abbau von Kies und Kalkstein für die unterschiedlichsten Anforderungen des modernen Baugewerbes. Viele der kleinen Steinbrüche, die noch vor 100 Jahren am Rand fast aller geschlossenen Ortschaften genau dimensionierte Bausteine lieferten, sind heute weitgehend unter Böden, Vegetation oder Siedlungen verschwunden. Obwohl mechanisierter Abbau, effektiver Transport und marktorientierte Zerkleinerung bzw. Sortierung von „Brechsanden“ eine Konsolidierung moderner Steinbruch- und Kiesgruben-Anlagen mit sich brachte, ist ihr Flächenanteil im Vergleich zu den rapide expandierenden Siedlungs- und Verkehrsflächen noch immer gering.

Obwohl tiefere **Steinbrüche** meist durch künstlich angelegte Zufahrts- bzw. Abbau-Rampen gegliedert sind, hängt die Form und Ausrichtung der **Abbauwände** im Detail häufig vom Verlauf natürlicher Kluftscharen, Störungsflächen und Bankungsfugen ab. Hinter länger freistehenden Wänden öffnen sich fast immer oberflächenparallele Entlastungsrisse, deren Zusammenwachsen auch stürzende und gleitende Bewegungen der Felsmassen auslösen kann. Am Fuß vormaliger Abbauwände sammeln sich deshalb meist kegelförmige bis 30° geneigte Blockhalden, die den verbliebenen Resten der Abbauwände eine erhöhte Stabilität verleihen und die Ansiedlung einer Pioniervegetation ermöglichen. Wo Steinbruchsohlen bis unter den Grundwasserspiegel reichen, bilden sich nach dem Abbau meist kleine Seen oder Teiche, die entweder durch Bauschutt eliminiert oder zu biologisch wertvollen Feuchtgebieten („Sekundärbiotopen") erklärt werden. In vielen aufgelassenen Steinbrüchen sprießen dichte Sukzessionen von Salweiden (*Salix caprea*), Robinien (*Robinia pseudoacacia*), Kiefern (*Pinus sylvestris*), Brombeeren (*Rubus*) oder Lianen (*Clematis vitalba*), die unter günstigen Bedingungen als Vogel-Brutstätten dienen.

Reichen **Tongruben** und **Kiesgruben** bis ins Grundwasser, so entspricht auch hier die Seefläche von **Baggerseen** dem Grundwasserspiegel. Bei der Gewinnung von Sand und Kies entfernt man zuerst die obersten Bodenschichten als **Abraum** oder lagert sie zu Zwecken einer späteren **Wiederbegrünung** der Hohlformen an ihrem Außenrand. Dann schafft man zuerst durch **Trockenbaggerung** über dem Grundwasserspiegel und später mit Schwimmgreif-Baggern durch **Nassbaggerung** unter dem Grundwasserspiegel offene Flächen von 5 bis 80 ha. Die Untergrenzen des wirtschaftlichen Sand-Kies-Abbaus bilden meist mächtigere sandig-schluffige Zwischenschicht-Aquitarde in Tiefen von 50 bis 80 m. Die Böschungswinkel subaquatischer Hänge in den Baggerseen haben während des Abbaus Werte um 45°, verringern sich jedoch später durch Rinnenerosion, Wellenschlag oder Massenbewegungen auf Werte von 20° bis 30°. In der Region Mittlerer Oberrhein fördert man jährlich rund 10 Millionen Tonnen Sand- oder Kies-Aggregate, die vor allem als „Wandkies" für Aufschüttungen an das Baugewerbe vertrieben werden. Die immer kostbareren Lockergesteine leitet man heute jedoch häufig über Förderbänder zu Sortieranlagen, wo sie maschinell nach Korngröße getrennt werden und als Betonzusatz oder als Deckschichten unter Gebäuden oder beim Straßenbau zum Einsatz kommen.

Aufgrund der Grundwasserbewegung liegt der Grundwasser-Spiegel an den Zustromkanten von Baggerseen etwas tiefer und an den Abstrom-Kanten etwas höher als im ungestörten Umfeld. Geringfügige Wasserverunreinigungen in den Baggerseen haben kaum Einfluss auf die Grundwasserqualität im Abstrombereich, da organische Substanzen meist schon am Abstromufer biologisch abgebaut und anorganische Schadstoffelemente an Tonminerale gebunden werden (Storch 2001). Während die Grundwassertemperaturen in den

Kies-Aquiferen in Tiefen > 15 m nur geringfügig um Durchschnittswerte von 10–11 °C pendeln, sind die Temperaturen der Baggerseen deutlichen jahreszeitlichen Schwankungen unterworfen. Im Sommer verursacht die oberflächliche Erwärmung meist eine Stagnation der höchsten Wasserschichten und damit eine Sauerstoffverarmung in tieferen Schichten; außerdem bewirkt die Photosynthese der Wasserpflanzen und des Phytoplanktons eine Abnahme des $CO_2$-Gehalts im Wasser und damit die Ausfällung von Kalziumkarbonat am Seeboden. Im Herbst kommt es durch Abkühlung und Windscherung an der Oberfläche der Baggerseen wieder zur Vermischung der Wassermassen und zur verstärkten Sedimentation organischer und anorganischer Partikel am Seeboden. So entwickelt sich in den feinkörnigen Seebodensedimenten eine jahreszeitliche Schichtung, die für eine teilweise Versiegelung des Seebodens sorgen kann. Während der aktiven Abbauphase verursacht die Baggertätigkeit selbst für eine ständige Durchmischung des Seewassers. Nach Aufgabe des Abbaus lässt sich die herbstlich-winterliche Wasserdurchmischung der obersten Wassermassen durch Abflachung der Ufer verstärken. Die aquatische Vegetation aufgegebener Baggerseen entspricht weitgehend jener von natürlich verlandenden Altarmen und Talrandrinnen: **Ufergürtel** mit strauchigen Weiden und Großseggen, schmale **Röhricht-Gürtel** mit Schilf (*Phragmites australis*), Rohrglanzgras (*Phalaris arundinacea*), Binsen (*Juncus*) oder Rohrkolben (*Typha latifolia, angustifolia*), **Schwimmblatt-Gürtel** mit Teichrose (*Nuphar lutea*), Wasserknöterich (*Polygonum amphibium*), Laichkraut (*Potamogeton natans*) und Algen, schließlich offenes Wasser mit **Phytoplankton** (Diatomeen oder Cyanophyceen).

Aufgrund der immensen Bedeutung der seichten Sand-Kies-Aquifere für die regionale Wasserversorgung kennt man ihren Internaufbau vor allem aus Brunnenbohrungen (Bartz 1974, 1976, 1982; Werner et al. 1995, 1997; Watzel 1997; Kärcher 1987; Stober et al. 2003; Wirsing & Luz 2007). Die obersten, kiesig-sandigen Porenaquifere der Rheinebene haben durchschnittliche hydraulische Leitfähigkeiten von $10^{-2}$ bis $10^{-4}$ m/s, wobei höhere Werte für kiesreichere südliche Bereiche der Rheinebene, niedrigere Werte für die im Durchschnitt feinkörnigeren Abfolgen unter der nördlichen Rheinebene gelten. In der Rheinniederung sind die **Flurabstände** zum Grundwasserspiegel fast überall kleiner als 1 bis 2 m, östlich des Rheins auf der Niederterrasse rund 7 bis 10 m, im Bereich der Talrandrinnen allerdings auch geringer als 3 m. Westlich des Rheins schwanken sie von weniger als 3 m im Bereich der Schwemmfächer bis mehr als 8 m auf den Riedelrücken (Ministerium für Umwelt Baden-Württemberg & Rheinland-Pfalz 1988). Die Uferkanten von Baggerseen überragen den Seespiegel deshalb durchschnittlich um diese Werte (Abb. 37b), wobei Ton- oder Kiesgruben meist die einzigen Stellen in der Rheinebene sind, die einen Einblick in den dreidimensionalen Aufbau der Lockergesteinsdecken gewähren. Im Bereich der Niederterrasse bestehen die Uferkanten aus schräggeschichteten Kieslagern der späten Pleistozän-Epoche und/oder aus Flugsanddecken des Jüngeren Dryas-Stadials. In der Rheinniederung dagegen meist aus dünnen Schlufflagen oder Kiesrippen aus der jüngeren Holozän-Epoche. Grundwassererneuerung in den Kies-Aquiferen und somit auch Grundwasserzufluss in die Baggerseen resultieren sowohl aus einer direkten Infiltration von Niederschlagswässern an der Landoberfläche, als auch aus einem lateralen Grundwasserzustrom, der aus höher gelegenen Randbereichen der Rheinebene stammt. Im oberflächennahen Kiesaquifer der östlichen Rheinebene bewegt sich das Grundwasser mit Geschwindigkeiten von mehreren Metern am Tag in nordwestlicher Richtung der Rheinniederung zu, wo geringe Teile in einem durch Schilf markierten Streifen am Fuß des Hochgestades austreten. Das Maximalalter dieser Grundwässer liegt im Bereich von Dekaden. Der Zusammensetzung nach handelt es sich um Ca-$HCO_3$-Grundwasser mit pH-Werten um 7 und mit Ionen-Gehalten ($HCO_3^-$, $Ca^{2+}$, $SO_4^{2-}$, $Mg^{2+}$) um 400 bis 600 mg/l. Ihr Sauerstoffgehalt ist meist hoch und verringert sich nur in der Nähe tonig-schluffiger Zwischenschichten. Unter der Rheinniederung verursacht Grundwasser-Influenz aus dem Rhein gelegentlich deutliche Anstiege im Anteil von $K^+$, $Cl^-$- und $Na^+$-Ionen.

Die zwischen und unter den Kieslagern eingeschalteten tonig-schluffigen Zwischenschicht-Aquitarde können nach oben und unten recht gut voneinander isolierte Grundwasserstockwerke erzeugen. Daraus resultieren lokal **artesische Verhältnisse**. Es kann also vorkommen, dass nach dem Durchbohren einer Zwischenschicht gelegentlich Grundwasser aus einem tieferen Aquifer frei zur Landoberfläche aufsteigt. Allerdings kann es umgekehrt beim Durchbohren von Zwischenschichten auch zum Absinken oberflächennaher Grundwässer in tiefere Aquifere kommen. Im Gegensatz zu den Grundwässern der kiesig-sandigen Rastatt-Abfolge kann das Alter von Grundwässern in der kalkarmen Riedseltz-Formation sogar Millennien erreichen (Stober et al. 2003) und der Gesamtlösungsgehalt Größenordnungen von 2000 mg/l aufweisen, wobei sich die Ionenzusammensetzung in Richtung von $Cl^-$- $Na^+$-$Ca^{2+}$ -Wässern verschiebt.

# II. Exkursionsgebiete

E 1 Kristalliner Sockel und Germanische Tafel im Nordschwarzwald
E 2 Oos-Rotliegend-Becken
E 3 Oberes Murgtal und Freudenstadt-Graben
E 4 Einzugsgebiete der Enz, Nagold und Würm
E 5 Stromberg-Heilbronn-Synklinale
E 6 Östlicher Oberrhein-Graben und Kraichgau-Grabenschulter
E 7 Neckartal und nördlicher Kraichgau
E 8 Westlicher Oberrhein-Graben und Pfälzerwald
E 9 Westliche Schwäbische Alb (Zollernalb und Hohenzollern-Graben)

## Exkursionsgebiet 1: Kristalliner Sockel und Germanische Tafel im Nordschwarzwald

(Abb. 49, S. 220)

**Karten**: Freizeitkarten 1:50 000 (Baden-Baden, Offenburg, Freudenstadt). Topografische und geologische Karten 1:25 000: 7214 (Sinsheim). 7215 (Baden-Baden), 7314 (Bühl), 7315 (Bühlertal), 7413 (Appenweiher), 7414 (Oberkirch), 7415 (Seebach, Obertal-Kniebis), 7513 (Offenburg), 7514 (Gengenbach), 7515 (Oppenau), 7516 (Freudenstadt), 7614 (Zell am Harmersbach), 7615 (Wolfach).

*Allgemeines*

Das Exkursionsgebiet umfasst den nordwestlichen Schwarzwald und ist von Westen aus der Oberrhein-Ebene über Ausfahrten von der Autobahn **A 5** zwischen **Bühl** und **Offenburg** oder von Osten über die **Schwarzwald-Hochstrasse (B 500)** zu erreichen (Abb. 49). Nähert man sich dem Schwarzwald von Westen, so befindet man sich vorerst noch auf der Niederterrasse, die im Bereich **Bühl** (138 m NN)-**Achern** (145 m NN)-**Offenburg** (150 m NN) leicht nach Nordwesten abfällt und von zahlreichen Bächen oder Flutkanälen zum Rhein hin entwässert wird. An einer Dekameter hohen, erosiv-tektonisch bedingten Stufe erhebt sich dann die 1,5 bis 3 km breite Vorhügel-Hochterrassenzone, die bis in Höhen um 200 m NN ansteigt. Unter einer mehrere Meter mächtigen Löss- und Schwemmlössdecke der späten Pleistozän-Epoche, kiesigen Sanden mit kohligen Lagen aus den Warmzeiten der frühen Pleistozän-Epoche und Weißsanden der Riedseltz-Formation (Pliozän-Epoche) sind hier Schollen der älteren Grabenfüllung, der Germanischen Tafel und des Sockels verborgen. Weißsande der Riedseltz-Formation, aber auch Löss und sandiger Lösslehm gewann man früher bei Bühl in größeren Tongruben, die heute weitgehend unter Bauland verschwunden sind. Auf der gewellten Lössdecke wird heute großflächiger Obstbau betrieben.

Die größeren Talausgänge an der Außenkante der Grabenschulter stellen meist deutliche Diskontinuitäten im Verlauf des Grabenrands dar. Sie folgen wahrscheinlich NW-streichenden Sockelstörungen, die sich zum Teil bis in die Grabenfüllung fortsetzen und an denen die Grabenrand-Hauptabschiebungen möglicherweise leicht versetzt sind. So springt der Grabenrand bei Bühl relativ weit gegen Westen vor, verläuft dann zwischen Bühl und Achern wieder weiter östlich und springt bei Offenburg wieder gegen Westen vor. Möglicherweise sind geologisch junge Bewegungen an diesen Querstörungen für das häufig senkrecht zum Grabenrand orientierte Abknicken von Höhenschichtenlinien in der Vorhügelzone verantwortlich. So bilden z. B. südlich von **Hub** (176 m NN) am Ausgang des **Lauftals** (Läufelsberg) Tonsteine der älteren Grabenfüllung (Pechelbronn-Gruppe?), fluviatile Kieslager der frühen Pleistozän-Epoche und Lössdecken der Vorhügelzone einen deutlich ins Grabeninnere vorstoßenden Sporn. An den größeren Talausgängen selbst deuten Bohrungen an, dass einerseits hier im Untergrund bis zu 100 m tiefe Felsrinnen existieren. Andererseits finden sich an den Hängen weit über den Talböden aufragende Fels- und Lockergesteinsterrassen, die auf vormals höher gelegene Talniveaus bzw. junge Hebungen der Grabenschulter hinweisen. Jedenfalls könnte der heutige Spannungszustand in der Oberkruste mit NW-SE-gerichteten maximalen horizontalen Hauptspannungen in unserer Region eine Dilatation NNW- bis NW-streichender Bruchsysteme im Sockel fördern. Damit könnten sich in dieser Richtung auch erhöhte Wegsamkeiten für die tiefreichenden Grundwasserbewegungen in Festgesteinen ergeben. So strömen z. B. am Ausgang des **Kinzigtals** Tiefenwässer mit Temperaturen um 27 °C und > 10 g/l an gelösten Festsubstanzen, aus mindestens 3 km tief gelegenen Sockel-Reservoiren an Bruchzonen in eine fast 60 m tiefe und 1000 m breite Felsrinne, die wiederum über tonig-kiesige Rinnenfüllungen aus der Pleistozän-Epoche mit den oberflächennahen Kies-Aquiferen der Rheinebene in Verbindung steht (Stober et al. 1999). Wahrscheinlich erfolgt auch der Zustrom der Thermalwässer von **Hub** (Na-Ca-Cl-$SO_4$-Thermalwasser, 30 bis 35 °C, > 2,7 g/l gelöste Festsubstanz), die erstmals nach einem Erdbeben um 1470 an der Oberfläche ausgetreten sein sollen (Metz 1977), an NW-streichenden Bruchzonen. Ähnliche Verhältnisse im Untergrund gelten möglicherweise für die Bahnen des Thermalwassers von **Erlenbad** (Na-Ca-Cl-$SO_4$-Thermalwasser, rund 20 °C, > 2,3 g/l gelöste Festsubstanz). Isotopenverhältnisse und Lösungsinhalte in

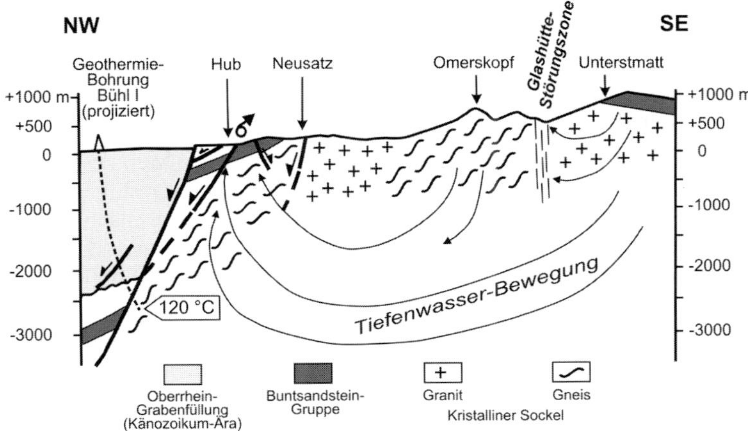


**Abb. 43.** Etwas schematisierter, aber nicht überhöhter Profilschnitt durch den Rand des Oberrhein-Grabens und die Grabenschulter bei Bühl (siehe Abb. 49 für den Verlauf der Profillinie). Angedeutet sind die nach Westen einfallenden Omerskopf-Gneise und ein grob-hypothetischer Trend der Fließlinien von Thermalwässern, wie sie an Bruchzonen den Sockel durchfließen könnten (siehe Text).

beiden Thermalwässern belegen Infiltrationstiefen in der Grabenschulter von mindestens 2 bis 3 km und eine Erwärmung auf 70 bis 100 °C bevor sie – angetrieben durch topographisch-hydraulische Gradienten – zur Landoberfläche zurückkehren (Ambs 2002). Die Aufheizung der Wässer hängt vielleicht mit einer erhöhten Wärmeproduktion in den weiter östlich anzutreffenden oberkrustalen Biotit-Muskovit-Graniten des Kristallinen Sockels zusammen. Reflexionsseismische Untersuchungen und eine Geothermie-Explorationsbohrung südwestlich von **Bühl** haben gezeigt, dass die fast 2,5 km mächtige und flach grabenwärts einfallende Grabenfüllung, an der hier rund 65° WSW-einfallenden Grabenrand-Hauptabschiebung, direkt an Gneise mit einer ebenfalls W-einfallenden Foliation grenzt (Abb. 43). Da die Buntsandstein-Gruppe im Grabeninneren in einer Tiefe von rund 3000 m liegt und auf der Grabenschulter bis in Höhen um 700 m NN anzutreffen ist, beträgt der Gesamtvertikalversatz an der Grabenrand-Hauptabschiebungszone in diesem Bereich insgesamt mehr als 3,5 km. Die in der Tiefbohrung nur spärlich angetroffenen Wässer haben übrigens Maximaltemperaturen um 120 °C (Münch 1981; Bertleff et al. 1988), was den Reservoir-Ausgangstemperaturen jener Wässer entspräche, die bei Hub-Erlenbad an der Erdoberfläche ausfließen. Die östlich der Vorhügelzone steil ansteigende Vorbergzone der Grabenschulter besteht aus einem rund 2 km breiten Streifen, in dem auf Schollen des Kristallinen Sockels (Bühlertal-Granit, Gneis und Oberkirch-Granit) auch grabenwärts einfallende und durch NW-streichende Störungen segmentierte Schichten der Buntsandstein-, Muschelkalk- und Schwarzjura-Gruppe anzutreffen sind. Die bis zu 30° W-einfallende Buntsandstein-Gruppe ist z.B. in verwachsenen Steinbrüchen im Bereich **Hartkopf-Waldmatt** (rund 300 m NN, **1**; 436,9E; 5390,8N) aufgeschlossen. In den granitischen Schollen erfolgte hier im frühen 18. Jahrhundert ein Abbau brekzien- und gangförmiger hämatitischer Eisenerze, die im nahegelegenen Eisenwerk Bühlertal verhüttet wurden (Metz 1977).

Die Hänge und Felsterrassen auf den granitischen Festgesteinen der Grabenschulter sind bis in Höhen von 300 bis 400 m NN von m-mächtigem Grus bedeckt. Dieser besteht zumindest in Teilen aus Verwitterungsrelikten der Pliozän- oder frühen Pleistozän-Epoche. Auf warmen, gut durchlüfteten und von Lössdecken überzogenen Südhängen werden bis in diese Höhen ausgezeichnete Weine gezogen. Es fällt auf, dass die gegen Südosten ansteigenden Haupttäler ebenfalls bis in Höhen um 300 bis 400 m NN noch recht breit sind und erst dann in enge Teileinzugsgebiete auffiedern. Letztere steigen meist asymmetrisch gegen Nordosten an, wobei diese Asymmetrie wahrscheinlich durch das generelle NE-Streichen der Gneis-Foliationen oder retrograder Scherzonen, aber auch durch die Ausrichtung von Granit- oder Rhyolith-Gängen und das allmähliche SW-Abfallen der Sockeloberkante von 760 m bis 400 m NN bedingt ist. Hakenförmige Mündungen der Nebenbäche und abrupte Krümmungen der Haupttäler selbst sind Hinweise, dass sich die NW-gerichteten Haupttäler in geologisch jüngsten Zeiten rückschreitend in ältere SW-gerichtete Talsysteme ausgeweitet haben. In den höchsten Teilen der Einzugsgebiete dominieren mächtige Blockhalden, rinnenfüllende Murenablagerungen, steile Quellmulden („Schliffe") und Wasserfälle, die den Kontaktbereich zwischen der Sockel-Oberkante und den Schichten der Rotliegend- oder Buntsandstein-Gruppe markieren. Die Lockergesteinsmassen belegen nicht nur intensive periglaziale Umlagerungen während der Kaltzeiten der Pleistozän-Epoche, sondern unterstreichen einen bis heute anhaltenden Abtrag am Westabfall des Hochschwarzwalds. Die oft nur geringen „durchschnittlichen" Abflussmengen, die z.B. für die Bühlot mit $< 1$ m$^3$/s angegeben werden, liefern keine Hinweise auf die Intensität sporadischer Hochwässer, wie z.B. jene an der Bühlot in den Jahren 1721, 1779, 1824 und 1851 oder an der Rench in den Jahren 1570, 1716, 1756, 1778 und 1824. Obwohl diese historischen Ereignisse vor allem großflächigen Kahlschlägen in den höheren Einzugsgebieten folgten, kommt es auch heute noch bei Starkniederschlägen immer wieder zu zerstörenden Vermurungen, die bis in tiefe Tallagen reichen, so z.B. 1887 am Sasbach, am 3.8.1951 im Tal der Wolf, 1953 im Kinzigtal oder am 27.6.1994 im Renchtal. Bis in die Mitte des 18. Jahrhunderts flößte man sogar auf den kleineren Nebenbächen mit Hilfe von Schwallungen Scheitholz; diese Unternehmungen wurden dann aber bald aufgegeben. Ältere Bachverbauungen in Oberlaufbereichen gehen heute allmählich in jüngere Damm- und Flutkanalwerke der Unterlaufstrecken über. Mauerreste an manchen heute oft dicht bewaldeten Steilhängen, sind Hinweise auf eine vormals weit verbreitete Wirtschaftsform, bei der die Landoberfläche abwechselnd als Niederwald oder Ackerfläche genutzt wurde („Reutbergwirtschaft“).

Der Kristalline Sockel des Exkursionsgebiets besteht aus dem **Zentralschwarzwälder Gneiskomplex** mit der isolierten Scholle des **Omerskopf-Biotit-Plagioklas-Gneises**. Die Paragneise und Flaser-Orthogneise, die zwischen rund 345 und 335 Ma eine prograde Metamorphose erfuhren, erhielten ihre strukturelle Prägung vor allem im Verlauf einer raumgreifenden retrograden Hochtemperatur-Niederdruck-Metamorphose und diatektisch-migmatitischer Teilmobilisationen um 335 bis 330 Ma. Die überwiegend N- bis ENE-streichende Gneis-Foliation im nördlichen Schwarzwald deutet eine breite NE- bis NNE-ausgerichtete Aufwölbung an, die hier als **Peterstal-Antiform** bezeichnet wird. Der Achsialbereich dieser Struktur, der durch das Auftreten engständiger Granitgänge und foliationsparalleler granitischer Lager gekennzeichnet ist, lässt sich von Maisach im Nordosten bis Zell am Harmersbach im Südwesten verfolgen und äußert sich geophysikalisch als positive gravimetrische Anomalie (Plaumann et al. 1986). Die Omerskopf-Gneisscholle weicht mit ihren N-streichenden und W-einfallenden Foliationsflächen deutlich von den NE-streichenden Gneisverbänden ab. Ihre Ausrichtung könnte durch eine 90°-Rotation im Uhrzeigersinn vor und während der Intrusion des **Nordschwarzwald-Granitkomplexes** zustande gekommen sein. Wahrscheinlich bereits um 332 Ma kam es südöstlich der Peterstal-Antiform in diatektisch modifizierten Gneisen zur Intrusion NNE-streichender syenitischer, granodioritischer und granitischer Gangkomplexe im Umfeld des ovalen **Triberg-Biotit-Granits** (Quarz 27 %, Kalifeldspat 45 %, Plagioklas 20 %, Biotit-Muskovit 5–10 %) (Schleicher & Fritsche 1978; Kalt et al. 2000). Im Nordwesten erfolgte dann um 330 bis 325 Ma die Platznahme des **Oberkirch-Biotit-Granits** (Quarz 28 %, Kalifeldspat 34 %, Plagioklas als Oligoklas 27 %, Biotit 11 % + Cordierit, meist in Serizit-Chlorit-Aggregate umgewandelt). Dessen große (> 5 cm), helle und oft parallel angeordnete Kalifeldspat-(Mikroklin-)Megacrysten sind intern zoniert und umschließen dabei auch früher kristallisierte Biotit- oder Plagioklas-Kristalle. Ein NNE-ausgerichteter Zentralbereich des Oberkirch-Granits enthält cm- bis m-große, dunkle mikrogranulare Diorit-Tonalit-Einschlüsse (Plagioklas 45 %, Biotit 20 %, Pyroxene und Hornblenden 15 %), die im Gegensatz zu Gneis-Enklaven als Teile einer mafischen Schmelze in den mobilen granitischen Kristallbrei eindrangen und sich dabei kugelförmig auflösten. Da die mafischen Enklaven ebenfalls Kalifeldspat-Megacrysten enthalten, ist anzunehmen, dass diese aus dem viskosen Kristallbrei in das mafische Magma sanken ohne dabei wesentliche Veränderungen zu erfahren (Otto 1971/72, 1974; Altherr et al. 1999). Im erstarrenden Oberkirch-Granit kam es um rund 326 Ma (?) durch E-W-Extension zwischen Megacrysten und Matrix zur Entwicklung serizitisch-chloritischer Mikroscherflächen mit E-W-ausgerichteten Striemungen (Wager 1930). Senkrecht dazu öffneten sich steil E-einfallende Hauptkluftscharen, die wiederum von NNE-streichenden Granit-Gängen gefüllt wurden. Überwiegend E-W-gerichtete und nach Westen abtauchende Streckungslineare in mylonitischen Scherzonen der Omerskopf-Gneisscholle deuten jedenfalls eine E-W- bis ESE-WNW-gerichtete Krustenextension kurz vor oder während der Intrusion der Granite an (Eisbacher & Fielitz 2008). Auch die N-S- ausgerichtete mylonitisch-kataklastische **Glashütte-Störungszone** ist ein Hinweis darauf, dass im nördlichen Schwarzwald die Zufuhr granitischer Magmen aus der Tiefe von einer regionalen WNW-ESE-gerichteten Extension der Kruste begleitet wurde, wobei um rund 325 Ma unmittelbar östlich der Glashütte-Störungszone der Aufstieg des NNE-streichenden und relativ feinkörnig-homogenen **Seebach-Granits** (Quarz 33 %, Kalifeldspat 29 %, Plagioklas 24 %, Biotit 5 %, Muskovit 6 %) erfolgte. Dieser wurde an seinem Westrand ebenfalls noch durch E-W-Extension mylonitisch überprägt. Weiter nördlich intrudierten dann um 325 Ma (Hess et al. 2000) die grobkristallinen Biotit-Muskovit-Granite des riesigen **Bühlertal-Forbach-Raumünzach-Komplexes** (Quarz 30 %, Kalifeldspat 34 %, Oligoklas-Albit-Plagioklase 23 %, Biotit 5 %, Muskovit 6 %) und weiter südlich der ähnlich zusammengesetzte **Nordrach-Granit**. Diese Granite, die neben Gneis-Einschlüssen auch pegmatitische Bereiche (mit dunklen Turmalinkristallen) enthalten und lokal von aplitischen Gangschwärmen durchzogen sind, kühlten sich nach 325 Ma unter 500 °C ab und hatten nach 315 Ma Temperaturen unter 300 °C (Kalt et al. 2000; Lippolt et al. 1994; Kober et al. 2004). Der Granitkomplex, der möglicherweise bis in Tiefen um 10 km reicht, äußert sich regional in deutlichen negativen gravimetrischen Anomalien (Plaumann et al. 1986). In den Graniten sind die Plagioklase häufig serizitisiert und die Biotite durch Muskovit oder Chlorit ersetzt. Als Kluft- und Scherflächen dominieren NNW- bis NNE-streichende meist steil E-einfallende Klüfte, an denen später schräg-sinistrale Seitenverschiebungen erfolgten; seltenere ENE- bis ESE-orientierte Klüfte erfuhren dextrale Scherungen. Auch die Glashütte-Störungszone, die sich über 20 km von Büchelbach (Bühlertal) bis Ramsbach (Renchtal) verfolgen lässt, erfuhr anscheinend nach frühen Abschiebungsbewegungen später horizontale Relativbewegungen. Die 500 m breite, NE-streichende **Diersburg-Scherzone**, entlang welcher randliche Phasen des Oberkirch-Granits („Durbachit"), Gneise und steil W-einfallende Schollen der Anthrazit führenden **Berghaupten-Formation** deformiert wurden, erfuhr ebenfalls komplexe mylonitisch-kataklastische Überprägungen. In der Perm-Periode (um 290 bis 280 Ma) entwickelten sich entlang dieser Scherzone kleine Teilgräben des Offenburg-Rotliegend-Beckens. Dabei extrudierten rhyolithische Magmen vor allem an N- bis ENE-streichenden Spalten. Sockeloberfläche und Rhyolithdome bilden dabei eine gewellte Diskordanzfläche unter der Buntsandstein-Gruppe.

Während und nach Absenkung des Germanischen Beckens erfuhren besonders NW-streichende Bruchzonen erneut Relativbewegungen und hydrothermale Durchströmungen, die neben einer intensiven Verkieselung auch die Bildung dm- bis m-breiter oxydisch-hydroxydischer Fe-U-Anreicherungen und Quarz-Baryt-Fluorit-Gangbildungen mit Ag-, Cu-, Pb-, Co-, (Bi-, Ni-)Sulfid-Arsenid-Vererzungen mit sich brachten (Metz 1977; Bliedtner & Martin 1986). Chronometrische Daten an Illit-Serizit- und Hämatit-Aggregaten im Bereich der Mineralgänge deuten an, dass bedeutende Alterationen in granitischen Nebengesteinen bei Temperaturen um 150 bis 200 °C vor allem in der Jura-Periode erfolgten (Lippolt & Kirsch 1994; Wernicke 1991; Wernicke & Lippolt 1993, 1994, 1995). Auch eine raumgreifende Durchströmung der basalen Buntsandstein-Gruppe durch saure, reduzierende Fluide, die eine Alteration von Feldspäten und Neubildung von Serizit auslöste, erfolgte bei Temperaturen um 150 bis 210 °C vor allem in der Zeitspanne von 160 bis 140 Ma (Brockamp et al. 2003).

Der Kristalline Sockel und die ihm auflagernden Schichten der Rotliegend- und Buntsandstein-Gruppe sollen – von Norden nach Süden fortschreitend – zuerst für den Bereich **Bühlertal**, dann für den Bereich **Achertal-Sasbachtal** und schließlich für den Bereich **Renchtal** und die nördlichsten Einzugsgebiete der **Kinzig** vorgestellt werden.

### *Bühlertal*

Interessante Aufschlüsse im Einzugsgebiet der **Bühlot** sind von **Bühl** oder von der **B 500** über die **L 83** und die **K 3765** zu erreichen. Das Exkursionsgebiet erschließt den **Bühlertal-Granit** und den **Omerskopf-Gneis**, wobei die Grenze zwischen dem Bühlertal-Granit in dem östlich anschließenden **Forbach-** und **Raumünzach-Granit** nur schwer nachzuvollziehen ist. Die Granite des Grenzbereichs enthalten häufig Kalifeldspat-Megacrysten, wie z.B. am **Geroldsauer Wasserfall-Bernickelfelsen** (**2**; 445,2E; 5395,6N) oder in der spektakulären Felszacke des **Lanzenfelsens** (**3**; 444,3E; 5394,7N), der von der B 500 gut zu erreichen ist (Abb. 10a). In allen drei Graniten deuten die Minerale Andalusit, Sillimanit, Granat (+ Cordierit, meist zersetzt) an, dass die Granite durch Aufschmelzung größerer Gneisbereiche in der tieferen Kruste hervorgegangen sind.

Im unteren Bühlertal selbst, wo Wiesenhänge und Terrassen im Ausbiss des tief verwitterten Bühlertal-Granits dicht besiedelt sind, ist dieser in gelegentlichen Straßenanschnitten zu sehen. Klüfte oder Scherflächen im Granit sind besonders gegen Westen durch rote hämatitische Beläge gekennzeichnet, wie z.B. im Bereich der Burgfelsen von **Neuwindeck** (**4**; 437,95E; 5391,35N; möglicherweise auch Oberkirch-Granit) und bei **Altwindeck** (**5**; 436,15E;

5387,9N; Bühlertal-Granit) oder an der großen Tankstelle in Bühlertal nördlich der Kreuzung der K3765 mit der L83 (**5A**; 440,8E; 5391,6N; Bühlertal-Granit). An den Hängen des **Schartenbergs** (**6**; 439,9E; 5395,5N), der vom Waldparkplatz oberhalb von Eisental oder vom Wintereck gut zugänglich ist, weist der Bühlertal-Granit auch pegmatitische Bereiche mit besonders großen Kalifeldspat-Megacrysten auf. Die N- bis NNE-streichende **Glashütte-Störungszone** ist in einem aufgelassenen Steinbruch nördlich der Straße im Ortsteil **Hirschbach** (**7**; 441,25E; 5392,2N) aufgeschlossen. Hier öffneten sich anscheinend gleichzeitig mit sinistralen Scherbewegungen an der N-streichenden Störungszone NW-streichende und mit Quarz-Hämatit mineralisierte Risse. Östlich der Störungszone ist der Bühlertal-Granit in mehreren großen natürlichen Aufschlüssen und aufgelassenen Steinbrüchen zugänglich. Natürlich verwitternde Felsgruppen bilden hohe gegen Westen vorspringende Rücken, die von den Parkplätzen **Bühlerhöhe-Plättig** (**8**; 443,15E; 5391,6N) oder **Wiedenfelsen** (**9**; 442,5E; 5389,95N) zu erreichen sind. Der schönste Aufschluss des homogenen Bühlertal-Granits mit seinen fleischfarbenen Kalifeldspat-Megacrysten ist der aufgelassene **Steinbruch Längenberg** (**10**; 442,0E; 5391,5N). An den N-streichenden und E-einfallenden Hauptkluftflächen sind hier deutlich Spuren späterer sinistraler Scherbewegungen zu erkennen. Direkt über dem Steinbruch bilden der **Brocken-** und **Falkenfelsen** (**11**; 442,7E; 5391,15N) steil aufragende Felsrippen, in denen an tektonischen Kluftscharen und gekrümmten oberflächenparallelen Entlastungsklüften eine typische „Wollsack"-Verwitterung erfolgt. In den zu Spalten erweiterten und mit Grus gefüllten Klüften wurzeln alte Kiefern-, Eichen- und Buchenbestände. Eine weitere interessante Wanderung im Ausbiss der granitischen Gesteine führt vom Ostrand der langgestreckten Gemeinde **Bühlertal** durch die von granitischen Blockhalden und Felsaufragungen gesäumte **Gertelbach-Klamm** (**12**; 442,3E; 5389,65N) zu den Steinbrüchen und natürlichen Felsflanken am **Nickersberg** (**13**; 442,3E; 5389,3N), von wo man wieder direkt nach Westen ins Bühlertal absteigen kann.

Die Scholle des Omerskopf-Gneises ist südlich des Bühlertals am **Katzenstein** (**14**; 439,3E; 5388,95N), am **Hartfelsen** (**15**; 438,6E; 5387,6N) unterhalb der K3765 und in der Kuppe des **Omerskopfs** (875 m NN) selbst aufgeschlossen. Straßenaufschlüsse finden sich direkt westlich (**16**; 439,0E; 5387,9N) des Omerskopfs aber auch an Forstwegen beiderseits des Lauftals. In natürlichen Aufschlüssen äußert sich die Foliation der Gneise in Form asymmetrischer Felsrippen, die von Blockhalden ummantelt sind. In den diatektischen Paragneisen ist die Foliation nicht nur als deutliche hell-dunkel Bänderung (mit Quarz, Plagioklas + Kalifeldspat, Biotit, Hornblende, Granat), sondern auch durch foliationsparallele bis isoklinal gefaltete „Schmelznester" gut zu erkennen. Gegen Südwesten dominieren geflaserte massige Orthogneise. In mylonitischen Zonen deutet eine W-abtauchende Lineation schrägabschiebende Relativbewegungen an. Am Parkplatz (**17**; 439,4E; 5387,85N) südlich und unterhalb des Omerskopfs durchquert ein 8 m mächtiger NNW-streichender Granitporphyr-Gang die metatektischen Gneise; Kalifeldspat-Kristalle (> 3 mm) im Zentrum des Ganges und ein dm-breites feinkörniges „Salband“ deuten eine Intrusion des Ganges in bereits weitgehend erkaltete Gneise an. Spuren sinistraler Scherung am Kontakt und N- bis NW-streichende Scher- und Extensionsrisse im Ganginneren belegen spätere kataklastische Überprägungen des Ganges und seiner Nebengesteine. Auch am **Bielenstein** (**18**; 438,1E; 5388,4N) intrudierten jüngere feinkörnige NNE-streichende Granitgänge in die Gneise und am **Hartfelsen** (**15**; 438,6E; 5387,6N) durchschlägt eine NNW-streichende rhyolithische Spaltenfüllung die Gneise.

Östlich des Omerskopfs lässt sich die kataklastische und von Gängen intrudierte Glashütte-Störungszone vom Omerskopf-Gneis nach Norden über den Rücken des Immensteins und über das Bühlertal hinaus als topografische Depression in den Bühlertal-Granit verfolgen (Abb. 43 und 49). Nach Süden ist die Störungszone oberhalb des Weilers **Glashütte** (**19**; 439,4E; 5386,9N) im Laufbachtal in einer alten Schottergrube aufgeschlossen. Die Gneise wurden hier fast bis zur Unkenntlichkeit kataklastisch überprägt, wobei dunkle Gesteinsfarben eine intensive chloritische Alteration andeuten; alterierte Gesteinsbereiche sind von Scherflächen mit subhorizontalen Striemungen durchzogen. Am Nord- und Südhang des Lauftals finden sich östlich und westlich von Glashütte (**20**; 439,95E; 5386,5N) auf den SW- bis W-fallenden Foliationsflächen der hier dominierenden Orthogneise schmale Mylonitzonen mit W-abtauchenden Streckungslineationen.

Unterhalb der K3765 bei **Unterstmatt** – und nicht leicht aufzuspüren – gibt es im Bereich „Alte Erzgrube“ kleinere Haldenreste (**21**; 441,0E; 5386,75N). Diese stammen von ehemaligen Schürfen, die anscheinend im 18. Jahrhundert begonnen und ein letztes Mal um 1938 betrieben wurden. Ein Hämatit-Quarz-Schwerspat-Gang, der hier eine WNW-streichende granitische Brekzie imprägniert, folgt einer NW-streichenden Störung, an der die Basis der Buntsandstein-Gruppe vertikal um rund 40 m versetzt wurde. Eine Datierung der Hämatit-Mineralisation ergab ein Alter um 204 Ma (Mankopf & Lippolt 1992).

### *Achertal-Sasbachtal*

Das **Achertal** ist von der Rheinebene über die **L 87** und von Osten her über die **B 500** zu erreichen, bis Ottenhöfen aber auch durch die Achertal-Bahn erschlossen. Das kurze und steile **Sasbachtal** erreicht man ebenfalls aus der Rheinebene über **Achern** (145 m NN) und die **L 86**, aber auch vom Achertal über die schmale und kurvenreiche **K 5363**.

Das untere Achertal und das benachbarte Sasbachtal folgen wahrscheinlich NW-streichenden Bruchzonen im Oberkirch-Granit. Bis rund 3 km östlich von **Achern** sind die von m-mächtigem Grus und teilweise auch von Löss bedeckten Hänge dem Weinbau gewidmet. Nur gelegentlich überragen Felsgruppen die Hänge. Sogar im großen Schotterwerk an der **Eckelshalde** (**22**; 433,4E; 5382,6N) westlich von **Kappelrodeck** (220 m NN) überlagert eine mehrere Meter mächtige Lössdecke den hier intensiv zerscherten Oberkirch-Granit, in dem NNE-streichende Hauptklüfte und ebenfalls kräftig geklüftete feinkörnige Granit-Gänge offensichtlich durch intensive Scherungen unbekannten Alters überprägt wurden. Im Übergangsbereich zur Vorbergzone bildet die NNE-streichende **Lierenbach-Abschiebung**, die aus dem Achertal nach Norden bis an den Grabenrand zu verfolgen ist, eine erste deutliche Geländekerbe in der aufsteigenden Grabenschulter. In den Weinbergen an der **Passhöhe-Lierenbach** (rund 300 m NN) überlagert westlich der Störung ein kleiner Erosionsrest der Rotliegend-Gruppe den granitischen Sockel, wogegen östlich der Störung die Sockeloberfläche bereits mindestens 200 m höher liegt. Direkt am Parkplatz Passhöhe-Lierenbach erschließt ein aufgelassener Steinbruch (**23**; 434,65E; 5384,6N) vergrusten Oberkirch-Granit, der von W-fallenden Abschiebungsflächen durchzogen ist. Beiderseits des Achertals wurden früher in Brekzien und Gangzonen hydroxidische Eisenerze geschürft (Metz 1977). Östlich der Vorbergzone finden sich schöne natürliche Aufschlüsse im Oberkirch-Granit vor allem oberhalb von **Sasbachwalden** (257 m NN) im Bereich **Fuchsschroffen-Brigittenschloss** (**24**; 437,5E; 5384,5N), der von Sasbachwalden durch die Schlucht der **Gaishölle** (**25**; 436,6E; 5385,35N) zu erreichen ist. Letztere wird ebenfalls von Granitblöcken und kleinen Felsen gesäumt. Am Fuchsschroffen deuten geplättete mafische Enklaven NE-streichende und NW-einfallende Fließflächen an. Durch Verwitterung entlang weitständiger Entlastungsklüfte und Erosion der Grusdecke kam es hier zur Freilegung bizarr geformter Wollsack-Felsen („Katzenstein“). Der Oberkirch-Granit mit mafischen Enklaven ist außerdem an Weganschnitten und in natürlichen Felsgruppen am Westhang oberhalb von **Bischenberg** (**26**; 436,75E; 5385,6N) aufgeschlossen. An frischen Bruchflächen sind hier neben den durch Kalifeldspat-Megacrysten angedeuteten Fließtexturen im Granit gelegentlich die für den Oberkirch-Granit typischen E-W-orientierten Mikrostriemungen an den Korngrenzen der Großkristalle zur Matrix zu erkennen.

Da der Oberkirch-Granit in der zweiten Hälfte des 19. Jahrhunderts aus vielen Steinbrüchen der Gegend bis nach Helgoland (!) exportiert wurde, finden sich auch an der Südflanke des Achertals größere künstliche Aufschlüsse. Diese sind rund 4 km südlich von **Kappelrodeck** (220 m NN) vom Waldparkplatz **Blaubronn** (**27**; 435,05E; 5379,35N) gut zu erreichen. Hier erschließen Steinbrüche und natürlich verwitterte Felsgruppen rund um den **Stierfelsen** (**28**; 435,15E; 5380,0N) einen Bereich des Oberkirch-Granits mit besonders großen Kalifeldspäten (bis 20 cm) und pegmatitischen Schlieren mit Muskovit- und Turmalin-Kristallen. Als Bruchflächen dominieren neben NNE-streichenden tektonischen Klüften vor allem oberflächenparallele Entlastungsklüfte. Den ehemals intensiven Abbau von Oberkirch- und Gang-Graniten im Achertal belegt auch der heute leider umzäunte Steinbruch in **Furschenbach** (**29**; 436,4E; 5381,0N), in dem Ernst Cloos (1922) erstmals WNW-streichende Fließ- und Schertexturen nicht nur im Oberkirch-Granit sondern auch in jüngeren NNE-ausgerichteten Granit-Gängen beschreiben konnte. Am **Zieselberg** (**30**; 437,5E; 5380,3N) westlich von **Ottenhöfen** (309 m NN) finden sich mehrere künstliche und natürliche Aufschlüsse von Oberkirch-Granit mit mafischen Einschlüssen.

Gegen Osten, wo nördlich von Ottenhöfen der Oberkirch-Granit entlang der Glashütte-Störung an den Seebach-Granit grenzt, befindet sich eingeklemmt zwischen den Graniten ein schmaler Streifen mylonitisch überprägter Omerskopf-Gneise und feinkörniger Seebach(?)-Granitgänge. In Aufschlüssen am westlichen Wegrand nördlich des Sägewerks im Bereich **Legelsau** (**31**; 438,9E; 5383,1N) und am Westhang über dem Talboden deuten eine WSW-fallende mylonitische Foliation und W-abtauchende Streckungslineationen duktile Abschiebungsbewegungen nach Westen an. Dabei wurde anscheinend auch der westliche Kontaktbereich des Seebach-Granits entlang W-einfallender mylonitisch-kataklastischer Störungszonen überprägt. Später durchschlugen WNW-streichende Störungen und Gangbrekzien diese Zone. Im Bereich des heutigen Besucherbergwerks **Silbergründle** (**32**; 438,9E; 5381,55N) queren den an Störungen aufgelockerten Seebach-Granit NW-streichende Gangbrekzien mit Quarz-Hämatit(+Baryt, Fluorit usw.). In den Gangbrekzien suchte man wahrscheinlich schon im frühen Mittelalter und dann wieder um 1770 nach Ag-führendem Bleiglanz (Werner & Dennert 2004). Ähnlich interessante WNW-streichende und durch Quarz-Hämatit zementierte granitische Brekzien finden sich außerdem südlich von Ottenhöfen in dem 1 km östlich und oberhalb von **Unterwasser** gelegenen, als **Sandgrube** (**33**; 438,2E; 5378,45N) bekannten Steinbruch (Abb. 34a).

Östlich der Glashütte-Scherzone bildet der Seebach-Granit beiderseits der L 87 bis zur B 500 (Schwarzwald-Hochstraße) steile Talflanken und Felsgruppen. Die B 500 verläuft hier ungefähr im Niveau der Diskordanz zwischen dem granitischen Sockel bzw. Rhyolithen der Rotliegend-Gruppe und der Buntsandstein-Gruppe. Der bekannte 200 m lange und bis 17 m tiefe **Mummelsee** (1029 m NN; **34**; 441,1E; 5383,1N) füllt hier eine Karmulde, die von einer mehr als 100 m hohen Karwand aus Bausandstein- und Hauptkonglomerat-Formation überragt wird. Von den großen Parkplätzen am Mummelsee lässt sich nicht nur die Hochmoorfläche der **Hornisgrinde** (1163 m NN) erwandern, sondern auch eine prominente Felsgruppe aus Seebach-Granit am **Hohenstein** (**35**; 439,65E; 5382,6N) besuchen. Direkt darunter wird der homogen-feinkörnige Seebach-Granit, der eine hohe Festigkeit (> 200 MPa) aufweist, seit mehr als 100 Jahren am **Wolfsbrunnen** in zwei eindrucksvollen Steinbrüchen (**36**; 441,9E; 5381,5N und **37**; 441,3E; 5381,8N; Abb.10 b) abgebaut. In den Steinbrüchen weisen NNE-streichende und steil ESE-einfallende Hauptklüfte vielfach chloritisch-serizitische Beläge und Spuren schräg-sinistraler Relativbewegungen auf. Einen schönen Blick auf den nördlichen Steinbruch mit seinen weitständigen Klüften hat man von einem kleinen Parkplatz an der B 500 rund 1 km südlich von **Seibelseckle** (**38**; 442,15E; 5381,65N), wo direkt gegenüber der Parkbucht die Diskordanz zwischen dem Seebach-Granit und den in Flussrinnen abgelagerten basalen Schichten der Buntsandstein-Gruppe aufgeschlossen ist.

In der Umgebung von Ottenhöfen bildet die Oberkante des Kristallinen Sockels eine deutliche terrassenförmige Verebnung in Höhen von 500 bis 600 m NN. Dem Niveau dieser Terrasse entspricht die Basis dünner Arkose-Sandsteine und rhyolithischer Vulkanite (74 bis 77 % $SiO_2$) eines schmalen ENE-ausgerichteten Teilgrabens des **Offenburg-Rotliegend-Beckens**. Die NE-streichenden rhyolithischen Gänge im granitischen Sockel stellen wahrscheinlich erstarrte subvulkanische Fördergänge der rhyolithischen Laven dar. Über der Sockeloberfläche und m-mächtigen fluviatilen Sandsteinen extrudierten um 287 Ma (Rb/Sr -Biotitalter) rhyolithische Aschen und zähflüssige Laven (Weyl 1937; Lippolt et al. 1983). Besonders eindrucksvoll sind die Reste rhyolithischer Lava-Dome, Lava-Decken und Schlote im Bereich **Sesselfelsen-Rappenschrofen** (Sesselfelsen, Spitzfelsen, Breitfelsen, 550 bis 700 m NN, **39**; 435,4E; 5378,1N) südwestlich von Ottenhöfen. Ein als „Felsenweg“ erschlossener Rundweg, der in der Schlucht des unteren Simmersbachs beginnt, verläuft nach 1 km unter einem bis 1928 in Rhyolithen („Quarzpophyren“) betriebenen Steinbruch und führt von hier in die teilweise brekziös zertrümmerten und alterierten Rhyolithlaven am Sesselfelsen, Spitzfelsen, Breitfelsen und Rappenschrofen. Steil einfallende lamellenartige Fließtexturen deuten an, dass hier ein rhyolithischer Lavadom nachträglich von einem vulkanischen Schlot durchbrochen wurde, wobei die erstarrende Rhyolithlava zu Teilen fragmentiert wurde. Setzt man die Wanderung am Felsenweg nach Norden fort, so erreicht man zuerst Blockfelder und Felsgruppen im Oberkirch-Granit (Pfennigfelsen-Katzenschrofen-Palmfelsen-Stierfelsen-Karschrofen-Bürstenstein; **28**; 435,15E; 5380,0N) und auf dem nach Osten zurückführenden Weg den bis 1978 im Oberkirch-Granit betriebenen Steinbruch **Bobenholz** (**40**; 435,2E; 5380,25N).

Im Gegensatz zum Rappenschrofen stellt die südöstlich von Ottenhöfen aufsteigende, fast 700 m breite und 5 km lange Felsrippe des **Eichhaldenfirsts-Karlsruher Grats** (bis 700 m NN; **41**; 439,8E; 5379,0N) den oberen Bereich einer breiten ENE-streichenden, rhyolithischen Spaltenfüllung dar. Relativ flach einfallende Fließtexturen deuten die Struktur eines gelängten Lavadoms an; dieser ging jedoch wahrscheinlich in eine Lavadecke über. Eine der Eichhaldenfirst-Spaltenfüllung entsprechende und von steilstehenden Abkühlungsklüften durchzogene Rhyolith-Lavadecke ist am Parkplatz in der scharfen Kehre der **K 5370** (**43**; 440,55E; 5379,4N) aufgeschlossen. Brekzienzonen in den Rhyolithen sind Hinweise auf hohe Viskositäten und Gasdrücke in den extrudierenden Laven, die beim Austritt an der Erdoberfläche so zu „Trümmerporphyren" zerbrachen. Ausgehend von Abkühlungsklüften und unregelmäßigen Rissen sorgten $SiO_2$-reiche hydrothermale Lösungen für intensive Verkieselungen und Alterationen. Daneben entwickelten sich später engständige E-W- und N-S-streichende tektonische Klüfte, die den Abbau des Rhyoliths in einem riesigen **Schotterbruch** (**42**; 438,9E; 5379,0N) am Westrand des Eichhaldenfirsts erleichtern. Der Erosionswiderstand der gesamten Rhyolithmasse sorgt für einen weit nach Westen vorspringenden Ausbiss der überlagernden Buntsandstein-Gruppe. An alten Hochweide-Zugangswegen ist gut zu beobachten, wie kräftige Infiltration auch heute blockige Hangschuttdecken und reliktische Felsenmeere in kriechende Bewegung versetzen kann, wobei mehr als 150 Jahre alte Wege und Böschungsmauern allmählich unter diesen Blockhalden verschwinden. Murenablagerungen in steilen Rinnen verdeutlichen außerdem eine bis heute wirksame rückschreitende Ausweitung von Quellmulden an der Grenzfläche Sockel-Buntsandstein-Gruppe. An der Südflanke des Eichhaldenfirst-Rhyolith-Komplexes vertiefen schleifende Wirbelbewegungen von Rhyolith-Steinen in einer Felsrinne am Kontakt Rhyolith-Granit weiterhin die erosiven Strudellöcher der **Edelfrauengrab-Klamm** (**44**; 438,75E; 5378,7N).

### *Renchtal, Durbachtal und nördlichste Einzugsgebiete der Kinzig*

Das NW-gerichtete **Renchtal** ist von der **A 5** (Ausfahrt Appenweier) über die **B 28** zu erreichen, aber auch mit der Bahn bis **Bad Griesbach** erschlossen. Das benachbarte, ebenfalls NW-gerichtete **Durbachtal** ist mit dem Renchtal über die **K 5369** verbunden. Die nach Südwesten entwässernden höheren Teileinzugsgebiete der **Kinzig** lassen sich von Offenburg über die **B 33** oder aus dem Renchtal über schmale Bergstraßen erkunden. Die äußeren Talstrecken folgen hier wie weiter nördlich anscheinend NW-streichenden Bruchzonen im Oberkirch-Granit, der im Südosten von der mylonitisch-kataklastischen Diersburg-Scherzone zum Zentralschwarzwälder Gneiskomplex hin begrenzt wird und dessen Ausbiss sich südwestwärts allmählich verschmälert. Innerhalb dieser Scherzone, die sich über das untere Kinzigtal hinweg fortsetzt, liegt nur wenige Kilometer außerhalb unseres Exkursionsgebiets – leider kaum aufgeschlossen – die in steile Linsen zerlegte und kohleführende Berghaupten-Formation. Gegen Südosten erheben sich auf der deutlichen Verebnungsfläche über den metamorphen Gesteinen des Kristallinen Sockels erste erosive Kuppen der Rotliegend- und Buntsandstein-Gruppe, so z. B. der breite **Mooswald-Rücken** zwischen dem Rench- und dem Kinzigtal. Die Oberkante des Sockels und damit die Basis der Rotliegend-Gruppe steigt dabei von Höhen um 250 m NN an den Flanken des Durbachtals gegen Osten bis in Höhen um 450 m an, wobei dann nur wenige Kilometer weiter östlich die Buntsandstein-Gruppe in Höhen zwischen 900 und 1000 m NN direkt eine Verebnungsfläche des Kristallinen Sockel überlagert. Die gegen Westen auskeilenden tieferen Einheiten der Buntsandstein-Gruppe bilden hier den Oberrand steiler Teileinzugsgebiete der Rench oder der Kinzig und sind als kiesige Beckenrand-Fazies nur schwer bestimmten Formationen zuzuordnen.

Im Raum Oberkirch, ganz besonders jedoch im Bereich des **Durbachtals** ist der tief verwitterte Oberkirch-Granit bis in Höhen um 400 m NN von Weinreben bedeckt. Die Verwitterung des Granits zu Grus sowie die Mischung von Grus und Löss machen an den Südhängen der äußersten Grabenschulter einen hochwertigen Weinbau möglich. Die Übergangszone Fels-Grus-Boden lässt sich ausgezeichnet entlang der K 5369 zwischen **Bottenau** (200 m NN) und **Durbach** (210 m NN) studieren. Kleinere Aufschlüsse im Oberkirch-Granit finden sich an der Kapelle **St. Wendelin** (mit Parkplatz; **45**; 429,0E; 5374,75N) nordwestlich von Bottenau und auf dem Höhenrücken, der nördlich von Durbach von der Passhöhe der K5369 nach Westen zu erwandern ist. Bei **St. Anton** (**46**; 428,95E; 5372,3N) lagern am Außenrand der Grabenschulter in einer Höhe von nur 300 m NN kleine erosive Reste der Rotliegend-Gruppe auf dem Oberkirch-Granit. Mit der Verengung des Tals gegen Südosten quert der Durbach auch größere Bereiche der an NW-streichenden Störungen abgesunkenen und deshalb noch nicht erodierten Rotliegend-Gruppe. So lagern auf dem Oberkirch-Granit am **Heidenknie** (504 m NN) südwestlich des Durbachtals rund 20 m mächtige Reste konglomeratisch-arkosischer Sandsteine der Staufenberg-Formation, über der eine Rhyolith-Decke folgt. Die Rhyolith-Decke, die eine recht einförmige violette Matrix und Einsprenglinge (< 3 mm) von Feldspat- und Quarz aufweist, ist insgesamt rund 40 m mächtig. Während stark tektonisch gestörte Rhyolithe am Parkplatz südöstlich des **Brandeckkopfs** (**47**; 428,7E; 5368,15N) in Höhen von 450 bis 500 m NN auf Oberkirch-Granit und geringmächtigen Abfolgen der Staufenberg-Formation ruhen, befindet sich die Basis der Rotliegend-Gruppe am Durbach-Talboden in einer Höhe von nur rund 250 m NN. Hier ist der Kontakt zwischen verkieselten konglomeratischen Sandsteinen der Staufenberg-Formation und rostbraunen Rhyolith-Laven an der Lokalität **Geisberg** (**48**; 429,55E; 5369,7N) in einer alten Steinbruchwand („Schwabsgrundweg“) südlich oberhalb der Straße aufgeschlossen. Auch am Weg nördlich des Durbachs oberhalb von Geisberg bzw. 500 m weiter nordwestlich sind 20° NNE-einfallende grau-violette Sandsteinbänke und überlagernde Rhyolithe in Böschungen angeschnitten; an der Oberfläche des nördlich aufragenden Wolfenkopfs weisen gelegentliche kleine Aufschlüsse und Lesesteine sogar auf die ehemalige Anwesenheit der Michelbach-Formation(?) hin. Aus der räumlichen Beziehung dieser Aufschlüsse ergibt sich, dass zwischen dem Brandeck-Kopf und dem Talboden die Rotliegend-Gruppe an einer NW-streichenden Störungszone rund 200 m abgesenkt wurde. Auch die nordöstliche Ausbissgrenze der Rhyolithdecke ist eine Störungszone mit NW-streichenden und SW-einfallenden Zweigstörungen, die einen Vertikalversatz von insgesamt < 100 m aufweisen. Im Bereich **Bergle** (**49**; 431,25E; 5371,35N) führt eine der NW-streichenden Bruchzonen eine Schwerspat-Flussspat-Hämatit-Quarz-Mineralisation, die beiderseits des Bergrückens noch im frühen 20. Jahrhundert abgebaut wurde. Wasserstreitigkeiten und Unwirtschaftlichkeit erzwangen allerdings um 1958 die Aufgabe dieser Unternehmung (Steen 2004). Im obersten Einzugsbereich des Durbachs lagern Reste grauer arkosischer Sandsteine der Staufenberg-Formation und Rhyolithe auf mylonitisch-kataklastisch überprägten Paragneisen und metarhyolithischen Orthogneisen („Flasergneisen"), die eine überwiegend NW-einfallende Foliation aufweisen. In Richtung Offenburg ist der unter den Rhyolith-Decken liegende Oberkirch-Granit am **Eschholzkopf** (**50**; 426,8E; 5369,2N) nordwestlich des Brandeckkopfs aufgeschlossen. Weitere interessante Aufschlüsse im Oberkirch-Granit (mit basischen Enklaven) sind der **Böcklinstein** (**51**; 426,7E; 5368,3N) und ein synplutonischer mafischer Gang, der oberhalb von **Riedle** (**52**; 425,75E; 5368,65N) freiliegt (Altherr et al. 1999). Am **Bühlstein** (**53**; 425,9E; 5368,3N) überragt nochmals – nun fast am Grabenrand – eine Rippe rhyolithischer Brekzien den Oberkirch-Granit.

Folgt man von Westen kommend dem **Renchtal** selbst, so fällt auf, dass die Rench zwischen **Renchen** (150 m NN) und **Oberkirch** (192 m NN) – zwar als Flutkanal – aber doch über eine Strecke von rund 6 km an der Basis einer bis zu 25 m hohen, NW-streichenden Geländestufe verläuft. Diese Stufe ist quer zur Vorhügelzone ausgerichtet und folgt wahrscheinlich einer geologisch jungen NW-streichenden Störung. Auch die Topografie am Ausgang des Tals deutet ähnliches an. Während südwestlich des Tals mehrere niedrige und von Löss bedeckte Rücken aus Oberkirch-Granit allmählich nach Norden unter die alluviale Füllung des äußeren Renchtals abtauchen, erheben sich die Hänge an der Nordflanke des Tals abrupt und steil über der Rench. Auch der oben erwähnte und an mehreren NW-streichenden Abschiebungen abgesunkene Kontakt zwischen dem Kristallinen Sockel und der Rotliegend-Gruppe ist ein Hinweis auf eine anscheinend tektonisch tiefere Lage der Grabenschulter südwestlich des Tals. Asymmetrisch nach Südwesten gerichtete und hakenförmig in die Rench mündende Nebenbäche verstärken dieses Bild von möglicherweise jungen Bewegungen an NW-streichenden Störungen im Untergrund des Tals. An den Flanken des Renchtals nordöstlich und oberhalb von Oberkirch unterlagert Oberkirch-Granit in seiner „Typuslokalität" die von Grus bedeckten Hänge, die er in Höhen zwischen 350 und 400 m NN im schmalen bewaldeten **Schwalbenstein-Rücken** (500 bis 600 m NN; **54**; 433,5E; 5375,65N) in Form von zwei grob N-streichenden erosiven Rippen überragt. Der Granit ist hier außerdem in einem verwachsenen Steinbruch und kleinen Weganschnitten zu studieren. Auffallend sind hier die teilweise in Fließflächen eingeregelten Feldspat-Megacrysten und mafischen Einschlüsse. Talaufwärts erhebt sich südlich der Talverengung von **Lautenbach** (214 m NN) ein schmaler Rücken, der allmählich bis in Höhen > 800 m ansteigt und an seinen Flanken kleine natürliche und künstliche Aufschlüsse im Oberkirch-Granit aufweist (**55**; 434,7E; 5373,7N). Der von recht grobkörnigem Grus bedeckte Granit ist vielfach von engständigen Bruchflächen und Quarz-Hämatit-Alterationszonen durchzogen. Schließlich lagert am **Großem Schärtenkopf** (601 m NN, **56**; 435,2E; 5372,65N) über dem kräftig verkieselten und alterierten Oberkirch-Granit eine in Türme aufgelöste Rhyolith-Decke der Rotliegend-Gruppe. Subhorizontale und engständig laminierte Fließflächen deuten an, dass es sich hier um den Rest einer größeren Lavadecke handelt, die ursprünglich möglicherweise bis in den Bereich Eckenfels nordöstlich von Oppenau reichte. Stark verkieselte Rhyolithe mit rundlichen Entglasungstexturen wurden am **Kleinen Schärtenkopf** (589 m NN; **57**; 435,25E; 5371,95N) sogar in Steinbrüchen abgebaut. Weiter südlich bei **Grünberg** (**58**; 435,05E; 5370,25N) überlagern die Rhyolithe dünne konglomeratische Sandsteine der basalen Rotliegend-Gruppe, die an der westlichen Flanke des Mooswald-Rückens zwischen Höhen um 500 bis 550 m NN als deutliche Terrasse zwischen Gneisen des Sockels und dem Höhenzug der Buntsandstein-Gruppe ausstreichen. Eine > 50 m mächtige und teilweise fragmentierte Rhyolithdecke, die mit 286 Ma (Rb/Sr Muskovit-Alter) datiert wurde (Lippolt et al. 1983) und von NW-streichenden Quarzgängen durchzogen ist, wurde unter der Westflanke des Mooswald-Rückens im ehemaligen Steinbruch am **Sauerstein** westlich der **Kornebene** (**59**; 431,85E; 5364,75N) abgebaut. Diesen Teil des Mooswald-Rückens erreicht man auch gut aus dem **Haigerachtal**, das in mylonitisch überprägte metarhyolithische Orthogneise eingekerbt ist (Röhr 1990).

Fährt man an der Rench flussaufwärts, so gelangt man bei **Sulzbach** (390 m NN) im Bereich des **Pilatus-Felsens** (**60**; 437,8E; 5373,15N) an die Ostgrenze des Oberkirch-Granits, an der sich die N-streichende Glashütte- und die NE-streichende Diersburg-Störungszone überschneiden. Am Ausgang des Sulzbachtals überragt eine reliktische Schwemmkegel-Terrasse den Talboden der Rench um rund 20 m und unmittelbar südlich der Sulzbachmündung schuf sich die Rench mit tiefen Kolken ein Felsbett in granitischem Gestein. Dies deutet möglicherweise auf junge tektonische Hebungen im Bereich der Talenge zwischen Lautenbach und Ramsbach hin. In der Nähe der Störungszonen befindet sich auch die Thermalquelle von Sulzbach. Ihr Na-$HCO_3$-$SO_4$-Thermalwasser hat (oder hatte?) eine Temperatur von 21 °C und weist einen Feststoffgehalt von fast 3 g/l auf. Ein großes Kurhotel, das hier um 1900 errichtet worden war, endete mit dem Abriss im Jahr 1968. Das Quellwasser tritt heute an einem frei zugänglichen Brunnen nördlich des Parkplatzes aus (**61**; 437,4E; 5373,6N). Über dem südlichen Ufer des Sulzbachs schürfte man vormals in E-W-streichenden Gangbrekzien auf Schwerspat.

In diesem Talabschnitt, in dem Oberkirch-Granit, Gneise und feinkörnige Gänge aus Seebach-Granit (?) eine intensive retrograde-kataklastische Überprägung erfuhren, sind die betroffenen Gesteine zwischen den beiden Ortstafeln von **Ramsbach** (240 m NN) in der Böschung an der Nordseite der B 28 (**62**; 436,95E; 5371,25N) zu studieren. Die N- bis NW-streichenden mylonitischen Foliationen werden vielfach von dunklen N-streichenden Flächen mit chloritischer Alteration und Harnisch-Striemungen durchzogen, wobei die Striemungen sowohl Abschiebungen als auch Horizontalbewegungen andeuten. An der Mündung des Ehrenbächles findet sich zwischen den metatektischen und retrograd überprägten Biotit-Plagioklas-Gneisen eine Amphibolitlinse, in der ebenfalls eine NNE- bis E-streichende Foliation dominiert. Auch bei **Oppenau** (277 m NN) wo der von Norden kommende **Lierbach** hakenförmig in die Rench mündet, bilden stark retrograd überprägte Gesteine des Kristallinen Sockels die tieferen Talflanken. Rund 4 km nordöstlich der Ortschaft lagern dann graue Sandsteine und rötlich gefärbte Rhyolithe eines rund 2 km breiten, NE-streichenden Rotliegend-Grabens diskordant auf den Gneisen, die von Gängen des Seebach-Granits durchsetzt sind. Auf der Suche nach Kohle erbohrte man 1838 unter dem Lierbach-Talboden eine rund 60 m mächtige Abfolge grauer Arkosen und Tonsteine über Sockel-Gneisen. Helle, dünn laminierte und kräftig verkieselte Rhyolithe sind im aufgelassenen Steinbruch am **Hauskopf** (644 m NN, **63**; 439,45E; 5371,8N), am **Eckenfels** (670 m NN, **64**; 440,9E; 5371,5N) und am **Rotenkopf** (629 m NN, **65**; 440,6E; 5372,3N) ausgezeichnet aufgeschlossen. Diese Bereiche lassen sich gut von der K 5370 erwandern. Am Hauskopf füllen die Rhyolithe anscheinend eine breite NNE- bis NE-ausgerichtete Spalte, wobei steile bis vertikale Fließflächen und eine subhorizontale Fließlineation ein horizontales Zufließen der Lava in die Spalte andeuten. Der an der Eckenfels-Südwand hervorragend aufgeschlossene Eckenfels-Rhyolith-Komplex ist dagegen wahrscheinlich Teil einer schüsselförmigen Lava-Decke, die sich an der Landoberfläche über der Sandstein-Tonstein-Abfolge der Staufenberg-Formation ausbreitete und möglicherweise mit der Rhyolithdecke des Schärtenkopf-Bereichs korreliert. Die Rhyolithdecke, in der die engständige subhorizontale bis NNW-einfallende Fließlamination gut zu erkennen ist, ist nach oben hin zunehmend fragmentiert und stark verkieselt Eine weitere, isolierte und stark gebleichte Rhyolithkuppe ist der **Alberstein** (**66**; 440,4E; 5369,7N) südlich der L 92. Sedimentäre Schichten der Rotliegend-Gruppe, die hier an NE-streichenden Störungen tektonisch verstellt sind, haben wahrscheinlich eine südwestliche Fortsetzung südlich oberhalb von Oppenau, wo sie im Bereich **Im Guckinsdorf** unter der östlichen Steilstufe des Mooswald-Rückens als insgesamt rund 150 m mächtige graue Arkosen, Tonsteine, rhyolithische Brekzien und Fanglomerate gelegentlich in kleinen Bachanrissen zu sehen sind. Gegen Osten erstrecken sich die dünnen Sandstein-Tonstein-Abfolgen und überlagernden Rhyolithe bzw. rhyolithischen Aschen unter der Buntsandstein-Gruppe bis ins obere Murgtal (siehe Exkursion E 3). Metatektisch bis kataklastisch modifizierte Paragneise des Sockels sind entlang der abenteuerlichen L 92 in kleinen Böschungsanrissen aufgeschlossen (**67**; 441,15E; 5370,45N). Die NE-streichende Foliation fällt hier gegen Osten ein und an der Straße nach **Maisach** (**68**; 440,7E; 5369,15N) – östlich von Oppenau – wechsellagern kurz vor dem Ortseingang die Gneise mit stark zerscherten und retrograd überprägten Linsen aus Amphibolit.

Am Nordende des Lierbachtals durchstürzt der Lierbach in den rund 100 m hohen **Allerheiligen-Fällen** (**69**; 440,1E; 5375,6N) eine 300 m lange Schlucht, die über eine feste Treppe gut zu begehen ist. Die erosive Einkerbung des Bachs in tiefen Kolken folgt überwiegend NNE- bis N-streichenden Klüften im Seebach-Granit und einem in den Seebach-Granit intrudierten, ähnlich ausgerichteten Rhyolith-Gang, der im obersten Bereich der Klamm mit einem „B“ markiert ist. Eine interessante Wanderung bietet sich oberhalb der Fälle in den östlich der Klosterruine von Allerheiligen gelegenen Hangbereich. Östlich des **Hirschkopfs** (direkt unter dem Weg an der Höhenangabe „733“; **70**; 441,0E; 5375,7N) erhebt sich aus dem Waldboden eine rund 3 m mächtige und mehrere Meter hohe NW-streichende Gangbrekzie mit einer Quarz-Baryt-Mineralisation. Dieser mauerähnliche Aufschluss ist der seltene Fall einer noch gut erhaltenen hydrothermalen Spaltenfüllung, die aufgrund einer intensiven Verkieselung nicht so stark abgetragen wurde wie der umgebende, kräftig alterierte Seebach-Granit. Folgt man der Forststraße im gleichen Niveau nach Südosten, so trifft man in Wegböschungen auf den stark geklüfteten, durch Hämatit-Goethit rotbraun gefärbten Granit und schließlich auf rötliche, retrograd überprägte metamorphe Gesteine, die hier direkt unter der Basis der Buntsandstein-Gruppe ausstreichen. Die tiefere Buntsandstein-Gruppe ist östlich oberhalb von Allerheiligen an der Nordwestflanke des **Schliffkopfs** (1055 m) am **Roten Schliff** (**71**; 441,25E; 5376,1N) aufgeschlossen und hier oberhalb einer alten Steinbrücke (mit viel Vorsicht!) zu studieren. Die steilen und U-förmig ausgeschürften Sandsteinwände der tobelförmigen Rinne werden immer wieder durch aktive Rutschungen und gelegentliche Muren freigelegt. Die Sandsteine der Murg- und Eck-Formation, die ungefähr im Brückenniveau auf stark alteriertem Seebach-Granit lagern, sind kleinzyklisch gebankt und zeigen die typischen Bleichungserscheinungen, die wahrscheinlich mit der intensiven Serizit-Alteration der Feldspäte zusammenhängen (Brockamp et al. 2003). Die Kuppe des Schliffkopfs selbst ist Teil der Grindenhochfläche, die nach Westen hin in Blockhalden übergeht und sich von der Hochschwarzwald-Straße (B 500) erwandern lässt.

Ähnlich wie die hakenförmige Mündung des Lierbachs in die Rench biegt auch die obere Rench selbst bei **Bad Peterstal** (385 m NN) mit einer abrupten Verkrümmung ins Haupttal ein. In diesem Bereich bilden Gneise und lokal eingeschaltete Amphibolit-Linsen den Achsialbereich der NE-abtauchenden Peterstal-Antiform. An den gegen Westen ansteigenden Hängen und am Wanderweg östlich der Rench, ganz besonders jedoch zwischen der Lokalität **In den Mauern** und **Bad Griesbach** (467 m NN) finden sich Aufschlüsse von Gneisen (**72**; 442,85E; 5365,85N), die eine SE-streichende Foliation, E-abtauchende Lineationen und diatektische Schmelzbereiche aufweisen. U-Pb-Alter von 333 Ma von Monazit aus ähnlichen Gneisen deuten wahrscheinlich das Alter der beginnenden diatektischen Mobilisation der Gneise an (Kalt et al. 1994). Die Gneise werden hier von einem System eng gescharter, NE- bis NNE-streichender Gänge und von foliationsparallelen Lagern aus gleichkörnigem Granit durchzogen (Abb. 24b). Obwohl die Meter bis Dekameter breiten Granitgänge an NW-orientierten Kluftflächen in blockige Rippen zerlegt sind, haben sie sich gegenüber der Verwitterung beständiger erwiesen, als die umgebenden Gneis-Amphibolitzüge; sie bilden deshalb an den bewaldeten Hängen wandförmige Aufragungen, die grob parallel zum Talboden verlaufen. Bad Peterstal und Bad Griesbach sind bekannt für die $HCO_3$-Ca-Na-Mg-$SO_4$-Mineralwässer (Säuerlinge), die durch Temperaturen von 10 bis 14 °C, 3 bis 4 g/l an gelösten Festsubstanzen und $CO_2$-Gehalte von 2 bis 3 g/l gekennzeichnet sind. Ganz ähnliche $CO_2$-Gehalte sind auch für andere Quellen der näheren Umgebung bekannt, so z.B. für Bad Antogast bei Maisach oder für Bad Rippoldsau im oberen Wolfachtal. Aufstiegswege der gasreichen Mineralwässer könnten – jedenfalls in Oberflächennähe – engständige NW-streichende Klüfte in den Granitgängen sein. Ein solcher Granitgang mit offenen NW-streichenden Klüften ist direkt am Gebäude der Quellwasserentnahme in Bad Griesbach (**73**; 443,9E; 5366,8N) aufgeschlossen.

Über den Gneisen bilden Erosionsreste der Buntsandstein-Gruppe kuppenförmige Erhebungen, wie z.B. am **Braunberg** (874 m NN; **74**; 441,25E; 5366,8N) westlich der Rench oder am **Überskopf** (848 m NN; **75**; 443,0E; 5364,6N) östlich der Rench. An den Flanken dieser Kuppen finden sich über größeren Quellmulden erosive Anrisse, die durch sporadische Massenbewegungen geschaffen werden, so z. B. am Braunberg im Sattelbereich zwischen den beiden höchsten Erhebungen oder an der Lokalität „Schliff". In diesen Anrissen lässt sich die grobkörnig-kiesige Beckenrandfazies der tieferen Buntsandstein-Gruppe studieren. Südöstlich und oberhalb von Bad Griesbach überragt die Bausandstein-Formation die Quellmulde des **Rappenschliffs** und bildet steile Karwände im Bereich **Bärenfelsen-Teufelskanzel** (**76**; 444,8E; 5365,25N). Gegen Südwesten und östlich der Passhöhe der L 94 ist die gut zementierte Hauptkonglomerat-Formation am **Heidenstein** (794 m NN; **77**; 438,1E; 5362,9N) in einem durch Klüfte mauerartig aufgelösten Felsrücken aufgeschlossen. Von dieser Passhöhe führt die L 94 ins Tal des **Harmersbachs** und die K 5354 ins Tal der **Nordrach**. Beide Bäche folgen bis zu ihren spitzwinkligen Mündungen in die Kinzig dem Achsialbereich der Peterstal-Antiform. Eine Vielfalt diatektisch, mylonitisch bis kataklastisch überprägter Gneise wird hier von zahlreichen NE-streichenden Granitgängen und der Hauptmasse des Nordrach-Granits durchschlagen. Im Harmersbachtal sind östlich von **Riersbach-Dörfle** (**78**; 437,15E; 5359,0N) in einem Steinbruch wechsellagernd Amphibolite, Kalksilikat-Marmore und Biotit-Plagioklas-Gneise (mit Sillimanit) mit einer NE-einfallenden Foliation zu sehen. Im Nordrachtal überwiegen wechsellagernd metarhyolithische und metasedimentäre Gneise, die sich vor allem durch ihren Biotitgehalt unterscheiden (Röhr 1990).

Von Bad Peterstal erreicht man über die nach Südosten führende Passstraße 193 auch das höhere Einzugsgebiet der **Wolfach** (oder **Wolf**) und die östlich angrenzenden Teileinzugsgebiete der Kinzig. Dieser Bereich umfasst die im 18. Jahrhundert finanziell ergiebigsten Bergbau-Reviere des zentralen Schwarzwalds. Die größeren Täler folgen dem dominierenden Streichen der SE-einfallenden Gneis-Foliation und ähnlich ausgerichteten granitischen Gängen. Die Gneise wurden hier am SE-Schenkel der Peterstal-Antiform meist intensiv mylonitisch-kataklastisch überprägt, wobei Streckungslineare auf sinistrale oder abschiebende Relativbewegungen hinweisen. Oberhalb von 600 bis 700 m NN bestehen die Rücken und Kuppen zwischen den Tälern aus Resten der ca. 300 m mächtigen Buntsandstein-Gruppe, die hier entweder direkt auf dem Sockel oder, wie im Bereich des **Stausees Kleine Kinzig** (610 m NN), auf bis zu 200 m mächtigen Konglomeraten der höheren Rotliegend-Gruppe ruht (Eissele 1957; Sawatzki & Eissele 1981). Aus Quellmulden an den Nordostflanken der Buntsandstein-Rücken haben sich in der späten Pleistozän-Epoche kleine Kare und Nivationsmulden entwickelt.

Im obersten Wolfachtal ist der Kontakt zwischen dem Sockel (Gneisen mit Granitgängen) und der basalen Buntsandstein-Gruppe in einem aufgelassenen Steinbruch rund 1 km nordwestlich von **Holzwald** (**79**; 447,25E; 5369,2N) aufgeschlossen. Das Tal verläuft hier vorerst noch quer zum NE-Streichen der Gneisfoliation und der Granitgänge. Aus Bruchzonen, die parallel zum NW-SE-verlaufenden Talboden ausgerichtet sind, treten bei **Bad Rippoldsau** (580 m NN) $CO_2$-führende Säuerling-Mineralwässer aus. Die Quellen sind ebenso wie die NW-streichenden mineralisierten Gänge seit dem frühen Mittelalter bekannt. Obwohl die im Bereich der Aufstiegszonen der gasreichen Wässer gelegenen Gänge immer wieder bergbauliche Interessen weckten, ergaben sich einerseits Probleme mit der „Wasserhaltung" der Stollen, andererseits durch den Bergbau verursachte Störungen der Quellen. Der Bergbau wurde deshalb zeitweise eingestellt und gegen Ende des 18. Jahrhunderts verboten.

Das $CO_2$- und Fe-reiche Wasser, das bis 4 g/l an Feststoffen enthält, wird heute aus Tiefbrunnen gewonnen.

Südlich von Bad Rippoldsau ist von einem Parkplatz an der 196 der im Osten aufragende **Burgbachfelsen** (**80**; 450,85E; 5361,95N) zu sehen und in einem kurzen Spaziergang zu erreichen. An einer Wasserfallstufe überlagern basale verkieselte Sandsteine der Rotliegend-Gruppe den granitischen Sockel, der von einem System NNE-streichender rhyolithischer Gänge durchschlagen wird. Von hier nach Südwesten bis **Schapbach** folgt das Wolfach-Tal dem NE-orientierten Kontakt zwischen den randlichen Intrusionen des Triberg-Granit-Massivs im Südosten und Gneisen im Nordwesten. Unter dem **Gierisstein** (**81**; 448,15E; 5355,45N) südöstlich von Schapbach durchquert deshalb die nach Südosten ansteigende, 2 km-lange Gierisloch-Schlucht zuerst granitische Sockelgesteine, dann überlagernde Konglomerate und Sandsteine der höheren (?) Rotliegend-Gruppe und endet in einer steilen Quellmulde im Ausbiss konglomeratischer Sandsteine der Eck-Formation. Nordwestlich des Wolfachtals überwiegen Gneise. Zwischen Bad Rippoldsau und Schapbach zweigt bei **Vor Seebach** eine schmale, aber gut asphaltierte Straße in das nach Nordwesten ansteigende Seebachtal ab. In gelegentlichen Böschungs-Anrissen der Straße liegen meta- bis diatektische Gneise und Amphibolitlinsen frei. Das Talende bildet der **Glaswald-See** (843 m NN; **82**; 445,4E; 5363,9N) unter einer 100 m hohen Karwand und einer steilen Blockhalde aus Bausandstein-Formation. Dieser ursprünglich von Endmoränen umgebene Karsee durchbrach im Jahr 1743 seinen Moränenwall, wobei die resultierende Mure im tieferen Talbereich Häuser und Bewohner mit sich riss. Später wurde der See künstlich auf sein ursprüngliches Niveau gestaut und das Seewasser durch kontrollierten Abfluss der Scheitholzflößerei im Wolfachtal dienlich gemacht. Im Gegensatz zu anderen Karseen des Schwarzwalds ist der bis 11 m tiefe See bis heute durch einen Damm aufgestaut. Wegen der starken Seespiegelschwankungen in der Vergangenheit ist er im Uferbereich kaum verlandet. Weitere Felsflanken in der Bausandstein- und Eck-Formation, die vom Glaswald-See gut zu erwandern sind, bilden die Stufen des **Absbach-Wasserfalls** (**83**; 446,25E; 5365,05N) und die bereits erwähnten Sandsteinfelsen der **Teufelskanzel** (**76**; 444,8E; 5365,25N).

Die im Raum Wolfach-Oberwolfach, Wildschapbach und Wittichen bis zu Beginn des 19. Jahrhunderts aktiven „Bergbau-Reviere“ und viele andere, während der Bergbau-Blütezeit erschlossene Schurfe oder unrentable Grubenanlagen, folgten vor allem dm- bis m-mächtigen, NNW- bis WNW-streichenden Quarz-Baryt-Fluorit-Erzgängen. Ziel des Abbaus waren Gangfüllungen, die senkrecht zur Gneis-Foliation und zu ENE-streichenden retrograden Scherzonen ausgerichtet sind, und Kupferkies, Fahlerz, Co-Ni-Arsenide und andere Erzminerale mit signifikanten Silberanteilen enthalten (Wolff 1942; Bliedtner & Martin 1986; Markl 2005). Pingen und Halden im Bereich der bekanntesten

Untertage-Bergbaue, wie z. B. der Gruben „Segen-Gottes“, „Friedrich-Christian“, „Herrensegen“, „Wenzel“ usw., deuten gelegentlich noch die Lage ehemaliger Stollen oder Schächte an, die zum Teil bis in die Mitte des 20. Jahrhunderts zugänglich waren. So förderte man in **Wildschapbach** (**84**; 446,1E; 5359,25N) bis ins Jahr 1955 aus kurzen NW-streichenden Quarz-Baryt-Fluorit Gängen im Bereich einer steilen ENE-streichenden, kataklastischen Scherzone (Vererzungszone-Friedrich-Christian) stark oxidierte Pb-, Zn-, Ag-, Cu-, Bi-Erze, so z. B. auch das dunkle Erzmineral Schapbachit ($AgBiS_2$). Obwohl in Wildschapbach vom früheren Bergbau außer einigen überwachsenen Mauern nichts mehr zu sehen ist, sind hier beiderseits der Straße (L 93) und in isolierten Felsgruppen über dem Talboden diatektisch modifizierte Orthogneise mit flaserigen-mylonitischen Texturen und Linsen aus Amphibolit aufgeschlossen.

In der **Grube Clara** (**85**; 442,9E; 5358,8N) bei **Rankach** – rund 13 km nördlich von Wolfach – wird in einem seit 1726 bekannten und mehrere Hundert Meter langen System NW-streichender Gänge bis heute aktiver Bergbau betrieben. Aus einem Zehner-Meter breiten Quarz-Baryt-Gang und einem dazu fast parallelen Fluorit-Gang, der erst 1966 entdeckt wurde, fördert man aus Tiefen bis 600 m neben den Industriemineralen Baryt und Fluorit auch das Ag-führende Fahlerz. Interessant ist hier das Vorkommen des sonst seltenen Minerals Sellait ($MgF_2$). Beide Gänge durchqueren Paragneise, die eine NE- bis E-streichende und SE-einfallende Foliation aufweisen und im Bereich der Grube entlang einer ENE-orientierten Scherzone retrograd-kataklastisch überprägt wurden. Der Baryt-Gang ist anscheinend jünger als der Fluorit-Gang und beide Gänge fiedern nach oben hin in der basalen Buntsandstein-Gruppe auf (Huck in Bliedtner & Martin 1986; Werner & Dennert 2004). Obwohl für Illitkristalle im Bereich der Lagerstätte chronometrische Alter um 190 Ma ermittelt wurden (Bonhomme et al. 1983), gehen die deutlich gebänderten Gangfüllungen sicherlich auf mehrere Mineralisationsphasen zurück; feinstkristalline Verkieselung („Hornsteinquarz“) und Sulfid-Ausfällungen entstanden dabei wahrscheinlich früher als die grobspätigen Quarz-Fluorit-Baryt-Füllungen. Die Vielzahl der Minerale, die im Bereich des Gangsystems gefunden wurden, beschreiben Baumgärtl & Burow (2003).

In der **Grube Wenzel** (**86**; 441,05E; 5352,3N) bei Oberwolfach, wo sich der Bergbau zwischen 1766 und 1823 ebenfalls auf Ag-, Pb- und Cu-haltige Erze in NW-streichenden Gängen konzentrierte, wurden in jüngster Zeit rund 500 m der ursprünglich bis zu 2,5 km langen alten Strecken in einem interessanten Schaubergwerk zugänglich gemacht. In mylonitischen Gneisen aufgerissene Spalten wurden anscheinend auch hier – wie in anderen Teilen des zentralen Schwarzwalds – bei Temperaturen um 120 bis 150 °C und in Tiefen von rund 1 bis 2 km unter der Erdoberfläche, im Verlauf einer Quarz-Fluorit-Baryt-Sulfid-Mineralisation, auch von Karbonaten und verschiedensten Ag-Sb-Ni-Phasen gefüllt (Staude et al. 2007). Das Schaubergwerk Grube **Segen**

**Gottes** bei **Haslach-Schnellingen** im Kinzigtal, in dem seit 800 Jahren Ag-führende Baryt-Fluoritgänge erschürft wurden, bietet ebenfalls einen Einblick in verschiedene Formen der Mineralisation und in das Betriebswesen der alten Gruben. Das Bergbau- und Mineralienmuseum **Oberwolfach** und das Flößer- und Heimatmuseum **Wolfach** vermitteln ausgezeichnete Einblicke in die durch Bergbau und Holz gestützten Wirtschafts- und Lebensformen im zentralen Schwarzwald der frühen Neuzeit. Auch in einem NW-ausgerichteten Nebental der Kleinen Kinzig, lässt sich bei **Wittichen** (**87**; 451,4E; 5354,0N) an einem Lehrpfad die Geschichte des vormals intensiven Bergbaubetriebs nachvollziehen. Dieser konzentrierte sich hier vor allem auf die Co-Bi-reichen Erze NW-streichender Quarz-Baryt-Fluorit-Gangsysteme und war im 18. Jahrhundert die Basis einer profitablen Blaufarbenindustrie. Neben den nur teilweise verwachsenen Halden sind am Burgfelsen auch Teile eines Schwerspatgangs zu sehen, der einen Teil des randlichen Triberg-Granits durchschlägt. Außerdem sind hier Gneise und auflagernde Schichten der Rotliegend- und Buntsandstein-Gruppe recht gut aufgeschlossen. Im untersten Talbereich der Kleinen Kinzig flankieren die im ersten Teil erwähnten klassischen „Kinzigite" als Felssporne den Talboden.

## **Exkursionsgebiet 2:** Oos-Rotliegend-Becken
(Abb. 50, S. 221)

**Karten**: Freizeitkarte 1:50 000 (Baden-Baden). Topografische und geologische Karten 1:25 000: 7115 (Rastatt), 7116 (Malsch), 7215 (Baden-Baden), 7216 (Gernsbach).

### *Allgemeines*

Das Exkursionsgebiet erreicht man am besten über die Autobahn **A 5** oder die Bundesstrasse **B 3** (von Steinbach-Neuweier) über die **B 500** (durch das Tal der Oos), über die **B 462** (durch das untere Murgtal) oder über die **L 564** und **L 613** (aus dem Albtal). Günstige öffentliche Verkehrsverbindungen existieren von Karlsruhe nach Baden-Baden, in das untere Murgtal und nach Bad Herrenalb.

Das Exkursionsgebiet umfasst im Wesentlichen die Rotliegend-Gruppe des ENE-ausgerichteten Oos-Beckens (Oos-Trog nach Frank 1935), das den Südrand einer größeren Beckenstruktur darstellt, die von den Nordvogesen im Südwesten unter dem Oberrhein-Graben bis weit nach Nordosten unter die Kraichgau-Senke zu verfolgen ist. Die im Exkursionsgebiet überwiegend NW-einfallende Schichtabfolge wird von den Tälern der Oos, der Murg und der Alb gequert (Abb. 50). Dabei folgte die junge, rückschreitende Ausweitung der

Einzugsgebiete von Murg und Oos durch die hier relativ breite Vorhügel- und Vorbergzone des Oberrhein-Grabens wahrscheinlich NW-streichenden Bruchzonen. Vorläufer der heutigen Talformen sind besonders im Murgtal als breite, rund 50 m über dem Talboden gelegene Terrassenreste und reliktische Schwemmkegel subsequenter Nebenbäche erhalten geblieben. Bis Mitte des 19. Jahrhunderts dienten die damals noch frei pendelnden Flussrinnen einem Flößereigewerbe, dessen bedeutendste Zentren Gernsbach und Höfen waren. Obwohl die untere Murg einen durchschnittlichen Abfluss von 10 bis 20 $m^3/s$ aufweist, war sie immer wieder Schauplatz von Hochwässern, bei denen der Abfluss mehr als eine Größenordnung über diesem Normalwert anstieg, so z. B. in den Jahren 1569–70, 1570, 1621, 1787, 1824, 1862, 1882, 1890, 1896, 1928, 1935, 1942 und 1947. Obwohl sich die in der Vergangenheit teilweise durch Kahlschläge ausgelöste Hochwassergefahr heute etwas verringert hat, flankieren den Unterlauf der Murg auffällig hohe Hochwasserdämme. Auch im wesentlich kleineren Einzugsgebiet der unteren Oos verursachten Überschwemmungen in den Jahren 1824, 1845, 1851, 1896 und 1919 signifikante Schäden im ufernahen Siedlungsbereich; so fand man z. B. am Ausgang des Oostals über den Resten einer Römerstaße bis zu 2 m mächtige Sand-Kies-Schichten, die möglicherweise im Verlauf mehrerer Überschwemmungen seit der römischen Kolonisation abgelagert worden waren (Bilharz & Hasemann 1934).

Am Südwestrand des Oos-Beckens überlagern älteste Schichten der Rotliegend-Gruppe diskordant den Kristallinen Sockel, der hier aus Forbach-Bühlertal-Granit besteht; weiter östlich ist der Kontakt mit dem Sockel zum Teil eine steile Störungszone, an der auch die überlagernden Abfolgen der Buntsandstein-Gruppe gegenüber dem Beckenbereich versetzt wurden. Der nördliche Beckenrand ist tief unter den sedimentären Schichten des Oberrhein-Grabens verborgen. Schichteinfallen und Mächtigkeit der Formationen deuten nicht nur ein Absinken des Beckenuntergrunds nach Nordwesten an, sondern lassen auch ein Abtauchen der Beckenachse gegen Nordosten vermuten. So befindet sich die Beckenbasis im Westen bei **Neuweier** (181 m NN) am Rand des Oberrhein-Grabens noch im Niveau der Vorhügelzone, sinkt dann aber zwischen **Fremersberg** (525 m NN) und **Eichelberg** (533 m NN) nach Nordosten unter der Vorbergzone ab und befindet sich im Bereich der Bernbach-Störung bei **Bad Herrenalb** (365 m NN) bereits in Tiefen > 500 m. Östlich des aufgeschlossenen Beckenbereichs ist die erbohrte Mächtigkeit der Rotliegend-Gruppe bei **Bad Herrenalb** > 700 m, bei **Waldbronn** östlich des Albtals > 900 m, bei **Neibsheim** nördlich von Bretten > 600 m (Freuler 1986) und im Raum **Pforzheim** > 200 m. Reflexionsseismische Daten deuten im nördlichen Albtal auf eine hier möglicherweise rund 2000 m mächtige Abfolge der Rotliegend-Gruppe im Untergrund (Löffler 1992). Sollte die breite ENE-orientierte positive Schwereanomalie in diesem Bereich (Edel et al. 1996; siehe Abb. 4) mafische Intrusionen in der tieferen Kruste andeuten, so könnte dies ebenfalls als Hinweis auf die Fortsetzung des Beckens in den Bereich der Kraichgau-Senke gewertet werden. Im Beckeninneren bilden zwar metamorphe und granitische Sockelgesteine der **Baden-Baden-Scherzone** die rund 2 km breite Aufragung des NE-gerichteten **Battert-Horsts**, eine nach Nordosten abklingende positive magnetische Anomalie (Pucher 1986) spricht jedoch für ein NE-Abtauchen der Gesteine im Beckenuntergrund. Dieses Abtauchen des Beckenuntergrunds äußerte sich jedenfalls bereits bei der ursprünglichen Beckenanlage, da im Südwesten vor allem ältere, gegen Nordosten jüngere Teile der Beckenfüllung ausstreichen.

Querschnittsasymmetrie und Abtauchen des Beckenuntergrunds sollen als Vorgaben der Erkundung des Oos-Beckens dienen. Diese beginnt deshalb im Südwesten in der basalen **Staufenberg-Formation**, setzt sich im Zentrum in der vulkanisch-vulkanoklastischen **Lichtenberg-Formation** und in den Gesteinen des **Battert-Horsts** fort und endet im Nordosten mit den Schwemmfächer-Playa-Abfolgen der **Michelbach-Formation** und der diskordant auflagernden **Buntsandstein-Gruppe**.

### *Staufenberg-Formation*

Die ältesten, diskordant dem Bühlertal-Forbach-Granit-Komplex auflagernden Schichten sind zwischen **Gernsbach** (172 m NN) und **Neuweier** (181 m NN) insgesamt nur mäßig gut aufgeschlossen. Graue, rostbraune bis dunkelrote konglomeratische Sandsteinbänke wurden hier zusammen mit der granitischen Auflagerungsfläche 10 bis 25° nach Nordwesten gekippt und lokal an Störungen versetzt. Die basale Abfolge besteht aus Arkosen, welche direkt in den stark zersetzten Forbach-Granit übergehen, dabei jedoch auch erstaunlich gut gerundete Gerölle aus Quarz (vor allem aus Quarzadern) enthalten. Letztere stammen möglicherweise aus älteren Konglomeraten, sind durch kräftige Verkieselung gekennzeichnet und wurden deshalb in einer separaten „Gernsberg-Formation“ unter der Staufenberg-Formation eingeordnet (Sittig 2003). Sie bilden südwestlich von Gernsbach im Bereich **Gernsberg** am **Erlengrund** (470 m NN, **1**; 450,0E; 5399,5N) eine dünne Decke zwischen dem Forbach-Granit und der Buntsandstein-Gruppe und sind hier in heute verwachsenen kleinen Gruben leidlich aufgeschlossen. Die eigentliche Staufenberg-Formation setzt wenige Zehner Meter nördlich des Beckenrands im Bereich der **Landesstraße L 78** ein und nimmt westlich von Gernsbach innerhalb kürzester Distanzen nach Nordwesten hin an Mächtigkeit zu. Kiesige Sandsteine und schluffige Einschaltungen mit einem lokalen Einfallen bis zu 50° sind südwestlich der **Sportanlagen-Gernsbach** (mit Waldparkplatz, **2**; 450,05E; 5401,05N) in kleinen Böschungsanschnitten zugänglich. Auch direkt an der

Spitzkehre der L 78 oberhalb von **Müllenbach** (350 m NN, **3**; 448,1E; 5399,4N) lassen sich flach NW-einfallende graue arkosische Sandsteine der Staufenberg-Formation studieren. Belastungswülste an der Basis und linsenförmige Auflösung der Bänke weist auf beckenwärts gerichtete Sedimentgleitungen hin. Eine ergebnislose Bohrung auf Steinkohle, die 1836 in Müllenbach abgeteuft wurde und eine mindestens 100 m mächtige Sandstein-Abfolge durchstieß (Metz 1977), belegt die abrupte Mächtigkeitszunahme der Staufenberg-Formation und damit synsedimentäre, NW-gerichtete Kippungen des Beckenuntergrunds.

In unmittelbarer Nähe von Müllenbach wurde 1974 zur Erkundung einer vermuteten Uranvererzung neben mehreren Explorationsbohrungen ein insgesamt 400 m langes, NW-SE-gerichtetes, horizontales Stollensystem quer zum Schichtstreichen in der Staufenberg-Formation angelegt. Gleichzeitig mit dem Vortrieb des „**Kirchheimer-Stollens**" wurde bei Staufenberg eine mehr als 900 m tiefe Bohrung abgeteuft. Der Widerstand der Stadt Baden-Baden und mehrerer Umweltverbände beendigte diese Erkundungen schließlich im Jahr 1982 (Steen 2004). Der heute versiegelte Stollen durchfuhr eine durchschnittlich 25° WNW-einfallende und mehr als 300 m mächtige Abfolge kiesiger Arkosen und kohliger Feinsediment-Einschaltungen, in denen an drei Stellen schichtgebundene Uran-Vererzungen mit 1 % $U_3O_8$ festgestellt wurden. Die Mineralisation ist mit Sulfiden assoziiert und scheint vor allem an gelförmig-diffuse Pechblende-Konkretionen gebunden zu sein. Eine km-breite Serizit-Albit-Alterationszone, ein relativ hoher Inkohlungsgrad der organischen Sedimentkomponenten und Kristallisationsalter neugebildeter Serizite um 150 Ma demonstrieren, dass die Staufenberg-Formation hier am Südrand des Beckens wahrscheinlich in der mittleren Jura-Periode von mineralisierenden Fluiden mit Temperaturen im Bereich von 190 bis 240 °C durchströmt wurde (Brockamp et al. 1987, 1994; Zuther & Brockamp 1988). Dazu ist interessant, dass auch die unterlagernden Sockelgesteine des Bühlertal- und Forbach-Granits durchschnittlich 3 bis 4 ppm Uran enthalten. In einem ca. 1 km breiten Streifen unter der Diskordanz erreichen die Urangehalte in E- bis ENE-streichenden, Hämatit führenden Bruchzonen Werte von 10 bis 15 ppm und in einer NW-streichenden, kieselig-hämatitisch imprägnierten Gangbrekzie sogar Werte von 25 bis 130 ppm (App 1983). Eine zweiphasige Alteration der Granite und eine Umlagerung von Uran (als $U^{6+}$ zusammen mit Fe und $SiO_2$) vor und nach Ablagerung der Rotliegend-Gruppe könnte als Ausgangsmaterial für die schichtgebundene Vererzung gedient haben. Die relativ hohen Uran-Thoriumgehalte in den Zweiglimmer-Graniten sind vor allem in Hinsicht auf die Wärmeproduktion im kristallinen Untergrund und somit indirekt für die Erwärmung der Thermalwässer von Baden-Baden relevant. Die Bohrung bei Staufenberg traf vor allem NW-einfallende jüngere Schichten der Rotliegend-Gruppe an und erreichte die Staufenberg-Formation anscheinend erst in Tiefen um 800 m.

Östlich der Oos und nördlich der Straßenkreuzung L 78–L 79 (**4**; 447,6E; 5398,8N) am südöstlichen Ortsausgang von **Oberbeuren** (240 m NN) überlagert die Staufenberg-Formation in Form matrixreicher gradierter Sandstein-Rinnenfüllungen und parallel-laminierter Schichtflut-Ablagerungen den Forbach-Granit. Vereinzelte kleine Aufschlüsse der Sandsteine sind in Wegböschungen am NE-ansteigenden Rücken östlich von Oberbeuren anzutreffen. Der direkt an der Straßenkreuzung zugängliche Granit ist an Bruchflächen aufgelöst und nimmt vor allem in brekziösen Zonen durch Hämatit-Vererzungen eine rötliche Farbe an.

Westlich der Oos bildet die Staufenberg-Formation einen schmalen Streifen zwischen der granitischen Auflagerungsfläche und dem teilweise stark gestörten Kontakt zum überlagernden Yburg-Rhyolith-Komplex. Kleinere Böschungsanrisse mit dm-mächtigen Sandsteinbänken finden sich z. B. an Forstwegen nördlich der L 84 zwischen dem Parkplatz **Zimmerplatz** (353 m NN) und dem Parkplatz an der Schießanlage rund 1 km weiter westlich (**5**; 442,05E; 5396,15N). Östlich des Schlosses **Neuweier** (**6**; 439,5E; 5397,2N), das auf einem Gneis-Sporn des Kristallinen Sockels errichtet wurde, liegt der Bühlertal-Granit in mehreren Aufschlüssen an der Strasse frei und ist hier außerdem in einem ehemaligen Steinbruch (jetzt einem gut zugänglichen Picknick-Areal) großflächig aufgeschlossen (**7**; 441,45E; 5397,1N). Steile Kluftscharen queren hier eine flach N-einfallende magmatische (?) Foliation im Granit.

Eine in Neuweier um 1835 abgeteufte Bohrung in der hier 55 m mächtigen Staufenberg-Formation endete ebenfalls im Granit. Interessant, obwohl heute kaum mehr nachzuvollziehen, sind die verzweifelt anmutenden Versuche eines Steinkohlenbergbaus an dem heute von Reben bedeckten Vorberg-Hang zwischen Neuweier und Varnhalt (**8**; 439,8E; 5397,7N). Bei den zwischen 1745 und 1900 durchgeführten Arbeiten wurde z. B. ein 200 m langer Stollen in die hier 20° bis 30° E-einfallende und an mehreren Störungen versetzte Staufenberg-Formation vorgetrieben, wobei die Bergleute – auf dem Rücken liegend (!) – einer Pyrit führenden Tonsteineinheit mit zwei 10 bis 20 cm mächtigen Kohlenflözen folgten (Metz 1977).

Östlich der Murg ist die Staufenberg-Formation nur lokal, so z. B. nördlich der Kapelle von **Lautenbach** und an gelegentlichen Forstweganschnitten, westlich von **Loffenau** direkt auf dem Forbach-Granit, als m-mächtiges und ostwärts auskeilendes Band zu verfolgen.

### *Lichtental-Formation*

Im südwestlichen Beckenbereich folgt über den grauen bis rostbraun-dunkelroten Arkose-Sandsteinen und Konglomeraten der Staufenberg-Formation die rötliche bis hellgelbe Lichtental-Formation, zu der neben den Gallenbach- und

Yburg-Rhyolith-Komplexen westlich der Oos auch mächtige, teilweise vulkanoklastische Schwemmfächer-Ablagerungen östlich der Oos zählen (Sittig 2003). Der älteste vulkanische Komplex ist anscheinend der homogene **Gallenbach-Rhyolith**, der durch Armut an Quarz-Kalifeldspat-Einsprenglingen (< 20 %) gekennzeichnet ist. Er ist nur in kleinen Vorkommen nahe des Sportplatzes **Gallenbach** (190 m NN, **9**; 440,0E; 5399,2N) und südlich der Straße nach Baden-Baden am Weg zu den Fischteichen, aber auch als vulkanische Brekzie rund 100 m nördlich des **Waldsees am Michelbach** westlich von Baden-Baden (**10**; 442,85E; 5401,0N) aufgeschlossen. Trotzdem bilden die blockigen bis kiesigen Komponenten dieser Rhyolithmasse einen hohen Anteil sowohl in der vulkanoklastischen Abfolge der Lichtental-Formation als auch in der überlagernden Michelbach-Formation. Dies deutet auf eine tiefgreifende Erosion eines vormals größeren oder noch heute unter dem angrenzenden Oberrhein-Graben verborgenen Vulkankomplexes. Im Gegensatz zum Gallenbach-Rhyolith besteht der anscheinend etwas jüngere **Yburg-Rhyolith-Komplex** aus einer rund 100 bis 250 m mächtigen, schüsselförmig strukturierten und gut erhaltenen Abfolge von Laven. In dieser folgen über massigen basalen Lavadecken und Lavadomen mehrere Ignimbrit-Decken und schließlich hochfluidale Laven mit Linsen aus vulkanoklastischem Material. Für die Ignimbrite wird ein Alter von 286 Ma angegeben (von Drach 1978, zit. in Lebede & Fröhler 1996). Da die Vulkanite durchwegs eine grünlich-rötliche Serizit-Hämatit-Alteration aufweisen, wurden sie in der Vergangenheit als „Pinitporphyre“ oder „Pinitporphyrtuffe“ bezeichnet. Der Yburg-Rhyolith-Komplex ist in zahlreichen Weganschnitten und einzelnen Steinbrüchen zwischen **Varnhalt** (192 m NN), **Neuweier** (173 m NN) und **Yburg** (515 m NN) im Westen bis **Lichtental** (185 m NN) im Osten gut zu verfolgen.

Massige Laven an der Basis des Yburg-Komplexes sind durch hellgrüne bis violette Farbtönungen und einen hohen Anteil an Feldspat-Quarz-Einsprenglingen (> 30 %) gekennzeichnet. In den sonst homogenen Rhyolithen entspricht die plattige Absonderung im dm- bis m-Bereich möglicherweise internen Fließflächen oder oberflächenparallelen Entlastungsklüften. Steil einfallende Abkühlungsklüfte umschließen Gesteinssäulen, die wahrscheinlich senkrecht zur ursprünglichen Oberfläche der später tektonisch gekippten Rhyolithdecken ausgerichtet sind (Abb. 12a). Größere Aufschlüsse der massigen Laven finden sich in aufgelassenen Steinbrüchen direkt am östlichen Ortsende von **Varnhalt** (**11**; 440,45E; 5398,15N) und unter dem **Leisberg** (414 m NN) bei **Lichtental** (**12**; 445,1E; 5398,7N). In der hohen Aufschlusswand des Steinbruchs unter dem Leisberg deutet sowohl die plattige Absonderung als auch Fließtexturen ein 10- bis 20° NE-Einfallen der Rhyolithdecke an (Abb. 12b). Bemerkenswert sind hier außerdem steile dm-breite ENE-orientierte Sandsteingänge, die anscheinend von unten in die erstarrenden Laven eingedrungen sind. In den relativ homogenen Rhyolithen wurden unter dem Steinbruchboden bis in 5 m Tiefe gegenwärtig wirkende Gesteinsspannungen gemessen. Die Messungen ergaben NW-SE-orientierte maximale Horizontalspannungen (Schirmer 1979). Südlich von Lichtental ist entlang des Weges, der ins Tal des **Übelsbachs** führt (**14**; 445,45E; 5398,4N), die plattige Absonderung der tektonisch gekippten massigen Laven in mehreren Aufschlüssen gut zu sehen. Die Laven bilden hier eine Synklinale und grenzen im Süden an einer steilen NE-streichenden Störungszone an die Staufenberg-Formation, die hier allerdings kaum aufgeschlossen ist. Weitere Aufschlüsse der massigen Laven finden sich an Wegen und Rücken, über die man den Burgfelsen der **Yburg** (**13**; 441,2E; 5397,85N) erreicht.

Ignimbrite bilden als geschichtete Rhyolithe, die aus heißen pyroklastischen Strömen oder Aschenwolken abgelagert wurden, mindestens drei helle grünlich bis rötlich gefärbte Decken mit einer Gesamtmächtigkeit um 100 m. Sie enthalten gelängt-geplättete „flammenähnliche" Fladen rhyolithischer Zusammensetzung und rund 20 % Kristalleinsprenglinge, daneben auch Gneis- und Granit-Xenolithe, die beim Aufstieg der Magmen aus den Sockel-Nebengesteinen mitgerissen wurden. Die Ignimbrite wurden intensiv alteriert, wobei das Alter der Fluiddurchströmungen mit 277 Ma angegeben wird (von Drach zit. in Lebede & Fröhler 1996). Der beste Großaufschluss der Ignimbrite ist der aufgelassene Steinbruch (mit See!) südlich des **Golfplatzes Baden-Baden** und der Bereich um den **Korbmattenkopf** (**15**; 441,9E; 5398,6N). Im Steinbruch ist auch die Grenze zu den überlagernden „fluidalen" Laven aufgeschlossen, wobei eingeschaltete Aschenlagen und Sedimente die tektonisch gekippte Schichtung andeuten.

Die fluidalen Laven stellen eine < 100 m mächtige, höchste Einheit des Yburg-Rhyolith-Komplexes dar. Sie bestehen aus hellem Rhyolith mit rund 15 % Kristall-Einsprenglingen und erfuhren eine lokal intensive hydrothermale Serizit-Alteration. Sie sind durch raumgreifende, lamellare und teilweise gefaltete Fließflächen im mm- bis cm-Bereich gekennzeichnet. Aufschlüsse der fluidalen Laven finden sich im Bereich des **Iberst-Rückens** (bis 586 m NN), insbesondere am **Pfeifersfels** (**16**; 442,9E; 5398,5N), am **Luisfelsen** (**17**; 443,9E; 5398,4N) und anderen Felsnasen bzw. Wegböschungen der näheren Umgebung.

Nahe der östlichsten Teile des Yburg-Rhyolith-Komplexes, bei den Sportanlagen von Lichtental östlich der Oos (**18**; 446,05E; 5399,35N), gehen die Lavadecken anscheinend nach Nordosten in grob- bis feinkörnige vulkanoklastische Schwemmfächer-Ablagerungen über (Sittig 2003). In vereinzelten Aufschlüssen an den Hängen östlich und oberhalb der Oos ist die pyroklastisch-alluviale Fazies der Lichtental-Formation – ähnlich wie die unterlagernde Staufenberg-Formation – durch eine recht einförmig 20° bis 30° NW-einfallende Schichtung gekennzeichnet. Eine vertikale Explorationsbohrung, die südlich der Ortschaft **Staufenberg** (242 m NN) abgeteuft wurde, durchörterte anscheinend diese vulkanisch beeinflusste Abfolge bis in Tiefen um 900 m (Sittig 2003). Aufschlüsse der NW-einfallenden Schwemmfächer-Ablagerungen der Lichtental-Formation finden sich z. B. an der Lokalität **Wanderheim** südlich von Staufenberg (**19**; 448,45E; 5400,1N) und am Wanderweg (**20**; 447,2E; 5400,05N), der von der **Drei-Eichen-Hütte** über die rippenförmig gegliederten Hänge zur Talstation der Merkur-Bahn führt. In gelegentlich durch Rutschungen freigelegten Rinnen finden sich Lagen vulkanischer Aschen.

### *Der Battert-Horst, die Baden-Baden-Scherzone und die Thermalquellen von Baden-Baden*

Am **Battert** (568 m NN) erhebt sich der rund 2 km breite Battert-Horst mit einem Kern aus metamorphen-magmatischen Sockelgesteinen und auflagernden, verkieselten Fanglomeraten der oberen Rotliegend-Gruppe nach Nordwesten über Schollen der Buntsandstein- und Muschelkalk-Gruppe, die hier in der Vorbergzone des Oberrhein-Grabens an einem Zweig der NE-streichenden Grabenrand-Störungszone mit einem Vertikalversatz von > 1000 m relativ abgesenkt wurden. Die Südostgrenze des Horsts ist die Rotenbach-Störungszone, an der Gesteine des Kristallinen Sockels an Schollen der NW-einfallenden Staufenberg-Formation grenzen (Sittig 2003; siehe Abb. 50 unten). Der ebenfalls bedeutende Versatz an der Rotenbach-Störung geht einerseits bereits auf synsedimentäre sinistrale Schrägabschiebungen während der Ablagerung der Rotliegend-Gruppe zurück, andererseits auch auf eine spätere Reaktivierung der Störungszone, wobei die Basis der Buntsandstein-Gruppe um mindestens 300 m abgesenkt wurde.

Die Sockelgesteine des Battert-Horsts sind zwischen dem **Friesenberg** (288 m NN) westlich von **Baden-Baden** (128 m NN) und **Sulzbach** (221 m NN) östlich der Murg unter der Rotliegend-Gruppe aufgeschlossen. Sie werden auch vom 2,5 km langen „**Michaelstunnel**" der B 462 unter dem Talboden innerhalb der Stadt Baden-Baden durchquert (Sittig 1965; Wickert et al. 1990). Der tiefste Sockelgesteinsbereich besteht aus dem **Schindelklamm-Traischbach-Komplex**, der 1 km nördlich der **Ebersteinburg** in der Ebersteinschlucht (**Eberbach**, **21**; 445,9E; 5403,9N), in der Schindelklamm (**Krebsbach**, **22**; 446,6E; 5404,6N) und an den Bergrücken beiderseits des **Waldseebads** westlich von Gaggenau (**23**; 448,2E; 5405,3N) aufgeschlossen ist. Dieser Komplex besteht aus einer > 700 m mächtigen Abfolge ursprünglich tonig-quarzitischer bis kalkig-dolomitischer Sedimentgesteine und basaltischer Vulkanite. Obwohl die Gesteine deutlich geschiefert und teilweise mylonitisiert sind (Abb. 24c) fand man in phyllitischen Partien Acritarchen, die auf eine Ablagerung der Schichtabfolge in der frühesten Paläozoikum-Ära hinweisen (Montenari &

Servais 2000). Der Mineralbestand der Quarz-Muskovit-Chlorit-Biotit-Albit-Tonschiefer, der Kalk-Dolomit-Marmorlinsen und der basischen Aktinolith-Epidot-Albit-Chlorit-Gesteine belegt eine Metamorphose und Deformation der Gesteine in Tiefen von 3 bis 9 km bei Temperaturen um 400 bis 460 °C (= Grünschiefer-Fazies). Eine 40 bis 60° SE-einfallende raumgreifende Schieferung, flach E-abtauchende Lineartexturen und kinematische Indikatoren – schön in Aufschlüssen östlich und westlich des Waldseebads zu sehen – belegen schräg-dextrale konvergente Relativbewegungen innerhalb der breiten Baden-Baden-Scherzone (Krohe & Eisbacher 1988; Wickert et al. 1990).

Der südlich des Schindelklamm-Traischbach-Komplexes gelegene **Schürkopf-Komplex** ist ebenfalls durch eine steil S-fallende Foliation gekennzeichnet. Der Mineralbestand aus Quarz-Muskovit-Biotit-Granat-Disthen-Albit (+Kalifeldspat, Ilmenit) deutet allerdings auf eine Entstehung in Tiefen > 20 km und bei Temperaturen >600 °C hin. Zwei $^{40}Ar/^{39}Ar$-Alter an Muskovit von 334 Ma und an Biotit von 331 Ma (Kalt et al. 2000) deuten an, dass die hochgradig metamorphen Gesteine des Schürkopf-Komplexes (und wahrscheinlich auch Gneise vom Typus des Zentralschwarzwälder Gneis-Komplexes) entlang der Baden-Baden-Scherzone zu dieser Zeit bei konvergenten, schräg-dextralen Relativbewegungen über die geringer metamorphen Gesteine des Schindelklamm-Traischbach-Komplexes nach Nordwesten aufgeschoben wurden. Der Schürkopf-Glimmerschiefer-Komplex ist am **Schürkopf** (269 m NN) nördlich der Echlehütte (**24**; 448,3E; 5404,7N), am Waldparkplatz **Weißer Stein-Amalienberg** westlich von Gaggenau (**25**; 448,95E; 5404,7N) und in kleinen Aufschlüssen an der Straße K 3705 am westlichen Ortsende von **Sulzbach** (221 m NN, **26**; 452,1E; 5405,75N) zugänglich. Den tektonischen Kontakt zwischen den beiden Komplexen überlagern flach N-einfallende, stark verkieselte konglomeratische Sandsteine und Tonsteine der Michelbach-Formation. Sie wurden südlich des **Traischbachs** in zwei heute aufgegebenen Steinbrüchen abgebaut (**27**; 448,45E; 5405,0N; **28**; 448,05E; 5404,9N). In einem der Aufschlüsse (**28**; 448,0E; 5404,8N) deutet eine Diskordanz synsedimentäre Kippung der Michelbach-Formation während ihrer Ablagerung an (Sittig 1988). Im alten Steinbruch **Amalienberg** (**25**; 448,95E; 5404,7N) überlagern Tonstein-Schichten der Michelbach-Formation diskordant quarzreiche Gneise des Schürkopf-Komplexes.

Der Friesenberg-Biotit-Hornblende-Granit, der während des Aufstiegs der metamorphen Komplexe um 331 Ma in diese intrudierte, ist in Baden-Baden als Kuppe des **Friesenbergs** westlich des Kurparks (**29**; 443,3E; 5401,2N) und unter dem **Alten Schloss** (**30**; 444,35E; 5402,75N) aufgeschlossen. Die Kontaktbeziehungen im Michaelstunnel (Baden-Baden) haben gezeigt, dass der Friesenberg-Granit nach seiner Abkühlung zuerst von dextralen Bewegungen an steilen NE-streichenden Scherzonen erfasst wurde und dann am Südrand des Battert-Horsts durch sinistrale Scherung an der ENE-streichenden **Rotenbach-Störungszone** angehoben wurde (Wickert et al. 1990). Im Bereich des Battert-

Horsts überlagern den Friesenberg-Granit am **Neuen Schloss** (200 m NN) geringmächtige Sandsteinabfolgen der Staufenberg-Formation, die an einer Zweigstörung der Rotenbach-Störungszone – der so genannten „Thermalspalte“ nach Bilharz & Hasemann (1934) – an gleichaltrige und wesentlich mächtigere Schichten der Staufenberg-Formation grenzen (Abb. 50). Auf dem granitischen Sockel und der Staufenberg-Formation abgelagerte vulkanogene Konglomerate der Lichtental-Formation, sind in den Felsen der **Sophienruhe** (344 m NN, **31**; 444,65E; 5402,15N) aufgeschlossen und fallen durch kräftige Verkieselung auf (Sittig 2003). Dies gilt ebenso für die jüngeren Schwemmfächerablagerungen der Michelbach-Formation, die östlich der Oos den Felsrücken des **Batterts** (568 m NN, **32**; 445,1E; 5403,05N) und westlich der Oos den **Katzenstein** und den **Pulverstein** (**33**; 442,5E; 5401,25N) aufbauen. Aufgrund der intensiven Verkieselung in der Nähe der Rotenbach-Störungszone sind im Gegensatz zu anderen Bereichen des Oos-Beckens die konglomeratischen Bänke hier gut geklüftet und lieferten in mehreren Brüchen zwischen **Vormberg** (195 m NN) im Westen (**34**; 440,1E; 5400,5N) und einem kleinen Steinbruch südlich des **Amalienbergs** bei Gaggenau im Osten (**35**; 449,95E; 5404,35N), brauchbare Werksteine für verschiedenste Bauvorhaben in der Gegend.

Die bekannten **Thermalquellen von Baden-Baden** (**36**; 444,2E; 5401,4N) befinden sich östlich und rund 30 m über dem Talboden der Oos innerhalb eines 100 m breiten Areals am SSE-abfallenden Hang des **Florentiner Bergs** (175 bis 195 m NN) zwischen dem Neuen Schloss und der Stiftskirche. Sie halten sich an schmale Schollen der Staufenberg-Formation, die hier südlich der Rotenbach-Störungszone („Thermalspalte“) flach nach Norden einfallen. Da diese Störung im Michaelstunnel in einer vollkommen trockenen Strecke durchfahren wurde, ist anzunehmen, dass der fokussierte Aufstieg der Thermalwässer an steilen Bruchzonen erfolgt, die schräg bis senkrecht zur Thermalspalte orientiert sind. Die Na-Ca-K-Cl-$HCO_3$-$SO_4$-$SiO_2$-Thermalwässer erreichen die Landoberfläche mit Temperaturen von 53 bis 68 °C und enthalten 2,5 bis 3,5 g/l an gelösten Feststoffen. Die Thermalwässer von Baden-Baden gehören anscheinend einem Zirkulationsystem an, das in Zeitspannen von > 10 000 Jahren den Kristallinen Sockel bis in Tiefen von 3 bis 4 km durchströmt und dabei Reservoirtemperaturen von 150 bis 180 °C annimmt (Bender 1995; Stober 2002). Hohe Lösungsanteile von Fluor (2 bis 4 %), Lithium und Spuren von Uran in den Mn-Hydroxid-Gelen an den Austrittsstellen der Thermalwässer deuten an, dass dieses System seine hohen Temperaturen möglicherweise wärmeproduzierenden pegmatitischen Graniten im Untergrund des Rotliegend-Beckens verdankt. Die Quellen wurden bereits von den Römern für eine Badeanlage („Aquae Aureliae“) genutzt. Mit dem Abzug der Römer im 3. Jahrhundert entwickelte sich auf den Baderuinen ein 6 m mächtiger und 50 m breiter Hügel aus Karbonat-Kiesel-Sinter (Aragonit-Opal). Nach ihrer Neuentdeckung im Mittelalter erweckten die Thermalquellen jedoch erst im Verlauf des 18. Jahrhunderts überregionales Interesse. Als dann im Verlauf des 19. Jahrhunderts die Besucherzahlen in Baden-Baden sprunghaft anstiegen, sah man sich gezwungen, die Quellen durch ein System von Stollen und Leitungen mit Bädern und Hotels der Stadt zu verbinden. Bei diesen Bauarbeiten, die zwischen 1868 und 1902 durchgeführt wurden, musste auch der Sinterhügel auf den Quellen abgetragen werden. In jüngster Zeit wurden die Quellen durch zwei, nördlich des Neuen Schlosses bis in Tiefen von 300 m und 500 m in den granitischen Sockel vorgetriebene Thermalwasser-Bohrungen ergänzt; dadurch hat sich die Gesamtförderung im Quellenbereich auf etwas mehr als 9 l/s erhöht.

### *Michelbach-Formation und der Übergang in die Buntsandstein-Gruppe*

Durch das Abtauchen des Oos-Rotliegend-Beckens nach Osten ist die Michelbach-Formation im unteren Murgtal das landschaftsbestimmende Element, wobei Wiesenflächen im Ausbiss der hellroten Fanglomerate (Schwemmfächer-Fazies) und der dunkelroten bis grau-grünlichen Tonstein-Schluffstein-Dolomitstein-Schichten (Playa-Fazies), nach oben abrupt an die bewaldete und von Blockströmen überdeckte Schichtstufe der Buntsandstein-Gruppe grenzen. Die Mächtigkeitszunahme der drei Ton-Schluffstein-Einheiten der Michelbach-Formation nach Norden ist wahrscheinlich auf synsedimentäre Bewegungen entlang einer nördlich des aufgeschlossenen Beckenbereichs im Untergrund verborgenen Abschiebungszone zurückzuführen.

Die größten und besten Aufschlüsse im Ausbiss der massig-grobkörnigen Schwemmfächer-Fazies der Michelbach-Formation sind die hohen Felswände an der **Bundesstrasse B 462** westlich von **Ottenau** (151 m NN, **37**; 450,2E; 5404,6N). Der hinter der westlichen Strassenbegrenzung begehbare Wandfußbereich ist am besten von einem an der B 462 gelegenen großen Parkplatz zu erreichen. In den grob gebankten, planar geschichteten und unsortierten Fanglomeraten, die durch Muren und Schichtfluten auf breiten Schwemmfächern abgelagert wurden, deutet die Geröll-Zusammensetzung auf vulkanische und durch granitische Sockelgesteine geprägte Einzugsgebiete im Südwesten hin. An den künstlich geschaffenen und oft von Flechten bewachsenen Felsoberflächen ist auch das Fortschreiten der natürlichen Verwitterung durch Exfoliation („Abgrusen“) gut zu erkennen. Schöne Aufschlüsse der Fanglomerate mit den durch reduzierende Porenfluide induzierten schichtparallelen Bleichungszonen flankieren die L 79a und Bereiche nördlich der großen Straßenkreuzung am östlichen Ortsausgang von **Selbach** (**38**; 450,05E; 5403,2N; Abb. 25a, b, c). Gegen Westen sind die flach N-einfallenden und raumgreifend verkieselten Fanglomerate und grobkörnigen Arkosen beiderseits der Rotenbach-Störungszone an tektonischen Kluftflächen rippenförmig aufgelöst. Sie lassen sich in guten Aufschlüssen über die Felsgruppen im Bereich **Teufelskanzel-Wolfs-**

**schlucht-Ebersteinburg** (425 m NN) bis zum **Battert** (568 m NN) verfolgen. Südlich des **Parkplatzes Merkurbahn** (**39**; 446,0E; 5401,25N), der selbst in einem alten Steinbruch der Michelbach-Formation liegt, keilt die horizontal liegende Michelbach-Formation über der bis 30° NW-einfallenden grobkörnigen Lichtental-Formation nach Südosten aus (Sittig 2003). Beide Einheiten werden am **Merkur** (668 m NN) und am **Kleinen Staufenberg** (623 m NN) diskordant von gebankten Sandsteinschichten der Murg-Formation (Buntsandstein-Gruppe) überdeckt (siehe Abb. 50). Die gut verfestigten Sandsteine, deren Basis am Osthang des Merkurs durch eine Quellkette markiert wird, baute man vormals in zwei riesigen Steinbrüchen ab. Die ehemaligen Bruchwände sind vom Parkplatz an der **Teufelskanzel** (320 m NN) zu erreichen (**40**; 447,05E; 5402,1N). Der Kontaktbereich ist außerdem in einer Forstwegböschung unterhalb eines weiteren, heute verwachsenen Steinbruchgeländes wenige hundert Meter südwestlich des großen Waldparkplatzes oberhalb **Oberdorf-Staufenberg** aufgeschlossen (**41**; 447,7E; 5401,45N) und von diesem Parkplatz über einen Forstweg leicht zu erreichen.

Gegen Nordwesten besteht die Michelbach-Formation aus flach N-einfallenden Wechselfolgen von Fanglomeraten, Arkose-Sandsteinen und Tonstein-Einheiten, die bei **Bad Rotenfels** (138 m NN) entlang des Murgtal-Wanderwegs an der Westseite des Tals zwischen dem Schloss und den Sportanlagen gut zugänglich sind (**42**; 448,55E; 5406,9N). Die Rotliegend-Gruppe überlagert hier mit einer Mächtigkeit von rund 300 m metamorphe Sockelgesteine des Traischbach-Schindelklamm-Komplexes, die in einer Bohrung bis in Tiefen von mindestens 850 m angetroffen wurden (Sittig 1974). Als man um 1839 am Westufer der Murg auf der Suche nach Kohle eine Bohrung abteufte, stieß man in einer Tiefe von rund 100 m auf eine Spalte, aus der rund 0,1 l/s hochsalinares lauwarmes Wasser bis an die Oberfläche ausfloss. In der Nähe des ursprünglichen Bohrlochs und der aufgegebenen warmen Quelle wurde um 1972 durch eine Bohrung in rund 120 m Tiefe das Thermalwasser der **Elisabethenquelle** erschlossen. Heute fördern drei Brunnen-Bohrungen aus Sandsteinen der Michelbach-Formation in Tiefen von mehr als 200 m ein Na-Ca-Cl-$HCO_3$-Thermalwasser mit Lösungsgehalten um 5 g/l und einer Temperatur um 22 °C. Das Wasser stammt wahrscheinlich aus einem mehr als 2 km tief gelegenen Sockelreservoir (Bender 1995). In Bad Rotenfels wurde übrigens im Jahre 1871 der Oberrheinische Geologische Verein gegründet, in dessen Jahresberichten über die Jahre wertvolle Beobachtungen zur Geologie der Region veröffentlicht wurden.

Sowohl die Rotliegend-Gruppe, als auch der unterlagernde Sockel grenzen im Nordwesten entlang von Zweigstörungen der Grabenrand-Hauptabschiebung an Schollen der Buntsandstein- und Muschelkalk-Gruppe der Vorbergzone. Die leicht tektonisch verkippten Schichten der höchsten Buntsandstein-Gruppe wurden vormals im Eberbach-Tal südlich des **Wolfartsbergs** (**43**; 444,6E; 5404,75N) in großen, heute jedoch völlig überwachsenen Brüchen abgebaut. Flach einfallende Blaukalk- und Tempestitbänke der Muschelkalk-Gruppe sind teilweise noch in kleinen ehemaligen Steinbrüchen am Park- und Grillplatz **Ochsenmatten** (286 m NN, **44**; 445,75E; 5404,5N) und östlich des oberen **Krebsbachs** (**45**; 446,1E; 5405,95N) aufgeschlossen.

Östlich der Murg, wo die Schichteinheiten der Lichtental- und Staufenberg-Formation zum Südrand des Beckens hin auskeilen, lagern Fanglomerate der Michelbach-Formation auch direkt auf granitischen Gesteinen des Kristallinen Sockels. Tiefere Anteile der Rotliegend-Gruppe sind jedoch weiter nördlich im Untergrund zu vermuten und wurden z. B. in einer Bohrung bei Bad Herrenalb in Tiefen von 400 bis 600 m angetroffen (Brockamp et al. 1994). Östlich von **Loffenau** (319 m NN) bis **Bad Herrenalb** (365 m NN) ist der Kontakt zwischen den ENE-abtauchenden Sockelgesteinen des Forbach-Granits und der Michelbach Formation teilweise eine primäre Auflagerungsfläche, wobei die Rotliegend-Gruppe primär gegen Süden auskeilt. Trotzdem ist der Kontakt häufig eine steile Aufschiebung, die präexistierenden Mylonitzonen im Forbach-Granit zu folgen scheint und an der hier im Bereich der Gernsbach-Neuenbürg-Flexur auch die überlagernde Buntsandstein-Gruppe im Südosten um 100 bis 200 m angehoben wurde. Datierungen von Illit-Serizit-Aggregaten in der Rotliegend-Gruppe nahe der Störungszone ergaben Alterationsalter von 200 bis 140 Ma (Schwerpunkt im Bereich 160–150 Ma) und belegen möglicherweise eine Zeitspanne bedeutender, tektonisch induzierter (?) Fluidbewegungen (Brockamp et al. 1994).

Von der Landesstraße L 564 sind am westlichen Ortsende von Loffenau sowohl Aufschlüsse im Forbach-Granit südlich der Störungszone als auch Aufschlüsse flach N-einfallender Sandsteine und Fanglomerate der Rotliegend-Gruppe nördlich der Straße zu erreichen (**46**; 454,1E; 5402,0N). Auch östlich, oberhalb von Loffenau bilden die hier 10 bis 20° NW-einfallenden arkosischen Sandsteine und feinkörnigen Playa-Schichten der Michelbach Formation mehrere Böschungen an der kurvigen L 564 (**47**; 456,1E; 5402,5N). Horizontal geschichtete Schwemmfächer-Ablagerungen mit linsenförmigen konglomeratischen Rinnenfüllungen, die an mehreren kleinen Störungen versetzt sind, und typische schichtparallele Bleichungszonen finden sich in der Böschung des Sportplatzes Loffenau (**48**; 455,45E; 5402,75N). Nur wenige Zehner Meter nördlich und oberhalb des Sportplatzes erschließen Forstweg-Anschnitte dolomitische Krustenbildungen (Paläoböden?) in N-einfallenden dunkelroten schluffigen Tonsteinen (Playa-Ablagerungen der höchsten Rotliegend-Gruppe oder der Zechstein-Gruppe?). Über einer Diskordanz folgen horizontal laminierte bis schräggeschichtete Sandsteine der basalen Murg-Formation, deren Abbau in einem heute weitgehend verwachsenen Steinbruch erfolgte (**49**; 455,5E; 5403,15N). Südlich der Landesstraße L 564 bildet der Quellbereich des Laufbachs am **Großen Loch** (**50**; 457,1E; 5401,65N) einen aktiven Erosionstobel. Über einer steilen Bachstrecke im Forbach-Granit lagert hier die nach Süden auskeilende arkosisch-konglomeratische Michelbach-Formation, dann die Murg- und Eck-Formation (Buntsandstein-Gruppe). Natürliche Aussickerung und wahrscheinlich Menschenhand schufen in den massigen Sandsteinen der Eck-Formation Fußhöhlen, die als „Teufelskammern" bekannt sind. Auf dem Höhenrücken der **Teufelsmühle** (908 m NN, **51**; 456,45E; 5400,6N) bilden schließlich höhere Einheiten der Buntsandstein-Gruppe mächtige Felsenmeere. Das Große Loch und die Teufelsmühle lassen sich gut von Loffenau aus über die im Forbach-Granit gelegene Felsgruppe des **Bocksteins** (**52**; 456,1E; 5402,1N) erwandern.

Im östlich angrenzenden obersten Einzugsgebiet der Alb queren mehrere N-gerichtete Bäche die Gernsbach-Neuenbürg-Flexur. Unterhalb der **Potzsägemühle** (**53**; 458,3E; 5402,35N) hat dabei die Alb im Forbach-Granit eine malerische Klause erodiert. Während südlich der Flexur der granitische Sockel von einer nur geringmächtigen Decke aus Arkose-Sandsteinen überlagert wird, nimmt die Mächtigkeit der Michelbach-Formation nördlich der Flexur dramatisch zu. So überragen in Bad Herrenalb verkieselte Schwemmfächer-Ablagerungen der Michelbach-Formation am **Falkenstein** (**54**; 458,9E; 5406,0N) den Talboden der Alb um 80 m (Abb. 25d) und in einer im Jahr 1990 abgeteuften Bohrung für das Thermalbad wurden grobkörnige Schwemmfächer-Ablagerungen in Wechsellagerung mit Playa-Tonsteinschichten noch bis in Tiefen um 600 m unter dem Talboden angetroffen. Die Rotliegend-Gruppe und die diskordant auflagernde Buntsandstein-Gruppe wurden hier an der NW-streichenden **Bernbach-Störungszone** bis 15° nach Nordosten verkippt und gegenüber der Buntsandstein-Gruppe im Nordosten um rund 200 m angehoben. Parallel zu dieser Störungszone orientierte NW-streichende Bruchzonen, förderten anscheinend nicht nur die erosive Auflösung der verkieselten Michelbach-Formation in Form der Felspfeiler des Falkensteins und der „Apostel-Felsen", sondern auch eine nach Nordwesten gerichtete rückschreitende Erosion des Bernbachs. Dieser mündet in SE-Richtung – also entgegengesetzt zum allgemeinen Abfallen der Buntsandstein-Tafel – in die Alb. Die abrupte Ausweitung des Albtals in Bad Herrenalb, die Versteilung des Gefälles von fächerförmig zufließenden Nebenbächen, aber auch eine wenige Meter über dem Bett der Alb gelegene terrassenförmige Verebnung im Kurparkgelände, sind möglicherweise Hinweise auf relativ junge Vertikalbewegungen im Bereich der Bernbach-Störung. In **Bad Herrenalb**, wo die Suche nach Thermalwasser um 1861 mit einer erfolglosen Bohrung in dem nach Süden ansteigenden Gaistal begann, fördert man heute warmes Wasser aus Bohrungen, die vor allem zwischen 1964 bis 1990 abgeteuft wurden. Das in 300 m Tiefe aus Klüften der Rotliegend-Gruppe zutretende Na-$HCO_3$-Ca-Cl-$SO_4$-(+Ba, F)-Wasser weist Gesamtlösungsgehalte um 2 g/l und Temperaturen um 25 °C auf. Aus dem $SiO_2$-Gehalt abgeschätzte Reservoirtemperaturen von 70 bis 90 °C deuten auf eine Herkunft des Wassers in Tiefen > 2 km (Bender 1995). In einer der Bohrungen ebenfalls angefahrene metamorphe Gesteine sind möglicherweise Teil der weiter westlich aufgeschlossenen Baden-Baden-Scherzone.

Die Mächtigkeitszunahme und die Einschaltungen tonig-schluffiger Einheiten (Playa-Ablagerungen) zwischen den Fanglomeraten machen wahrscheinlich, dass die nördlichsten Aufschlussbereiche der Michelbach-Formation den Bereich eines lokalen Beckenzentrums darstellen. Bei **Hörden** (161 m NN) im Murgtal bilden jedenfalls 20° NW-fallende Schichten an einer NW-gerichteten Flexur in der Michelbach-Formation beiderseits der Murg aufragende Felsrippen (**55**; 451,3E; 5403,4N; **56**; 452,2E; 5403,8N). Eine Bohrung, die hier im Jahr 1847 am Talboden bei der Suche nach Steinkohle abgeteuft wurde, musste in einer Tiefe von 200 m in verkieselten Fanglomeraten aufgegeben werden. Nördlich der Flexur, zwischen Hörden und **Ottenau** (151 m, **57**; 451,9E; 5404,15N), verlaufen Bahn, Straße und Hochwasserdämme an einer auffallend hellen Felswand („Hördelstein") parallel zum Ostufer der Murg. Diese Wand wurde erstmals 1786 durch Sprengungen für die Straßentrasse geschaffen und dann 1868 beim Bau der Eisenbahn erneut zurückverlegt. Bleichung und Verkieselung in den flach S-einfallenden Fanglomeraten und Sandsteinen sind auch hier Hinweise auf die Nähe der Rotenbach-Störungszone. In der Nähe von **Sulzbach** (221 m NN), wo anscheinend während der Sedimentation der Michelbach-Formation metamorphe Gesteine des Schürkopf-Komplexes entlang der Rotenbach-Störungszone angehoben und dann von tonig-arkosischen Schichten der Michelbach-Formation überdeckt wurden, ist der Kontakt zwischen Glimmerschiefern und sandig-tonigen Schichten der Michelbach-Formation wenige hundert Meter westlich von Sulzbach in einem Böschungsanriss der K 3705 aufgeschlossen (**26**; 452,1E; 5405,75N). Ton-stein- und Fanglomerat-Schichten bilden auch den Südhang des Höhenrückens unmittelbar nördlich von Sulzbach und sind hier an Straßen und Forstwegen, aber auch am westlichen (**58**; 452,6E; 5406,1N) und oberhalb des östlichen Ortsendes (**59**; 453,85E; 5406,65N) zugänglich. Östlich von Ottenau lässt sich die Fanglomerat-Ton-Schluffstein-Abfolge vom Parkplatz „Wiebelsbach" (**60**; 452,2E; 5405,0N) bis in die ehemaligen Steinbrüche in der Buntsandstein-Gruppe an der Höhe „Schwarzer Gehr"(**61**; 454,1E; 5405,4N) in Bach- und Böschungsanrissen verfolgen.

Gelegentliche Aufschlüsse der tonig-schluffig-dolomitischen Playa-Schichten und massiger Schwemmfächer-Ablagerungen bieten auch die tief eingeschnittenen Klammen des breiten erosiven Amphitheaters, das von der Ortschaft **Michelbach** (205 m NN), von **Moosbronn** (448 m NN) oder von Parkplätzen an der Landesstraße **L 613** gut zu erwandern ist. An den W-exponierten Hängen markieren sowohl Quellen, als auch aufgegebene Steinbrüche in der Murg-Formation die Grenze zwischen der Michelbach-Formation und der Buntsandstein-Gruppe (**61**; 454,2E; 5404,6N und 454,1E; 5405,4N). Fanglomerate mit ellipsoidisch-schichtgebundenen Bleichungszonen und feinstkörnige dunkelrote Playa-Ablagerungen der Michelbach-Formation sind an mehreren Kurven-Böschungen der L 613

(Abb. 25e) und in einem kleinen aufgegebenen Steinbruch in der Nähe des **Parkplatzes oberhalb Michelbach** (**62**; 452,6E; 5408,35N) zu sehen. In feinkörnigen Sandsteinen der Playa-Ablagerungen fand man hier neben Conchostraken auch Arthropoden- und Tetrapodenfährten. Sie belegen, dass die Ablagerung dieser Sedimente aus der frühen Perm-Periode in zeitweise wasserbedeckten Niederungen des Beckens erfolgte (Kozur & Sittig 1981; Kozur et al. 1994). Die Grenze zwischen den durch hohe Feldspatgehalte gekennzeichneten Arkose-Sandsteinen der Rotliegend-Gruppe und den feinkörnigeren bzw. quarzreichen Sandsteinen der Murg-Formation lässt sich besonders gut im Bereich unter dem Steinbruch westlich des **Parkplatzes Kübelkopf** (473 m NN) an der L 613 nachvollziehen (**63**; 453,1E; 5408,9N). Über dunkelroten Tonsteinen und Arkose-Sandsteinen der obersten Rotliegend-Gruppe, die hier auch in steilen Rinnen östlich von Michelbach angeschnitten sind (**64**; 453,1E; 5408,05N und 455,25E; 5407,7N), gewann man aus der Murg-Formation bis Anfang des 20. Jahrhunderts riesige Mengen von Bausteinen, von denen vor allem die hellen und leicht zu bearbeitenden Sandsteinblöcke regional bekannt waren. Eine etwas weniger verwachsene Bruchwand nördlich und unterhalb des **Bernsteins** (694 m NN, **65**; 455,65E; 5407,3N) gibt einen guten Einblick in fluviatile Horizontal- und Schrägschichtungsstrukturen der Sandsteinbänke, die hier an Klüften stark aufgelockert sind. Die Felsen am Bernstein selbst bestehen aus kiesigen Sandsteinen der Hauptkonglomerat-Formation, die am **Tannschachberg** (707 m NN) sowie am **Mahlberg** (613 m NN) den steilen Oberrand des Michelbach-Einzugsgebiets bilden. Das unterirdische Einzugsgebiet der in Quellen austretenden Grundwässer erstreckt sich jedoch wahrscheinlich bis in die breite Mulde entlang der Bernbach-Störung bei Moosbrunn, wodurch die allmähliche erosive Rückverlegung der von Rutschungen und Tobeln durchzogenen Steilhänge vorbereitet wird.

## **Exkursionsgebiet 3:** Oberes Murgtal und Freudenstadt-Graben

(Abb. 51, S. 222)

**Karten**: Freizeitkarten 1:50 000 (Pforzheim, Baden-Baden, Freudenstadt). Topografische und geologische Karten 1:25 000: 7215 (Baden-Baden), 7216 (Gernsbach), 7315 (Bühlertal), 7316 (Forbach), 7415 (Obertal-Kniebis), 7416 (Baiersbronn), 7515 (Oppenau), 7516 (Freudenstadt).

### *Allgemeines*

Das Exkursionsgebiet Oberes Murgtal-Freudenstadt-Graben ist von Karlsruhe über die Autobahn **A 5** und dann entweder von Westen über die Hochschwarzwald-Strasse (**B 500** und **B 28**), von Osten über die Murgtal-Bundesstraße (**B 462**) oder von den Stationen der Murgtal-Bahn zu erreichen. Beide Zufahrtsrouten verlaufen parallel zur flach E-abfallenden Oberrhein-Grabenschulter, die hier mit der **Hornisgrinde** (1163 m NN) ihre höchste Erhebung erreicht (Abb. 51)

Das Exkursionsgebiet war lange ein dicht bewaldetes, schwer zugängliches und weitgehend unbewohntes Niemandsland zwischen allamannischen und fränkischen Einflussbereichen, dann zwischen den Bistümern Speyer und Konstanz, später zwischen der Domäne der Grafen von Eberstein bzw. der Markgrafen von Baden im Norden und der Pfalzgrafen von Tübingen im Süden. Schließlich verlief hier die Grenze zwischen den Ländern Baden und Württemberg. Von Süden her erfolgten erste Rodungen der ursprünglichen Tannen-Buchen-Urwälder im Bereich der kalkig-tonigen Böden im Ausbiss der obersten Buntsandstein- und der Muschelkalk-Gruppe schon im 11. Jahrhundert. In diese Zeit fallen anscheinend auch erste Bergbauversuche. Im Gegensatz dazu begann die Öffnung des Murgtals von Norden erst im 15. und 16. Jahrhundert, als von **Gernsbach** (172 m NN) aus die „Murgschifferschaft" ihre frühkapitalistischen Holzhandelsaktivitäten entwickelte. Im Sog der im 18. Jahrhundert expandierenden Langholz-Flößerei durch kapitalkräftige „Compagnien" entstanden auch andere Waldgewerbe. Inflationäre Holzpreise, waldzerstörende Kahlschläge und die Überweidung von Kahlflächen besiegelten im frühen 19. Jahrhundert einen nicht mehr korrigierbaren Niedergang der Flößerei (Scheifele 1988). Mit einem von Waldbränden (z. B. 1800), Überschwemmungen (z. B. 1824), Waldweideverboten und Emigration begleiteten Verfall der Glashütten-, Pottasche- und Köhlerei-Betriebe begann eine neue Ära, die auch eine großräumige Aufforstung von Fichten-Kunstwäldern mit sich brachte. Die Murg selbst erwies sich bald als geschätzte Energiequelle für neu geschaffene Papierfabriken und Eisenwerke. Der Trend zur Industrialisierung des Tals verstärkte sich mit der – oftmals unterbrochenen – Fertigstellung der Murgtal-Eisenbahn (1869–1928), mit dem Bau des Rudolf-Fettweis-Wasserkraftwerks bei Forbach (1914-1926), besonders aber mit der Gründung moderner Spezialpapier- und Kraftfahrzeug-Produktionsstätten. Kleinwasserkraftwerke versorgen heute wieder Teile des Einzugsgebiets mit Elektrizität. Die weiterhin forstwirtschaftlich genutzten Hochlagen wurden zu beliebten Naherholungsgebieten.

Der Übergangsbereich zwischen dem breiten, dicht besiedelten Murgtal nördlich von Gernsbach und den flussaufwärts gelegenen schroffen Schluchtstrecken, entspricht im Wesentlichen der Grenze zwischen dem Oos-Rotliegend-Becken und dem Nordschwarzwald-Granitkomplex. Der Straßentunnel der B 462 durchquert am südlichen Ortsausgang von Gernsbach den gestörten Kontakt zwischen beiden Einheiten. Südlich des Tunnels befindet sich die Sockeloberfläche bereits in Höhen von rund 650 m NN, steigt nach Süden bis in den Kern der breiten Nordschwarzwald-Antiklinale bei **Forbach** (332 m NN) weiter bis in Höhen um 710 m NN an und fällt erst dann allmählich bis **Freudenstadt** (728 m NN) unter Höhen um 550 m NN ab. Auch das Gefälle der Murg ist bis Forbach mit < 10 m/km noch verhältnismäßig gering, nimmt dann im Kern der Nordschwarzwald-Antiklinale bis **Schönmünzach** (457 m NN) auf 30 bis 50 m/km zu und verflacht schließlich bis **Baiersbronn** (584 m NN) wieder auf Werte < 10 m/km. Südlich von Schönmünzach, wo die Murg die NE-streichende Diersbach-Störungszone zwischen dem Nordschwarzwald-Granitkomplex und dem Zentralschwarzwälder Gneiskomplex durchquert, sind zwischen nunmehr metamorphen Sockelgesteinen und der rund 300 m mächtigen Buntsandstein-Gruppe wieder geringmächtige Abfolgen der Rotliegend-Gruppe des Offenburg-Beckens eingeschaltet, bevor die Sockeloberfläche gegen Südosten unter dem **Freudenstadt-Graben** abtaucht.

Die deutliche Asymmetrie des Murgtals, mit bis zu 12 km langen westlichen gegenüber kaum mehr als 4 km langen östlichen Nebentälern und hakenförmigen Mündungen der Nebenbäche lassen vermuten, dass hier auf der Schulter des Oberrhein-Grabens ältere und relativ breite SE-gerichtete Täler erst in der jüngsten geologischen Vergangenheit aus dem sich nach Süden ausweitenden Einzugsgebiet der Murg angezapft wurden. Diese Asymmetrie verstärkte sich im Verlauf der Pleistozän-Epoche mit der Überprägung vor allem ENE-gerichteter Quellmulden durch Firnfelder und kleine Gletscher. Über dem Ausbiss des Kristallinen Sockels, der die tieferen engen Talbereiche umrahmt, markieren deutlich breitere Talböden und Quellketten den Ausbiss der basalen Buntsandstein-Gruppe, die von mächtigen Blockhalden oder Blockströmen überdeckt wird. Nur in den obersten 50 bis 100 Metern steiler Karwände oder Nivationsmulden finden sich besuchenswerte natürliche Aufschlüsse. Auch künstliche Aufschlüsse in der Bausandstein- oder Hauptkonglomerat-Formation beschränken sich meist auf Forststraßen an steilen (> 30°) Hängen, die sich über den Kar- oder Nivationsmulden erheben. Die bedeutendsten Karmulden – teilweise mit seichten Karseen oder Verlandungsmooren gefüllt – sind direkt am Ostabfall des Hochschwarzwalds kettenförmig aneinandergereiht und am besten von der Schwarzwaldhochstraße her zu erreichen. Dazu zählen der **Biberkessel**, **Mummelsee**, **Wildsee**, **Buhlbachsee**, **Ellbachsee** und **Sankenbachsee**. Eine zweite Reihe von Karen befindet sich 3 bis 4 km westlich des Murgtals und ist am besten auch von dort her zu erreichen. Dazu gehören die Karnischen des **Herrenwieser Sees**, **Schurmsees**, **Blindsees** und **Huzenbacher Sees**. Auch viele andere E- bis NE-exponierte Quellmulden in Höhen von 600 bis 900 m NN, wie z. B. am **Ochsenkopf-** oder **Langeck-Rücken**, sind durch die von Gletschern oder Firndecken geschaffenen konkaven Hohlformen gekennzeichnet. In der Umgebung von Freudenstadt reichen die Kare bis an den Forbach, der hier eine wellige Moränenlandschaft durchfließt. Das Wasser der Karseen weist meist geringe pH-Werte auf. Es entstammt einer durch hohe Niederschläge gespeisten Infiltration durch

Rohhumusdecken, Blockmeere und Klüfte im Ausbiss der Hauptkonglomerat- oder Bausandstein-Formation und somit oft aus Quellen, die an der Oberkante der Eck-Formation und damit am Oberrand der Karmulden austreten. Ihre bräunliche Farbe belegt den hohen Gehalt an unzersetzten Huminstoffen. Diatomeen- (= Reste von Kieselalgen) in Seebodensedimenten der Holozän-Epoche zeigen, dass z. B. am **Huzenbacher-See** die progressive Versauerung der Wässer im Hochschwarzwald zwar schon nach dem Abtrag geringmächtiger Lössschichten in der frühen Holozän-Epoche einsetzte, sich aber vor allem im 19. und 20. Jahrhundert dramatisch beschleunigt hat (Steinberg et al. 1987).

In der Vegetationsdecke des Exkursionsgebiets dominieren heute in tieferen Lagen Buchen-Tannen-Fichten-Wälder, darüber Tannen-Fichten-Wälder und an S- bis SW-exponierten Hängen auch offene Waldkiefern-Bestände mit heideähnlichem Unterwuchs. Dabei ist die Fichte sicherlich im Vergleich zur ursprünglichen Vegetationsdecke, die bis ins frühe 18. Jahrhundert existierte, überrepräsentiert; der Anteil an Laubhölzern (vor allem der Buche) ist dagegen geringer als in den ursprünglichen Urwäldern. Untersuchungen von Pollen in den Seebodensedimenten des **Schurmsees** (rund 800 m NN) belegen, dass die Waldkiefer (*Pinus sylvestris*) wahrscheinlich ein Vegetationsrelikt aus der frühen Holozän-Epoche darstellt, die Buche (*Fagus sylvatica*) und Tanne (*Abies alba*) nach der Atlantikum-Warmzeit (< 6 ka) heimisch wurden und die Fichte (*Picea abies*) erst im Verlauf der letzten Tausend Jahre höchste und vor allem schattig-feuchte Hänge erobern konnte, bevor sie künstlich gefördert wurde (Lang 1958). Trotzdem vermittelt ein herbstlicher Blick auf die Flanken des Murgtals einen guten Eindruck von zumindest teilweise recht ursprünglichen Waldlandschaften. Die in Höhen > 900 m NN anzutreffenden offenen **Grinden** am Kamm des Hochschwarzwalds sind Relikte mittelalterlicher bis frühneuzeitlicher Kahlschlag-Hochweide-Praktiken. Bei Jahresmittel-Temperaturen um 5 bis 6 °C und Niederschlägen um 2000 mm/a entwickelten sich hier auf ausgelaugten, sauren Podsol-Rohhumus-Böden Feuchtheiden mit Rasenbinse (*Trichophorum cespitosum*), Heidekraut (*Calluna vulgaris*), Heidelbeere (*Vaccinium myrtillus*), Borstgras (*Nardus stricta*) und Pfeifengras (*Molinia caerulea*), wobei die vormals wesentlich größeren Kahlflächen heute wieder von Legföhren-Bergkiefern (*Pinus mugo, Pinus rotundata*), „Solitär“-Fichten (*Picea abies*), Sumpfbirken (*Betula pubescens*) und Vogelbeeren (*Sorbus aucuparia*) besiedelt werden (Oberdorfer 1938; Wilmanns 2001). Die Grinden-Hochflächen lassen sich von Norden nach Süden vom **Hochkopf** (1038 m) über die **Hornisgrinde** (1163 m), den **Altsteigerkopf** (1087 m), den **Seekopf** (1064 m) über das **Naturschutzzentrum Ruhestein** und den **Schliffkopf** (1055 m) bis in den Bereich **Zuflucht-Alexanderschanze** (950 m) nach **Kniebis** (903 m) – mit Abstechern zu den Karen – durchstreifen. Weiter nach Süden, wo ebenfalls gelegentliche Vorläufer „naturnaher“ Tannen-Buchen-Kiefern-Fichtenwälder auszumachen sind, dominieren Fichtenwälder, in die allerdings der Orkan „Lothar“ mit Spitzen-Windgeschwindigkeiten bis 200 km/h im Dezember 1999 riesige Lücken gerissen hat.

### *Murgtal südlich von Gernsbach*

Zwischen **Gernsbach** (172 m NN) und **Schönmünzach** (457 m NN) ist die Murg tief in den Forbach-Granit eingekerbt. Der Forbach-Granit ist ein im Durchschnitt recht homogener Biotit-Muskovit-Granit (Quarz 32 %, Kalifeldspat 30 %, Plagioklas 17 %, Biotit 5–10 %, Muskovit 9 %), in dem allerdings immer wieder auch Bereiche mit cm-großen Kalifeldspat-Großkristallen auffallen. Da nach Süden der Anteil der Kalifeldspäte gegenüber den Plagioklasen allmählich zunimmt, lässt sich gegen Süden ein Raumünzach-Granit (37 % Kalifeldspat, 10 % Plagioklas) vom Forbach-Granit abtrennen. Lokal durchziehen pegmatitische Linsen und NNE-streichende Aplit-Gänge den Granit, für den Zirkon-Datierungen Werte zwischen 330 und 325 Ma ergeben haben. Die $^{40}Ar/^{39}Ar$-Daten an Glimmern belegen seine Abkühlung unter 500 °C nach 320 Ma (Hess et al. 2000). Eine Vielzahl unterschiedlich orientierter Klüfte und Scherzonen durchziehen die granitischen Gesteine, wobei vor allem an nördlich streichenden Flächen Bewegungsspuren sinistraler Scherungen zu beobachten sind. NW-streichende Kluftscharen sind häufig mit Quarz- und Hämatitkristallen belegt. Recht deutlich sind dabei die Unterschiede zwischen künstlich geschaffenen und natürlich verwitternden Aufschlüssen. Obwohl künstliche Aufschlüsse an den Hangseiten der Verkehrswege und in Steinbrüchen meist durch genau dosierte Sprengungen an vertikalen Bohrlochreihen geschaffen wurden, spiegeln die so geschaffenen Felsoberflächen meist auch den Verschnitt natürlicher Bruchflächen wider. Da bei Starkregen oder Schneeschmelze über straßenwärts geneigten Bruchflächen gelegentlich größere Felsblöcke abgleiten, werden besonders stark aufgelockerte Felswände entlang der Murgtal-Straße durch verschiedene geotechnische Maßnahmen wie z. B. Stützmauern oder Drahtgitter gesichert. Die Felsfarben ergeben sich häufig aus Mineralbelägen (rötlicher Hämatit, grau-grüne Tonminerale) oder aus Flechtenbewuchs. Beim Tunnelbau und Stollenvortrieb hat sich der Forbach-Raumünzach-Granit, trotz einer lokal starken Klüftung, als erstaunlich standfest und trocken erwiesen. Während künstliche Aufschlüsse also ein Durchschnittsbild des Internbaus der Felsmassen geben, finden sich natürliche Aufschlüsse häufig nur in weitständig geklüfteten oder massigen Granitbereichen, die dann als helle „Wollsack“-Felsen und von Grus ummantelt die Landoberfläche überragen. Stärker aufgelockerte Bereiche sind meist Ansatzpunkte kaum ergiebiger Quellmulden, die nach unten allmählich in schmale erosive Rinnen übergehen.

An der ersten Verengung des Murgtals bei **Gernsbach** (172 m NN) krönt das **Schloss Eberstein** westlich der Murg einen steil aufragenden granitischen Felssporn (**1**; 451,85E; 5399,8N). An der 2 km langen Auffahrt von Gernsbach zum Schloss liegt bergseits fast durchgehend der hier stark geklüftete Forbach-Granit frei. Wie an anderen Aufschlüssen der Gegend sind nicht nur breitere Alterations- und Brekzienzonen, sondern auch zahlreiche diskrete rotbraun gefärbte Störungs- und Kluftflächen mit feinkörnigen Hämatit-Goethit(+Chlorit-Serizit)-Aggregaten belegt. Bis in die Mitte des 19. Jahrhunderts erweckten kurze W-streichende Quarz-Hämatit-Goethit-Gänge immer wieder enttäuschte Hoffnungen auf abbauwürdige Eisenerze. Besonders schön ist diese Form der Mineralisation an der unteren Kreuzung zur Schloß-Zufahrtsstaße zu sehen (**2**; 451,4E; 5401,9N). Vom Schloss selbst öffnet sich nach Süden ein herrlicher Blick auf die terrassenförmigen Talbodenrelikte, die sich bei **Hilpertsau** und **Weisenbach** (194 m NN) beiderseits der Murg rund 40 bis 50 m über dem Bett der Murg erheben und am östlichen Talrand in reliktische Schwemmfächer der Nebenbäche übergehen. Diese Verebnungsflächen und von Grus bedeckte Hangbereiche wurden vormals intensiv landwirtschaftlich genutzt, wobei lose Granitblöcke aus den Wiesen entfernt und unterhalb der Felder in Befestigungsmauern verwendet wurden. In die ehemaligen Landwirtschaftsflächen dringen heute häufig erste Saumwald-Sukzessionen ein. An südseitigen Hängen wurde außerdem – wie noch heute unterhalb von Schloss Eberstein – Weinbau betrieben.

Als gegen Ende des 18. Jahrhunderts Granit zu einem Baurohstoff wurde, begann auch im unteren Murgtal der systematische Abbau von Granit in Steinbrüchen. So befindet sich an der steilen Ostflanke des Tals am nördlichen Ortseingang von **Weisenbach** die heute teilweise verwachsene Wand des ältesten Granitsteinbruchs im Murgtal (**3**; 452,6E; 5397,8N), in dem bereits im 19. Jahrhundert von italienischen Steinhauern Blöcke für Denkmäler und Fassaden öffentlicher Gebäude bearbeitet wurden (Metz 1977). Die sorgfältig bearbeiteten Blöcke aus Forbach-Granit kamen dann jedoch vor allem an Tunnelportalen und Natursteinviadukten entlang der Bahntrasse zwischen Weisenbach und Forbach zum Einsatz. An der gesamten Murgtal-Bahnstrecke mussten schließlich zehn Tunnels mit einer Gesamtlänge von mehr als 2 km und mehrere Bahnhofsrampen, wie z. B. in Forbach, aus dem granitischen Fels gesprengt werden. Der von Scherflächen und Klüften durchzogene Forbach-Granit ist zwischen Weisenbach und Forbach entlang der östlichen Bergseite der B 462 in Böschungen angeschnitten (**4**; 453,3E; 5396,6N). Über dem Tal erheben sich zahlreiche natürlich verwitternde Felsgruppen, wie am **Lautenfelsen** (**5**; 454,15E; 5400,1N), **Rockertkopf** (**6**; 453,5E; 5399,35N), **Orgelfelsen** (**7**; 456,4E; 5398,5N), **Beckenfelsen** (**8**; 455,0E; 5396,0N) und an der **Hohen Schar** (**9**; 454,6E; 5395,4N). Diese sind von **Reichental** (414 m NN) leicht zu erreichen und können in Rundwanderungen unter der quellenreichen

Verebnung im Ausbiss der basalen Buntsandstein-Gruppe studiert werden. Über dieser Terrasse dominieren besonders an W-exponierten Hängen unwegsame trockene Halden aus Sandsteinblöcken. Natürliche granitische Felsgruppen finden sich jedoch auch in tieferen Lagen, wo sie entweder direkt das Felsbett der Murg bilden oder dieses in Form steiler Sporne überragen. Solche Sporne bestehen gelegentlich aus besonders verwitterungsbeständigen Aplit-Gängen, wie z. B. am **Füllenfelsen** gegenüber von **Langenbrand** (330 m NN, **10**; 452,8E; 5395,5N). Hier deuten kantige Felspfeiler die Abrissnischen von Felsstürzen an, wie z. B. jene, die beim großen Hochwasser von 1824 das Flussbett der Murg blockierten und für diese Talstrecke das Ende für die Langholz-Flößerei bedeuteten. Größere Granitblöcke, die wahrscheinlich ebenfalls durch Felsstürze in das Bett der Murg gelangten, erfuhren unterhalb des Friedhofs Langenbrand durch rotierende Gerölle („Mahlsteine") im Verlauf kräftiger Abflussereignisse Auskolkungen zu bizarren Skulpturen (**11**; 453,05E; 5395,05N).

Der Unterschied zwischen künstlichen und natürlichen Granit-Aufschlüssen lässt sich besonders gut in der Nähe von **Gausbach** (304 m NN) studieren. Vom Parkplatz des Montana-Schwimmbads leicht zu erreichen ist eine große Felsböschung östlich der aufgegebenen Trasse der Strasse B 462 (**12**; 453,1E; 5393,3N). Hier durchziehen zahlreiche N- bis NNE-streichende Kluft- und Störungsflächen den Forbach-Granit. Dagegen bauen massige Felsaufragungen mit großen Kalifeldspäten, die in einem aufgelassenen Steinbruch oberhalb des Sportplatzes (**13**; 454,05E; 5392,6N) zu sehen sind, hoch über Gausbach den **Latschigfelsen** (**14**; 454,3E; 5393,5N) auf. Südlich von **Forbach** (334 m) existierte bis 1790 keine Straßenverbindung durch die nun dicht bewaldete Schluchtstrecke entlang der Murg, obwohl damals die Rinne selbst von zahlreichen, der Flößerei dienenden Bauten flankiert wurde. Die meisten Nebenbäche weisen nun längere S-gerichtete Teilstrecken und hakenförmige Mündungen in die Murg auf, wobei Felsterrassen in Höhen > 100 m über dem Talboden ältere SE- bis SW-gerichtete Talsysteme andeuten, so z. B. die Verebnungsfläche von **Bermersbach** (425 m NN, **15**; 451,9E; 5393,45N). Die bei Bermersbach gegen Westen ansteigende L 79 wird bis zum **Krämerstein** (**16**; 450,55E; 5395,9N) von teilweise tief verwitterten Böschungsaufschlüssen des Forbach-Granits flankiert und erst die Verebnung der Passhöhe markiert die Basis der Buntsandstein-Gruppe. Östlich der Murg erheben sich über natürlichen Halden aus riesigen „Wollsack"-Blöcken granitische Felsformationen am **Kuckucksfelsen** (**17**; 453,2E; 5390,9N) und in der **Hornfelsen-Gruppe** (**18**; 455,0E; 5390,9N), deren nördliche Ausrichtung wahrscheinlich durch das im Murgtal dominierende nördliche Streichen von Kluft- und Störungsflächen vorgegeben ist.

In Forbach wechselt die B 462 an die Westseite des Tals und von hier bis Schönmünzach bilden künstliche Granit-Aufschlüsse an der Hangseite eine fast ununterbrochene, durch Klüfte und Scherflächen gestaltete Mauer. Diese ist von mehreren größeren Parkplätzen hinter der Straßenbegrenzung gut zugänglich, so z. B. an den Punkten **19** (452,25E; 5390,8N) und **20** (453,0E; 5390,5N). An dieser Strecke des Murgtals boten das hohe Gefälle der Murg und ihrer Nebenbäche, zusammen mit der geringen Durchlässigkeit des granitischen Sockels, günstigste Bedingungen für die Anlage des Rudolf-Fettweis-Elektrizitätswerks. Die im Jahr 1926 fertiggestellte Kraftwerksanlage umfasst im Wesentlichen die **Schwarzenbach-Talsperre** (669 m NN, **21**; 450,7E; 5389,3N) mit einer 67 m hohen Staumauer und einem Stauraum von 14,3 Millionen $m^3$. Zusätzliches Wasser wird durch einen mehr als 5 km langen Überleitungsstollen aus dem oberen Raumünzachtal in den Stausee und durch einen 5,6 km langen Stollen aus dem **Staubecken Kirschbaumwasen** (Stauraum 0,4 Millionen $m^3$, 447 m NN, **22**; 452,55E; 5385,55N) direkt in die Druckrohre und auf die Turbinen des Kraftwerks (340 m NN) bei Forbach geleitet (**23**; 452,35E; 5390,8N). Über ein Ausgleichsbecken gelangt das Wasser wieder in die Murgrinne. Zur Verkleidung der Staumauern verwendete man sorgfältig bearbeitete Blöcke aus Raumünzach-Granit, der am Eingang des Schwarzenbachtals bei **Raumünzach** (420 m NN) in drei großen Steinbrüchen gebrochen wurde (**24**; 451,45E; 5387,4N und 451,9E; 5387,4N). Zwei aufgelassene Steinbrüche befinden sich an der Nordflanke des Schwarzenbachtals, während ein aktiver Abbau bis heute an der südlichen Talflanke erfolgt.

Aufgrund der Nutzung des Murgwassers für das Kraftwerk liegt die Flussrinne zwischen Kirschbaumwasen und Forbach meist trocken. Riesige helle Granitblöcke und tiefe erosive Kolke („Strudellöcher“) im Felsbett unterhalb von **Raumünzach** (**25**; 452,3E; 5388,0N) zeugen allerdings von der Gewalt längst vergangener Abflussereignisse an dieser steilsten Strecke der Murg. Die schönen Aufschlüsse im Flussbett und turmförmige Felsgruppen (**26**; 453,0E; 5385,2N) oberhalb von Kirschbaumwasen befinden sich im **Raumünzach-Granit** (Al-Khayat 1976), der hier durch besonders große Kalifeldspatkristalle (> 5 cm) und reichliche Gneis-Einschlüsse auffällt. Auch entlang der Straße ins Raumünzachtal finden sich bis **Hundsbach** (670 m NN) noch künstlich geschaffene Böschungen aus Raumünzach-Granit, dessen Alter hier mit 325 Ma bestimmt wurde (Hess et al. 2000). Bei Hundsbach flankieren – ähnlich wie im oberen Schwarzenbachtal – mächtige Blockhalden im Ausbiss der Buntsandstein-Gruppe eine früher landwirtschaftlich genutzte, terrassenförmige Talerweiterung. Von Forbach oder von der Schwarzenbach-Talsperre aus bietet sich eine reizvolle Wanderung zur **Badener Höhe** (1003 m) und zu einem dort seit 1891 existierenden Aussichtsturm an. Der Weg führt zuerst durch die Quellkette an der Oberkante des granitischen Sockels zum langsam verlandenden **Herrenwieser See** (830 m NN, **27**; 448,1E; 5390,8N). Oberhalb der Karwand erreicht man einen breiten Rücken mit offenen Missen und Blockfeldern in der Bausandstein- und Hauptkonglomerat-Formation. Auch von **Schönmünzach** (460 m NN), wo die granitischen **Verlobungsfelsen** (**28**; 453,5E; 5384,15N) das Ostufer der Murg überragen, lassen sich nach Westen am **Langeck-Rücken** (950 bis 990 m NN) im Einzugsgebiet des Langenbachs drei interessante Kare besuchen. Diese markieren eine Quellkette in Höhen um 700 m NN und sind durch gut erhaltene Moränenreste, Karmulden und Karwände in der Bausandstein-Formation gekennzeichnet. Sie illustrieren von Nordosten nach Südwesten drei Stadien der Verlandung von Karseen – von der noch offenen Seefläche des **Schurmsees** (**29**; 449,8E; 5384,65N) im Nordosten über die Hochmoordecke des (östlichen) **Blindsees** (**30**; 448,35E; 5383,75N) bis in den bereits bewaldeten Karboden unter dem **Diebaukopf** (**31**; 447,9E; 5383,25N). Direkt an der Oberkante der Karwände setzt auch hier ein von chaotischen Felsenmeeren und Missen geprägter Rücken ein, der gegen Westen zur **Hornisgrinde** (1163 m NN) ansteigt. Vom Plateau der Hornisgrinde (**37**; 441,1E; 5383,75N), das ein kleines Hochmoor aufweist, hat man eine großartige Fernsicht zum Oberrhein-Graben im Westen und in die asymmetrischen, westlichen Nebentäler der Murg. Von hier bis zum **Seekopf** (1054 m NN) bieten die direkt unter der Grindenhochfläche abfallenden und von Parkplätzen an der Schwarzwaldhochstrasse (B 500) zu erreichenden Karwände Einblicke in die stark geklüfteten und durch Frostverwitterung aufgelösten Sandsteinbänke der Bausandstein- oder Hauptkonglomerat-Formation, wie z.B. am **Großen Muhr** (**32**; 441,5E; 5385,2N), (**westlichen**) **Blindsee** (**33**; 441,4E; 5384,4N), **Biberkessel** (**34**; 441,6E; 5383,95N), **Mummelsee** (**35**; 441,1E; 5383,1N) und **Wildsee** (**Naturschutzzentrum Ruhestein; 36**; 443,9E; 5379,9N).

Südlich von Schönmünzach verflacht sich das Gefälle der Murg. In dieser Zone wurde sowohl der Schönmünzach-Granit im Nordwesten als auch Paragneise im Südosten entlang von NE-streichenden Zweigstörungen der **Diersburg-Scherzone** mylonitisch-kataklastisch überprägt. In den häufig metatektisch modifizierten Plagioklas-Quarz-Biotit-Sillimanit-Granat-Paragneisen fallen lokal deutlich sichtbare knoten- bis nadelförmige Sillimanit-Aggregate auf. Die Paragneise, die zwischengeschalteten „geflaserten“ Orthogneiszüge und granulitischen Gneislinsen weisen generell NE- bis NW-streichende Foliationsflächen auf. Je nach Intensität der retrograden Überprägungen variieren die Gesteinsfarben von dunkelgrünen Serizit-Biotit-Chlorit-Belägen an diskreten Scherzonen bis zu hellgrauen Quarz-Kalifeldspat-Plagioklas-Bändern in massigen Gesteinsbereichen. $^{40}Ar/^{39}Ar$-Altersbestimmungen an Muskoviten und NNE- bis E-streichenden gleichkörnigen Granitgängen ergaben hier Werte zwischen 324 und 312 Ma. Für Serizite in Scherzonen und für den durch rötliche Farben gekennzeichneten Hämatit – beide an enge Netze diskreter Risse gebunden – wurden allerdings He-Alterationsalter im Bereich von 180 bis 120 Ma bestimmt (Voigt-Kirsch 1990). Die metamorphen Sockelgesteine bilden rund

50 m über dem Talboden flache Felsterrassen mit gelegentlichen Flussschottern, die möglicherweise auf ursprünglich S-entwässernde Täler hinweisen. Über den Terrassenflächen ist der Übergang in geringmächtige Fanglomerate der Rotliegend-Gruppe und in die rund 300 m mächtige Buntsandstein-Gruppe an einer scharfen Wiesen-Wald-Grenze und als deutliche Hangversteilung zu erkennen.

Bei **Schwarzenberg** (525 m NN) überragen Felsnasen (**38**) aus mylonitischen Granulitgneisen das Westufer (z.B. hinter dem Haus Sackmann; 454,65E; 5382,95N) und das Ostufer (z.B. am Bahnübergang; 454,4E; 5382,8N) der Murg. Weitere Aufschlüsse (**39**; 454,6E; 5382,55N und 455,1E; 5381,7N) von metatektischen Biotit-Plagioklas-Gneisen begleiten den Talboden in Böschungen der Straße und der Bahntrasse bis südlich von **Huzenbach** (486 m NN); an einer großen künstlichen Straßenböschung am nördlichen Ortseingang von Huzenbach ist die Überprägung der Gneis-Foliation durch diskrete WNW-streichende dextrale Scherflächen zu sehen. Südlich von **Huzenbach** wurde für einen „hellen Flasergneis" ein Zirkon-Bildungsalter der magmatischen Ausgangsgesteine von rund 480 Ma bestimmt (Voigt-Kirsch 1990). Eine Rundwanderung vom Bahnhaltepunkt Huzenbach (gute Parkmöglichkeit) durch das Tal des Tobelbachs führt zuerst an Gneis-Aufschlüssen vorbei zum verlandeten **Kammerloch-Karsee** (**40**; 452,8E; 5379,7N) im Ausbiss der Buntsandstein-Gruppe. Über einen Rücken erreicht man von hier aus das Kar des **Huzenbacher Sees** (750 m NN, **41**; 451,95E; 5380,35N), an dessen Westseite sich die 150 m hohe Karwand mit Aufschlüssen der Bausandstein-Formation durchsteigen lässt. Wandert man von hier nach Osten durch das Seebachtal zurück, gelangt man oberhalb von Huzenbach wieder in retrograd überprägte metatektische Gneise. An der Ostseite des Murgtals wurde oberhalb der heutigen Strassenabzweigung nach **Schönegründ** (508 m NN) bis ins frühe 18. Jahrhundert in der **Grube Königswart** (**42**; 455,65E; 5380,45N) ein NNW-streichender rund 300 m langer Quarz-Baryt-Fahlerz-Gang auf Kupfer- und Silbererze abgebaut.

Westlich gegenüber **Schönegründ** (**43**; 454,9E; 5379,55N), wo der Sockel von dünnen Lagen kaum gebankter Arkose-Sandsteine und Fanglomerate des Offenburg-Rotliegend-Beckens überlagert wird, sind beide gelegentlich an kleinen Anrissen entlang der steilen Nebenbäche der Murg aufgeschlossen. Bestens zu studieren ist besonders im Morgenlicht jedoch die weithin sichtbare ehemalige Steinbruchwand „Schrofel" westlich von **Heselbach** (500 m NN; **44**; 455,3E; 5376,7N; Abb. 44). Die gebändert-metatektischen Biotit-Plagioklas-Sillimanit(Fibrolith)-Paragneise weisen eine gefaltete, N-einfallende Foliation auf und werden von retrograd-kataklastischen Scherzonen durchzogen. Am Nordrand der Bruchwand ist ein mehrere Meter mächtiger NE-streichender Ganggranit zu sehen, der um 316 Ma in die Gneise intrudierte. Über der Diskordanz und einer auskeilenden Linse mit einem Fanglomerat der Rotliegend-

**Abb. 44.** Ehemaliger Steinbruch Schrofel westlich von Heselbach mit teilweise retrograd überprägten Gneisen, die diskordant von Fanglomeraten der Rotliegend-Gruppe und den basalen Sandsteinen der Buntsandstein-Gruppe überlagert werden.

Gruppe folgen basale Sandsteine der Buntsandstein-Gruppe, in der eine hämatitische Alteration mit rund 200 Ma datiert wurde (Voigt-Kirsch 1990).

Bei **Klosterreichenbach** (510 m NN) erweitert sich der Talboden zu einer sumpfigen Ebene, in der früher sogar Torf abgebaut wurde. Bei **Baiersbronn** (584 m NN) schwenkt das Tal hakenförmig nach Nordwesten ab und auch der Tonbach mündet von Nordwesten hakenförmig in die Murg, was eine ursprüngliche Entwässerung der Täler zum Freudenstadt-Graben nahelegt. Wie weiter nördlich, verstärkten sich auch hier NW-gerichtete Nebentalstrecken durch die Ausweitung von Quellmulden zu Karen, wie z.B. im oberen Tonbachtal, wo sich über dem westlichen Talrand Karwände in der Eck- und Bausandstein-Formation erheben. An einer besonders steilen Karwand stürzte z.B. der **Pudelstein** in das heute verlandete **Steinmüsse-Kar** (**45**; 451,6E; 5377,3N). Die unmittelbaren Ränder des Haupttals bilden bis zu einer rund 50 m über dem Talboden gelegenen Terrasse weiterhin Gneise. NE- bis E-streichende Gänge aus gleichkörnigem Biotit-Muskovit-Granit (40 % Kalifeldspat, 30 % Quarz, 25 % Plagioklas), welche hier die Gneise durchschlagen, wurden z.B. am **Raufels** (westlich Baiersbronn unter dem **Rinkenkopf**, **46**; 452,9E; 5373,3N) und weiter westlich unterhalb von **Allmand** (**47**; 452,0E; 5373,6N) in größeren Steinbrüchen abgebaut. Die Gneise sind teilweise Diatexite bis Anatexite mit Leukosomen („Schmelznestern“) aus Quarz, Plagioklas und Kalifeldspat (Abb. 24a). Die Melanosome bestehen neben Biotit aus Sillimanit, der gelegentlich von rötlichen Hämatit-Alterationshöfen umgeben ist.

Im Bereich **Mitteltal** (560 m NN)-**Obertal** (590 m NN) quert die Rotmurg zwei ENE- bis NE-streichende Grabenstrukturen des Offenburg-Rotliegend-Beckens. Fortsetzungen des Beckens nach Nordosten sind vermutlich Abfolgen der Rotliegend-Gruppe im Bereich Huzenbach-Heselbach und nach Südwesten die sedimentären-rhyolithischen Grabenfüllungen am Eckenfels bei Oppenau im Renchtal (siehe Exkursion E 1). Tiefere Hanglagen unter der **Ruine Tannenfels** (**48**; 448,35E; 5375,2N) bestehen aus hier nur schlecht aufgeschlossen Arkosen und Fanglomeraten der Rotliegend-Gruppe und Sandsteinen der Buntsandstein-Gruppe. Die Ruine selbst ruht auf einem konglomeratischen Sandstein der Eck-Formation, der sich in Form einer Blockgleitung aus der unmittelbar dahinter befindlichen Karwand gelöst hat. Nordwestlich einer Randstörung des Rotliegend-Teilbeckens überdeckt die Buntsandstein-Gruppe direkt einen etwa 2 km breiten Horst aus kataklastisch überprägten Gneisen, die südlich der Murg am Weg Mitteltal-Obertal aufgeschlossen sind (**49**; 448,2E; 5375,6N). Nordwestlich einer weiteren ENE-streichenden Störung befindet sich im Raum **Obertal** eine zweite 1 bis 2 km breite Grabenstruktur, die von flach W-einfallenden Arkose-Sandsteinen, verkieselten rhyolithischen Aschen und gegen Nordwesten von kleinen rhyolithischen Lavadomen (?) gefüllt wurde. Die vulkanische Abfolge wurde im Jahr 1834 bei **Buhlbach** (625 m NN) im Tal der **Rechtmurg** mit einer Mächtigkeit von rund 250 m erbohrt, wobei man unter der Abfolge anstatt der erhofften Kohle auf stark alterierten granitischen Sockel stieß! Die gebankten, rötlich-hellgrünlichen Rhyolith-Aschen sind nordwestlich von Obertal im Bachbett der **Rotmurg** (**50**; 447,0E; 5376,15N) über eine Strecke von 1,3 km gut aufgeschlossen. Weiter talaufwärts gegen Nordwesten folgen im Bachbett, kleinen aufgegebenen Steinbrüchen und Felsvorsprüngen (**51**; 446,1E; 5377,1N und 445,75E; 5377,55N), wieder Gneise und granitische Gänge. Eine kleine dioritische Intrusion (Plagioklas, Hornblende, Biotit, etwas Quarz), die von einem Granitgang gequert wird und einen kleinen Wasserfall bildet, ist unterhalb der Rotmurg-Wanderwegbrücke zu erreichen (**52**; 445,3E; 5377,6N; Metz 1977). Rhyolithe mit steil einfallenden Fließtexturen, die in einem kleinen aufgelassenen Steinbruch 2 km nordwestlich von **Röhrsbächle** am Buhlbach (**53**; 445,0E; 5375,9N) und als Felsvorsprung in der Nähe vom **Rotmurg-Jägerhaus** (**54**; 444,05E; 5377,55N) an der oberen Rotmurg zu sehen sind, könnten die Reste kuppenförmiger Extrusionskörper sein. Über den Rhyolithen und Gneisen markiert ein deutlicher Quellhorizont die Basis der Buntsandstein-Gruppe, deren höhere Einheiten sich in kleinen Bach- und Hangaufschlüssen bis unter die Grinden-Hochfläche im Bereich **Ruhestein** (**Bärenstein**) verfolgen lassen.

Zwischen Baiersbronn und Obertal dominieren nach Südwesten lange Nebentäler, die schließlich über der Eck-Formatiom an mehr als 100 m hohen Steilstufen in besuchenswerten Karen enden. Diese enthalten teilweise noch offene Karseen, wie z. B. den **Buhlbachsee** (**55**; 444,2E; 5372,2N), oder weitgehend verlandete Seen, wie den **Ellbachsee** (**56**; 448,6E; 5370,3N), der kaum 2 m tief ist. Auch der **Sankenbachsee** (**57**; 451,1E; 5370,3N) war bereits verlandet, bis er zu touristischen Zwecken wieder aufgestaut wurde. In der Karwand des Sankenbach-Kars bildet die Eck-Formation eine steile Wasserfallstufe. An Wegböschungen oberhalb dieser Stufe sind weitere kleine Aufschlüsse in der Bausandstein- oder Hauptkonglomerat-Formation zu finden.

### *Freudenstadt-Graben*

Südöstlich von Baiersbronn beginnt der NW-streichende, rund 8 km breite und 12 km lange **Freudenstadt-Graben**, in dem die 2 bis 3° ESE-einfallenden Schichten der Buntsandstein- und Muschelkalk-Gruppe um rund 150 m gegenüber der umgebenden Germanischen Tafel abgesunken sind. Da der Versatz an der steilen **Lauterbad-Störung** am Südwestrand des Grabens rund 170 m beträgt, an Zweigstörungen und flexurartigen Verkrümmungen der **Dornstetten-Störungszone** am Nordostrand jedoch insgesamt nur rund 150 m ausmacht, ist die Grabenstruktur im Querschnitt leicht asymmetrisch. An beiden randlichen Störungszonen nimmt der Versatz gegen Nordwesten ab und ist bei Baiersbronn kaum mehr nachzuweisen, obwohl auch hier die geradlinigen Täler des **Tonbachs** und des **Forbachs** wahrscheinlich von NW-streichenden Bruchzonen kontrolliert werden. Im Südosten enden beide Grabenrand-Störungen an den ENE-streichenden Störungszweigen des Schwäbischen Lineaments (= Bebenhausen-Störungszone). Das Alter der Grabenstruktur ist unbekannt. In ihrem näheren Umfeld wurden in der Vergangenheit gelegentlich kleinere Erdbeben und Erdbebenschwärme registriert, wie z. B. in den Monaten zwischen Oktober 1822 und Mai 1823 oder im Jahr 1893. Diese weisen auf geringfügige anhaltende Relativbewegungen innerhalb der unterlagernden Kruste hin. Der Graben wird größtenteils von der **Glatt** und ihren Nebenbächen zum Neckar entwässert, die Asymmetrie des Grabens förderte jedoch wahrscheinlich auch die rückschreitende Ausweitung des Forbach-Teileinzugsgebiets der Murg im Bereich des westlichen Grabenrands. Östlichste Teileinzugsgebiete der **Wolfach** und **Kleinen Kinzig** enden nur wenige hundert Meter südwestlich des oberen Forbachtals in steilen Quellmulden, die über die **Landesstrassen L 404** und **L 96** zu erreichen sind (siehe Exkursion E 1).

Über dem westlichen Grabenrand sind die dickbankigen Schichtabfolgen der Bausandstein- und Hauptkonglomerat-Formation von einem aufgelassenen Steinbruch westlich von **Lauterbad** (**58**; 457,6E; 5365,5N) nach Norden über den großen Aufschluss am Kurhaus Freudenstadt nördlich des **Kienbergs** (**59**; 456,35E; 5367,3N) bis in die steilen Karwände am Südwesthang des Forbachtals zu verfolgen. Südlich des **Finkenbergs** (**60**; 453,4E; 5369,0N) reichen Moränenwälle und verlandete Karseen unter der südwestlichen Talflanke bis an den Talboden heran und im Bereich **Engelmannswald-Schöllkopf** markiert ein ungefähr 1 km breiter Streifen mit feuchten Missen den Ausstrich von Erosionsresten der Plattensandstein- oder Röt-Formation. Im Graben selbst erlauben mehrere, zum Teil aufgelassene Steinbrüche gute Einblicke in die Muschelkalk-Gruppe. In zwei Brüchen, die wenige Meter nördlich der Strasse auf halbem Weg zwischen **Dietersweiler** (605 m NN) und **Glatten** (535 m NN) zugänglich sind (**61**; 462,2E; 5366,0N), ist der Übergang aus der Plattensandstein- und Röt-Formation in die Muschelkalk-Gruppe durch den Farbwechsel rot-grau, durch dolomitische Bänke (Myophorien-Bank) und graue Mergelstein-Schichten der Jena-Formation gut zu erkennen. In einem aufgelassenen Mergelbruch am Nordausgang von Dietersweiler (**62**; 461,0E; 5367,05N) sind westlich der Strasse die grauen dolomitischen Mergel der tieferen Jena-Formation in einem heute als Vogelschutz-Gebiet gekennzeichneten Bereich nochmals gut erschlossen. Weniger als 2 km nordöstlich von Glatten erschließt dann ein Steinbruch die Trochiten-Formation der Oberen Muschelkalk-Subgruppe (**63**; 465,05E; 5366,2N). Leicht gestauchte und verkrümmte Bänke sind hier wahrscheinlich auf Subsolution der unterlagernden Mittleren Muschelkalk-Subgruppe zurückzuführen. Besonders gut aufgeschlossen ist die Trochiten-Formation jedoch im großen Steinbruch-Komplex von **Kaltenbach/ Dornstetten** (**64**; 464,6E; 5367,9N und 464,1E; 5368,9N). Klüfte und steile N-streichende sinistrale Blattverschiebungen belegen, dass hier die Grabenstruktur zwar auf eine NE-SW-Extension der Schichten zurückzuführen ist, an N-streichenden Bruchflächen allerdings auch sinistrale Scherungen nachzuweisen sind (Asprion et al. 1997). Vor allem im südlichen (teilweise aufgelassenen) Steinbruch, in dem die Formation in einer antithetischen Flexur bis 25° nach Nordosten zur Dornstetten-Störung hin einfällt und mehrere NE- und SW-einfallende Zweigabschiebungen die Formation versetzen, lassen sich fossilführende Trochiten-Tempestit-Bänke und mikritische Blaukalk-Bänke bestens aus der Nähe studieren.

In der Nähe beider Grabenrand-Störungen durchziehen NW-streichende Kluftscharen und Hydrothermalgänge höhere Schichtabfolgen der Buntsandstein-Gruppe. Die Gänge waren wahrscheinlich schon im 13. Jahrhundert bekannt und eine kurze „Blüte“ des Bergbaus führte gegen Ende des 16. Jahrhunderts sogar zur Gründung von Freudenstadt (1599). Der damalige Bergbau konzentrierte sich vor allem auf silberführende Gänge am Westrand des Grabens, wo in dm- bis m-mächtigen Quarz-Baryt-Gängen und hornsteinartig verkieselten Brekzien vor allem auf Cu-Ag-Sb-Sulfiderze (Tetraedrit-Fahlerz) geschürft wurde (Metz 1977; Werner & Dennert 2004). Später und teilweise sogar bis ins 19. Jahrhundert wurden neben Schwerspat auch oberflächennah angereicherte hydroxidische Fe- und Mn-Vererzungen („Brauneisenerze“) verwertet (Abb. 34b). Um 1969 und 1986, als man mit Schrägbohrungen das Schwerspatpotenzial der tieferen Gang-Bereiche des Reviers erkundete, zeigte sich, dass die Schwerspat-Mineralisation bis mindestens in höhere Bereiche des Sockels zu verfolgen ist. Heute ermöglichen zwei Besucherbergwerke einen Blick in die Bergwerksgeschichte Freudenstadts. Das **Besucherbergwerk Freudenstadt** (728 m NN, **59**; 456,35E; 5367,3N) liegt am Westrand des Grabens in einem ehemaligen Steinbruch am Kurhaus unter dem **Kienberg** und erschließt einen kleinen Teil des ursprünglich fast 6 km langen Stollensystems in der Hauptkonglomerat-Formation. Direkt neben dem Eingang zum Besucherbergwerk ist eine mit Baryt und Hämatit-Goethit gefüllte schmale Bruchzone aufgeschlossen, in der Harnischstriemungen Abschiebungsbewegungen andeuten. Oberhalb des Eugen-Drissler-Wegs an der Westseite des Forbachtals, wird zwischen Freudenstadt und Baiersbronn die Geschichte des Bergbaus, der Hüttenanlagen und Hammerwerke mit Schautafeln erläutert. Bei **Christophstal** (**65**; 455,9E; 5367,7N) markieren Pingen und Halden die Lage alter Bergbaue (z.B. Grube Dorothea). Auch in einem kleinen ehemaligen Steinbruch, der rund 1 km nordwestlich des **Bärenschlössles** am Oberrand einer Karwand in den Sandsteinbänken der Hauptkonglomerat-Formation angelegt wurde (**66**; 455,45E; 5367,95N), ist ein dm-breiter NNE-streichender Schwerspat-Gang angeschnitten. Am Ostrand des Grabens erschließt das Besucherbergwerk **Himmlisch Heer** beim Sanatorium „Waldeck“ in der Nähe von **Hallwangen** (628 m NN) einen 2 m breiten, 170 m langen, NW-streichenden und 60° SW-einfallenden Gang (**67**; 463,25E; 5370,9N). Dieser durchzieht rund 70 m westlich der Dornstetten-Abschiebung die Buntsandstein-Gruppe und besteht ebenfalls vor allem aus Quarz und Schwerspat mit eingesprengten Sulfiden (Fahlerz, Kupferkies). Im Bereich dieses Gangs suchte man im Mittelalter bis in eine Tiefe von 60 m nach Silber und Kupfer, später wurde bis 1912 hier Schwerspat abgebaut.

## **Exkursionsgebiet 4:** Einzugsgebiete der Enz, Nagold und Würm

(Abb. 52, S. 223)

**Karten**: Freizeitkarte 1:50 000 Pforzheim. Topografische und geologische Karten 1:25 000 : 7117 (Birkenfeld), 7118 (Pforzheim-Süd), 7216 (Gernsbach), 7217 (Bad Wildbad), 7218 (Calw), 7219 (Weil der Stadt), 7316 (Forbach), 7317 (Neuweiler), 7318 (Wildberg), 7417 (Altensteig), 7418 (Nagold).

*Allgemeines*

Die Zufahrt zum Exkursionsgebiet erfolgt am besten über die Autobahn **A 8** nach **Pforzheim**, von wo die Haupttäler der **Großen Enz**, der **Kleinen Enz** und der **Eyach** über die Bundesstraße **B 294**, das Haupttal der **Nagold** über die **B 463** und das Tal der **Würm** über die Landesstraße **L 572** zu erreichen sind (Abb. 52).

Die schmalen N-gerichteten Täler der Eyach, der Großen und Kleinen Enz, der Nagold und der Würm sind maximal 100 bis 300 m tief in die Buntsandstein- und Muschelkalk-Gruppe eingekerbt und durchqueren dabei die breite ENE-abtauchende **Nordschwarzwald-Antiklinale**. Im Kernbereich der Antiklinale überragt an kurzen Strecken sogar der granitische Sockel und dünne Abfolgen der Rotliegend-Gruppe die Ufer der Eyach, der Großen Enz und der Nagold. Die Täler vereinen sich am Nordschenkel der Antiklinale zur Enz, die dann subsequent (= parallel zum Schichtstreichen) und dem Abtauchen der Antiklinalstruktur folgend nach Osten dem Neckar zufließt. Den Nordrand der Antiklinale bilden die ENE-streichende Gernsbach-Neuenbürg-Flexur und zugehörige Störungen, an denen die Germanische Tafel im Südosten ca. 200 m angehoben wurde. Bohrungen zeigen, dass im Untergrund der Flexur die Mächtigkeit der Rotliegend-Gruppe nach Norden von wenigen Zehner Metern auf Mächtigkeiten > 200 m ansteigt (Frank 1934). Obwohl sich das Alter der Antiklinalstruktur und der Flexur nicht festlegen lassen, ist anzunehmen, dass im Bereich der Flexur – ähnlich wie weiter westlich und am Rand anderer Rotliegend-Becken – ältere steile Störungen nach Ablagerung der mesozoischen Schichtabfolgen reaktiviert wurden. Im Bereich der Antiklinale bestimmen das Schicht-Einfallen und das Streichen von Störungen bzw. Kluftscharen deutlich die Ausrichtung der Nebentäler. So folgen nördlich des Antiklinalscheitels die größeren Nebentäler konsequent dem 3 bis 5° NNW-Einfallen der Schichten und münden so auch spitzwinkelig in die Haupttäler. Im Scheitelbereich sind die Nebenbäche und ihre Mündungen fast symmetrisch-rechtwinkelig zu den Haupttälern ausgerichtet. Südlich des Scheitels entwässern die von Westen kommenden Nebenbäche konsequent zum 1 bis 4° SE- bis ESE-Einfallen der Schichten; sie folgen dabei meist NW-streichenden Kluftscharen oder Störungen und münden häufig hakenförmig in die N-gerichteten Haupttäler. Oft nur nach Starkregen entwässernde obsequente Bäche durchfließen in meist steilen Rinnen („Klingen“) die im Allgemeinen recht kleinen Einzugsgebiete

Gelegentlich auf der Muschelkalk-Tafel gefundene Gerölle der Buntsandstein-Gruppe sind Hinweise auf ein noch in der frühen Pliozän-Epoche (?) aktives E- bis SE-gerichtetes Flusssystem, das möglicherweise erst im Verlauf der Pleistozän-Epoche von Norden her angezapft wurde. Nachfolgende Stadien der erosiven Eintiefung der Haupttäler werden durch schmale Felsterrassen mit dünnen Schotterdecken in 90 bis 100 m (?) und 20 bis 60 m über den heutigen Talböden angedeutet. „Niederterrassen“ und reliktische Schwemmfächer, die 5 bis 10 m über dem Niveau der heutigen Flussrinnen liegen und eine meist < 20 m mächtige Kies-Sand-Füllung unter den Talböden, sind Anzeichen für eine geologisch junge und weiterhin aktive Vertiefung der N-gerichteten Haupttäler.

Obwohl der mittlere Abfluss sowohl der Enz als auch der Nagold oberhalb von Pforzheim mit 5 $m^3/s$ recht gering ist, verursachen vor allem winterliche Starkregen und Schneeschmelz-Ereignisse in beiden Einzugsgebieten immer wieder Hochwässer, die bis zu zwei Größenordnungen über dem oben angegebenen Normalwert liegen. Eine durch Humin- und Fulvosäuren verursachte dunkelbraune Färbung der Hochwässer verrät ihre Herkunft aus den gesättigten schwebenden Rohhumus-Aquiferen breiter Hochflächen, wo ihre Verbreitung durch Lokalnamen wie Moos, Müsse oder Misse angedeutet wird. Bemerkenswerte Hochwässer ereigneten sich z.B. in den Jahren 1461, 1472, 1500, 1522, 1573, 1588, 1613, 1633, 1690, 1729, 1740, 1784, 1789, 1799, ganz besonders jedoch im Oktober 1824, dann wieder 1834, 1851, 1857, 1862, 1880, 1896, 1947 (Metz 1977) und schließlich in jüngster Zeit in den Jahren 1990, 1993 und 1998. Die Hochwasserwellen unterschneiden dabei für wenige Stunden steile Lockergesteinsprallhänge, aus denen an naturnahen Bachstrecken das erodierte Material oft nur wenige Meter unterhalb, in Form länglich-konvexer Block-, Kies- oder Sandbänke, zur Ruhe kommt. Deshalb hielten sich in der Vergangenheit Verkehrswege und Siedlungen in den Tälern meist an reliktische Schwemmkegel und Niederterrassen, die wenige Meter über den von Schwarzerlen (*Alnus glutinosa*) gesäumten, schmalen Auen aufragen. Später wurden Flussrinnen durch Blockwürfe stark modifiziert. Auch Anlagen des Flößereigewerbes, wie z.B. die ehemaligen „Schwellweiher“ des Kaltenbach- und Poppelsees im obersten Enztal veränderten die natürlichen Rinnen. Seit 1968 werden zum Hochwasserschutz im Oberlauf der Flüsse Dämme und Rückhaltebecken gebaut. Normalerweise erfolgt eine kräftige Infiltration der Niederschläge auf den Plateauflächen vor allem entlang NW-streichender Störungen oder Kluftscharen und äußert sich an tiefer gelegenen Quellen mit Verzögerungen von 7 bis 10 Tagen durch verstärkte Schüttungen. In niederschlagsarmen Perioden versickern dagegen kleinere Nebenbäche nicht nur in den Trockentälern des verkarsteten Muschelkalk-Aquifers, sondern auch im Ausbiss der Buntsandstein-Gruppe – so z.B. im Teileinzugsgebiet **Tannbach-Schneitbach**. Eine dadurch bedingte mittelfristige Trockenheit der höheren Plateauflächen äußert sich in Lokalnamen mit dem Zusatz -hardt oder -hart. Die Wasserversorgung der Gemeinden stützt sich hier seit hundert Jahren auf ein weitreichendes System von Pumpwerken und Rohrleitungen, welche die tiefer gelegenen Quell- und Grundwasserbereiche nutzen.

Die in Höhen von 600 bis 700 m NN gelegene Übergangszone zwischen dem Ausbiss der Muschelkalk-Gruppe und der Buntsandstein-Gruppe ist unter der hier meist nur dm- bis m-mächtigen Lössdecke in Feldern gut als Umschlag von grauen in hellrötliche Farbtöne zu erkennen. Sie stellt eine bedeutende Kulturlandgrenze zwischen dem nach Osten abfallenden alamannisch-frühmittelalterlichen Altsiedlungsbereich des Heckengäus und dem gegen Westen ansteigenden, lange unbesiedelten Buntsandstein-Hochschwarzwald dar. Das **Heckengäu** (oder **Obere Gau**) umfasst vor allem den Ausbiss von grauen Dolomit-Kalk-Tonstein-Abfolgen der Muschelkalk-Gruppe und geringmächtiger Erosionsreste der basalen Keuper-Gruppe, die kaum 200 m tiefe Täler überragen. Jährliche Niederschläge < 1000 mm versickern häufig direkt in Dolinen und in NNE- oder NW-streichende Spaltensysteme, wobei sich das Ca-$HCO_3$-Grundwasser unter Trockentälern häufig bis zu 10 km weit nach Osten bewegt, bevor es an größeren Quellen austritt. Tiefere Anteile des Grundwassers entwickeln sich durch Subsolution der Mittleren Muschelkalk-Subgruppe, oft schon in Tiefen von 200 m unter der Landoberfläche, in Ca-Na-$SO_4$-Cl-Mineralwässer mit Lösungsgehalten > 1–5 g/l und dominieren als solche auch die Zusammensetzung der Grundwässer im unterlagernden Buntsandstein-Kluftaquifer. Im Heckengäu belegen steinzeitliche Werkzeugfunde eine vorgeschichtliche Anwesenheit des Menschen und frühkeltische Grabhügel bzw. römische Baureste untermauern eine mindestens 3000 Jahre lange Siedlungsgeschichte. Über Generationen wurden die Besitzgrenzen mit „Steinriegeln“ aus losen Blöcken der Muschelkalk-Gruppe oder durch Hecken mit Schlehen (*Prunus spinosa*), Liguster (*Ligustrum vulgare*), Rosengewächsen und Baumstreifen mit Feldahorn (*Acer campestre*), Kiefer (*Pinus sylvestris*) oder Buche (*Fagus sylvatica*) markiert. Trockenrasen mit Wacholderbüschen (*Juniperus communis*) deuten ehemals weit verbreitete Schafweiden an. Im Gegensatz zum Heckengäu überragen im weitgehend bewaldeten **Buntsandstein-Hochschwarzwald** plateauartige Höhenzüge im Ausbiss der Hauptkonglomerat-Formation bis zu 300 m tief eingekerbte Täler. Die Infiltration jährlicher Niederschläge > 1000 mm erfolgt durch > 20 m mächtige Felsenmeere, Hangschuttdecken und weitständige Spalten in der höheren Buntsandstein-Gruppe. Quellketten halten sich an die wesentlich tiefer gelegenen Oberkanten des Kristallinen Sockels der Rotliegend-Gruppe oder der Eck-Formation. Dabei strömt Grundwasser häufig direkt von den Talflanken in die meist geringmächtigen Kiesdecken der Talböden. Die Ca(Mg)-$HCO_3$-Grundwässer des höheren Buntsandstein-Aquifers sind mit Lösungsgehalten < 100 mg/l als sehr „weich" bekannt, lokal erhöhte K-Gehalte kommen durch den Zersatz von Feldspäten in der tieferen Buntsandstein-, Zechstein- oder Rotliegend-Gruppe zustande. Im Ausbiss der Buntsandstein-Gruppe überwiegen dm-mächtige sandige Podsol- oder Gley-Böden, die – von oben nach unten – häufig aus dunklem Rohhumus, heller Bleicherde und rötlichem Ortstein bestehen. Nur auf feinsandig-tonigen Schichtgliedern des Röt-Zyklus finden sich Böden etwas höherer Qualität, gelegentlich auch Löss. Die Kolonisation höherer Bereiche des Buntsandstein-Hochschwarzwalds begann deshalb erst um 1100 mit den auf der Röt-Formation geplanten „Hufendörfern", in denen lange und relativ schmale Felder direkt in angrenzende Waldstreifen übergingen (Metz 1977). Wenig später kam es auch hier zu ersten Bergbauversuchen (Werner & Dennert 2004). Mit den großräumigen Holzeinschlägen eines gut organisierten Flößereigewerbes, verschwanden dann gegen Ende des 18. Jahrhunderts große Teile der montanen Tannen-(Buchen-Kiefern-)Urwälder, die allerdings bis heute als isolierte „Inseln" innerhalb der seither aufgeforsteten Fichten(-Kiefern-Tannen)-Wälder anzutreffen sind.

### *Oberes Enztal*

Die Einzugsgebiete der **Eyach**, der **Großen** und der **Kleinen Enz** befinden sich fast zur Gänze im Ausbiss der Buntsandstein-Gruppe, die in langgestreckten Rücken von Höhen um 450 m NN bei **Pforzheim** (273 m NN) auf ungefähr 950 m NN ansteigt. Südwestlich von **Pforzheim**, das schon als römischer Straßenknoten („Portus") existierte, folgt das Tal der **Enz** noch über einige Kilometer der ENE-orientierten Gernsbach-Neuenbürg-Flexur, wobei kleinere Aufschlüsse der Bausandstein-Formation am nordwestlichen Talhang sowohl die Bahntrasse als auch die Bundesstrasse B 294 begleiten, wie z. B. an der Abzweigung der K 4571 nach **Birkenfeld** (352 m NN; **1**; 473,35E; 5412,2N). Bei **Neuenbürg** (323 m NN), durchfließt die Enz einen 100 m tief eingekerbten Talmäander. Den Umlaufberg, auf dem das Schloss errichtet wurde, durchzieht eine steile, SSE-einfallende Zweigstörung der Gernsbach-Neuenbürg-Flexur. An der Störung grenzt die Eck-Formation im Südosten an die Bausandstein- bzw. Hauptkonglomerat-Formation im Nordwesten. Das NNW-Einfallen der gut gebankten und intern schräggeschichteten Bausandstein-Formation ist in Aufschlüssen am **Bahnhof Neuenbürg** (**2**; 470,7E; 5410,8N) und entlang der unmittelbar nördlich anschließenden Bahntrasse deutlich zu erkennen. Ein größerer schöner Aufschluss in der Hauptkonglomerat-Formation ist die Böschungswand oberhalb und nordwestlich des Bahnhofs an der scharfen

Kehre der K 4542 (**3**; 470,3E; 5410,8N). Die starke Gesteinsauflockerung im Bereich der Flexur äußert sich durch zahlreiche Quellaustritte an den Rändern der Talböden, so z.B. im NNW-gerichteten **Größeltal** unterhalb des von Blockhalden gesäumten **Angelsteins**. Bis 1919 nutzte man hier mehrere kräftige Quellen zur Wasserversorgung von Pforzheim. Hohe Durchlässigkeiten der geklüfteten Sandsteine im Einzugsbereich der Quellen waren allerdings ein Grund dafür, dass eine Typhus-Erkrankung in der Ortschaft Waldrennach in Pforzheim eine Typhus-Epidemie auslöste. Dies erzwang in der Folge eine völlige Neuordnung der städtischen Wasserversorgung.

Die südlich der Gernsbach-Neuenbürg-Flexur um 100 bis 200 m angehobene Buntsandstein-Gruppe besteht aus schräggeschichteten fluviatilen Sandstein-Rinnenfüllungen und dünnen Schluff- bzw. Tonstein-Zwischenschichten. Ein größerer Aufschluss findet sich in der östlichen Strassenböschung an der Abzweigung der B 294 (**4**; 470,75E; 5409,65N), die direkt zum **Besucherbergwerk Frischglück** (**5**; 470,2E; 5408,95N) führt. Dieses Besucherbergwerk erschließt nur wenige Kilometer südwestlich von Neuenbürg in dicht bewaldetem Gelände, einen der rund 70 mineralisierten Gänge, die hier südlich der Flexur innerhalb eines mehr als 10 km langen Streifens anzutreffen sind. Die W- bis NNW-streichenden, m-mächtigen Spaltenfüllungen und Brekzien erstrecken sich teilweise über mehrere Hundert Meter und reichen aus unbekannten Tiefen anscheinend bis an die Basis des Röt-Ton-Aquitards. Sie bestehen aus gebleichten Fragmenten der Buntsandstein-Gruppe, zwischen denen in größerer Tiefe unter reduzierenden Bedingungen neben Quarz auch Baryt und Eisen-Mangan-Karbonate ausgefällt wurden. In W-streichenden Gängen findet sich auch Fluorit. In höheren Bereichen der Gänge führte der Zustrom oxidierender Wässer zur Bildung oxidisch-hydroxidischer Fe-Mn-Anreicherungen (bis 50 % Fe), die in Form dunkler, gelförmiger „Glaskopf"-Aggregate aus Goethit-Psilomelan (Fe-Mn-Hydroxide) oder als Hämatit die Brekzien verkitteten. Es ist wahrscheinlich, dass die hydrothermalen Lösungen aus dem Kristallinen Sockel stammen und am Südrand des angrenzenden Oos-Rotliegend-Beckens zum Aufstieg gezwungen wurden. Die cm-mächtigen Erzadern und die Fluid-Durchtränkungsgrenzen sind in Haldenbruchstücken gut nachzuvollziehen (Abb. 34c, d). Horizontalbewegungen an den Rändern mancher Gänge erzeugten später dm-breite tonige Kataklasite, und einzelne Gänge wurden auch an NNE-streichenden Störungen sinistral versetzt. Die hydroxidischen „Glaskopf-Brauneisen"-Erze wurden bereits von den Kelten (5. Jahrhundert v. Chr.) und später wahrscheinlich auch von den Römern abgebaut und verhüttet. Pingen und Halden (in der Geologischen Karte 7117 eingezeichnet), aber auch der Stollen des Besucherbergwerks Frischglück gehen auf den Abbau oxidisch-hydroxidischer Eisenerze im 18. und frühen 19. Jahrhundert zurück. Das Eisenerz wurde zuerst an die Eisenhütten Pforzheim und Rotenfels geliefert, später zur Verhüttung sogar bis nach Freudenstadt transportiert!

Die kräftige Wasserführung des tektonisch stark aufgelockerten Buntsandstein-Aquifers beschränkte den Tiefgang aller Schächte und den Abbau in diesem Revier auf Bereiche oberhalb des Enz-Vorfluters (Metz 1977; Joachim & Smykatz-Kloss 1985; Werner & Dennert 2004).

Flussaufwärts von Neuenbürg markieren einzelne, chaotisch gelagerte Fels- und Blockgruppen im Ausbiss der Hauptkonglomerat-Formation die Oberkante der Buntsandstein-Tafel, so z. B. am **Großen Volzemer Stein** (**6**; 464,5E; 5405,35N) östlich von **Dobel** (689 m NN). Am Talboden selbst, wie z. B. in der steilen Straßenböschung am südlichen Ortsausgang von **Höfen** (369 m NN; **7**; 469,5E; 5404,95N) lassen sich punktuell dunkelrote Ton-Schluffstein-Schichten der Rotliegend- (oder Zechstein-) Gruppe nachweisen und am Rand des unteren **Eyachtals** markieren Quellketten knapp über dem Talboden bis rund 2 km oberhalb der Eyachmündung feinkörnige Übergangsbereiche zwischen der Rotliegend- und der Buntsandstein-Gruppe. Das Eyachtal selbst folgt streckenweise NE- bis NNE-streichenden Störungen oder Kluftscharen. Rund 2,5 km südwestlich der **Eyachmühle**, wo anscheinend die NW-streichende Bernbach-Störung das Tal quert, durchschneidet die Eyach in einer etwas steileren Bachstrecke sogar den Kristallinen Sockel. Der Forbach-Granit ist hier sowohl im Bachbett als auch in einem kleinen verwachsenen Steinbruch an der Straße aufgeschlossen (**8**; 462,7E; 5401,8N). Über dem Sockel folgen rund 50 m mächtige Arkose-Sandsteine der Rotliegend-Gruppe, über denen eine Quellkette die Basis der Buntsandstein-Gruppe markiert. Auch hier deutet eine Mächtigkeit der Rotliegend-Gruppe von < 100 m das Auskeilen der grobkörnigen Schuttfächerfazies am Südrand des Oos-Rotliegend-Beckens an (Lempp 1975; Kiderlen 1978). Die Eyach selbst fließt in einer relativ naturbelassenen Rinne, an der neben den Resten älterer Verbauungen die Prallhang-Erosionskerben und Bodenfracht-Bänke jüngster Hochwasserereignisse zu erkennen sind.

Südlich von **Calmbach** (399 m NN) beginnen die relativ geradlinigen Täler der **Großen** und **Kleinen Enz** und des 15 km langen aber nur 2 km breiten **Meistern-Rückens** (720 bis 750 m NN), der die beiden Täler voneinander trennt. Möglicherweise entwickelten sich die beiden Täler aus einem einzigen breiten Tal, in dem die verstärkte Tiefenerosion im Achsialbereich der Nordschwarzwald-Antiklinale zur getrennten Einkerbung von zwei zueinander parallelen Zweigen der Enz geführt hat. Dafür spricht, dass die Nebenbäche der Großen Enz von Nordwesten, die Nebenbäche der Kleinen Enz von Südosten zufließen. Unter der Hauptkonglomerat-Formation bestehen die Talflanken beider Täler jedenfalls aus mächtigen Blockströmen und Hangschuttdecken. Ein leicht E-gerichtetes Abfallen der Schichtabfolgen bewirkt das bevorzugte Austreten von Grundwässern an Quellen entlang der Westseite des Tals. In Höhen > 700 m NN und meist über dem Ausbiss der Eck-Formation finden sich die östlichsten Kare und Nivationsmulden des Nordschwarzwalds. Dazu gehören das **Sulzkar** (**9**; 465,8E; 5395,8N) oder das **Tiefengrundkar** (**10**; 464,3E; 5395,9N) südwestlich des Lautenhofs, vor allem aber eine Kette von Karen, die sich in einer Nord-Süd-Zone westlich von **Enzklösterle** von der Ostflanke des **Hirschkopfs** über den **Bärenkopf** bis an den **Süßenkopf** verfolgen lässt. Sowohl nordwestlich als auch südwestlich des Tals deuten in Höhen um 700 bis 950 m NN feuchte Missen die Anwesenheit der Plattensandstein- oder Röt-Formation unter der Landoberfläche an.

Bei **Bad Wildbad** (426 m NN), wo die Große Enz den Kern der Nordschwarzwald-Antiklinale durchquert, bilden granitische Gesteine des Kristallinen Sockels beiderseits der Enz 20 bis 40 m hohe und 50 bis 100 m breite Felsterrassen. In einer Höhe von etwas mehr als 10 m über dem heutigen Flussbett belegen gut gerundete Gerölle aus Granit einen noch in jüngster geologischer Vergangenheit höher gelegenen Talboden, der randlich unter Hangschutt mit Buntsandstein-Blöcken und Schwemmlöss verborgen ist (Kiderlen 1977). Ein Biotit-Muskovit führender Granit mit einer deutlichen NNE-ausgerichteten Foliation wird von pegmatitischen Gängen durchzogen. Er ist an der **Bahnstation Wildbad-Nord** (**11**; 467,3E; 5401,3N) vorzüglich aufgeschlossen (Abb. 9b). Die von N-streichenden Scherflächen und Klüften begrenzten Granit-Sporne lassen sich in Aufschlüssen vom Bahnhof durch den **Kurpark von Bad Wildbad** (**12**; 466,7E; 5398,8N) bis zum **Lautenhof** (**13**; 466,4E; 5396,65N) nach Süden verfolgen. Eine 600 m tiefe Bohrung in Bad Wildbad machte deutlich, dass der Kristalline Sockel neben einer bunten Mischung von Biotit-, Biotit-Muskovit- und Muskovit-Graniten auch durch mächtige Pegmatit-Gänge gekennzeichnet ist (Maus & Sauer 1976). Die schon seit dem 12. Jahrhundert bekannten Thermalwässer von Bad Wildbad treten beiderseits der Enz aus einem System NW-streichender Störungen, Klüfte und Spalten im granitischen Sockel aus. Die Temperaturen des Wassers erreichen Werte von 35 bis 40 °C, wobei rund um den Austritt in einem Radius von fast 150 m auch deutlich erhöhte Bodentemperaturen gemessen wurden (Kiderlen 1977). Dabei ist möglicherweise das Auskeilen des geringmächtigen Rotliegend-Aquitards gegen Südosten einer der Gründe für das fokussierte Austreten der Wässer am Talboden. Der Thermalwasser-Aufstiegsbereich ist heute durch 60 m bis 200 m tiefe Bohrungen gefasst und fördert rund 12 l/s. Die Ausdehnung des regionalen Grundwasser-Zirkulationssystems, das die teilweise > 10 000 Jahre alten Thermalwässer liefert, lässt sich nur in Ansätzen erahnen. Die Zirkulation wird aber höchstwahrscheinlich von lokaltopografischen Gradienten angetrieben und reicht von Infiltrationsbereichen an der Oberfläche bis mindestens 3 km tief in den Kristallinen Sockel. Da Pegmatite bekannterweise reich an Wärme erzeugenden radioaktiven Elementen sind, könnte deren Anwesenheit im Untergrund zur Aufheizung der Grundwässer beitragen. Dazu fällt auf, dass das Fluor-haltige Na-Cl-Ca-$HCO_3$-Thermalwasser nur relativ geringe Anteile (0,7 g/l) an gelösten Feststoffen enthält (Bender 1995; Stober 1996).

Zwischen 1994 und 1997 wurde zur Verkehrsentlastung von Bad Wildbad der 1,7 km lange und leicht nach Süden ansteigende **Meistern-Tunnel (14**; 467,3E; 5400,3N) östlich des Stadtgebiets angelegt. Die Tunnelstrecke durchfährt die rund 20 m mächtige, relativ trockene und kaum geklüftete Rotliegend-Gruppe, die hier aus einer basalen, sandig-konglomeratischen Einheit, einem dolomitisch-tonigen Bodenhorizont, einer grobkörnigen Schwemmfächerschicht und schließlich einer Ton-Schluffstein-Lage besteht. Um im Tunnelbereich sowohl den Durchbruch warmer Grundwässer von unten als auch den Zustrom kalter Grundwässer von oben zu verhindern, setzte man bei den Vortriebsarbeiten ein besonders sorgfältig überwachtes Bohr- und Sprengverfahren ein (Plinninger & Thuro 1999). Südlich von Bad Wildbad verläuft die Rinne der Großen Enz weiterhin im oder unter dem Niveau der Sockeloberfläche. Entlang der L 76b oberhalb der Mündung des **Kegelbachs** bildet bei **Sprollenhaus** (600 m NN, **15**; 463,55E; 5393,65N) der Sprollenhaus-Muskovit-Granit eine deutliche Terrasse am Nordwestrand des Tals. Der Granit weist lokal eine mylonitische Foliation auf und wird von ENE-orientierten Aplitgängen durchschlagen, die z. B. im kleinen Steinbruch **Kohlhäusle** rund 1 km östlich von **Nonnenmiß** abgebaut wurden (**16**; 462,5E; 5392,9N). Die Sockeloberfläche und Basis der Buntsandstein-Gruppe werden am westlichen Talrand durch eine Quellkette markiert.

Über dem nach Westen ansteigenden Kegelbachtal bildet die flach SE-einfallende Hauptkonglomerat-Formation im Staatswald **Kaltenbronn** (rund 900 m) eine breite Hochfläche. Bei Jahresniederschlägen von 1400 bis 1500 mm und Jahres-Mitteltemperaturen um 6 °C konnten sich hier in mehr als 6000 Jahren vielfältige Übergänge zwischen Missen und offenen Hochmooren entwickeln – möglicherweise akzentuiert durch vorgeschichtliche Brandrodungen. Die größten Moorflächen, wie z. B. am **Hohloh-See** (985 m NN, **17**; 457,2E; 5394,6N) und am **Wildsee-Hornsee** (909 m NN, **18**; 460,2E; 5396,25N), begannen ihre Entwicklung jedoch wahrscheinlich schon in der frühen Holozän-Epoche (> 8 ka). Im Wildsee lagert auf einem basalen tonig-podsoligen Bodensubstrat eine rund 2 bis 3 m, maximal auch bis zu 7 m mächtige Torfschicht, die zusammen mit dem aktiven Moor einen schwebenden Aquifer bildet. Dessen Wässer bilden bis zu 3 m tiefe „Moorkolke“, die von Blumenbinsen (*Scheuchzeria palustris*), Seggen (v.a. *Carex limosa*), Torfmoos (*Sphagnum*), Scheidigem Wollgras (*Eriophorum vaginatum*), Rasenbinsen (*Trichophorum cespitosum*), Schmalblättrigem Wollgras (*Eriophorum angustifolium*), Pfeifengras (*Molinia caerulea*) und anderen Seggen (v.a. *Carex fusca*) umrandet werden (Abb. 33c). In den bis ins 18. Jahrhundert baumlosen Moorzentren förderten in den vergangenen zwei Jahrhunderten künstliche Absenkungen des Wasserspiegels zur Torfgewinnung, Flößerei (!) und Aufforstung allerdings das Vordringen von Fichte (*Picea abies*), Birke (*Betula pubescens*) und Bergkiefer (*Pinus rotundata*), besonders aber von Legföhren (*Pinus* *mugo*). Der **Kaiser Wilhelm-Turm** (984 m NN) am Westrand der Plateaus bietet einen ausgezeichneten Ausblick auf das Hohloh-Hochmoor und auf die von Blockfeldern überdeckte Buntsandstein-Tafel, auf der hier beim Lothar-Sturmereignis (Dezember 1999) große Lücken in die Fichtenbestände gerissen wurden. Über die **L 76b** kann man von hier aus ins Exkursionsgebiet E 3 (Murgtal-Freudenstadt-Graben) überwechseln.

Wie im Einzugsgebiet der großen Enz finden sich kleine natürliche und künstliche Aufschlüsse in der höheren Buntsandstein-Gruppe auch im Einzugsbereich der Kleinen Enz nur an besonders steilen Talflanken. Gelegentlich begleiten den Plateaurand erosive Felstürme der Hauptkonglomerat-Formation, wie z. B. am **Teufelshaus** (**19**; 468,5E; 5396,55N) oder an der **Teufelsmühle** (**20**; 468,25E; 5396,05N) 4 km westlich von **Würzbach** (658 m NN). Auf der einförmigen Hochfläche östlich der Kleinen Enz deuten mehrere Missen auf tonig-sandige Substrate der höchsten Buntsandstein-Gruppe hin, die von E- bis SE-gerichteten konsequenten Bächen zur Nagold entwässert werden.

### *Tal der Nagold*

Das untere **Nagoldtal** folgt zwischen **Pforzheim** und **Nagold** grob der Ausbiss-Grenze zwischen der Buntsandstein- und der Muschelkalk-Gruppe und wird trotz eines generell N-gerichteten Talverlaufs vor mehreren Talmäandern geprägt, die vor allem in Richtung des ESE-Einfallens der Schichten ausgebaucht sind. Zwischen **Pforzheim** und **Calw** bestehen die tieferen Flanken des Tals noch aus Hangschutt der Buntsandstein-Gruppe, auf dem die Trassen der Bundesstraße **B 463** bzw. der Eisenbahnlinie oft nur wenige Meter über dem schmalen Talboden verlaufen. Dämme und künstliche Aufschüttungen entstammen dem Hangschutt oder fielen bei der Schaffung künstlicher Felsböschungen und Tunnelstrecken an. Die zwischen 1868 und 1874 erstellte Bahntrasse durchquert bis Nagold mehrere Talmäandersporne in Tunneln, deren Länge insgesamt mehr als 2,5 km beträgt. Rund 200 m über dem Talboden bestimmen erosive Rippen, Felstürme oder Blockmeere in der Hauptkonglomerat-Formation den Charakter der Steilhänge, über denen sandig-tonige Schichten der Röt-Formation und mergelige Schichten der tieferen Jena-Formation plateauartige Verebnungen bilden.

Wenige Kilometer südlich des Zusammenflusses von Nagold und Würm durchfließt die Nagold bei **Dillweissenstein** (285 m NN) die hier leicht N-abfallende Abfolge der Eck-, Bausandstein- und Hauptkonglomerat-Formation in einem 150 m tief eingekerbten Talmäander, dessen Hals bereits im Jahr 1857 zum Bau eines Kraftwerks künstlich durchbrochen wurde und der seitdem über eine Brücke begehbar ist. Bis 500 m tiefe Sondierungsbohrungen ergaben, dass hier unter der Buntsandstein-Gruppe die Rotliegend-Gruppe des Oos-Beckens noch mindestens 200 m mächtig ist (Frank 1934). Südlich von Dillweissenstein bilden kleinere Aufschlüsse in der Bausandstein-Formation die östliche Böschung der B 463 gegenüber **Büchenbronn-Dreizelgenberg** (**21**; 476,7E; 5411,2N). Haltemöglichkeiten gibt es hier nur an der Westseite der Strasse! Am **Brenntenberg** (**22**; 477,4E; 5409,8N) überdecken – wie an vielen S-exponierten Hängen des unteren Nagold- und Würmtals – mächtige periglaziale Blockströme aus der Pleistozän-Epoche den Ausbiss der Bausandstein- und Hauptkonglomerat-Formation. Im Flussniveau ist unter der Brücke bei **Unterreichenbach** (328 m NN, **23**; 478,95E; 5408,52N) die Eck-Formation angeschnitten, wogegen an kleinen Straßenanschnitten südlich von Unterreichenbach und in den Schluchten der Nebentäler mächtige Sandsteinbänke der Bausandstein-Formation deutliche Stufen bilden. In der nach Südosten ansteigenden **Monbach-Schlucht** (**24**; 481,2E; 5405,0N) bei **Monakam** (536 m NN) illustrieren sowohl gestufte Felsformationen als auch Rutschungshänge in der Lockergesteinsdecke die kräftige rückschreitend-erosive Einkerbung der Nagold-Nebenbäche im Kern der Nordschwarzwald-Antiklinale.

Bei **Bad Liebenzell** (333 m NN) konnte mittels Bohrungen gezeigt werden, dass sich hier – im Gegensatz zur Situation nur wenige Kilometer weiter nördlich – die granitische Oberfläche des Kristallinen Sockels (Forbach-Granit ?) nur mehr 40 m unter der Talsohle befindet und unter der Buntsandstein-Gruppe die Rotliegend-Gruppe weitgehend fehlt. In einer zwischen 1968 und 1969 in Bad Liebenzell abgeteuften Bohrung wurde direkt unter der Buntsandstein-Gruppe Biotit-Muskovit-Granit bis in Tiefen von 250 m angetroffen. Die seit 1403 bekannten Thermalwässer traten ursprünglich am Talboden an einem anscheinend rund 1 km langen, NNW-orientierten Spaltensystem in der Buntsandstein-Gruppe aus. Auch Quellen im näheren Umfeld weisen Temperaturen auf, die einige Grade über den hier für Grundwässer üblichen Werten von 8 bis 9 °C liegen (Kiderlen 1981). Der $SiO_2$-Gehalt der Thermalwässer deutet auf ein in Tiefen von mindestens 2 bis 3 km gelegenes Sockel-Reservoir mit Temperaturen um 100 bis 130 °C hin (Bender 1995; Stober 1996). Seit 1952 sammelt man Na-Cl-$HCO_3$ - Thermalwässer mit Temperaturen von 21 bis 28 °C und einem Gesamtlösungsgehalt von 1 bis 2 g/l (mit 50 mg/l $CO_2$) in mehreren Bohrlöchern. Ähnlich wie in Bad Wildbad steuern wahrscheinlich auch hier topographisch-hydraulische Gradienten eine langfristige, weiträumige und tiefe Infiltration von Grundwässern in dem von Bruchflächen durchzogenen Biotit-Muskovit-Granit. Den Aufstieg der Thermalwässer bestimmen möglicherweise die deutliche Hochlage der Sockel-Oberfläche und das Auskeilen des Rotliegend-Aquitards gegen Südosten.

Rund 800 m nördlich von **Ernstmühl** (335 m NN) ist sogar der granitische Sockel über eine kurze Strecke westlich der Straße (**25**; 480,5E; 5400,4N) wenige Meter über dem Talboden aufgeschlossen. Östlich von **Ernstmühl** (**26**; 481,0E; 5399,35N) sind tiefere Einheiten der Buntsandstein-Gruppe in einer steil nach Osten ansteigenden „Klinge“ angeschnitten. An der Westflanke des Tals bildet die gut zementierte Hauptkonglomerat-Formation in den höchsten Hangbereichen mehrere turm- bis kliffartige Felsgruppen. Überhänge und Fußhöhlen bezeugen eine durch Schrägschichtungsstrukturen, Zementation und Klüftung gelenkte Verwitterung der Sandsteine, so z. B. am **Katzenstein** (**27**; 479,6E; 5403,6N), an der **Burg Liebenzell** (**28**; 479,8E; 5402,7N), am **Hexenfelsen** unterhalb von **Beinberg** (580 m NN, **29**; 479,7E; 5401,2N), an der **Ernstmühler Platte** (**30**; 480,05E; 5400,25N), an der **Bruderhöhle** (**31**; 479,9E; 5399,4N) oder am **Falkenstein bei Oberkollbach** (**32**; 478,05E; 5398,75N) 2 km westlich von Hirsau. In Bad Liebenzell selbst sind an der ersten Kurve der Straße L 343, die nach Osten ins Tal der Würm führt, noch massige Sandsteine der Eck-Formation und die für diese Formation typischen höhlenförmigen Verwitterungsformen aufgeschlossen. Auch in **Hirsau** (341 m NN), dessen ursprüngliche Klosteranlage auf einem rund 15 m über dem Talboden gelegenen reliktischen Schwemmfächer erbaut wurde, befindet sich der granitische Sockel nur rund 70 m unter dem Talboden und wird direkt von der Buntsandstein-Gruppe überlagert. An der Hauptstraßenkreuzung in Hirsau sind hellrote, kiesige Sandsteine der Eck-Formation aufgeschlossen (**33**; 480,55E; 5397,5N).

In **Calw** (347 m NN) besteht der Kristalline Sockel bereits aus Paragneisen, die sich rund 80 m unter dem Talboden befinden. Zwischen Hirsau und Calw verläuft also – möglicherweise in Verlängerung der im Schwarzwald ausstreichenden Diersburg-Scherzone – die NE-streichende Grenze zwischen granitischen und metamorphen Sockelgesteinen. An der Oberfläche wurden hier beim Bahnbau und zur Versorgung städtischer Bauvorhaben große künstliche Aufschlüsse in der Bausandstein-Formation geschaffen. Die mächtigen, durchhaltenden Sandsteinbänke mit langen Schrägschichtungsblättern und zahlreichen lagengebundenen Entfärbungszonen sind an mehreren Punkten gut aufgeschlossen. Ein größerer, durch natürliche Kluftflächen vorgegebener Anschnitt der Bausandstein-Formation bildet z. B. die Ostwand des alten Bahnhofsgeländes **Calw-Öländerle** (**34**; 480,9E; 5395,0N). Die Bausandstein-Formation ist aber auch am **Welzberg** an den Tunnel-Eingängen der Bahntrasse (**35**; 481,35E; 5397,2N und 481,0E; 5396,7N), an der Westseite der B 463 unter dem **Rudersberg** (**36**; 480,8E; 5394,05N) und am **Falkenstein-Stubenfels** bei **Kentheim** (341 m NN, **37**; 479,9E; 5393,6N) zu studieren. Die durch fluviatile Rinnen und Schrägschichtungsblätter geprägte Hauptkonglomerat-Formation bildet weiterhin natürliche Felsgruppen im Bereich **Schillerhöhe-Kuckucksfelsen** (**38**; 480,4E; 5396,5N) und am **Gimpelstein** (**39**; 480,7E; 5395,35N).

Zwischen Calw und Nagold befinden sich die nur mehr 100 bis 150 m hohen Talflanken in ihren höchsten Bereichen bereits im Ausbiss der Muschelkalk-Gruppe. Der durch Bohrungen erkundete, aus Gneis bestehende Kristalline Sockel wird in Tiefen von 50 bis 150 m direkt von der Buntsandstein-Gruppe überlagert. Etwas weiter südlich sind zwischen den Gneisen des Sockels und der Buntsandstein-Gruppe wieder rund 100 m mächtige Schichten der Rotliegend-Gruppe eingeschaltet, wobei es sich um nordöstliche Ausläufer des Offenburg-Beckens handeln könnte (Carle 1982). Die auffallend tiefen NW-SE-gerichteten Nebentäler der Nagold folgen nun vor allem Störungen und Kluftscharen, die in der höheren Buntsandstein-Gruppe lokal auch von Quarz-Baryt-Gängen, diffusen Verkieselungszonen oder konkretionären Barytausscheidungen begleitet werden. Zonen der Verkieselung bilden mehrere widerstandsfähige NW-SE-orientierte Felssporne, wie z. B. an der Burg-Stadt Zavelstein (Bad Teinach) oder am Talmäandersporn von Wildberg.

Bei **Neubulach** (884 m NN) begrenzen NW-streichende Schrägabschiebungen mit einem maximalen Vertikal-Versatz von 20 bis 40 m eine rund 500 m breite und 6 km lange Horststruktur innerhalb der Germanischen Tafel (Metz 1977). Der **Neubulach-Horst** weist stark verkieselte Schichten der Buntsandstein-Gruppe auf, die besonders im Bereich der randlichen Störungen von hydrothermalen Quarz-Baryt-Gängen durchsetzt sind. Aus diesen wurden im 14. und 15. Jahrhundert bis in Tiefen um 60 m unter der Landoberfläche Ag-Cu-Bi-Sulfiderze (Ag-Fahlerz, Azurit, Malachit) gewonnen und sogar in der Nähe verhüttet. Noch anfangs des 20. Jahrhunderts versuchte man, den signifikanten Wismut-Gehalt der mittelalterlichen Halden zu verwerten. Die Halden sind heute weitgehend überbaut. Ein südöstlich von Neubulach in die Bausandstein-Formation vorgetriebener Stollen im Bereich der ehemaligen Silbergrube wurde zum Besucherbergwerk **Hella-Glück** (**40**; 478,3E; 5389,25N). Das **Mineralienmuseum Neubulach** gewährt außerdem einen Blick auf vormals abgebaute Erze.

Am Talboden der Teinach treten in **Bad Teinach** (391 m NN) die mindestens seit 1345 bekannten kalten (7 bis 9 °C) Mineralwasser-Säuerlinge aus basalen Schichtabfolgen der Buntsandstein-Gruppe aus. Weitere Säuerlinge mit Temperaturen um 9 °C wurden durch Flachbohrungen in unterlagernden geklüfteten Paragneisen des Sockels erschlossen. Die Na-Ca-Mg-$HCO_3$-Mineralwasser-Säuerlinge haben einen erstaunlich hohen Gehalt (1 bis 3 g/l) an gelösten Feststoffen und $CO_2$-Gehalte zwischen 1 und 3 g/l (Carle 1982). Freies $CO_2$-Gas strömt anscheinend lokal auch aus NW-streichenden Spalten bis zur Erdoberfläche. Da sich Schwankungen des regionalen Niederschlags in den Bohrungen direkt in einem erhöhten Mineralwasser-Zufluss äußern, stehen die Mineralwässer wahrscheinlich direkt mit Oberflächenwässern in Verbindung, deren Infiltration durch Kluftsysteme in der Hauptkonglomerat- und Bausandstein-Formation erfolgt. Neben den Säuerlingen fördert man mit einer Tiefbohrung aus den Paragneisen Thermalwasser mit einer Temperatur von

26 °C und rund 2 g/l an Festsubstanzen. Das Wasser stammt aus Tiefen von mindestens 2 km und weist im Gegensatz zu den Säuerlingen nur geringe $CO_2$ -Gehalte (< 0,4 g/l) auf (Stober 1996). Die tiefere Zirkulation der Thermalwässer scheint also von der Zirkulation der Mineralwässer räumlich getrennt zu verlaufen. Möglicherweise bildet die südlich der Mineralwasser-Austritte zwischen dem Sockel und der Buntsandstein-Gruppe erbohrte, rund 100 m mächtige Rotliegend-Gruppe eine Barriere zwischen den beiden Wasser-Systemen. Herkunft und Wege des $CO_2$-Gases sind unbekannt. Die Hauptkonglomerat-Formation ist z. B. am **Franzosenfels** rund 2 km westlich von Bad Teinach in einer Felsgruppe aufgeschlossen (**41**; 474,8E; 5392,7N), die unterlagernde Eck-Formation streicht südlich von Bad Teinach im **Beilstein** aus.

Südlich der Teinach-Mündung bildet die Eck-Formation noch mehrere steile Prallhänge an Talmäander-Spornen der Nagold, wie z. B. unter der **Ruine Waldeck** (**42**; 480,6E; 5391,05N). Die Eck-Formation ist außerdem in künstlichen Böschungen und Felswänden, wie z. B. am **Bahnhof Bad Teinach** (**43**; 479,95E; 5391,7N), aufgeschlossen. Südlich von **Wildberg** (395 m NN), das auf der im Ortsbereich aufgeschlossenen höheren Buntsandstein-Gruppe erbaut wurde, fällt die Eck-Formation dann allmählich gegen Südosten unter den Talboden ein. Überlagernde Sandsteinbänke der Bausandstein- und Hauptkonglomerat-Formation, die gelegentlich an NW-streichenden Bruchzonen kräftig verkieselt sind, werden in mehreren steilen Klingen durchschnitten und gliedern die Bachläufe in deutliche Stufen, so z. B. in der **Xanderklinge** (**44**; 480,3E; 5389,9N). Verlassene Steinbruchareale am Talboden, wie z. B. westlich der Straßenabzweigung nach **Mindersbach** (585 m NN, **45**; 479,15E; 5380,65N) oder am nördlichen Ortseingang von Nagold (**46**; 479,5E; 5379,25N) zeugen von der vormals weitverbreiteten Verwendung der Bausandstein-, Hauptkonglomerat- und Plattensandstein-Formation in Mauern und Fassaden, die vielen Gebäuden der Altstadt von Nagold ihren individuellen Charakter verleihen.

Bei **Nagold** (411 m NN) prägt ein letzter großer Talmäander den Verlauf des Haupttals, wobei eine südwestlich des Stadtkerns gelegene aufgegebene Talmäander-Schleife rund 50 m über dem heutigen Talboden nicht nur die hakenförmige Krümmung der Nagold betont, sondern auch den Punkt markiert, an dem sich ihr Einzugsgebiet in mehrere, fast gleichwertige Teileinzugsgebiete auflöst. Einzelne kürzere Talstrecken der Nagold, wie z. B. bei **Ebhausen** (460 m NN), verlaufen nun konsequent mit dem Einfallen der Schichten nach Südosten, während längere Talstrecken, wie z. B. das Tal der oberen Nagold zwischen **Altensteig** (504 m NN) und **Erzgrube** (577 m NN) oder die Täler des **Zinsbachs**, der **Waldach** und der **Steinach** subsequent dem Streichen der Schichten folgen. Dabei überragen einzelne Sporne der Muschelkalk-Gruppe die breite Plateaufläche im Ausbiss der Röt-Formation. Westlich von Erzgrube weist die Nagold eine zweite abrupte hakenförmige Krümmung nach Nordwesten auf und folgt von der Quelle bis hierher teilweise mineralisierten Bruchzonen am Ostrand des Freudenstadt-Grabens (siehe Exkursion E 3). Eine kräftige rückschreitende und vertiefende Erosion der Einzugsgebiete und die Versickerung von Bächen zeugen für die hohe Durchlässigkeit des Buntsandstein-Aquifers. Auch der Bau der im Jahr 1968 zum Hochwasserschutz fertiggestellten **Nagoldtalsperre** (548 m NN, **47**; 463,2E; 5378,95N) sah sich mit diesem Problem konfrontiert. Um exzessive Durchsickerungsverluste an der Basis der Sperre zu vermeiden, war man gezwungen, den Dammuntergrund über der Eck-Formation in einer Länge von 440 m und bis in Tiefen von 50 m unter der Talsohle durch einen Zement-Injektionsschleier mit rund 1000 Einzelinjektionsbohrungen (!) zu sichern (Eissele 1966b). Im Südosten des obersten Nagoldtals bilden tonig-schluffige Gesteine der Plattensandstein- und Röt-Formationen rund 100 bis 200 m über den hier tief eingeschnittenen Nebenbächen ein flaches Plateau. Lokalnamen wie „Ziegelhütte“ (**48**; 470,0E; 5378,0N) erinnern an die ehemalige Nutzung der unter geringmächtigem Löss ausstreichenden roten Tonsteine, auf denen im Raum **Kälberbronn** (714 m NN) Inseln recht naturnaher Tannenwälder gedeihen.

Südöstlich der Buntsandstein-Hochflächen wird der fluviatile Abtrag der Landoberfläche vielfach durch unterirdische Lösung (= Verkarstung) des Muschelkalk-Aquifers vorbereitet. An größeren Quellen sind gelegentlich Ablagerungen von Travertin zu beobachten, wie z. B. südwestlich von **Haiterbach** (506 m NN, **49**; 473,5E; 5373,35N). Der reizvolle und meist abrupte Übergang aus den roten Tonschichten der Buntsandstein-Gruppe in die grauen Mergel der basalen Muschelkalk-Gruppe lässt sich besonders gut in einer Wanderung von Altensteig über Ebhausen nach Süden nachvollziehen. Aus den tief in die Bausandstein- oder Hauptkonglomerat-Formation eingekerbten und bewaldeten Nebentälern der Nagold, erreicht man dabei zuerst die feuchten Böden auf der Röt-Formation und dann die durch Trockenrasen gekennzeichneten ehemaligen Schafweiden auf der Muschelkalk-Gruppe. Die eigentliche Schichtstufe zur Oberen Muschelkalk-Subgruppe ist im ehemaligen Steinbruch und jetzigen Naturschutzgebiet am **Kapf** (625 m NN, **50**; 473,3E; 5379,1N) südlich von **Egenhausen** (535 m NN) aufgeschlossen (Abb. 14a). Innerhalb der hier E-einfallenden, verkarsteten Trochitenkalk-Formation sind in oberflächennahen Spalten auch Reste älterer roter Bodenbildungen erhalten geblieben.

Auf der Muschelkalk-Tafel finden sich immer wieder durch Erosion isolierte Reste der Erfurt Formation, wobei der Grenzbereich zwischen den höchsten Schichten der Muschelkalk-Gruppe und der Erfurt-Formation häufig von Dolinen, lokal auch von größeren Karstwannen markiert wird. Im Raum **Herrenberg-Haslach** (**51**; 488,3E; 5381,6N), östlich von **Sulz am Eck** (**52**; 485,0E; 5384,9N), westlich von **Mötzingen** (Steinbruch Mayer, **53**; 482,4E; 5376,7N), südöstlich von Nagold (**Ziegelberg**, **54**; 480,65E; 5375,5N) und bei **Untertal-**

**heim** (526 m NN, **55**; 476,1E; 5371,2N) sind die Trochitenkalk-, Meissner-, und Trigonodus-Formation an den Wänden aktiver und ehemaliger Steinbrüche zu studieren. Der tiefe Steinbruch Mayer reicht an der Sohle sogar bis in die Mittlere Muschelkalk-Subgruppe. Subsolution verursacht hier lokale Verkippungen bis in die höchsten Bereiche der Trigonodus-Formation, wobei verkarstete Spalten nahe der Landoberfläche teilweise mit Lehm verfüllt sind. Die Obere Muschelkalk-Subgruppe (Meissner-Formation) flankiert auch die Bahntrasse am Südosthang des Steinachtals an der Strecke Nagold-Untertalheim und ist hier in einem kleinen aufgelassenen Steinbruch südöstlich von **Gündringen** (**56**; 478.95E; 5373,55N) gut zugänglich. Ein grob NNE-orientierter Dolinenstreifen, in dessen Nähe auch immer wieder vorgeschichtliche Grabhügel auffallen, lässt sich als breites Band von **Deckenpfronn** (569 m NN) über eine Zone rund 1 km östlich von **Sulz am Eck** (465 m NN) bis nach **Mötzingen** (533 m NN) verfolgen. Die südlich eines kleinen Steinbruchs in der Muschelkalk-Gruppe an der Straße L 1357 auftretenden größeren Dolinen, wie z. B. das **Pommerlesloch** (**57**; 484,1E; 5377,3N) bei Mötzingen, sind in den meisten Wanderkarten verzeichnet und bilden teilweise deutlich NW-orientierte Ketten. Dies deutet auf ähnlich orientierte Kluftscharen oder Störungen im Untergrund hin. Die östlich der Dolinen einsetzenden Trockentäler unterstreichen die weitreichende Infiltration und Bewegung der Grundwässer vom westlichen Ausbissrand bis in den tiefen Muschelkalk-Aquifer.

### *Tal der Würm*

Im Gegensatz zu den schmalen Talmäandern der unteren Nagold ist das ebenfalls gewundene Tal der **Würm** wesentlich breiter und nur rund 100 m tief in die Germanische Tafel eingeschnitten. In ihrer nördlichsten Talstrecke bis **Merklingen** (393 m NN) quert die Würm den Achsialbereich der Nordschwarzwald-Antiklinale, deren Entwässerung weitgehend obsequent, also gegen das flache SE-Einfallen der Schichten erfolgt. Das Tal der Würm folgt jedoch auch mehreren NW-streichenden Störungen, an denen anscheinend dextrale Seitenverschiebungen stattfanden (Bachmann & Brunner 1998). Die Talhänge in der Buntsandstein-Gruppe ähneln denen des Nagoldtals und bestehen weitgehend aus grobblockigen Felsenmeeren.

Rund einen Kilometer südlich der Ortschaft **Würm** (327 m NN) durchschlägt eine E- bis ENE-streichende Störungszone – möglicherweise ein Zweig der Gernsbach-Neuenbürg-Flexur – die hier flach liegende Buntsandstein-Gruppe. In der 5 bis 30 m breiten und steil N-einfallenden kataklastischen Störungszone, die im Süden von drei weiteren parallelen Störungen begleitet wird, entwickelte sich hier ein rund 400 m langer Quarz-Fluorit-Baryt-Gang. Die im Gangbereich neben Tonstein- und Sandsteinfragmenten angetroffenen

Blöcke der tieferen Muschelkalk-Gruppe deuten auf eine Entstehung der Störungszone und der Gangfüllung in einer Zeit vor dem Abtrag der Muschelkalk-Gruppe. Im Verlauf mehrerer hydrothermaler Durchströmungsphasen durch Ca-Na-Cl-Solen mit Temperaturen um 200 °C wurden Fluorit und Quarz (Chalcedon) in einer Matrix aus Baryt, Siderit und feinst verteilten Cu-Fe-Sulfiden ausgefällt (Möller et al. 1982). Isotopenalter an Illiten des alterierten verkieselten Nebengesteins deuten auf eine Hauptphase der Mineralisation um rund 143 Ma hin, weitere Fluid-Durchströmungen dauerten jedoch anscheinend noch mindestens bis 80 Ma an (Meyer et al. 2000). Der Gang wurde von der Ostseite des Würmtals – ausgehend von einer leicht nach Osten ansteigenden Rampe – im **Bergbau Käfersteige** (**58**; 481,8E; 5410,0N) bis in eine Tiefe von 300 m unter der Landoberfläche erschlossen. Bis 1996 wurde vor allem Fluorit ($CaF_2$) gefördert. Auch in der Umgebung der **Ruine Liebeneck**, die aus lokal gebrochenen Steinen der Buntsandstein-Gruppe errichtet wurde, kennt man in der Hauptkonglomerat-Formation kleinere Baryt-Eisenerzgänge. Der Hangbereich an der L 572 oberhalb der typischen „Felsenmeere“ (**59**; 482,8E; 5409,4N) erschließt an kleinen Weganschnitten östlich der Ruine Liebeneck (**60**; 481,8E; 5409,4N) höhere Einheiten der Buntsandstein-Gruppe. Die Abfolge horizontal laminierter Sandstein-Bänke der Plattensandstein-Formation, die abrupte Überlagerung durch die tonige Röt-Formation und basale Mergel der Jena-Formation sind besonders gut östlich der Straße K 4563 im Bereich **Seewiesen** (**61**; 487,0E; 5406,9N) in einem kleinen, gut zugänglichen Steinbruch erschlossen.

Bis **Weil der Stadt** (510 m NN) versteilt sich nicht nur das allgemeine SE-Einfallen der beiderseits des Tals anzutreffenden Muschelkalk-Gruppe, sondern auch das Gefälle der hier obsequent entwässernden Würm. Auf der flachen Tafel zwischen Monakam und Merklingen ist der Übergang aus der roten tonigen Röt-Formation in die graue mergelige Jena-Formation an der Farbe der Ackerböden gut zu erkennen. Vielfach isolierte Kuppen der Trochitenkalk-Formation sind leicht an den markanten Wacholderheide-Beständen zu erkennen. Auf einigen dieser Kuppen befanden sich früher Steinbrüche, so z. B. im Naturschutzgebiet **Büchelberg** (**62**; 485,7E; 5403,5N), wo die nur wenige Meter hohen und teilweise verkarsteten dunklen Wandbereiche in der Trochitenkalk-Formation einen attraktiven Kontrast zu den von Kiefern durchsetzten hellen Trockenrasen bilden.

## **Exkursionsgebiet 5:** Stromberg-Heilbronn Synklinale
(Abb. 53, S. 224)

**Karten**: Freizeitkarte 1:50 000 Heilbronn. Topografische und geologische Karten 1:25 000: 6819 (Eppingen); 6820 (Schwaigern); 6821 (Heilbronn); 6918 (Bretten); 6919 (Güglingen); 6920 (Brackenheim); 7018 (Pforzheim-Nord); 7019 (Mühlacker); 7020 (Bietigheim-Bissingen).
Die ausgezeichnet gestaltete Geologische Karte von Baden-Württemberg 1:50 000 Blatt Naturpark Stromberg-Heuchelberg (Brunner 2001) umfasst das gesamte Exkursionsgebiet.

### *Allgemeines*

Das Exkursionsgebiet, das von Karlsruhe über die **A 8** und dann über die Bundesstraßen **B 10**, **B 27** und **B 35** oder über die **B 293** zu erreichen ist, erschließt den Bereich der Stromberg-Heilbronn-Synklinale zwischen **Pforzheim** (273 m NN) im Südwesten und **Heilbronn** (175 m NN) im Nordosten (Abb. 53). An den Flanken des **Enz-** und des mittleren **Neckartals** sind neben der Muschelkalk-Gruppe auch ansonsten recht seltene Anschnitte von Lockergesteinsablagerungen aus der Pliozän(?)- und Pleistozän-Epoche lokal aufgeschlossen. Die Rücken des **Strombergs** und **Heuchelbergs** bestehen aus Schichtabfolgen der Keuper-Gruppe. Exkursionen von Karlsruhe lassen sich deshalb am besten im Tal der Enz beginnen, ins mittlere Neckartal fortsetzen und mit Wanderungen an den Hängen des Heuchelbergs oder Strombergs abschließen.

Die mehr als 15 km breite, NE-ausgerichtete **Stromberg-Heilbronn-Synklinale** ist eine schüsselförmige Einmuldung der Germanischen Tafel. Ihr Achsialbereich entspricht der nördöstlichen Verlängerung des Oos-Rotliegend-Beckens im Untergrund. Die hier durch Bohrungen nachgewiesenen, 500 bis 1000 m (?) mächtigen Abfolgen der Rotliegend-Gruppe füllen anscheinend eine in den Kristallinen Sockel eingesenkte Beckenstruktur, die in Tiefen von 1 bis 2 km diskordant von Schichten der Germanischen Tafel überdeckt wird (Rupf & Nitsch 2008). An der Landoberfläche ist die Form der Synklinale vor allem am umlaufenden Ausbiss der Stuttgart-Formation (höhere Keuper-Gruppe) zu erkennen. Den Südrand bildet die auffallende Schichtstufe der bis 15° N-einfallenden Muschelkalk-Gruppe, die sich hier am Nordrand der **Gernsbach-Neuenbürg Flexur** nach Osten als Faltenpaar der **Hessigheim-Antiklinale** und **Pleidelsheim-Synklinale** verfolgen lässt. Die Oberkante der erosionswiderständigen Muschelkalk-Gruppe fällt von Höhen um 280 m NN am Südrand allmählich auf rund 100 m NN im Kern der Synklinale ab und kommt dabei 50 bis 100 m unter der Landoberfläche zu liegen. Sie steigt dann nordwärts zum Odenwald wieder bis in Höhen um 250 m NN an. Der Neckar hat so in den höheren Muschelkalk-Abfolgen an den Schenkeln der Synklinale tief eingekerbte Talmäander geschaffen, wogegen in den weniger erosionsresistenten Schichten der tieferen Keuper-Gruppe im Synklinalkern ein gestreckter und deutlich breiterer Talboden vorherrscht. Die Evaporite der Mittleren Muschelkalk-Subgruppe, die bei Pforzheim und bei Hessigheim über kurze Distanzen im Fußbereich steiler Hänge ausstreichen, sind an den Rändern der Synklinale von Subsolution betroffen, wogegen sie im Kern bei Heilbronn in einer Tiefe von 150 bis 200 m in bis zu 50 m mächtigen Abfolgen erhalten geblieben sind. Die Mächtigkeiten der Salzlager im Raum Heilbronn sind in der Exkursionskarte durch Isopachen (= Linien gleicher Mächtigkeit) angedeutet. Innerhalb der breiten Einmuldung der Stromberg-Heilbronn-Synklinale ist die Germanische Tafel außerdem an zahlreichen WNW- bis NW-streichenden Schrägabschiebungen und SSW-gerichteten Aufschiebungen um Dekameterbeträge versetzt. Sogar Salzlagen der Heilbronn-Formation weisen kleine, SSW-gerichtete Abscherungs- und Faltenstrukturen auf (Bachmann & Brunner 1998; Brunner & Hinkelbein 2000; Brunner 2001; Hansch & Simon 2003). Über den Steilhängen im Ausbiss der Trochitenkalk- und Meissner-Formation bildet die tonig-sandig-dolomitische Erfurt-Formation (basale Keuper-Gruppe) den Übergang in eine rund 4 bis 6 km breite Landterrasse im Ausbiss der tonig-evaporitischen Grabfeld-Formation, die von Löss bedeckt ist. Die über dieser Landterrasse rund 200 m aufragenden Rücken der höheren Keuper-Gruppe im **Stromberg** und **Heuchelberg** verdanken ihr Relief trotz der strukturellen Tieflage dem Erosionswiderstand gebankter Sandsteineinheiten. Dabei steuern den Fortgang der Erosion am Heuchelberg-Rücken vor allem ENE-WSW-orientierte Sandstein-Rinnenfüllungen in der Stuttgart-Formation (Wurster 1964) und am Stromberg-Rücken auf möglicherweise recht ähnliche Weise, die WNW-orientierten Sandsteinrinnen (Kieselsandstein, Stubensandstein) in der Weser- und Löwenstein-Formation.

Die Flanken der Enz- und Neckar-Talmäander werden durch meist schmale Terrassen mit Resten blockig-kiesig-sandiger Flussablagerungen mit bis zu 15 m mächtigen Lössdecken gegliedert. Älteste „Höhenschotter“ der Pliozän- und frühen Pleistozän-Epoche, die an den Oberkanten der Talmäander und rund 100 m über den heutigen Talböden einen 5 bis 10 km breiten Streifen bilden, bestehen aus Buntsandstein-Komponenten oder Hornsteinknollen der basalen Trochitenkalk-Formation (Muschelkalk-Gruppe). Die durch bräunliche Rinden gekennzeichneten Buntsandstein-Blöcke und -Gerölle finden sich allerdings häufig nur umgelagert in jüngeren Schwemmlössdecken. Im Gegensatz dazu bilden jüngere „Hochterrassenschotter“ an den Talrändern 5 bis 15 m mächtige und durch kalkigen Zement verfestigte Ablagerungen, die mit abnehmender Höhenlage unter immer geringmächtigeren und jüngeren Lössabfolgen verborgen sind. Ähnlich wie die Höhenschotter enthalten die Hochterrassenschotter mehrfach umgelagerte Komponenten, wobei auf älteren, höheren Terrassen Komponenten aus der Buntsandstein- und Muschelkalk-Gruppe, auf jüngeren, tieferen Terrassen Komponenten aus der Muschelkalk- und Weißjura-Gruppe dominieren. Nach Bibus (2002) sind für Schotterreste in Höhen > 55 m über den Talböden Alter von > 750 ka und für Terrassen in Höhen von 30 bis 20 m Alter um 700 bis 500 ka (Cromer-Zeit) anzunehmen. Terrassen in Höhen um 12 m über den heutigen Rinnen entsprechen wahrscheinlich Flussrinnen der Mittleren Pleistozän-Epoche, Terrassen in Höhen von 5 bis 7 m Talböden aus einem Zeitintervall zwischen 100 und 200 ka. Terrassen in Höhen von 2 bis 3 m entsprechen reliktischen Neckarrinnen, die um 60 ka existierten. Bei den nur selten > 10 m mächtigen Talfüllungen unter den heutigen Rinnen handelt es sich in der Mehrheit um sandig-kiesige Talverfüllungen, die seit der mittleren Holozän-Epoche (< 6 ka) abgelagert worden sind. Eine junge tektonische Absenkung der Stromberg-Heilbronn-Synklinale, die in der Vergangenheit aus der unterschiedlichen Höhenlage zeitgleich abgelagerter Schotterhorizonte abgeleitet wurde (Wagner 1929; Brunner & Hinkelbein 1998), ist anscheinend aufgrund der schwierigen zeitlichen Einstufung der bis zu 15 verschiedenen Terrassenniveaus nur schwer zu belegen (Bibus 2002). Im Bereich von Störungen und Subsolutionssenken lassen sich allerdings gelegentlich kräftige junge Verstellungen der Schotterreste nachweisen (Wild 1965; Bibus 2002).

Den Oberflächen- und Grundwasser-Abfluss aus den Nebentälern der Enz und des Neckars bestimmen vor allem steile WNW- bis NW-streichende Störungen oder Kluftscharen. Abnormal breite Talböden und weit nach Nordwesten ausgebauchte Wasserscheiden in den Einzugsgebieten der **Lein**, **Zaber**, **Schmie**, **Metter** und des **Kirbachs** (oder **Kirchbachs**) deuten an, dass diese früher wesentlich weiter nach Nordwesten reichten und dass sie wahrscheinlich erst im Verlauf der jüngeren Flussgeschichte von Nordwesten her aus den zum Oberrhein-Graben entwässernden Einzugsgebieten der Pfinz und der Elsenz angezapft wurden. In der Stromberg-Heilbronn-Synklinale reicht die Infiltration von Oberflächenwässern in der höheren Keuper-Gruppe kaum tiefer als 50 bis 100 m, da die hydraulischen Leitfähigkeiten in den tonigen Schichten mit $k_f < 10^{-8}$ m $s^{-1}$ recht gering sind. Die Infiltration in den rund 100 m mächtigen Aquifer der Oberen Muschelkalk-Subgruppe ($k_f = 10^{-4}$ m/s) erfolgt deshalb häufig erst im Ausbiss der Erfurt-Formation, deren Sandstein- und Kalksteinschichten an NNE- oder WNW-streichenden Klüften aufgelockert sind und die deshalb als Aquifere ($k_f = 10^{-5}$ m/s) zu betrachten sind. Da die Obere Muschelkalk-Subgruppe und die Oberen Dolomite der Mittleren Muschelkalk-Subgruppe bis an die Oberkante der Anhydrit-Gips-Steinsalzlager von Klüften durchzogen sind und in der Nähe von Störungen die hydraulischen Leitfähigkeiten sogar auf $k_f = 10^{-3}$ m/s ansteigen, dringen verhältnismäßig ungesättigte Grundwässer im Muschelkalk-Aquifer recht schnell bis in Tiefen > 100 m ein und erreichen dabei auch die unterlagernden evaporitischen Schichtabfolgen. Ein kräftiger Grundwasser-Zustrom durch die Obere Muschelkalk-Subgruppe hat sich z. B. bei der ursprünglichen Erschließung der Salzlagerstätten im Raum Heilbronn als höchst unangenehm erwiesen (siehe weiter unten). Die Anhydrit-Steinsalz-Schichten der Heilbronn-Formation selbst sind zwar „trockene“ Aquiclude und stellen eine erste Untergrenze regionaler Grundwasserströme dar, sie werden jedoch von den Rändern der Stromberg-Heilbronn-Synklinale her durch eine vertikal und lateral fortschreitende Subsolution angegriffen. Dabei ist der Übergang zwischen dolomitisch-tonigen Lösungsresiduen und den noch erhaltenen Salzschichten am „Salzhang“ oft recht abrupt (Hansch & Simon 2003).

Je nach Herkunft und Tiefenlage lassen sich die Grundwässer im Oberen Muschelkalk-Aquifer als Ca-Mg-$HCO_3$-Trinkwässer oder als Mg-Ca-$HCO_3$-$SO_4$-Mineralwässer nutzen und weisen häufig schon in Tiefen um 100 m Lösungsgehalte > 1 g/l auf. Berührt der Grundwasserstrom jedoch die Evaporite so erreicht die Na-Cl-$SO_4$-Lösungsfracht häufig Werte > 2g/l. An mehreren Punkten, wie z. B. in **Ensingen** am Südrand des Strombergs, lässt sich deshalb schon mit 200 m tiefen Bohrungen Mineralwasser gewinnen, das kommerziell vertrieben wird. Das Aussickern von Grundwasser an den steilen Flanken des Neckar-Tals äußert sich lokal in Ausfällungen von felsversiegelndem Travertin („Sinterkalk“) oder in der Zementation von Hochterrassen-Schottern, die trotzdem hydraulische Leitfähigkeiten bis $k_f = 10^{-4}$ m/s aufweisen können. In den jüngsten Kies-Löss-Terrassen und Auensedimenten herrschen hydraulische Leitfähigkeiten um $k_f = 10^{-3}$ m $s^{-1}$ vor. Hier mischen sich influente Süßwässer aus den Rinnen der Enz oder des Neckars mit effluenten Grundwässern variabler Salinität aus dem Muschelkalk-Aquifer. Solche Wässer wurden z. B. im Bereich der **Böckinger Wiesen** südlich von Heilbronn für viele Jahre zur Wasserversorgung der Stadt verwendet. Heute beruht die kommunale Wasserversorgung zu großen Teilen auf Trinkwasser-Fernzuleitungen (Simon 1987; Bibus & Rähle 2003).

Schon in der frühen Siedlungsgeschichte des mittleren Neckarraums bestimmten geologische Besonderheiten die Erschließung der Täler und Landterrassen. Mit der Ankunft der Bandkeramiker um rund 7 ka wurden erstmals Wälder auf den Lössflächen in Form isolierter Rodungsinseln aufgelichtet. Für die Zeit nach 3 ka ist dann ein durch Rodungen ausgelöster, verstärkter Bodenabtrag in zunehmend mächtigen Auenlehm-Abfolgen abzulesen. Römische Gutshöfe, die für mehr als 200 Jahre in großer Zahl am mittleren Neckar für die Versorgung der Limes-Truppen sorgten, wurden dabei auffällig oft an Geländekanten oberhalb der Muschelkalk-Gruppe errichtet. Hier standen leicht zu bearbeitende Kalkbänke in der Meissner-Formation als Bausteine zur Verfügung, reines Trinkwasser konnte dem Erfurt-Aquitard an kleinen Quellen entnommen werden und der Zugang zu den Feldern auf der Löss-Terrasse im Ausbiss der Grabfeld-Formation war problemlos. In späteren Zeiten wurden auf der Landterrasse neben Landwirtschaft auch Ziegelwerke betrieben. Spektakuläre Stufenraine auf bis zu 45° geneigten Schichtstufen der Oberen Muschelkalk-Subgruppe dokumentieren bis heute die hochinteressante Anpassung des Weinbaus an die Bedingungen der von Natur aus meist bodenfreien Felshänge an den sonnenseitigen Talrändern. Auch an den Südflanken des Strombergs und Heuchelbergs betreibt man heute zahlreiche Weinberge, die an ihren Oberrändern meist recht abrupt an Sandstein-Rippen enden. Darüber finden sich oft naturnahe Eichen-Buchenwälder. Bewaldete Nordhänge sind durch reliktische oder aktive Rutschungen gekennzeichnet.

### *Enz- und Neckartal von der Bauschlotter Platte bis Heilbronn*

Nördlich von Pforzheim, wo die Schichtstufe der flach N- bis NE-abfallenden Muschelkalk-Gruppe und Erfurt-Formation in die Hochfläche der **Bauschlotter Platte** übergeht, prägt Verkarstung den Charakter der Landschaft. Die Verkarstung hält sich zumindest lokal an NW-streichende Bruchzonen und wird durch Subsolution der evaporitischen Heilbronn-Formation im Untergrund verstärkt. So umschreibt z.B. im Bereich **Katharinentalerhof** (**1**; 478,9E; 5419,7N) die geschlossene Höhenschichtlinie von 325 m NN eine > 2 km breite, NW-orientierte ovale Lösungswanne und im weiteren Umfeld finden sich ähnlich ausgerichtete versumpfte Bachstrecken, Trockentäler und Zonen mit Einsturz-Dolinen. Die Lösungs- oder Einsturz-Dolinen sind aufgrund einer m-mächtigen Lössdecke an der Landoberfläche allerdings oft nur als Dellen auszumachen. Deutlich ist z.B. die NW-Ausrichtung mehrerer Dolinen im bewaldeten Streifen zwischen den Sportanlagen nördlich von **Göbrichen** (344 m NN) oder in den Feldern westlich der Strasse K 453 südlich von Göbrichen. Hier erfolgte südlich einer bereits existierenden Doline („Altes Eisinger Loch"), in der Kalkbänke der Meissner-Formation aufgeschlossen sind, am 15.12.1966 der mehr als 40 m tiefe Einbruch des **„Neuen Eisinger Lochs"**(**2**; 478,2E; 5421,55N). Die eingebrochene Karströhre folgt anscheinend einer NW-streichenden Abschiebung, an der höchste Einheiten der Muschelkalk-Gruppe an Schichten der Erfurt-Formation grenzen. Auch der Bereich um den **Diebsbrunnen** (**3**; 479,2E; 5424,3N) westlich der **B 294** ist durch eine Zone offener „Schlucklöcher" im Grenzbereich der Meissner-Formation zur Erfurt-Formation gekennzeichnet. Hier konnte durch Grundwasser-Markierungen gezeigt werden, dass die auf der südlichen Bauschlotter Platte in den Muschelkalk-Aquifer infiltrierenden Wässer von piezometrischen Höhen um 270 bis 290 m NN in NW- und N-fließende Karst-Grundwasserströme übergehen, wobei ein größerer Karst-Gundwasserstrom am **Enzbrunnen** (**4**; 478,9E; 5429,95N) im **Saalbachtal** bei **Bretten** (170 m NN) als Großquelle mit einer Schüttung von > 50 l/s austritt (Tenhaeff & Käss 1987). Andere größere Karstquellen, teilweise mit Temperaturen bis zu 15 °C, speisen Einzugsgebiete, die nach Westen zum Oberrhein-Graben gerichtet sind und anscheinend durch SE-gerichtete unterirdisch-rückschreitende Subsolution ihr Einzugsgebiet vergrößern. Erst östlich der Bauschlotter Platte bildet die Enz den Vorfluter des Grundwassers im Karstaquifer. Einen guten dreidimensionalen Einblick in die oberflächennah verkarstete und durch Tempestit-Bänke gegliederte Schichtabfolge der Trochiten- und Meissner-Formation der Bauschlotter Platte bietet z.B. das große Schotterwerk westlich von **Knittlingen** (196 m NN; **5**; 480,6E; 5430,7N). Die Abfolge ist im Grubenbereich an einer NW-SE-streichenden und SW-gerichteten Aufschiebung versetzt.

Östlich von Pforzheim, wo sich die Enz im spitzen Winkel der Muschelkalk-Schichtstufe nähert, pendelt der Fluss auf einem rund 400 m breiten Talboden über geologisch jüngsten schluffigen Überschwemmungslagen und einer rund 20 m mächtigen kiesigen Talfüllung. Die hier E-abtauchenden höchsten Einheiten der Buntsandstein-Gruppe wurden früher in kleinen Steinbrüchen abgebaut, so z.B. die Plattensandstein-Formation in einem alten Bruch, dessen Reste an der Kurve der **L 1125** rund 2 km südlich von **Niefern** (240 m NN; **6**; 485,0E; 5416,65N) noch in kleinen Anrissen zu sehen sind. An den kalkreichen Talflanken gedeihen hier in schattigen Lagen Mischwälder mit Ahorn, Esche, Buche und Eiche, an sonnenseitigen Hängen dominieren die Reste aufgegebener oder flurbereinigter Weinberge, die nach oben hin in Felder oder Streuobstwiesen auf Löss- und Schwemmlössböden übergehen. Gegenüber von **Enzberg** (251 m NN) bilden am Südufer der Enz N-einfallende Schichten der Jena-Formation einen rund 300 m langen Prallhang, der bei niedrigem Wasserstand auch zugänglich ist (**7**; 485,8E; 5419,8N). Nördlich der Enz erhebt sich über Subsolutionsresten der Mittleren Muschelkalk-Subgruppe die Schichtstufe in der Trochitenkalk-, Meissner- und Erfurt-Formation, die hier in mehreren Steinbrüchen aufgeschlossen sind. In **Eutingen** (253 m NN) befindet sich in der Lokalität **Obsthof** (**8**; 480,5E; 5418,3N) ein ehemaliger Steinbruch mit einem noch (!) zugänglichen kurzen Profil in der Trochitenkalk-Formation. Rund 2 km nordöstlich von Enzberg liegt direkt an der B 10 der Steinbruch **Sengach** (**9**; 486,4E; 5421,45N); hier sind in der 7° N-einfallenden Schichtabfolge über der Spiriferina-Tempestit-Bank nicht nur gut geschichtete Blaukalk-Bänke der Meissner-Formation sondern auch die dolomitischen Schichten der Trigonodus-Fazies und die mit allen Bankeinheiten vertretene Erfurt-Formation zu sehen. Ungefähr 1 km nordwestlich von Enzberg ist in einem weiteren Steinbruch eine ähnliche Abfolge in höheren Schichtgliedern der Trochitenkalk-Formation aufgeschlossen (**10**; 484,6E; 5421,2N). An der Geländekante im Übergangsbereich zur Erfurt-Formation finden sich immer wieder Dolinen und vor allem entlang von Feldwegen fallen immer wieder Ansammlungen von bis zu 30 cm großen Buntsandstein-Geröllen auf, die hier aus der Lössdecke ausgepflügt werden und aufgrund ihrer dunklen Verwitterungsrinden den Höhenschottern der Pliozän- oder frühen Pleistozän-Epoche zuzuordnen sind (Abb. 36). Vor der Einkerbung der Enz in ihr heutiges Tal existierte also hier auf der Muschelkalk-Tafel ein ENE-gerichtetes Tal, in dem die Geröllfracht aus recht steilen Nebentälern von Südwesten her über einer > 4 km breiten Flussebene ausgebreitet wurde. Durch Lösung der ursprünglich sicher vorhandenen Kalkkomponenten dominieren die verwitterungsbeständigen Sandstein- oder Hornstein-Komponenten.

Bei **Mühlacker** (220 m NN; **11**; 488,6E; 5420,75N) bilden bis zu 10° N-einfallende Schichten der Oberen Muschelkalk-Subgruppe einen ersten Talmäander-Prallhang der Enz. Die hinter den Häusern kaum zugänglichen Kalkbänke werden unter der Ruine Löffelstelz von einer parallel zum Schichtstreichen orientierten Störung versetzt. Bei **Dürrmenz** wurde in den Jahren 1855–1859 in einer abenteuerlichen, 548 m tief reichenden Bohrung auf Kohle die gesamte Germanische Tafel bis an die Oberkante der Rotliegend-Gruppe durchteuft (Schmidt 1934). Östlich von Mühlacker, wo die Enz in mehreren stark gewundenen Talmäandern in die Muschelkalk-Schichtstufe eintritt, bietet eine Wanderung am Nordufer der Enz im Raum Mühlhausen-Rosswag-Vaihingen interessante Ausblicke auf Talhänge mit reliktischen Mäanderschleifen, Terrassen und große Steinbrüche in der Oberen Muschelkalk-Subgruppe (**12**; 492,5E; 5421,7N und 493,1E; 5421,4N). Auch hier finden sich rund 120 m über der heutigen Enzrinne immer wieder Reste von Höhenschottern. Die ca. 60 m über dem heutigen Talboden gelegenen Terrassen mit m-mächtigen Kiesen und 10 m mächtigen Lössdecken stellen wahrscheinlich Stadien der erosiven Eintiefung von Talmäandern aus der mittleren Pleistozän-Epoche dar. Jüngere Terrassenkiese in einer Höhe von rund 20 m über dem Enz-Talboden bestehen fast ausschließlich aus Kalkkomponenten und sind unter einer nur geringmächtigen Lössschicht verborgen (Bibus 1989; Bibus & Rähle 2003). Wenige hundert Meter westlich der **Ruine Altroßwag**, am „Enzblick" (südlich der K 4505; **13**; 492,8E; 5421,7N) ragen an der Oberkante eines Enz-Prallhangs in der Meissner-Formation einzelne Tempestit-Bänke als Simse hervor. Der Talmäandersporn selbst wurde an seiner engsten Stelle zur Gefällserhöhung für ein Elektrizitätswerk durchtunnelt. Am Aussichtspunkt Enzblick (**14**; 492,8E; 5421,7N) sind in einem kleinen verwachsenen Steinbruch die insgesamt rund 25 m mächtigen Tonstein-, Sandstein- und Dolomitstein-Schichten der Erfurt-Formation zugänglich. Die 3 km weiter östlich gelegenen großen Kalksteinbrüche bieten großartige Panoramen der hier nur mehr 5° N-einfallenden Schichtabfolge, die im Steinbruch **Rosswag** (Eingang Schotterwerk Zimmermann; **15**; 494,8E; 5420,6N) in der tieferen Trochitenkalk-Formation mit mergeligen Lagen und Trochiten-Tempestitbänken einsetzt. Über der braunen Rippe der Spiriferina-Tempestit-Bank folgen Blaukalk-Tonplatten-Abfolgen und die Trigonodus-Dolomit-Fazies der Meissner-Formation sowie tiefere mergelige Schichtglieder der Erfurt-Formation. Die Oberkante erschließt Linsen von Höhenschottern und eine Decke aus Löss und Schwemmlöss. Im etwas weiter nördlich gelegenen Steinbruch **Vaihingen** (Schotterwerk Sämann; **16**; 495,8E; 5421,3N) beginnt die Abfolge in der tieferen Meissner-Formation und reicht an der Oberkante ebenfalls bis in mergelige Einheiten der höheren Erfurt-Formation. An den Steinbruchwänden, an denen durch Verkarstung ausgeweitete Störungszonen angeschnitten sind, deuten weiße Gipskrusten auf den vormaligen Austritt salinarer Wässer an Klüften und Bankungsfugen.

Weiter nach Osten, wo die Enzrinne bis **Bietigheim-Bissingen** (180 m NN) dem Achsialbereich der Pleidelsheim-Synklinale folgt, liegt direkt an der K 1636 der Steinbruch Fink (**17**; 508,0E; 5421,9N). Hier ist die Trochitenkalk-Formation über dem Niveau der tonigen Hassmersheimer-Schichten, vor allem aber die Meissner-Formation großräumig aufgeschlossen und an Rampen gut zugänglich. Im Bruchbereich folgen über den höchsten Kalkbänken in einer Höhe um 220 m NN rinnenförmige Ablagerungen von Höhen- oder Hochterrassenschottern mit bis zu 50 cm großen (!) Buntsandstein-Blöcken. Der Höhenlage zufolge könnten diese in der Cromer-Zeit (> 500 ka) abgelagert worden sein (Bibus 2002). Auf den fluviatilen Ablagerungen folgt eine 10 m mächtige, intern linsen- bis keilförmig gegliederte Lössdecke, deren oberste 2 m wahrscheinlich aus der letzten Eiszeit (Würm-Glazial) stammen. Im Stadtgebiet Bietigheim selbst ist die Meissner-Formation am östlichen Prallhang der Enz direkt unter dem **Eisenbahnviadukt (18**; 509,6E; 5422,45N) in einer rund 20 m hohen Felswand an einem geologischen Lehrpfad zu besichtigen.

Nördlich der scharfen Krümmung der Enz in Bietigheim-Bissingen durchfließt diese relativ geradlinig und von zunehmend steileren und höheren Felshängen gesäumt den Kern der Hessigheim-Antiklinale, bevor sie bei **Besigheim** (170 m NN) im Fußbereich steiler Weinberghänge in den Neckar mündet. Am Westrand des Tals bildet die aufgegebene Hirschberg-Brachberg-Talmäanderschleife eine deutliche Einkerbung über den Weinbergen. Da im Kern der Hessigheim-Antiklinale die Mittlere Muschelkalk-Subgruppe über dem Enz-Neckar-Vorfluter aufragt und die von den Talflanken zuströmenden Grundwässer die oberflächennahe Subsolution der Evaporit-Einheiten vorantreiben, kommt es in den überlagernden Felsbereichen zu einem mittelfristigen Nachsacken, das sich an den Oberkanten der Schichtstufe in offenen Spalten und Einsturz-Dolinen äußert. Recht eindrucksvoll ist dieser Vorgang in Senken („Krautschüssel"), Dolinen und Felsspalten östlich der Enz bei **Eberstein-Fürstenstand (Bietigheimer Forst**; **19**; 510,85E; 5424,0N) nachzuvollziehen. Noch deutlicher sind die Verhältnisse jedoch in den **Hessigheimer Felsengärten (20**; 413,0E; 5427,6N), rund 2 km südöstlich von Besigheim. Hier öffnen sich über einem Prallhang des Neckars mehrere, senkrecht zur Hessigheim-Antiklinale und parallel zum Tal orientierte m-breite Spalten, an denen die Kalksteinbänke der Trochitenkalk- und Meissner-Formation bis zu 10° flusswärts nach Westen gekippt sind. Sie bilden dabei eine fast 140 m über dem Talboden gelegene, rund 20 m hohe Felskrone, die von unten nur durch eine „kriechende" Schutthalde im Ausbiss der Mittleren Muschelkalk-Gruppe gestützt wird. Da es in den Jahren 1924, 1973, 1983, 1988 und 2002 an den

Felsflanken zu Felsstürzen kam, werden heute tiefer gelegene Weinberg- und Weganlagen sowohl indirekt durch Entfernung stark aufgelockerter Felsmassen als auch direkt mit Fangnetzen geschützt (Wagenplast 2005; Prestel et al. 2005). Durch Subsolution der Mittleren Muschelkalk-Subgruppe ausgelöste Setzungen der Landoberfläche wirken sich auch anderweitig aus. So kam es z.B. beim Bau der **Hessigheimer Neckarstaustufe** (1950–1952) durch den Einbruch ausgelaugter Hohlräume schon ein Jahr nach Baubeginn zu vertikalen Setzungen von bis zu 17 cm. Ein sofortiges Einpressen von Zementsuspensionen und der Bau einer bis 18 m tief reichenden Spundwand, die den Zustrom von Grundwasser beschränken sollte, konnten nicht verhindern, dass sich im Verlauf der folgenden 40 Jahre die Schleusenmauer bis maximal 16 cm setzte. Nach 1990 versuchte man deshalb den gesamten Grundwasserzustrom oberhalb der Stauanlage durch einen noch breiteren Zement-Injektionsschleier zu blockieren (Wagenplast 2005).

Folgt man dem Neckar von Besigheim nach Norden, so beobachtet man – nunmehr am Nordschenkel der Hessigheim-Antiklinale – drei größere Ausbuchtungen der Talflanken im Ausbiss der Meissner- und Erfurt-Formation. Es handelt sich dabei um aufgegebene Talmäander, die erst in geologisch jüngster Zeit vom Neckar durchbrochen wurden. Dabei verkürzte sich die Flussstrecke um 12 km und versteilte sich das Rinnengefälle. Der rund 50 m über dem heutigen Neckar-Talboden gelegene und von Löss bedeckte **Talmäander von Neckarwestheim** wurde möglicherweise schon in der frühen bis mittleren Pleistozän-Epoche aufgegeben, wogegen der ebenfalls von Löss überdeckte, aber nur rund 6 m über dem heutigen Talboden gelegene **Talmäander von Kirchheim** wahrscheinlich erst vor der letzten Kaltzeit (rund 100 ka) verlassen wurde. Der aufgegebene **Talmäander von Lauffen**, der einen 1,5 km breiten Umlaufberg umschließt und sich nur wenige Meter über dem Niveau der heutigen Neckar-Rinne befindet, enthält keinen Löss und wurde im Verlauf der späten Holozän-Epoche (um rund 2 ka) aufgegeben (Bibus 2002). Seine südliche Hälfte ist mit Torf verfüllt und stand bei großen Hochwässern des Neckars gelegentlich noch unter Wasser (z.B. 1884). Dagegen hat sich der nördliche Schlingenbereich durch den Sedimenteintrag der von Westen kommenden Zaber deutlich erhöht. Interessant hinsichtlich der Lage und der Zeit der Aufgabe der Neckarschlinge sind die westlich von Lauffen ausgegrabenen Reste einer römischen Siedlungsanlage im Übergang zwischen dem Ausbiss der Meissner- und der Erfurt-Formation. Besonders gut begehbar und instruktiv ist der Neckar-Prallhang nordöstlich von **Kirchheim** (177 m NN; **21**; 511,2E; 5433,1N) – schräg gegenüber dem Kernkraftwerk Neckarwestheim. Der attraktiv geführte Uferweg befindet sich ungefähr im Niveau der rund 30 cm mächtigen Spiriferina-Tempestit-Bank (Abb.14 b), über der eine bis zu 40° steile Felsflanke aus Blaukalk-Bänken der Meissner-Formation durch Weinberg-Stufenraine gegliedert wird. An mehreren Punkten an der Basis des Felshangs kam es durch austretende Grundwässer an natürlichen Felsspalten und an Kalkstein-Mauern zur Ausfällung von Travertin (Sinterkalk). An der Oberkante des Prallhangs, rund 70 m über dem Fluss, finden sich vereinzelte Reste älterer Höhen- und jüngerer Hochterrassenschotter und auch im anschließenden Gleithangbereich sind über einem schönen kleinen Aufschluss in der Meissner-Formation (mit Tempestitbank) rund 7 bis 20 Meter über dem Flussniveau Hochterrassenschotter angeschnitten.

Westlich und oberhalb des aufgegebenen Talmäanders von Kirchheim wird die flache Landterrasse der Grabfeld-Formation durch mehrere E-gerichtete Lössrücken gegliedert. In einem dieser Rücken befindet sich südlich von **Bönnigheim** (221 m NN; **22**; 507,05E; 5431,3N) eine seit mehr als 500 Jahren betriebene Tongrube mit einem rund 15 m hohen Löss-Profil (Abb. 39b). Das tonig-mergelige Keupersubstrat wird von einer kiesigen Rinnenfüllung und von Seesedimenten überlagert, die anscheinend aus der Cromer-Zeit der mittlerer Pleistozän-Epoche (rund 700 bis 500 ka) stammen. Darüber folgt eine bis zu 12 m mächtige Abfolge aus hellem Löss jüngerer Glaziale und dunklen Lössböden jüngerer Interglaziale bzw. Interstadiale. Der Paläoboden aus dem Eem-Interglazial (ca. 120 ka) befindet sich ungefähr 5 m und der Lohner Boden (ca. 30 ka) ungefähr 2 m unter der Geländekante (Frechen 1999; Bibus 2002).

Auch das Ostufer des Neckars wird von Felsflanken der Meissner-Formation gestaltet. Die höchsten Bankfolgen der Formation bilden nicht nur den **Krappenfelsen** (**23**; 513,2E; 5434,3N), sondern sind auch in der Steinbruchlandschaft bei **Talheim** (216 m NN; **24**; 513,3E; 5439,0N) aufgeschlossen; sie verschwinden jedoch von hier gegen Norden allmählich unter der Erfurt-Formation. Mit der erosiven Ausweitung des Tals im Ausbiss der Keuper-Gruppe finden sich am letzten Prallhang des Neckars südlich von Heilbronn in der Ortschaft **Klingenberg** (161 m; **25**; 511,85E; 5440,9N) rund 30 bis 40 m über der Neckarrinne gut zugängliche Hochterrassenschotter, die hier die Erfurt-Formation überlagern. Entlang einer deutlichen Geländekante lassen sich oberhalb der Weinberge nördlich der Straße in Klingenberg zwei gut zementierte Schotterlagen über eine Distanz von fast 200 m verfolgen. Über einer basalen, chaotisch strukturierten Schicht, die Buntsandsteinblöcke mit Durchmessern bis zu 20 cm enthält, folgen kalksteinreiche fluviatile Schotter. Keilförmig von oben in die tiefere Einheit eindringende kiesige Sande stellen möglicherweise fossile Frostkeil-Füllungen dar. Die Höhenlage der Terrasse würde nach Bibus (2002) auf ein Alter um 500 ka hinweisen.

Im Bereich der breiten Talstrecke des Neckars bei **Heilbronn** (157 m NN) befindet sich die Oberkante der Muschelkalk-Gruppe im Kern der Stromberg-Heilbronn-Synklinale maximal bis zu 90 m und die Salzlager der Mittleren Muschelkalk-Subgruppe 150 bis 200 m unter dem Talboden. Hier hat die seit 200 Jahren erfolgreiche, unterirdische Salzgewinnung eine weithin anerkannte wirtschaftliche Bedeutung (Hansch & Simon 2003). Eine erste Vermarktung von Salz ermöglichten Pionier-Bohrungen, die in den Jahren zwischen 1812 bis 1816 im Raum Friedrichshall-Jagstfeld, rund 10 km nördlich von Heilbronn, abgeteuft wurden. Aus diesen Bohrlöchern förderte man ab 1818 Sole, die in der Saline Friedrichshall zu Salz verarbeitet wurde. Zwischen 1882 und 1993 wurde die Soleförderung auch in die westlich von Heilbronn gelegenen Salzlager ausgeweitet. Dazu leitete man Neckar-Süßwasser in mehreren Bohrlochreihen dem Untergrund zu und pumpte es als Sole zurück zur Oberfläche. Zwischen 1957 und 1993 wurde diese Form der Solegewinnung besonders im Feld **Taschenwald** (**26**; 506,85E; 5446,0N) mit bis zu 200 m tiefen Bohrungen praktiziert. Eine durch Auslaugung im Untergrund induzierte Subsolution äußerte sich schließlich im Jahr 1964 an der Landoberfläche mit dem Einbruch eines 100 m breiten Absenkungstrichters, den bis heute ein kleiner Teich markiert. Auch bei Friedrichshall kam es infolge der mehr als hundert Jahre betriebenen Soleentnahme zu Landsenkungen von bis zu einem Meter. Absenkungen in der gleichen Größenordnung registrierte man über den Solefeldern im Bereich Heilbronn-Frankenbach. Obwohl hier nach dem Auftreten von Rissen und differentiellen Setzungen in Bauwerken die Soleförderung im Jahr 1960 eingestellt wurde, lässt sich seitdem eine relativ gleichförmige, wahrscheinlich durch natürliche Subsolution ausgelöste Senkung von mehreren Millimetern im Jahr nachweisen. Obwohl die Saline Friedrichshall heute noch existiert und auch immer noch Salzwasser für die Solebäder in Bad Wimpfen und Bad Rappenau gefördert werden, erledigte sich diese wirtschaftlich unrentable Form industrieller Salzgewinnung in den Jahren nach 1970.

Ganz anders verhält es sich mit dem bergmännischen Salzabbau. Nachdem die frühen Pionierbohrungen das Vorhandensein von Salz in Tiefen um 150 bis 200 m unter dem Neckar nachgewiesen hatten, begann man neben der Soleförderung in Jagstfeld mit Arbeiten an einem Bergwerks-Schacht. Die Unternehmung verzögerte sich immer wieder durch Wassereinbrüche – zuerst in Tiefen um 60 m (1817–1819) aus der Oberen Muschelkalk-Subgruppe, dann in Tiefen um 100 m (1854) aus den Oberen Dolomit-Schichten direkt über den 13 m mächtigen Salzlagern der Heilbronn-Formation. So konnte mit dem Salzabbau im Bergwerk Jagstfeld erst im Jahr 1859 begonnen werden. Um 1884 durchteufte man dann auch in Heilbronn ohne größere Probleme nach 18 Monaten Arbeit die Obere Muschelkalk-Subgruppe mit einem Schacht und begann sofort mit dem Abbau der hier rund 40 m mächtigen und 200 m tief gelegenen Salzlager. Bei der bergmännischen Salzgewinnung sparte man ursprünglich zur Stützung der Firste an der Abbausohle nur relativ schlanke, 8 m hohe quadratische Pfeiler (6 x 6 m) aus. Am 15. September 1895 – glücklicherweise an einem Sonntag – versagten diese in Jagstfeld, wobei der Firstverbruch einen katastrophalen, unkontrollierbaren Wasserzufluss von fast 300 l/s auslöste. Ein sich nach oben glockenförmig erweiternder Einsturztrichter verursachte an der Landoberfläche eine Senkungswanne, die sich mit dem noch heute existierenden **Schachtsee** (**27**; 514,55E; 5453,45N) füllte. Unmittelbar nach diesem Ereignis wurde rund 1,5 km südlich des nun überfluteten Bergwerks bei **Kochendorf** mit dem Bau des Schachts König Wilhelm II. begonnen. Dessen Vortrieb verzögerte sich zwar ebenfalls durch Wassereinbrüche; trotzdem konnte die Salzförderung schon im Jahr 1899 aufgenommen werden. Nach dem Bau eines zweiten Schachts in Heilbronn im Jahr 1971 wurde 1984 das gesamte Untertage-Streckensystem durch eine 3,7 km lange Verbindungsstrecke zwischen den Salzbergwerken Heilbronn und Kochendorf ergänzt. Während man für das heute aktiv gegen Westen fortschreitende Bergwerk Heilbronn im Jahr 2004 einen zusätzlichen Schacht fertig stellte, wurde der aktive Salzabbau in Kochendorf schon 1994 eingestellt. Die stillgelegten Kammern in Kochendorf dienen nun einerseits als Untertagedeponie für Versatzstoffe, wie z. B. Glassande oder Bauschutt, andererseits aber auch als **Besucherbergwerk Bad Friedrichshall-Kochendorf** (10 km nördlich von Heilbronn; **28**; 515,3E; 5451,7N). Letzteres erschließt in einem 1,5 km langen Rundweg in 180 m Tiefe die von uns im ersten Teil erwähnten interessanten vertikalen Streifungen, Aufragungen der Unteren Sulfat-Schichten und erosiven Näpfe an der Oberkante der Salzlager. Im aktiven Bergbau Heilbronn arbeitet man heute im „Kammerfestenbau“ mit 10 bis 12 m hohen und bis zu 200 m langen Stützbauten („Salzfesten“), in denen 50 % des Salzlagers stehen bleiben. So fördert man gegenwärtig jährlich rund 4 Millionen Tonnen Salz und stabilisiert die Firste nach der Salzentnahme durch Rückfüllung und Abfalldeponierung. Nur im Bereich lokaler Feuchtigkeitszutritte und ganz besonders in abrupt auskeilenden Randbereichen des „Salzhangs“ sind punktuelle Firstsenkungen nicht zu vermeiden.

### *Heuchelberg-Rücken*

Der Heuchelberg bildet einen deutlich stufenförmig ansteigenden Rücken im Kern der Stromberg-Heilbronn-Synklinale, wobei sich die höheren Einheiten der Keuper-Gruppe deutlich über der breiten Landterrasse im Ausbiss der grauen bis rötlichen Ton-Evaporit-Schichten der Erfurt- und Grabfeld-Formation und einer maximal 20 m mächtigen Löss-Lössboden-Decke erheben. Die geologisch junge Erosion der Lössdecke und eine oberflächennahe Subsolution der evaporitischen Grabfeld-Formation erzeugten auf der Landterrasse eine wellige Oberfläche, über der Schichtglieder der Grabfeld-Formation (Graue und Bunte Estherien-Schichten) in einzelnen Aufragungen oberhalb 300 m NN, meist jedoch erst direkt unter der Geländekante der Stuttgart-Formation aufgeschlossen sind. Die rötlich-braune Stuttgart-Formation mit ihren m-tief in die Estherien-Schichten erodierten Rinnen und Sandstein-Rinnenfüllungen, Rippeldrift-Schrägschichtungen und Schluffschichtintervallen ist jedoch nicht nur im Bereich des Heuchelberg-Rückens, sondern besonders gut östlich von Heilbronn an einem markierten „Keuperweg“ erschlossen. Heute verbindet dieser besuchenswerte Lehrpfad den Parkplatz am alten Steinbruchgelände **Jägerhaus** (**29**; 519,4E; 5442,5N), wo der „Schilfsandstein“ 500 Jahre lang abgebaut wurde, mit einem 3,5 km weiter nördlich gelegenen Parkplatz an der Bundesstraße B 39. An zahlreichen Punkten werden Aspekte der Schichtabfolge und der Landschaftsentwicklung im Raum Heilbronn erläutert.

Westlich von Heilbronn dominieren bis an den Fuß des Heuchelbergs Lockergesteinsdecken, in die der E-fließende Leinbach und andere Nebenbäche des Neckars breite und relativ flache Talungen erodiert haben. Einen sehr interessanten Einblick in die Lockergesteinsdecke bietet die noch (!) zu Teilen erhaltene Abbauwand der ehemaligen Ingelfinger Kiesgrube (**30**; 511,7E; 5443,9N) rund 2 km südwestlich von **Frankenbach** (173 m NN). Die Basis einer 25 m hohen ehemaligen Abbauwand bilden sandig-kiesige Hochterrassen-Rinnenfüllungen der „Frankenbacher Sande“, die wahrscheinlich von einem N-gerichteten Fluss in der frühen bis mittleren Pleistozän-Epoche (Cromer-Zeit, rund 700 bis 500 ka) abgelagert wurden. Die Kieskomponenten repräsentieren die gesamte Abfolge der Germanischen Tafel von der Buntsandstein-Gruppe bis in die Formationen der Jura-Periode. Auf den Kiesen folgen Fließerden, Lössböden, sandiger Löss und eine deutlich eingekerbte Rinne mit Schwemmlöss, die möglicherweise dem vorletzten „Riss“-Hochglazial (> 120 ka) zuzuordnen ist. Rund 5 m unter der Geländekante befinden sich wahrscheinlich Bodenbildungen aus dem Eem-Interglazial. Darüber folgen in der Lössdecke weitere dunkle Bänder, die dem Niveau der Mosbacher und Lohner Interstadialböden entsprechen. Ein Teil der Löss-Lössboden-Abfolge ist auch am Westrand von **Böckingen** (163 m NN; **31**; 513,41E; 5442,3N) im Stadtpark erhalten geblieben, wobei Thermolumineszenzdatierungen hier ein Alter der basalen Abfolge von mindesten 170 ka belegen (Frechen 1999; Bibus 2002). Auf der gegen Westen ansteigenden Landterrasse erschließt die Abbauwand in einer Ziegelei am nordwestlichen Ortausgang von **Brackenheim** (192 m NN; **32**; 504,25E; 5436,7N) eine weitere, 5 bis 10 m mächtige Löss- und Lössboden-Abfolge, welche direkt auf evaporitisch-tonigen Schichten der tieferen Grabfeld-Formation ruht.

Nördlich des Heuchelbergs wird der breite Talboden der Lein beiderseits der **B 293** von lössbedeckten, hügeligen Landwirtschaftsflächen umrahmt. In einer hier NE-streichenden Aufwölbung der Germanischen Tafel in Verlängerung der Gochsheim-Antiklinale, befindet sich die Muschelkalk-Gruppe nur wenige Meter unter der Landoberfläche. So kam es durch Subsolution der evaporitischen Mittleren Muschelkalk-Subgruppe z. B. östlich von **Gemmingen** (212 m NN) im Bereich des **Buchtalwalds** (**33**; 501,3E; 5446,1N) zu mehreren „Erdfällen“ (= Dolinen). In Gemmingen selbst liefern zwei rund 140 m tiefe

Bohrungen aus dem Muschelkalk-Aquifer Na-Mg-Ca-$HCO_3$-$SO_4$-Mineralwässer mit 2 bis 3 g/l an gelösten Festsubstanzen. Rund 1,5 km westlich von Gemmingen werden im Schotterwerk an der **Eichmühle** (**34**; 497,4E; 5445,4N) die flach N-einfallenden Kalksteinbänke der Trochiten-(?) und Meissner-Formation unter den Schichten der Erfurt- und Grabfeld-Formation abgebaut (Abb. 13). Ähnlich wie im Buchtalwald folgen im Umfeld des Steinbruchs oberflächennahe Lösungsvorgänge und Dolinen NW-streichenden Störungszonen. Weitere Steinbrüche in der Oberen Muschelkalk-Subgruppe, der Erfurt- und Grabfeld-Formation flankieren auch den Ostrand des Elsenztals, wobei die Muschelkalk-Gruppe außerdem in kurzen steilen Bachstrecken aufgeschlossen ist, wie z. B. in der Hoffenheimer Klinge.

Am Heuchelberg beobachtet man unter dem Ausbiss der Stuttgart-Formation in Südlagen häufig Weinberge, an den Nordhängen dagegen meist bewaldete, m-mächtige reliktische Sandstein-Blockhalden und tonige Gleitmassen, wie z. B. im **Lochwald** (**35**; 503,85E; 5440,7N) südlich von **Schwaigern** (197 m NN). Die von Schwaigern nach Süden führende K 2151 durchquert im Bereich oberhalb der Rutschungshänge eine deutliche Geländekante, die den Ausbiss der Rinnenfazies der Stuttgart-Formation markiert und in der südöstlich der Straße ein ehemaliger Steinbruch liegt (**36**; 504,95E; 5440,7N). Weitere Aufschlüsse im Kontaktbereich zwischen den Estherien-Schichten der Grabfeld-Formation und der rinnenförmig eingelagerten Stuttgart-Formation bieten die gewundenen Weinberg-Oberkanten rund um **Neipperg** (250 m NN; **37**; 503,4E; 5439,8N und 504,1E; 5438,9N). Die schräggeschichtete bis rippeldriftlaminierte Rinnenfazies der Stuttgart-Formation und der Übergang in die überlagernde tonig-mergelige Weser-Formation, sind im alten Steinbruchgelände nördlich und oberhalb von **Pfaffenhofen** (206 m NN; **38**; 498,2E; 5435,0N) erschlossen, wo die schönen Abbauwände jedoch – wie anderswo – allmählich unter Bauschutt verschwinden. Archäologische Ausgrabungen haben gezeigt, dass die massiven rötlichen Sandsteine der Stuttgart-Formation dieser Gegend bereits von den Römern zu recht ansehnlichen Bauelementen verarbeitet wurden.

### *Stromberg-Rücken*

Die besten Einblicke in die Geologie des Strombergs ermöglichen die von Reben oder Wald bestandenen SSE-exponierten Hänge im Bereich Horrheim-Hohenhaslach-Freudental und die Schichtstufen am Nordwestrand des Strombergs im Bereich Maulbronn-Freudenstein-Sternenfels. Nähert man sich dem Stromberg-Rücken von Süden, so fallen schon aus der Distanz die durch rötliche Farbtönungen gekennzeichneten Weinberghänge im Ausbiss der Weser-Formation auf. Die Stuttgart-Formation bildet dabei in Höhen um 300 m NN deutliche Stufen oder Geländeknicke. Da im Bereich des Strombergs die Kieselsandstein-Einheit der Weser-Formation nur dm-Mächtigkeiten erreicht, enden die Weinberghänge nach oben meist in den tieferen Sandsteinbänken der Löwenstein-Formation.

Auf der welligen Landterrasse im Vordergrund machen Farbstreifung und vereinzelte m-hohe Geländestufen in den Feldern deutlich, dass hier bunte Tonstein-Schichten und dolomitische Bänke der Grabfeld-Formation unter einer häufig nur geringmächtigen Lössdecke verborgen sind. Zwischen einzelnen, bis in Höhen um 250 m NN aufragenden bewaldeten Hügeln ist der Ausbiss der Grabfeld-Formation lokal auch durch breitere Subsolutionswannen gekennzeichnet; diese werden gelegentlich in Fischteiche oder Feuchtbiotop-Naturschutzgebiete umgewandelt. Gute Beispiele dafür sind der **Untere See** (**39**; 500,2E; 5425,0N) östlich von Horrheim oder die Absenkungsbereiche am Ostrand des **Donnersbergs** (**40**; 501,65E; 5424,75N). Beiderseits der Straße K 1638 befinden sich auf halbem Weg zwischen Sersheim und Hohenhaslach Subsolutionswannen, wobei sich westlich der Straße auf 3 m mächtigen und 6000 Jahre alten Torfschichten heute ein Großseggenried ausbreitet. Die Wanne im bewaldeten Bereich östlich der Straße entstand angeblich erst in historischer Zeit.

Besonders interessant sind Aufschlüsse der Keuper-Gruppe nahe der Ortschaft **Hohenhaslach** (291 m NN). Höhere Teile der Ortschaft befinden sich auf einem nach Südwesten vorspringenden Sporn im Ausbiss der Stuttgart-Formation. An der zu diesem Sporn ansteigenden Straße passiert man zur linken Hand eine Böschung, in der Bodenkrusten (Gips) und dolomitische Bänke (Bleiglanzbank?) der roten Mergel-Tonstein-Schichten der Grabfeld-Formation angeschnitten sind (**41**; 502,25E; 5427,8N). Vom Parkplatz an der Oberkante des Sporns lässt sich die hier flach nach Norden einfallende Schichtabfolge der Weser- und Löwenstein-Formation bis unter den **Teufelsberg** (**42**; 502,5E; 5428,0N) nach Osten und unter die **Hohe Reute** (**43**; 501,7E; 5428,7N) nach Westen in kurzen Wanderungen erkunden. Die ersten Aufschlüsse, rund 100 m oberhalb des Parkplatzes, sind die Abbauwände zweier aufgelassener Mergelgruben, in denen zyklische Abfolgen aus rot-violett- bis hell-grünlicher Tonsteinschichten mit knolligen bis spaltenfüllenden Gipsresiduen (Rote Wand-Lehrberg-Schichten), aus dolomitischen Bänken und aus dünnen Sandsteinlagen (Kieselsandstein?) zu sehen sind. Diese Schichten wurden in der unteren der beiden Gruben an einer E-streichenden und S-einfallenden Abschiebung um rund 1 m versetzt. Eine ähnliche Abfolge liegt in einem schönen Böschungsanriss und in einer Mergelgrube in gleicher Höhe gegen Westen am Oberrand der Weinberge frei (Abb. 32). Folgt man den schräg nach Westen ansteigenden Wegen in Richtung Hohe Reute, so durchwandert man progressiv höhere Einheiten der Weser-Formation (Obere Bunte Mergel) mit schichtgebundenen knolligen Kalk-Gips-Bodenbildungen und schichtquerenden karbonatisch-evaporitischen Spaltenfüllungen. Evaporitische Krusten und Spaltenfüllungen wurden dabei vielfach durch spätere $SiO_2$-Ausfällungen verkieselt. Schließlich erreicht man im bewaldeten oberen Hangbereich graue Sandsteinbänke („Stubensandstein") der Löwenstein-Formation. Die Basis dieser Bänke ist auch entlang der Wegböschung an der Weinberg-Oberkante östlich des Teufelsbergs angeschnitten. Bei **Freudental** (284 m NN; **44**; 504,8E; 5429,0N), nur 2 km weiter östlich, befinden sich diese Schichten bereits im Wald und Weinbau erfolgt hier nur bis an die Basis der rinnenfüllenden Sandsteine der Stuttgart-Formation, die am nordöstlichen Ortsausgang von Freudental in steilen Straßenböschungen und in einem alten Steinbruch aufgeschlossen ist.

Auch weiter nach Westen ist die Stuttgart-Formation noch in Rinnenfazies vertreten. Rund 200 m westlich der Sportanlagen von **Gündelbach** (245 m NN; **45**; 495,35E; 5426,15N) lassen sich die intern durch Rippeldrift-Schräglaminierung oder Horizontallaminierung gekennzeichneten Feinsandsteinbänke in einer zwar verwachsenen, aber an einer NW-streichenden Kluftschar gut erhaltenen Steinbruch-Abbauwand studieren. Die Sandsteinbänke stellen hier wahrscheinlich bereits den Übergangsbereich zwischen der massigen Rinnenfazies und der dünnbankigen Überschwemmungsfazies dar. Bei **Horrheim** (224 m NN) und im Bereich **Hummelsberg-Gaisberg** (**46**; 500,5E; 5427,1N und **47**; 499,1E; 5426,55N) besteht die Stuttgart-Formation aus dünnbankigen Sandsteinen, deren Ausbiss sich an den Weinberghängen nur als Hangknick und in Form von Lesesteinen verrät. Unter dem Hangknick finden sich gelegentlich kleine Böschungsaufschlüsse in der ziegelroten Grabfeld-Formation. Am Oberrand der Weinberge folgen über den rötlich-grünlich gefärbten bis gebleichten Tonstein-Dolomitstein-Schichten der Weser-Formation erste Sandstein-Steilstufen im Ausbiss der Löwenstein-Formation. Diese Stubensandstein-Bänke, die an der Basis deutlich erosive Kontakte aufweisen, sind z. B. am obersten Weinbergweg nördlich von Horrheim an einem recht informativen Weinlehrpfad gut zu studieren. Sie setzen sich aus dm- bis m-mächtigen, intern schräggeschichteten bis horizontal laminierten fluviatilen Bankfolgen zusammen.

Durchquert man den Stromberg-Rücken nach Norden auf der **L 1110** von Hohenhaslach nach Eibensbach, so erreicht man nach kurzer Fahrt die Ortschaft **Ochsenbach** (289 m NN). Auch hier nutzen die Weinberge S-exponierte Steilhänge im Ausbiss der Weser-Formation, darüber dominieren im Ausbiss der Löwenstein-Formation Eichen-Buchen-Hainbuchen-Wälder. An deutlichen Stufen wurden hier früher die „Stubensandsteine" der Löwenstein-Formation abgebaut. Die teilweise dolomitischen Folgen der „Ochsenbach-Bank" im Niveau zwischen der ersten und zweiten Sandsteineinheit der Löwenstein-Formation sind bestens in einem Böschungsanriss rund 50 m westlich des Waldpark- und Kinderspielplatzes an der Südkante des **Mutzig-Rückens** (**48**; 497,95E; 5430,0N) aufgeschlossen. Sie sind jedoch auch in einer heute verwachsenen Bruchwand östlich des Parkplatzes an der L 1110 nördlich von Ochsenbach (**49**; 498,3E; 5430,3N) und in den obersten Weinbergstufen oberhalb von Ochsenbach aufzuspüren. Die hellen dm-mächtigen Karbonatbänke, die Muschel- und Schneckenschill enthalten, deuten auf Phasen der Überflutung riesiger Schlammebenen hin, wobei anscheinend sandige Deltaebenen weit nach Westen in die seichten Wasserkörper vorrückten. Lokal sind die oft nur m-mächtigen Sandsteinbänke durch Stauchungen und Gleitungen im tonigen Substrat wulstartig aufgelöst. Spätere Fluiddurchströmung erzeugte in den tonigen Schichten Bleichungen und Hohlraumfüllungen aus Quarz. Kleinere Aufschlüsse der Sandsteinbänke der Löwenstein-Formation finden sich auch im heute weitgehend verwachsenen **Weißen Steinbruch** westlich der L 1110 (**50**; 497,4E; 5432,1N) und an der **Ruine Blankenhorn** (**51**; 499,35E; 5432,1N) östlich der L 1110.

Während die trockenen und relativ stabilen Südhänge des Strombergs durch konsequente SSE-ausgerichtete Rinnensysteme in Teilrücken aufgelöst sind und als Weinberge dienen, wird der Charakter der oft feuchten und bewaldeten Nordhänge von reliktischen, teilweise auch aktiven Rutschungen geprägt, wobei oberflächennahes Grundwasser oft nur m-tiefe Vernässungszonen speist (Eisenbraun & Rommel 1986; Brunner 2001). Oberhalb der Stuttgart-Formation bestehen die Nordhänge im Ausbiss der rund 3° S-einfallenden mergeligen Weser-Formation vor allem aus periglazialem Solifluktionsschutt und aus reliktischen lappenförmigen Rutschmassen, die leicht konkave Anrisse im Ausbiss der Löwenstein-Formation füllen. Rund 30 bis 50 m unter den Sandstein-Abrisskanten täuschen rotierte Sandsteinschollen in der > 20 m mächtigen Schuttdecke gelegentlich ein bergwärtiges Einfallen der Schichten bis 30° vor. Der bedeutendste Rutschungshang, in dem aktive Rutschungen durch den „Säbelwuchs" der Bäume auffallen, befindet sich unter der fast 2 km langen Abrisskante des **Rittersprungs** (**52**; 493,1E; 5432,15N), rund 2,5 km nördlich von **Häfnerhaslach** (315 m NN). Ein weiterer bedeutender Rutschungshang ist der **Pfefferwald** (**53**; 502,4E; 5431,0N), der von **Cleebronn** (230 m NN) in einer Wanderung über Schloss Magenheim-Michaelsberg zu erreichen ist. Hier sind die über der Stuttgart-Formation einsetzenden Tonstein-Dolomitstein-Schichten gelegentlich an Wegböschungen angeschnitten.

Am Westrand der Strombergs bildet der durch Erosion zerlappte Ausbiss der Stuttgart-Formation eine meist zwar bewaldete, trotzdem aber recht deutliche Geländestufe, die sich gut von den konkaven Hängen im Ausbiss der evaporitisch-tonigen Grabfeld-Formation abhebt. Die Grabfeld-Formation ist meist nur in ihren höchsten Anteilen, den Estherien-Schichten, unter rinnenfüllenden Sandsteinbänken aufgeschlossen. Kleinere Steinbrüche an dieser Kante befanden sich früher in einem westlichsten, vom Stromberg erosiv isolierten Zeugenberg oberhalb von **Ölbronn** (268 m NN; **54**; 482,7E; 5425,1N), im Bereich „**Schanze**" (**55**; 484,5E; 5428,8N) rund 2 km südöstlich von **Knittlingen** (196 m

NN), an der NW-Flanke des Buchwalds, vor allem aber am östlichen Ortsausgang von **Maulbronn** (251 m; **56**; 486,9E; 5427,7N). Die heute teilweise überwachsenen oder eingezäunten Bruchwände in der grob gebankten Stuttgart-Formation, lieferten in Maulbronn die durch ihre Färbung besonders attraktiven Steine für die Anlagen des bekannten Klosters und viele Bauwerke in der weiteren Umgebung. Im noch aktiven Teil des Steinbruchgeländes erschließt die SE-NW ausgerichtete, rund 15 m hohe Bruchwand in ihrem tieferen Bereich massige Feinsandstein-Rinnenfüllungen, die an der Oberkante durch ein tonig-schluffiges Intervall von einer höheren Einheit aus ebenfalls gebankten Sandsteinen getrennt werden (Abb. 31a, b). Eine mehrere Meter mächtige Lössdecke überdeckt das Gelände oberhalb der Bruchwand. Hier lässt sich an riesigen angesägten Blöcken die durchgehend homogene und durch rötliche, hämatitische Tonflaserung angedeutete Rippeldrift-Schräglamination studieren.

Geologisch-geotechnisch besonders interessant ist das Gebiet zwischen dem **Horn** (**57**; 485,5E; 5432,6N) südlich von **Oberderdingen** (190 m NN) und der Ortschaft **Freudenstein** (242 m NN; **58**; 487,2E; 5430,65N). Am Horn sind die flach nach Osten einfallenden tonig-karbonatisch-evaporitischen Unteren Bunten, Grauen und Oberen Bunten Estherienschichten der Grabfeld-Formation sowie basale Sandsteinrinnen der Stuttgart-Formation in einem 50 m hohen Anschnitt und in kleineren, weiter östlich gelegenen Weinberg-Böschungen zugänglich. Die rötlich bis dunkelgrau getönten Tonstein-Schichten enthalten 10 bis 20 % an drusigen, knolligen, linsenförmigen oder spaltenfüllenden evaporitischen Mineralen (vor allem Gips). Diese wurden zuerst in Trockenseen als Bodenkrusten aus aufsteigenden Kapillarwässern ausgeschieden, später unter Sedimentbedeckung wieder gelöst und dann erneut aus Porenwässern ausgefällt. Der Kontakt zur Stuttgart-Formation ist eine ursprüngliche Auflagerungsfläche der Sande, die eine breite und m-tiefe Flussrinne füllten. Tonsteinfragmente des Rinnensubstrats wurde als Teil der sandigen Rinnenfüllung umgelagert. Der Übergang aus den evaporitischen Zyklen der Grabfeld-Formation – am Parkplatz Horn gut aufgeschlossen – in die schräg-laminierten Sandsteinbänke, die östlich von Freudenstein aufgeschossen sind, lässt sich in einer landschaftlich reizvollen Wanderung von Westen nach Osten nachvollziehen.

Zwischen dem Horn und dem Tal der Metter wurde die geologische Situation durch die geotechnischen Vorarbeiten und baubegleitenden Wasserhaltungen (1980 bis 1993) im Umfeld des fast 7 km langen **Freudenstein-Tunnels** bestens dokumentiert (Swoboda 2002). Der Eisenbahn-Tunnel durchquert von Nordwesten her, leicht ostwärts ansteigend, zuerst höhere Einheiten der hier 2° bis 3° ENE-einfallenden Grabfeld-Formation (Abb. 17 nach Swoboda 2002). Da die durch Klüfte aufgelockerten Sandsteine der Stuttgart-Formation hydraulische Leitfähigkeiten von $10^{-5}$ m/s aufweisen, markieren Feuchtstellen und kleine Quellen an der Landoberfläche die Basis der Stuttgart-Formation. Während sich im oberflächennahen Stuttgart-Kluftaquifer im Grundwasser nur Lösungsgehalte bis 900 mg/l aufbauen, enthalten die relativ stationären Wässer in den darunter gelegenen tonig-evaporitischen Estherien-Schichten durch Gipslösung bis zu 2000 mg/l an gelösten Festsubstanzen; nur wenige Meter tiefer konnten bereits Werte bis 3000 mg/l festgestellt werden. Der Gipsspiegel, also die Untergrenze der Gipslösung, liegt unter den bis 300 m NN aufragenden topografischen Erhebungen des Tunnelbereichs maximal 100 m tief, unter den bei 250 m NN gelegenen Talböden dagegen in Tiefen von ca. 40 m. Allerdings kann sich die regionale Lage des Gipsspiegels an NW-streichenden Kluftscharen oder Störungen mit hydraulischen Leitfähigkeiten von $10^{-4}$ bis $10^{-5}$ m/s auch in größere Tiefen verlagern. Auch die erosive Einkerbung der Metter wurde hier wahrscheinlich durch Bruchsysteme gefördert. Nur wenige Meter unter dem Gipsspiegel bildet der Anhydritspiegel jenes Niveau, in dem die Evaporitminerale normalerweise nicht mehr von infiltrierenden Oberflächenwässern erreicht und gelöst werden. Praktisch stationäre Grundwässer weisen hier deshalb lokal > 300 000 mg/l an gelösten Festsubstanzen auf (vor allem $Na^+$, $Cl^-$, $SO_4^{2-}$). Um im Verlauf des Tunnelvortriebs eine Schwellung (Quellung) der angefahrenen Ton-Evaporit-Schichten durch Lösung von Anhydrit und Neuausfällung von Gips zu vermeiden, wurde der Grundwasserspiegel im Tunnelbereich über 5 Jahre um maximal 40 m abgesenkt. Nach Fertigstellung des Tunnels neutralisierte man die Wirkung aggressiver Grundwässer durch Auskleidung einzelner Teilstrecken mit sulfatresistentem Stahlbeton bzw. den Einbau wasserundurchlässiger Folien (Swoboda 2002).

Das Niveau der Stuttgart-Formation ist auch an der nordöstlichen Schichtstufe des Stromberg-Heuchelberg-Rückens durch eine Reihe von Steinbruchnischen erschlossen. Ein größeres noch aktiv abgebautes Steinbruchgelände befindet sich im Bereich der Sportanlagen südlich von **Mühlbach** (228 m NN; **59**; 494,15E; 5438,1N). Hier werden hell-gelbliche Sandsteine in Rinnenfazies abgebaut. Über den massigen Rinnenfüllungen deuten Abfolgen aus dünnen Sandstein- und Tonlagen den Übergang in die roten Mergel der Weser-Formation an. Eine helle Lössdecke überragt die Oberkanten der Abbauwände. Eine weitere, schon lange aufgegebene Steinbruchlandschaft in der gebankten bis massigen Rinnenfazies der Stuttgart-Formation befindet sich direkt unter der Verebnungsfläche westlich der Straße zwischen Ochsenburg und Sulzfeld (**60**; 491,45E; 5437,0N). Auch an der Straße L 1103 südöstlich von **Leonbronn** (250 m) erschließen Böschungsanrisse Übergangsbereiche zwischen Rinnen- und Überschwemmungsfazies der Stuttgart-Formation. In der Umgebung von **Sternenfels** (314 m NN) befindet man sich bereits im Ausbiss der Weser- und Löwenstein-Formation, aus denen hier bis ins 18. Jahrhundert in zahlreichen Gruben die hellen „Stubensandsteine“ abgebaut und als Scheuersand vermarktet wurden. Gelegentliche Aufschlüsse in den roten tonigen Schichten der Weser und Löwenstein-Formation sind vor allem in höheren Bereichen der SW-exponierten Weinberge oberhalb von **Diefenbach** (293 m) zu finden.

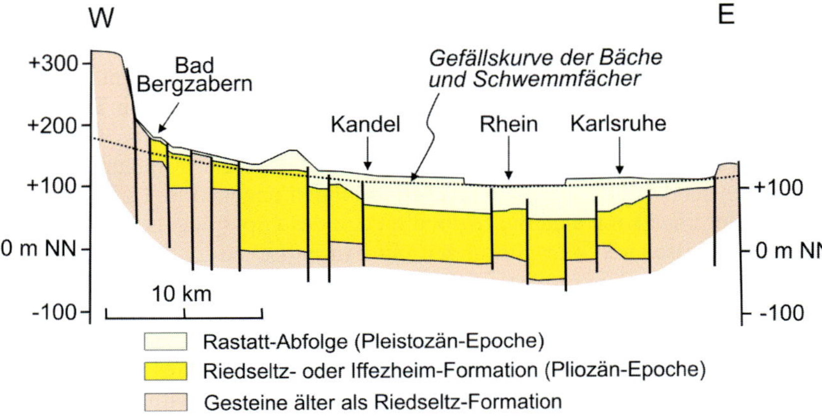


**Abb. 45.** Stark überhöhter Querschnitt durch die Ablagerungen der Riedseltz-Formation und der Rastatt-Abfolge bezogen auf das Längsprofil der heutigen Bäche im zentralen Oberrhein-Graben westlich von Karlsruhe. Zu erkennen ist die junge Hebung des Grabeninneren im Westen und die an bedeutenden Störungen erfolgte Absenkung im Osten (nach Moninger 1986).

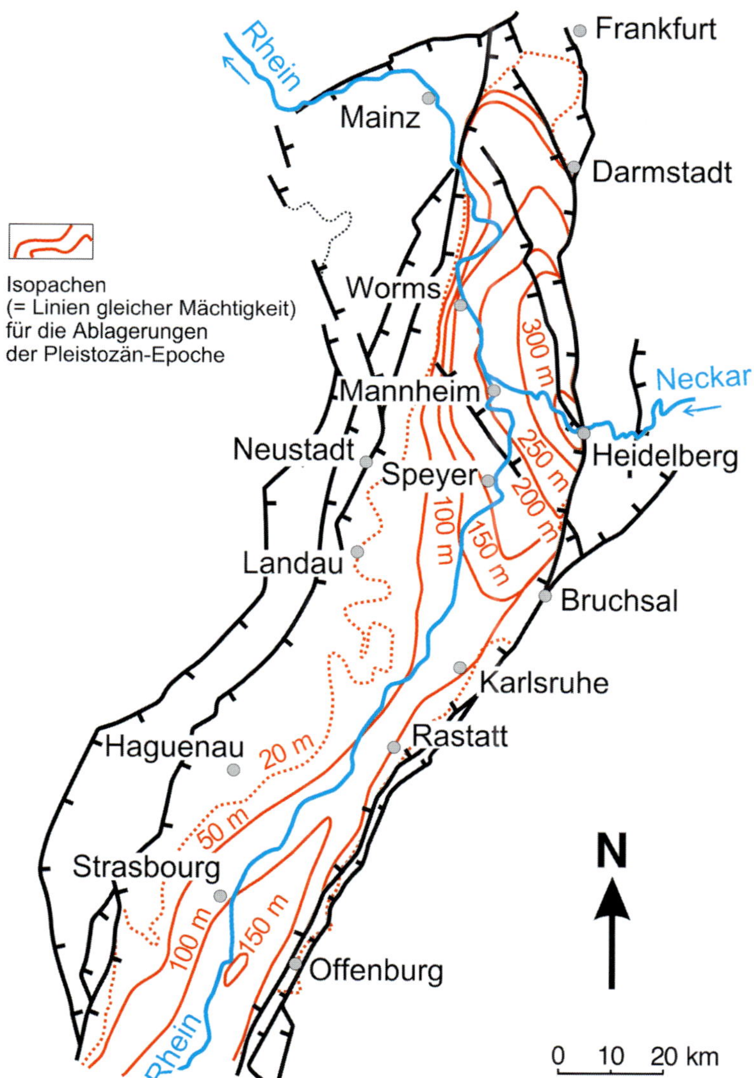


**Abb. 46.** Isopachen für die Gesamtmächtigkeit der Rastatt-Abfolge („Quartär") im nördlichen Oberrhein-Graben nach Bartz (1974). Auffallend ist die große Mächtigkeit (bis 400 m) und damit die entlang NNW-streichender Störungen vorgegebene Absenkung im Bereich des Neckar-Schwemmfächers. Deutlich ist auch das Ausdünnen und die relativ geringere Absenkung im Bereich einer Querstruktur zwischen Karlsruhe und Strasbourg.

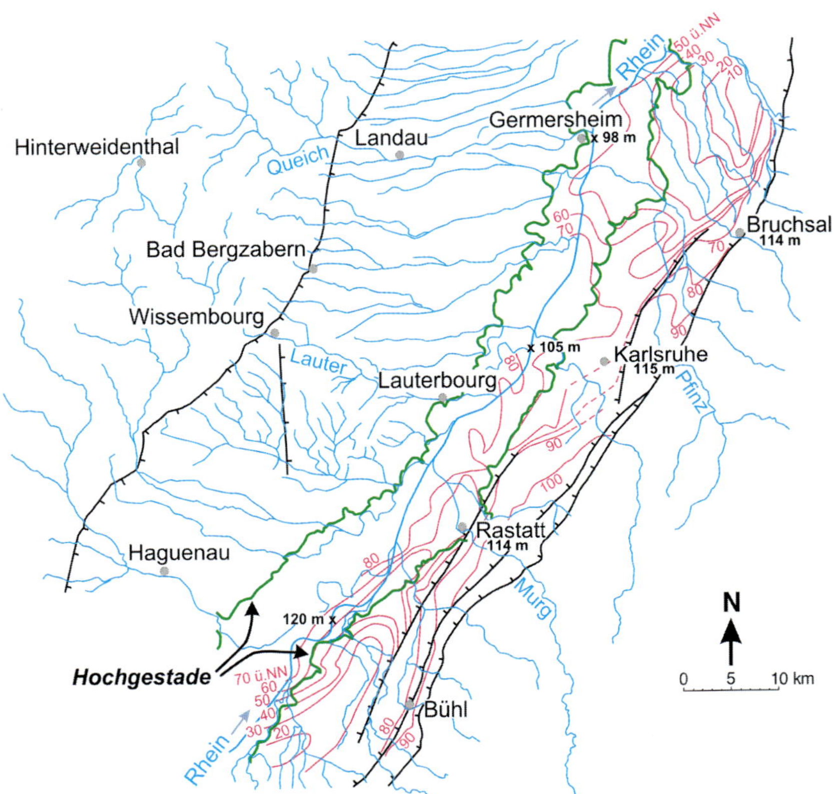


**Abb. 47.** Konturlinien für die Tiefenlage der grobkörnigen fluviatilen Ablagerungen („Kiesbasis") aus der jüngsten Pleistozän-Epoche unter der östlichen Oberrhein-Ebene (in m NN nach Werner et al. 1995, 1997) sowie Entwässerungsnetz und topographische Höhenangaben in m. Gut zu erkennen sind die nur etwas mehr als 20 m mächtigen Kieslager in Verlängerung des durch sein abnormales Entwässerungsnetz gekennzeichneten Riedel-Rückens westlich von Lauterbourg. Der Bereich um Rastatt befindet sich möglicherweise über einer tektonisch aktiven Querstruktur unter dem zentralen Grabensegment. Die grünen Linien zeigen den Verlauf der beiden Hochgestade am Rand der Rheinniederung. Deren Verlauf bestimmten wahrscheinlich die gegen Ende der Pleistozän-Epoche von der östlichen Grabenschulter vorrückenden größeren Schwemmfächer.

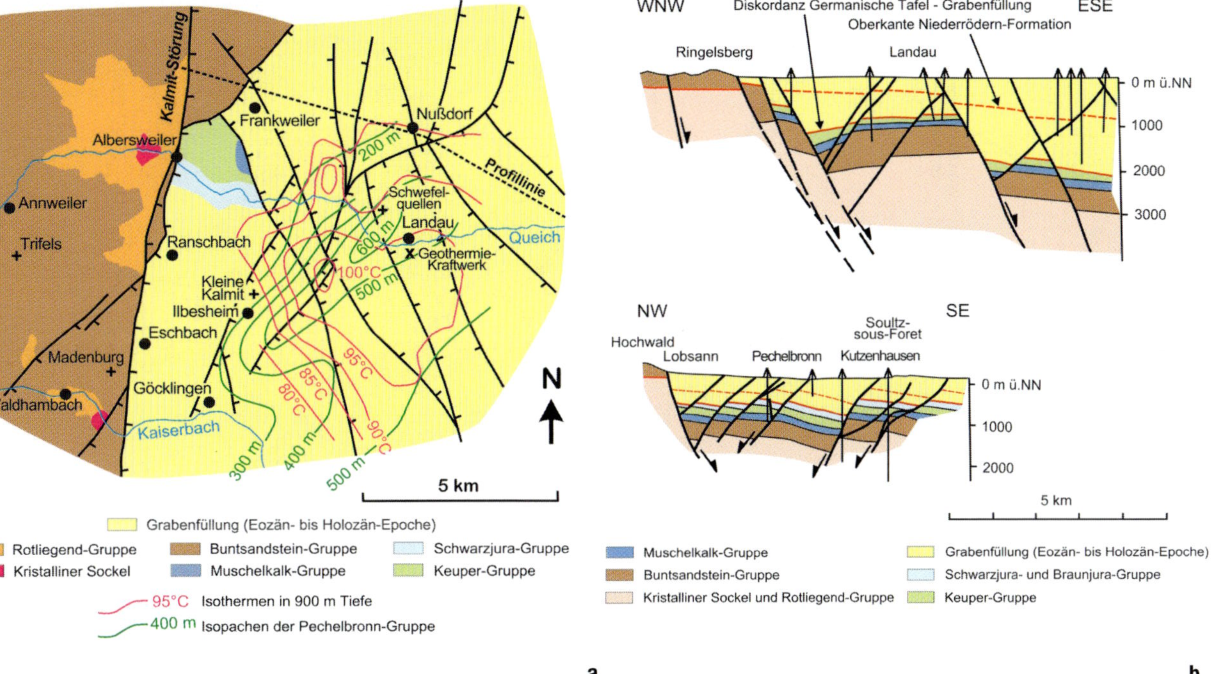


**Abb. 48. a.** Geologische Kartenskizze mit dem Verlauf des in Abb. 48b gezeigten Profilschnitts (vereinfacht nach Schad 1962b; Doebl & Bader 1970; Parini 1981), den Isopachen der Pechelbronn-Gruppe (grün) sowie Isothermen in 900 m Tiefe (rot). Erläuterungen im Text. **b.** Profilschnitte durch die Erdölfelder von Landau und Pechelbronn (Lage der Schnitte in Abb. 7 und 48a).

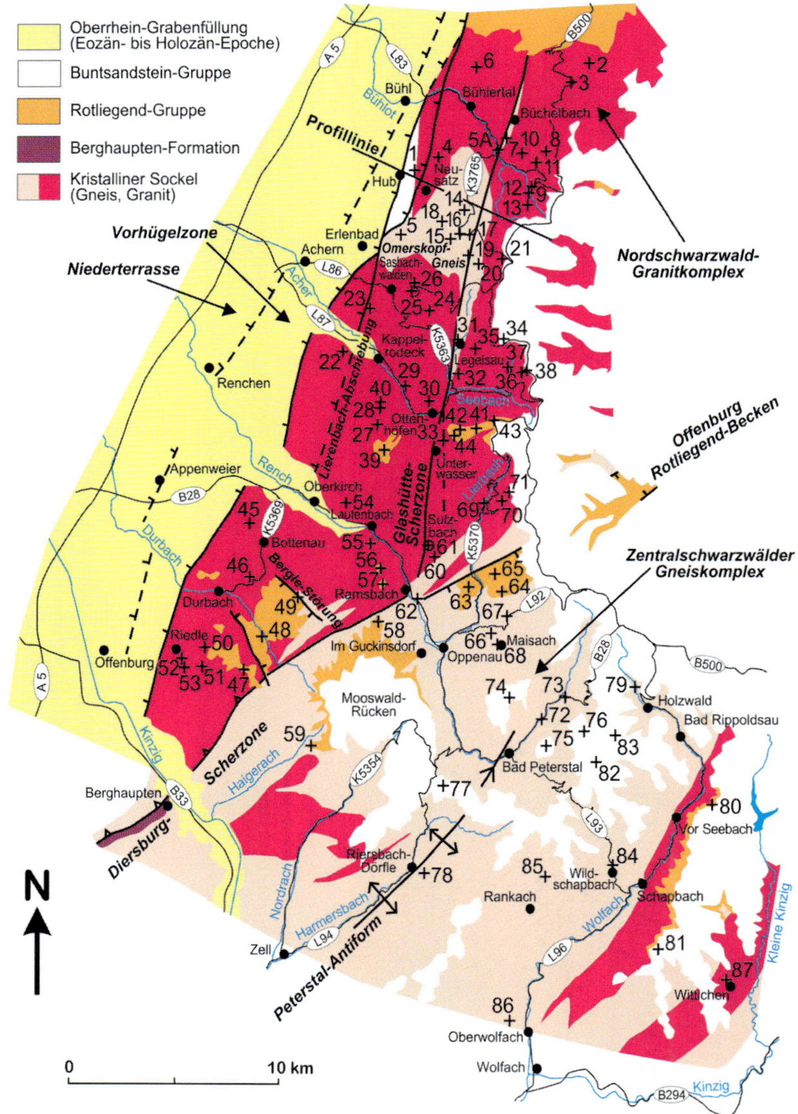


**Abb. 49.** Geologische Kartenskizze und Aufschlusspunkte des Exkursionsgebiets E 1. Profillinie siehe Abb. 43.

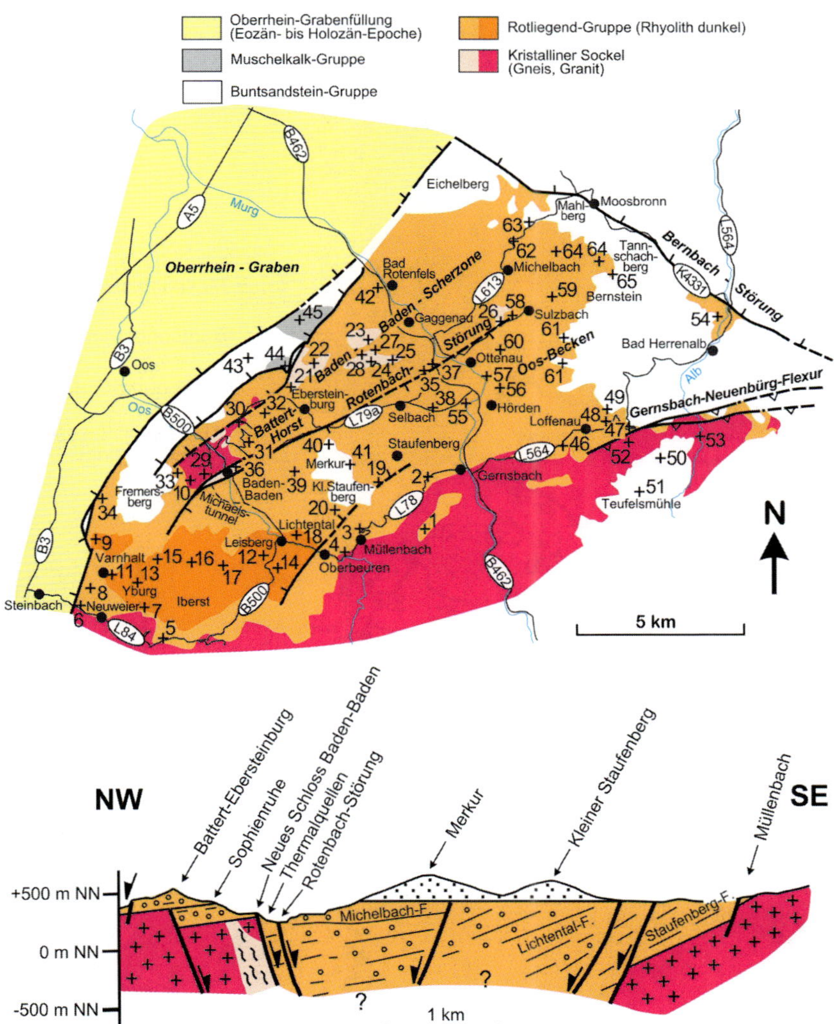


**Abb. 50.** Geologische Kartenskizze und Aufschlusspunkte des Exkursionsgebiets E 2. Unten ein NW-SE-Profilquerschnitt durch das Oos-Becken im Bereich Baden-Baden.

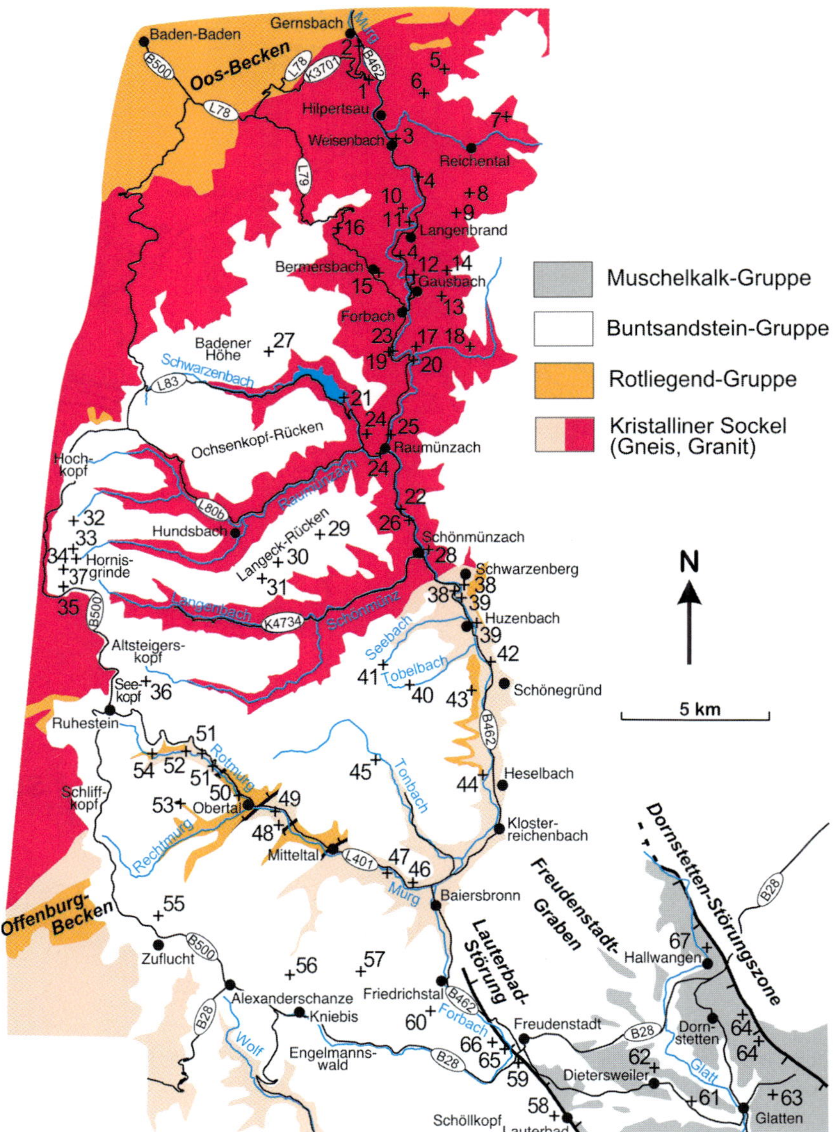


**Abb. 51.** Geologische Kartenskizze und Aufschlusspunkte des Exkursionsgebiets E 3; siehe auch Abb. 40.

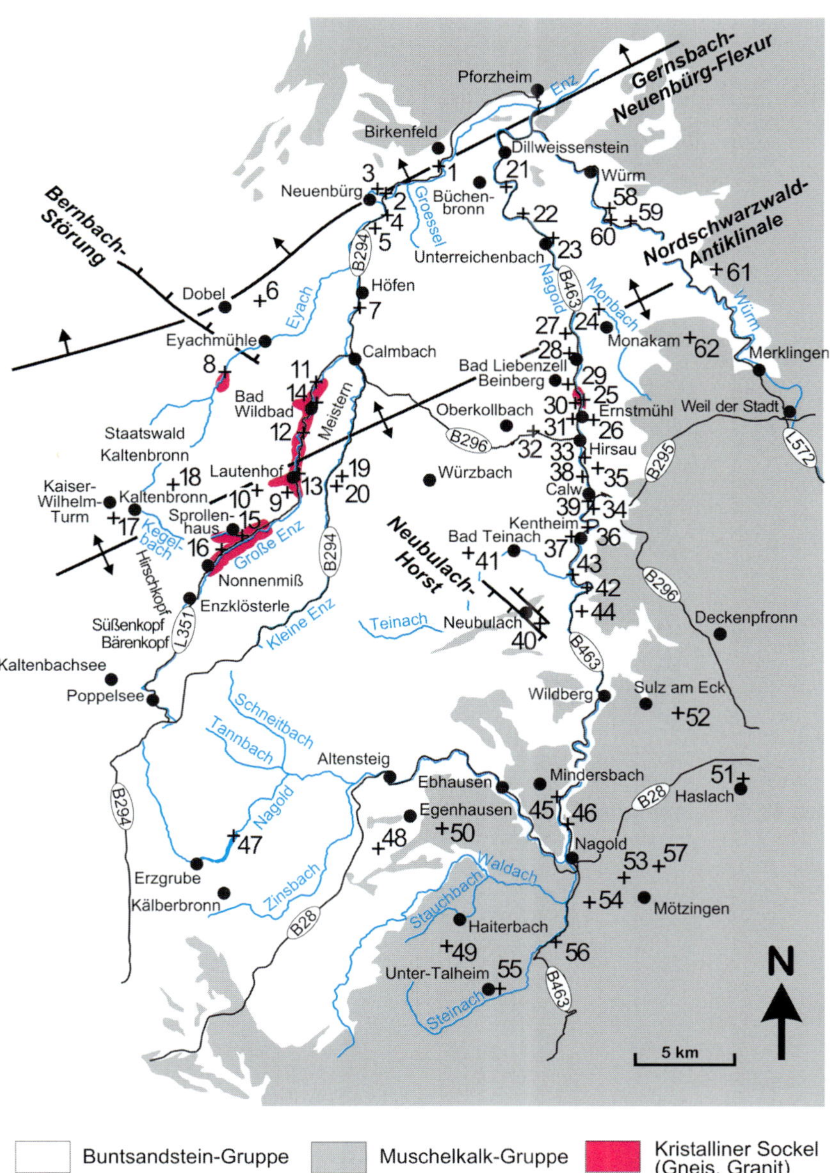


**Abb. 52.** Geologische Kartenskizze und Aufschlusspunkte des Exkursionsgebiets E 4.

**Abb. 53.** Geologische Kartenskizze und Aufschlusspunkte des Exkursionsgebiets E 5.

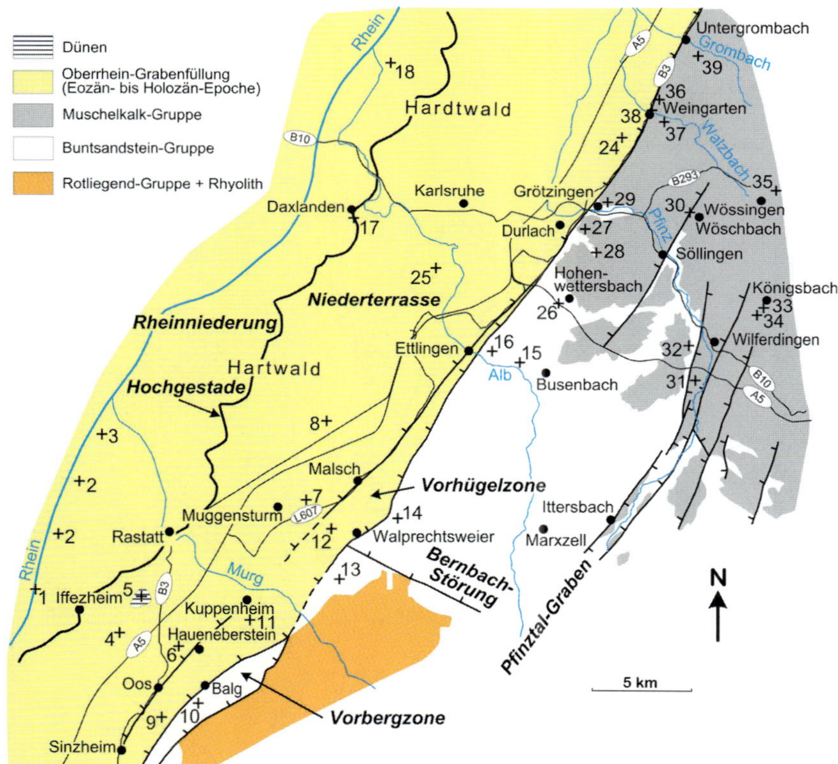


**Abb. 54.** Geologische Kartenskizze und Aufschlusspunkte für den südlichen Teil des Exkursionsgebiets E 6.

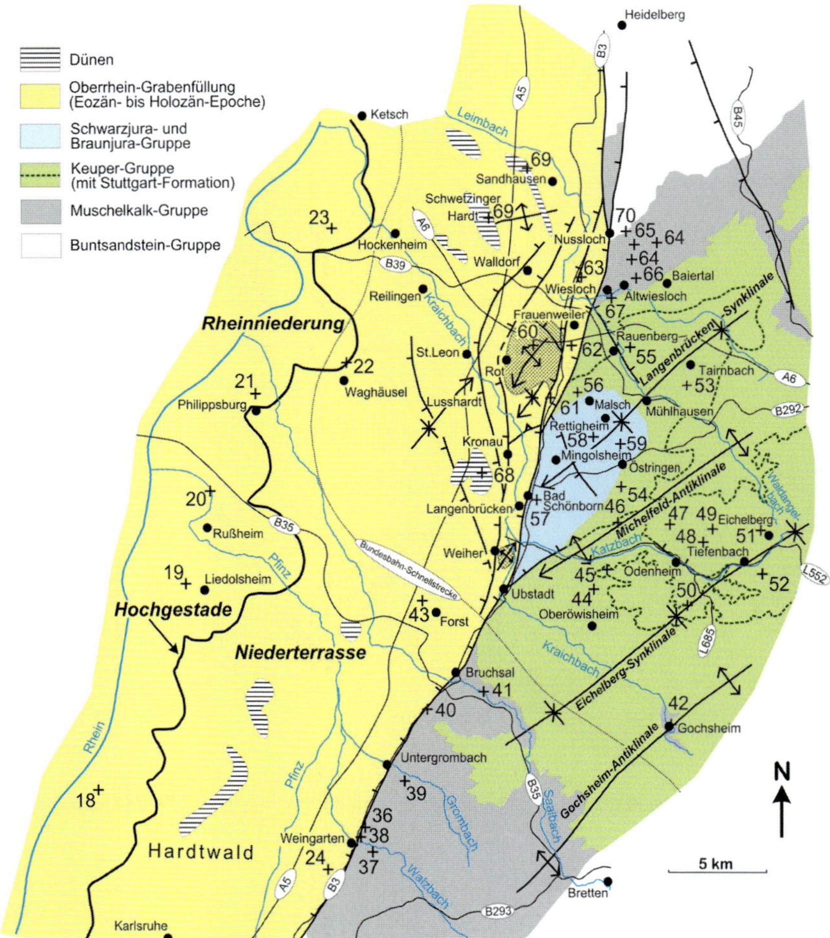


**Abb. 55.** Geologische Kartenskizze und Aufschlusspunkte für den nördlichen Teil des Exkursionsgebiets E 6 mit den antiklinalen und synklinalen Schichtverkrümmungen in der Schulter und im Untergrund des Oberrhein-Grabens, wie z. B. im ehemaligen Erdölfeld Rot (gepunktet).

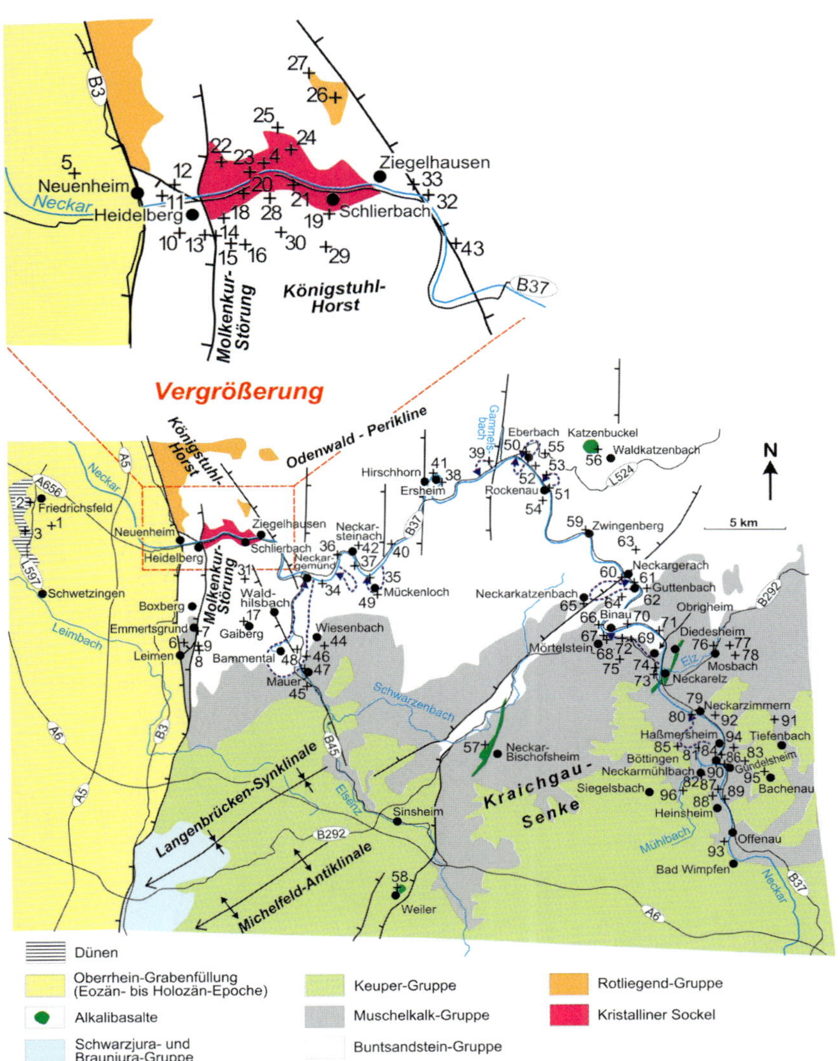


**Abb. 56.** Geologische Kartenskizze und Aufschlusspunkte des Exkursionsgebiets E 7.

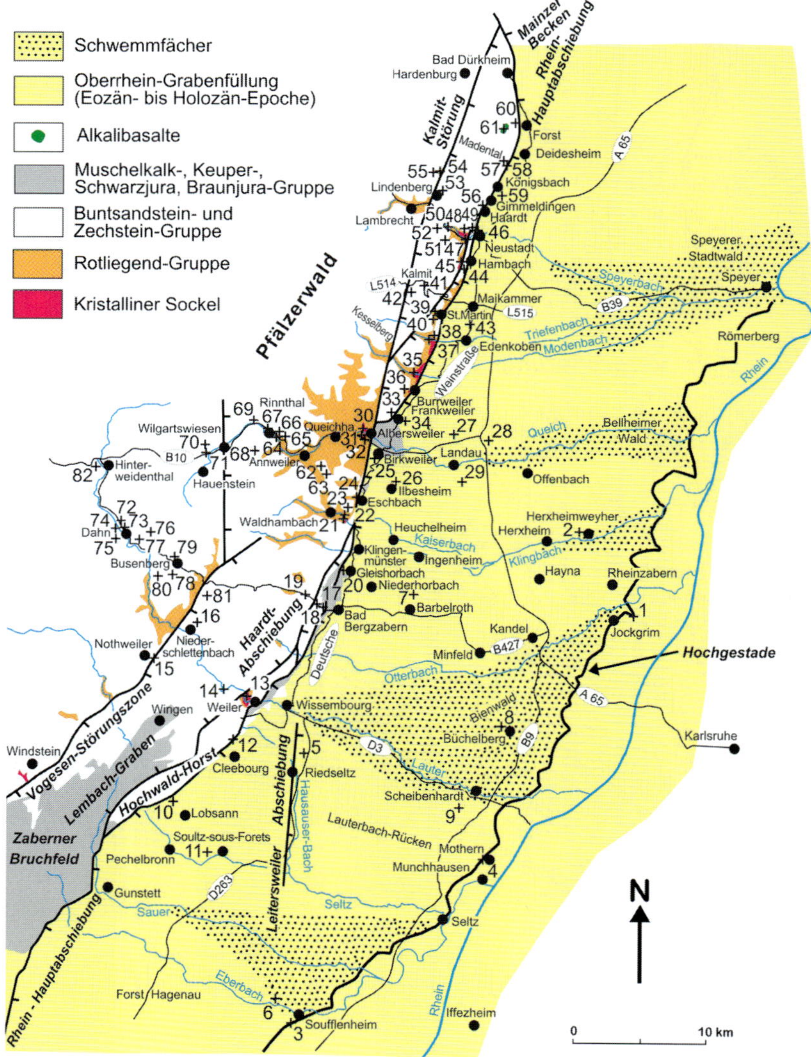


**Abb. 57.** Geologische Kartenskizze und Aufschlusspunkte des Exkursionsgebiets E 8. Punktiert angedeutet sind die gegen Westen ansteigenden und durch Riedelrücken getrennten Schwemmfächer.

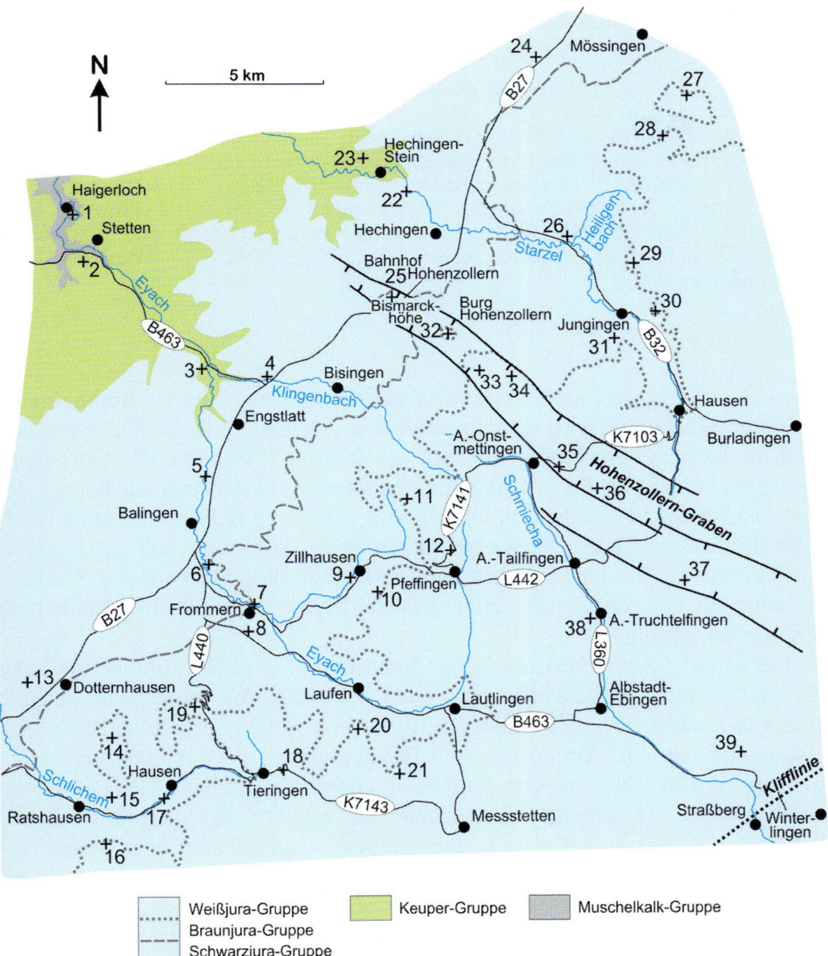


**Abb. 58.** Geologische Kartenskizze und Aufschlusspunkte des Exkursionsgebiets E 9.

## Exkursionsgebiet 6: Östlicher Oberrhein-Graben und Kraichgau-Grabenschulter

(Abb. 54 und 56, S. 225 und 226)

**Karten**: Freizeitkarten 1:50 000 (Baden-Baden, Karlsruhe, Mannheim-Heidelberg). Topografische und geologische Karten 1:25 000: 7314 (Bühl), 7315 (Bühlertal), 7214 (Sinzheim), 7215 (Baden-Baden), 7114 (Iffezheim), 7115 (Rastatt), 7116 (Gernsbach), 7015 (Rheinstetten), 7016 (Karlsruhe Süd), 7017 (Pfinztal), 6916 (Karlsruhe Nord), 6917 (Weingarten), 6816 (Graben-Neudorf), 6817 (Bruchsal), 6818 (Kraichtal), 6716 (Germersheim), 6717 (Waghäusel), 6717 (Wiesloch), 6618 (Heidelberg Süd).

*Allgemeines*

Das Exkursionsgebiet umfasst die östliche Rheinebene zwischen **Sinzheim** im Süden und **Heidelberg** im Norden sowie den Übergang von der Niederterrasse über die Vorhügel-Hochterrassen-Zone in die östliche Schulter des Oberrhein-Grabens (Abb. 54 und 55). Die Zufahrt erfolgt am besten von Ausfahrten der Autobahn **A 5** oder – näher am Grabenrand – über die **B 3** und das enge Netzwerk der Landesstraßen. Nach einer allgemeinen Einführung soll das Exkursionsgebiet zuerst für den südlichen Teilbereich zwischen Sinzheim und Karlsruhe, dann für den nördlichen Teilbereich Karlsruhe – Kraichgau – Heidelberg besprochen werden.

Die östliche Rheinebene zwischen **Sinzheim** (128 m NN) und **Heidelberg** (114 m NN) umfasst die 2 bis 4 km breite Rheinniederung und die angrenzende 10 bis 15 km breite Niederterrasse, die durch eine randliche Vorhügel-Hochterrassenzone variabler Breite von den Hangbereichen der Grabenschulter getrennt wird. Der Übergang von der Rheinniederung in die flach NW-abfallende Niederterrasse ist südlich von Sinzheim ein allmählicher; ursprünglich frei fließende Bäche und Flüsse aus dem Schwarzwald standen über breite versumpfte Niederungen direkt mit dem verzweigt-anastomosierenden Rinnensystem des Rheins in Verbindung. Frühe Siedlungen hielten sich deshalb an m-hohe NW-gerichtete sandig-kiesige Rippen („Hursten"), zwischen denen Landwirtschaftsflächen immer wieder von Überschwemmungen bedroht waren. Fluss- und Bachrinnen wurden deshalb im Verlauf der Acher-Rench-Korrektion (1936–1967) durch Begradigungen, Umleitungen und Flutkanalbauten gezähmt, wobei man heute versucht dieses Rinnensystem zum Teil durch künstliche Verkrümmungen wieder zu „renaturieren" (Vogt et al. 2007). Im Gegensatz zur Rheinebene südlich von Sinzheim trennt nördlich von Sinzheim die 2 bis 10 m hohe Stufe des Hochgestades die erosiv eingekerbte Rheinniederung von einer weitgehend ebenen, trockenen und mit Flugsanden bedeckten Niederterrasse, deren Fußbereich durch Grundwasser-Aussickerung, Vernässungszonen und Schilfstreifen markiert wird. Die Niederterrasse geht gegen

Osten in die Feuchtgebiete ehemaliger Talrandrinnen über. In der Rheinniederung beiderseits der heute durch Dämme begrenzten Rheinrinne liefern bis rund 10 m mächtige schluffige Ablagerungen mit datierbaren Baumstämmen und römischen bis frühmittelalterlichen Kulturresten deutliche Hinweise darauf, dass das Rheinrinnen-Niveau in der prähistorischen Holozän-Epoche noch um einige Meter tiefer lag als heute. Eine durch Überschwemmungen verursachte Aggradation schluffiger Sedimente, die zum Teil wahrscheinlich auf großflächige römische, aber auch spätere Rodungsphasen zurückzuführen ist, verursachte die Anhebung des Rhein-Rinnensystems auf das heutige Niveau (Monninger 1985; Kuhnen 2005). Die bis in jüngste Zeiten bei Überschwemmungen abgelagerten schluffigen Sedimente bilden das Substrat kalk- und nährstoffreicher Gley-Böden, die schon lange landwirtschaftlich genutzt werden. Direkt unter diesen Sedimenten, die gelegentlich am Rand von Baggerseen in der Rheinniederung angeschnitten sind, keilen sandig-kiesige Schichten der höheren Rastatt-Abfolge gegen Westen aus. Heute sind große Teile der Rheinniederung durch Dämme geschützt, wobei jedoch verbliebene Auenwaldreste und Mäander-Totarme zum Teil an Damm-Durchlässen mit der Rheinrinne in Verbindung stehen. Da in der Vergangenheit Siedlungen in der Rheinniederung von Hochwässern bedroht und gelegentlich auch zerstört wurden, finden sich oft mehr als 1000 Jahre alte Siedlungskerne vor allem an der Oberkante des Hochgestades.

Die Oberfläche der Niederterrasse selbst fällt allmählich von rund 125 m NN im Süden bis auf rund 100 m NN im Norden ab. Sie besteht aus dm-mächtigen Flugsanddecken, die lokal in mehrere Meter hohe Dünen übergehen. Auf den weitgehend entkalkten Feinsandböden dominieren die Waldflächen des **Hartwalds**, **Hardtwalds**, **Lusshardts** und **Schwetzinger Hardts**, in denen bei Grundwasser-Flurabständen um 7 m von Natur aus Laubwälder mit Stiel- und Trauben-Eiche (*Quercus robur*, *Quercus petraea*), Buche (*Fagus sylvatica*) und Hainbuche (*Carpinus betulus*) gedeihen würden. Eine durch Waldweide, Feldwirtschaft und Streuentnahme verursachte Nährstoff-Armut und Winderosion der Böden erzwangen allerdings schon im 16. Jahrhundert – besonders aber seit Beginn des 18. Jahrhunderts – eine planmäßige Anpflanzung von Waldkiefern (*Pinus sylvestris*). In die heute von Spargelfeldern unterbrochenen Kiefern-Kunstwälder dringen in jüngster Zeit wieder Laubbäume vor, oft in Begleitung der nicht sehr beliebten Robinie (*Robinia pseudoacacia*). Unter der Flugsanddecke stellen die Kieslager der höheren Rastatt-Folge (Neuenburg-Formation) bis in Tiefen um 80 m nicht nur einen bedeutenden Grundwasser-Aquifer dar, sondern werden auch als wichtiger Rohstoff in Baggerseen abgebaut. Die von Westen nach Osten an Mächtigkeit zunehmenden Kies-Sand-Ablagerungen der Rastatt-Abfolge werden gegen Osten von Schluff-Feinsand-Torf-Ablagerungen des heute weitgehend verlandeten Talrand-Rinnensystems überlagert (Abb. 41). Dieser Sachverhalt deutet die anhaltende tektonische Kippung im Untergrund des Oberrhein-Grabens an. In den letzten Phasen der Pleistozän-Epoche (< 15 ka) und der frühen Holozän-Epoche (< 11,5 ka) schütteten nicht nur die **Murg**, die **Alb** und der **Neckar**, sondern auch kleinere Bäche, wie die **Pfinz**, der **Walzbach**, der **Grombach**, der **Saalbach** und der **Kraichbach** Schwemmfächer über die ursprünglichen Talrandrinnen. Die Schwemmfächerablagerungen bestanden gegen Ende der Pleistozän-Epoche noch aus weitgehend blockiger bis grobsandiger Bodenfracht. Erst im Verlauf der jüngeren Holozän-Epoche breiteten sich über den Schwemmfächern und in den mehrere Meter tiefen Talrandrinnen feinsandig-schluffige Sedimente aus. Während das bis zu 3 km breite System der Talrandrinnen in Form von Niedermooren und Bruchwäldern verlandete, entstanden auf den „trockenen" Oberflächen der Schwemmfächer z. B. im Raum Ettlingen oder Stettfeld erste vorrömische und römische Siedlungen, später eine zweite frühmittelalterliche Siedlungskette am Fuß der Grabenschulter. Die zwischen den Siedlungen gelegenen, versumpften Talrandrinnen wurden bis in die jüngste Vergangenheit durch gelegentliche Hochwässer der Grabenschulter-Bäche überflutet und blieben weitgehend unbesiedelt. Die Rinnen verraten sich heute durch 5 bis 10 m mächtige Torflager, gradierte Feinsande und geringe Grundwasser-Flurabstände, ihre Ränder durch gelegentlich m-hohe Kiesbänke. Teil der ehemals auch als Landwirtschaftsflächen genutzten Feuchtgebiete im Bereich der Talrandrinnen stehen heute unter Naturschutz.

Östlich der Niederterrasse erhebt sich an einer deutlichen tektonisch-erosiven Stufe die Vorhügel-Hochterrassenzone, die im Bereich des untersten Murgtals bis zu 150 m über der Niederterrasse ansteigt und eine Breite von > 2 km erreicht. Im Gegensatz zur Niederterrasse besteht die Oberfläche der Vorhügelzone aus einer > 10 m mächtigen Lössdecke. Darunter wurden sandig-tonige Schichten der tieferen Rastatt-Abfolge (Ortenau-Formation, ältere Pleistozän-Epoche), Weißsande der Riedseltz-Formation (Iffezheim-Formation, Pliozän-Epoche) und mergelig-sandige Formationen der älteren Grabenfüllung (Eozän-Oligozän-Epochen) an Zweigen der Grabenrand-Hauptabschiebungen gegenüber dem Grabeninneren angehoben. Die Vorhügelzone verschmälert sich in Richtung Karlsruhe und ist zwischen Karlsruhe bis Bruchsal kaum mehr nachzuweisen. Bereits zum Grabenschulterbereich gehörige Randschollen überragen südlich von Karlsruhe deutlich die Vorhügel-Hochterrassenzone, wogegen sie nördlich von Bruchsal unter geringmächtigen Kiesschichten der Niederterrasse anzutreffen sind.

Die Grabenrand-Hauptabschiebung ist praktisch überall unter Löss, Kieslagern, Hangschutt oder Gleitschollen verborgen; sie wurde jedoch an einzelnen Punkten in Tunnels oder Tiefbohrungen durchfahren. Dabei haben vor allem Erdöl- bzw. Geothermie-Explorationsbohrungen gezeigt, dass die randliche Hauptabschiebungszone nahe der Oberfläche mit mehr als 60° zum Grabeninneren einfällt, lokal jedoch auch flache Störungssegmente aufweist (Wirth

1950; Bertleff et al. 1988). Der Vertikalversatz der Germanischen Tafel am östlichen Grabenrand variiert zwischen rund 4,0 km an den Westrändern des Hochschwarzwalds und des Odenwalds und rund 2,5 km am Westrand des Kraichgaus, wo sich der Gesamtversatz allerdings auf mehrere, auch unter der Niederterrasse gelegene Störungen verteilt. Die Grabenschulter besteht im Süden aus der Buntsandstein-Gruppe, die hier infolge erosiver Reliefinversion auch die Rotliegend-Gruppe des eigentlichen Schulterbereichs überragt (siehe Exkursion 2). Mit einem generellen 5° NE-Einfallen der Germanischen Tafel verschwindet die Buntsandstein-Gruppe bei Karlsruhe unter der Muschelkalk-Gruppe, die dann an der Grabenschulter-Oberkante gegen Norden zuerst von der Keuper-Gruppe und schließlich im Kern der Langenbrücken-Synklinale von der Schwarzjura- und Braunjura-Gruppe abgelöst wird. Dabei reduziert sich das Relief gegenüber dem Grabeninneren von rund 400 m bei Sinzheim bis auf 150 m bei Karlsruhe und bei Langenbrücken sogar auf Minimalwerte um 10 bis 20 m. Von hier bis Heidelberg steigen die nun 5 bis 7° SSE-einfallenden Schichten der Germanischen Tafel wieder bis auf rund 550 m NN an und erheben sich im südlichen Odenwald in einer Schichtstufe der Buntsandstein Gruppe rund 400 m über der Niederterrasse. Die Germanische Tafel ist auch innerhalb der Grabenschulter an NE- oder NW-streichenden Störungen versetzt und in Form breitgespannter, SW-NE-ausgerichteter Falten großräumig verkrümmt. Der flachwellige Faltenbau ist gut im umlaufenden Ausbiss der Stuttgart-Formation und im SW-gerichteten Abtauchen der Schwarzjura-Gruppe in der Langenbrücken-Synklinale zu erkennen. Da unter der Grabenfüllung maximale Mächtigkeiten der Schwarz- und Braunjura-Gruppen in südwestlicher Verlängerung der Langenbrücken-Synklinale festzustellen sind (Rupf & Nitsch 2008), ist anzunehmen, dass die Anlage dieser bedeutenden Synklinale älter ist als die Grabenstruktur.

Die Abwesenheit einer höheren topografischen Barriere im Kern der Langenbrücken-Synklinale machte es möglich, dass in trockenen Kaltzeiten der Pleistozän-Epoche die durch stürmische Westwinde aufgewirbelten Staubmassen aus der Rheinebene weit in den Kraichgau hinein getragen wurden und dort insgesamt 10 bis 20 m mächtige Lössdecken aufbauen konnten. Erosion durch Wind und Wasser im Verbund mit periglazialer Solifluktion schufen in den Lössdecken landschaftsbestimmende, ENE-ausgerichtete Lössrücken („Gredas“) und richtungsgleich abfallende Mulden, die mit Schwemmlöss gefüllt sind.

### *Sinzheim-Karlsruhe*

Der Südteil des Exkursionsgebiets lässt sich, ausgehend von der Rheinniederung, in mehreren Querschnitten erkunden. Ein erster Querschnitt bietet sich in der Höhe von **Rastatt** (123 m NN) an. In diesem Bereich konnte durch Erdöl-Explorationsbohrungen und reflexionsseismische Untersuchungen gezeigt werden, dass die Grabenfüllung in Tiefen von 2 bis 3 km Schichten der Braunjura-Gruppe auflagert und rund 7 km westlich des Grabenrands eine NE-streichende, schüsselförmige Synklinale bildet (Breyer & Dohr 1967). Der Gesamtversatz der Germanischen Tafel an mehreren Störungen der Grabenrand-Hauptabschiebungszone beträgt hier anscheinend mehr als 4 km. Die Oberfläche der Rheinebene bilden jedoch Ablagerungen aus der Pleistozän-Epoche. Im Bereich der **Staustufe Iffezheim** (114 m NN, **1**; 434,9E; 5409,2N) sind die jüngsten Kiesfrachten des Rheins im Niveau der heutigen Rinne in teilweise aufgelassenen Kiesgruben angeschnitten. Auffallend in den Kiesen sind neben den weißen Quarzgeröllen die alpinen hellgrauen Kalk-Komponenten (v.a. Gesteine der Jura- und Kreide-Perioden) und vereinzelte rote Radiolarit-Komponenten (Jura-Periode). Nördlich von Iffezheim überschwemmt der Rhein bei Hochwasser bis heute noch Teile der ursprünglichen Weichholzauen, die im bekannten Naturschutzgebiet der Rastätter-Rheinaue (seit 1984) noch innerhalb der hier relativ weit nach Osten ausgebauchten Dämme liegen (**2**; 435,8E; 5411,8N und 437,0E; 5414,6N). Das seit 1995 als Naturschutzgebiet ausgewiesene Rastätter Ried umfasst verlandende Mäander-Altarme sowohl des ursprünglichen Rheins als auch der ursprünglichen Murg, diese werden von m-hohen, kiesig-sandigen und teilweise bewirtschafteten Mäander-Gleitbänken überragt (**3**; 438,2E; 5417,0N). In der Nähe der Ortschaft **Iffezheim** (123 m NN), die 8 m über der Rheinniederung liegt, zeigen Bohrungen, dass die nach Westen auskeilende kiesige Rastatt-Abfolge hier schon in einer Tiefe von 40 m von der Riedseltz-(= Iffezheim-Formation) unterlagert wird. An der Oberfläche der Niederterrasse bieten westlich der **Raststätte-Baden-Baden** die Abbaukanten mehrerer aufgelassener oder aktiver Kiesgruben (**4**; 438,8E; 5407,0N) nicht nur schöne Einblicke in die schräggeschichteten Fluss-Ablagerungen der höchsten Rastatt-Abfolge, sondern auch in die Flugsand-Dünenkomplexe aus der Jüngeren Dryas-Kaltzeit (ca. 12 ka). Letztere wurden z. B. im **Niederwald** (**5**; 440,0E; 5408,6N) zeitweise in großen Gruben abgebaut, sind jedoch auch als 10 bis 20 m hohe bewaldete Hügel erhalten und zugänglich geblieben (Abb. 33a). Südöstlich der A 5 befinden sich bei **Oos** (130 m NN; **6**; 441,9E; 5406,4N) und bei **Muggensturm** (123 m NN; **7**; 448,4E; 5413,7N) im Bereich ehemaliger Talrandrinnen größere Feuchtgebiete, die durch lateral zuströmende Grundwässer aufrechterhalten werden. Bis Mitte des 20. Jahrhundert versuchte man noch, die bis zu 5 m tiefen Restrinnen zu entwässern und landwirtschaftlich zu nutzen. Der als **Neumalsch** bezeichnete Bereich entlang der B 3 weist mehrere große Baggerseen (**8**; 449,5E; 5417,5N) auf, an deren Ufern wiederum 5 bis 8 m hohe Abbaukanten Einblicke in die vielfach überlappenden Schrägschichtungsstrukturen der sandigen Kiese in der jüngsten Rastatt-Abfolge (Neuenburg-Formation) geben. Die Abwesenheit feinkörniger Überflutungslagen in der Kiesabfolge deutet auf ihre fluviatile Ablagerung in seichten, verzweigten Rinnen im Bereich einer breiten, weitgehend vegetationsfreien Flussebene. Da die Kiese mit zunehmender Nähe zum Grabenrand signifikante Anteile an granitischen Geröllen enthalten, ist anzunehmen, dass hier die Murg bereits in der Pleistozän-Epoche ihre grobkiesige bis steinige Fracht auf einem Schwemmfächer weit in die Rheinebene vorschüttete. Dieser Fächer könnte zu Beginn der Holozän-Epoche das System der Talrandrinnen abgeschnitten und dabei die Rhein-Hauptrinne nach Westen gezwungen haben. Nach der anfänglichen erosiven Vertiefung der Rheinniederung nahm anscheinend auch die Mündungsstrecke der Murg gekrümmte Formen an; Reste dieser Murg-Mäander bilden die „Alt-murg"-Niederung. Die Kiese werden von dm- bis m-mächtigen Flugsanden überdeckt (Abb. 37), auf denen sich weitgehend entkalkte Böden entwickelt haben. An besonders steilen Anrissen sind die Sande von Schwalbennestern durchsetzt. Direkt am Ostrand der Niederterrasse erhebt sich die von Löss bedeckte Vorhügelzone in einer Geländestufe, der die **B 3**, dann die **L 607** und schließlich bis Karlsruhe wieder die **B 3** folgen.

Bis **Sinzheim** (128 m NN) ist die Vorhügelzone noch von Reben bedeckt, weiter nördlich überwiegen auf ihr Streuobstwiesen oder Wald. Eine deutliche Verbreiterung und Verkrümmung der Vorhügelzone, die wiederum eine Verschmälerung der Niederterrasse zur Folge hat, geht hier möglicherweise auf junge Bewegungen entlang einer Querstruktur im Untergrund zurück. Steile Aufschiebungen in der randlichen Grabenfüllung (Illies & Greiner 1976), synsedimentäre Störungen innerhalb der Rastatt-Abfolge (Bartz 1976; Werner et al. 1995), deutlich ausgeprägte Talrandrinnen und eine Erdbebentätigkeit, die z.B. am 16.11.1911 und am 8.2.1933 in Rastatt erhebliche Gebäudeschäden hinterließen (Schmidt-Zittel 1933), sind vielleicht Hinweise auf anhaltende – möglicherweise lokal auch konvergente – Bewegungen im Grabenuntergrund. Innerhalb der Vorhügelzone und ganz in der Nähe der Grabenschulter waren früher südlich von **Oos** (130 m NN) hoch über der Niederterrasse in einer heute fast vollkommen überbauten Tongrube (**Jagdhäuserwald**, **9**; 441,2E; 5402,95N) mergelige Schichten der tieferen Pechelbronn-Gruppe und konglomeratische Lagen mit Komponenten aus der Braunjura-Gruppe aufgeschlossen (Metz 1977). Östlich von Oos befindet sich oberhalb der Vorhügelzone am Westhang des **Hardbergs** (**10**; 442,9E; 5403,5N) ein gut zugänglicher ehemaliger Steinbruch in der Bausandstein-Formation (mittlere Buntsandstein-Gruppe) – hier bereits in der kräftig angehobenen Vorbergzone. Östlich von Balg waren früher in einem rund 1 km breiten Streifen Bausandstein-, Hauptkonglomerat-, und Plattensandstein-Formation in mehreren, heute vollkommen verwachsenen Steinbrüchen aufgeschlossen. Außerdem wurden in der Vorhügelzone bei **Balg** (206 m NN), **Haueneberstein** (137 m NN), **Kuppenheim** (127 m NN) und **Waldprechtsweier** (188 m NN) dm-mächtige Kaolin-„Flöze" in der Riedseltz-Formation bergmännisch abgebaut (Metz 1977). Die hellen Sande und Geröllllinsen der Riedseltz-Formation sind gelegentlich südöstlich von Kuppenheim (**11**; 445,4E; 5407,6N) und westlich von Waldprechtsweier (**12**; 449,65E; 5412,15N) unter mächtigen Löss- und Schwemmlössdecken an den Uferhängen steiler Bachrinnen angeschnitten. In der Grabenschulter selbst finden sich südwestlich von Waldprechtsweier in der aufgelassenen Steinbruchlandschaft am Westhang des **Eichelbergs** (**13**; 450,1E; 5409,8N) zwei größere Aufschlüsse in der massig-grobbankigen Murg-Formation (?). Durch Klüfte vorgegebene Bruchwände geben ein gutes dreidimensionales Bild fluviatiler Rinnen- und Schrägschichtungsstrukturen. Auch oberhalb der Straße südlich von **Malsch** (145 m NN, **14**; 453,0E; 5412,7N) sind in einem ehemaligen Steinbruchgelände noch Reste der Sandsteinabfolge erhalten geblieben. Hangparallele Risse und Rutschungen illustrieren das durch Hangkriechen ausgelöste und recht kurzfristig wirksame „Verheilen" künstlicher Aufschlüsse in den durch Frostsprengung und durch Verwitterung tiefgreifend aufgelockerten Sandsteinbänken.

Mit dem allmählichen nordöstlichen Abfallen der Grabenschulter in Richtung Karlsruhe besteht die Schulter-Oberkante aus immer höheren Einheiten der Buntsandstein-Gruppe. Letztere wird bei **Ettlingen** (133 m NN) von der **Alb** auf einem breiten Schwemmfächer gequert. Mit einem durchschnittlichen Abfluss von 3 bis 5 $m^3/s$ bei Ettlingen vermittelt die Alb kaum den Eindruck eines Gewässers, das früher nicht nur durch größere Überschwemmungen gekennzeichnet war, sondern zeitweise sogar der Flößerei diente. Bis Marxzell besteht der Boden des Albtals aus einer flachen Schotterdecke, die in der späten (?) Pleistozän-Epoche aufgeschüttet wurde und am Talausgang in den Schwemmfächer übergeht. Dieser erhebt sich rund 15 bis 20 m über der Niederterrasse und enthält neben geröllreichen sandigen Flusssedimenten der Alb auch aus der Rheinebene eingewehte Flugsande und Löss. Der auffallend steile Nordrand des Schwemmfächers überlappt den Randbereich breiter Talrandrinnen, deren Verlandung möglicherweise mit der Einkerbung der Alb in den Schwemmfächer und in die angrenzende Niederterrasse begann. Ettlingen ist dabei auch beispielhaft für die Siedlungs-Geschichte entlang der östlichen Grabenschulter. Hier wurde schon für die Zeit um 10 ka ein mesolithischer Lagerplatz nachgewiesen. Spätere römische Siedlungsbauten aus Stein und nachrömische, lose gestreute Gehöfte im Bereich der mit Löss überdeckten Vorhügelzone waren dann Vorgänger der mittelalterlichen Stadt Ettlingen. Wie andere im 12. Jahrhundert am Ostrand der Rheinebene gegründete Städte (z. B. Durlach), genoss die Stadt den Vorteil einer trockenen Lage beiderseits der nun in den Schwemmfächer eingekerbten Alb über dem Niveau der versumpften Talrandrinnen der Niederterrasse (Abb. 41).

Südöstlich von Ettlingen überragt die tiefgreifend aufgelockerte Buntsandstein-Gruppe das Albtal um rund 100 m. Ein flaches NE-Einfallen der Buntsandstein-Tafel bedingt hier, wie in anderen Teilen dieses Schulterbereichs, dass sich Quellen vor allem an die westliche Talseite halten. Die mit periglazialen Schuttströmen gefüllten Quellmulden und gelegentlichen Felsvorsprünge an der Westseite des Tals, bilden einen deutlichen Gegensatz zu der trockeneren und geradlinigeren Ostflanke. Auf den Hochflächen beiderseits des Albtals befinden sich auf Erosionsresten der Röt-Formation und geringmächtigem Löss bis in Höhen um 550 m NN die alten Rodungsflächen mit ihren ursprünglich landwirtschaftlich geprägten Siedlungskernen, um die sich heute neue Siedlungsgürtel scharen. Sandsteinbänke der Buntsandstein-Gruppe wurden früher in einem großen Steinbruchgelände bei **Busenbach** (232 m NN) östlich oberhalb der Albtalbahn-Station „Spinnerei" abgebaut und sind heute noch (!) zugänglich (**15**; 459,25E; 5420,5N). Auch der zur Umfahrung der Innenstadt Ettlingen angelegte **Wattkopf-Straßentunnel** (144 m NN; **16**; 457,85E; 5421,05N) durchquert in einem äußersten Sporn der Grabenschulter die Buntsandstein-Gruppe. Beim Bau durchstieß man von Nordwesten her zuerst eine Lössdecke und kiesig-blockige Ablagerungen im Bereich des Alb-Schwemmfächers, dann eine rund 200 m lange Strecke aus kaum verfestigten tonreichen Schichten mit eingestreuten Hangschuttblöcken der Buntsandstein- und Muschelkalk-Gruppe (Riedseltz-Formation?) und schließlich über eine Distanz von rund 300 m mehrere tektonisch gekippte Mergelstein-Schollen der Bodenheim-Formation (mittlere Oligozän-Epoche) und eine rund 30 m breite Zone aus Schollen der Braunjura- und Muschelkalk-Gruppe. Diese grenzen entlang einer steil NW-einfallenden Grabenrand-Störung an flachliegende, kräftig geklüftete Sandsteinbänke der Bausandstein-Gruppe (Nesseler et al. 1993). „Wasserprobleme" im Grenzbereich zwischen dem hoch aufragenden Buntsandstein-Aquifer der Grabenschulter und den wasserstauenden Störungszonen erforderten hier noch lange nach Eröffnung des Tunnels aufwendige Nachbesserungen.

Südlich von **Marxzell** (rund 240 m NN) verengt sich dann der bis dahin flache Talboden zu einem V-förmigen Kerbtal, das sich mit Überschreiten der Bernbach-Störung bei Bad Herrenalb fächerförmig in mehrere Teileinzugsgebiete auflöst (siehe Exkursion E 2).

### *Karlsruhe – Kraichgau-Grabenschulter – Heidelberg*

Der Charakter der Landoberfläche in der Rheinniederung westlich von **Karlsruhe** (115 m) wird außer von naturgeschützten Auenwäldern, Totarmen des Rheins, Landwirtschaftsflächen und Kiesgruben auch von sichelförmig gekrümmten Schluff-Sand-Kiesrippen ehemaliger Mäander-Gleitufer bestimmt. Das gegen Osten ausgebauchte Hochgestade ist im Wesentlichen eine Abfolge aneinandergereihter ehemaliger Prallhänge, die im Verlauf der Holozän-Epoche am Rand der frei mäandrierenden Rheinrinnen in die Niederterrasse erodiert, dann aber wieder aufgegeben wurden. Die Aufgabe der erodierenden Rinnen erfolgte dabei zu recht unterschiedlichen Zeiten. So floss der Rhein in **Daxlanden** (**17**; 450,9E; 5427,9N) noch bis ins 17. Jahrhundert direkt unter dem Hochgestade, bis Teile der Ortschaft durch ein Hochwasser weggerissen wurden. Die nach dem Ereignis weiter westlich gelegene Rheinrinne verwandelte sich jedoch erst im Verlauf der Begradigung des Rheins um 1821 zu einem Totarm, womit das ursprünglich westliche Gleitufer des Rheins zu einem Teil der östlichen Rheinniederung wurde. Die nördlich des Raffinerie-Geländes gelegene Rheinschlinge des **Bodensees** (**18**; 452,8E; 5435,8N) wurde dagegen schon um 1780 bei einem natürlichen Mäanderhals-Durchbruch zum Totarm. Auch bei **Liedolsheim** (**19**; 457,1E; 5445,8N) verlagerte sich die Rheinrinne schon im 16. Jahrhundert vom Fuß des Hochgestades auf natürliche Weise nach Westen. Dagegen erfuhr der weiter nördlich gelegene **Rußheimer Altrhein** (**20**; 458,2E; 5450,2N), an dem im Jahr 1758 das Dorf Knaudenheim durch ein Hochwasser zerstört wurde, erst durch die Rheinregulierung seine Isolierung. Der **Philippsburger Altrhein** (**21**; 460,8E; 5455,0N) entstand ebenfalls erst im Verlauf der Rheinregulierung. Prähistorisch ist dagegen die Verlandung der Mäanderschlinge bei **Waghäusel** (**22**; 465,0E; 5456,5N), wo der Rhein bereits um 8 ka den Hochgestade-Prallhang verlassen hatte. Im Totarm kam es seitdem zur Ablagerung von bis zu 4 m mächtigem Torf, den man bis vor 100 Jahren in Notzeiten sogar als Brennstoff verwendete; die Torflagen sind heute weitgehend unter einem aktiv wachsenden Schilf-Seggen-Niedermoor verborgen. Schließlich stellt die interessante Aue der **Ketscher Rheininsel** (**23**; 464,2E; 5463,0N) einen ehemaligen Mäander-Gleithang dar, durch dessen m-hohe Sand-Kies-Rippen bzw. Schluff-Mulden man um 1845 die neue Rheinrinne führte; der Gleithang wird bis heute bei Hochwasser überspült.

Auf der Niederterrasse bilden die schon lange trocken gefallenen, natürlichen Abflussrinnen zum Teil noch heute sichtbare lineare Einmuldungen, wie z. B. im Bereich Bietigheimer Allee-Albtalbahnhof im Stadtgebiet Karlsruhe. Viele Eintiefungen der Landoberfläche in Siedlungsbereichen und Wäldern (Hardtwald, Lusshardt und Schwetzinger Hardt) sind allerdings vormalige Kies- aber auch Sandgruben, da die Kiese gegen Norden von zunehmend mächtigeren Flugsanddecken und Dünen der späten Pleistozän-Epoche überdeckt werden (Jüngeres Dryas-Stadial; ca. 12 ka). Am Ostrand der Niederterrasse markieren m-mächtige Torf-Schluffabfolgen, Niedermoore und „Bruchwälder“ verlandete Talrandrinnen (Abb. 41), in denen in Notzeiten ebenfalls Torf abgebaut wurde und wo bis heute relativ geringe Grundwasser-Flurabstände vorherrschen. Dies ist auch im **Weingartener Moor** (**24**; 464,4E; 5432,0N) der Fall. Hier gedeiht auf bis zu 4 m mächtigen Torfsubstraten heute ein naturgeschützter Erlen-Eschen-Bruchwald. Von Westen nach Osten zunehmend feuchtere Lockergesteinssubstrate auf der Niederterrasse bestimmen auch die natürliche Bodenentwicklung, welche an einem bodenkundlichen Lehrpfad im **Weiherfeld** (**25**; 455,0E; 5425,4N) südlich des Albtalbahnhofs erläutert wird. Mit Flurabständen von 7 bis 10 m unter den sandigen Böden versorgt ein rund 30 m mächtiger Kies-Sand-Aquifer seit 1871 die Stadt Karlsruhe mit Grundwasser. In mehreren bewaldeten Bereichen werden heute jährlich rund 25 Millionen $m^3$ Grundwasser entnommen (Vogt et al. 2007).

Direkt über dem Ostrand der Niederterrasse, die im Raum Karlsruhe von mehreren kleinen Schwemmfächern und einer kaum mehr erkennbaren Vorhügelzone gesäumt wird, erhebt sich die von sandigem Löss bedeckte Stufe der Grabenschulter. Letztere besteht am Anstieg der Autobahn **A 8** südlich von Karlsruhe noch aus Sandstein-Einheiten der höheren Buntsandstein-Gruppe. Ein kleiner, nördlich des Autobahn-Anstiegs gelegener Aufschluss (**26**; 461,2E; 5423,55N) in der Plattensandstein-Formation ist gut vom Sportplatz **Hohenwettersbach** (230 m NN) zu erreichen. Von hier bis ins **Pfinztal** unterlagern rund 5° N- bis NE-einfallende Abfolgen der Plattensandstein- und Röt-Formation (oberste Buntsandstein-Gruppe) und eine an Mächtigkeit zunehmende Lössdecke eine reizvolle Streuobst-Wiesenlandschaft im Übergangsbereich zwischen den geschlossenen Waldflächen des Schwarzwalds und den offenen Ackerflächen des Kraichgaus. In kleinen und oft verwachsenen ehemaligen Steinbrüchen, besonders aber in den hier recht häufigen Baugruben der kräftig expandierenden Gemeinden, beobachtet man entweder rote horizontal-laminierte Sandsteine der Plattensandstein-Formation, dunkelrote Tonsteine der Röt-Formation oder bräunlich-graue dolomitische Mergelsteine (Mosbach-Schichten) oder Wellenkalke der tieferen Muschelkalk-Gruppe, fast immer jedoch eine Decke aus m-mächtigem gelblichem Löss oder Schwemmlöss. Einzelne isolierte Kuppen, die durch dichten Waldbewuchs auffallen, sind meist erosive Reste der Oberen Muschelkalk-Subgruppe. So ist auch der in allen Richtungen von sandigem Löss ummantelte **Durlacher Turmberg** (256 m NN; **27**; 462,45E; 5427,3N) ein Erosionsrest der Trochitenkalk-Formation, wobei in tieferen Hangbereichen Lesesteine, Blöcke oder kleine Aufschlüsse mergeliger Wellenkalk-Bänke der Unteren Muschelkalk-Subgruppe zugehören (Trunko 1984). Der gesamte und heute weitgehend überbaute Bereich südlich des Turmbergs, in dem die **Rittnerstraße** (K 9654) zur Grabenschulter ansteigt, war früher eine bedeutende Steinbruchlandschaft, in der aus der Plattensandstein-Formation riesige Mengen an Bausteinen entnommen wurden. Von hier stammen neben den Steinen in vielen öffentlichen und privaten Gebäuden der Stadt Karlsruhe auch die Blöcke der bekannten Pyramide am Karlsruher Marktplatz. Neben kleineren Anrissen am Rand des Siedlungsgebiets ist der Rest einer noch (!) zugänglichen Steinbruchwand im Wald an der Straßenabzweigung zum Rittnerhof erhalten geblieben (**28**; 463,1E; 5426,1N). Auch diese teilweise verwachsene Wand wird von schräggeschichteten bis horizontal gebankten Sandsteinen der Plattensandstein-Formation, m-mächtigen roten Tonsteinen der Röt Formation, grauen mergelig-dolomitischen Kalkschichten der basalen Muschelkalk-Gruppe und einer ca. 5 m mächtigen Lössdecke aufgebaut. Aufschlüsse am Knittelsberg (221 m NN; **29**; 463,6E; 5428,7N) bei **Grötzingen** (130 m NN) ähneln denen des Durlacher Turmbergs. Über der knapp oberhalb des Talbodens ausstreichenden Röt-Formation sind an Wegen des Südwesthangs gelegentlich bräunliche dolomitische Mergelstein-Schichten, graue dünnbankige Wellenkalke und etwas hellere Terebratel-Tempestit-Bänke der Jena-Formation angeschnitten.

Rund 8 km östlich der Grabenschulter befindet sich innerhalb der flach NE-abfallenden Germanischen Tafel der 1 bis 2 km breite, NNE-streichende und damit parallel zum Oberrhein-Graben abgesunkene **Pfinztal-Graben**. Obwohl der maximale Vertikalversatz an den randlichen Abschiebungen maximal nur 50 bis 70 m beträgt, ist die Grabenstruktur von **Ittersbach** (325 m NN) im Südwesten bis nach **Königsbach** (193 m NN) im Nordosten als topografische Depression gut zu verfolgen. Die beiderseits der Pfinz gut sichtbaren erosiven Geländestufen werden von der Autobahn **A 8** in deutlichen Anstiegen überwunden. Die Grabenstruktur wird außerdem von weiteren kleineren Abschiebungen begleitet und von NW-streichenden Bruchzonen gequert. So verlässt die Pfinz das „Grabental" bei **Wilferdingen** (160 m NN) in Richtung Oberrhein-Graben entlang einer NW-streichenden Bruchzone und überfließt dann bei **Söllingen** (151 m NN) eine weitere NE-streichende und W-einfallende Störung, an der westlich von **Wöschbach** (198 m NN) in einem Hohlweg (**30**; 467,75E; 5428,2N) deutlich versetzte Schichten der Jena-Formation aufgeschlossen sind. Im näheren Umfeld des Pfinztal-Grabens bilden die von NE- und NW-streichenden Bruchzonen durchzogenen Sandsteine der Buntsandstein-Gruppe unter den geringmächtigen tonig-mergeligen Aquitarden der Röt- und Jena-Formation einen bedeutenden Süßwasser-Aquifer. Dieser wird möglicherweise aus Karstaquiferen im Südwesten mit Grundwasser gespeist und ist oberhalb der ergiebigen „Wiesenquellen" (**31**; 468,0E; 5419,6N) am Südrand des Grabens durch Grundwasserwerke erschlossen (Seufert 1997). Der Übergang aus der gut geklüfteten Plattensandstein-Formation (mit karbonatischen Bodenkrusten) in die roten Tonsteine der Röt-Formation und der Kontakt mit den basalen grauen Mergel-, Dolomit- und Kalksteinen der Jena-Formation ist rund 1 km westlich von Wilferdingen im kleinen Steinbruch der „Natursteinwerke im Nordschwarzwald" (**Dennig-Steinbruch**, **32**; 467,75E; 5421,4N) an einer steilen Bruchwand ausgezeichnet aufgeschlossen (Abb. 27a). Kleinere und heute kaum mehr zu erkennende Steinbrüche in der höheren Buntsandstein-Gruppe betrieb man früher außerdem südlich von Wilferdingen beiderseits der **B 10**. Aufgrund des NE-Einfallens der Schichtabfolge östlich des Pfinztal-Grabens gelangt man schon rund 5 km östlich von Wilferdingen in den Ausbiss der Oberen Muschelkalk-Subgruppe, die hier in zwei kleinen, aufgelassenen Steinbrüchen nördlich der B

10 (südöstlich des Naturschutzgebiets) aufgeschlossen ist (siehe auch das angrenzende Exkursionsgebiet E 5).

Am **Bahnhof Königsbach-Stein** (193 m NN; **33**; 471,3E; 5423,35N) ist die typische mergelige Hang- oder Rampenfazies der Jena-Formation mit Wellenkalken und einer Tempestitbank („Spiriferinabank“) in einem größeren Aufschluss zugänglich. Die über dem Aufschluss aufragende **Heustätt-Kuppe** (285 m NN; **34**; 470,9E; 5422,9N) besteht bereits aus weitgehend durch Subsolution reduzierten Schichten der Mittleren Muschelkalk-Subgruppe und in der dünnen Lössdecke finden sich auch Lesesteine der Trochitenkalk-Formation. Der regional geschlossene Ausbiss der Oberen Muschelkalk-Subgruppe setzt allerdings erst nordöstlich des Pfinztals an einer deutlichen Schichtstufe ein. In dieser werden am nordöstlichen Ortsausgang von **Wössingen** (193 m NN) vom **Zementwerk Wössingen** (**35**; 472,4E; 5429,3N) seit vielen Jahren Trochitenkalk- und Meissner-Formation in einer riesigen Steinbruchlandschaft abgebaut. Die langen Bruchwände bestehen vor allem aus knolligen Blaukalken und einzelnen Tempestit-Bänken – oft von Kondensationsflächen oder hellen mergeligen Tonplatten voneinander getrennt. Unter einer fast 10 m mächtigen Lössdecke füllen stellenweise rote Reliktböden die durch Verkarstung zu Spalten ausgeweiteten, oberflächennahen Klüfte (Abb. 30).

Auch direkt am Außenrand der Grabenschulter bildet östlich der **B 3** die Obere Muschelkalk-Subgruppe nicht nur W-exponierte Steilhänge, sondern auch die steilen Flanken von kurzen Tälern, an denen einzelne mächtigere Kalkbänke zwischen Löss- und Flugsanddecken als deutliche Geländekanten hervorragen. Hier wurden vormals zahlreiche kleine Steinbrüche betrieben, die sich zwar auf alten geologischen Karten lokalisieren lassen, heute jedoch weitgehend überwachsen oder unter Deponien verschwunden sind. Kleine Steinbrüche existierten so z.B. oberhalb von **Weingarten** (119 m NN) am **Katzenberg** (**36**; 466,2E; 5433,95N) und **Kirchberg** (**37**; 466,5E; 5432,8N). In tieferen Teilen des Aufgangs zum Wartturm Weingarten (**38**; 465,9E; 5433,65N) sind in Böschungsanrissen Mergelstein-Schichten, Wellenkalk- und Tempestit-Bänke der Jena-Formation aufgeschlossen, wogegen östlich von **Untergrombach** (120 m NN; **39**; 468,2E; 5436,2N) über dem Talboden an alten Bruchwänden bereits Blaukalkbänke, Tempestite und Wellenkalke der Trochitenkalk-Formation anzutreffen sind. Auch an den Steilhängen des Michaelsbergs und in einer m-hohen alten Steinbruchwand nördlich des **Wanderheims** (**40**; 469,25E; 5439,8N) am südlichen Ortseingang von Bruchsal ist die Trochitenkalk-Formation aufgeschlossen. Höchste Schichtabfolgen der Meissner-Formation dienten am nördlichen Talhang östlich von Bruchsal (**41**; 472,1E; 5440,7N) vormals als ergiebige Bruchlandschaft. Die Muschelkalk-Gruppe taucht von hier nach Nordosten im Bereich der breitgespannten **Eichelberg-Synklinale** unter die tonig-evaporitischen Schichten der tieferen Keuper-Gruppe ab, wobei sich der Ausbiss der höchsten Meissner-Formation bis an den Saalbach in gelegentlich recht deutlichen Dolinen oder Karstquellen äußert. Mehrere Karstwasserquellen (Ca-Mg-$HCO_3$-Wässer mit rund 700 mg/l an gelösten Festsubstanzen) sind hier in ergiebigen Brunnen gefasst. Weiter östlich treten die höchsten Einheiten der Muschelkalk-Gruppe erst wieder im Kern der flachen Aufwölbung der **Gochsheim-Antiklinale** über dem Boden des Kraichtals zutage und sind in **Gochsheim** (173 m NN) zusammen mit der Erfurt-Formation über dem östlichen Prallhang des Kraichbachs in einem (eingezäunten) schönen Steinbruch-Aufschluss (**42**; 481,65E; 5439,25N) zu sehen.

Bei **Bruchsal** (114 m NN), wo früher im randlichen Grabeninneren natürlich austretende Na-Ca-Cl-Sole zeitweise einen Salinenbetrieb ermöglichte, setzten um 1920 intensive Erdöl-Explorationstätigkeiten ein. In den Feldern Weingarten und Forst kam es sogar zu einer – allerdings zeitlich begrenzten – Erdölförderung (Wirth 1950, 1962). In dem bis 1960 bei **Forst** (**43**; 468,9E; 5445,0N) betriebenen Feld fand sich das Erdöl in sandigen Linsen der tieferen Grabenfüllung, wobei auch in Schichten der Germanischen Tafel immer wieder Spuren von Öl und Erdgas angetroffen wurden. Die Schichtfolgen sind Teil einer rund 2 km breiten und 700 bis 800 m tief abgesunkenen Randscholle. Durch Bohrungen bei Forst konnte gezeigt werden, dass die Absenkung des Grabeninneren nicht nur an steilen Abschiebungen, sondern auch an flachen Abscherhorizonten in der grabenwärts einfallenden Grabfeld-Formation erfolgte. Daneben treten auch steile Verbindungs- und Einengungsstrukturen auf. Heute befindet sich am westlichen Stadtrand von Bruchsal (im Bereich der Sportanlagen) eine Geothermie-Anlage mit einer 1,9 km tiefen Injektionsbohrung nordöstlich und einer 2,5 km tiefen Förderbohrung südwestlich des Saalbachs. Beide Bohrungen durchstoßen die hier bis zu 1,5 km mächtige, flach W-einfallende Grabenfüllung, die diskordant auf Schichten der Braunjura-Gruppe ruht und dann im Liegenden der W-einfallenden Grabenrand-Hauptabschiebungszone Einheiten der Germanischen Tafel und die Rotliegend-Gruppe queren. Der in den Bohrungen festgestellte geothermische Gradient von rund 5 °C/100 m entspricht den Werten von 4 bis 8 °C/100 m, die in Erdölbohrungen des näheren Umfelds gemessen wurden. Bei den mit > 20 l/s zu fördernden Tiefenwässern aus dem Buntsandstein-Aquifer in Tiefen > 2 km handelt es sich um Na-Ca-Cl-Sole (> 100 g/l) mit Temperaturen zwischen 120 und 130 °C. Ähnlich wie für andere Bereiche des Oberrhein-Grabens deuten Randausbrüche von Bohrlöchern trotz der oft dominierenden grabenparallelen Kluftscharen auf eine potentielle Ausbreitung künstlich stimulierter Bruchflächen in NNW- bis NW-Richtungen, also schräg zum Grabenrand.

Die Grabenschulter zwischen Bruchsal und **Ubstadt-Weiher** (122 m NN) ist ein rund 5 km breiter Streifen aus tieferen Einheiten der Keuper-Gruppe, die zwischen den Tälern des Saalbachs und des Kraichbachs kaum über der Niederterrasse aufragen und unter einer > 10 m mächtigen Lössdecke verborgen sind. Obwohl sich die Anwesenheit bestimmter Formationen anhand von Lesesteinen oder kurzzeitlich freiliegenden Böschungsanrissen nachvollziehen lässt, wurde die Erfurt-Formation durch sehr detaillierte Bohrprofile entlang der Trasse der **Bundesbahn-Schnellstrecke Mannheim-Stuttgart** vorzüglich dokumentiert (Brunner 1980). Bis an den Kraichbach und zum Portalbereich des 3,5 km langen Rollenberg-Tunnels der Schnellstrecke besteht der Grabenrand noch aus der Oberen Muschelkalk-Subgruppe, die hier an zahlreichen N- bis NNW-streichenden Störungen versetzt, verkippt und mineralisiert wurde (Joachim & Dick 1991; Brannath 1995). Die Spur der Grabenrand-Hauptabschiebung und die tektonischen Kontakte mit den mergeligen Schichten der Grabenfüllung sind allerdings unter chaotischen Gleitmassen der tieferen Keuper-Gruppe verborgen. Erdöl-, Thermalwasser-, und Forschungsbohrungen haben trotz der komplexen Strukturen ein recht gutes Bild der Schichtabfolgen im Schulter- und Grabenbereich geliefert (Wirth 1962; Barth 1970; Etzold & Franz 2005).

An der Landoberfläche der Grabenschulter dominieren in diesem Bereich vor allem km-lange ENE- bis NE-abfallende Löss-Rücken („Gredas“) und Schwemmlöss-Mulden, wodurch die NW-gerichteten Täler des Saalbachs, des Kraichbachs und des Katzbachs deutlich asymmetrische Querschnitte aufweisen. Der Festgesteinsuntergrund äußert sich nur im Kernbereich der Eichelberg-Synklinale an den meist steileren Ausbiss-Stufen der Stuttgart-Formation. Die in der Exkursionskarte als gepunktete Linie angedeuteten Sandstein-Rippen sind im Gelände als Kette kleiner Quellen und ehemaliger Steinbruchnischen zu verfolgen. Vernässungszonen finden sich außerdem am Unterrand blockiger Schwemmlöss-Ablagerungen, die oft nur wenige Meter neben mäandrierenden Bachrinnen in die sumpfigen Schwarzerlen-Eschen-Weiden-Auen der Talböden übergehen. Neolithische Siedlungsspuren, die z. B. am **Michaelsberg bei Untergrombach** oder im Gewann **Aue bei Bruchsal** nachgewiesen wurden, belegen eine bis in vorgeschichtliche Zeiten zurückgehende landwirtschaftliche Nutzung der Lössrücken. Der durch Landnutzung verstärkte Abtrag lässt sich bis heute an dm- bis m-hohen Stufen zwischen Acker- und Waldflächen ablesen. Von Hecken bewachsene Stufenraine dienen – soweit sie noch nicht der Flurbereinigung zum Opfer gefallen sind – dem Erosions- und Windschutz. Die bei Starkregen immer wieder anfallende schluffige Hochwasserfracht der Bäche wird heute oberhalb von Siedlungen in talquerenden Rückhaltebecken aufgefangen.

Die enge Beziehung zwischen Felssubstraten, Löss-Schwemmlöss-Decken, Hangasymmetrien und Landnutzungsformen sind besonders gut im Raum **Oberöwisheim** (156 m NN) zu studieren. Hier dominieren über einem schmalen Talweg im Ausbissbereich dolomitisch-evaporitisch-toniger Schichten der Grabfeld-Formation an SW-Hängen meist steinige Magerwiesen oder Brachflächen, an S-exponierten Hängen Weinberge und an feuchten Nordhängen

Laubwälder. Ackerflächen finden sich auf flachen, E- bis ENE-abfallenden Rücken mit bis zu 15 m mächtigen Lössdecken oder in Mulden mit Schwemmlöss-Ablagerungen. Die ursprüngliche Lössdeckenbasis, bei der es sich um ehemalige Landoberflächen aus der Pliozän(?)- oder frühen Pleistozän-Epoche handelt, befindet sich in Höhen um 170 m. Die durch periglaziale Fließbewegungen modifizierten Basisschichten enthalten häufig ältere Reliktböden mit rötlich-braunen Bohnerzen und gelegentlichen Geröllen aus Sandsteineinheiten der Keuper-Gruppe. Mehrere Hohlwege durchschneiden die Löss-Lössboden-Abfolgen, wie z. B. am naturgeschützten Rücken des Galgenbergs gegenüber dem **Pfannwald** (**44**; 477,6E; 5445,75N). Den steilen Südhang des Pfannwalds unterlagern 5° N-einfallende evaporitisch-tonige Schichten der Grabfeld-Formation und dünne Sandsteinbänke der Stuttgart-Formation, die früher nördlich der Straße im **Streitwald** (**45**; 478,2E; 5446,7N) in kleinen Brüchen abgebaut wurden.

Bedeutendere ehemalige Steinbrüche in der massigen Rinnen-Fazies der Stuttgart-Formation befinden sich vor allem zwischen **Odenheim** (163 m NN) und **Eichelberg** (242 m NN) in den leicht ansteigenden Flanken des Katzbachtals. Auf engstem Raum lassen sich hier in der Stuttgart-Formation die Übergänge zwischen hell-rötlich gefärbten, massig bis schräggeschichteten fluviatilen Rinnenfazies und den parallel- bis schräglaminierten, dünnschichtigen Abfolgen der Überflutungsfazies studieren. In den teilweise noch erhaltenen Bruchwänden sind häufig auch höchste Anteile der Grabfeld-Formation (Estherien-Schichten) oder tiefste Anteile der überlagernden bunten Weser Formation (Rote Wand) angeschnitten. Die hier mehrere Meter mächtige, helle Lössdecke mit gelegentlich auswitternden Kalkkonkretionen bildet über Bruchwänden und in bis zu 10 m tiefen Hohlwegen bemerkenswert steile Wände (Abb. 39a), so z. B. nördlich der Landesstrasse L 552 an Wegen zum **Holderbauerhof** (**46**; 478,75E; 5448,9N). Teilweise verwachsene Bruchwände in der Stuttgart-Formation sind rund 2 km nördlich der Sportanlage von Odenheim (**47**; 481,4E; 5448,9N), an der Lokalität „Stifterhof" bei Odenheim (**48**; 483,05E; 5449,1N) und an einem Straßenanschnitt mit Parkmöglichkeit an der Lokalität Steinacker (**49**; 483,5E; 5449,7N) noch (!) gut zugänglich. Auch südöstlich von Odenheim, wo die L 685 den **Hochhelle** (=Hochhälde)-Rücken quert, wurde direkt östlich der Straße (mit Parkplatz) ein Steinbruchgelände betrieben (**50**; 482,3E; 5445,0N), in dem die Überlagerung der Stuttgart-Formation durch dunkle Schluffsteine und rötlich-grüne Ton-Mergelsteine gut zu sehen war. Höhere Schichtabfolgen der Weser-Formation mit hellen Dolomitstein-Bänken und der Löwenstein-Formation mit Sandsteinbänken sind etwas weiter östlich bei **Eichelberg** (242 m NN) unter der **St. Michaelskapelle** (**51**; 485,9E; 5448,7N) und am **Kreuzberg Tiefenbach** (**52**; 486,05E; 5446,4N) in Böschungen angeschnitten. Gegen Nordwesten bildet die Stuttgart-Formation am bis zu 20° einfallenden NW-Schenkel der **Michelfeld-An-**

**tiklinale** eine deutliche Geländestufe zwischen **Waldangelbach** (197 m NN) und **Östringen** (163 m NN). Kleine Bereiche mit sandig-dolomitischen und mergeligen Schichten der Weser- und Löwenstein-Formation bilden die W-exponierten Hänge südlich von **Tairnbach** (180 m NN; **53**; 482,05E; 5455,7N), am **Hummelberg** (**54**; 478,9E; 5450,7N) südlich von **Östringen** (163 m NN), östlich des **Rauenbergs** (132 m NN; **55**; 479,2E; 5457,55N) und am **Letzenberg** (243 m NN; **56**; 476,6E; 5455,3N), wo sie allerdings nur sporadisch in kleinen Weganschnitten aufgeschlossen sind.

Der Letzenberg bietet einen guten Überblick auf die SW-abtauchende **Langenbrücken-Synklinale**, deren Kern unter dem bewaldeten und topografisch tiefsten Teil der Grabenschulter nach Südwesten abtaucht. Der Synklinalkern besteht aus der hier insgesamt 400 bis 500 m mächtigen, teilweise kalkig-mergeligen Tonstein-Abfolge der Schwarzjura-Gruppe (Hettangium-Toarcium) und der tieferen Braunjura-Gruppe (Aalenium-Bajocium). Basale kalkige Schichten wurden früher zum „Kalkbrennen" verwendet, sind jedoch heute, ebenso wie die darüber folgenden mergeligen Tonsteine, nur selten aufgeschlossen. Das SW-Abtauchen der Langenbrücken-Synklinale ergibt sich jedoch aus der Verteilung der durch Fossilien (vor allem Ammoniten) datierten Aufschlüsse und aus Bohrungen (Hettich 1974; Hellmann & Dick 1987; Hildebrandt & Schweizer 1992; Etzold & Franz 2005). In der **Kuranlage Bad Schönborn-Langenbrücken** (119 m NN; **57**; 474,6E; 5450,0N) ist die bituminöse Posidonienschiefer-Formation (Toarcium) in einer bis 1926 abgebauten und heute geschützten Grubenwand zugänglich. Auch die rund 4 km weiter nordöstlich gelegene Tongrube **Rettigheim** (125 m NN, **58**; 477,4E; 5453,1N) erschließt bis zu 5° S-einfallende mergelig-tonige Schichten der Schwarzjura-Gruppe unter einer rund 2 m mächtigen Lössdecke. Die m-mächtigen bituminösen Tonstein-Mergelstein-Kalkstein-Zyklen enthalten ellipsoidische Kalk- sowie kugelig-wulstige Pyrit- und Phosphatkonkretionen. Obwohl die Schwarzjura-Gruppe durch geringe hydraulische Leitfähigkeiten um $10^{-10}$ m/s gekennzeichnet ist, trat an Klüften dieser Tongrube früher Grundwasser aus. Im weiteren Umfeld bilden oberflächennahe Na-Ca-Mg-$SO_4$-$HCO_3$-Grundwässer mit rund 1 g/l an gelösten Feststoffen die Basis der **Schwefelquellen von Bad Schönborn**. Die bei der Verwitterung auftretende Oxidation von Pyrit ($FeS_2$) zu Sulfat ($SO_4^{2-}$) und die bakterielle Reduktion des Sulfats erzeugen die im Grundwasser beobachteten $H_2S$-Gehalte. Am **Krumbach**, unmittelbar nördlich von **Östringen** (163 m NN), tritt eine öffentliche, als Brunnen gefasste kalte Schwefelquelle (**59**; 478,8E; 5452,8N) aus, die 1,5 g/l an gelösten Feststoffen (Na-$HCO_3$-Wasser mit 30 mg/l $HS^-$) enthält und damit die Anwesenheit der bituminösen Schichten der Schwarzjura-Gruppe im Untergrund belegt. Die schwefelhaltigen, hochsalinaren **Thermalwässer von Bad Schönborn-Langenbrücken** (Na-Ca-Cl-Wässer mit > 30 g/l und >40 °C) stammen dagegen seit 1969 aus Bohrungen, welche die rund 600 m tief im Untergrund befindliche Oberen Muschelkalk-Subgruppe erschließen (Sauer 1977). Die Solen wurden ursprünglich bei der Erdöl-Exploration entdeckt.

Nördlich von Ubstadt-Weiher löst sich der östliche Grabenrand an mehreren Grabenrand-Störungen in Randschollen auf, deren Oberfläche sich nur geringfügig über oder unter dem Niveau der Niederterrasse befinden. Besonders die äußere, rund 8 km lange und 2 km breite **Rot-Malsch-Randscholle** wurde in der Vergangenheit im Verlauf von Erdöl-Explorationstätigkeiten intensiv erkundet. In ihr überlagert eine nur wenige Meter mächtige Kiesdecke eine ebenfalls nur geringmächtige Abfolge der älteren Grabenfüllung, die diskordant auf Schichten der Braunjura-Gruppe ruhen. Den Westrand der Scholle bildet eine Abschiebung mit einem Vertikalversatz von mindestens 700 m, wobei auch die Mächtigkeiten der sandig-kiesigen Rastatt-Abfolge sprunghaft auf mehr als 100 m ansteigt. Bedeutende Absenkungen des Grabeninneren scheinen also erst westlich dieser Randscholle erfolgt zu sein. Durch Erdölbohrungen ermittelte Konturlinien für die Schicht-Oberkante der Stuttgart-Formation innerhalb der Rot-Malsch-Scholle deuten NE-ausgerichtete Antiklinalstrukturen und mehrere NW-streichende Querstörungen hin. In geklüfteten Sandstein-Einheiten der Keuper-Gruppe fand man in den Feldern **Weiher** und **Rot** (**60**; 474,3E; 5457,6N) in Tiefen von 500 bis 600 m Erdöl, das zeitweise sogar gefördert werden konnte (Wirth 1962; Barth 1970; siehe Exkursionskarte Abb. 55). Da der von Süden kommende Kraichbach am Südende der Scholle den Talrand in einer scharfen Krümmung verlässt und dem Außenrand in Richtung Rheinniederung folgt strömt hier oberflächennahes Grundwasser aus der Scholle direkt dem Untergrund des Kraichbachs zu (Hanstein 1995).

An ihrem Ostrand grenzt die Rot-Malsch-Scholle im Bereich der Leimbach-Rinne an eine weitere rund 1 km breite, durch Querstörungen segmentierte Randscholle, in der bituminös-kohlige, tonig-schluffig-mergelige und konglomeratische Schichten der Grabenfüllung (vor allem Pechelbronn-Gruppe und Bodenheim-Formation) wenige Meter über der Niederterrasse ausstreichen. Die tonig-mergeligen Schichten waren früher in größeren „Ziegel-Gruben" bei **Malsch**, **Frauenweiler** und **Wiesloch-Dämmelwald** gut aufgeschlossen (Hildebrandt 1986; Trunko & Munk 1998), sind heute jedoch nur mehr gelegentlich an punktuell durchgeführten Schürfen zugänglich. Die Tongruben von **Malsch** (westlich der B 3; **61**; 475,2E; 5455,0N) lagen vor allem in NE-streichenden Abfolgen der Grünen-Mergel-Formation und Pechelbronn-Gruppe, die hier nicht nur an Abschiebungen versetzt, sondern auch an Aufschiebungen zu Kleinfalten verformt sind (Foellmer & Hoppe 1993). Da die an Störungen aufgelockerten Sandstein- und Konglomerat-Bänke Bereiche deutlich erhöhter hydraulischer Leitfähigkeit darstellen, mussten in der jetzigen **Sondermülldeponie Malsch** aufwendige Abdichtungsarbeiten durchgeführt werden (Hanstein 1995). In der heute ebenfalls weitgehend verfüllten Tongrube südlich von **Frauenweiler** (südlich der A 6, östlich der B 3; **62**;

476,2E; 5457,6N) überlagern ältere Hochterrassen-Schotter und sandige Lössabfolgen graue bituminöse „Fischschiefer“ der marinen Bodenheim-Formation (Trunko & Munk 1998). Aus Letzteren stammen z. B. die ältesten bekannten Kolibri-Fossilien Europas (Mayr 2004). In der Grube **Wiesloch-Dämmelwald** (**63**; 476,9E; 5461,1N) waren neben flach NE-einfallenden grauen „Foraminiferenmergeln“ vor allem die nach den typischen Konkretionen benannten „Septarienton-Schichten“, aber auch dunkle bituminöse „Fischschiefer“ der Bodenheim-Formation zu sehen. Alle diese Abfolgen der älteren Grabenfüllung enthalten Lagen von typischen Erdöl-Muttergesteinen (Abb. 23). Der randliche Schollenstreifen steigt nördlich von **Wiesloch** (128 m NN) allmählich über das Niveau der Niederterrasse an und besteht nun aus mehreren grabenwärts gekippten Schollen der Schwarzjura- und Keuper-Gruppe, die ihrerseits an einer weiteren bedeutenden Störung an die flach SSE-einfallende Muschelkalk-Gruppe der Grabenschulter grenzen. An der Landoberfläche der eigentlichen Grabenschulter ist die E-streichende Grenze zwischen Muschelkalk- und Buntsandstein-Gruppe als relativ abrupter Übergang von Äckern in Waldflächen gut zu verfolgen.

In der Grabenschulter ist die Muschelkalk-Gruppe vor allem in den großen, teilweise aufgegebenen und teilweise noch aktiven Steinbrüchen um **Nußloch/Baiertal** (HeidelbergCement AG, Leimen) ausgezeichnet aufgeschlossen (**64**; 479,2E; 5461,9N und 480,5E; 5462,7N). Hier werden seit 100 Jahren Mergel-Kalkstein-Abfolgen der Jena-Formation ($CaCO_3$-Gehalte von 70 bis 80 %) zur Herstellung von Zementklinker abgebaut. Die Schichtabfolge reicht in den Brüchen nach oben bis in die Zellendolomite der Mittleren Muschelkalk-Subgruppe (Bindig & Lütkehaus 2001). Die für die Wellenkalk-Fazies typischen Sedimentstrukturen, wie z. B. Strömungsrippelmarken, kleinräumige Rinnenbildungen, Gleitfaltungen und durch Gleitungen verursachte gekrümmte Sigmoidalklüfte lassen sich hier bestens studieren, da Schichten der Muschelkalk-Gruppe und überlagernde Lössdecken nicht nur in den Brüchen, sondern auch durch den **Naturerlebnispfad Steinbruch-Nußloch** erschlossen sind (**65**; 479,4E; 5462,6N). Wie im gesamten Ausbiss der Muschelkalk-Gruppe zwischen Karlsruhe und Heidelberg finden sich auch hier besonders an NW-orientierten cm- bis dm-breiten Spalten und in schichtparallelen Lösungshohlräumen immer wieder Baryt-Calcit-Dolomit-Füllungen mit Pyrit, Galenit, Sphalerit, Chalcopyrit und Fahlerz. In den Hohlräumen ist neben Sb-, Pb-, Zn-, Cu-, und Ag-Sulfiden auch Bitumen anzutreffen. Fluideinschlüsse in den Mineralen deuten an, dass die mineralisierenden Fluide wahrscheinlich reduzierende, hochsalinare Hydrothermalwässer mit Temperaturen um 130 °C waren und die Mineralisation in Tiefen von rund 1 km erfolgte (Joachim & Dick 1991; Brannath 1995). Im Verlauf der späteren Hebung und Freilegung der Schichtfolge wurden sulfidische Mineralphasen durch den Zustrom oxidierender Grundwässer teilweise in karbonatische Phasen („Galmei“) umgewandelt.

Östlich von **Altwiesloch** wurde seit mehr als 2000 Jahren nahe der NNW-streichenden **Nußloch-Störung** in einer stärker mineralisierten Zone nach Silber (und Blei) geschürft und noch bis 1953 erfolgte in der **Segen Gottes Grube/ Altwiesloch-Baiertal** (**66**; 479,45E; 5461,0N) ein bergmännischer Abbau der Erze (Bauer 1954; Seeliger 1963). Als Folge der Oxidationsverwitterung von Sulfid-Mineralen lassen sich in Böden auf alten Halden bis in 1 m Tiefe, aber auch in der Pflanzendecke Spuren von Pb, Zn, As, Cd, Tl usw. nachweisen (Puchelt & Walk 1980; Schmitz-Hartmann 1988). Interessante Einblicke in den vergangenen Bergbau und in die abgebauten Erze vermittelt eine Ausstellung im **Städtischen Museum Wiesloch** (**67**; 478,25E; 5460,05N).

Aufgrund der geringen Höhe der östlichen Grabenschulter zwischen **Bad Schönborn** und **Wiesloch** lassen sich die lateralen Übergänge zwischen den Sand-Kies-Ablagerungen, Talrandrinnen, Flugsand-Decken bzw. Dünen des Grabeninneren und den Löss-Decken der Grabenschulter hier besonders gut verfolgen. So erheben sich in den Kiefernforsten der Niederterrasse unmittelbar westlich von **Kronau** (109 m NN; **68**; 471,8E; 5451,2N) bis zu 10 m hohe Sand-Dünen als wellige Oberflächen deutlich über dem Niveau der Niederterrasse. Die Dünen – in topografischen Karten als „Buckel“ bezeichnet – variieren in ihrer Form von geradlinig NNE-ausgerichteten und maximal 15 m hohen Rücken bis zu niedrigen, parabelförmig ENE-ausgebauchten Flugsand-Ansammlungen. Im Raum **Sandhausen-Walldorf** (110 m NN; **69**; 471,9E; 5463,8N und 473,9E; 5466,1N), der gut von der **Autobahn-Raststätte Hardtwald** zu erreichen ist, deuten $^{14}$C-Datierungen organischer Reste in und unter den Dünensanden auf intensive Flugsandbewegungen um 12-13 ka, also während der Jüngeren Dryas-Kaltzeit (Ende der Pleistozän-Epoche). Die kettenförmige Ausrichtung und die Art der Verkrümmung deuten auf eine Herkunft der Dünen-Feinsande aus der neu eingekerbten Rheinniederung. Von dort wurden sie durch kräftige SW-Winde auf die bereits trockenliegende Niederterrasse verlagert und überdeckten dabei zum Teil sogar die stagnierenden Talrandrinnen. Mit der Infiltration von Niederschlagswässern in die durch Vegetation stabilisierten Sande begann mit Beginn der Holozän-Epoche ihre langfristige Entkalkung und die Bildung dm-mächtiger, sandiger Luvisol-(=Parabraunerde)-Böden. Nach den mittelalterlichen Rodungen setzten um 1100 AD erneut Flugsand- und Dünen-Bewegungen ein, bei denen z. B. Teile der **Leimbach-Talrandrinne** unter Sand verschwanden (Löscher 1994).

Südöstlich der versumpften Leimbach-Talrandrinne, wo dunkle Tonschichten der Schwarzjura- und Braunjura-Gruppe die kaum erkennbare Stufe zur Grabenschulter bilden, kam es in den Kaltzeiten der jüngeren Pleistozän-Epoche zur Ablagerung von im Grabeninneren aufgewirbelten Feinsanden und Staubwolken in Form dünner Flugsande und Lössdecken. Da auch in Kaltzeiten vielfach wiederholte Phasen der Ablagerung mm-mächtiger Staub- und

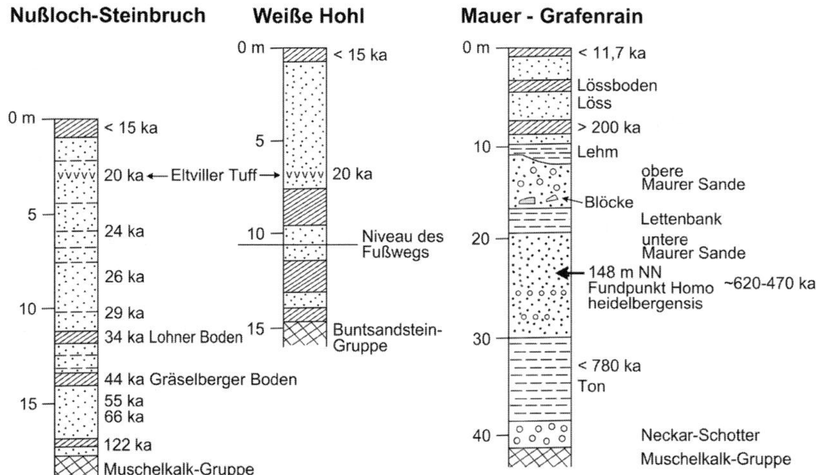


**Abb. 59.** Vereinfachte Säulenprofile für die Lockergesteinsabfolgen im Bereich Nußloch-Mauer mit den in Lösseinheiten ermittelten Altern (siehe Text; nach Antoine et al. 2001; Zöller 1994; Wagner & Beinhauer 1997).

gelegentlicher Feinsandlagen von Intervallen der Bodenbildung (Tundra-Gley, Nassböden) unterbrochen wurden, weisen die Lössabfolgen eine deutliche Schichtung auf. Altersbestimmungen mit Hilfe der Thermolumineszenz (TL) bzw. der optisch-stimulierten Lumineszenz (OSL) von Quarzkörnern belegen für den westlichen Kraichgau mehrere Lössablagerungs- und Bodenbildungsphasen, die sich bis in die mittlere Pleistozän-Epoche verfolgen lassen, meist jedoch jünger als 150 bis 200 ka sind (Zöller et al.1988; Löscher & Zöller 2001; Wagner & Beinhauer 1997). So lagert z.B. im Hohlweg **Weiße Hohle/Nußloch (70**; 479,8E; 5463,25N) auf Festgesteinen der obersten Buntsandstein-Gruppe eine 10 bis 20 m mächtige Lössdecke, deren oberste 10 m ausschließlich dem Würm-Glazial (< 120 ka) zuzuordnen sind. Ein dunkles Band 3 m unter der Landoberfläche entspricht dem „Eltviller Tuff", also einer Aschen-Lage, die um 20 ka bei einer vulkanischen Eruption in der Westeifel vom Wind über weite Teile unserer Region verteilt wurde (Abb. 59). Die Löss-Ablagerung erreichte im letzten Hochglazial recht hohe Werte um 1 m/1000a, wogegen die Ablagerungsraten in früheren Stadialen des Würm-Glazials und in älteren Glazialen in unserer Region anscheinend wesentlich geringer waren (Löscher & Zöller 2001). Die verschiedenen und meist nur kurzlebigen Löss-Anrisse über den Muschelkalk-Steinbruchwänden zeugen nicht nur von Unterbrechungen in der Lössablagerung durch Bodenbildung, sondern auch von Schwemmlöss-Umlagerungen in deutlich erosiv eingekerbten Rinnen. Dies erschwert häufig eine klare Korrelation von noch nicht datierten Lössabfolgen mit bereits zeitlich fixierten Horizonten in gut datierten Aufschlüssen.

## **Exkursionsgebiet 7:** Neckartal und nördlicher Kraichgau

(Abb. 56, S. 227)

**Karten**: Freizeitkarten 1:50 000 (Mannheim-Heidelberg, Mosbach, Heilbronn). Topografische und geologische Karten 1:25 000: 6517 (Mannheim-Südost), 6518 (Heidelberg-Nord), 6519 (Eberbach), 6520 (Waldbrunn), 6618 (Heidelberg-Süd), 6619 (Helmstadt-Bargen), 6620 (Mosbach), 6621 (Billigheim), 6719 (Sinsheim), 6720 (Bad Rappenau), 6721 (Bad Friedrichshall).

### *Allgemeines*

Das Exkursionsgebiet grenzt direkt an die Exkursionsgebiete 5 und 6. Es erstreckt sich vom Ostrand des Oberrhein-Grabens bei **Heidelberg** (114 m NN) bis in den Bereich **Bad Wimpfen** (195 m NN) am mittleren Neckar und ist von Karlsruhe über die **A 5** und die **B 3**, von Heilbronn her über die **B 37** zu erreichen. Die beschriebenen Aufschlussbereiche befinden sich in der Nähe der **B 37** und umfassen damit vor allem die weitgehend lössfreien, bewaldeten Hänge im Ausbiss der Buntsandstein-Gruppe des Odenwalds und den Grenzbereich zu den landwirtschaftlich genutzten Lössflächen im Ausbiss der Muschelkalk- und Keuper-Gruppe des nördlichen Kraichgaus. Nach einer allgemeinen Diskussion der besonderen Lage des Exkursionsgebiets erfolgt die Besprechung der Teilstrecken des Neckars flussaufwärts von Heidelberg bis Bad Wimpfen.

Der untere Neckar, heute durch Kraftwerksbauten unterbrochen und durch Schleusen schiffbar gemacht, weist bei Heidelberg einen durchschnittlichen Abfluss von 100 bis 150 $m^3/s$ auf. Das gewundene Tal folgt dabei mit einem Gefälle von rund 0,5 m/km dem generellen Schichtstreichen der 5 bis 10° E- bis SSE-einfallenden Buntsandstein-Gruppe und durchschneidet kurz vor der trichterförmigen Öffnung zum Oberrhein-Graben geringmächtige Abfolgen der Zechstein- und Rotliegend-Gruppe und den granitischen Sockel des südlichen Odenwalds (Abb. 56). Der Neckar durchschneidet dann die Grabenrand-Hauptabschiebung, die hier einen Gesamtversatz von ca. 4 km aufweist und fließt über einen mächtigen Schwemmkegel dem Rhein zu. Mehrere N-streichende Störungen, an denen der Sockel und die Buntsandstein-Gruppe des südlichen Odenwalds in Größenordnungen von 100 m vertikal versetzt wurden, stehen möglicherweise ebenfalls mit der tiefen lithosphärischen Extensionszone unter dem Oberrhein-Graben in Verbindung (Meier & Eisbacher 1991). Weiter nördlich intrudierten in ähnlich ausgerichtete Bruchzonen Alkali-Basalt-Gänge und auch gegen Südosten extrudierten lange vor Absenkung des Oberrhein-Grabens Alkali-Basalte an NE-streichenden Bruchzonen bis an die Erdoberfläche, so z.B. der Nephelin-Basanit am **Steinsberg** bei **Weiler**, der 5 km lange Nephelin-Basalt-Gang bei **Neckarbischofsheim**, der Phonolith-Nephelin-Syenit-Komplex des **Katzenbuckels** bei **Waldkatzenbach** oder der Alkalibasalt-Gang von **Neckarelz**.

Die Neckarrinne überfließt die N-streichenden Störungszonen nicht nur mit lokal erhöhtem Gefälle, sondern hier finden sich auch größere Talmäander, in welche von Norden her längere geradlinige Nebenbäche einmünden (Wilser 1937). Südliche Nebenbäche sind wesentlich kürzer und entwässern in ihrem Oberlauf häufig konsequent zum SE-Einfallen der Schichten, bevor sie hakenförmig zum Neckar abschwenken. Mehrere aufgegebene Talmäanderschleifen und Terrassenreste in Höhen von 2 m bis 120 m über der heutigen Rinne belegen die in der jüngeren geologischen Vergangenheit erfolgten erosiven Durchbrüche von Talmäandern, wobei die Gefällsversteilungen wiederum die rückschreitende Ausweitung der Einzugsgebiete von Nebenbächen vorantrieben. Da im Ausbiss der Buntsandstein-Gruppe regional dominierende N- bis NNE-streichende Störungen und Kluftscharen auch von engständigen, staffelförmig abgesetzten hangparallelen Entlastungsklüften überlagert werden, sind die meisten Talhänge tiefgreifend aufgelockert und von mächtigem Wanderschutt bedeckt (Krause 1966). An Nordhängen, wie z.B. nördlich des Königstuhls, stellen Dekameter mächtige Blockströme möglicherweise sogar reliktische Blockgletscher aus der Pleistozän-Epoche dar.

Das Besondere am unteren Neckar ist jedoch die Tatsache, dass er nicht durch die topografisch-strukturell tiefer und weiter südlich gelegene Kraichgau-Senke zum Rheingraben entwässert, sondern bis **Eberbach** zuerst obsequent dem Odenwald zuströmt, dann bis **Heidelberg** subsequent die bis > 500 m NN aufragende Buntsandstein-Gruppe durchschneidet. Einer der Gründe für den außergewöhnlichen Verlauf des unteren Neckartals ist wahrscheinlich, dass die rückschreitend-vertiefende Ausweitung des Neckar-Einzugsgebiets schon vor der jungen Hebung der Odenwald-Grabenschulter erfolgte. Deutliche Hinweise auf anhaltende kräftige Differentialbewegungen zwischen dem Grabeninneren und der Grabenschulter sind jedenfalls die großen Mächtigkeiten der in den letzten 5 Millionen Jahren abgelagerten Sand-Kies-Abfolgen unter dem Neckar-Schwemmfächer (Fezer et al. 1992), die abrupte Mächtigkeitszunahme auch der allerjüngsten Kieslager von rund 10 m auf > 60 m an der Grabenrand-Hauptabschiebungszone (Sidki 1977), eine weitgehend an Abschiebungen gebundene anhaltende Seismizität (Ritter et al. 2009) sowie Erdbebenschwärme im nordöstlichen Grabeninneren, wie z.B. zwischen 1869 und 1873 (Sponheuer 1952). Außerdem belegen die fluviatilen **Wiesenbacher Höhenschotter**, die als Terrassenreste aus der späten Pliozän- oder frühen Pleistozän-Epoche(?) südlich des unteren Neckartals in Höhen um 190 m NN und rund 60 m erhalten geblieben sind, dass hier ein bedeutendes frühes Flusssystem Gerölle aus dem Ausbissbereich der Buntsandstein-Gruppe im südlichen Odenwald zum Oberrhein-Graben transportierte. Auch die auffallend hellen Sande, die früher wenige Kilometer westlich von Wiesenbach in **Waldhilsbach** in einer Höhe von rund 200 m NN in Sandgruben abgebaut wurden, lassen sich als Hinweis auf einen ehemaligen breiten Talboden nur wenige Kilometer südlich der heutigen Neckarschlucht deuten.

Obwohl also Teile des unteren Neckartals wahrscheinlich schon lange vor der jüngsten erosiv-isostatisch verstärkten Hebung der Grabenschulter existierten, spiegeln Ablagerungen des Neckar-Schwemmfächers vor allem den jungen, rückschreitend-vertiefend wirkenden Abtrag der Schulter wider. Eine 1000 m tiefe Bohrung in Heidelberg zeigte, dass unter dem heutigen Schwemmfächer des Neckars bis mindestens in Tiefen von 300 bis 400 m ebenfalls vom Neckar eingetragene Kies- und Sand-Komponenten vorherrschen. Ein in den höheren Kieslagen abnehmender Anteil an Quarzgeröllen und ein zunehmender Anteil an kalkigen Komponenten – auch aus der Weißjura-Gruppe – lassen vermuten, dass das Neckar-Einzugsgebiet schon in der Zeitspanne zwischen 800 und 400 ka bis an die Weißjura-Schichtstufe heranreichte (Fezer et al. 1992). Die fünf- bis sechsmalige Wechselfolge aus Kieslagern und sandig-schluffigen Zwischenschichten registriert möglicherweise eine Abfolge kühl-trockener und warm-feuchter Klimaphasen der Pleistozän-Epoche. Die heutige Schwemmfächer-Oberfläche, die zum Grabenrand hin bis zu 10 m über das Niveau der Niederterrasse ansteigt, besteht aus m-mächtigen Schwemmlöss-Lagen und kalkarmen Überschwemmungsschichten, die nach Westen in kalkreiche Rhein-Sande, Flugsanddecken und Dünen übergehen. Im Verlauf der Holozän-Epoche verlandete Mäanderschlingen am Westrand des Neckar-Schwemmfächers und mäandrierende Talrandrinnen nördlich des Schwemmfächers zeigen, dass der Neckar in der jüngsten Pleistozän-Epoche und in der frühen Holozän-Epoche über verschiedene, möglicherweise auch geteilte Rinnen dem Rhein zufloss. Auf dem Schwemmfächer wurden nicht nur neolithisch-bronzezeitliche Wohngruben nachgewiesen, sondern auf einem rund 3 bis 5 m über der Neckarrinne gelegenen ehemaligen Mäanderhals am Westrand des Schwemmfächers errichteten bereits die Römer die wichtige Handelsstadt Lopodunum (= Ladenburg).

### *Oberrhein-Grabenrand bei Heidelberg*

Die jüngsten sandigen Kiese und die m-mächtigen schluffig-tonigen Schwemmlöss-Decken des Neckar-Schwemmfächers ragen zwar halbkreisförmig 6 bis 8 km in die Rheinebene hinein, sind jedoch nur mehr an wenigen Punkten in Kiesgruben aufgeschlossen. Eine noch im Abbau befindliche Kiesgrube befindet sich südlich von **Friedrichsfeld** (105 m NN) beim **Grenzhof** (**1**; 469,7E;

5474,6N). Die rinnenfüllenden Kiese im ca. 10 m hohen Anschnitt enthalten unter einer Schwemmlössschicht auch Holzreste, für die ein $^{14}C$-Alter um 40 ka bestimmt werden konnte (Löscher 1978). Neben Geröllen der Buntsandstein- und Muschelkalk-Gruppe finden sich in den Kieslinsen Sandstein-Komponenten aus der Keuper-Gruppe und vereinzelt sogar Komponenten aus Basalt, Rhyolith oder Granit. Gelegentliche Eiskeilfüllungen sind Hinweise auf eine Ablagerung der Schichtfolge im Verlauf der jüngsten Stadiale der Pleistozän-Epoche. Die Oberfläche der eigentlichen Niederterrasse im bewaldeten **Dossenwald** (**2**; 468,4E; 5476,05N) und **Hirschacker** (**3**; 468,05E; 5474,2N) besteht aus bis zu 10 m hohen, N-gerichteten und nach Osten ausgebauchten Feinsand-Dünen, die nach Einkerbung des Rheins gegen Ende der Pleistozän-Epoche (Jüngere Dryas-Phase) aus der Rheinniederung eingeweht und später lokal in Teilrinnen des Neckars erodiert wurden. Am Grabenrand befinden sich in **Heidelberg** (114 m) dann jene schluffigen Ablagerungen, die von K.C. v. Leonhard 1824 erstmals als Löss bezeichnet wurden. Die klassische „Typlokalität" am **Haarlaß** hinter dem Hotelkomplex im Nordosten von Heidelberg (**4**; 480,2E; 5474,25N) ist zwar ziemlich stark verwachsen, aber immer noch zugänglich. Auf dem Niveau der Schwemmfächer-Oberfläche befindet sich in **Neuenheim** (110 m NN; im Neuenheimer Feld 234, **5**; 476,4E; 5474,05N) das Geologisch-Paläontologische Museum des Instituts für Geowissenschaften der Universität Heidelberg, in dem wertvolle geologische Exponate aus der Region, so z.B. der berühmte Unterkiefer des *Homo heidelbergensis* aufbewahrt werden.

Als besonders interessant für die Kenntnis des Neckar-Schwemmfächers erwies sich eine bereits oben angedeutete Bohrung im heutigen Stadtgebiet, die auf dem Klinikgelände am Südufer des Neckars, also 1 km westlich der Grabenrand-Hauptabschiebung, abgeteuft wurde. Der Anstoß für die Bohrung waren Meldungen, nach denen beim Erdbebenschwarm von 1869–1871 hier in Brunnen die Wassertemperatur auf 15 °C angestiegen sein soll. Dies weckte Hoffnungen auf Thermalwässer im tieferen Untergrund. So wurde dann zwischen 1913 und 1918 eine Bohrung bis in eine Tiefe von 1022 m vorgetrieben. Bei einem normalen Temperaturgradienten von 3 °C/100 m traf die Bohrung bis in Tiefen um 350 m auf Kies-Sand-Abfolgen mit Muschelkalk- und Buntsandstein-Geröllen und Ca-Mg-$HCO_3$-Grundwässer mit rund 500 mg/l an Festsubstanzen. Darunter stieß man in zunehmend quarzreichen sandig-kiesig-blockigen Abfolgen auf artesisch aufsteigendes Na-Ca-Cl-Thermalwasser, das eine Temperatur von 37 °C, 10 bis 80 g/l an gelösten Festsubstanzen und einen unerwartet hohen Anteil an Radium aufwies. Das Wasser der sogenannten „Radium-Sol-Therme" stieg bis in Tiefen von 40 m unter der Oberfläche auf und wurde in einem 1928 eröffneten Badehaus verabreicht. Ein Verbruch der Bohrungsverrohrung im Jahr 1957 besiegelte das Ende des Betriebs (Carle 1961).

Der entlang des Neckars in Heidelberg von Kies bedeckte Außenrand der Grabenschulter besteht aus einer mehr als 1 km breiten, nach Süden abfallenden Randscholle, die an mehreren E-W- und NW-streichenden Querstörungen versetzt ist. Auch die Neckarrinne und die m-mächtigen, kiesigen Talfüllungen folgen anscheinend einer E-W-streichenden Störungszone, an der nördliche Schulterbereiche gegenüber den südlichen um mindestens 100 m angehoben wurden (Rüger 1928). Die Randscholle bildet südlich von Heidelberg einen ersten Höhenrücken, hinter dem sich östlich der Molkenkur-Störung die eigentliche Grabenschulter erhebt. In einem nördlich von **Leimen** (118 m NN) gelegenen, heute nicht mehr zugänglichen, aber von der Straße einsehbaren Steinbruch (**6**; 477,9E; 5467,2N) sind in der Randscholle rund 10° E-einfallende Schichten der Unteren bis Mittleren Muschelkalk-Subgruppe aufgeschlossen. Letztere lässt sich unter Lössdecken bis in den Heidelberger Stadtteil **Emmertsgrund** verfolgen und wird z. B. durch eine Doline am Waldrand direkt hinter der Siedlung (**7**; 478,7E; 5467,8N) angezeigt. Die Spur der Molkenkur-Abschiebung äußert sich hier als abrupte Hangversteilung und in Form von Halden mit Blöcken aus der geröllführenden Hauptkonglomerat-Formation (Buntsandstein-Gruppe) im Liegenden der Störung. Außerdem begleiten die Störungszone bis Heidelberg zahlreiche Quellen, die aus dem Buntsandstein-Aquifer gespeist werden. Von einem Wanderheim östlich von Leimen erreicht man zwei nahe der Störungszone gelegene, aufgelassene Steinbrüche. Der südliche Steinbruch (**8**; 478,8E; 5466,6N) erschließt teilweise gebleichte, flach liegende Sandsteine der Plattensandstein-Formation, die von NNE-streichenden Störungsflächen mit dextralen Bewegungsspuren durchzogen sind. Der nördliche Steinbruch (**9**; 478,8E; 5466,85N) befindet sich in der höheren Bausandstein-Formation, in der die Sandsteinbänke kugelige, Fe-reiche Konkretionen führen. Weitere Aufschlüsse der Buntsandstein-Gruppe finden sich im Raum Heidelberg z. B. an der Lokalität **Kanzel/Riesensteine** (**10**; 478,55E; 5472,75N), wo oberhalb und unterhalb der Straße die tiefere Bausandstein-Formation in einem alten Steinbruchgelände sehr gut zugänglich ist. Die hier etwa 10° S- bis SSW-einfallenden und teilweise gebleichten Sandsteinbänke zeigen die für die Formation typischen fluviatilen Schrägschichtungs- und Rinnenstrukturen mit den aus dem Rinnensubstrat erodierten roten Ton-Schluffsteinfragmenten. Auch nördlich des Neckars befindet sich östlich von Neuenheim im Villenviertel am Zugang zum Philosophenweg (**11**; 478,15E; 5473,55N) ein felsiger Bereich in der hier nur geringfügig zementierten tieferen Buntsandstein-Gruppe. Östlich der **Bismarcksäule** wird diese dann in einem alten Bruchgelände von der Bausandstein-Formation überlagert. Nordöstlich einer NW-streichenden Zweigabschiebung in der Randscholle tritt in einem alten Steinbruch am **oberen Philosophenweg** (**12**; 478,4E; 5473,8N) auch die Feinkies führende Eck-Formation zutage.

Östlich der **Molkenkur-Störung** erhebt sich im 5 bis 7 km breiten **Königstuhl-Horst** die höhere Buntsandstein-Gruppe bis in Höhen um 570 m NN, wobei sich innerhalb des Horsts über eine Strecke von 4 km der Neckar rund

50 bis 70 m tief in den angehobenen Kristallinen Sockel eingekerbt hat. Der Sockel besteht hier aus Heidelberg-Granit, einem Biotit-Granit mit rund 25 % Quarz, 30 % Orthoklas, 37 % Plagioklas, 5–7 % Biotit. Seine Intrusion und Abkühlung erfolgte zwischen 336 und 332 Ma bzw. zwischen 329 und 326 Ma (Eigenfeld 1963; Altherr et al. 1999). Der Granit weist eine schwache ENE- bis NE-streichende Foliation und ähnlich orientierte Gang-Granite auf (Spannagel 1939; Greiling & Verma 2001). Er wird jedoch auch von überwiegend NNW-streichenden Pegmatit- und Aplitgängen, steilen Klüften und unterschiedlich flach einfallenden Störungen mit E-W-orientierten Bewegungsspuren durchzogen. Ähnlich wie in Sockelgesteinen des Schwarzwalds kam es auch im Heidelberg-Granit später an W- bis NW-streichenden Mineralisationszonen zu Alterationen, die durch K-Ar-Datierungen von Illit auf eine Zeitspanne um 150 bis 130 Ma eingeengt werden konnten (Lippolt & Leyk 2004). Nur wenige Kilometer nördlich von Heidelberg lagert direkt auf dem Granit eine größere Rhyolith-Decke der Donnersberg-Formation (Rotliegend-Gruppe). Gegen Südosten bilden etwas jüngere m- bis Dekameter mächtige, vulkanisch beeinflusste Fanglomerate der Rotliegend-Gruppe und Karbonate der Zechstein-Gruppe eine schmale Terrasse, die östlich des Königstuhl-Horsts beiderseits des Neckartals von der rund 400 m mächtigen Buntsandstein-Gruppe überragt wird.

Im Stadtgebiet Heidelberg bildet die Nussloch-Molkenkur-Störung östlich des Heiligenbergs und westlich des Heidelberger Schlosses eine deutliche topografische Kerbe, die als sattelförmiger Einschnitt zwischen dem Geißberg und dem Königstuhl (568 m NN) nach Süden zu verfolgen ist. Westlich unterhalb der Bergbahnstation **Molkenkur** (**13**; 479,05E; 5472,7N) wurde im Hangenden der Abschiebung aus Steinbrüchen in der Bausandstein-Formation auch ein Großteil der Steine für das Schloss gewonnen. Östlich der Störung sind in einem Hohlweg (**14**; 479,3E; 5472,7N) südlich der Bergbahnstation Sandsteine der Eck-Formation und rund 200 m weiter südlich in einem weiteren, gut zugänglichen alten Steinbruch (**15**; 479,6E; 5472,5N) wiederum Sandsteine der Bausandstein-Formation aufgeschlossen. Nordwestlich des Königstuhls bilden diese Sandsteine weitere Hohlwegböschungen (**16**; 479,85E; 5472,5N), wogegen nur wenige Kilometer weiter südlich die Böschung am Sportplatz von **Gaiberg** (344 m NN; **17**; 481,6E; 5468,5N) bereits aus horizontal geschichteten Bänken der Plattensandstein-Formation besteht.

Zwischen der Molkenkur-Störung und einer Störungszone im Bereich **Ziegelhausen** (113 m NN) bieten sich im Neckartal an mehreren Stellen Einblicke in den oberflächlich oft zu Grus verwitterten Heidelberg-Granit, vereinzelt auch in die diskordant auflagernde Rotliegend-Gruppe. So ist im Schlossgraben an der Südseite des **Heidelberger Schlosses** (**18**; 479,4E; 5473,1N) der Kontakt zwischen dem von Aplitgängen durchzogenen Granit und den 10° SW-fallenden, massigen Fanglomeraten der Rotliegend-Gruppe in einem oftmals beschriebenen Aufschluss zu sehen (Abb. 60). Das an Rhyolith-Komponenten reiche Fanglomerat ist hier nur wenige Meter mächtig und keilt lokal aus. Dies gilt anscheinend für den gesamten Bereich des Königstuhl-Horsts bis Ziegelhausen und könnte eine Hochlage des Sockels am Südrand des Saar-Nahe-Rotliegend-Beckens während der Perm-Periode andeuten (Becksmann 1958). Die Oberkante des Rotliegend- und Sockel-Aquitards ist ein Quellhorizont, so z. B. im Bereich des Schlossgrabens oder am weiter östlich gelegenen **Wolfsbrunnen** (**19**; 481,6E; 5473,2N) bei Schlierbach. Weitere Granit-Aufschlüsse mit Aplit- und Pegmatit-Gängen finden sich unter dem Schloss südlich des Neckars am Abstieg von der Schlossterrasse zum Karlstor am **Bahnhof Karlstor** und am ostwärts ansteigenden Valerie-Pfad (**20**; 479,85E; 5473,65N) sowie westlich von **Schlierbach** (120 m NN) entlang der Bahntrasse bei der **Teufelskanzel** (**21**; 480,4E; 5473,55N). Am Neckar-Nordufer finden sich Granit-Aufschlüsse am Forstweg nahe der **Schwedenschanze** (**22**; 479,3E; 5474,3N) und im Bereich **Wilckensfels** (**23**; 479,95E; 5474,1N), wo u. a. am „Russenstein“ oberhalb der **L 534** mehrere Aplit- und Pegmatit-Gänge erschlossen sind. Nordwestlich der **Abtei Neuburg** (westlich des Mausbachs, **24**; 480,8E; 5474,6N) ist vor allem ein kräftig vergruster, kleinkörniger Granit aufgeschlossen.

Bei **Ziegelhausen** (113 m NN) durchquert eine NW-streichende Störungszone das Neckartal. Südwestlich dieser Störung, die vor allem durch Felsfreilegungen für Brückenpfeiler und Schleusengründungen lokalisiert werden konnte, lagern auf dem granitischen Sockel > 4 m mächtige Fanglomerate der Rotliegend-Gruppe (Wadern-Formation?) und bis zu 3 m mächtige Dolomite der Zechstein-Gruppe. Letztere wurden noch vor Ablagerung der Buntsandstein-Gruppe taschenförmig verkarstet und verkieselt; dadurch besteht die Oberkante aus Mn-Fe-Oxid führenden, tonigen Verwitterungsresiduen. Darüber folgen die ebenfalls durch Mn-Fe-Flecken gekennzeichneten Sandsteine der tieferen Buntsandstein-Gruppe oder einer Beckenrand-Fazies der Zechstein-Gruppe (Becksmann 1958). Wie an vielen anderen Punkten des Odenwalds (siehe Klemm 1897, für eine exzellente Abbildung) wurden auch hier gegen Ende des 19. Jahrhunderts die Mn-Fe-Anreicherungen abgebaut (Seebach 1909). Im oberen Mausbachtal ist aus dieser Zeit das Portal eines 450 m in den Berg vorgetriebenen Stollens erhalten geblieben (**25**; 480,55E; 5475,05N). Im nördlichen Ortsbereich von Ziegelhausen, also nordöstlich der bereits erwähnten Störung, bilden dann Rhyolithe der Donnersberg-Formation die unmittelbare Unterlage der basalen Buntsandstein-Gruppe. In einer großen Felswand an der Hauptstraße (**26**; 481,7E; 5475,7N) ist die hier durch wandparallele NNE-orientierte vertikale Fluidaltexturen gekennzeichnete und anscheinend als Spaltenfüllung intrudierte Rhyolithmasse gut aufgeschlossen. Der teilweise hydrothermal alterierte Rhyolith weist eine auffallende W-streichende Klüftung auf. Nur 500 m weiter nordwestlich befindet sich in einem Nebental, welches der NW-streichenden Störung folgt, ein alter Steinbruch

**Abb. 60.** Ansicht des Kontaktbereichs zwischen dem Heidelberg-Granit und den diskordant auflagernden vulkanisch beeinflussten Schwemmfächer-Ablagerungen der Rotliegend-Gruppe im Burggraben des Heidelberger Schlosses.

(**27**; 481,2E; 5476,2N) mit Rhyolithen, die durch subhorizontale, teilweise gefältelte Fluidaltexturen gekennzeichnet sind. Diese gehören möglicherweise bereits den Rhyolith-Decken an, die nördlich von Heidelberg (Schriesheim, Dossenheim) in größeren Brüchen erschlossen sind.

Die durch Mn-Fe-Hydroxid-Flecken gekennzeichneten tieferen Schichten der Buntsandstein-Gruppe sind dann südlich des Neckars in **Schlierbach**, oberhalb des Schloss-Vereinswegs, in einem aufgegebenen Steinbruch (**28**; 480,4E; 5473,55N) zu sehen. An den deutlich konkaven Hängen bei Schlierbach dominieren mächtige Schuttdecken. Bei dem bekannten **Felsenmeer** (**29**; 481,5E; 5472,4N), das eine 500 m breite Quellmulde füllt, handelt es sich möglicherweise sogar um Relikte eines periglazialen Blockgletschers aus der späten Pleistozän-Epoche. Wie hier fast überall entlang dieses Teils des Neckartals, markieren in den Talflanken die häufig in Brunnen gefassten Quellen den Ausstrich der tieferen Buntsandstein-Gruppe, so z. B. an der Rombach-Quelle am **Wolfsbrunnenhang** (**30**; 480,6E; 5472,8N) oder am Großen und Kleinen **Rossbrunnen** (**31**; 481,6E; 5471,1N) südöstlich des Königstuhls.

Flussaufwärts von Ziegelhausen-Schlierbach bestimmt die leicht SSE-einfallende Buntsandstein-Gruppe mit m-mächtigen, schräggeschichteten Sandsteinbänken und oft nur cm-mächtigen Ton-Schluffstein-Lagen den Charakter von Straßenböschungen und Steilufern des Neckars. Dabei gelangt man ostwärts in immer jüngere Schichtpakete, deren Einförmigkeit jedoch eine in Aufschlüssen nachvollziehbare vertikale Gliederung erschwert. Da früher die in zahlreichen Steinbrüchen gewonnenen Bausteine vor allem mit Kähnen abtransportiert wurden, befanden sich viele Bruchwände direkt an den steilen Prallhang-Ufern des Neckars. Von den ehemals gut zugänglichen Steinbrüchen sind heute jedoch nur noch wenige wirklich besuchenswert. Bereits 300 m östlich von Ziegelhausen (gegenüber der alten Schokoladenfabrik Haaf) erschließt die Böschung der **L 534** (**32**; 483,6E; 5473,6N) wenige Meter über der Rinne des Neckars die Feinkies führende, dickbankige Eck-Formation. Zwei weitere, etwas höher gelegene Aufschlussbereiche im Ausbiss der Bausandstein-Gruppe sind etwas weiter westlich über einen Pfad und einen Forstweg am Hang oberhalb der Straße zu erreichen (**33**; 483,3E; 5473,85N). Im höheren der beiden Steinbrüche ist in einer kleinen Höhle (**Meutersloch**) eine Schichtfläche mit gut erhaltenen Trockenrissen zu sehen. Die Bausandstein-Formation bildet auch östlich von **Neckargemünd** (127 m NN) eine noch teilweise zugängliche Felswand (**34**; 486,3E; 5470,9N; Parkmöglichkeit am Jugendzentrum). Weitere Aufschlüsse in der Bausandstein-Formation sind ein alter Steinbruch nördlich der Kläranlage von **Mückenloch** (199 m; **35**; 489,3E; 5471,4N), dann die Felsen westlich von **Neckarsteinach** (130 m NN) an der **Burg Schadeck** (**36**; 487,3E; 5472,7N) und an der Westseite der Schleuse oberhalb von Neckarsteinach (**37**; 488,4E; 5472,05N), aber auch die Böschung an der **L 3105** östlich von **Ersheim** (125 m NN; **38**; 493,75E; 5477,4N) und ein noch in Betrieb befindlicher Steinbruch an der **K 4115** östlich von **Igelsbach** (250 m NN; **39**; 496,6E; 5478,8N). Nicht zugänglich ist die imposante alte Steinbruchwand bei **Lanzenbach** (**40**; 490,6E; 5473,4N) an der **B 37**. Auch im Bereich des oft illustrierten Neckar-Talmäanders von **Hirschhorn** (126 m NN; **41**; 493,2E; 5478,0N) liegt die hier flach SE-einfallende Bausandstein-Formation in einer längeren Felswand hinter der Bahnlinie frei. Nördlich von Neckarsteinach (**42**; 488,6E; 5473,25N) überdecken bereits mächtige Halden aus Blöcken der Hauptkonglomerat-Formation den Ausbiss der Bausandstein- und Eck-Formation. Hier und im Uferbereich bei Schlierbach (**43**; 484,15E; 5472,55N) fallen immer wieder Quellhorizonte innerhalb der Buntsandstein-Gruppe auf.

Deutliche Ausweitungen des Neckartals entlang der Flussstrecke zwischen Ziegelhausen und Eberbach stellen sich in vielen Fällen als Bereiche aufgegebener Talmäander-Schlingen heraus. Variable Höhenlagen über der heutigen Rinne deuten auf eine zeitlich recht unterschiedliche Aufgabe dieser ehemaligen Talböden. So befindet sich die aufgegebene Blumenstrich-Schlinge westlich von Dilsberg ca. 70 m, die Mückenloch-Schlinge ca. 90 m (Wanderparkplatz an der **K 4101; 49**; 489,7E; 5470,2N), die Schlossbuckel-Schlinge bei Lanzenbach ca. 140 m, die Böserberg-Schlinge bei Igelsbach ebenfalls ca. 140 m, die Hungerbuckel-Schlinge bei Neckarwimmersbach wiederum nur ca. 45 m, die Ohlsberg-Schlinge bei Eberbach ca. 25 m und die Schollenbuckel-Schlinge (Wanderparkplatz unterhalb des Neckarblicks; **53**; 500,1E; 5477,95N) südöstlich von Eberbach ca. 190 m über der heutigen Neckar-Rinne. Die interessanteste der aufgegebenen Schlingen ist jedoch der **Talmäander von Mauer**, der von der heutigen Elsenzmündung bei **Wiesenbach** (138 m NN) fast 7 km weit nach Süden bis an den Ausbiss der hier ca. 5°-SE-einfallenden Muschelkalk-Gruppe heranreicht. So sind südwestlich von Wiesenbach Wellenkalk-Schichten der Jena-Formation unter einer 10 bis 15 m mächtigen Lössdecke in einem alten Steinbruch (Jugendheim, **44**; 486,5E; 5466,95N) angeschnitten und südlich von **Mauer** (134 m NN; **45**; 485,5E; 5464,4N) werden in einem noch aktiven Steinbruch gut gebankte Abfolgen der höheren Diemel-, Trochitenkalk- und Meissner-Formation abgebaut. Die aufgegebene Talmäander-Schlinge selbst ist von der Höhe **Hambach** (**48**; 484,9E; 5466,65N) zwischen Bammental und der **B 45** nördlich von Mauer gut zu überschauen. In der Umgebung von Wiesenbach bilden in Höhen von 190 m NN Buntsandstein-Gerölle der bereits erwähnten Wiesenbacher Höhenschotter den terrassenförmigen Rest eines ehemaligen Flussbetts (Löscher in Wagner & Beinhauer 1997). Nach Ablagerung der Höhenschotter kerbte sich der Neckar-Talmäander mehr als 60 m tief in die Buntsandstein-und Muschelkalk-Gruppe ein. An einem ehemaligen östlichen Prallufer dieses Talmäanders finden sich nördlich von Mauer in einer Höhe von 130 bis 160 m NN fluviatile Hochterrassen-Ablagerungen, die als „Mauerer-Sande“ bekannt sind. Sie wurden früher in einer großen Grube bei **Grafenrain/Mauer** (**46**; 485,4E; 5466,25N) abgebaut (Abb. 59 und 61) und erlangten Weltberühmtheit, nachdem von O. Schoetensack im Jahre 1907 der Unterkiefer des *Homo heidelbergensis* aus den unteren Mauerer Sanden beschrieben worden war. Ebenfalls in den Sanden gefundene Reste warmzeitlicher Säugetiere, wie z. B. Waldelefanten (*Elephas antiquus*), Waldnashorne (*Stephanorhinus hundheimensis*) oder Flusspferde (*Hippopotamus amphibius antiquus*) sowie die aus feinkörnigen Lagen gewonnenen Pollenspektren deuten an, dass die Mauerer Sande aus einer „atlantisch“ geprägten, also relativ niederschlagsreichen Klimaphase der mittleren Pleistozän-Epoche (Cromer-Zeit) stammen (v. Koenigswald in Wagner & Beinhauer 1997). Über den fossilführenden unteren Mauerer Sanden folgt eine rund 2 m mächtige tonige „Lettenbank“, dann die 7 m mächtigen oberen Mauerer Sande, die größere (durch Flusseis herangetragene?) Buntsandstein-Blöcke enthalten. Die Zusammensetzung der Kieskomponenten in den Mauerer Sanden legt nahe, dass das Einzugsgebiet des damaligen Neckars bereits bis an die Schichtstufe der Weißjura-Formation reichte, wogegen die Elsenz noch als recht unbedeutender Nebenbach von Süden her in die Neckarschleife mündete. Im Verlauf der mittleren Pleistozän-Epoche durchbrach dann der Neckar den Talmäanderhals, womit sich sein Gefälle verstärkte und auch die Elsenz ihre Rinne bis unter das Niveau des heutigen Talbodens einkerbte und gleichzeitig ihr Einzugsgebiet nach Süden ausweiten konnte. Das ehemalige Flussniveau des Talmäanders blieb als Oberkante der oberen Mauerer Sande mehr als 30 m über der heutigen Elsenz-Rinne erhalten. In einer rund 15 m mächtigen Abfolge von drei Lössdecken, welche den oberen Mauerer Sanden auflagern, wurde der rund 5 m mächtige oberste Anteil anscheinend erst zwischen 40 und 15 ka abgelagert. Da ältere Lössböden in der Abfolge wahrscheinlich Interglaziale darstellen, lässt sich für die oberen Mauerer Sande auf ein Minimalalter von rund 300 ka schließen. Das wahrscheinlichste Alter für die fossilführenden unteren Mauerer Sande wurde in den vergangenen Jahren mit Hilfe weiterer geochronometrischer Altersbestimmungen auf die Zeitspanne zwischen 470 und 600 ka eingeengt (Wagner & Beinhauer 1997). Das **Urgeschichtliche Museum** im Rathaus Mauer (**47**; 485,3E; 5465,45N) behandelt weitere interessante Aspekte der Fundstelle Grafenrain.

Bei **Eberbach** (134 m NN) durchquert der Neckar östlich einer N-S-streichenden steilen Abschiebung, welcher das Gammelsbachtal folgt, wieder tiefere Abfolgen der Buntsandstein-Gruppe. Südlich des großen Neckar-Knies erschließt das nun obsequente Tal immer höhere Einheiten der Buntsandstein-Gruppe, die in Hanglagen auch als Felsen hervortreten und an mehreren Stellen abgebaut werden. Aufschlüsse in der tieferen Buntsandstein-Gruppe finden sich z. B. in einem alten Steinbruch an der Südwestseite des **Ohrsbergs** (**50**; 498,9E; 5479,45N) und in einem Steinbruch an der **Teufelskanzel** (**51**; 500,3E; 5477,15N) entlang der **B 37** gegenüber von **Rockenau** (125 m NN). Den **Löwenfelsen** (**52**; 499,4E; 5478,5N), südlich von Eberbach, ummanteln mächtige Blockhalden im Ausbiss der Eck-Formation. In der Nähe des Gasthofs **Neckarblick** (**53**; 500,1E; 5477,95N) wurde die gut zementierte Bausandstein-Formation bis 1980 abgebaut und ein aktiver Abbau der m-mächtigen Sandsteinbänke erfolgt bis heute im Hartsandsteinwerk Schmelzer südlich von Roggenau (**54**; 499,9E; 5476,3N). Die in der Nähe gelegene **Burgruine Eberbach** (**55**; 500,0E; 5479,35N) ruht ebenfalls auf einem Felsfundament der tieferen Bausandstein-Formation.

In einer kurzen Fahrt über die L 524 lässt sich von Eberbach aus auch der nordwestlich von **Waldkatzenbach** (500 m NN) gelegene **Katzenbuckel** (**56**; 503,3E; 5479,6N) besuchen. Dieser Berg ist mit 626 m NN die höchste Erhebung des Odenwalds und besteht aus den Resten eines hydrothermal überprägten Alkalibasalt-Vulkanschlots (Frenzel 1975). Der tief erodierte Oberrand des kreisrunden Schlots, der einen Durchmesser von etwas mehr als 1 km aufweist, befindet sich heute im Ausbiss der höheren Buntsandstein-Gruppe. Fossilführende Blöcke der Opalinuston-Formation (Braunjura-Gruppe), die während der Eruptionsphase in den Schlot stürzten, sind jedoch ein Hinweis darauf, dass hier seit der Eruption von der Landoberfläche ein rund 600 m mächtiges Schichtpaket abgetragen worden ist (siehe Teil I). Die Schlotfüllung besteht vor allem aus Phonolithtuffen einer frühen, explosiven Ausbruchsphase und

**Abb. 61.** Freiliegendes Profil der klassischen Fundstätte des *Homo heidelbergensis* im Bereich der ehemaligen Grube Grafenrain bei Mauer. Die fluviatilen Ablagerungen (Mauerer Sande) einer um 700 bis 400 ka weit nach Süden ausgebauchten aufgegebenen Neckar-Talmäanderschlinge befinden sich hier nur wenige Meter über Festgesteinen der Unteren Muschelkalk-Subgruppe. Der Unterkiefer des *Homo heidelbergensis* stammt aus den unteren Mauerer Sanden; den obersten Bereich des Aufschlusses bilden drei Löss-Lössboden-Abfolgen (siehe Text).

einer Phonolith-Intrusion. Etwas später intrudierte ein kleinerer Nephelin-Syenit-Körper mit mm- bis dm-mächtigen peralkalischen Gängen, in denen für Zirkone ein Alter von 70 Ma ermittelt werden konnte (Schmitt et al. 2007). Im Gestein deutlich erkennbare Kristalle sind heller Nephelin und dunkler Pyroxen. Ein relativ hoher Anteil an Magnetit ($Fe_3O_4$) verursacht eine lokale magnetische Anomalie, die in ihrer Form den Querschnitt des Schlots nachzeichnet (Mäussnest 1974b) und die Gesteine im Gipfelbereich charakterisiert. Am Südostrand der Schlotfüllung befand sich früher ein großes Steinbruchgelände, dessen Abbauwände noch teilweise zugänglich sind und das von einem Wanderparkplatz aus entlang eines Natur-Wanderpfads erkundet werden kann. Ähnliche Vulkanite wie am Katzenbuckel extrudierten auch im weiteren Umfeld an einem System von NNE-streichenden Bruchzonen. Dazu gehören zwei 1 m breite Nephelinit-Gänge in der Unteren Muschelkalk-Subgruppe, die an der Böschung der Bahnlinie ca. 1 km nordwestlich von **Neckarbischofsheim** (**57**; 496,45E; 5460,6N) aufgeschlossen sind und nach magnetischen Vermessungen Teil eines etwa 5,5 km langen Gangsystems sind (Mäussnest 1974b). Sie haben nach K-Ar-Datierungen ein Alter von mindestens 65 Ma (Horn et al.

1972). Auch der **Steinsberg** (333 m NN) bei **Weiler** (264 m NN; **58**; 491,05E; 5451,3N) ist eine Nephelin-Basanit-Schlotfüllung mit einem Durchmesser von rund 300 m und einem Alter von mindesten 55 Ma (Mäussnest 1974; Horn et al. 1974). Kleine Teile dieses Schlots, der über einem anscheinend ebenfalls NE-streichenden Gangsystem aufragt, sind an der Burg aufgeschlossen. Auch hier belegen Fragmente der Schwarzjura-Gruppe, die in nicht mehr aufgeschlossenen Teilen der Schlotbrekzie gefunden wurden, den Abtrag der Landoberfläche seit der Zeit des Ausbruchs.

Folgt man dem Neckar von Eberbach flussaufwärts, so beobachtet man nun an den Talflanken kurze, steile und in die Buntsandstein-Gruppe eingekerbte „Klingen" von Nebenbächen, deren Oberlaufstrecken häufig wesentlich breiter und meist konsequent SSE-gerichtet sind, wahrscheinlich also erst in geologisch jüngster Zeit vom Neckar her angezapft wurden. Die Aufschlüsse der rund 8° SE-einfallenden Schichten der höheren Buntsandstein-Gruppe im Raum Eberbach-Neckargerach-Margaretenschlucht-Binau-Obrigheim illustrieren den Hauptkonglomerat-Progradationszyklus und den darauf folgenden Röt-Retrogradationszyklus, der mit der Transgression des Muschelkalk-Meeres endete. In den Bankfolgen der Bausandstein- und Hauptkonglomerat-Formation (hier auch als Volpriehausen-, Detfurth- und Hardegsen-Formation bezeichnet) sind die N- bis WNW-einfallenden planaren bis bogigen Schrägschichtungsblätter ein Hinweis, dass die Ablagerung der kiesigen Sande in breiten lateral überlappenden bis verzweigten Flussrinnen erfolgte, wogegen die zunehmend feinsandigen und durch E-einfallende Schrägschichtungsblätter gekennzeichneten Bankfolgen sowie Schluff-Tonschichten der Plattensandstein-Formation bereits in mäandrierenden Rinnen auf einer schlammigen Tiefebene sedimentiert wurden (Backhaus et al. 2002). Im Bereich **Zwingenberg** (148 m NN) befindet man sich noch im Niveau der Bausandstein-Formation, die in der **Wolfsschlucht** nordwestlich der **Burg Zwingenberg**, aber auch direkt am Ostende der Burg aufgeschlossen ist (**59**; 502,6E; 5474,5N). Bei **Neckargerach** (137 m NN) durchquert der Neckar eine NE-streichende Störung, an welcher der südöstliche Bereich bis zu 100 m gegenüber dem nordwestlichen angehoben wurde. Höhere Teile der Bausandstein- und Hauptkonglomerat-Formation sind hier in einem gut zugänglichen alten Steinbruch (**60**; 504,85E; 5471,5N) nordwestlich von **Guttenbach** (142 m NN), an einem Straßenanschnitt (**61**; 505,6E; 5471,15N; Abb. 26 e) der B 37 am Südrand von Neckargerach, am **Gickelfelsen** und in der **Margaretenschlucht** (**62**; 506,3E; 5470,75N) ausgezeichnet aufgeschlossen. Weitere kleine, längst aufgegebene Steinbrüche in der **Tiefensteigklinge** (**63**; 505,65E; 5473,2N) nördlich von Neckargerach und südwestlich oberhalb von Guttenbach (**64**; 504,8E; 5470,2N), befinden sich bereits in der Plattensandstein-Formation. Ein vormals 70 m über der heutigen Talsohle gelegener und weit nach Westen ausgebauchter, aufgegebener Talmäander lässt sich von

**Abb. 62.** Blick nach Osten auf die aufgegebene Talmäander-Schleife von Neckarkatzenbach im Übergangsbereich zwischen den tonigen Schichten der obersten Buntsandstein-Gruppe und der basalen Muschelkalk-Gruppe.

einem Aussichtpunkt südlich von **Neckarkatzenbach** (204 m NN, **65**; 502,5E; 5469,75N) gut einsehen (Abb. 62), wobei die Südhälfte des ehemaligen Talbodens entgegen der ursprünglichen Fließrichtung des Neckars vom Krebsbach entwässert wird.

Bei **Binau** (145 m NN) befindet sich der Ausbiss der Plattensandstein-Formation bereits im Flussniveau. Die gut gebankten Sandsteine wurden hier am Westufer in einem Steinbruch (**66**; 503,5E; 5468,45N) abgebaut. Sie sind aber auch in der **Klingenbächle-Klamm** (**67**; 503,7E; 5467,7N) bei **Mörtelstein** (210 m NN) zu studieren. Travertin-Bildungen im Bachbett der Klamm deuten bereits den Austritt von Grundwässern an, die durch die überlagernde Muschelkalk-Gruppe infiltrierten. Am Oberrand des Tals lassen sich südöstlich von Mörtelstein (**68**; 503,9E; 5467,5N) Dolomitsteine und Wellenkalke der Jena-Formation in zwei alten Tunnelportalen und in einer Straßenböschung an der Freizeitanlage südlich des ehemaligen Kernkraftwerks Obrigheim (**69**; 505,4E; 5467,55N) studieren. Am Ostufer des Neckars markieren die **Burgruine Dauchstein** (**70**; 505,2E; 5468,45N) und der kleine Steinbruch am Eingang zur Ludolfsklinge (**71**; 507,05E; 5468,1N) noch den Ausbissbereich der Plattensandstein-Formation.

Die deutliche Talverbreiterung von **Obrigheim** (147 m NN) entspricht einer weiteren aufgegebenen Talmäanderschlinge, hier bereits über dem Ausbiss der Röt-Formation. In diesem 30 bis 40 m über der heutigen Rinne gelegenen Talmäander finden sich, ähnlich wie in Mauer, sandig-kiesige Hochterrassenreste mit Komponenten aus der Buntsandstein- und Muschelkalk-Gruppe. Diese Hochterrasse wurde vormals in heute verwachsenen Gruben westlich des Kernkraftwerks abgebaut. Ein Rest der durch aussickernde Grundwässer kalkig zementierten Schotter ist nur noch am südwestlichen Ende der „Unteren Halde“ (**72**; 504,05E; 5467,6N) in einem kleinen Anriss erhalten geblieben.

Südlich von Obrigheim durchquert der **Luttenbach** (**73**; 506,85E; 5465,3N) in klammartigen, tieferen Abschnitten bereits die mergelig-dolomitisch-kalkigen Mosbach-Schichten der unteren Jena-Formation. Diese sind am nördlichen Portal des ehemaligen Karlsberg-Tunnels und in der Böschung eines Forstwegs etwas weiter talaufwärts aufgeschlossen und an der Zufahrt zum Tunnel teilweise von Travertin bedeckt. In der Mittleren Muschelkalk-Subgruppe wurden bis Mitte des 20. Jahrhunderts zu verschiedenen Zwecken aufwendige Stollensysteme angelegt; die Portale sind zum Teil noch erhalten. Auch heute wird von der Heidelberger Cement AG in einem Stollen, der in einen etwas weiter südlicheren Bereich des westlichen Neckar-Talhangs vorgetrieben wurde, aus der Mittleren Muschelkalk-Subgruppe Gips gewonnen. Erste Böschungsanschnitte der Trochitenkalk-Formation finden sich entlang des Forstwegs im obersten Luttenbach-Tal. Aufschlüsse der Jena-Formation finden sich auch an der Zufahrt und im Burggraben von **Schloss Neuburg** (**74**; 506,9E; 5465,7N), außerdem in einer aufgelassenen großen, umzäunten Steinbruchwand (**75**; 504,7E; 5466,25N) an der **K 3942** westlich von Obrigheim. Östlich des Neckars bilden in **Mosbach** (156 m NN) Abfolgen der tieferen Jena-Formation einen Bahnanschnitt nordwestlich der Altstadt (**76**; 510,5E; 5467,3N) und eine Straßenböschung oberhalb der Kehre der **L 527** nordöstlich von Mosbach (**77**; 511,45E; 5467,2N). Folgt man dieser Straße etwa 1 km nach Südosten, so gelangt man in den Ausbiss der Trochitenkalk-Formation, die hier in einem alten Steinbruch abgebaut wurde (**78**; 511,85E; 5466,6N). Auch südöstlich von **Neckarzimmern** (150 m NN) erschließen Bahnböschungen im Ortszentrum (**79**; 509,65E; 5462,95N) und eine schöne Felsklippe am langen Neckar-Prallhang (**80**; 509,1E; 5462,65N), der von einer Holzhütte an der L 588 über einen Pfad gut zu erreichen ist, Mosbach- und Wellenkalk-Schichten mit typischen dünn-laminierten Kalklagen, Strömungsrippelmarken, Rinnenbildungen und Gleitfalten (Abb. 29). Die **Nothburgahöhle** ist ein Hinweis auf die Verkarstung der Schichten im Untergrund.

Am gegenüberliegenden Neckarufer überragen höchste aufgegebene Neckarschlingen mit Höhenschottern den heutigen Talboden um 130 m; weitere breite, von Löss bedeckte Terrassen befinden sich rund 40 bis 50 m über dem Talboden. Die Lössdecke dieser Terrassen ist südwestlich von **Haßmersheim** (148 m NN) in Böschungen der **L 588** (**81**; 509,6E; 5460,5N) angeschnitten. Etwas weiter südlich begleiten das Tal noch jüngere, 5 bis 15 m über dem Neckar gelegene Flussterrassen. Gute Ausblicke auf die unterschiedlich hohen Terrassenniveaus hat man vom **Schloss Guttenberg** (**82**; 509,8E; 5458,6N) und von der **K 2032** nordöstlich von Gundelsheim (**83**; 512,5E; 5459,6N). Während hier am Neckar über der Mittleren Muschelkalk-Subgruppe flache Uferhänge vorherrschen, ist der Ausbiss der Trochitenkalk- und Meissner-Formation durch deutlich steilere Hangbereiche und zahlreiche punktuelle Aufschlüsse gekennzeichnet, so z. B. in einem alten und gut zugänglichen Steinbruch an einem Forstweg nordöstlich von Böttingen (**84**; 510,85E; 5460,0N), in einem aktiven Steinbruch der Heidelberg Cement AG an der **L 528** (**85**; 508,3E; 5460,5N), in gut zugänglichen Weinbergen nordwestlich von **Schloss Horneck** (**86**; 511,25E; 5459,4N), im großen alten Steinbruch an der **L 528** (**87**; 510,8E; 5457,75N) sowie in der **Gäßnerklinge** (**88**; 510,5E; 5457,3N) nördlich von **Heinsheim** (201 m NN). An der **B 27** ist die Trochitenkalk-Formation im alten Steinbruch südlich von Gundelsheim (**89**; 511,3E; 5457,1N) zu studieren und an der Kläranlage westlich von Gundelsheim zumindest einsehbar (**90**; 510,7E; 5459,5N). Eine typische Trockental-Dolinenlandschaft auf der Oberen Muschelkalk-Subgruppe ist die **Hirschbreischüssel**, rund 1,5 km nördlich von **Tiefenbach** (233 m NN; **91**; 514,3E; 5461,35N).

Den Übergang von der obersten Muschelkalk-Gruppe in die basale Keuper-Gruppe erschließt ein alter Steinbruch am Burg-Parkplatz (**92**; 510,65E; 5462,6N) der **Burg Hornberg** oberhalb von Neckarzimmern und der Bahnübergang der **L 588** rund 1 km nördlich von **Bad Wimpfen** (195 m NN; **93**; 511,15E; 5454,3N). Hier und im aktiven Abbaubereich der Baden-Württembergischen Steinbruchbetriebe im **Anbachtal** (**94**; 511,8E; 5460,5N) rund 1 km nördlich von Gundelsheim beobachtet man kräftige Schichtverstellungen an NW-streichenden Störungen, die auch die Hauptsandsteinrinnen in der Erfurt-Formation durchschlagen. Aufschlüsse der Erfurt-Formation gibt es ca. 2 km weiter südöstlich in einem alten Steinbruch am Ortausgang von **Bachenau** (241 m NN; **95**; 513,7E; 5458,9N) und am Westrand des **Schlossbergs** (**96**; 508,6E; 5457,7N) ca. 2 km östlich von **Siegelsbach** (270 m NN).

## **Exkursionsgebiet 8:** Westlicher Oberrhein-Graben und Pfälzerwald

(Abb. 57, S. 228)

**Karten**: Topographische Karte – 1:50 000, Wandern und Radwandern in der Südpfalz. Topografische und geologische Karten 1:25 000: 6514 (Bad Dürkheim W), 6614 (Neustadt a.d. Weinstraße), 6615 (Hassloch), 6616 (Speyer), 6713 (Annweiler am Trifels), 6714 (Edenkoben), 6715 (Zeiskam), 6716 (Germersheim), 6812 (Dahn), 6813 (Bad Bergzabern), 6814 (Landau i. d. Pfalz), 6815 (Herxheim), 6913 (Oberrotterbach), 6914 (Schaidt), 6915 (Wörth a. Rhein), 3914OT (Wissembourg), 3914ET (Haguenau). Geologische Übersichtskarte 1:200 000 CC 7110 (Mannheim).

### *Allgemeines*

Das Exkursionsgebiet ist am besten über die **A 65** (Karlsruhe-Neustadt) und die **B 427** (Kandel-Bad Bergzabern-Dahn) sowie über die **B 9** oder die **B 10**

(Landau-Queichtal) oder die **B 39** (Speyer-Neustadt) zu erreichen. In den südwestlichen Bereich gelangt man über die B 9 und die Landesstraßen im nördlichen Elsass. Auch von der **Deutschen Weinstraße**, die dem Fuß der Pfälzerwald-Grabenschulter folgt, zweigen zahlreiche Landesstraßen sowohl nach Westen in die Schulter als auch nach Osten ins Grabeninnere ab (Abb. 57)

Überquert man den Rhein bei Iffezheim, Karlsruhe oder weiter im Norden, so befindet man sich vorerst noch in der rund 4 km breiten westlichen Rheinniederung, unter der die Kieslager der höheren Rastatt-Abfolge kaum mehr als 20 m mächtig sind und gegen Westen auskeilen. Jüngste Sedimente, gelegentlich am Rand von Baggerseen angeschnitten, sind entweder 5 bis 10 m mächtige Abfolgen von cm- bis dm-mächtigen Feinsand-Schluff-Schichten, die noch vor der Regulierung des Rheins von Hochwässern über die Ränder der mäandrierenden Rinnen hinaus abgelagert wurden oder m-hohe Sand-Kies-Rippen der ehemaligen Gleitufer freier Mäander. Verlandende Feuchtgebiete mit breiten Schilfgürteln deuten den Verlauf vormaliger Rheinrinnen an. Aufgrund der allgemein geringen Grundwasser-Flurabstände (< 1,5 m) kommt es bei höheren Wasserständen in der Rheinrinne durch aufsteigendes „Druckwasser“ auf Landwirtschaftsflächen oder in den Restbeständen ehemaliger Auen häufig auch außerhalb der Dämme zu lokalen Überflutungen.

Wie das östliche, so ist auch das westliche Hochgestade am Rand der Rheinniederung eine Abfolge ehemaliger, westwärts ausgebauchter Mäander-Prallhänge, an deren Basis aussickerndes Grundwasser Schilfstreifen aufrechterhält. Die Oberkante des Hochgestades fällt von rund 130 m NN bei **Soufflenheim** im Elsass bis auf rund 100 m NN bei **Speyer** ab. Bezogen auf das Niveau des Rheins erhebt sich das westliche Hochgestade etwas höher als das östliche. Außerdem ist die rund 20 km breite Landoberfläche westlich des Rheins im Gegensatz zur rund 15 km breiten und flachen östlichen Niederterrasse durch rippenförmig-konvexe, km-breite Riedel-Rücken und dazwischen liegende Schwemmfächer gegliedert (Abb. 57). Die trockenen und von Löss bedeckten ENE-gerichteten Riedelrücken steigen bis an den Grabenrand um mehr als 100 m über das Niveau des Hochgestades an und verbreitern sich dabei. Dagegen steigen die Oberflächen der Schwemmfächer zum Grabenrand hin nur rund 20 m an und verschmälern sich dabei deutlich (Abb. 45). Die oberflächennahen Kernbereiche der Riedel-Rücken bestehen im Westen aus Weißsanden der Riedseltz-Formation (Pliozän-Epoche), wobei Schichten mit blockigen Geröllen der Buntsandstein-Gruppe in der obersten Riedseltz-Formation des Grabenrandbereichs möglicherweise eine reliktische Aggradations-„Fußfläche“ der Pliozän-Epoche andeuten, die einer weitverbreiteten erosiven Landterrasse („Dahner Fläche“) in Höhen um 300 bis 320 m NN innerhalb der Pfälzerwald-Grabenschulter entsprechen könnte (Stäblein 1968; Bartz 1982). Gegen Osten bestehen die Riedelrücken unter der Lössdecke aus immer jüngeren Sand- oder Kies-Schichten der Pleistozän-

Epoche, was die geologisch langfristige ENE-Kippung des Untergrunds im Verlauf der Pleistozän-Epoche belegt. Der auffallendste Riedelrücken ist der breite **Lauterbach-Rücken**, der nicht nur mit einer besonders hohen Hochgestadekante einsetzt, sondern auch ein eigenes, abnormal SW-gerichtetes dendritisches Bachnetz aufweist (Abb. 47). Auf den Lössflächen der Riedel-Rücken sind die Abfolgen von ENE-abfallenden Spornen und Dellen wahrscheinlich – ähnlich wie im Kraichgau – Hinweise auf die erodierende Wirkung von WSW-Stürmen und auf ENE-gerichtete Löss-Schwemmlöss-Umlagerung im Verlauf der späten Pleistozän-Epoche. Die tiefgründigen kalkreichen Lössböden wurden schon von neolithischen Siedlern bewohnt und ermöglichen seit den Tagen der römischen Kolonisation besonders an den sonnseitigen Flanken einen lukrativen Weinbau. Auf den zwischen den Riedelrücken eingebetteten Schwemmfächern durchqueren die von Westen kommenden Rinnensysteme **Eberbach-Sauer**, **Lauter-Otterbach**, **Klingbach**, **Queich** und **Modenbach-Speyerbach** den westlichen Oberrhein-Graben, wobei sich die heutigen Bäche am Grabenrand mehr als 100 m unter den Oberkanten der Riedel-Rücken befinden, dann das Niveau der obersten Riedseltz-Formation ungefähr 10 km westlich des Rheins durchschneiden und schließlich rund 40 bis 80 m über der Oberkante der Riedseltz-Formation in den Rhein münden. Die Schwemmfächer-Oberflächen bestehen meist aus wenigen m-mächtigen rötlichen, sandigen Kiesen der Pleistozän-Epoche (**Vogesen-**, **Bienwald-** und **Hardt-Schotter**) und einer ebenso geringmächtigen Flugsanddecke, die nur im Norden in niedrige Dünenzüge übergeht. Leicht nach Westen ansteigende schmale Terrassen am Rand der Riedelrücken sind wahrscheinlich die Reste älterer, angehobener bzw. gekippter und dann erodierter Schwemmfächer. Obwohl sich die Bäche in der Holozän-Epoche besonders im Bereich des Hochgestades mehrere Meter tief in die Schwemmfächer einkerben konnten, bilden die Bachrinnen selbst häufig eng gewundene, von Pappel-Schwarzerlen-Beständen gesäumte Mäander. Es ist möglich, dass die Entwicklung dieser Mäander auf die jüngste Schluff-Aggradation in der Rheinniederung und eine dadurch verursachte Gefällsverringerung zurückzuführen ist. Auf den flachgründig-trockenen Braunerde-Böden der Schwemmfächer dominieren jedenfalls Wirtschaftswälder (**Forst Hagenau**, **Bienwald**, **Bellheimer Wald**, **Speyerer Stadtwald**). Tiefere Schichten der westlichen Grabenfüllung wurden im Verlauf der Kohlenwasserstoff- und Thermalwasser-Exploration zwar in zahlreichen Bohrungen erkundet, sind an der Oberfläche jedoch meist nur in kleinen Aufschlüssen in vereinzelten tektonisch angehobenen Horsten und vor allem in der Nähe des Grabenrands anzutreffen. Auf ihr Vorhandensein direkt unter m-mächtigen Lössdecken deuten gelegentliche salzige „Schwefelquellen“ hin, die bis heute in Ortsnamen wie Sulz, Silz, Seltz oder Pechelbronn zum Ausdruck kommen. Aus oberflächennahen Na-

Cl-Wässern, die meist signifikante Anteile von Jod und Brom führen, wurde in Salinen des nördlichen Elsass zeitweise sogar Salz gewonnen.

Nicht nur das Grabeninnere, sondern auch der westliche Grabenrand unterscheidet sich deutlich vom östlichen. Obwohl hier die Grabenschulter ebenfalls recht abrupt in einer Stufe 100 bis 300 m über das Grabeninnere ansteigt und der Saxothuringische Kristalline Sockel an den Flanken einiger tief eingekerbter Talausgänge in kleinen Aufschlüssen an der Landoberfläche zu sehen ist, sind auf der Grabenschulter deutliche Schichtstufen kaum entwickelt. Im Ausbiss der 1 bis 3° (rund 30 bis 50 m/km), WNW-einfallenden Rotliegend-, Zechstein- und Buntsandstein-Gruppe dominieren vor allem spitzwinklig zum Schichtstreichen schmale, km-lange Rücken, deren Ausrichtung und Form vor allem durch N- bis NE-streichende tektonische Kluftscharen und Störungen vorgegeben sind. Außerdem unterstreichen zwei breite Ausbuchtungen des Grabenrands im Zaberner Bruchfeld und im Mainzer Becken deutlich die Asymmetrie des nordzentralen Oberrhein-Grabens. Hebung und Abtrag der Germanischen Tafel setzten hier bereits vor Beginn der Absenkung des Grabeninneren ein, da konglomeratische Schichten der Oligozän- und Miozän-Epoche im nordwestlichen Grabeninneren von Geröllen der Buntsandstein-Gruppe dominiert werden, weiter südwestlich dagegen gleichaltrige Konglomerate vor allem aus Geröllen der Muschelkalk-Gruppe bestehen (Kessler 1909; Illies 1963; Doebl & Bader 1970). Die erosive Gestaltung der kasten-, kegel- bis rippenförmigen Bergkuppen im Ausbiss der Buntsandstein-Gruppe erfolgte jedoch wahrscheinlich erst in den letzten 3 bis 4 Millionen Jahren. Den Charakter der steilen Berghänge prägen heute durch Aufforstung geförderte Kiefernwälder, in denen vereinzelte Bereiche ursprünglicher Buchen-Eichen-Mischwälder und lokale Bestände mit hohen Anteilen an Esskastanien (*Castanea sativa*) auffallen.

Zum systematischen Verständnis der geologischen Einheiten soll zuerst das südwestliche Grabeninnere, dann der unmittelbare Grabenrand und schließlich die Buntsandstein-Tafel des „Dahner Felsenlands“ behandelt werden.

### *Das südwestliche Grabeninnere*

Auf den gegen Westen ansteigenden Riedelrücken sind kleine Löss-Aufschlüsse an fast allen Hohlwegen oder Straßenböschungen anzutreffen, die quer zu den Rücken verlaufen. Gegen Osten finden sich, sowohl unter den mehrere Meter mächtigen Lössdecken als auch unter dünnen Kieslagen der Schwemmfächer, gelegentlich fluviatile Rheinsande („Schneckensande“) und tonige Zwischenschichten der tieferen (= älteren) Rastatt-Abfolge. Diese durch Kalkzement leicht verfestigten und in Aufschlüssen rippenförmig verwitternden Sande, die gegen Westen auskeilen, wurden zumindest zum Teil noch in wärmeren Intervallen der mittleren Pleistozän-Epoche (Cromer-Interglazial?) abgelagert. Tonige Zwischenschichten wurden im Raum **Jockgrim-Rheinzabern-Herxheim-Römerberg** in dem schmalen Streifen zwischen der Hochgestade-Kante und den Flanken der Riedelrücken häufig als Ziegel-Rohstoff abgebaut. Bereits zur Zeit der römischen Kolonisation war Rheinzabern – damals noch an einer Mäanderschlinge des Rheins gelegen – ein regionales Zentrum der Ziegelherstellung und der Terra Sigillata-Manufaktur. Obwohl bis heute das Wort „Ziegelei" häufig in Lokalnamen aufscheint, sind vormalige Grubenwände meist vollständig überwachsen oder am Rand von Deponien nur mehr schwer zugänglich. Die älteren Rheinsande sind jedoch unter Lössdecken bei **Jockgrim** (**1**; 448,8E; 5438,5N), in einem nach Osten vorspringenden Sporn des Hochgestades und am Westrand von **Herxheimweyher** (**2**; 444,95E; 5444,8N) und in einer Sandgrube am Südrand eines Riedelrückens noch(!) zugänglich. Auch weiter südlich sind an dem hier deutlich ausgeprägten Hochgestade in **Soufflenheim** (130 m NN, **3**; 423,0E; 5408,3N) und **Munchhausen-Mothern** (**4**; 437,6E; 5420,3N) unter jüngeren rötlichen „Vogesensanden", Kieslagern, Lössdecken und Flugsanden gelegentlich kleine Anschnitte der älteren grauen „Rheinsande" zu sehen. In Soufflenheim besteht die Basis des hier rund 15 m hohen Hochgestades aus hellen Sanden, kohligen Lagen und hochwertigen blaugrauen „Töpfertonen" der Riedseltz-Formation (Pliozän-Epoche), die schon lange vom bekannten Töpferei-Gewerbe in Soufflenheim genutzt wurden. Nur 15 km weiter östlich befinden sich diese Schichten schon mehr als 80 m unter der Landoberfläche.

Wenige Kilometer westlich des Hochgestades überlagern Löss oder sandige Kiese der jüngeren Pleistozän-Epoche diskordant die Weißsande der Riedseltz-Formation (Bartz 1982; Kärcher & Elsass 2004). Die Weißsande werden bis heute nördlich von **Riedseltz** (**5**; 424,3E; 5428,45N) im Kern eines Riedels in einer großen, sehenswerten Grube abgebaut (Abb. 35a). Hellgraue Quarzsande mit dünnen kohligen Lagen gehen hier nach oben in kiesige fluviatile Rinnenfüllungen über und werden dann entlang einer unregelmäßigen Erosionsfläche von mächtigen Lössschichten überdeckt. Der bei Riedseltz abnormal nach Süden fließende **Hausauser-Bach** folgt anscheinend der N-streichenden **Leitersweiler-Abschiebung**, die zu einem Störungssystem gehört, das schräg zum Rand des Oberrhein-Grabens verläuft und an dem möglicherweise auch das Erdbeben von Wissembourg-Seltz (1952) erfolgte. In der oben genannten Grube wurde anscheinend die Riedseltz-Formation an einem Zweig dieser Störungszone versetzt (Monninger 1985). Helle Sande und blaugraue Tone der Riedseltz-Formation unterlagern auch m-mächtige „Vogesen-Schotter" der jüngeren Pleistozän-Epoche in einer Grube westlich von **Soufflenheim** (**6**; 422,2E; 5409,9N). Gegen Nordosten ist die Riedseltz-Formation nochmals nördlich von **Barbelroth** (**7**; 432,55E; 5440,15N) in einer heute weitgehend bewaldeten Abbauwand einer ehemals großen Sandgrube aufgeschlossen

(Abb. 35b). Hier überlagern m-mächtige bräunliche Schotter- und Flugsanddecken der Pleistozän-Epoche die hellgelblichen bis hellgrauen Sande der Riedseltz-Formation. Früher wurden außerdem am **Kaiserberg** bei **Heuchelheim**, bei **Klingenmünster**, **Ingenheim** und **Niederhorbach** sandig-schluffige Lockergesteine der älteren Pleistozän-Epoche bis ins Niveau der Weißsande abgebaut (Monninger 1985). Die Wände dieser Gruben sind heute überwachsen oder bilden die Peripherie eingezäunter Deponien.

Schichten der älteren Grabenfüllung überragen nur vereinzelt die nach Westen ansteigenden Schwemmfächer oder Riedel-Rücken. Wo sie jedoch in der Nähe der Landoberfläche ausstreichen, handelt es sich meist um Kippschollen im Liegenden W-fallender Abschiebungen. So überragen z. B. bei **Büchelberg** im **Bienwald** (140 m NN; **8**; 438,9E; 5430,3N) lakustrine knolligkalkige Hydrobien-Schichten der Miozän-Epoche in einem Horst den Lauter-Otterbach-Schwemmfächer um fast 30 m (Illies et al. 1981; Monninger 1985). In den Schichten des Horsts, die von NNW-streichenden Abschiebungen und NNE-streichenden Transferstörungen begrenzt werden und noch in kleinsten Aufschlüssen nordwestlich von Büchelberg anzutreffen sind, bohrte man schon um 1900 nach Erdöl. Als nach einem kurzfristig aktiven „Blowout" Gas aus 300 m Tiefe an die Oberfläche strömte, fing ein Bohrturm Feuer und brannte ab. Südlich der Lauter erschloss man später in den sandigen Schichtgliedern im Liegenden einer ebenfalls von W-fallenden Abschiebungen begrenzten Kippscholle das Erdölfeld **Scheibenhardt** (140 m NN, **9**; 435,8E; 5424,7N). Auch andere kleine Erdöl- und Erdgasvorkommen westlich von Karlsruhe (Offenbach, Hayna, Minfeld) halten sich meist an Sandlinsen in leicht ostwärts gekippten Schollen, die von W-fallenden Abschiebungen bzw. tonigen Schichten im Hangenden der Abschiebungen begrenzt werden.

Besonders interessant hinsichtlich ihrer Bedeutung für die frühe Entwicklung der Erdölindustrie im Oberrhein-Graben ist der NE-streichende Schollenzug im Bereich **Pechelbronn** (rund 200 m NN). Obwohl sich auch hier die früher gut zugänglichen, sandigen Schichtabfolgen der Pechelbronn-Gruppe kaum mehr in Aufschlüssen studieren lassen, bilden sie nur wenige Meter unter der von Löss bedeckten Landoberfläche einen rund 7 km breiten Streifen, in dem Kippschollen der Grabenfüllung von meist W-fallenden Störungen begrenzt werden (Abb. 48b). Den Porenraum der Sande füllen sowohl „festes" Bitumen als auch zähflüssige Öle. Diese wurden in der Vergangenheit übertage und untertage bis in Tiefen von 400 m aus Schächten und horizontalen Strecken gefördert. Qualitativ hochwertigere Öle wurden mit zahlreichen Bohrungen in größeren Tiefen erschlossen (Schnaebele 1948; Sittler et al. 1995). Die bedeutendsten oberflächennahen Abbaue (Mines d'Asphalte de Lobsann) in diesem ehemals größten Erdölbezirk des Oberrhein-Grabens befanden sich rund 1 km nordwestlich des heutigen Zentrums von **Lobsann** (190 m NN; **10**; 414,7E; 5425,2N) und damit fast am Grabenrand (Haas & Hoffmann 1928).

Mehrere kegelförmige Halden, die zwischen **Gunstett** (180 m NN) und Lobsann den NE-streichenden Rücken überragen, markieren die Lage größerer Schächte („puits") ehemaliger Untertagebergbaue. Die Halden enthalten Brocken jener mergeligen Gesteine, die im Untergrund mit den ölführenden Sanden wechsellagern. Ein kleines Museum in Pechelbronn erinnert an die glorreiche Zeit des Ölbooms im Nordelsass, der Anfang des 20. Jahrhunderts zu Ende ging. Seit Beginn des 20. Jahrhunderts werden die hier im Untergrund angetroffenen Na-Ca-Cl-Formationswässer als Mineral- oder Thermalwässer genutzt (Soultz-les-Bains, Morsbronn, Niederbronn, Merkwiller-Pechelbronn usw.). So enthalten z.B. in Morsbronn Na-Ca-Cl-$SO_4$-Thermalwässer, die Temperaturen um 40 °C aufweisen und aus den hier 300 bis 500 m tief gelegenen Muschelkalk- bzw. Buntsandstein-Aquiferen gewonnen werden, 4 bis 5 g/l an gelösten Festsubstanzen. In Merkwiller-Pechelbronn hat man in Tiefen bis 1 km sogar Thermalwasser mit bis zu 20 g/l an Festsubstanzen und Temperaturen > 60 °C erschlossen. In den vergangenen Dekaden wurden westlich von **Soultz-sous-Forêts** (200 m NN; **11**; 416,9E; 5420,9N) Forschungstiefbohrungen bis 5 km weit in die granitisch-granodioritischen Sockelgesteine bis unter die Grabenfüllung und die Schichten der Germanischen Tafel vorgetrieben. Wasser mit Temperaturen > 200 °C wird hier aus dem durch künstlich induzierte Brüche geschaffenen Sockel-Aquifer gefördert und zur geothermischen Energiegewinnung genutzt (siehe Teil I).

## *Der Grabenrand*

Zwischen den beiden Ausbuchtungen des westlichen Oberrhein-Grabens (Zaberner Bruchfeld und Mainzer Becken) bildet die NE-streichende **Rhein-Hauptabschiebung** von **Wissembourg** bis **Bad Dürkheim** über längere Strecken den Nordwestrand des Oberrhein-Grabens, wobei sie jedoch nicht nur von parallel zum Grabenrand verlaufenden Flexuren, sondern auch von N- bis NNE-streichenden, schräg zum Grabenrand ausgerichteten Störungen begleitet wird. Metasedimentäre und granitische Sockelgesteine, die dem Krustenstreifen des Saxothuringikums zugehören, sind bis in Höhen < 300 NN an einigen Talausgängen aufgeschlossen (Flöttmann & Oncken 1993; Reischmann & Anthes 1996). Auf ihnen ruht die zum Südrand des Saar-Nahe-Beckens hin von 200 m auf 20 m ausdünnende Rotliegend-Gruppe, die sich aus Basalten, andesitischen Basalten oder Rhyolithen der Donnersberg-Formation und aus blass-roten massigen Schwemmfächer-Ablagerungen der Wadern-Formation zusammensetzt. In der grobkörnigen Wadern-Formation finden sich neben Geröllen aus Granit und Schiefern des Sockels auch basaltische und rhyolithische Komponenten der basalen vulkanischen Ablagerungen. Über der Rotliegend-Gruppe folgen Tonstein-Feinsandsteine der Queich-Schichten (10 bis 80 m mächtig), Dolomit-Schluffstein-Lagen der Rothenberg-Schichten (< 4 m mächtig) und Fein- bis Mittelsandsteine oder Tonsteine der Annweiler-Schichten (70 bis 90 m mächtig). Im Ausbiss bildet diese Abfolge, die zum Teil eine beckenrandnahe Fazies der Zechstein-Gruppe darstellt, eine deutliche Verebnung der Landoberfläche. Darüber erheben sich in steilen Hängen und Felsrippen die zusammen > 250 m mächtigen Trifels-, Rehberg- und Karlstal-Schichten der Buntsandstein-Gruppe. Lokal kräftige Verkieselung und Bleichung eines bis zu 1 km breiten Streifens am Außenrand der Grabenschulter belegen eine vormals intensive Bewegung reduzierender Fluide durch den Porenraum der Sandsteine.

Da der westliche Grabenrand im Streichen deutlich segmentiert ist, soll er von Südwesten nach Nordosten fortschreitend besprochen werden. Südwestlich von **Wissembourg** ist die rund 1 km mächtige Abfolge der Germanischen Tafel innerhalb des 10 km breiten **Zaberner Bruchfelds,** zwischen den NE-streichenden Störungen der **Vogesen-Störungszone** im Westen und der **Rhein-Hauptabschiebung**, in mehrere Kippschollen aufgelöst. Die Abschiebungen im Hangenden und Liegenden der Kippschollen sind lokal an wahrscheinlich jüngeren N- bis NNE-streichenden Störungen versetzt. Mit einem Versatz von rund 200 m an der Vogesen-Störungszone, tritt bei **Windstein** nordwestlich der Störung sogar der Kristalline Sockel in Form eines Granodiorits (Zirkonalter 345 Ma, Reischmann & Anthes 1996) am Talboden zutage. Die den Granodiorit überlagernden Fanglomerate der Rotliegend-Gruppe sind hier nur rund 20 m mächtig und keilen unter der Buntsandstein-Gruppe nach Süden aus. Südöstlich der Vogesen-Störung bilden dann am Nordende des Zaberner Bruchfelds mehrere komplex verkippte Schollen der Muschelkalk-Gruppe den **Lembach-Graben**, der auch gegenüber dem 2 km breiten **Hochwald-Horst**, welcher den Außenrand der Grabenschulter bildet, mehr als 500 m abgesenkt wurde (Abb. 57). Den südöstlichen Außenrand der Grabenschulter bildet die Rhein-Hauptabschiebung, die hier einen Versatz von rund 1,2 km aufweist. Der Hochwald-Horst ist auch Teil einer zum Grabeninneren einfallenden Flexur, in der Schichten der Germanischen Tafel bis 40° nach Südosten gekippt wurden. So sind z. B. nördlich von **Cleebourg** (200 m NN) direkt am Grabenrand rund 30°SE-einfallende, dickbankige und teilweise gebleichte Trifels-Schichten in einem Steinbruch (oberhalb der D77; **12**; 418,85E; 5429,55N) ausgezeichnet aufgeschlossen. In nordöstlicher Verlängerung des Hochwald-Horsts werden dann am Rand des **Lautertals** westlich von **Weiler** (bis **St. Germanshof**, 170 m NN; **13**; 419,9E; 5432,9N) ENE-streichende, steil einfallende metasedimentäre Wechselfolgen aus Grauwacken-Sandsteinen und Chlorit-Serizit-Schiefern der frühen Paläozoikum-Ära und mafisch-felsische (?) Gänge von bis zu 20 m mächtigen Fanglomeraten der Rotliegend-Gruppe überdeckt. Grabenwärts bilden auch hier 30° bis 40° SE-einfallende Schichten der Buntsandstein-Gruppe und die hier nur rund

100 m mächtige Muschelkalk-Gruppe eine 1 bis 2 km breite Flexur, die sich in kleinen Aufschlüssen nordöstlich Weiler über die Taleinschnitte des Russbachs und Otterbachs bis nach Bad Bergzabern verfolgen lässt. Vom westlichen Ortsende von Wissembourg bis nördlich von Bad Bergzabern wird die Rhein-Hauptabschiebung innerhalb der Grabenschulter von der Haardt-Abschiebung begleitet. Jedoch nur eine kurze Strecke flussaufwärts bestehen im Lautertal die Hänge bereits aus flach liegenden Trifels-Schichten, die z. B. in der scharfen Krümmung der Lauter an der L 478 westlich von **St. Germanshof** (**14**; 418,1E; 5433,2N) aufgeschlossen sind. Von hier an verringert sich gegen Nordosten der Versatz an den Störungen des Zaberner Bruchfelds. Auch die NE-streichende, 70 bis 80° SE-einfallende **Vogesen-Störung**, an der bei **Niederschlettenbach** die Rotliegend-Gruppe im Nordwesten gegenüber der Buntsandstein-Gruppe noch rund 100 m angehoben wurde, läuft anscheinend im Bereich des oberen Kaiserbachtals nach Nordosten aus. Im Bereich dieser Störungszone, in der Spuren sowohl sinistraler Horizontalbewegungen als auch späterer Abschiebungen beobachtet wurden (Illies 1963), sind zahlreiche, bis zu 5 m breite Spalten mit Störungsbrekzien aus gebleichten Fragmenten der Buntsandstein-Gruppe gefüllt und mit Hämatit, Goethit oder Manganhydroxiden imprägniert. Bei **Nothweiler** wurde z. B. ein bis zu 40 m breiter und rund 12 km langer Gangbereich von hydrothermalen Fluiden mit Temperaturen bis rund 100 °C durchströmt und neben Fe-reichen Mineralen auch mit Baryt und Blei-Zink-Mineralen gefüllt. Ehemalige Abbaubereiche, in denen Fe-Gehalte lokal zwar 30 % erreichen, im Durchschnitt aber kaum 10 % übersteigen, werden durch NE-gerichtete Pingen-Ketten markiert. Sie sind im **Schaubergwerk St. Anna** in Nothweiler direkt zugänglich (**15**; 413,1E; 5435,6N; Ermann 1958; Heidtke & Schorrer-Köhler 1986; Held & Günther 1993). Dieses NE-streichende Gangsystem, das bis weit in den nördlichen Elsass zu verfolgen ist, war schon seit vorrömischen Zeiten und mit längeren Unterbrechungen von 1582 bis 1942 Ziel vielfältiger Schürfe. Die hauptsächliche Abbauphase von Eisenerz fällt in die Zeitspanne von 1750 bis 1840 (Menillet et al. 1989).

Zwischen der Vogesen-Störung und der Grabenrand-Flexur bildet die Buntsandstein-Gruppe eine 10 km breite und fast durchgehend flachliegende Tafel, in der Trifels- und Rehberg-Schichten in Form N- bis NE-streichender Rücken bis in Höhen um 400 bis 600 m NN über tieferen, tonigen Abfolgen der Zechstein-Gruppe bzw. der Annweiler-Schichten aufragen. So bilden östlich von Niederschlettenbach die kiesigen Sandsteinbänke der Trifels-Schichten nicht nur die Rippen der **Bubenfelsen** (**16**; 416,25E; 5438,15N) sondern auch mehrere durch NE-streichende Klüfte vorgegebene wallförmige Felsgrate. Teilweise gebleichte Sandsteine der höheren Buntsandstein-Gruppe, die sich von der horizontal gelagerten Abfolge der Grabenschulter bis in die rund 30° SE-einfallende Schichtabfolge der Grabenrand-Flexur verfolgen lassen, sind z. B.

in einem Straßenanschnitt der B 427 direkt am Westrand von **Bad Bergzabern** (**17**; 425,6E; 5439,2N) und in einem aufgelassenen Steinbruch an der Auffahrt nach **Liebfrauenberg** (**18**; 425,2E; 5439,45N) aufgeschlossen. Im Bereich der Grabenrand-Flexur selbst und an der parallel zur Rhein-Hauptabschiebung verlaufenden **Haardt-Abschiebung** finden sich wiederum Brekzienzonen. Rund 1,8 km westlich von Bad Bergzabern deuten beiderseits der Strasse B 427 (**19**; 424,7E; 5439,35N) Pingen und Halden NE-streichende Fe-hydroxidische Brekzien- und Spaltenfüllungen an, in denen bis ins frühe 18. Jahrhundert ein bergmännischer Abbau von Eisenerzen erfolgte. Der eigentliche Randbereich der Schulter besteht aus Schollen der Muschelkalk-, Keuper-, Schwarzjura- und Braunjura-Gruppen, die zum Graben hin einfallen und sporadisch in Böschungsanrissen zu beobachten sind. Westlich von **Gleishorbach** (200 m NN) sind stark gestörte, 20 bis 40° E-einfallende dolomitische Schichten und Kalkbänke mit dunklen Hornsteinknollen, Trochitenkalk-Bänke und Mergelstein-Kalkmikritbank-Abfolgen der Meissner-Formation in einem aufgelassenen Steinbruchgelände (**20**; 427,2E; 5441,9N) zum Teil noch zugänglich (Griessemer 1987). Unmittelbar östlich und unterhalb der Schulter finden sich in den von Löss und Weinreben bedeckten Hügeln immer wieder gut gerundete Lesesteine der Muschelkalk-Gruppe, die wahrscheinlich konglomeratischen Delta-Ablagerungen der Oligozän-Epoche (?) entstammen und hier Randschollen des Grabeninneren aufbauen.

Thermalwasser- und Erdöl-Explorationsbohrungen, die zwischen 1929 und 1985 in Bad Bergzabern abgeteuft wurden, erbrachten den Nachweis, dass die Buntsandstein-Gruppe hier an der Grabenrand-Flexur und an der rund 65° ENE-einfallenden Rhein-Hauptabschiebungszone insgesamt um rund 2 km abgesenkt wurde. Die Grabenfüllung im Hangenden der Hauptabschiebung reicht bis ins Niveau der Niederrödern-Formation und ist ca. 1,4 km mächtig (Bangert et al. 1972; Heitele 1988). Im Liegenden der Abschiebungszone erbohrte man in rund 400 m Tiefe rhyodazitisch-andesitische Vulkanite der Donnersberg-Formation, die wahrscheinlich dem Kristallinen Sockel auflagern (Heyl 1988). Die in den Bohrungen der „Petronella-Heilquelle“ am Grabenrand angetroffenen Grundwässer weisen bis in Tiefen um 300 m relativ geringe Salinitäten auf und entstammen deshalb wahrscheinlich dem Buntsandstein-Aquifer der Grabenschulter. In größerer Tiefe dominieren dann Na-Cl-($SO_4$-Ca-$HCO_3$-) Wässer mit 3 bis 4 g/l an gelösten Feststoffen und Temperaturen um 21 bis 23 °C. Diese Wässer enthalten möglicherweise auch gelöste Festsubstanzen, die aus evaporitischen Schichten des Grabeninneren stammen.

Die NE-streichende Grabenrand-Flexur und begleitende NE-streichende Abschiebungen in der Grabenschulter enden im Bereich von **Klingenmünster** (165 m NN), wo die Schichtabfolge und ihre NE-streichenden Strukturen anscheinend an einer jüngeren, N- bis NNE-streichenden Störungszone um rund 200 m abgesenkt und von jungen Schichten der Grabenfüllung überdeckt wurden. Diese jüngere Abschiebung, hier als **Kalmit-Störung** bezeichnet, bildet bis Albersweiler die Hauptstufe der Grabenschulter und ist dann (Abb. 48a, 57 und 64) innerhalb der Schulter durch auffallend lineare Täler bis Bad Dürkheim zu verfolgen. Die Hebung der Grabenschulter westlich der Kalmit-Störungszone hatte offensichtlich ein stark erhöhtes Lokalgefälle der zum Grabenrand gerichteten Täler zur Folge und förderte damit die rückschreitende Ausweitung der grabenwärts gerichteten Einzugsgebiete. Dies erleichterte die relativ weit nach Westen reichende Freilegung der Rotliegend-Gruppe und des Kristallinen Sockels durch den **Klingbach**, den **Kaiserbach** und die **Queich**.

Am Ausgang des Kaiserbachtals überragt östlich von **Waldhambach** (230 m NN) die Oberfläche des Kristallinen Sockels das heutige Talniveau um mehrere Meter. Der Kristalline Sockel und die auflagernden Schichten der Rotliegend-Gruppe sind im großen, aktiven „**Melaphyr-Steinbruch**" (Gebr. Kuhn; **21**; 427,2E; 5445,9N) sehr gut aufgeschlossen (Abb. 63). Ein Granodiorit (mit 50 % Plagioklas, 10 % Kalifeldspat neben Quarz, Biotit und Hornblende) intrudierte hier um 333 Ma in einen Amphibolit, der in Form von NE-SW-ausgerichteten Xenolithen im Granodiorit zu beobachten ist. Der an Störungen versetzte und hydrothermal alterierte Granodiorit wurde wiederum von dün-

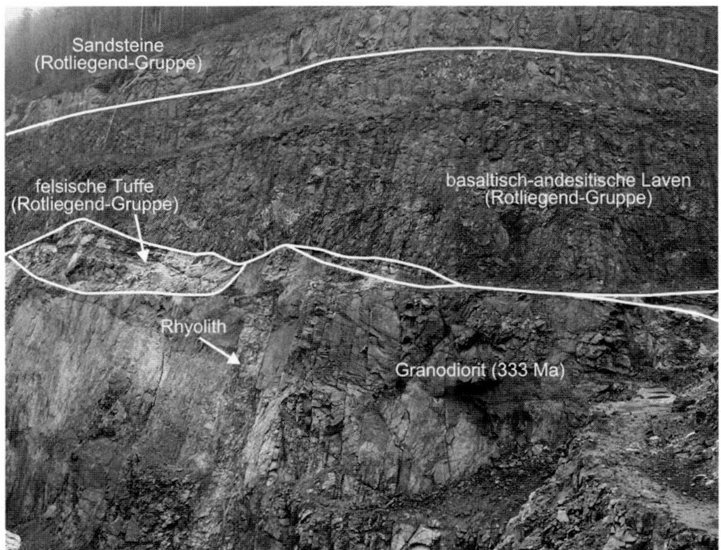


**Abb. 63.** Der bekannte „Melaphyr-Bruch" östlich von Waldhambach. Deutlich zu erkennen ist die Erosionsdiskordanz zwischen dem granodioritischen Sockel mit einem Rhyolith-Gang und den mafischen vulkanischen Gesteinen (Rotliegend-Gruppe).

nen Lamprophyr-Gängen und einem Rhyolith-Gang durchschlagen, bevor über einer gewellten erosiven Diskordanz fast ungestörte dm- bis m-mächtige felsische vulkanische Aschen abgelagert wurden. Über einer weiteren Diskordanz extrudierten mehrere Zehner Meter mächtige basaltisch-andesitische Laven (rund 55 % $SiO_2$) der Donnersberg-Formation, die sich auch in Wänden kleiner aufgegebener Steinbrüche und in natürlich freiliegenden Felsen beiderseits der Straße (**22**; 427,4E; 5446,0N) studieren lassen. In den erstarrenden Laven kam es in mandelförmig gelängten Gasblasen und fragmentierten Bereichen zur hydrothermalen Bildung von Achat (= Chalcedon), Quarz (Amethyst, Rauchquarz), Karbonaten, Schwerspat und chloritischen Tonmineralen. Über den Basaltdecken folgen geringmächtige, grobkörnige Schwemmfächer-Ablagerungen der Wadern-Formation, bräunliche sandig-tonige Schichten der Zechstein-Gruppe (?) und schräggeschichtete fluviatile Sandsteine der Annweiler-Schichten, die über dem Talboden eine erste Terrasse bilden. Diese mit einer Neigung von rund 10 m/km nach Westen einfallenden Schichten sind auch an den Flanken des benachbarten Klingenbachtals aufgeschlossen. Basaltische Laven überragen allerdings nur mehr an einem Punkt, auf halber Strecke zwischen Klingenmünster und Münchweiler, den Talboden. Isolierte Bergkuppen wie die Hundsfelsen oder die Lebersteine südlich des Kaiserbachtals sind besuchenswerte Erosionsreste der kiesigen Sandsteine in den tieferen Trifels-Schichten. Auch nördlich des Tals lassen sich an den Steilhängen unterhalb der **Ruine Madenburg** (**23**; 427,65E; 5446,7N) schräggeschichtete Trifels-Schichten in mehreren aufgelassenen Steinbrüchen studieren. Gebleichte Trifels-Schichten bilden auch den Steilhang direkt am Grabenrand. Von der Madenburg hat man einen einzigartigen Blick auf die Riedelrücken des westlichen Oberrhein-Grabens bis zu den nördlich von Landau gelegenen Erdölfeldern und auf die von hier in die Schulter eintretende Kalmit-Störung (Abb. 64). Die Straße zum Parkplatz Madenburg durchquert am westlichen Ortsausgang von **Eschbach** (235 m NN) konglomeratisch-sandig-mergelige Schichten der Grabenfüllung aus der Oligozän(?)-Epoche. Die Konglomerate, die vor allem aus Geröllen der Muschelkalk-Gruppe bestehen, sind in einem kleinen Böschungsaufschluss (**24**; 428,2E; 5447,45N) zu sehen und finden sich außerdem als lose, gerundete Lesesteine weiter nördlich bei **Birkweiler** im höheren Rebengelände (**25**; 429,5E; 5450,3N). Im Grabeninnern überragen in der rückenförmigen **Kleinen Kalmit** (270 m NN) bei **Ilbesheim** flach grabenwärts einfallende, sandig-mergelige Schichten der Bunten Niederrödern-Formation und lakustrine gelblich-weiße stromatolithische „Landschnecken-Kalke" der Cerithien-Schichten (Miozän-Epoche) die von Löss überdeckten Riedel-Rücken (Doebl & Bader 1970). Die Schichtabfolge, die in isolierten Resten an kleinen ehemaligen Steinbruchwänden westlich unterhalb der Kapelle an der Kleinen Kalmit zu sehen ist (**26**; 431,35E; 5448,6N), wurde in seichtem brackischem Wasser abgelagert und über das Niveau des Grabeninneren angehoben. Auch

**Abb. 64.** Blick von der Madenburg nach Norden auf den Randbereich des westlichen Oberrhein-Grabens. Im Hintergrund sichtbar sind die oberhalb von Frankweiler ausstreichenden und an der Kalmit-Störung abgesunkenen Schichten der hier gebleichten Buntsandstein-Gruppe.

**Abb. 65.** Blick von der Kleinen Kalmit nach Westen auf den von Ilbesheim westwärts ansteigenden Riedelrücken und auf den bewaldeten Ausbiss der Buntsandstein-Gruppe in der steilen Stufe der Grabenschulter.

von der Kleinen Kalmit bietet sich ein hervorragender Blick auf die gegen Westen zum Grabenrand ansteigenden Riedel-Rücken (Abb. 65).

Das **Erdölfeld von Landau**, das erst im Jahr 1955 entdeckt und dann mit rund 100 Bohrungen erschlossen wurde, ist schon von weitem durch die teilweise noch aktiven Pumpanlagen in den Weinbergen von Landau-Nußdorf (**27**; 435,7E; 5452,1N) und Landau-Dammheim (**28**; 438,0E; 5451,6N) auszumachen (Abb. 42). Mit dem engen Netz von Bohrungen durchteufte man teilweise die gesamte Grabenfüllung und die Germanische Tafel bis in den granitischen Sockel. Die Struktur des Feldes verdeutlicht die komplexen synsedimentären Abschiebungen und die damit verbundenen abrupten Schwankungen in der Mächtigkeit der Formationen. Die kleinräumigen Erdöl-Fallen in Tiefen von 500 bis 1200 m finden sich vor allem entlang W-fallender Abschiebungskontakte zwischen Sandstein-Speichergesteinen und tonig-mergeligen Siegelgesteinen (Nottmeyer 1954; Schad 1962b, Doebl & Bader 1970). Die Kartenskizze und das Profil in Abb. 48a und b zeigen das generelle ENE-Einfallen und den synsedimentären Versatz an den Störungen. Besonders interessant ist dabei, dass die früh bewegte NE-streichende Rhein-Hauptabschiebung (mit Flexur) später selbst wieder abgesenkt wurden und so unter jüngsten Schichten des Grabeninnern zu liegen kam. Isopachen (= Linien gleicher Schichtmächtigkeiten) für die Pechelbronn-Gruppe (Doebl & Bader 1970) deuten an, dass in der Oligozän-Epoche die Sedimentation im Grabeninneren noch durch Bewegungen an der NE-orientierten Flexur- und Hauptabschiebung kontrolliert wurde. Versatz und Überprägung der NE-streichenden Abschiebungen durch jüngere N- bis NNW-streichende Störungen erfolgte also wahrscheinlich erst nach der Oligozän-Epoche. Dabei beeinflussen die jüngeren Strukturen im Bereich des Feldes anscheinend nicht nur die Mächtigkeit syntektonisch abgelagerter jüngerer Schichten, sondern auch eine schräg aufwärts, W-gerichtete Bewegung heißer Tiefenwässer und Kohlenwasserstoffe. Vermutlich befindet sich auch die Schwefelquelle von Landau im Ausstrich einer jüngeren Störungszone. Im Bereich des Ölfelds sind jedenfalls schon in Tiefen von 1000 bis 1200 m Temperaturen um 80 bis 100 °C festzustellen (siehe Abb. 48a, nach Parini 1981). Die hohen Temperaturen im tieferen Untergrund von Landau werden heute von einem Geothermiekraftwerk (**29**; 436,1E; 5448,5N) genutzt. Dabei fördert eine Bohrung, die bis in Tiefen um 3300 m reicht, aus Bruchzonen des granitischen Sockels Dampf mit Temperaturen um 200 °C. Mit Pumpwerken werden die im Prozess der Wärmegewinnung abgekühlten Wässer wieder dem tiefen Untergrund zugeführt.

Westlich der Kalmit-Störung sind im Bereich des westlichen Ortsausgangs von **Albersweiler** (180 m NN) der Kristalline Sockel und die Rotliegend-Gruppe auf einer größeren Fläche mehrere Zehner Meter über dem Talboden der Queich in zwei großen Steinbrüchen aufgeschlossen. Der an der Nordflanke des Tals gelegene Steinbruch (**30**; 428,8E; 5452,6N) wird schon seit dem

**Abb. 66.** Die nördliche Abbauwand im großen Steinbruch von Albersweiler. Der von zahlreichen Lamprophyr-Gängen durchzogene Sockel aus granitischem Gneis wurde hier tief erodiert bevor er von basaltisch-andesitischen Laven überdeckt wurde; auch diese erfuhren Abtrag in tiefen Rinnen bevor sie von Schwemmfächern der Rotliegend-Gruppe verschüttet wurden.

Ende des 17. Jahrhunderts betrieben und ist noch immer in Betrieb (Abb. 66). Der südliche Bruch liegt seit längerem still, ist teilweise von Kiefernbeständen bewachsen, jedoch von der Durchgangsstraße knapp südlich des Bahnübergangs gut zu begehen (**31**; 428,7E; 5452,1N). In beiden Brüchen besteht der Kristalline Sockel aus Orthogneis, der anscheinend bereits um 369 Ma als Granit in amphibolitische metamorphe Rahmengesteine intrudierte, dann um 336 Ma erneut eine hochgradige regionale Metamorphose erfuhr und dabei eine ENE-streichende, 40 bis 60° SSE-einfallende Bänderung (=Foliation) annahm (Reischmann & Anthes 1996). Den Orthogneis durchziehen bei der erneuten partiellen Schmelzbildung entstandene metatektische Quarz-Feldspat-Linsen. Der Gneis wurde von aplitisch-pegmatischen Gängen durchschlagen, bevor er um 334 Ma angehoben, abgekühlt und anscheinend von Seitenverschiebungen erfasst wurde. Um 330 Ma intrudierten dm- bis m-breite Basalt-Kersantit-Lamprophyr-Gänge zuerst in N-S-orientierte Spalten, dann um 318 Ma in E-W-ausgerichtete Bruchsysteme, an denen ebenfalls Relativbewegungen erfolgten, bevor über einer tiefgreifenden Erosionsdiskordanz um ca. 290–280 Ma (?) basaltisch-andesitische Laven der Donnersberg-Formation ausflossen (Stellrecht 1971; Flöttmann & Oncken 1992; Reischmann & Anthes 1996). Im nördlichen Steinbruch ist zu erkennen, dass die Sockelgesteine und die hier teilweise als Schlotbrekzien entwickelten mafischen Vulkanite in fluviatilen Rinnen abgetragen wurden. Die Rinnen füllten sich dann mit den diskordant auflagernden konglomeratischen Schwemmfächer-Ablagerungen der Wadern-Formation. Die Wadern-Formation, die im Aufschlussbereich eine Mächtigkeit von rund 150 m aufweist, bildet südlich von Albersweiler auch hohe Straßenböschungen der B 10 (**32**; 428,9E; 5451,75N) und grenzt an der Kalmit-Störung direkt an jüngste Schichten des Grabeninneren. Die Fortsetzung der äußeren Grabenschulter in Richtung Frankweiler schwenkt hier deutlich nach Nordosten ab (siehe Abb. 48a). Talaufwärts erkennt man nicht nur im Bereich **Queichhambach**, sondern auch in anderen südlich benachbarten Tälern in Höhen um 250 m NN eine deutliche Verflachung des Geländes im Ausbiss der W-einfallenden tonig-dolomitischen und feinsandigen Schichten der Zechstein- und tieferen Buntsandstein-Gruppe. Über der Terrasse erheben sich die bewaldeten Hangstufen, erosiven Rippen und Pfeiler im Ausbiss der Trifels-Schichten (= Eck-Formation).

Folgt man dem Grabenrand von **Albersweiler** weiter nach **Neustadt**, so entspricht hier die Pfälzerwald-Geländestufe wieder dem „ursprünglichen" Grabenrand, da die NNE-streichende Kalmit-Störung mit einem Vertikalversatz von rund 200 m nun weit innerhalb der Grabenschulter verläuft und als deutliche Kerbe östlich des **Kesselbergs** (663 m NN), westlich der **Kalmit** (673 m NN), östlich von **Lamprecht** (173 m NN), durch das Tal von **Lindenberg** (200 m NN) und über **Hardenburg** (150 m NN) bis nördlich von **Bad Dürkheim** (132 m NN) zu verfolgen ist. Eine bedeutende Abschiebungskomponente an der Kalmit-Störung wird dadurch unterstrichen, dass eine ENE-orientierte positive magnetische Anomalie, die rund 2,5 km nördlich von Albersweiler durch magnetische Sockelgesteine in Tiefen um 1,3 km hervorgerufen wird, westlich der Kalmit-Störung noch gut zu registrieren, östlich der Störung jedoch nicht mehr nachzuweisen ist (Greiner 1974). Trotzdem finden sich auch östlich der Kalmit-Störung am Ausgang der Täler in einer rund 100 bis 200 m breiten Randscholle gelegentliche Aufschlüsse des Kristallinen Sockels. In der überlagernden Buntsandstein-Gruppe sind die Sandsteinbänke in einer km-breiten Zone fast durchwegs gebleicht oder durch hell-gelbliche Farbtönungen gekennzeichnet. Da die Bleichungszone bei Albersweiler anscheinend an der Kalmit-Störung versetzt wurde, ist anzunehmen, dass gelöstes $Fe^{2+}$ wahrscheinlich schon vor oder zumindest in einem frühen Stadium der Grabenbildung durch reduzierende Wässer aus den Sandsteinen abgeführt wurde. Die gebleichten und gut verkieselten Sandsteine des Grabenrandbereichs kamen früher als „Haardt-Sandsteine" in den Handel und sind in zahlreichen Bauten der Region zu sehen.

Schon aus größerer Entfernung erkennt man am Fuß des **Ringelsbergs**, nordwestlich oberhalb von **Frankweiler** (243 m NN), einen dieser aufgelassenen Steinbrüche (**33**; 430,9E; 5453,8N), der hier in flach SW-einfallenden, gebleichten Sandstein-Bänken der Trifels-Schichten angelegt wurde. Am östlichen Ortsausgang von Frankweiler (südlich eines alleinstehenden Weinguts) erschließen außerdem eine Feldwegböschung (**34**; 432,0E; 5453,15N) und Lesesteine in den angrenzenden flachen Hängen Teile der sonst nur selten aufgeschlossenen Grabenfüllung; diese besteht hier aus fossilführenden oolithischen Kalksteinen der Hydrobien-Schichten (Miozän-Epoche). In einer schmalen Randscholle der Grabenschulter nördlich von **Burrweiler** (246 m NN; Parkplatz Burrweiler Mühle) am Nordhang des Modenbach-Talausgangs sind Sockelgesteine in einem kleinen leicht zugänglichen Steinbruch (**35**; 432,6E; 5456,8N) und vereinzelt im angrenzenden Rebengelände aufgeschlossen. Ähnlich wie bei Wissembourg handelt es sich hier um 40 bis 50° W-einfallende metamorphe Sedimentgesteine (Quarzite, Phyllite) der frühen Paläozoikum-Ära, in die um 333 Ma schmale Aplit-Gänge eindrangen (Flöttmann & Oncken 1992; Reischmann & Anthes 1996). Oberhalb und westlich des Steinbruchs lassen sich am Rand von Feldwegen 10 bis 20° W-einfallende Schwemmfächer-Ablagerungen der Wadern-Formation mit Granit-, Rhyolith- und Andesit-Geröllen verfolgen. Direkt unter der **St. Anna-Kapelle** wurden westlich von Burrweiler – wie bei Frankweiler – in einem noch zugänglichen Steinbruch (**36**; 431,9E; 5455,6N) gebleichte Sandsteinbänke der Buntsandstein-Gruppe gewonnen.

In der Nähe von **Edenkoben** (149 m NN), nördlich des Schlosses Ludwigshöhe, sind Sockelgesteine knapp über dem Niveau des Triefenbachtals in kleinen Steinbrüchen an der Südseite des Tals (**37**; 433,7E; 5459,2N) aufgeschlossen und vom Sportplatz (mit Parkmöglichkeit) unter dem Schloss zu erreichen. Der Kristalline Sockel besteht hier aus einem mittel- bis feinkörnigen Granit (neben Quarz und Biotit rund 30 % Plagioklas und 30 % Kalifeldspat), der intern zwar undeformiert, aber an engständigen Störungen und Klüften kräftig verwittert ist. Sein Alter wird mit 335 Ma angegeben (Reischmann & Anthes 1996). Auf der gegenüberliegenden Talseite wurden am **Werder-Berg** (349 m NN), in der schmalen randlichen Kippscholle, 20 bis 30° E-einfallende gebleichte Sandstein-Bänke („Straßburger Stein“) abgebaut (**38**; 434,1E; 5459,5N). Dieser Steinbruch ist vom Waldparkplatz am Waldrand östlich des Werder-Bergs gut zu erreichen.

Am westlichen Ortsende von **St. Martin** (225 m NN; **39**; 434,2E; 5461,3N) bildet dann die Wadern-Formation die Böschung der nach Nordwesten ansteigenden L 514 (Totenkopfstraße). Besonders interessant sind hier 25° NW-einfallende, kaum gebankte und unregelmäßig gebleichte Sandsteine, die an NNE-streichenden Abschiebungen versetzt sind; die gebleichten Sandsteinbänke gehen westwärts in ungebleichte rötliche Sandsteine über. Ein weiterer kleiner Aufschluss in der hier nur kaum verfestigten und zum Teil gebleichten Wadern-Formation bildet Teile der Böschung an der Zufahrtsstraße zur **Kropsburg** (**40**; 434,15E; 5460,8N). Folgt man der L 514 oder der L 515 (Kalmitstraße) vom Grabeninneren nach Westen in die Grabenschulter bis zum Parkplatz an der **Kalmit** (673 m NN; **41**; 433,4E; 5463,3N), so lassen sich dort unter der Aussichtsterrasse und auf dem nach Südwesten führenden Hüttenberg-Grat (**42**; 432,4E; 5462,8N) verkieselte, schräggeschichtete Sandsteine der hier flach E-einfallenden Karlstal-Schichten (mittlere Buntsandstein-Gruppe) in mehreren Felsaufragungen besuchen. Der Name Kalmit geht auf einen keltischen Ausdruck für „steinige Höhe" zurück und betrifft wahrscheinlich auch die Ummantelung der Felsformationen mit Blockmeeren, die aus den Kaltzeiten der späten Pleistozän-Epoche stammen. Von der Terrasse genießt man eine ausgezeichnete Aussicht auf die randliche Kippscholle unter der Hauptstufe der Grabenschulter. Diese Scholle verschmälert sich nordwärts bis Neustadt merklich und geht in die E-abfallenden Riedelflächen des Grabeninneren über.

Auch die Grabenfüllung selbst ist hier, wie in vielen anderen Teilen des westlichen Oberrhein-Grabens an Zweigabschiebungen versetzt. Tiefbohrungen durchstießen z. B. zwischen Edenkoben und Maikammer zwei N- bis NNW-streichende, steil E-einfallende synsedimentäre Zweigabschiebungen (Andl 1982). Westlich dieser Störungszone, deren Spur bei St. Martin durch eine mehrere Meter hohe Geländestufe entlang der L 512 (Deutsche Weinstraße) markiert wird, befindet sich der Grabenuntergrund in einer Tiefe von nur rund 800 m, östlich schon in Tiefen > 1300 m. An der Störungsstufe liegt die $H_2S$-führende **Heiligenberg-Quelle** (**43**; 436,8E; 5460,4N; mit Parkplatz), die aus mergeligen Hydrobien-Schichten (Miozän-Epoche) der jüngeren Grabenfüllung austritt. Wie andere Quellen in diesem Teil des Oberrhein-Grabens, ist auch sie durch kaltes Na-Ca-Mg-$HCO_3$-$SO_4$-Wasser (rund 1 g/l gelöste Ionen) gekennzeichnet; ihr $H_2S$-Gehalt ist wahrscheinlich auf die bakterielle Reduktion gelöster Sulfatanteile zurückzuführen.

Im Bereich der Ortschaft **Hambach** (150 m NN), wo die Randscholle der Grabenschulter noch deutlich zu erkennen ist, wurden gebleichte Sandsteine in mehreren Steinbrüchen (**44**; 436,3E; 5464,65N) am NNE-ausgerichteten **Heidel-Berg** (313 m NN) nicht nur in den Trifels-Schichten, sondern auch in den Rehberg-Schichten gewonnen. Auch die Bausteine des **Hambacher Schlosses** stammen aus dieser randlichen Kippscholle, wogegen die roten Sandsteine im Bereich der Schloss-Parkplätze bereits den Annweiler-Schichten zugehören und erst nach oben hin allmählich in die Trifels-Schichten übergehen. Der dicht bebaute Talbereich westlich der Randscholle wird von Sockelgesteinen, Rotliegend-Gruppe und Annweiler-Schichten unterlagert. Die Sockelgesteine, die hier aus einer niedriggradig metamorphen Abfolge von Grauwacken und Tonschiefern der frühen Karbon-Periode bestehen, sind zwar in einem alten Steinbruch auf einem Privatgrundstück (Schieferkopf 4) aufgeschlossen, aber unzugänglich (**45**; 436,05E; 5465,1N).

In **Neustadt** (160 m NN), wo auch größere Teile der Grabenfüllung kräftig angehoben wurden, bildet diese z. B. im Hof der Käthe-Kollwitz-Schule (nördlich der Altstadt; **46**; 437,3E; 5467,4N) in Form der 5–10° E-einfallenden oolithisch-brekziösen „Landschneckenkalke" der späten Oligozän-Epoche eine über der Landoberfläche aufragende Felsmasse. Am westlichen Ortsende und damit westlich der Hauptabschiebung unterlagern wiederum Sockelgesteine – hier stark gestörte Grauwackenbänke und rote kieselige Tonsteine – einen Hang, in dem sie südlich und oberhalb der B 39 an einer Fußgänger-Treppe der Bahnunterführung anstehen (**47**; 436,5E; 5466,8N). Weiter westlich bilden am **Berg-Stein** (**48**; 436,3E; 5467,5N) entlang des Speyerbach-Nordufers gebleichte Sandsteine der Rehberg-Schichten mehrere Felsvorsprünge. Die bei Neustadt N-abtauchende Grabenrand-Kippscholle enthält nun auch Schollen der Muschelkalk-Gruppe, die sich in den Weinbergen unmittelbar nördlich der Stadt in Form von Lesesteinen nachweisen lässt (**49**; 437,1E; 5467,7N). Weiter talaufwärts bestehen freistehende Felsflanken am Eisenbahntunnel und unter der **Wolfsburg** (**50**; 435,2E; 5467,7N) aus rot gefärbten, schwach zementierten Annweiler-Schichten. Beim Bau des Tunnels wurden angeblich auch feinsandige, karbonatisch zementierte Schichten der marinen Fazies der Zechstein-Gruppe durchfahren. Verkieselte Sandsteine der Trifels-Schichten sind schließlich in einem alten Steinbruch und in Felsgruppen nördlich der **Königsmühle** (**51**; 435,0E; 5466,8N) am Rand eines südlichen Nebentals und in einem alten Steinbruch am Rand der Siedlung an der Südflanke des **Stenzelbergs** (**52**; 434,3E; 5467,6N) aufgeschlossen. Nunmehr durchwegs rote Sandsteine der tieferen Buntsandstein-Gruppe und der Trifels-Schichten flankieren auch ein nördliches Nebental, welches im Bereich von **Lindenberg** der Kalmit-Störung folgt. Gute Aufschlüsse finden sich an der St. Cyriakus-Kapelle und in einem unter der Kapelle gelegenen ehemaligen Steinbruch, der heute als Klettergarten dient (**53**; 434,7E; 5470,25N). Mehr als 1 km nördlich und somit im angehobenen Schulterbereich tritt westlich der Kalmit-Störung nach einem scharfen W-gerichteten Knick des Haupttals in der Böschung eines Forstwegs (**54**; 434,6E; 5471,8N) nochmals granitischer Sockel zutage. Auch die dem Sockel auflagernde Wadern-Formation ist nur wenig weiter talaufwärts an der südlichen Talflanke über kurze Distanzen in einer Forstwegböschung (**55**; 434,1E; 5471,75N) zu sehen.

Nördlich von Neustadt queren mehrere NNW-streichende Störungen den NE-streichenden Grabenrand und deuten die Ausweitung des westlichen Oberrhein-Grabens in das außerhalb unseres Exkursionsgebiets gelegene Mainzer Becken an. Folgt man jedoch der Rhein-Hauptabschiebung bis an das Ortsende von **Haardt** (200 m NN), so ist hier in der Grabenschulter ein aktiver Steinbruch (Hanbuch Natursteinwerke; **56**; 437,7E; 5469,3N) besuchenswert (Abb. 26d). Der Bruch erschließt flach NW-einfallende Trifels-Schichten mit gebleichten, intern schräggeschichteten, sonst jedoch recht massigen Sandsteinbänken, die voneinander durch grünliche Ton- und Siltsteinlagen (Überschwemmungsschichten) getrennt werden. Auffallend ist auch die gegenüber den Sandsteinbänken wesentlich engständigere Klüftung der dünngeschichteten Lagen. Auch weiter nördlich erschließen zwei weitere Steinbrüche – südwestlich von **Deidesheim** an der Südseite des Madentals (**57**; 439,35E; 5472,55N) und in der Nähe des **Pfalzblicks** (**58**; 439,55E; 5472,2N) – im randlichen Grabenschulterbereich gebleichte Sandsteine der Rehberg-Schichten. Auf einem Riedel-Rücken des angrenzenden Grabeninneren sind in den Weinbergen östlich der K 21 zwischen **Gimmeldingen** und **Königsbach** (**59**; 439,2E; 5469,9N) Weißsande der Riedseltz-Formation in kleinen Hanganrissen zugänglich.

Sehr interessant hinsichtlich der Entwicklung des westlichen Oberrhein-Grabens ist die Grabenschulter westlich von **Forst** (110 m NN). An einer deutlichen Geländestufe (Störung?) grenzen hier rund 25° ESE-einfallende gebleichte Sandsteine der Karlstal-Schichten an ältere Löss-Lössboden-Abfolgen des Grabeninneren. Diese Sandsteine sind auch weiter westlich im Margaretental in einem alten Steinbruch (**60**; 440,3E; 5475,4N) aufgeschlossen. Noch etwas weiter talaufwärts durchschlägt dann eine rund 200 m breite Alkalibasalt-Intrusion die nunmehr flach W-einfallenden, teilweise gebleichten Sandsteine. Die Basaltmasse (Abb. 67), die in zwei vormaligen Steinbrüchen (**61**; 439,5E; 5475,0N) aufgeschlossen ist, besteht aus einer bis zu 50 m breiten randlichen Schlotbrekzie. Die Schlotbrekzien enthalten neben Fragmenten der

**Abb. 67.** Blick in die vormalige Abbauwand des nördlichen Steinbruchs im Margarethental bei Forst. In den stark fragmentierten und alterierten Alkalibasalten ist links im Bild deutlich eine Kalkstein-Scholle aus der Muschelkalk-Gruppe zu erkennen.

Rotliegend- und Buntsandstein-Gruppe auch Blöcke der Muschelkalk-Gruppe; es ist also wahrscheinlich, dass hier zur Zeit der initialen phreatomagmatisch-explosiven Intrusionsphase die Landoberfläche zumindest noch teilweise aus Schichten der Muschelkalk-Gruppe bestand. In die Schlotbrekzien intrudierte dann eine Olivin-Nephelinit-Lava (40 bis 43 % $SiO_2$, mit Olivin-Klinopyroxen-Einsprenglingen), wobei die Ausbreitung radialer bis kontaktnormaler Abkühlungsklüfte im dunklen Basalt säulige Absonderungsformen schuf (Stellrecht 1964; Stellrecht & Emmermann 1970). Ein K-Ar-Gesamtgesteinsalter des Olivin-Nephelinits wird mit 53 Ma angegeben (Lippolt et al. 1974). Das Auftreten von Alkalibasalt-Geröllen in grabenrandnahen Konglomeraten der mittleren Oligozän-Epoche (Reis 1910) ist ein Hinweis auf einen Magmenaufstieg in der frühen Eozän-Epoche, also wahrscheinlich noch vor einer signifikanten Absenkung des Grabeninneren. Die NE-Ausrichtung der Intrusion entspricht jedenfalls der dominierenden Richtung von Klüften und Störungen in der Grabenschulter und dokumentiert die frühe NW-SE-Extension in der Germanischen Tafel westlich des späteren Grabenrands.

### *Buntsandstein-Tafel in den Einzugsgebieten der Queich und Lauter („Dahner Felsenland“)*

Die Landschaft des südwestlichen Pfälzerwalds – mit dem Dahner Felsenland als Zentrum – ist im Wesentlichen ein Abbild der Schichtungs- und Verwitterungsstrukturen, aber auch der Bankungs- und Klüftungscharakteristik in der Wadern-Formation (Rotliegend-Gruppe), der Zechstein-Gruppe bzw. der Annweiler-Schichten, besonders aber in den Trifels-, Rehberg- und Karlstal-Schichten der Buntsandstein-Gruppe. Talfüllende Schotter aus der Pleistozän-Epoche sind nur selten mächtiger als 10 m und auch Schwemmlöss bildet an den meist < 15° geneigten Hängen der Talränder nur geringmächtige Decken. Der Untergrund der relativ breiten Talböden und flankierender Landterrassen besteht im oberen Tal der Queich bis in den Bereich **Wilgartswiesen-Hauenstein** (210 m NN) und im oberen Tal der (Wies)-Lauter bis **Dahn** (240 m NN) aus Fanglomeraten der Wadern-Formation, vor allem aber aus den insgesamt bis zu 200 m mächtigen, braun-roten bis violetten Ton-Schluffstein-Sandstein-Abfolgen der Queich-, Rothenberg-, und Annweiler-Schichten. Diese wurden zum Teil zeitgleich mit der marinen Zechstein-Gruppe auf breiten Schlammebenen und progradierenden Sandrinnen abgelagert; die durch Schräg- und Parallellamination gekennzeichneten Sandstein-Schluffsteinbänke enthalten häufig aus dem Tonsubstrat erodierte Schollen und Fe-Mn-reiche Bodenkrusten. Durch Verwitterung der früher als „Rötelschiefer“ oder „Leberschiefer“ bezeichneten, braun-roten Tonstein-Schluffstein-Sandstein-Schichten entstehen recht brauchbare Böden. Bis heute durchziehen zahlreiche Hohlwege die früher intensiv bewirtschafteten Ackerflächen, die sich in den letzten Jahren allerdings häufig in Grünflächen oder Siedlungsraum verwandelt haben. Da die mit den Tonstein-Schluffstein-Schichten wechsellagernden Feinsandsteine der Annweiler-Schichten relativ homogen, kiesfrei, dm-plattig und intern horizontal laminiert sind, wurden sie – und nicht die landschaftsbestimmenden, inhomogenen Sandsteine der Trifels-Schichten – früher in zahlreichen Brüchen an den Verbindungsstraßen zwischen den Ortschaften abgebaut. Sie lieferten einen Großteil der Bausteine für die malerischen Häuser dieser Gegend. Die Lage der alten Brüche ist zwar auf topografischen Karten häufig noch angedeutet, im Gelände sind sie jedoch kaum mehr als solche zu erkennen.

Die Sedimentation der über den tonig-schluffigen Abfolgen einsetzenden sandig-kiesigen und meist schräggeschichteten Trifels- und Rehberg-Schichten, erfolgte in seichten, lateral überlappenden Rinnen breiter, NE-geneigter Schwemmfächer und auf weitgehend vegetationsfreien Flussebenen. Im Verlauf sporadischer Abflussereignisse kam es dabei zur m-tiefen Auskolkung sandiger oder schluffiger Rinnensubstrate, zum wellenförmigen Vorrücken dünenförmiger Sand-Kies-Barren und schließlich zur lateralen Verlagerung der Rinnen selbst. Dieser Vorgang wiederholte sich im Verlauf unzähliger weiterer Abflussereignisse. Nur wenige Meter über der Basis der Trifels-Schichten liefert ein 5 bis 10 m mächtiger Konglomerathorizont mit m-langen planaren Vorschüttungsblättern und dunkelroten, sekundären Hämatitverkrustungen instruktive Hinweise, sowohl auf die Breite als auch auf die Tiefe der Rinnen, die zwischen Abflussereignissen trocken lagen und dem Wind ausgesetzt waren. Gelegentlich zu beobachtende planare Schichtoberseiten mit „Geröllpflastern" und unmittelbar darüber folgende geröllfreie Feinsandstein-Schichten sind wahrscheinlich Zeugen einer Umlagerung von freiliegenden Feinsanden durch den Wind. Die häufig an Feinsandsteinschichten gebundene Bleichung (Abb. 26c), aber auch die in Grobsandsteinen auftretenden Eisen-Mangan-Konkretionen („Kugelsandsteine") gehen auf spätere Bewegungen von Porenfluiden innerhalb der Schichtabfolge zurück. Wie in Teil I ausgeführt, äußern sich linsenförmig-schichtgebundene Bleichungszonen in Aufschlüssen (und in vertikalen Bohrlöchern) durch eine gegenüber den roten Sandsteinen deutlich erhöhte Gammastrahlung.

Die Ausrichtung von Felsgruppen und Tälern folgt meist tektonischen NE- und zum Teil auch NW-streichenden Kluftscharen und N-streichenden Störungen. Dabei wurden im Verlauf der jungen Hebungen in der westlichen Grabenschulter, besonders im oberen Einzugsgebiet der Lauter, ältere SW-gerichtete Talsysteme von grabenwärts gerichteten, steileren Rinnensystemen angezapft (Ahnert 1955; Illies 1964). Am Rand der Täler markiert ein deutlicher Geländeknick den Übergang in die 70 bis 100 m mächtigen kiesigen Grobsandsteine der Trifels-Schichten (= Eck-Formation), die nicht nur in mehr als 40° geneigten Hängen, sondern auch in Form eindrucksvoller Felsrippen an der Landoberfläche hervortreten. Über einer zweiten, nicht mehr so deutlichen Verebnungsfläche folgen die rund 120 m mächtigen und etwas feinkörnigeren Sandsteinfolgen der Rehberg-Schichten und bis zu 100 m mächtige Tonstein-Schluffstein-Sandstein-Wechselfolgen der Karlstal-Schichten, deren Ausbiss durch gemäßigt ansteigende Hänge (< 20°), bewaldete Kuppen und m-hohe „Tischfelsen" gekennzeichnet ist.

Die Großform von Felswänden in Schichten der Buntsandstein-Gruppe resultiert jedoch nicht nur aus dem Zusammenwachsen tektonischer Kluftscharen, sondern auch aus der Ausbreitung gekrümmter, oberflächenparalleler und häufig recht engständiger Entlastungsklüfte. Letztere dienen meist auch als Abrissflächen sporadischer Felsstürze. Kleinräumige Varianten freiliegender Wände sind jedoch vor allem auf schichtgebundene Unterschiede in der Zementation und Verwitterung der Sandsteine zurückzuführen. Feinkörnige Sandstein-Schluffstein-Tonstein-Lagen verwittern meist als abrupt einspringende bis rundlich konkave Wandformen oder fensterförmige Öffnungen an Felsrippen. Kiesig-grobkörnige Sandsteine bilden dagegen pilzförmige Tische oder überhängend-abgerundete Simse, die an Kletterwänden besondere Herausforderungen darstellen! Sonnseitige natürliche Sandsteinwände, aber auch die Mauern der seit rund 900 Jahren existierenden Burgen und Wehranlagen weisen häufig wabenförmige Alveolen (Tafoni) auf, in denen die Verwitterung den durch Zementationsbahnen vorgegebenen Grenzflächen folgt und häufig mit einer Exfoliation mm- bis cm-dicker Gesteinsschuppen endet (Abb. 26b). Weiße Ausblühungen von Sulfaten (besonders Gips) und mm-mächtige oxidische Fe-Mn-„Hartrinden" sind klare Hinweise auf die Beteiligung von aufsteigenden Kapillarwässern bei der Lösung und Umlagerung der ursprünglichen Porenzemente.

Aufgrund der oberflächennahen Ausweitung von Klüften zu Spalten sind die Trifels- und Rehberg-Schichten Aquifere. Quellmulden, in denen die Quellspenden nur selten Werte > 1 l/s erreichen, halten sich häufig an den Oberrand tonig-schluffiger Aquitarde in der Zechstein-Gruppe bzw. in den Annweiler-Schichten. Durch das flache WNW-Einfallen dieser Einheiten kommen sie gegen Westen bis zu 200 m unter den hier recht schmalen Talböden intermittierender Vorfluter zu liegen. Dadurch werden hier Feuchtgebiete oder Trockentäler häufig direkt durch seitlich zuströmendes Grundwasser gespeist. Ein kräftiger Oberflächenabfluss von den wallförmigen Sandsteinrücken oder aus halbtrichterförmigen Quellmulden erfolgt meist nur bei intensiven Niederschlägen, nach denen auch die so genannten „Hungerbrunnen" tieferer Hanglagen anspringen.

Im Tal der Queich dient **Annweiler** (180 m NN) als bekannter Ausgangspunkt für Wanderungen zum weithin sichtbaren Burgfelsen von **Trifels** (497 m NN; **62**; 425,55E; 5449,8N), der in südöstlicher Richtung über einen durch

NW-streichende Kluftflächen begrenzten Grat mit den Sandsteinfelsen der **Burg Anebos** und **Burg Scharfenberg** (**63**; 426,0E; 5449,15N) verbunden ist (Abb. 26a). Feuchte Hänge an der Basis der steilen Hänge markieren die Oberkante der Tonstein-Schluffstein-Sandstein-Aquitarde (Annweiler-Schichten). Die Trifels-Schichten bilden hier am locus typicus einen rund 100 m mächtigen Aquifer, der in der Burg Trifels sogar durch einen 80 m tiefen (!) Burgbrunnen erschlossen wurde. Die im Burginneren freiliegenden Trifels-Schichten, die auch gebleichte Feinsandsteinintervalle enthalten, verwittern ebenso wie die Bausteine am Kapellenturm in Alveolen mit hellen Salzausblühungen. Folgt man dem Haupttal der **Queich** flussaufwärts, so berührt man auch die Fußbereiche NE-ausgerichteter Bergrücken, die hier Höhen um 400 bis 500 m NN erreichen. An der Basis der Rücken sind gelegentlich die Feinsandstein-Tonstein-Abfolgen der Queich-Formation und Annweiler-Schichten an Wegen angeschnitten, so z. B. oberhalb der Bahntrasse und Straße östlich von **Sarnstall-Rinnthal** (180 bis 190 m NN; **64**; 422,2E; 5452,0N). Der Ausbiss einer dünnen fossilführenden dolomitischen Mergellage, welche die gegen Südwesten auskeilende marine Fazies der Zechstein-Gruppe repräsentiert, soll hier ungefähr in einer Höhe von 250 m NN ausstreichen, ist jedoch kaum in Aufschlüssen zu beobachten. Von Parkplätzen in Rinnthal lohnen sich Besuche der Trifels-Schichten, die in den NE-streichenden Sandsteinrippen der **Schmalbühler Felsen** (**65**; 422,9E; 5452,0N), des **Dingentalkopfs** (**66**; 422,5E; 5452,4N), in den Felsrippen unter dem **Hasselkopf** (**67**; 421,6E; 5452,6N) oder westlich des Tals am **Rindsberg** und **Buchholzfelsen** (**68**; 420,65E; 5450,95N) gut aufgeschlossen sind. Besonders bemerkenswert sind die durch vorrückende Sandbänke in verzweigten Rinnen gebildeten planaren Schrägschichtungsblätter, die zusammen mit der Korngrößenverteilung die späteren schichtgebundenen Zementationsunterschiede, Bleichungen oder Hämatit-Anreicherungen, aber auch die Wegsamkeiten für die wabenförmige Verwitterung der Sandsteinbänke vorgeben. Nördlich der Talstrecke bis **Wilgartswiesen** (210 m NN) bilden kiesige Sandsteinbänke der Trifels-Schichten den steilen Südosthang des **Göckelbergs**, wobei nördlich der Felsengruppe **Bei den drei Felsen** (**69**; 420,6E; 5453,3N) über einer typischen Verebnungszone auch die Rehberg-Schichten in kleinen, für diese Einheit typischen Tischformen erhalten geblieben sind. In Wilgartswiesen wurde die Buntsandstein-Gruppe östlich einer N-streichenden Störung vertikal um rund 60 bis 80 m versetzt, wodurch am Nordrand des Tals höhere Einheiten der Trifels-Schichten den westlich der Störung ausstreichenden Annweiler-Schichten gegenüberliegen. Bei der Neuanlage der B 10 war diese Störung südlich von Wilgartswiesen in einem heute weitgehend verwachsenen Böschungsanriss als intensiv gebleichte und mehrere Meter breite Zone aufgeschlossen. Die Störung ist sowohl nach Norden als auch nach Süden über mehrere Kilometer als deutliche topografische Kerbe zu verfolgen. Gut zugänglich sind hier die immer wieder als Rippen über den

Annweiler-Schichten hervortretenden und teilweise gebleichten Trifels-Schichten, so z. B. über dem westlich von **Wilgartswiesen** (**70**; 416,95E; 5451,4N) gelegenen Sportgelände, unter der **Falkenburg** (**71**; 417,0E; 5450,9N) und in mehreren Felsgruppen im Bereich **Hauenstein**.

Nur wenige Kilometer westlich von Wilgartswiesen-Hauenstein, also bereits im Einzugsgebiet der Lauter, befindet sich das Kerngebiet des Dahner Felsenlands. Entlang des Lautertals, das einer N-S-streichenden Bruchzone mit einem Vertikalversatz von nur wenigen Zehner Metern folgt, bestehen die Höhenrücken aus Felsrippen der Trifels-Schichten, die von NE-SW-ausgerichteten Klüften begrenzt werden. In der unmittelbaren Umgebung von **Dahn** (210 m NN) erheben sich zahlreiche bewaldete Hänge mit Trifels-Schichten über dem hügeligen Ausbiss der Annweiler-Schichten. Zu den bekannten Felsgruppen in den Trifels-Schichten bei Dahn gehören neben den Rücken nördlich von **Schindhard** und **Busenberg** besonders der **Galgenfelsen** (**72**; 410,5E; 5445,6N) am nordwestlichen Ortsausgang von Dahn, der **Jungfernsprung** (**73**; 410,7E; 5445,2N) in der Nähe des Ortskerns, der **Jakobs-Felsen** (**74**; 410,2E; 5445,3N), sowie die **Braut- und Bräutigam-Felsen** (**75**; 410,2E; 5444,2N) westlich der Lauter, schließlich der sehenswerte Burgfelsen von **Alt-Dahn** (**76**; 412,7E; 5444,8N; Abb. 26b), die Felsgruppe am **Hochstein** (345 m NN; **77**; 411,9E; 5444,3N), bei Busenberg der ebenfalls interessante Burgfelsen am **Drachenfels** (367 m NN; **78**; 411,5E; 5441,7N) und der **Eichelberg** (**79**; 414,5E; 5443,0N), der **Geierstein** (**80**; 413,1E; 5441,9N) und der Burgfelsen am **Berwartstein** (**81**; 417,0E; 5440,1N). Der bekannte **Teufelstisch** (**82**; 408,5E; 5449,9N) westlich von **Hinterweidenthal** (242 m NN) gehört bereits zu einer stärker verkieselten Zone innerhalb der Rehberg-Schichten, die nordwestlich von Dahn über einer deutlichen Verebnung einsetzt. An allen diesen Punkten lassen sich die oben angesprochenen sedimentologischen und hydrogeologischen Aspekte bestens nachvollziehen.

## **Exkursionsgebiet 9:** Westliche Schwäbische Alb (Zollernalb und Hohenzollern-Graben)

(Abb. 58, S. 229)

**Karten**: Freizeitkarten 1:50 000 (Freudenstadt, Tübingen-Reutlingen, Sigmaringen). Topografische und geologische Karten 1:25 000: 7520 (Mössingen), 7618 (Haigerloch), 7619 (Hechingen), 7620 (Jungingen), 7718 (Geislingen), 7719 (Balingen), 7720 (Albstadt), 7721 (Gammertingen), 7818 (Wehingen), 7819 (Meßstetten), 7820 (Winterlingen). Die ausgezeichnete Geologische Karte Baden-Württemberg 1:100 000 C7918-Ebingen (Schädel 1960) schließt das gesamte Exkursionsgebiet ein.

*Allgemeines*

Das Exkursionsgebiet ist aus dem Neckartal entweder von Nordwesten über die **B 463** oder von Nordosten her über die **B 27** zu erreichen. Es umfasst insgesamt 500 bis 700 m mächtige, flach ESE-einfallende Abfolgen der Trias-Periode, besonders aber die Schichten der Jura-Periode (Abb. 58), deren tiefere Anteile im Raum Karlsruhe zwar im Untergrund des Oberrhein-Grabens weit verbreitet, an der Oberfläche jedoch kaum aufgeschlossen sind. So dient das Exkursionsgebiet vor allem dazu, diese jüngsten Schichtabfolgen der Germanischen Tafel und den Charakter der Landoberfläche vor Absenkung des Oberrhein-Grabens kennen zu lernen. Die besten Ausgangspunkte für Exkursionen sind die Ausfahrten von der **B 27** bei **Dotternhausen** (651 m NN) – **Balingen** (517 m NN) im Südwesten oder bei **Hechingen** (491 m NN) – **Mössingen** (475 m NN) im Nordosten. Ausgehend von der flach-hügeligen Landterrasse im Vorland der Schwäbischen Alb lässt sich die Schichtabfolge im Exkursionsgebiet durch die Täler der **Eyach** und **Schlichem** im Westen oder aus den Tälern der **Schmiecha** und **Starzel** im Osten vom Ausbiss der Schwarzjura- und Braunjura-Gruppe am Fuß des Albtraufs bis in die Hochfläche der Weißjura-Gruppe verfolgen. Nach einer allgemeinen Einführung soll das Exkursionsgebiet zuerst in einem westlichen und dann in einem östlichen Querschnitt besprochen werden. Die Benennung der Schichteinheiten wurde von Schädel (1960) übernommen und Nomenklaturvorschlägen jüngeren Datums angepasst.

Bedingt durch ein generelles ESE-Einfallen der Schichten von 1 bis 3° sinkt im Exkursionsgebiet die 5 bis 6 km breite Landterrasse im Ausbiss der Schwarzjura-Gruppe von 600 m NN im Westen auf rund 400 m NN im Osten ab. Dabei bilden die mit dunklen Tonsteinen wechsellagernden oolithischen Kalk- oder Feinsandsteinbänke erste niedrige Schichtstufen, zwischen denen außerhalb der größeren Siedlungen eine dünne Lössdecke die landwirtschaftliche Nutzung der leicht gewellten Terrassenoberfläche ermöglicht. Im Gegensatz dazu dominieren im Ausbiss der Braunjura-Gruppe bereits bewaldete und rutschungsanfällige Hänge, an denen linsenförmig eingeschaltete Sandsteinfolgen oder oolithische Kalkbänke, vor allem an Wasserfällen und Klammen, als deutliche Schichtstufen zu erkennen sind. Über den höchsten, meist von Rutschungs- oder Felssturzmassen bedeckten Tonsteineinheiten der Braunjura-Gruppe (Ornatenton-Formation) erhebt sich dann die lappenförmig aufgelöste Schichtstufe des eigentlichen Albtraufs mit gebankten bis massigen Kalksteinabfolgen der Weißjura-Gruppe, welche zum Teil recht naturnahe Buchen-Tannenwälder als Vegetationsdecke aufweisen.

Auch die Hochfläche der Schwäbischen Alb fällt im Exkursionsgebiet von rund 1000 m NN im Westen auf rund 850 m NN im Osten ab. Sie besteht im Nordwesten noch aus grauen Tonstein-Kalkbank-Abfolgen der Impressamergel-Formation, der Wohlgeschichteten-Kalk-Formation und der Lacunosamergel-Formation, die hier als Lochen-Fazies bereits kuppelförmige Kieselschwamm-Mikrobenkrusten-Bioherme („Stotzen“) oder entsprechende grobbankige („geflaserte“) Kalkpartikel-Schuttschichten enthält. Eine etwas weiter südöstlich verlaufende Stufe entspricht dann dem Ausbiss der dickbankigen Unteren und Oberen Felsenkalk-Formation und den teilweise diffus dolomitisiert-dedolomitisierten, „zuckerkörnig“-rekristallisierten Schwamm-Stromatolith-Korallen-Biohermen der Massenkalk-Formation. Südlich des Exkursionsgebiets füllen als jüngste Schichten der Jura-Periode die mergelig-bituminöse Zementmergel-Formation und die Hangende Bankkalk-Formation schüsselförmige Depressionen zwischen domförmig aufragenden Massenkalk-Einheiten.

Diese Schichtabfolge bildete wahrscheinlich über eine Zeitspanne von rund 100 Millionen Jahren eine tiefliegende Landoberfläche, von der insgesamt ein kaum mehr als 100 m mächtiges Gesteinspaket abgetragen wurden. Die gelegentlich in Trockentälern, Lösungswannen oder Felsspalten erhaltenen rötlich-gelben, Fe-Mn-reichen Goethit-Kaolinit-Bohnerztone und Quarzsandlinsen sind die einzigen Ablagerungen, die auf diese lange Erosionsgeschichte hinweisen. In der südöstlichen Ecke des Exkursionsgebiets markieren eine erosive „Klifflinie“ und unmittelbar südlich davon Reste mariner, mergelig-konglomeratischer Schichten („Juranagelfluh“) aus der frühen Miozän-Epoche (rund 20 bis 15 Ma) den Nordrand des marinen Molasse-Beckens. Seit dieser Zeit wurde auch die westliche Albhochfläche als Teil einer breiten Aufwölbung im Vorland der Alpen 600 bis 800 m gehoben und erfuhr dabei eine tiefgreifende Verkarstung (Etzold et al. 1996).

Der heutige Abtrag der Schwäbischen Alb konzentriert sich vor allem am Albtrauf. Hier sorgen Massenbewegungen, Rinnenerosion und Kalklösung entlang engständiger NW- oder NNE-streichender Kluftscharen und Störungen für den Erhalt steil ansteigender Felswände, abrupt vorspringender Sporne und weitgehend isolierter Zeugenberge. Massenbewegungen als „sichtbarste“ Erosionsformen werden besonders durch längere oder intensive Niederschläge ausgelöst, wobei hohe Wasserdrücke in den engständigen Klüften der Wohlgeschichteten-Kalk-Formation gelegentlich zum Kollaps ganzer Wandfluchten führen. Die Auflast von Felssturzmassen auf durchnässten Tonstein-Aquitarden der Braunjura-Gruppe unter den Wandfluchten verursacht dort wiederum langfristig kriechende und zeitweise beschleunigte Bewegungen in m-mächtigen Lockergesteinen. Verstärkt durch Rinnenerosion können sich Letztere dann bis in die Täler ausweiten. Reliktische, aktive oder potenzielle Massenbewegungen verraten sich im Gelände durch freiliegende, steile-konkave Felsflanken mit offenen wandparallelen Spalten an den Oberkanten, durch lineare Rücken blockiger Felssturz-Massen unter den Wänden und durch wellig-konvexe Hänge mit sumpfigen Dellen im Ausbiss der Braunjura-Gruppe.

Der deutlichste Vorsprung des Albtraufs im Exkursionsgebiet fällt mit dem NW-ausgerichteten **Hohenzollern-Graben** zusammen (Abb. 58). Dieser > 25 km lange und 1 bis 3 km breite Graben wird beiderseits von Störungen begrenzt, die an der Oberfläche rund 70° zum Grabeninneren einfallen. Dabei weist die Hauptabschiebung im Nordosten einen vertikalen Maximalversatz von ungefähr 100 bis 120 m auf, wogegen am südwestlichen Grabenrand ein etwas geringerer Gesamtversatz auf mehrere gegeneinander abgesetzte Störungen verteilt ist. Es ist unklar, wann die Grabenstruktur entstand und ob sich die Grabenrand-Abschiebungen bis in den hier mehr als 1 km unter der Landoberfläche befindlichen Kristallinen Sockel fortsetzen. In den Kalkbänken lassen sich jedenfalls – wie in anderen Teilen der Schwäbischen Alb – in der Umgebung des Hohenzollern-Grabens ältere, NW-gerichtete Horizontal-Stylolithen nachweisen, die von jüngeren NNE-gerichteten Stylolithen überprägt wurden. NNE-streichende Scherflächen weisen Spuren sinistraler Blattverschiebungen auf, wogegen WNW-streichende Scherflächen durch Spuren dextraler Blattverschiebungen gekennzeichnet sind. Stylolithenbildung und scherende Bewegungen an diskreten Bruchflächen deuten an, dass die Absenkung des Grabeninneren, die heute mit Raten von maximal 1 mm/a erfolgt (Mälzer 1988), möglicherweise an bereits in der Mesozoikum-Ära angelegten NW-streichenden Störungen oder Kluftscharen erfolgt. Eine bedeutende Seismizität im Bereich **Albstadt-Onstmettingen** und die Abnahme des Vertikalversatzes an den Randstörungen im Nordwesten und Südosten lassen vermuten, dass die Extension des Grabens durch eine sinistrale (= linksverschiebende) Scherung an einer NNE- bis N-streichenden Störungszone im Kristallinen Sockel ausgelöst wird. An dieser Zone kam es am 16.11.1911 westlich, am 27.5.1943 südlich und am 3.9.1978 östlich von Onstmettingen zu Erdbeben mit Magnituden von 5 bis 6. Besonders das Erdbeben vom 16.11.1911 ist von historischer Bedeutung, da die später berühmten Geophysiker Mohorovicic, Gutenberg und Sieberg nach dem Erdbeben aus 6000 lokalen Beobachtungen der Erschütterungsintensitäten die Lage des Erdbeben-Epizentrums in einer bemerkenswerten kartografischen Darstellung dokumentieren konnten. Diese Karte erbrachte außerdem den Nachweis, dass maximale Erschütterungen und Gebäudeschäden zwar an einer N-S-orientierten Zone im Umfeld des Epizentrums auftraten, dass aber auch weit vom Epizentrum entfernt, wie z.B. am Bodenseeufer, in Lockergesteinen Rutschungen ausgelöst wurden (Siebert & Lais 1925). Das Erdbeben von 1911, aber auch Beben jüngeren Datums und schwächere Erdbeben-Schwärme werden durch ruckhafte, sinistrale Horizontalbewegungen an einer NNE-streichenden steilen Störungszone in Tiefen von 5 bis 15 km ausgelöst. So deuten die Haupt- und Nachbeben von 1978 auf einen Versatz von maximal 10 cm an einer rund 6 km langen Bewegungsfläche in Tiefen von 6 bis 10 km. Auch bei diesem Beben erfolgten die stärksten Erschütterungen auf Lockergesteinen im Tal der Schmiecha (Schneider 1980;

Haessler et al. 1980). Zu kleineren Erdbeben kam es in den Jahren 1913 und 2003 zwischen den Tälern der Eyach und Schmiecha, wobei das Beben vom 22.3.2003 (Magnitude 4) anscheinend in der südlichen Verlängerung der Bruchzone von 1978 erfolgte (Stange & Brüstle 2005).

Obwohl auf der Schwäbischen Alb die Oberflächen-Wasserscheide zwischen den Teileinzugsgebieten des Neckars und der Donau im Allgemeinen einige Kilometer nördlich der Grundwasserscheide verläuft, sorgt im Exkursionsgebiet die besonders kräftige erosive Auflösung des Albtraufs für einen fast identischen Verlauf beider Wasserscheiden. Obwohl die Schlichem, Eyach und Starzel obsequent zum Neckar entwässern, deuten hakenförmige Mündungen S-gerichteter Neben- und Trockentäler eine geologisch junge Anzapfung von ursprünglich breiten, S-gerichteten Wasserläufen an. Nur die Schmiecha-Schmeie durchfließt bis heute von einer fast am Albtrauf gelegenen Quelle ein spitzwinkelig bis subparallel zum Hohenzollern-Graben SSE-gerichtetes Tal. Da außerhalb des Grabens gelegene und somit relativ zum Graben angehobene, tonig-mergelige Abfolgen der Braunjura-Gruppe rückschreitend durch die Nebenbäche der Schmiecha und Starzel abgetragen werden, bilden die im Grabeninneren tektonisch abgesenkten und wesentlich erosionswiderständigen Kalkstein-Abfolgen der Weißjura-Gruppe einen weit nach Nordwesten vorspringenden Sporn. Der äußerste, im Verlauf der erosiven Reliefinversion ausgesparte Zeugenberg des Grabeninnern besteht aus Wohlgeschichteter-Kalk-Formation und wird von der **Burg Hohenzollern** (855 m NN) gekrönt. Nach Südosten hin bilden hügelige Aufragungen in der Massenkalk-Formation des Grabeninneren einen deutlichen Kontrast zu den relativ ebenen Landoberflächen auf der Wohlgeschichteten-Kalk-Formation und tief erodierten Rinnen in der Braunjura-Gruppe außerhalb des Grabens.

Die Alb-Hochfläche ist trotz relativ hoher Jahresniederschläge von 800 bis 1000 mm/a recht trocken, wobei unter Trockentälern, Karstwannen oder Dolinenfeldern ebenfalls tiefreichende trockene Höhlensysteme anzutreffen sind. Die Niederschläge sammeln sich meist in größeren wannenförmigen Depressionen und nähren Karst-Grundwasserströme, die dann an den tieferliegenden Talflanken zum Teil in Großquellen austreten. Letztere sind heute meist für den öffentlichen Gebrauch gefasst (Strayle 1970; Etzold et al. 1996). Auch in den Haupttälern selbst resultiert der Oberflächenabfluss deshalb häufig aus seitlich zuströmendem Karstgrundwasser, wobei in den kaum mehr als 20 m mächtigen Hangschuttdecken durch Kalkausfällung gelegentlich der mauerartig verfestigte „Nägelesfels" entsteht. Im Gegensatz zu diesen tieferen Grundwasserströmen, in denen konstante Wassertemperaturen von 8 bis 10 °C und Lösungsgehalte um 500 mg/l (Ca-$HCO_3$) auch recht komplexe Fließwege im Untergrund andeuten, werden in seichtem Karstgrundwasser, das bereits nach kurzer Verweildauer unter der Landoberfläche an kleinen Quellen austritt, die heute aus Siedlungen, Verkehrswegen oder Landwirtschaftsflächen eingetragenen Schadstoffe (Nitrate, Pestizide usw.) kaum abgebaut (Etzold et al. 1996; Villinger 1997; Bertleff et al. 1988, Stober & Villinger 1997; Villinger & Sauter 1999).

Seit den frühen Phasen der alamannischen Landnahme stellten die linearen Trockentäler und rundlichen Massenkalk-Kuppen der Alb-Hochfläche besondere Herausforderungen an jegliche Form landwirtschaftlicher Unternehmung. Während gegen Westen auf den ebenen Plateaus im Ausbiss der Wohlgeschichteten-Kalk-Formation erstaunlich tiefe, humos-feinsandige Braunerde-Auflagen bis heute großflächige Landwirtschaft ermöglichen, mussten im Südosten wesentlich kleinere Felder und Mähwiesen in den wannenförmigen Depressionen zwischen Massenkalk-Aufragungen durch Steinriegel oder Hecken gegenüber den Schafweiden oder kommunalen Wäldern abgegrenzt werden. Im Verlauf vergangener Dekaden haben sich auf diesen Flächen Kiefern-Fichten-Wirtschaftswälder zugunsten der ehemaligen Schafweiden ausgebreitet, wobei auf letzteren allerdings Relikte von Magerwiesen mit Wacholderbüschen und mehrstämmige „Weidbuchen“ die vormalige Landnutzung verdeutlichen.

### *Die Täler der Eyach und Schlichem*

Nähert man sich von Nordwesten aus dem Neckartal der Landterrasse der Schwarzjura-Gruppe durch das **Eyachtal**, so lädt die hochinteressante Ortschaft **Haigerloch** (420 m NN; **1**; 485,7E; 5356,85N) zum Verweilen ein, bevor man die Fahrt nach Südosten auf der B 463 fortsetzt. Die Stadt Haigerloch selbst liegt auf dem Umlaufberg eines Talmäanders, mit dem sich die Eyach fast 100 m tief in die Muschelkalk-Gruppe eingekerbt hat. Zahlreiche Aufschlüsse in der Oberen Muschelkalk-Subgruppe (Trochitenkalk- und Meissner-Formation) an den Straßenrändern nördlich, westlich und südlich von Haigerloch sowie zwei riesige Steinbrüche sind hier gut zugänglich. Höhenschotter, die im großen Steinbruch nördlich von Haigerloch rund 70 m über dem Talboden der Eyach anzutreffen sind, stammen möglicherweise aus der mittleren Pleistozän-Epoche (Bibus & Rähle 2005) und belegen die relativ junge Eintiefung des Tals. In **Stetten** (**2**; 485,9E; 5355,3N), nur 2 km südlich von Haigerloch, befindet sich das älteste noch aktive Salzbergwerk Deutschlands. Es erstreckt sich südwestlich der Eyach in einer Tiefe von rund 100 m unter dem Talboden in der Mittleren Muschelkalk-Subgruppe über eine Horizontaldistanz von 2,5 km. Dabei wird unter einer 30 m mächtigen wasserstauenden Sulfatschicht eine rund 6 m mächtige Steinsalz-Lage abgebaut. Beim ursprünglichen Schachtbau in den Jahren 1852 bis 1858 ergaben sich nicht nur Probleme durch kräftigen Wasserzufluss aus dem Oberen Muschelkalk-Aquifer, sondern auch durch starke, lokal sogar explosive Ausbrüche von $CO_2$-Gas, anscheinend aus Kluft-Reservoiren der tieferen Muschelkalk-

Gruppe, der Buntsandstein-Gruppe oder aus dem Kristallinen Sockel (?). Wasser, Gas und Wegsamkeiten halten sich möglicherweise an NW-streichende Bruchzonen, da auch die Salzschichten selbst entlang des NW-streichenden „Haigerlocher Sprungs" um mehrere Meter versetzt sind (Hansch & Simon 2003). Die in Bad Imnau nordwestlich von Haigerloch erbohrten Säuerlinge belegen ebenfalls durch einen Ca-$HCO_3$-$SO_4$-Feststoffgehalt um 3 g/l und $CO_2$-Anteile von > 2g/l einen Zustrom aus tieferen gasreichen Aquiferen im Untergrund.

Folgt man der Eyach talaufwärts, so fällt auf, dass sich im Ausbiss der Keuper-Gruppe der Talquerschnitt abrupt verbreitert und das Tal von Flussterrassen gesäumt wird. Im Ausbiss der Grabfeld-Formation wurde hier an verschiedenen Stellen östlich von Stetten und bei Owingen Gips abgebaut. An der **Gießmühle** (**3**; 489,6E; 5351,5N), wo der Klingenbach in die Eyach mündet, finden sich an den Prallhängen der Eyach Aufschlüsse der Weser-Formation (höhere Keuper-Gruppe) mit der typischen Wechselfolge aus roten Tonsteinen und dm-mächtigen, mergeligen Dolomitstein-Bänken. In unmittelbarer Nähe der **B 26** setzt im Bereich des Motorsport-Geländes nördlich der **B 463** die Terrasse der Schwarzjura-Gruppe im Ausbiss basaler Kalk- und Tonsteinschichten der Psilonotenton-Formation ein. Hier ist auch unmittelbar nördlich von **Engstlatt** (522 m NN) in einem Böschungsanschnitt an der Auffahrt von der B 463 zur B 27 (**4**; 491,7E; 5351,25N) die rötlich-dunkelbraun verwitternde „Oolithenbank" an der Basis der Angulatenton-Formation aufgeschlossen. Diese wahrscheinlich als Sturmschicht sedimentierte, sandige Kalkbank enthält neben chamositisch-hämatitischen Oolithen lagenförmig angereicherte und sekundär durch Karbonatzement modifizierte Muschelschalen.

Eine Fortsetzung des Profils in der Schwarzjura-Gruppe bietet in **Balingen** (517 m NN), unmittelbar nördlich der Sportanlagen (**5**; 489,5E; 5348,1N), ein Weg entlang des westlichen Eyachufers. Hier bilden basale Kalkbänke der Psilonotenton-Formation das direkte Uferniveau, wobei die Oolithenbank, Tonsteine und gelblich verwitternde Kalksandstein-Bänke der Angulatenton-Formation über dem linken Ufer die Wegböschung aufbauen. Am südlichen Ortsende von Balingen, rund 500 m südlich des Freibads (**6**; 489,4E; 5345,4N), verläuft die mäandrierende Eyachrinne unter einem hohen Prallhang, in dem über der Arietenkalk-Formation bituminöse Tonsteine der Obtususton-Formation und entlang der Oberkante hellere Mergel der Numismalismergel-Formation angeschnitten sind. Weiter talaufwärts sind in **Frommern** (564 m NN) unterhalb des Friedhofs (**7**; 490,9E; 5343,95N) – wiederum an einem Prallhang der Eyach und in einem gegenüber liegenden Straßenanschnitt – über den Kalk-Mergelsteinabfolgen der Amaltheenton-Formation die typischen dunklen bituminösen Tonsteine der Posidonienschiefer-Formation zu studieren (Abb. 19). An der Südwestseite des Tals bilden am Bahnhof Frommern (**8**; 490,6E; 5343,1N) bereits tiefere, mergelig-tonige Schichten der Opalinuston-

Formation (Braunjura-Gruppe) die zunehmend überwachsene Abbauwand einer ehemaligen Ziegelei. In dem von Frommern nach Nordosten ansteigenden Zillhausener Tal (**L 442**) durchschneidet am Westrand von **Zillhausen** (644 m NN; **9**; 494,0E; 5344,6N) ein durch steile Treppen zugänglicher, meist trockener Wasserfall den Ausbiss mehrerer Sandsteinlinsen („Wasserfallschichten"), die den Übergangsbereich zwischen den homogenen Mergel- und Tonsteinen der Opalinuston-Formation und sandig-oolithischen Einheiten der mittleren Braunjura-Gruppe repräsentieren. An den östlich des Zillhausener Tals ansteigenden Hängen erheben sich über dem Braunjura-Mergelstein-Aquitard durch Klüfte aufgelockerte Weißjura-Kalkstein-Aquifere. Hier kam es in regenreichen Phasen des letzten Jahrhunderts immer wieder zu Rutschungen, bei denen lokal auch Schichtglieder der höheren Braunjura-Gruppe in größeren Anrissen unter der Felsstufe der Impressamergel- und Wohlgeschichteten Kalk-Formation (**10**; 494,8E; 5344,1N) freigelegt wurden. Der W-exponierte Rutschungshang setzt sich nach Norden bis in den **Hundsrücken-Irrenberg** (**11**; 495,95E; 5347,05N) fort. Die Alb-Hochfläche überragt hier im Ausbiss der Wohlgebankten Kalk-Formation und der Lacunosamergel-Formation als schmaler Sporn das Albvorland. Auf der Alb-Oberfläche selbst finden sich gegen Osten bis an den Rand des Schmiechatals erstaunlich tiefe und landwirtschaftlich intensiv genutzte Böden. Die charakteristische dm-mächtige Bankung, die mm-mächtigen Mergellagen und die typisch engständige Klüftung der Wohlgeschichteten Kalk-Formation sind rund 1 km nördlich von **Pfeffingen** (764 m NN) in einer von der Straße (**K 7141**) gut zugänglichen vormaligen Steinbruchwand am **Auchtberg** (**12**; 497,3E; 5345,25N) zu sehen (Abb. 21).

Auch im **Schlichemtal** entspricht dem Ausbiss der Schwarzjura-Gruppe eine breite Landterrasse, auf der in **Dotternhausen** (651 m NN) die Posidonienschiefer-Formation in einer großen Tongrube (**13**; 483,2E; 5342,0N) abgebaut wird. In der Anlage gefundene Fossilien sind im ausgezeichneten Werksmuseum zu bestaunen (Jäger 2001). Obwohl die dunklen, fossilreichen Tonsteine vor allem als Zusatz bei der Herstellung von Zementprodukten und Bindemitteln verwendet werden, kommen sie aufgrund ihres hohen Bitumengehalts auch als lokale Energiequelle zum Einsatz. Kalksteinabbau erfolgt am nahegelegenen **Plettenberg** (rund 1000 m NN; **14**; 486,0E; 5340,0N), einem Zeugenberg in der Wohlgeschichteten Kalk-Formation, die hier den Außenrand des Albtraufs bildet. Der riesige Steinbruch erschließt neben homogenen mikritischen Kalkbänken, die durch ihre wellige Lagerung auffallen, mittel- bis dickbankige Kalksteine, die lateral in Biostrome und Schwammbioherme der Lochenkalk-Fazies übergehen (Abb. 21b). Die Lochenkalk-Fazies ist auch nordöstlich von **Ratshausen** (675 m NN) in der Abrissfläche einer gewaltigen Felssturz- und Rutschmasse am Südrand des Plettenbergs angeschnitten. Die jüngste Massenbewegung begann hier anscheinend im Mai 1851 mit der Öffnung von Rissen an der Oberkante des Steilhangs, beschleunigte sich dann – begleitet von einem gleichzeitigen Versiegen der Quellen – im folgenden Oktober und endete mit einem Felssturz; dieser breitete sich als dreigeteilter Schlammstrom bis zum Talboden aus. Ein bis heute aktiver, schmaler Rutschungsbereich äußert sich durch schrägen Baumwuchs und Wölbungen in der asphaltierten Forststraße östlich oberhalb eines Waldparkplatzes bei Ratshausen (**15**; 485,9E; 5338,05N), von wo auch ein Weg über die wellige Oberfläche des tieferen Rutschungsgeländes in den blockigen Kopfbereich und in die Abrisswand des Felssturzes führt. Südlich der Schlichem befindet sich unter dem **Ortenberg** (**16**; 485,7E; 5336,6N) eine ehemalige Bruchwand in der Wohlgeschichteten Kalk-Formation. Wie an der Nordflanke des Tals besteht auch hier der tiefere Hangbereich aus Rutschmassen, die den Ausbiss von mergeligen Schichten in der Braunjura-Gruppe überdecken. Diese Gleitmassen waren schon im Mai 1787 nach einer längeren Niederschlagsperiode in Bewegung gekommen und stauten zeitweise die Schlichem zu einem kleinen See auf. Aufschlüsse der Opalinuston-Formation (Braunjura-Gruppe) finden sich im Bachbett der Schlichem am südwestlichen Ortseingang von **Hausen am Tann** (745 m NN; **17**; 487,6E; 5337,9N). Folgt man dem Tal weiter nach **Tieringen** (679 m) so durchquert man im Ortsbereich die Grenze zwischen der Braunjura-und Weißjura-Gruppe. Letztere ist dann direkt unter dem Sportplatz an der Straße **K 7143** östlich von Tieringen (**18**; 491,5E; 5338,6N) in einer ehemaligen Steinbruchwand in Form der Wohlgeschichteten Kalk-Formation gut aufgeschlossen und zugänglich. Die dm- bis m-mächtigen, lateral auskeilenden Kalkmikrit-Bänke und eine m-mächtige Schuttkalk-Bank illustrieren schräge Anlagerungskontakte am Rand eines unter Bewuchs verborgenen Schwamm-Bioherms.

Von Tieringen gut zu erreichen ist der **Lochenstein** (**19**; 488,8E; 5340,7N), die Typlokalität der Lochen-Fazies. Die kuppelförmige Schwamm-Massenkalk-Aufwölbung in der Gipfelregion geht lateral in geschichtete, SE-geneigte Schwamm-Partikel-Schuttkalkbänke und mikritische Kalkbank-Abfolgen der Impressamergel- und der Wohlgeschichteten Kalk-Formation über. Die leicht nach Südosten geneigte Oberfläche des Lochensteins selbst besteht bereits aus der Lacunosamergel-Formation. Die geringe Mächtigkeit (< 50 m) der Impressa-Mergel-Formation, die in der Schichtabfolge auftretenden Schwamm-Stromatolithen-Bioherme und die wellige Lagerung der Bankkalke lassen hier auf eine Ablagerung der Weißjura-Gruppe im Bereich einer flach ESE-geneigten submarinen Rampe schließen (Meyer & Schmidt-Kahler 1989). Sowohl am „Gespaltenen Fels“ westlich des Lochensteins als auch an der Westwand des „Hörnles“ weiter östlich, sind freiliegende Felswände und tiefe Spalten Hinweise auf Abrisszonen vergangener und zukünftiger Felsstürze. Am **Winkelgrat** werden kriechende Bewegungen in der Felsflanke oberhalb der Straße nach **Laufen** (616 m NN) sogar messend überwacht. Auch der **Gä-**

**belesberg (20**; 494,0E; 5339,7N) südlich von Laufen ist ein weitgehend durch Felsstürze aufgelöster Sporn im Übergangsbereich zwischen Bankkalk- und Massenkalk-Fazies. Die „Vogelfelshöhle" in der Nähe der Lokalität **Schuhmacherfels (21**; 495,2E; 5338,25N) südwestlich von **Lautlingen** (679 m NN) stellt eine Fußhöhle dar, welche die an Bruchzonen gebundene rückschreitende Erosion durch Lösung, Aussickerung und Felsstürze entlang des hier weit nach Südosten eingebuchteten Albtraufs verdeutlicht. Auffallend für die Plateaufläche über dem Eyachtal sind die bis in diesen Bereich reichenden humosen Böden, wogegen östlich der Eyach bei **Messtetten** (907 m NN) auf der Felsenkalk-Formation bereits Grünflächen auf recht dünnen Böden in bewaldete, kuppenförmige Massenkalk-Aufragungen übergehen.

*Hohenzollern-Graben und die Täler der Schmiecha und Starzel*

Nähert man sich dem Albtrauf in südwestlicher Richtung von **Hechingen** (ca. 500 m NN), so sind bei **Hechingen-Stein** – rund 500 m nördlich der Sportanlagen Hechingen – in einem rund 5 m hohen nach Westen ausgebauchten Prallhang der Starzel (**22**; 496,45E; 5357,0N), über knollig-konkretionären Mergelschichten der oberen Keuper-Gruppe in transgressivem Kontakt die basalen Kalkstein-Tonstein-Sandstein Abfolgen der Psilonotenton-Formation (Schwarzjura-Gruppe) zu studieren. Nur rund 2 km nordwestlich wurde am Rand der Schwarzjura-Landterrasse das außerordentlich interessante **Römische Freilichtmuseum Hechingen-Stein (23**; 495,15E; 5358,05N) freigelegt und eine große „Villa rustica" rekonstruiert. Unter der Landterrasse liefert der langsam nach Osten abfließende Grundwasserstrom die für den Schwarzjura-Aquitard so typischen schwefelhaltigen Na-Ca-Mg-$HCO_3$-$SO_4$-Cl-Wässer (>3 g/l) für **Bad Sebastiansweiler (24**; 500,95E; 5361,05N). Südwestlich von Hechingen sind am **Bahnhof Zollern (25**; 495,8E; 5353,6N) entlang der Bahntrasse bereits Tonsteinschichten und Kalkbänke (Costatenkalk) der Amaltheenton-Formation (obere Schwarzjura-Gruppe) angeschnitten. Die nordöstliche Hauptabschiebung des Hohenzollern-Grabens quert hier den westlichen Teil der Bahnböschung mit einem Vertikalversatz von 30 bis 40 m. Dadurch besteht die gegen Südwesten stark überwachsene Böschung bereits aus Mergelsteinschichten der Opalinuston-Formation (tiefere Braunjura-Gruppe). Auch die südlich der Bahntrasse ansteigende **Bismarckhöhe** wird von sandigen Schichtgliedern der höheren Opalinuston-Formation aufgebaut und höher gelegene, bewaldete Terrassen unter der Burg Hohenzollern bestehen bereits aus gelbbraunen Einheiten der Eisensandstein- oder Wedelsandstein-Formation, dunklen „Blaukalken" oder knollig-eisenoolithischen Kalksteinschichten der Ostreenkalk-, Dentalienton- und Ornatenton-Formation. Eine auffällige Sandstein-Kalkstein Terrasse im hügelig-bewaldeten Ausbissbereich der Braunjura-Gruppe ist auch der nach

Norden vorstoßende Jungingerwald zwischen der Burg Hohenzollern und dem Starzeltal. Im Starzeltal selbst ist die Opalinuston-Formation unmittelbar nördlich von **Schlatt** (**26**; 501,6E; 5355,1N) in der sehenswerten Abbauwand einer heute zunehmend verwachsenen Mergelgrube aufgeschlossen (Abb. 20). Die Sandsteinlinsen bilden, wie anderswo, ein schützendes Dach gegen den natürlichen Abtrag der Mergel-Tonstein-Schichten, die an der Oberfläche eine durch Oxidation von Pyritlinsen hervorgerufene bräunlich-gelbliche Färbung aufweisen. Höhere Formationen der Braunjura-Gruppe lassen sich in kleinen Anrissen in dem nach Nordosten ansteigenden Bett des Heiligenbachs bis an die Steilstufe in der Weißjura-Gruppe am Dreifürstenstein erkunden. Östlich und hoch über der Starzel bildet dann die Wohlgeschichtete-Kalk-Formation zwischen **Mössingen** (475 m NN) und **Jungingen** (597 m NN) steile Hänge und Felswände, über denen wiederum ebene Flächen mit humosen Böden großflächig dem Ackerbau gewidmet sind. Erst 4 km weiter östlich überragen dann einzelne kegelförmige, bewaldete Kuppen aus Felsen- und Massenkalk-Formation die Hochebene. Der gesamte Albtrauf besteht hier aus Felssturz-Gleitmassen und bis zu 70° geneigten, freiliegenden konkaven Abrissnischen in der Wohlgeschichteten Kalk-Formation. Diese prägen auch die Nordflanke des **Farrenbergs** (**27**; 505,8E; 5359,5N) und besonders den Nordhang des **Dreifürstenstein-Hirschkopf-Rückens** (**28**; 504,9E; 5358,2N) südlich von Mössingen. Am Hirschkopf kam es im April 1983 nach einer Periode starker Niederschläge zu einer Massenbewegung, bei der sich eine rund 200 m mächtige und 1 km breite Felsmasse (insgesamt rund 4 Millionen $m^3$) ablöste und auf einer Gleitfläche in tieferen Mergel-Tonsteinschichten der Braunjura-Gruppe nach Norden abglitt. Auch der Hangbereich östlich der Talstrecke Schlatt-Jungingen besteht fast durchgehend aus Rutschmassen und freiliegenden Abrisswänden, wie z. B. im Bereich **Weilerwald** (**29**; 503,7E; 5354,1N) nordöstlich von Jungingen. Interessant sind auch die zwei Hangsporne am **Bürgle** (**30**; 504,3E; 5352,6N) und an der **Ruine Hohenjungingen** (**31**; 503,0E; 5351,8N) oberhalb von Jungingen. Beide Vorsprünge bestehen aus Wohlgeschichteter Kalk-Formation und sind ebenfalls Reste von Gleitschollen, die mehr als 100 m unter der ursprünglichen Abrisskante zur Ruhe kamen und als lokale Aufragungen von der Erosion ausgespart blieben. Oberhalb von **Hausen im Killertal** (670 m NN) durchquert das tief eingeschnittene Tal der Starzel den Kontakt zwischen Braunjura- und Weißjura-Gruppe an der östlichen Hauptabschiebung des hier 2,5 km breiten Hohenzollern-Grabens.

Wandert man im Graben selbst von der **Burg Hohenzollern** (855 m NN, **32**; 497,55E; 5352,3N) auf der erosiv isolierten Kuppe der Wohlgeschichteten Kalk-Formation nach Südosten, so durchquert man zuerst nochmals die Grenze zwischen der Braunjura- und der Weißjura-Gruppe in einem schmalen Sattel und durchsteigt dann den steilen Ausbiss der Impressamergel-Formation zum Aussichtspunkt **Zeller Horn** (**33**; 498,55E; 5351,05N) in der Wohlgeschichteten Kalk-Formation. Über einer weiteren Verebnung in der Lacunosamergel-Formation erreicht man an einer zweiten Geländestufe den Ausbiss der Felsenkalk- und Massenkalk-Formation. Dickbankige bis massige Kalke bilden hier im Bereich **Backofenfelsen-Hangender Stein** (**34**; 499,45E; 5350,75N) steile Felswände, an denen sich in einer eindrucksvollen Spalten- und Bruchzone eine mehr als 10 m breite Felsrippe vom Plateaurand ablöst und damit am Nordostrand des Grabens den Abriss eines zukünftigen Felssturzes andeutet. Auf der von hier nach Südosten flach abfallenden Landoberfläche sind mehrere kegelförmige Aufragungen in der verkarsteten Massenkalk-Fazies zu erkennen. Ein gut zugängliches ehemaliges Steinbruchgelände rund 1 km östlich von **Albstadt-Onstmettingen** (814 m NN, **35**; 500,9E; 5347,8N) nördlich der Straße **K 7103** nach Hausen, erlaubt einen Einblick in die Felsenkalk-Formation, die hier auch die doppelte „Glaukonitbank"-Leitschicht im Grenzbereich Untere-Obere Felsenkalk-Formation enthält. Auffällig sind ausgedehnte Bereiche sekundärer Dolomitisierung, späterer Dedolomitisierung und oberflächennaher Brekzienbildung bzw. Verkarstung. Nur 2 km weiter südöstlich und bereits innerhalb der Massenkalke befindet sich die **Linkenboldshöhle** (**36**; 502,1E; 5346,95N), deren Bestand an Tropfsteinen und Sinterdecken leider durch intensive Begehungen in mehr als 100 Jahren ziemlich gelitten hat.

Die im Hohenzollern-Graben abgesenkten Felsen- und Massenkalke bieten als hügelig-wannenförmige Landoberfläche einen deutlichen Kontrast zu den ebenen Plateaus der Wohlgeschichteten Kalk-Formation außerhalb des Grabens. Besonders schön äußert sich auch der durch Verkarstung verstärkte Unterschied zwischen der Felsen- und Massenkalk-Fazies im Bereich des **Degerfelds** (**37**; 504,8E; 5343,9N) südlich der Straße von **Bitz** (884 m NN) nach **Truchtelfingen** (771 m NN). Das Zentrum dieser rund 4 km$^2$ großen und komplex strukturierten Karstwanne bilden hügelig aufragende, teilweise dolomitisierte und dedolomitisierte Schwamm-Bioherme, an denen früher auch dolomitischer „Sand" (!) abgebaut wurde; den Rand bildet eine Dolinenkette entlang der südwestlichen Hauptabschiebung des Hohenzollern-Grabens. Die unterirdische Entwässerung des Degerfelds erfolgt nach Süden zur Schmiecha. Folgt man der Straße in Richtung Truchtelfingen so trifft man nun auch außerhalb des Hohenzollern-Grabens auf Schichten der Felsenkalk-Formation. Die unteren Hangbereiche im Tal der Schmiecha bestehen allerdings noch aus der Impressamergel- und der Wohlgeschichteten-Kalk-Formation. Die mergelig-dünngebankte Impressa-Mergel-Formation ist in einem ehemaligen Steinbruch (Bauhof Betonwerk Knobel **38**; 501,7E; 5342,85N) am Westrand von Truchtelfingen aufgeschlossen. Flussabwärts flankieren bei **Albstadt-Ebingen** (731 m NN) immer jüngere Einheiten der Felsenkalk-Massenkalk-Abfolge den dicht besiedelten Talboden. Als Höhepunkt einer Exkursion lässt sich diese Abfolge nördlich von **Strassberg** (682 m NN) in einem großen Steinbruch

(**39**; 506,2E; 5338,3N) in ihrer vollen Pracht studieren. Am Talboden markieren Feuchtstellen und Quellen den Ausbiss der Lacunosamergel-Formation. Darüber erschließen mehrere Bermen > 50 m hohe Abbauwände in der Unteren und Oberen Felsenkalk-Formation. Neben dem hellgrün-grauen Glaukonit-Schichtintervall und den typisch schräg-gekrümmten Anlagerungskontakten von Partikel-Schuttkalkbänken gegen Bioherme sind auch mehrere durch Verkarstung ausgeweitete Klüfte recht eindrucksvoll. Am Oberrand des Bruchs füllen gelbbraune bis dunkelrot-braune, Fe-Mn-reiche Bohnerztone mehrere zu Spalten erweiterte NW- bis NNW-streichende Bruchzonen (Abb. 22). Am Südostrand des Exkursionsgebiets, unmittelbar nordwestlich von **Winterlingen** (788 m NN), bildet die oben erwähnte „Klifflinie“ der frühen Miozän-Epoche eine deutliche Geländestufe in der Massenkalk-Formation. Die Ortschaft selbst befindet sich bereits auf Resten der mergelig-konglomeratischen Juranagelfluh-Ablagerungen, die hier vor der breitgespannten Anhebung der Schwäbischen Alb den Nordrand des alpinen Molasse-Vorlandbeckens bildeten.

# Literatur


Aigner, T. (1982): Calcareous Tempestites: Storm-dominated Stratification in Upper Muschelkalk Limestones (Middle Triassic, SW-Germany). – In: G. Einsele & A. Seilacher (eds.), Cyclic and Event Stratification. – Springer Verlag, pp. 180–198.

Aigner, T. (1984): Dynamic stratigraphy of epicontinental carbonates, Upper Muschelkalk (M. Triassic), South-German basin. – N. Jb. Geol. Paläont. Abh. **169**: 127–159.

Aigner, T. (1985): Storm depositional systems. – Lecture Notes in Earth Sci. **3**:1–174, Springer Verlag Heidelberg.

Aigner, T. & Bachmann, G. (1992): Sequence stratigraphic framework of the German Triassic. – Sediment. Geol. **80**: 115–135.

Alberti, F. v. (1834): Beitrag zu einer Monographie des bunten Sandsteins, Muschelkalks und Keupers, und die Verbindung dieser Gebilde zu einer Formation. – Verl. Cotta, Stuttgart, 368 S.

Alexandrov, P., Royer, J.J. & Dedoule, E. (2001): A 331 Ma emplacement age of the Soultz monzogranite (Rhine Graben basement) by U/Pb ion-probe zircon dating of samples from 5 km depth. – C.R. Acad. Sci. Paris, Earth and Planet. Sci. **332**: 747–754.

Al-Khayat, G. (1976): Die stoffliche Entwicklung der Nordschwarzwälder Granite. – Diss. Univ. Karlsruhe, 107 S.

Altherr, R., Henes-Klaiber, U., Hegner, E., Satir, M. & Langer, C. (1999a): Plutonism in the Variscan Odenwald (Germany):from subduction to collision. – Int. J. Earth Sci. **88**: 422-443.

Altherr, R., Henjes-Kunst, F., Langer, O. & Otto, J. (1999b): Interaction between crustal-derived felsic and mantle-derived mafic magmas in the Oberkirch Pluton (European Variscides, Schwarzwald, Germany). – Contrib. Mineral. Petrol. **137**: 304–322.

Altherr, R., Holl, A., Hegner, E., Langer, C. & Kreuzer, H. (2000): High-potassium, calc-alkaline I-Type plutonism in the European Variscides: northern Vosges (France) and northern Schwarzwald (Germany). – Lithos **50**: 51–73.

Ambs, S. (2002): Geologische und hydrogeologische Untersuchung in Neusatz (Baden) und Umgebung. – Diplomarbeit Geol. Inst. Univ. Karlsruhe, 121 S.

Andl, U. (1982): Geologische, geophysikalische und geochemische Untersuchung einer aktiven Verwerfung bei Edenkoben (Pfalz). – Oberrhein. geol. Abh. **31**: 19–30.

Antoine, P., Rousseau, D.D., Zöller, L., Lang, A., Munaut, A.V., Hatte, C., & Fontugne, M. (2001): High-resolution record of last Interglacial-glacial cycle in the Nussloch loess-paleosol sequences, Upper Rhine Area, Germany. – Quat. Intern. **76/77**: 211–229.

App, U. (1983): Die Verteilung von Uran und Thorium in nördlichen Ausstrichbereichen von Bühlertal- und Forbachgranit unter besonderer Berücksichtigung von radioaktiven Anomalien. – Diplomarbeit Geol. Inst. Univ. Karlsruhe, 109 S.

Asprion, U., Reicherter, K. & Meschede, M. (1997): Das Bodenradar und seine Anwendung zur Erkennung tektonischer Strukturen: ein Beispiel aus dem Freudenstädter Graben (Schwarzwald, Südwestdeutschland). – Jber. Mitt. oberrhein. geol. Ver., N. F. **79**: 11–127.

Baatartsogt, B., Schwinn, G., Wagner, T., Taubald, H., Beitter, T. & Markl, G. (2007): Contrasting paleofluid systems in the continental basement: a fluid inclusion and stable isotope study of hydrothermal vein mineralisation, Schwarzwald district, Germany. – Geofluids **7**: 123–147.

Bachmann, G.H. & Brunner, H. (1998): Nordwürttemberg-Stuttgart, Heilbronn und weitere Umgebung. – Sammlung Geol. Führer **90**: 1–403. – Gebr. Borntraeger, Stuttgart, Berlin.

Backhaus, E. (1974): Limnische und fluviatile Sedimentation im südwestdeutschen Buntsandstein. – Geol. Rdsch. **63**: 925–942.

Backhaus, E. (1981): Der marin-brackische Einfluss im Oberen Röt Süddeutschlands. – Z. dt. geol. Ges. **132**: 361–382.

Backhaus, E. (1994): Der Einfluss der Tektonik und des skythisch-anisischen Meeresspiegelanstiegs auf die Faziesgliederung des Oberen Buntsandsteins im Germanischen Triasbecken. – Z. dt. geol. Ges. **145**: 325–342.

Backhaus, E. & Bähr, R. (1987): Faziesmodelle für den Unteren Buntsandstein Südwestdeutschlands. – Facies **17**: 1–18.

Backhaus, E., Bähr, R. & Bindig, M. (2002): Faziesbild und stratigraphische Einstufung des Mittleren und Oberen Buntsandsteins am unteren Neckar (TK 25, Blatt 6620 Mosbach). – Geol. Jb. Hessen **129**: 79–101.

Bangert, V., Doebl, F., Heyl, K.E. & Schwarz, U. (1972): Die Wiedererschließung der „Petronella-Heilquelle" in Bad Bergzabern (Oberrhein-Graben). – Mainzer geowiss. Mitt. **1**: 24–33.

Barth, S. (1970): Stratigraphie und Tektonik der Tertiärscholle von Rot-Malsch im Rheingraben. – Jber. Mitt. oberrhein. geol. Ver., N.F. **52**: 71–95.

Bartz, J. (1951): Revision des Bohr-Profils der Heidelberger Radium-Sol-Therme. – Jber. Mitt. oberrhein. geol Ver., N.F. **33**: 101–125.

Bartz, J. (1961): Die Entwicklung des Flußnetzes in Südwestdeutschland. – Jh. geol. Landesamt Baden-Württemberg **4**: 127–135.

Bartz, J. (1974): Die Mächtigkeit des Quartärs im Oberrheingraben. – In: Illies, H. & Fuchs, K. (eds.), Approaches to Taphrogenesis. – Interunion Comm. on Geodyn., Sci. Rept. **8**: 78–87.

Bartz, J. (1976): Quartär und Jungtertiär im Raum Rastatt. – Jh. geol. Landesamt Baden-Württemberg **18**: 121–178.

Bartz, J. (1982): Quartär und Jungtertiär II im Oberrheingraben im Raum Karlsruhe. – Geol. Jb. A **63**: 3-237.

Bauer, A. (1994): Diagenese des Buntsandsteins im Bereich der Rheingraben-Westrandstörung bei Bad Dürkheim. – Mitt. Pollichia **81**: 215–289.

Baumgärtl, U. & Burow, J. (2003): Grube Clara. – Der Aufschluss **54**: 273–404.

Becksmann, E. (1958): Verkarsteter Zechsteindolomit unter der Ziegelhäuser Neckarbrücke und die Ziegelhäuser Störungszone. – Jh. geol. Landesamt Baden-Württemberg **3**: 123-137.

Beeger, H. (1990): Staustufen, Polder und kein Ende. Die Ausbaumaßnahmen am Oberrhein von Tulla bis heute. – Mitt. Pollichia **77**: 55–72.

Behr, H.J., Conrad, W., Müller, A. & Trzebski, R. (2002): Compilation, LINSSER filtering and interpretation of the gravity map of Germany and adjacent regions at a scale of 1:1 000 000. – Z. geol. Wiss. **30**: 385–402.

Bender, K. (1995): Herkunft und Entstehung der Mineral- und Thermalwässer im nördlichen Schwarzwald. – Heidelberger Geow. Abh. **85**: 1–145.

Berger, J.P., Reichenbacher, B., Becker, D., Grimm. D., Grimm, K., Picot, L., Storni, A., Pirkenseer, C., Derer, C. & Schaefer, A. (2005): Paleogeography of the Upper Rhine Graben (URG) and the Swiss Molasse Basin (SMB) from Eocene to Pliocene. – Int. J. Earth Sci. **94**: 697–710.

Bertleff, B., Joachim, H., Koziorowski, G., Leiber, J., Ohmert, W., Prestel, R., Stober, I., Strayle, G., Villinger, E. & Werner, J. (1988): Ergebnisse der Hydro-Geothermiebohrungen in Baden-Württemberg. – Jh. geol. Landesamt Baden-Württemberg **30**: 27–116.

Bezirksstelle für Naturschutz und Landschaftspflege Freiburg (1998): Die Naturschutzgebiete im Regierungsbezirk Freiburg. – Jan Thorbecke-Verlag, Stuttgart, 636 S.

Bezirksstelle für Naturschutz und Landschaftspflege Karlsruhe (2000): Die Naturschutzgebiete im Regierungsbezirk Karlsruhe. – Jan Thorbecke-Verlag, Stuttgart, 654 S.

Bibus, E. (1989): Zur Gliederung, Ausbildung und stratigraphischen Stellung von Enzterrassen in Großbaustellen bei Vaihingen an der Enz. – Jh. geol. Landesamt Baden-Württemberg **31**: 7–22.

Bibus, E. (2002): Zum Quartär im mittleren Neckarraum – Reliefentwicklung, Löss/Paläobodensequenzen, Paläoklima. – Tübing. Geowiss. Arb. **D8**: 1–236.

Bibus, E. & Rähle, W. (2003): Stratigraphische Untersuchungen an molluskenführenden Terrassensedimenten und ihren Deckschichten im mittleren Neckarbecken (Württemberg). – Eiszeitalter und Gegenwart **53**: 94–113.

Bindig, M. & Backhaus, E. (1995): Rekonstruktion der Paläoenvironments aus den fluviatilen Sedimentkörpern der Röt-Sandstein-Fazies (Oberer Buntsandstein) Südwestdeutschlands. – Geol. Jb. Hessen **123**: 69–105.

Bindig, M. & Lütkehaus, M. (2001): Der Muschelkalk im Steinbruch Nussloch/Baiertal (Heidelberger Zement AG). – Jber. Mitt. oberrhein. geol. Ver., N.F. **83**: 237–243.

Bliedtner, M. & Martin, M. (1986): Erz- und Minerallagerstätten des Mittleren Schwarzwaldes. – Geol. Landesamt Baden-Württemberg, 782 S.

Bludau, W. & Feldhoff, R.A. (1997): Holozäne Sedimente im mittleren Oberrheingraben als Zeugen einer zerstörten Auenlandschaft. – Z. dt. geol. Ges. **148**: 279–287.

Blunk, I. & Schweizer, V. (1983): Zur Mikrofazies lakustriner Dolomitbänke aus der Coburg-Folge (Keuper, Trias) des nordwestlichen Baden-Württemberg. – Jber. Mitt. oberrhein. geol. Ver., N.F. **65**: 191–212.

Boenigk, W. & Frechen, M. (2006): The Pliocene and Quaternary fluvial archives of the Rhine system. – Quat. Sci. Rev. **25**: 550–574.

Bohnenberger, G., Jonischkeit, A. & Rogowski, E. (2005): Gips und Steinsalzbergbau im Mittleren Muschelkalk des nördlichen Baden-Württemberg. – Jber. Mitt. oberrhein. geol. Ver., N.F. **87**: 113–134.

Bonjer, K.P., Gelbke, C., Gilg, B., Rouland, D., Mayer-Rosa, D. & Massinon, B. (1984): Seismicity and dynamics of the Upper Rheingraben. – J. Geophys. **55**: 1–12.

Brand, K. & Krämer, F. (1989): Radiometrische Aufschlussarbeiten in den Trifelsschichten (sT) bei Dahn/Pfalz. – Oberrhein. geol. Abh. **35**: 237–244.

Brander, T. & Lippolt, H.J. (2004): Interpretation alter und neuer $^{4}$He-Altersdaten vom Quarz-Hämatit-Baryt-Gang bei Obersexau/Brettental. – Jh. Landesamt Geologie u. Bergbau Baden Württemberg **40**: 335–348.

Brannath, A. (1995): Mineralogisch-geochemische Untersuchungen an Carbonatmineralen und Quarzen aus Eisen-Manganvorkommen in Hessen und Rheingrabenrand-Sulfidvorkommen in Baden. – Diss. Univ. Karlsruhe, 144 S.

Brenner, K. & Villinger, E. (1981): Stratigraphie und Nomenklatur des südwestdeutschen Sandsteinkeupers. – Jh. geol. Landesamt Baden-Württemberg **23**: 45–86.

Breyer, F. & Dohr, G. (1967): Bemerkungen zur Stratigraphie und Tektonik des Rheintalgrabens zwischen Karlsruhe und Offenburg. – Abh. geol. Landesamt Baden-Württemberg **6**: 42–43.

Brockamp, O., Clauer, N. & Zuther, M. (1994): K-Ar dating of episodic Mesozoic fluid migrations along the fault system of Gernsbach between the Moldanubian and Saxothuringian (Northern Black Forest,Germany). – Geol. Rundsch. **83**: 180–185.

Brockamp, O., Clauer, N. & Zuther, M. (2003): Authigenic sericite record of a fossil geothermal system: the Offenburg trough, central Black Forest, Germany. – Int. J. Earth Sci. **92**: 843–851.

Brockamp, O. & Zuther, M. (1983): Das Uranvorkommen Müllenbach/Baden-Baden, eine epigenetisch-hydrothermale Imprägnationslagerstätte in Sedimenten des Oberkarbons (Teil II: Das Nebengestein). – N. Jb. Miner. Abh. **148**: 22–33.

Brockamp, O., Zuther, M. & Clauer, N. (1987): Epigenetic-hydrothermal origin of the sediment-hosted Müllenbach uranium deposit, Baden-Baden, W-Germany. – Monogr. Ser. Min. Dep. **27** : 87–98.

Brunner, H. (1980): Zur Stratigraphie des Unteren Keupers (Lettenkeuper, Trias) im nördlichen Baden-Württemberg. – Jber. Mitt. oberrhein. geol. Ver., N.F. **62**: 207–216.

Brunner, H. (2001): Geologische Karte des Naturparks Stromberg-Heuchelberg 1:50 000. – Landesamt Geol. Rohst. Bergb. Baden-Württemberg.

Brunner, H. & Hinkelbein, K. (2000): Erläuterungen zur Geologischen Karte von Baden-Württemberg 1:50 000 Heilbronn und Umgebung. – Landesamt Geol., Rohst., Bergb. Baden-Württemberg, 292 S.

Bucher, K. & Stober, I. (2000): The composition of groundwater in the continental crust. – In: I. Stober & K. Bucher (eds.). Hydrogeology of Crystalline Rocks. – Kluwer Acad. Publ., pp. 141–175.

Buchner, F. (1978): Über Horizontal-Stylolithen im Muschelkalk des Kraichgaus (SW-Deutschland) und ihr tektonischer Rahmen. – Oberrhein. Geol. Abh. **27**: 1–9.

Carle, W. (1961): Die Radium-Sol-Therme zu Heidelberg. – Heilbad u. Kurort, Jg. **1961**, No.6.

Carle, W. (1972): Geologie und Hydrogeologie der Mineral- und Thermalwässer von Bad Überkingen, Landkreis Göppingen, Baden-Württemberg. – Jh. geol. Landesamt Baden-Württemberg **14**: 69–143.

Carle, W. (1974): Die Wärmeanomalie der mittleren Schwäbischen Alb (Baden-Württemberg). – In: Illies, H. & Fuchs, K. (eds.), Approaches to Taphrogenesis. – Interunion Comm. Geodyn. Sci. Rept. **8**: 207–212.

Carle, W. (1975a): Die Thermalwasser-Bohrung von Stuttgart-Bad Cannstatt. – Jh. Ges. Naturkde. Württemberg **130**: 87–155.

Carle, W. (1975b): Geologie und Hydrogeologie der Thermalwässer von Bonlanden, Stadt Filderstadt, Landkreis Esslingen, Baden-Württemberg. – Jber. Mitt. oberrhein. geol. Ver., N.F. **57**: 21–41.

Carle, W. (1982): Vorkommen und Genese der Mineral-Säuerlinge und des Mineralwassers von Bad Teinach, Stadt Bad Teinach-Zavelstein, Landkreis Calw, Baden-Württemberg. – Geol. Jb. **C 31**: 73–225.

Chen, F., Hegner, E. & Todt, W. (2000): Zirkon ages, Nd isotopic and chemical compositions of orthogneisses from the Black Forest, Germany; evidence for a Cambrian magmatic arc. – Int. J. Earth Sci. **88**: 791–802.

Chen, F., Todt, W. & Hann, H.P. (2003): Zirkon and Garnet Geochronology of Eclogites from the Moldanubian Zone of the Black Forest, Germany. – J. Geol. **III**: 207–222.

Clauser, C. & Villinger, H. (1990): Analysis of conductive and convective heat transfer in a sedimentary basin, demonstrated for the Rheingraben. – Geophys. J. Int. **100**: 393–414.

Cloos, E. (1922): Tektonik und Parallelgefüge im Granit und Granitporphyr des nördlichen Schwarzwalds. – Abh. Preuß. Geol. Landesanst. **89**: 137–141.

Cloos, H. (1941): Bau und Tätigkeit von Tuffschloten. Untersuchungen an dem Schwäbischen Vulkan. – Geol. Rdsch. **32**: 703–800.

Dachroth, W. (1988): Genese des linksrheinischen Buntsandsteins und Beziehungen zwischen Ablagerungsbedingungen und Stratigraphie. – Jber. Mitt. oberrhein. geol. Ver., N.F. **70**: 267–333.

Dambeck, R. & Sabel, K.J. (2001): Spät- und postglazialer Wandel der Flusslandschaft am nördlichen Oberrhein und Altneckar im Hessischen Ried. – Jber. Mitt. oberrhein. geol. Ver., N.F. **83**: 131–143.

Demoulin, A., Pissart, A. & Zippelt, K. (1995): Neotectonic activity in an around the southwestern Rhenish shield (West Germany): indications of a leveling comparison. – Tectonophysics **249**: 203–216.

Dezes, P., Schmid, S.M. & Ziegler, P.A. (2004): Evolution of the European Cenozoic Rift System: interaction of the Alpine and Pyrenean orogens with their foreland lithosphere. – Tectonophysics **389**: 1–33.

Dittrich, D. (1989): Der Schilfsandstein als synsedimentär-tektonisch geprägtes Sediment – eine Umdeutung bisheriger Befunde. – Z. dtsch. geol. Ges. **140**: 295–310.

Doebl, F. & Bader, B. (1970): Die Geologie des Gebietes der Kleinen Kalmit (westlich Landau/Pfalz) zur Zeit des Tertiärs. – Mitt. Pollichia **17**: 14–23.

Doebl, F. & Olbrecht, W. (1974): An isobath map of the Tertiary base in the Rhinegraben. – In: Illies, H. & Fuchs, K. (eds.), Approaches to Taphrogenesis. – Interunion Comm. Geodyn. Sci. Rept. **8**: 71–72.

Doebl, F. & Teichmüller, R. (1979): Zur Geologie und heutigen Geothermik im mittleren Oberrheingraben. – Fortschr. Geol. Rheinld. u. Westf. **27**: 1–17.

Dunworth, E.A. & Wilson, M. (1998): Olivine Melilitites of the SW German Tertiary Volcanic Province: Mineralogy and Petrogenesis. – J. Petrology **39**: 1805–1836.

Durst, H. (1991): Aspects of exploration history and structural style in the Rhine Graben area. – Europ. Ass. Petr. Geol. Spec. Publ. **1**: 247–261.

Eck, H. (1892): Geognostische Beschreibung der Gegend von Baden-Baden, Rothenfels, Gernsbach und Herrenalb. – Abh. Königl. Preuss. geol. Landesanst. N.F. **6**: 1–686.

Edel, J.-B., Arnaud, J.C., Clauss, M.L. & Papillon, E. (1996): The Paleozoic basement of the "Süddeutsche Großscholle" derived from gravimetric and magnetic data, with emphasis on the Kraichgau terrane. – Z. geol. Wiss. **24**: 41–54.

Edel, J.-B., Schulmann, K. & Rotstein, Y. (2007): The Variscan tectonic inheritance of the Upper Rhine Graben: evidence of reactivations in the Lias, Late Eocene-Oligocene up to the recent. – Int. J. Earth Sci. **96**: 305–325.

Edel, J.-B. & Weber, K. (1995): The Cadomnian terranes, wrench faulting and thrusting in the Central Europe Vrariscides – geophysical and geological evidence. – Geol. Rundsch. **84**: 412–432.

Edel, J.-B., Whitechurch, H. & Diraison, M. (2006): Seismicity wedge beneath the Upper Rhine Graben due to backwards Alpine push? – Tectonophysics **428**: 49–64.

Eigenfeld, R. (1963): Assimilations- und Differentiationserscheinungen im kristallinen Grundgebirge des südlichen Odenwalds. – Jh. geol. Landesamt Baden-Württemberg **6**: 137–238.

Eisbacher, G.H. & Fielitz, W. (2008): Eine spätvariszische (325 Ma) W-fallende Abschiebung als lithosphärische Schwächezone unter dem Oberrhein-Graben. – Geotect. Res. **95**: 39–40.

Eisbacher, G.H., Lüschen, E. & Wickert, F. (1989): Crustal-scale thrusting and extension in the Hercynian Schwarzwald and Vosges, Central Europe. – Tectonics **8**: 1–21.

Eisenbraun, J. & Rommel, W. (1986): Rutschungen in Keupergesteinen des Strombergs (Baden-Württemberg). – Jber. Mitt. oberrhein. geol. Ver., N.F. **68**: 271–285.

Eissele, K. (1957): Sedimentpetrographische Untersuchungen am Buntsandstein des Nordschwarzwalds. – Jh. geol. Landesamt Baden-Württemberg **2**: 69–117.

Eissele, K. (1966a): Zur Gliederung des Nordschwarzwälder Buntsandsteins. – Jber. Mitt. oberrhein. geol. Ver., N.F. **48**: 143–158.

Eissele, K. (1966b): Über Grundwasserbewegung in klüftigem Sandstein. – Jh. geol. Landesamt Baden-Württemberg **8**: 105–111.

Eitel, B. (1991): Jungtertiäre Grobsedimente im Kraichgau: Entstehung, geomorphologische und paläoklimatische Deutung. – Jh. geol. Landesamt Baden-Württemberg **33**: 75–95.

Ermann, O. (1958): Zur Geschichte der Blei-Zink-Erzlagerstätten der Pfalz. – Aufschluss **11**: 277–283.

Etzold, A. & Franz, M. (2005): Ein Referenzprofil des Keupers im Kraichgau – zusammengesetzt aus mehreren Kernbohrungen auf Blatt 6718 Wiesloch (Baden-Württemberg). – LGRB-Informationen **17**: 25–124.

Etzold, A., Franz, M. & Villinger, E. (1996): Schwäbische Alb – Stratigraphie, Tektonik, Vulkanismus, Karsthydrogeologie. – Z. geol. Wiss. **24**: 175–215.

Falke, H. (1971): Zur Paläogeographie des kontinentalen Perms in Süddeutschland. – Abh. hess. Landesamt Bodenforsch. **60**: 223–234.

Fezer, F. (1957): Eiszeitliche Erscheinungen im nördlichen Schwarzwald. – Forsch. dt. Landeskunde **87**: 1–86.

Fezer, F., Meier-Hilbert, G. & Schloss, S. (1992): Vergleich der Maurer Sande mit den datierten Bohrprofilen aus dem Heidelberger Neckarschwemmfächer. – Jber. Mitt. oberrhein. Ver., N.F. **74**: 149–171.

Fischer, E. (1913): Geologische Untersuchung des Lochengebiets bei Balingen. – Geol. Paläont. Abh., N.F. **11**: 267–336.

Flöttmann, T. (1988): Strukturentwicklung, P-T-Pfade und Deformationsprozesse im Zentralschwarzwälder Gneiskomplex. – Diss. Univ. Frankfurt, 173 S.

Flöttmann, T. & Oncken, O. (1992): Constraints on the evolution of the Mid-German Crystalline Rise - a study of outcrop west of the river Rhine. – Geol. Rdsch. **81**: 515–543.

Forche, F. (1935): Stratigraphie und Paläogeographie des Buntsandsteins im Umkreis der Vogesen. – Mitt. geol. Staatsinst. Hamburg **15**: 15–55.

Frank, M. (1934): Erläuterungen zur geologischen Spezialkarte von Württemberg, Blatt Neuenbürg. – Württ. Statist. Landesamt, 152 S.

Frank, M. (1935): Gliederung und Bildung des Rotliegenden in der Baden-Badener Mulde (Oos-Trog). – Mitt. Geol. Abt. Württ. Statist. Landesamts **16**: 1–46.

Frank, M. (1936): Die Bedeutung der Nordschwarzwälder Granitmasse für die Paläogeographie und die Landschaftsgeschichte des Gebiets. – Jb. Mitt. oberrhein. geol. Ver. **25**: 57–75.

Frank, M. (1937): Ergebnisse neuer Untersuchungen über Fazies und Bildung der Trias und Jura in Südwest-Deutschland. – Geol. Rdsch. **28**: 465–498 & 561–598.

Franz, M., Bock, H., Etzold, A., Rogowski, E., Simon, T. & Villinger, E. (2005): Ergebnisse neuer Forschungsbohrungen in Baden-Württemberg. – LGRB-Informationen, 150 S.

Franzke, H.J., Ahrendt, H., Kurz, S. & Wemmer, K. (1996): K-Ar Datierungen von Illiten aus Kataklasiten der Floßbergstörung im südöstlichen Thüringer Wald und ihre geologische Interpretation. – Z. geol. Wiss. **24**: 441–456.

Frechen, M. (1999): Upper Pleistocene loess stratigraphy in Southern Germany. – Quatern. Geochronol. **18**: 243–269.

Frenzel, B. (1978): Landschaftgeschichte und Landschaftsökologie des Kreises Freudenstadt. – In: Mauer, G. (ed.), Der Kreis Freudenstadt, S. 52–76. – Konrad Theiss Verlag, Stuttgart.

Frenzel, G. (1975): Die Nephelingesteinsparagenese des Katzenbuckels im Odenwald. – Aufschluss, Sonderband **27**: 213–228.

Friedel, G. & Schweizer, V. (1989): Zur Stratigraphie der Sulfatfazies im Mittleren Muschelkalk von Baden-Württemberg (Süddeutschland). – Jh. geol. Landesamt Baden-Württemberg **31**: 69–88.

Friedel, G. & Schweizer, V. (1991): Anhydrit und Gips – ihre Verteilung im Mittleren Muschelkalk nördlich von Heilbronn. – Jber. Mitt. oberrhein. geol. Ver., N.F. **73**: 187–203.

Fröhler, M. & Lebede, S. (1994): Das vulkanosedimentäre Permokarbon südwestlich von Baden-Baden, Nordschwarzwald. – Ber. Naturf. Ges. Freiburg. i. Br. **82/83**: 47–77.

Gallusser, W.A. & Schenker, A. (1992): Die Auen am Oberrhein. – Birkhäuser Verlag, Basel.

Geyer, O.F. & Gwinner, M.P. (1979): Die Schwäbische Alb und ihr Vorland. – Sammlung Geol. Führer **67**: 1–275. – Gebr. Borntraeger, Stuttgart.

Geyer, O.F. & Gwinner, M.P. (1991): Geologie von Baden-Württemberg. – E. Schweizerbart'sche Verlagsbuchhandlung, Stuttgart.

Giamboni, M., Wetzel, A., Niviere, B. & Schumacher, M. (2004): Plio-Pleistocene folding in the southern Rhinegraben recorded by the evolution of the drainage network (Sundgau area; northwestern Switzerland and France). – Ecl. geol. Helv. **97**: 17–31.

Giese, S. & Werner, W. (1997): Zum strukturellen und lithologischen Bau des Oberjuras der Mittleren Schwäbischen Alb. – Jh. geol. Landesamt Baden-Württemberg **37**: 49–67.

Glahn, A., Sachs, P.M. & Achauer, U. (1992): A teleseismic and petrological study of the crust and and upper mantle beneath the geothermal anomaly of Urach/SW Germany. – Phys. Earth Planet. Inter. **69**: 176–206.

Göhringer, A. (1925): Geologie der näheren und weiteren Umgebung von Karlsruhe (Exkursionen). Karlsruhe.

Greiling, R.O. & Verma, P.K. (2001): Strike-slip tectonics and granitoid emplacement: an AMS fabric study from the Odenwald Crystalline Complex, SW Germany. – Min. Petrol. **72**: 165–184.

Greiner, G. (1974): Erdmagnetische Messungen im Raum Albersweiler/Pfalz. – Oberrhein. geol. Abh. **23**: 85–96.

Grimm, M.C. (2005): Beiträge zur Lithostratigraphie des Paläogens und Neogens im Oberrheingebiet (Oberrheingraben, Mainzer Becken, Hanauer Becken). – Geol. Jb. Hessen **132**: 79–112.

Groschopf, R. & Villinger, E. (1998): Erläuterungen – Geologische Schulkarte von Baden-Württemberg 1:1 000 000. – Landesamt Geol. Rohst. Bergb. Baden-Württemberg.

Guenther, E.W. (1987): Zur Gliederung der Lösse des südlichen Oberrheintals. – Eiszeitalter und Gegenwart **37**: 67–77.

Gwinner, M.P. (1962): Geologie des Weißen Jura der Albhochfläche (Württemberg). – N. Jb. Geol. Paläont. Abh. **115**: 137–221.

Gwinner, M.P. (1965): Über die Zertalung der Buntsandstein-Schichtstufe im Schwarzwald. – Jber. Mitt. oberrhein. geol. Ver., N.F. **47**: 97–110.

Haas, J.O. & Hoffmann, C.R. (1928) : Le gisement de calcaire asphaltique de Lobsann et son origine. – Bull. Serv. Carte geol. d'Alsace Lorr. **1**: 233–300.

Haas, J.O. & Hoffmann, C.R. (1929): Temperature gradient in Pechelbronn oil-bearing region, Lower Alsace: its determination and relation to oil reserves. – Bull. Am. Assoc. Petr. Geol. **13**: 1257–1272.

Haenel, R. (ed.), (1982): The Urach Geothermal Project (Swabian Alb, Germany). – E. Schweizerbart'sche Verlagsbuchhandlung, Stuttgart. 419 S.

Haessler, H., Hoang-Trong, P., Schick, R., Schneider, G. & Strobach, K. (1980): The September 3, 1978, Swabian Jura earthquake. – Tectonophysics **68**: l–14

Hagedorn, B. & Lippolt, H.J. (1994): Isotopische Alter von Zerrüttungszonen als Altersschranken der Freiamt-Sexau-Mineralisation (Mittlerer Schwarzwald). – Abh. geol. Landesamt Baden-Württemberg **14**: 205–219.

Hanel, M., Lippolt, H.J., Kober, B. & Wimmenauer, W. (1993): Lower Carboniferous granulites in the Schwarzwald basement near Hohengeroldseck (SW-Germany). – Naturwissenschaften **80**: 25–28.

Hanel, M., Montenari, M. & Kalt, A. (1999): Determining sedimentation ages of high-grade metamorphic gneisses by their palynological record: a case study in the northern Schwarzwald (Variscan Belt, Germany). – Int. J. Earth Sc. **88**: 49–59.

Hansch, W. & Simon, T. (2003): Das Steinsalz aus dem Mittleren Muschelkalk Südwestdeutschlands. – Städt. Museen Heilbronn, 240 S.

Hanstein, P. (1995): Modellrechnungen der Grundwasserströmung unter Berücksichtigung komplexer geologischer Verhältnisse am Beispiel der Sonderabfalldeponie Malsch. – Schr. Angew. Geol. Karlsruhe **36**: 1–114.

Hauschke, N. & Wilde, V. (1999): Trias – Eine ganz andere Welt. – Verlag F. Pfeil, München. 647 S.

Heckemanns, W. & Krämer, F. (1989): Radiometrie und Sedimentationscharakteristik der Trifels-Schichten im Raum Wilgartswiesen (Pfälzer-Wald). – Oberrhein. geol. Abh. **35**: 245–257.

Heidke, U. & Schorrer-Köhler, G. (1986): Minerale des Erzganges von Nothweiler im pfälzisch-elsässischen Grenzgebiet. – Aufschluss **37**: 125–135.

Heitele, H. (1988): Die tektonischen Voraussetzungen für das Auftreten von Mineralwässern am pfälzischen Oberrheingrabenrand nach neueren Bohrergebnissen. – Mitt. Pollichia **75**: 101–112.

Held, U.C. & Günther, M.A. (1993): Geologie und Tektonik der Eisenerzlagerstätte Nothweiler am Westrand des Oberrheingrabens. – Jber. Mitt. oberrhein. geol. Ver., N.F. **75**: 197–215.

Heldmann, H. (1997): Zur Herkunft salinarer Wässer am Rande des südlichen Oberrheingrabens. – Jh. geol. Landesamt Baden-Württemberg **37**: 125–156.

Heling, D. (1965): Zur Petrographie des Schilfsandsteins. – Beitr. Mineral. Petr. **11**: 272–296.

Hellmann, K. & Dick, R. (1987): Braunjura-Fossilien (Aalenium, Bajocium, Callovium) aus der Langenbrückener Senke. – Aufschluss **38**: 127–137.

Henk, A. (1993): Subsidenz und Tektonik des Saar-Nahe-Beckens (SW-Deutschland). – Geol. Rundsch. **82**: 3–19.

Hentschel, H.E. (1963): Die permischen Ablagerungen im östlichen Pfälzer Wald (Haardt) zwischen Neustadt-Lambrecht und Klingenmünster-Silz. – Notizbl. Hess. Landesamt Bodenforsch. **91**: 143–176.

Hess, J.C., Backfisch, S. & Lippolt, H.J. (1983): Konkordantes Sanidin- und diskordantes Biotitalter eines Karbontuffs der Baden-Badener Senke, Nordschwarzwald. – N. Jb. Geol. Paläont., Mh. **1983**: 277–292.

Hess, J.C., Hanel, M., Arnold, M., Gaiser, A., Prowatke, S., Stadler, S. & Kober, B. (2000): Variscan magmatism in the northern part of the Moldanubian Vosges and Schwarzwald I. Ages of intrusion and cooling history. – Ber. Dt. Mineral. Ges., Beih. Eur. J. Mineral. **12**/1: 79.

Hess, J.C., Lippolt, H.J. & Kober, B. (1995): The age of the Kagenfels granite (northern Vosges) and its bearing on the intrusion scheme of late Variscan granitoids. – Geol. Rundsch. **84**: 568–577.

Hettich, M. (1974): Ein vollständiges Rhät/Lias-Profil aus der Langenbrückener Senke, Baden-Württemberg (Kernbohrung Mingolsheim 1968). – Geol. Jb. **A16**: 71–105.

Heyl, K.E. (1988): Heilwassererschließung in Bad Bergzabern. – Mitt. Pollichia **75**: 113–125.

Hildebrandt, L. (1986): Die oligozänen Konglomerate von Wiesloch bei Heidelberg. – Aufschluss **37**: 137–148.

Hildebrandt, L. & Schweizer, V. (1992): Zur biostratigraphischen Gliederung des Unteren Jura in der Langenbrückener Senke. – Jber. Mitt. oberrhein. geol. Ver., N.F. **74**: 215–236.

Hinderer, M. & Einsele, G. (1998): Grundwasserversauerung in Baden-Württemberg. – Landesanst. Umweltschutz Baden-Württemberg, Handbuch Wasser **3**: 1–210.

Hölzer, A. & Hölzer, A. (1987): Paläoökologische Moor-Untersuchungen an der Hornisgrinde im Nordschwarzwald. – Carolinea **45**: 43–50.

Hölzer, A. & Hölzer, A. (1988): Untersuchungen zur jüngeren Vegetations- und Siedlungsgeschichte in der Seemisse am Ruhestein (Nordschwarzwald). – Telma **18**: 17–30.

Horn, P., Lippolt, H.J. & Todt, W. (1972): Kalium-Argon-Altersbestimmungen an tertiären Vulkaniten des Oberrhein-Grabens. I. Gesamtgesteinsalter. – Eclogae geol. Helv. **65**: 131–156.

Hug, N. (2004): Sedimentgenese und Paläogeographie des höheren Zechstein bis zur Basis des Buntsandstein in der Hessischen Senke. – Geol. Abh. Hessen **113**: 1–238.

Huth, T. (2002): Erlebnis Geologie. – Landesamt Geol., Rohstoffe u. Bergbau Baden-Württemberg, 472 S.

Huth, T. & Junker, B. (2003): Geotouristische Karte Nationaler GeoPark Schwäbische Alb mit Umgebung. – Landesamt Geol., Rohstoffe u. Bergbau Baden-Württemberg. 165 S.

Huth, T. & Junker, B. (2004): Geotouristische Karte von Baden-Württemberg Schwarzwald. – Landesamt Geol., Rohstoffe u. Bergbau Baden-Württemberg, 434 S.

Huth, T. & Junker, B. (2005): Geotouristische Karte von Baden-Württemberg Nord. – Landesamt Geol., Rohstoffe u. Bergbau Baden-Württemberg, 508 S.

Illies, H. (1962): Prinzipien der Entwicklung des Rheingrabens, dargestellt am Grabenabschnitt von Karlsruhe. – Mitt. Geol. Staatsinst. Hamburg **31**: 58–121.

Illies, H. (1963): Der Westrand des Rheingrabens zwischen Edenkoben (Pfalz) und Niederbronn (Elsaß). – Oberrhein. geol. Abh. **12**: 1–23.

Illies, H. (1964): Bau und Formengeschichte des Dahner Felsenlandes. – Jber. Mitt. Oberrhein. Geol. Ver., N.F. **46**: 57–67.
Illies, H. (1965): Bauplan und Baugeschichte des Oberrheingrabens. – Oberrhein. geol. Abh. **14**: 1–54.
Illies, H., Baumann, H. & Hoffers, B. (1981): Stress pattern and strain release in the Alpine foreland. – Tectonophysics **71**: 157–172.
Illies, H. & Greiner, G. (1976): Regionales Stress-Feld und Neotektonik in Mitteleuropa. – Oberrhein. Geol. Abh. **25**: 1–40.
Jacoby, W., Wallner, H. & Smilde, P. (2000): Tektonik und Vulkanismus entlang der Messel-Störungszone auf dem Sprendlinger Horst: Geophysikalische Ergebnisse. – Z. dt. geol. Ges. **151**: 493–510.
Jäger, M. (2001): Das Fossilienmuseum im Werkforum. – Rohrbach Zement, Dotternhausen. 149 S.
Joachim, H. & Dick, R. (1991): Mineralisationen am Rollenberg, östlicher Rand des Oberrheingrabens zwischen Bruchsal und Ubstadt. – Jber. Mitt. oberrhein. geol. Ver., N.F. **73**: 205–254.
Joachim, H. & Smykatz-Kloss, W. (1985): Die manganhaltigen Brauneisen-Baryt-Gänge des Neuenbürger Reviers (nördlicher Schwarzwald), BRD. – Chem. Erde **44**: 311–339.
Kalt, A. & Altherr, R. (1996): Metamorphic evolution of garnet-spinel peridodites from the Variscan Schwarzwald (Germany). – Geol. Rdsch. **85**: 211–224.
Kalt, A., Altherr, R. & Hanel, M. (1995): Contrasting P-T conditions recorded in ultramafic high-pressure rocks from the Variscan Schwarzwald. – Contrib. Mineral. Petrol. **121**: 45–60.
Kalt, A., Altherr, R. & Hanel, M. (2000): The Variscan Basement of the Schwarzwald. – Beih. Eur. J. Mineral. **12**/2: 1–43.
Kalt, A., Grauert, B. & Baumann, A. (1994): Rb-Sr andU-Pb isotope studies on migmatites from the Schwarzwald (Germany): constraints on isotopic resetting during Variscan high temperature metamorphism. – J. Metamorphic Geol. **12**: 667–680.
Kalt, A., Kober, B. & Pidgeon, R.T. (2000): Further time constraints on Variscan high-pressure metamorphism in the Schwarzwald (Germany). – Beih. Eur. J. Mineral. **12**/1: 91.
Kärcher, T. (1987): Beiträge zur Lithologie und Hydrogeologie der Lockergesteinsablagerungen (Pliozän, Quartär) im Raum Frankenthal, Ludwigshafen-Mannheim, Speyer. – Jber. Mitt. oberrhein. geol. Ver., N.F. **69**: 279–320.
Kärcher, T. & Elsass, P. (2004): Hydrogeologische und wasserwirtschaftliche Untersuchungen des tieferen Grundwasservorkommens im Bienwald, Südpfalz/Nordelsass. – Z. Angew. Geol. **50**: 58–64.
Kastrup, U., Zoback, M.L., Deichmann, N., Evans, K.F., Giardini, N. & Andrew, A.J. (2004): Stress field variations in the Swiss Alps and the northern Alpine foreland derived from inversion of fault plane solutions. – J. Geophys. Res. **109** : BO1402, DOI:10.1029/2003JB002550.
Kelber, K.P. & Nitsch, E. (2005): Paläoflora und Ablagerungsräume im unterfränkischen Keuper. – Jber. Mitt. oberrhein. geol. Ver., N.F. **87**: 217–253.
Keller, J., Kraml, M. & Henjes-Kunst, F. (2002): $^{40}Ar/^{39}Ar$ single crystal laser dating of early volcanism in the Upper Rhine Graben and tectonic implications. – Schweiz. Mineral. Petrogr. Mitt. **82**: 121–130.
Kemper, E.H.K. (1987): Fossile Maturität, Paläothermogradienten und Schichtlücken in der Bohrung Weiach im Lichte von Modellberechnungen der thermischen Maturität. – Eclogae geol. Helv. **80**: 543–552.

Kern, A. & Aigner, T. (1997): Faziesmodell für den Kieselsandstein (Keuper, Obere Trias) von SW-Deutschland: eine terminale alluviale Ebene. – N. Jb. Geol. Paläont. Mh. **1997**: 267–285.

Kessler, G. & Leiber, J.U. (1994): Erläuterungen zu Blatt 7613 Lahr/Schwarzwald-Ost. – Geol. Landesamt Baden-Württemberg, 305 S.

Kessler, P. (1909): Die tertiären Küstenkonglomerate in der Mittelrheinischen Tiefebene. – Straßburger Druckerei. 124 S.

Kiderlen, H. (1977): Die Thermalquellen von Wildbad (Schwarzwald), ihre Mechanik und Genese. – Jh. geol. Landesamt Baden-Württemberg **19**: 165–217.

Kiderlen, H. (1981): Die thermalen Mineralquellen von Bad Liebenzell (Schwarzwald). – Jh. geol. Landesamt Baden-Württemberg **22**: 7–34.

Kimmig, B., Werner, W. & Aigner, T. (2001): Hochreine Kalksteine im Oberjura der Schwäbischen Alb – Zusammensetzung, Verbreitung, Einsatzmöglichkeiten. – Z. angew. Geol. **47**: 101–108.

Kirchheimer, F. (1973): Weitere Mitteilungen über das Vorkommen radioaktiver Substanzen in Süddeutschland. – Jh. geol. Landesamt Baden-Württemberg **15**: 33–125.

Kley, J. & Voigt, T. (2008): Late Cretaceous intraplate thrusting in Central Europe: Effect of Africa-Iberia-Convergence, not Alpine collision. – Geology **35**: 839–842.

Kneuper, G., List, K.A. & Maus, H.J. (1977): Geologie und Genese der Uranmineralisation des Oostroges im Nordschwarzwald. – Erzmetall **30**: 522–526.

Kober, B., Kalt, A., Hanel, M. & Pidgeon, R.T. (2004): SHRIMP dating of zircons from high-grade metasediments of the Schwarzwald/SW-Germany and implications for the evolution of the Moldanubian basement. – Contrib. Mineral. Petrol. **147**: 330–345.

Königer, S. & Lorenz, V. (2002): Geochemistry, tectonomagmatic origin and chemical correlation of altered Carboniferous-Permian fallout ash tuffs in southwestern Germany. – Geol. Mag. **139**: 541–558.

Königer, S., Lorenz, V., Stollhofen, H. & Armstrong, R.A. (2002): Origin, age and stratigraphic significance of distal fallout ash tuffs from the Carboniferous-Permian continental Saar-Nahe Basin (SW-Germany). – Int. J. Earth Sci. **91**: 341–356.

Konrad, H.J. (1990): Besonderheiten der faziellen Entwicklung des Buntsandsteins der Pfälzer Mulde. – Mainzer geowiss. Mitt. **19**: 119–128.

Kozur, H., Löffler, M. & Sittig, E. (1994): First evidence of Paleohelcura (arthropod trackway) in the Rotliegend of Europe. – N. Jb. Geol. Paläont. Mh. **1994**: 618–632.

Kozur, H. & Sittig, E. (1981): Das „*Estheria*“ *tenella*-Problem und zwei neue Conchostracen-Arten aus dem Rotliegenden von Sulzbach (Senke von Baden-Baden, Nordschwarzwald). – Geol. Paläont. Mitt. Innsbruck **11**: 1–38.

Krause, H. (1966): Oberflächennahe Auflockerungserscheinungen in Sedimentgesteinen Baden-Württembergs. – Jh. geol. Landesamt Baden-Württemberg **8**: 269–323.

Krecher, M. & Behrmann, J.H. (2007): Tectonics of the Vosges (NE France) and the Schwarzwald (SW Germany): evidence from the Devonian-Carboniferous active margin basins and their deformation. – Geotectonic Research **95**: 61–86.

Krohe, A. (1991): Emplacement of synkinematic plutons in the Variscan Odenwald (Germany) controlled by transtensional tectonics. – Geol. Rdsch. **80**: 391–409.

Krohe, A. & Eisbacher, G.H. (1988): Oblique crustal detachment in the Variscan Schwarzwald, southwestern Germany. – Geol. Rdsch. **77**: 25–43.

Kuhnen, H.P. (2005): Landschafts- und Umweltgeschichte am Oberrhein. – In: Imperium Romanum „Römer, Christen, Alamannen – Die Spätantike am Oberrhein“. Theiss-Verlag, S. 52–61.

Lacombe, O., Angelier, J., Bergerat, F., Laurent, P. & Tourneret, C. (1990): Joint analysis of calcite twins and fault slips as a key for deciphering polyphase tectonics: Burgundy as a case study. – Teconophysics **182**: 279–300.

Lacombe, O., Angelier, J., Byrne, D. & Dupin, J.M. (1993): Eocene-Oligocene tectonics and kinematics of the Rhine-Saone continental transform zone (eastern France). – Tectonics **12**: 874–888.

Lang, G. (1958): Neue Untersuchungen über die spät- und nacheiszeitliche Vegetationsgeschichte des Schwarzwaldes III. Der Schurmsee im Nordschwarzwald. Ein Beitrag zur Kiefernfrage. – Beitr. naturkundl. Forsch. in Südwestdeutschland **17**: 20–34.

Lang, G. (1994): Quartäre Vegetationsgeschichte Europas. – G. Fischer Verlag, 462 S.

Lebede, S. & Fröhler, M. (1996): Die permischen Vulkanite der Badener Senke. – Ber. Naturf. Ges. Freiburg i. Br. **84/85**: 151–176.

Leiber, J. & Münzing, K. (1979): Perm und Buntsandstein zwischen Schramberg und Königsfeld (Mittlerer Schwarzwald). – Jb. geol. Landesamt Baden-Württemberg **21**: 107–136.

Leonhard, G. (1846): Geognostische Skizze des Großherzogthums Baden. – E. Schweizerbartsche Verlagsbuchhandlung, 112 S.

Linck, O. (1970): Eine neue Deutung der Schilfsandstein-Stufe (Trias, Karn, Mittlerer Keuper 2). – Jh. geol. Landesamt Baden-Württemberg **12**: 63–99.

Lindinger, M. (1984): Sedimentologische Untersuchungen des Jungpaläozoikums westlich von Gaggenau und Gernsbach. – Ber. Naturf. Ges. Freiburg i. Br. **74**: 73–103.

Lippolt, H.J. & Hess, J.C. (1983): Isotopic evidence for the stratigraphic position of the Saar-Nahe Rotliegend volcanism.I. $^{40}Ar/^{40}K$ und $^{40}Ar/^{39}Ar$ investigations. – N. Jb. Geol. Paläont. Mh. **1983**: 713–730.

Lippolt, H.J., Horn, P. & Todt, W. (1976): Kalium-Argon-Altersbestimmungen an tertiären Vulkaniten des Oberrheingraben-Gebietes IV. – N. Jb. Miner. Abh. **127**: 242–260.

Lippolt, H.J., Hradetzky, H. & Hautmann, S. (1994): K-Ar dating of amphibole-bearing rocks in the Schwarzwald, SW Germany: I. $^{40}Ar/^{39}Ar$ age constraints to Hercynian HT-metamorphism. – N. Jb. Miner. Mh. **1994**: 433-448.

Lippolt, H.J. & Kirsch, H. (1994): Isotopic investigation of post-Variscan plagioclase sericitization in the Schwarzwald gneiss massif. – Chem. Erde **54**: 179–198

Lippolt, H.J. & Leyk, H.G. (2004): Alterations-Alter des Heidelberger Granits aus Untersuchungen an Tonmineralanreicherungen aus dem Bergwerk am Branich in Schriesheim/SW-Odenwald. – Jh. Landesamt Geol., Rohstoffe u. Bergbau Baden-Württemberg **40**: 187–230.

Lippolt, H.J., Schleicher, H. & Raczek, I. (1983): Rb-Sr systematics of Permian volcanites in the Schwarzwald (SW-Germany) I und II. – Contrib. Mineral. Petrol. **84**: 272–291.

Lippolt, H.J., Todt, W. & Horn, P. (1974): Apparent Potassium-Argon Ages of Lower Tertiary Rhine-Graben Volcanics. – In: Illies, H. & Fuchs, K. (eds.), Approaches to Taphrogenesis. Inter-Union Comm. Geodyn. Sci. Rept. **8**: 213–221.

Löffler, E. (1929): Die Oberflächengestaltung des Pfälzer Stufenlands. – Forsch. Dt. Landes- u. Volkskunde **27**/1: 1–78.

Löffler, M. (1992): Das Permokarbon des Nordschwarzwalds. Eine Fallstudie am Beispiel des Beckens von Baden-Baden. – Diss. Univ.Karlsruhe, 284 S.

Lorenz, V. (1982): Zur Vulkanologie der Tuffschlote der Schwäbischen Alb. – Jber. Mitt. oberrhein. geol Ver., N.F. **64**: 167–200.

Lorenz, V. & Nicholls, I.A. (1984): Plate and intraplate processes of Hercynian Europe during the Late Paleozoic. – Tectonophysics **107**: 25–56.

Lorenz, V., Stapf, R.G., Haneke, J. & Atzbach, O. (1987): Das Rotliegende des Saar-Nahe-Gebietes in der Umgebung des Donnersberges. – Jber. Mitt. oberrhein. geol. Ver., N.F. **69**: 53–76.

Löscher, M. (1978): Erste $^{14}$C-Datierungen aus dem Neckarschwemmkegel. – Jber. Mitt. oberrhein. geol. Ver., N.F. **60**: 175–180.

Löscher, M. (1994): Zum Alter der Dünen auf der Niederterrasse im nördlichen Oberrheingraben. – Beih. Veröff. Naturschutz Landschaftspflege Bad.-Württ. **80**: 17–22.

Löscher, M., Becker, B., Bruns, M., Hieronymus, U., Mäusbacher, R., Münnich, M., Münzing, K. & Schedler, J. (1980): Neue Ergebnisse über das Jungquartär im Neckarschwemmfächer bei Heidelberg. – Eiszeitalter u. Gegenwart **30**: 89–100.

Löscher, M. & Zöller, L. (2001): Lössforschung im nordwestlichen Kraichgau. – Jber. Mitt. oberrhein. geol. Ver., N.F. **83**: 317–326.

Lutz, M. & Etzold, A. (2003): Der Keuper im Untergrund des Oberrheingrabens in Baden. – Jh. Landesamt Geol., Rohstoffe u. Bergbau Baden-Württemberg **39**: 55–110.

Mader, D. (1985): Die Entstehung des germanischen Buntsandsteins. – Carolinea **43**: 5–60.

Mälzer, H. (1988): Regional and local kinematics in SW-Germany by geodetic methods – geophysical and geological interpretation. – J. Geodyn. **9**: 141–151.

Mankopf, N. & Lippolt, H.J. (1992): (U+Th)/He-Datierung an Eisenerzen: Ergebnisse und Potential. – DFG-Protokoll zum 6. Kolloquium „Intraformationale Lagerstättenbildung", S. 24–25.

Mann, U., Marks, M. & Markl, G. (2006): Influence of oxygen fugacity on mineral compositions in peralkalkine melts: the Katzenbuckel volcano, Southwest Germany. – Lithos **91**: 262–285.

Markl, G. (2005): Bergbau und Mineralienhandel im fürstenbergischen Kinzigtal. – Markstein Verlag, S. 392.

Markl, G. & Lorenz, S. (ed.) (2004): Silber, Kupfer, Kobalt. Bergbau im Schwarzwald. – Markstein Verlag, 215 S.

Markl, G. & Schumacher, J.C. (1996): Spatial Variations in Temperature and Composition of Greisen-Forming Fluids: An Example from the Variscan Triberg Granite Complex, Germany. – Econ. Geol. **91**: 576–589.

Markl, G. & Schumacher, J.C. (1997): Beryl stability in local hydrothermal and chemical environments in a mineralized granite. – Amer. Mineral. **82**: 194–202.

Marchant, R., Ringgenberg, Y.,Stampfli, G., Birkhäuser, P., Roth, P. & Meier, B. (2005): Paleotectonic evolution of the Züricher Weinland (northern Switzerland), based on 2D and 3D seismic data. – Eclogae geol. Helv. **98**: 345–362.

Marschall, H.R., Kalt, A. & Hanel, M. (2003): P-T Evolution of a Variscan Lower-Crustal Segment: a Study of Granulites from the Schwarzwald, Germany. – J. Petrology **44**: 227–253.

Maus, H. & Sauer, K. (1976): Die Thermalwasseruntersuchungsbohrung 6 in Wildbad, Nördlicher Schwarzwald. – Jh. geol. Landesamt Baden-Württemberg **18**: 45–48.

Mäussnest, O. (1974a): Die Eruptionspunkte des Schwäbischen Vulkans. – Z. dt. geol. Ges. **125**: 23-54 u. 277–352.

Mäussnest, O. (1974b): Der paläozäne Basalt-Vulkanismus im Raum des unteren Neckars. – In: Illies, H. & Fuchs, K. (eds.), Approaches to Taphrogenesis. Interunion Commiss. Geodyn., Sci. Rep. **8**: 222–226.

Mäussnest, O. (1975): Die Anomalien des erdmagnetischen Feldes im Gebiet des Katzenbuckels. – In: Amstutz, G.C., Meisl, S. & Nickel,E., Mineralien und Gesteine im Odenwald. – Aufschluss Sonderband **27**: 229–234.
Mayr, G. (2004): Old World Fossil record of Modern-Type Hummingbirds. – Science **304**: 861–864.
Mehnert, K.R. (1968): Migmatites and the origin of granititc rocks. – Elsevier Publ.Co., 393 S.
Mehnert, K.R. & Büsch, W. (1982): The initial stage of migmatite formation. – N. Jb. Miner. Abh. **145**: 211–238.
Meier, L. & Eisbacher, G.H. (1991): Crustal kinematics and deep structure of the northern Rhine Graben, Germany. – Tectonics **10** : 621–630.
Menillet, F., Coulombeau, C., Geissert, F., Konrad, H.J. & Schwoerer, P. (1989) : Notice explicative de la feuille Lembach a 1/50 000. Eds. du BRGM.
Meyer, H.H. (1989): Paläowind-Indikatoren, Möglichkeiten, Grenzen und Probleme ihrer Anwendung am Beispiel des Weichsel-Hochglazials in Europa. – Mitt. geol. Inst. Univ. Hannover **28**: 1–61.
Meyer, M., Brockamp, O, Clauer, N., Renk, A. & Zuther, M. (2000): Further evidence for a Jurassic mineralizing event in central Europe: K-Ar dating of hydrothermal alteration and fluid inclusion systematics in wall rocks of the Käfersteige fluorite vein deposit in the northern Black Forest, Germany. – Mineral. Deposita **35**: 754–761.
Meyer, R.K.F. & Schmidt-Kahler, H. (1989): Paläogeographischer Atlas des süddeutschen Oberjura (Malm). – Geol. Jb. **A115**: 3–77.
Michon, L., Van Balen, R., Merle, O. & Pagnier, H. (2003): The Cenozoic evolution of the Roer Valley Rift System integrated at a European scale. – Tectonophysics **367**: 101–126.
Ministerium für Umwelt Baden-Württemberg & Rheinland-Pfalz (1988): Hydrogeologische Kartierung und Grundwasser-Bewirtschaftung im Raum Karlsruhe-Speyer, 111 S.
Monninger, R. (1985): Neotektonische Bewegungsmechanismen im mittleren Oberrheingraben. – Diss. Univ. Karlsruhe, 219 S.
Montenari, M. & Servais, T. (2000): Early Paleozoic (Late Cambrian-Early Ordovician) acritarchs from the metasedimentary Baden-Baden-Gaggenau zone (Schwarzwald, SW Germany). – Rev. Paleobot. Palynol. **113**: 73–85.
Müller, S. (1967): Südwestdeutsche Waldböden im Farbbild. – Landesforstverwaltung Baden-Württemberg, 72 S.
Müller, S. (1996): Das Permokarbon im nördlichen Oberrheingraben. – Geol. Abh. Hessen **99**: 1–85.
Münch, H.G. (1981): Zur Geologie des Geothermik-Pilot-Projektes Bühl. – Aufschluss **32**: 335–344.
Neumann, U. (1999): Der miozäne Intraplatten-Vulkanismus des Uracher Vulkangebiets. – Jber. Mitt. oberrhein. geol. Ver., N.F. **81**: 77–86.
Nitsch, E. (2005): Paläoböden im süddeutschen Keuper. – Jber. Mitt. oberrhein. geol. Ver., N.F. **87**: 135–176.
Nix, T. (2003): Untersuchung der ingenieurgeologischen Verhältnisse der Grube Messel (Darmstadt) im Hinblick auf die Langzeitstabilität der Grubenböschungen. – Geol. Abh. Hessen **112**: 1–158.
Nottmeyer, D. (1954): Stratigraphische und tektonische Untersuchungen in der rheinischen Vorbergzone bei Siebeldingen-Frankweiler. – Mitt. Pollichia **2**: 36–93.
Oberdorfer, E. (1938): Ein Beitrag zur Vegetationskunde des Nordschwarzwaldes. – Beitr. naturkundl. Forsch. Südwestdeutschl. **3**: 149–270.

Ortlam, D. (1967): Fossile Böden als Leithorizonte für die Gliederung des Höheren Buntsandsteins im nördlichen Schwarzwald und südlichen Odenwald. – Geol. Jb. **84**: 485–590.
Oschmann, W., Röhl, J., Schmid-Röhl, A. & Seilacher, A. (1999): Der Posidonienschiefer (Toarcium, Unterer Jura) von Dotternhausen. – Jber. Mitt. oberrhein. geol. Ver., N.F. **81**: 231–255.
Otto, J. (1974): Die Einschlüsse im Granit von Oberkirch (Nordschwarzwald). – Ber. Naturf. Ges. Freiburg/Br. **64**: 83–174.
Parini, M. (1981): Geothermische Untersuchungen im Erdölfeld Landau/Pfalz (Oberrheingraben/Deutschland). – Diss. Eidgen. Techn. Hochsch. Zürich **6785**: 1–211.
Pawellek, T. (2003): Fazies, Sequenzanalyse und stratigraphische Architektur im höheren Oberjura der Schwäbischen Alb (SW-Deutschland). – Jh. Ges. Naturkde. Württemberg **159**: 29–75.
Pawellek, T. & Aigner, T. (2002): Fazies, Petrophysik und Rohstoffeigenschaften von Karbonatgesteinen des Schwäbischen Oberjura – ein Atlas. – Jber. Mitt. oberrhein. geol. Ver., N.F. **84**: 257–321.
Pawellek, T. & Aigner, T. (2003): Apparently homogeneous „reef"-limestones built by high-frequency cycles: Upper Jurassic, SW-Germany. – Sed. Geol. **160**: 259–284.
Person, M. & Garven, G. (1992): Hydrologic constraints on petroleum generation within continental rift basins: theory and application to the Rhine Graben. – Am. Assoc. Petrol. Geol. Bull. **76**: 468–488.
Peterek, A., Schröder, B. & Menzel, D. (1996): Zur postvariszischen Krustenentwicklung des Naabgebirges und seines Rahmens. – Z. geol. Wiss. **24**: 293–304.
Pirrung, M., Büchel, G. & Jacoby, W. (2001): The Tertiary volcanic basins of Eckfeld, Enspel and Messel (Germany). – Z. dt. geol. Ges. **125**: 27–59.
Plaumann, S., Groschopf, R., & Schädel, K. (1986): Kompilation einer Schwerekarte und einer geologischen Karte für den mittleren und nördlichen Schwarzwald mit einer Interpretation gravimetrischer Detailvermessungen. – Geol. Jb. **E 33**: 15–30.
Plein, E. (1993): Voraussetzungen und Grenzen der Bildung von Kohlenwasserstoff-Lagerstätten im Oberrheingraben. – Jber. Mitt. oberrhein. geol. Ver., N.F. **75**: 227–253.
Plenefisch, T. & Bonjer, K.-P. (1997): The stress field in the Rhine Graben area inferred from earthquake focal mechanisms and estimation of frictional parameters. – Tectonophysics **275**: 71–97.
Plinninger, R.J. & Thuro, K. (1999): Die geologischen Verhältnisse beim Vortrieb des Meisterntunnels Bad Wildbad/Nordschwarzwald. – Jber. Mitt. oberrhein. geol.Ver., N.F. **81**: 325–345.
Prestel, R., Stober, I. & Wagenplast, P. (2005): Georisiken, Geothermie und Hydrogeologie: Fallbeispiele aus Mittelwürttemberg. – Jber. Mitt. oberrhein. geol. Ver., N.F. **87**: 319–341.
Pribnow, D. & Schellschmidt, R. (2000): Thermal tracking of upper crustal fluid flow in the Rhine Graben. – Geophys. Res. Letters **27**: 1957–1960.
Puchelt, H. & Walk, H. (1980): Umweltrelevante Spurenelemente in Böden eines alten Bergbaugebietes. – Naturwissenschaften **67**: 190–191.
Radke, G. (1973): Landschaftsgeschichte und -ökologie des Nordschwarzwaldes. – Hohenheimer Arbeiten **68**: 1–121.
Rähle, W. (2005): Eine mittelpleistozäne Molluskenfauna aus dem Oberen Zwischenhorizont des nördlichen Oberrheingrabens (Bohrung Mannheim-Lindenhof). – Mainzer geowiss. Mitt. **33**: 9–20.
Regierungspräsidium Karlsruhe (1999): Landschaften und Böden im Regierungsbezirk Karlsruhe. – E. Schweizerbart'sche Verlagsbuchhandlung Stuttgart, 96 S.

Reinhardt, L. & Ricken, W. (2000): The stratigraphic and geochemical record of playa cycles: monitoring a Pangean monsoon-like system (Triassic, Middle Keuper, S. Germany). – Paleogeogr. Paleoclimatol. Paleoecol. **161**: 205–207.

Reis, O.M. (1910): Geologischer Spaziergang von Dürkheim nach der Limburg und zurück nach Seebach. – Ber. Vers. oberrhein. geol. Verh. **43**: 13–19.

Reischmann, T. & Anthes, G. (1996): Geochronology of the mid-German crystalline rise west of the River Rhine. – Geol. Rdsch. **85**: 761–774.

Ritter, J.R.R., Wagner, M., Bonjer,K.-P. & Schmidt, B. (2009): The 2005 Heidelberg and Speyer earthquakes an their relationship to active tectonics in the central Upper Rhine Graben. – Int. J. Earth. Sci. (Geol. Rdsch.) **98**/3: 697–705.

Rocher, M., Cushing, M., Lemeille, F., Losach, Y. & Angelier, J. (2004): Intraplate paleostress reconstructed with calcite twinning and faulting: improved method and application to the eastern Paris Basin (Lorrainew, France). – Tectonophysics **387**: 1–21.

Rockenbauch, K. (1987): Geologie des Mittleren Keupers (Obere Trias) im Strom- und Heuchelberg (Baden-Württemberg). – Jh. geol. Landesamt Baden-Württemberg **29**: 91–123.

Röhr, C. (1990): Die Genese der Leptinite und Paragneise zwischen Nordrach und Gengenbach im mittleren Schwarzwald. – Frankfurter Geowiss. Arb., Serie C, Mineral. **11**: 1–159.

Roll, A. (1934): Form, Bau und Entstehung der Schwammstotzen im süddeutschen Malm. – Paläont. Z. **16**: 197–246.

Roll, A. (1979): Versuch einer Volumenbilanz des Oberrheingrabens und seiner Schultern. – Geol. Jb. **A 52**: 3-82.

Rösch, M. (1989): Pollenprofil Breitnau-Neuhof: Zum zeitlichen Verlauf der holozänen Vegetationsentwicklung im südlichen Schwarzwald. – Carolinea **47**: 15–24.

Rosendahl, W. (2001): Geologisch-paläontologischer Vergleich der cromerzeitlichen Neckarablagerungen von Frankenbach und Mauer (Frankenbacher Sande/Mauerer) und ihrer Deckschichten. – Jber. Mitt. oberrhein. geol. Ver., N.F. **83**: 293–316.

Rothausen, K. & Sonne, V. (1984): Mainzer Becken. – Sammlung geol. Führer **79**: 203 S. – Gebr. Borntraeger, Stuttgart.

Rothe, J.P. & Sauer, K. (1967): The Rhinegraben Progress Report 1967. – Abh. geol. Landesamt Baden-Württemberg **6**: 1–146.

Rotstein, Y. & Schaming, M. (2008): Tectonic implications of faulting styles along a rift margin: The boundary between the Rhine Graben and the Vosges Mountains. – Tectonics **27**: TC2001, 1–19.

Rüger, L. (1928): Geologischer Führer durch Heidelbergs Umgebung. – Carl Winters Universitätsbuchhandlung, 351 S.

Rupf, I. & Nitsch, E. (2008): Das Geologische Landesmodell von Baden-Württemberg: Datengrundlagen, technische Umsetzung und erste geologische Ergebnisse. – LGRB-Informationen **21**: 1–82.

Sandberger, F. (1863): Geologische Beschreibung der Umgebungen der Renchbäder. – Beitr. Statistik d. Inneren Verwaltung d. Großherzogtums Baden **16**: 1–53.

Sauer, K. (1977): Die Thermal-Sole-Bohrungen in Bad Schönborn (Landkreis Karlsruhe, Baden-Württemberg). – Ber. Naturf. Ges. Freiburg i. Br. **65**: 297–305.

Sauer, K. (1981): Geothermische Bestandsaufnahme des Oberrheingrabens zwischen Karlsruhe und Mannheim. – Geol. Landesamt Baden-Württemberg, 72 S.

Sawatzki, G., & Eissele, K. (1981): Ingenieurgeologische Voraussetzungen zum Bau der Trinkwassertalsperre Kleine Kinzig bei Freudenstadt (Schwarzwald). – Jh. geol. Landesamt Baden-Württemberg **22**: 99–108.

Sawatzki, G. & Hann, H.P. (2003): Badenweiler-Lenzkirch-Zone (Südschwarzwald). Erläuterung zur Geol. Karte Badenweiler-Lenzkirch. – Landesamt Geol., Rohstoffe u. Bergbau Baden-Württemberg, 182 S.

Schad, A. (1962a): Voraussetzungen für die Bildung von Erdöllagerstätten im Rheingraben. – Abh. geol. Landesamt Baden-Württemberg **4**: 29–40.

Schad, A. (1962b): Das Erdölfeld Landau. – Abh. geol. Landesamt Baden-Württemberg **4**: 81–101.

Schad, A. (1964): Feingliederung des Miozäns und die Deutung der nacholigozänen Bewegungen im Mittleren Rheingraben. – Abh. geol. Landesamt Baden-Württemberg **5**: 1–56.

Schädel, K. (1960): Geologische Übersichtskarte 1:100 000 Kreis Balingen, Erläuterungen. – Geol. Landesamt Baden-Württemberg, 81 S.

Schäfer, A. (1986): Die Sedimente des Oberkarbons und Unterrotliegenden im Saar-Nahe-Becken. – Mainzer Geowiss. Mitt. **15**: 239–365.

Schäfer, A. (1989): Variscan molasse in the Saar-Nahe Basin (W-Germany), Upper Carboniferous and Lower Permian. – Geol. Rdsch. **78**: 499–524.

Schaltegger, U. (2000): U-Pb geochronology of the southern Black Forest Batholith (Central Variscan Belt): timing of exhumation and granit emplacement. – Int. J. Earth Sci. (Geol. Rdsch.) **88**: 814–828.

Schaltegger, U., Schneider, J.-L., Maurin, J.-C. & Corfu, F. (1996): Precise U-Pb chronometry of 345–340 Ma old magmatism related to syn-convergence extension in the Southern Vosges (Central Variscan Belt). – Earth Planet. Sci. Lett. **144**: 403–419.

Scheitele, M. (1988): Die Murg-Schifferschaft. – Casimir Katz Verlag, 521 S.

Schirmer, P. (1979): In situ Spannungsmessungen in Baden-Baden. – Oberrhein. Geol. Abh. **28**: 7–15.

Schlegel, A., Brockamp, O. & Clauer, N. (2007): Response of clastic sediments to episodic hydrothermal fluid flows in intramontane troughs: a case study from Black Forest, Germany. – Eur. J. Mineral. **19**: 833–848.

Schleicher, A. (2006): Clay mineral formation and fluid-rock interaction in fractured crytalline rocks of the Rhine rift system. – Diss. Univ. Heidelberg, 104 S.

Schleicher, H. (1978): Petrologie der Granitporphyre des Schwarzwalds. – N. Jb. Miner. Abh. **132**: 153–181.

Schleicher, H. (1994): Collision-type granitic melts in the context of thrust tectonics on uplift history (Triberg granite complex, Schwarzwald, Germany). – N. Jb. Miner. Abh. **166**: 211–237.

Schleicher, H. & Fritsche, R. (1978): Zur Petrologie des Triberger Granits (Mittlerer Schwarzwald). – Jh. Geol. Landesamt Baden-Württemberg **20**: 15–41.

Schleicher, H. & Lippolt, H.J. (1981): Magmatic muscovite in felsitic parts of rhyolites from Southwest Germany. – Contrib. Mineral. Petrol. **78**: 220–224.

Schmidberger, S.S. & Hegner, E. (1999): Geochemistry and isotope systematics of calc-alkaline volcanic rocks from the Saar-Nahe basin (SW Germany) – implications for Late-Variscan orogenic development. – Contrib. Mineral. Petrol. **135**: 373–385.

Schmidt, A. (1881): Die Zinkerz-Lagerstätten von Wiesloch. – Verlag Winter, Heidelberg, 122 S.

Schmidt, A. (1934): Erläuterungen zur geologischen Spezialkarte von Baden Württemberg, Blatt Vaihingen a.d. Enz. – Württ. Statistisches Landesamt, 55 S.

Schmidt, K.G. (1941): Über bohnerzführendes Tertiär und Diluvium im Kraichgau. – Jber. Mitt. oberrhein. geol. Ver. **30**: 48–91.

Schmidt-Zittel, H. (1933): Vorläufige Mitteilungen über das Rastatter Erdbeben. – Bad. Geol. Abh. **5**: 140–158.

Schmitt, A.K., Marks, M.A., Nesbor, H.D. & Markl, G. (2007): The onset and origin of differentiated Rhine Graben volcanism based on U-Pb ages and oxygen isotopic composition of zircon. – Eur. J. Mineral. **19**: 849–857.

Schmitthenner, H. (1913): Die Oberflächengestaltung des nördlichen Schwarzwalds. – Abh. badische Landeskde. **2**: 1–109.

Schmitz-Hartmann, W. (1988): Wiesloch nach 2000 Jahren Bergbau. – Dipl. Arbeit Inst. Petrographie Geochemie Univ. Karlsruhe, 124 S.

Schnaebele, R. (1948) : Monographie geologique du champ petrolifere de Pechelbronn. – Mem. Serv. Cart geol. Als. **7**: 1–254.

Schneider, G. (1980): Das Beben vom 3. September 1978 auf der Schwäbischen Alb als Ausdruck der seismotektonischen Beweglichkeit Südwestdeutschlands. – Jber. Mitt. oberrhein. geol. Ver., N.F. **62**: 143–166.

Schneider, J.-L. & Edel, J.-B. (1995): Der permische Vulkanismus der Nordvogesen (Niedeck-Donon-Massiv). – Jber. Mitt. oberrhein. geol. Ver., N.F. **77**: 201–221.

Schreiner, A. (1975): Zur Frage der tektonischen oder glazigen-fluviatilen Entstehung des Bodensees. – Jber. Mitt. oberrhein. geol. Ver., N.F. **57**: 61–75.

Schreiner, A. & Sawatzki, G. (2000): Der Wiesetalgletscher im Südschwarzwald in der Würm- und Risseiszeit. – Jber. Mitt. oberrhein. Ver., N.F. **82**: 377–410.

Schröder, B. (1982): Entwicklung des Sedimentbeckens und Stratigraphie der klassischen Germanischen Trias. – Geol. Rdsch. **71**: 783–794.

Schröder, B. (1996): Zur känozoischen Morphotektonik des Stufenlandes auf der Süddeutschen Großscholle. – Z. geol. Wiss. **24**: 55–64.

Schulmann, K., Schaltegger, U., Jezek, J., Thompson, A.B. & Edel, J-B. (2002): Rapid burial an exhumation during orogeny: thickening and synconvergent exhumation of thermally weakened and thinned crust (Variscan orogen in western Europe). – Am. J. Sci. **302**: 856–879.

Schulz, R., Harms, H.-J. & Felder, M. (2002): Die Forschungsbohrung Messel 2001: Ein Beitrag zur Entschlüsselung der Genese der Ölschieferlagerstätte. – Z. Angew. Geol. **48**/4: 9–17.

Schwarz, M. & Henk, A. (2005): Evolution and structure of the Upper Rhine Graben: insights from three-dimensional thermomechanical modelling. – Int. J. Earth Sci. **94**: 732–750.

Schweizer, V. (1982): Kraichgau und südlicher Odenwald. – Sammlung geol. Führer, **72**: 203 S. – Gebr. Borntraeger, Berlin, Stuttgart.

Seebach, M. (1909): Über das Manganbergwerk im Mausbachtal bei Heidelberg. – Ber. Vers. Oberrhein. geol. Ver. **42**: 112–115.

Seeger, T., Kaspar, E., Klaiber, B. & Einsele, G. (1989): Periglaziale Deckschichten und ihre hydrogeologische Bedeutung in den Kammlagen des Buntsandstein-Nordschwarzwaldes. – Jh. geol. Landesamt Baden-Württemberg **31**: 197–213.

Seeliger, E. (1963): Die Paragenese der Pb-Zn-Erzlagerstätte am Gänsberg bei Wiesloch (Baden) und ihre genetischen Beziehungen zu den Gängen im Odenwaldkristallin, zu Alt Wiesloch und der Vererzung der Trias des Kraichgaus. – Jh. geol. Landesamt Baden-Württemberg **6**: 239–299.

Semmel, A. (2001): Das Quartär am Nordrand des Oberrheingrabens. – Jber. Mitt. oberrhein. geol. Ver., N.F. **83**: 113–130.

Seufert, G. (1997): Fließsysteme im Buntsandstein am Beispiel des Pfinztalgrabens. – Tübinger geowiss. Arb. **C 34**: 19–31.

Seufert, G. & Schweizer, V. (1985): Stratigraphische und mikrofazielle Untersuchungen im Trochitenkalk (Unterer Hauptmuschelkalk, mo 1) des Kraichgaus und angrenzender Gebiete. – Jber. Mitt. oberrhein. geol. Ver., N.F. **67**: 129–171.

Sidki, K. (1977): Zu den tektonischen Lagerungsverhältnissen des Gebirges im alten Stadtgebiet von Heidelberg. – Jber. Mitt. oberrhein. geol. Ver., N.F. **59**: 105–111.

Siebert, A. & Lais, R. (1925): Das mitteleuropäische Erdbeben vom 16. November 1911. – Veröff. Reichsanst. Erdbebenforsch. Jena **4**: 1–106.

Simon, T. (1987): Zur Entstehung der Schichtstufenlandschaft im nördlichen Baden-Württemberg. – Jh. geol. Landesamt Baden-Württemberg **29**: 145–167.

Simon, T. (1997): Fließsysteme und Karst im Muschelkalk von Nordwürttemberg. – Tübinger geowiss. Abh. **C 34**: 33–55.

Sissingh, W. (1998): Comparative Tertiary stratigraphy of the Rhine Graben, Bresse Graben and Molasse basin: correlation of Alpine foreland events. – Tectonophysics **300**: 249–284.

Sittig, E. (1965): Der geologische Bau des variszischen Sockels nordöstlich von Baden-Baden (Nordschwarzwald). – Oberrhein. geol. Abh. **14**: 167–207.

Sittig, E. (1974): Die Schichtenfolge des Rotliegenden der Senke von Baden-Baden (Nordschwarzwald). – Oberrhein. geol. Abh. **23**: 31–41.

Sittig, E. (1988): Rotliegendes of the Schwarzwald Mountains. – Z. geol. Wiss. **16**: 1003–1012.

Sittig, E. (2003): Die Lichtental-Formation von Baden-Baden und das Normalprofil des Schwarzwälder Rotliegenden. – Jh. Landesamt Geol., Rohstoffe u. Bergbau Baden-Württemberg **39**: 177–238.

Sittler, C. (1985) : Les hydrocarbures d´Alsace dans le contexte historique et géodynamique du Fossé Rhénan. – Bull. Centres Rech. Explor.-Prod. Elf-Aquitaine **9**: 335–371.

Sittler, C., Baumgärtner, J., Gerard, A. & Baria, R. (1995): Natürliche Energiegewinnung im Unter-Elsass (Frankreich): Erdöl, Erdwärme und Wasserkraftwerke am Rhein. – Jber. Mitt. oberrhein. geol. Ver., N.F. **77**: 47–102.

Spannagel, M. (1939): Vergleichende Untersuchungen der Grund- und Deckgebirgsklüfte im südlichen Odenwald. – Jber. Mitt. oberrhein. geol. Ver., N.F. **28**: 1–55.

Sponheuer, W. (1952): Erdbebenkatalog Deutschlands und der angrenzenden Gebiete für die Jahre 1800 bis 1899. – Akademie Verlag Berlin, 195 S.

Stäblein, G. (1968): Reliefgenerationen in der Vorderpfalz. – Würzburger Geogr. Arb. **23**: 1–191.

Stange, S. & Brüstle, W. (2005): The Albstadt/Swabian Jura seismic source zone reviewed through the study of the earthquake of March 22, 2003. – Jber. Mitt. oberrhein. Ver., N.F. **87**: 391–414.

Stapf, K.R.G. (1990): Einführung lithostratigraphischer Formationsnamen im Rotliegend des Saar-Nahe-Beckens (SW-Deutschland). – Mitt. Pollichia **7:** 111–124.

Staude, S., Wagner, T. & Markl, G. (2007): Mineralogy, mineral compositions and fluid evolution at the Wenzel hydrothermal deposit, southern Germany: implications for the formation of Kongsberg-type silver deposits. – Can. Mineralogist **45**: 1147–1176.

Steen, H. (2004): Geschichte des modernen Bergbaus im Schwarzwald. – Verlag Books on Demand GmbH, 485 S.

Steinberg, C., Sanides, S. & Frenzel, B. (1987): Long core study on natural and anthropogenic acidification of Huzenbachersee, Black Forest, Federal Republic of Germany. – Global Biochem. Cycles **1**: 89–95.

Steingötter, K. (ed., 2005): Geologie von Rheinland-Pfalz. – E. Schweizerbart´sche Verlagsbuchhandlung, 400 S.

Steininger, F.F. & Piller, W.E. (1999): Empfehlungen (Richtlinien) zur Handhabung der stratigraphischen Nomenklatur. – Courier Forschungsinstitut Senckenberg **209**: 1–19.

Stellrecht, R. (1964): Der tertiäre Vulkanismus bei Forst am Pfälzer Rand des Oberrheingrabens. – Jber. Mitt. oberrhein. geol. Ver., N.F. **46**: 97–128.

Stellrecht, R. (1971): Geologisch-tektonische Entwicklung im Raum Albersweiler/ Pfalz. – Jber. Mitt. oberrhein. geol. Ver., N.F. **53**: 239–262.

Stellrecht, R. & Emmermann, R. (1970): Das Olivinnephelinit-Vorkommen von Forst/ Pfalz. – Oberrhein. geol. Abh. **19**: 29–41.

Stober, I. (1996): Hydrochemische Untersuchungsergebnisse im kristallinen Grundgebirge des Schwarzwaldes und seiner Randgebiete. – Beitr. Hydrogeol. **47**: 103–144.

Stober, I. (2002): Geologie und Geschichte der Mineral- und Thermalquellen im Schwarzwald. – Ber. Naturf. Ges. Freiburg i. Br. **92**: 29–52.

Stober, I. & Bucher, K. (1999): Origin of salinity of deep groundwater in crystalline rocks. – Terra Nova **11**: 181–185.

Stober, I. & Bucher, K. (2000): Herkunft und Salinität in Tiefenwässern des Grundgebirges – unter besonderer Berücksichtigung der Kristallinwässer des Schwarzwalds. – Grundwasser **3**: 125–140.

Stober, I., Richter, A., Brost, E. & Bucher, K. (1999): The Ohlsbach Plume – Discharge of deep saline water from the crystalline basement of the Black Forest, Germany. – Hydrogeol. J. **7**: 273–283.

Stober, I. & Villinger, E. (1997): Hydraulisches Potential und Durchlässigkeit des höheren Oberjuras und des Oberen Muschelkalks unter dem baden-württembergischen Molassebecken. – Jh. geol. Landesamt Baden-Württemberg **37**: 77–96.

Stober, I., Wendt, O. & Traub, R. (2003): Tiefenabhängige hydrologische Untersuchungen im Quartär und Pliozän des Oberrheingrabens – Ergebnisse der Erkundungs- und Messstellenbohrung Marlen bei Kehl. – Abh. Landesamt Geol., Rohstoffe u. Bergbau Baden-Württemberg **15**: 255–301.

Stollhofen, H. (1994): Synvulkanische Sedimentation in einem fluviatilen Ablagerungsraum: Das basale „Oberrotliegende“ im permokarbonen Saar-Nahe-Becken. – Z. dt. geol. Ges. **145**: 343–378.

Stollhofen, H., Frommherz, B. & Stanistreet,I.G. (1999): Volcanic rocks as discriminants in evaluating tectonic versus climatic control on depositional sequences, Permo-Carboniferous continental Saar-Nahe Basin. – J. Geol. Soc. London **156**: 801–808.

Storch, D.H. (ed., 2001): Wechselwirkungen zwischen Baggerseen und Grundwasser. – Landesamt Geol., Rohstoffe u. Bergbau Baden-Württemberg, Informationen **10**: 64 S.

Strayle, G. (1970): Karsthydrologische Untersuchungen auf der Ebinger Alb. – Jh. geol. Landesamt Baden-Württemberg **12**: 109–206.

Strigel, A. (1929): Das süddeutsche Buntsandsteinbecken. – Verh. Naturhist.-Medizin. Verr. Heidelberg, N.F.**16**: 80–465.

Swoboda, F.D. (2002): Die hydrogeologischen Verhältnisse im Gipskeuper und Schilfsandstein beim Bau des Freudensteintunnels am südwestlichen Stromberg. – Abh. Landesamt Geol., Rohstoffe u. Bergbau Baden-Württemberg **15**: 223–254.

Teichmüller, M. & Teichmüller, R. (1979): Zur geothermischen Geschichte des Oberrhein-Grabens. Zusammenfassung und Auswertung eines Symposiums. – Fortschr. Geol. Rheinld. u. Westf. **27**: 109–120.

Teichmüller, M., Teichmüller, R. & Lorenz, V. (1983): Inkohlung und Inkohlungsgradienten im Permokarbon der Saar-Nahe-Senke. – Z. dt. geol. Ges. **134**: 153–210.

Tenhaeff, G. & Käss, W. (1987): Karsthydrologische Untersuchungen im Bereich der Bauschlotter Platte (Nordbaden). – Jh. geol. Landesamt Baden-Württemberg **29**: 209–254.

Tietze, R. (1981): Ingenieurgeologische, mineralogische und geochemische Untersuchungen zum Problem der Baugrundhebungen im Lias epsilon (Posidonienschiefer) Baden-Württembergs. – Jh. geol. Landesamt Baden-Württemberg **22**: 109–185.

Tillmanns, W. (1984): Die Flussgeschichte der oberen Donau. – Jh. geol. Landesamt Baden-Württemberg **26**: 99–202.

Trunkó, L. (1984): Karlsruhe und Umgebung. – Sammlung Geol. Führer **78**: 228 S. – Verlag Gebr. Borntraeger, Berlin, Stuttgart.

Trunkó, L. & Munk, W. (1998): Geologische Beobachtungen in drei tertiären Aufschlusskomplexen im Randbereich des Mittleren Rheingrabens. – Carolinea **56**: 9–28.

Urban, H. (1966): Bildungsbedingungen und Faziesverhältnisse der marin-sedimentären Eisenerzlagerstätte am Kahlenberg bei Ringsheim/Baden. – Jh. geol. Landesamt Baden-Württemberg **8**: 125–267.

Vaida, M., Hann, H.P., Sawatzki, G. & Frisch, W. (2004): Ordovician and Silurian protolith ages of metamorphosed clastic sedimentary rocks from the southern Schwarzwald, SW Germany, a palynological study and its bearing on the Early Palaeozoic geotectonic evolution. – Geol. Mag. **141**: 629–643.

Villinger, E. (1982): Hydrogeologische Aspekte zur geothermischen Anomalie im Gebiet Urach-Boll am Nordrand der Schwäbischen Alb (SW-Deutschland). – Geol. Jb. **C 32**: 3–41.

Villinger, E. (1997): Der Oberjura-Aquifer der Schwäbischen Alb und des baden-württembergischen Molassebeckens (SW-Deutschland). – Tübinger Geowiss. Arb. **C 34**: 77–108.

Villinger, E. (1998): Zur Flussgeschichte von Rhein und Donau in Südwestdeutschland. – Jber. Mitt. oberrhein. geol. Ver., N.F. **80**: 361–398.

Villinger, E. & Sauter, M. (1999): Karsthydrogeologie der Schwäbischen Alb. – Jber. Mitt. oberrhein. geol.Ver., N.F. **81**: 123–170.

Vogt, J., Burger, D., Buttschardt, T.K. & Megerle, A. (2000): Karlsruhe – Stadt und Region. – Regionalwiss. Verlag, 272 S.

Voigt-Kirsch, G. (1990): Geologische und geochronologische Arbeiten im Kristallin der oberen Murg im Nordschwarzwald. – Diss. Univ. Heidelberg, 280 S.

von Drach, V. (1978): Mineralalter im Schwarzwald. – Diss. Univ. Heidelberg, 246 S.

von Platen, H. & Hofmeister, W. (1993): Eruptivgesteine des Saar-Nahe-Beckens, SW-Deutschland. – Chem. Erde **53**: 93–132.

von Seckendorff, V., Arz, C. & Lorenz, V. (2004): Magmatism of the late Variscan intermontane Saar-Nahe Basin (Germany): a review. – Geol. Soc. London. Spec. Publ. **223**: 361–391.

Wagenplast, P. (2005): Ingenieurgeologische Gefahren in Baden-Württemberg. – Landesamt Geol., Rohstoffe u. Bergbau Baden-Württemberg, Informationen **16**: 1–78.

Wager, R. (1930): Tektonische Untersuchungen an einem Teil der Nordschwarzwälder Granite. – Bad. Geol. Abh. **1/2**: 1–66.

Wagner, G. (1929): Junge Krustenbewegungen im Landschaftsbilde Süddeutschlands. – Verl. Hohenlohesche Buchh. F. Rau, 300 S.

Wagner, G.A. & Beinhauer, K.W. (eds., 1997): *Homo heidelbergensis* von Mauer. Das Auftreten des Menschen in Europa. – Verlag C. Winter, Heidelberg, 316 S.

Wagner, G.A., Greilich, S. & Kadereit, A. (2003): Kaltes Leuchten erhellt die Vergangenheit. – Phys. Unserer Zeit **34**: 160–166.

Wagner, G.A., Michalski, I. & Zaun, P. (1989): Apatite fission track dating of the Central European basement. Postvariscan thermo-tectonic evolution. – In: Emmermann, R. & Wohlenberg, J. (eds.), The German continental deep drilling project (KTB). – Springer Verlag, pp. 481–501.

Wagner, G.A. & Storzer, D. (1975): Spaltspuren und ihre Bedeutung für die thermische Geschichte des Odenwalds. – Aufschluss, Sonderband **27**: 79–86.

Wagner, G.H. (1967): Druckspannungsindizien in den Sedimentafeln des Rheinischen Schildes. – Geol. Rdsch. **56**: 906–913.

Walenta, K. (1979): Mineralien aus dem Schwarzwald. – Franckh'sche Verlagshandlung, 127 S.

Wanner, T.R. & Häfner, F. (1996): Verwitterungsverhalten von Sandsteinen des Mittleren Buntsandstein an der Burgruine Drachenfels (Südpfalz). – Mainzer geowiss. Mitt. **25**: 143–182.

Watzel, R. (1997): Hydrogeologie der Lockergesteinsfüllung im Oberrheingebiet im Bereich Karlsruhe. – Tübinger Geowiss. Arb. Reihe **C 34**: 137–151.

Weidenfeller, M. & Zöller, L. (1995): Mittelpleistozäne Tektonik in einer Löss-Paläoboden-Abfolge am westlichen Rand des Oberrheingrabens. – Mainzer geowiss. Mitt. **24**: 87–102.

Werner, W. & Dennert, V. (2004): Lagerstätten und Bergbau im Schwarzwald. – Landesamt Geol., Rohstoffe u. Bergbau Baden-Württemberg, 334 S.

Werner, W. & Franzke, H.-J. (1994): Tektonik und Mineralisation der Hydrothermalgänge am Schwarzwaldrand im Bergbaurevier Freiamt-Sexau. – Abh. geol. Landesamt Baden-Württemberg **14**: 27–98.

Werner, W. & Franzke, H.-J. (2001): Postvariszische bis neogene Bruchtektonik und Mineralisation im südlichen Zentralschwarzwald. – Z. dt. geol. Ges. **152**: 405–437.

Werner, W., Gieb, J. & Leiber, J. (1995): Zum Aufbau pleistozäner Kies- und Sandablagerungen des Oberrheingrabens. – Jh. geol. Landesamt Baden-Württemberg **35**: 361–394.

Werner, W., Leiber, J. & Bock, H. (1997): Die grobklastische pleistozäne Sedimentserie im südlichen Oberrheingraben: geologischer und lithologischer Aufbau, Lagerstättenpotential. – Zbl. Geol. Paläont. Teil I, **1996**: 1059–1084.

Werner, W., Schlaegel-Blaut, P. & Rieken, R. (1990): Verbreitung und Ausbildung von Wolframmineralisationen im Kristallin des Schwarzwalds. – Jh. geol. Landesamt Baden-Württemberg **32**: 17–61.

Wernicke, R.S. (1991): Botryoidal hematite and its potential for the Helium isochron dating method. – Diss. Univ. Heidelberg, 298 S.

Wernicke, R.S. & Lippolt, H.J. (1993): Botryoidal hematite from the Schwarzwald (Germany): heterogeneous uranium distributions and their bearing on the helium dating method. – Earth Planet. Sci. Lett., **114**: 287–300.

Wernicke, R.S. & Lippolt, H.J. (1994): Dating of vein specularite using internal (U + Th)/$^4$He isochrons. – Geoph. Res. Lett. **21**: 345–347.

Wernicke, R.S. & Lippolt, H.J. (1995): Direct isotope dating of a Northern Schwarzwald qtz-ba-hem vein. – N. Jb. Miner. Mh. **1995**/4: 161–172.

Wernicke, R.S. & Lippolt, H.J. (1997): (U + Th) - He evidence of Jurassic continuous hydrothermal activity in the Schwarzwald basement, Germany. – Chem. Geol. **138**: 273–285.

Werveke, L. van (1892): Über das Pliocän des Unter-Elsass. – Mitt. Geol. Landesamt Elsass-Lothr. **3**: 139–157.

Weyl, R. (1937): Der Porphyr im Simmersbachtal bei Ottenhöfen im Schwarzwald. – Bad. Geol. Abh. **9**: 3–17.

Wickert, F. & Eisbacher, G.H. (1988): Two-sided Variscan thrust tectonics in the Vosges Mountains in northeastern France. – Geodyn. Acta **2/3**: 101–120.
Wickert, F., Altherr, R. & Deutsch, M. (1990): Polyphase Variscan tectonics and metamorphism along a segment of the Saxothuringian-Moldanubian boundary: The Baden-Baden Zone, northern Schwarzwald (F.R.G.). – Geol. Rdsch. **79**: 627–647.
Wild, H. (1965): Ablaugungserscheinungen (Subrosion) am Salzlager des Mittleren Muschelkalkes und Schichtlagerung unter und über dem Salz im Heilbronner Raum. – Jh. Geol. Landesamt Baden-Württemberg **7**: 603–610.
Willner, A.P., Massone, H.J. & Krohe, A. (1991): Tectono-thermal evolution of a part of a Variscan magmatic arc: the Odenwald in the Mid-German Crystalline Rise. – Geol. Rdsch. **80**: 369–389.
Wilmanns, O. (2001): Exkursionsführer Schwarzwald – eine Einführung in Landschaft und Vegetation. – Verl. Eugen Ulmer, Stuttgart, 304 S.
Wilser, J.L. (1935): Südgerichteter Schuppenbau und carbonischer Vulkanismus im mittleren badischen Schwarzwald. – N. Jb. Min. Abt. B, Beil.-Bd. **73**: 341–383.
Wilser, J.L. (1937): Beziehungen des Flussverlaufs und der Gefällskurve des Neckars zur Schichtenlagerung am Südrand des Odenwalds. – Sitzungsber. Heidelberger Akad. Wiss. 1937: 1–16.
Wirsing, G. & Lutz, A. (2007): Hydrogeologischer Bau und Aquifereigenschaften der Lockergesteine im Oberrheingraben (Baden-Württemberg). – LGBR-Informationen **19**: 1–130.
Wirth, E. (1950): Die Erdölvorkommen von Bruchsal in Baden. – Geol. Jb. **65**: 657–706.
Wirth, E. (1962): Die Erdöllagerstätten Badens. – Abh. geol. Landesamt Baden-Württemberg **4**: 63–80.
Wirth, W. (1957): Beiträge zur Stratigraphie und Paläogeographie des Trochitenkalks im nordwestlichen Baden-Württemberg. – Jh. geol. Landesamt Baden-Württemberg **2**: 135–173.
Woillard, G.M. & Mook, W.G. (1982): Carbon-14 Dates at Grande Pile: Correlation of Land and Sea Chronologies. – Science **215**: 159–161.
Wolf, R. (ed., 2002): Die Naturschutzgebiete im Regierungsbezirk Stuttgart. – Jan Thorbecke Verlag, 717 S.
Wolf, R. (ed., 2003): Naturführer Kraichgau. – Verlag Regionalkultur, 228 S.
Wolff, H. (1942): Die Gesteine und Erzgänge der Umgebung von Wittichen im mittleren Schwarzwald. – N. Jb. Min., Beil.-Bd. **77**: 175–237.
Wurm, F., Franz, M., Seufert, G. & Etzold, A. (1997): Die Schichtenfolge des Unter- und Mittelkeupers (ku-km3) im Südwesten der Strombergmulde (Baden-Württemberg). – Jh. geol. Landesamt Baden-Württemberg **36**: 65–116.
Wurster, P. (1964): Geologie des Schilfsandsteins. – Mitt. Geol. Staatsinst. Hamburg **33:** 1–140.
Zeis, S., Gajewski, D. & Prodehl, C. (1990): Crustal structure of southern Germany from seismic refraction data. – Tectonophysics **176**: 59–86.
Ziegler, P.A. & Fraefel, M. (2009): Response of drainage systems to Neogene evolution of the Jura fold-thrust belt and Upper Rhine Graben. – Swiss J. Geosci. **102**: 57–75.
Ziegler, P.A., Schumacher, M.E., Dezes, P., Van Wees, J.D. & Cloetingh, S. (2004): Post-Variscan evolution of the lithosphere in the Rhine Graben area: constraints from subsidence modelling. – Geol. Soc. London Spec. Publ. **223**: 289–317.
Ziervogel, H. (1914): Das Steinkohlengebirge von Diersburg-Berghaupten im Amtsbezirk Offenburg. – Mitt. Bad. geol. Landesanst. **8**: 1–62.

Zimmermann, P. (ed., 1993): Verbreitung der Missen. Fauna, Flora und Vegetation. Schutz und Entwicklung. – Beih. Veröff. Naturschutz u. Landschaftspflege Ba.-Wü. **73**: 566 S.

Zippelt, K. & Mälzer, H. (1981): Recent height changes in the central segment of the Rhinegraben and its adjacent shoulders. – Tectonophysics **73**: 119–123.

Zöller, L. (1994): Würm- und Risslöss-Stratigraphie und Thermolumineszenz-Datierung in Süddeutschland und angrenzenden Gebieten. – Habilitationsschrift, Univ. Heidelberg, 199 S.

Zöller, L., Stremme, H. & Wagner, G.A. (1988): Thermolumineszenz-Datierung an Löss-Paläoboden-Sequenzen von Nieder-, Mittel- und Oberrhein, Bundesrepublik Deutschland. – Chem. Geol., Isotope Geosci. Sec. **73**: 39–62.

Zucca, J.J. (1984): The crustal structure of the southern Rhinegraben from re-interpretation of seismic refraction data. – J. Geophys. **55**: 13–22.

Zuther, M. (1983): Das Uranvorkommen Müllenbach/Baden-Baden, eine epigenetisch-hydrothermale Imprägnationslagerstätte in Sedimenten des Oberkarbons (Teil I: Erzmineralbestand). – N. Jb. Min. Abh. **147**: 191–216.

Zuther, M. & Brockamp, O. (1988): The fossil geothermal system of the Baden-Baden trough (Northern Black Forest, F.R. Germany). – Chem. Geol. **71**: 337–353.

# Register

**A**
Abbauwände 126
Abfolgen 12
Abkühlungsklüfte 27
Abraum 126
Absbach-Wasserfall 149
Abschiebungsbeben 124
Abtei Neuburg 256
Achern 129, 137, 138
Achertal 135, 137
Alb 232, 236
Alberstein 145
Albersweiler 278, 280
Albstadt-Ebingen 300
Albstadt-Onstmettingen 292, 300
Alexanderschanze 169
Alkalibasalte 16, 260, 284
Allerheiligen-Fällen 146
Allmand 176
Alt-Dahn 81, 289
Altensteig 193
Alteration 22, 27, 113
Altes Schloss 159
Altrheinarme 111
Altroßwag, Ruine 203
Altsteigerkopf 169
Altwiesloch 248
Altwindeck 135
Alveolen 44
Amalienberg 159, 160
Amaltheenton-Formation 61, 63
Amphibolit 20
Anatexite 21
Anbachtal 265
Anebos, Burg 288
Angelstein 185
Angulatenton-Formation 61, 62
Anhydritspiegel 59, 60
Anhydritstein 55
Annweiler 287
Annweiler-Schichten 34, 38, 40
Antiform 19
Antiklinale 71
Aplit-Gänge 26
Aquiclude 13
Aquifere 13
Aquitarde 13
Ära 13
Arieten-Formation 63
Arietitenkalk-Formation 61, 63
artesische Verhältnisse 128
Arvernensis-Schotter 89
Asthenosphäre 16
Atlantikum-Zeit 105
Auchtberg 296
Aue 243
Aufschluss-Lokalitäten 12
Aufschlüsse 12
Aufschlüsse, natürliche 12
Aufschlüsse, künstliche 12
Aufschmelzung 17
Aufschmelzung, partielle 21
Ausbiss 11
Auskeilen 32
Ausstrich 11

**B**
Bachenau 265
Backofenfelsen-Hangender Stein 300
Bad Bergzabern 274
Bad Dürkheim 271, 280
Bad Friedrichshall-Kochendorf, Besucherbergwerk 208
Bad Griesbach 141, 147
Bad Herrenalb 81, 152, 163, 164
Bad Liebenzell 190
Bad Peterstal 147
Bad Rippoldsau 148
Bad Rotenfels 162
Bad Schönborn 248

Bad Schönborn, Schwefelquellen 245
Bad Schönborn-Langenbrücken, Kuranlage 245
Bad Schönborn-Langenbrücken, Thermalwässer 245
Bad Sebastiansweiler 298
Bad Teinach 192
Bad Teinach, Bahnhof 193
Bad Wildbad 25, 187
Bad Wildbad, Kurpark 187
Bad Wimpfen 250, 265
Baden-Baden 36, 158
Baden-Baden, Golfplatz 157
Baden-Baden, Raststätte 234
Baden-Baden, Thermalquellen 160
Baden-Baden-Scherzone 18, 23, 79, 153, 158, 221
Badener Höhe 173
Badenweiler-Lenzkirch-Zone 18, 23
Baggerseen 94, 126
Baiersbronn 79, 168, 176
Baiertal 247, 248
Bairdien-Schichten 52
Balg 235
Balingen 290, 295
Bänderung 19
Bänke 12
Bankkalk-Formation 68
Barbelroth 90, 269
Bärenfelsen-Teufelskanzel 147
Bärenkopf 187
Bärenschlössle 180
Bärenstein 178
Basalt-Gänge 27
Basissande 75
Basistone 5, 75
Battert 158, 160, 162
Battert-Horst 153, 158, 221
Bausandstein-Formation 34, 41, 82
Bauschlotter Platte 201
Bebenhausen-Störungszone 72
Beckenfelsen 171
Beckenrand-Diskordanzen 32
Beckenrand-Schwellen 32
Beckenrandfazies 32
Bei den drei Felsen 288
Beilstein 193
Beinberg 191
Bellheimer Wald 267
Berg-Stein 283
Berghaupten-Formation 30, 34, 134
Bergle 143
Bermersbach 172
Bernbach-Störungszone 72, 164, 221, 223, 225
Bernburg-Formation 40
Bernickelfelsen 135
Bernstein 166
Berwartstein 289
Besigheim 204
Besucherbergwerke 117
Biberkessel 168, 174
Bielenstein 137
Bienwald 267, 270
Bienwald-Schotter 267
Bietigheim-Bissingen 204
Bietigheimer Forst 204
bimodale Vulkanite 34
Binau 263
bioklastische Kalkbänke 47
Biotit-Granite 24, 25
Biotit-Muskovit-Granite 25
Birkenfeld 184
Birkweiler 276
Bischenberg 138
Bismarckhöhe 298
Bismarcksäule 254
Bitz 300
Blankenhorn, Ruine 213
Blaubronn 138
Blaukalk-Bänke 47, 50
Bleichsande 45
Bleichungszonen 36, 98
Bleiglanz-Horizont 57
Blindsee 168, 174
Blockgletscher 43, 102
Blockströme 43, 102
Bobenholz 140
Bochingen-Horizont 57
Böckingen 209
Böckinger Wiesen 200
Böcklinstein 143
Bockstein 164
Böden 12
Bodenheim-Formation 5, 76
Bodensee 238
Bohnerz-Böden 69, 87
Bohnerz-Formation 75
Bönnigheim 99, 206
Boreal-Zeit 105
Bottenau 142
Brackenheim 209

Brandeckkopf 142
Braunberg 147
Braunerde-Böden 29
Braunjura-Gruppe 5, 61, 64, 233, 290
Braut- und Bräutigam-Felsen 289
Breisgau-Formation 93
Brenntenberg 190
Bretten 201
Brigittenschloss 138
Brockenfelsen 136
bronzezeitliche Siedlungen 107
Bruchsal 242
Bruchwälder 106
Bruderhöhle 191
Bubenfelsen 273
Büchelberg 196, 270
Büchenbronn-Dreizelgenberg 190
Buchholzfelsen 288
Buchi-Schichten 49
Buchtalwald 209
Bühl 129, 131, 135
Buhlbach 177
Buhlbachsee 168, 178
Bühlerhöhe-Plättig 136
Bühlertal 135, 136
Bühlertal-Forbach-Raumünzach-Komplex 134
Bühlertal-Forbach-Schönmünzach-Granitkomplex 26
Bühlertal-Granit 135
Bühlot 135
Bühlstein 143
Bundesbahn-Schnellstrecke Mannheim-Stuttgart 243
Bunte-Mergel-Formation 56, 58
Bunte-Niederrödern-Schichten 76
Buntsandstein-Gruppe 5, 32, 34, 39, 153, 161, 178, 181, 233, 272, 285
Buntsandstein-Hochschwarzwald 183
Buntsandstein-Schichtstufen 87
Burgbachfelsen 149
Bürgle 299
Burrweiler 281
Busenbach 237
Busenberg 289

**C**
Calmbach 186
Calvörde-Formation 40
Calw 189, 191
Calw-Öländerle 191
Ceratiten-Schichten 51
Cerithien-Schichten 77
Christophstal 180
Cleebourg 272
Cleebronn 213
Crailsheimer-Schichten 51
Cromer-Zeit 93

**D**
Dämmelwald 246, 247
Dahn 82, 285, 289
Datierungsmethoden 13
Dauchstein, Burgruine 263
Daxlanden 238
Deckenpfronn 195
Degerfelds 300
Deidesheim 284
Dennig-Steinbruch 240
Dentalienton-Formation 61, 65
Detfurth-Formation 41
Deutsche Weinstraße 266
dextral 72
Diatexite 21
Diatreme 78
Diebaukopf 174
Diebsbrunnen 201
Diefenbach 215
Diemel-Formation 47, 51
Diersburg-Scherzone 19, 134, 174, 220
Dietersweiler 179
Dillweissenstein 189
Dingentalkopf 288
Dinotherien-Sande 78, 89
Diorite 26
Dobel 186
Dolomikrit-Bänke 47
Donnersberg 211
Donnersberg-Formation 34
Dornstetten 179
Dornstetten-Störungszone 178, 221
Dossenwald 253
Dotternhausen 67, 290, 296
Drachenfels 289
Drei-Eichen-Hütte 158
Dreifürstenstein-Hirschkopf-Rücken 299
Dryas-Stadial 105
duktil-plastisch 16
duktile Scherzonen 22
Dünen 85, 105, 226
Durbach 142
Durbachtal 141, 142

Durlacher Turmberg 239
Dürrmenz 203

E
Eberbach 158, 251, 260, 267
Eberbach, Burgruine 260
Eberstein-Fürstenstand 204
Eberstein, Schloss 171
Ebersteinburg 158, 162
Ebhausen 193
Eck-Formation 34, 41
Eck-Zyklus 34, 40
Eck'scher Geröllhorizont 41
Eckelshalde 138
Eckenfels 145
Ecki-Bank 49
Edelfrauengrab-Klamm 141
Edenkoben 281
Eem-Interglazial 98
Egenhausen 194
Eichberg-Formation 61, 65
Eichelberg 152, 236, 244, 289
Eichelberg-Synklinale 71, 226, 241
Eichhaldenfirst 140
Eichmühle 210
Eisensandstein-Formation 61, 65
Eisinger Loch 201
Eklogit 21
elastisch-spröd 16
Elisabethenquelle 162
Ellbachsee 168, 178
Eltviller Tephra 98
Emmertsgrund 254
Engelhofer-Horizont 57
Engelmannswald 179
Engstlatt 295
Enklaven 26
Ensingen 200
Entlastungsklüfte 27, 44
Enz 184
Enzberg 202
Enzbrunnen 201
Enzklösterle 187
Enztal 197, 201
Epochen 13
Erdbeben 16
Erdbebenschwärme 124
Erdgasfelder 119
Erdkruste 15
Erdöl-Fallen 119
Erdöl-Reservoire 119
Erdölfelder 119, 219
Erfurt-Formation 56, 83
Erdgasfelder 119
Erdgas-Reservoire 119
Erdmantel, oberer 16
Erlenbad 130
Erlengrund 153
Ernstmühl 190, 191
Ernstmühler Platte 191
Ersheim 258
Erze 113
Erzgrube 193
Erzlagerstätten 112
Eschbach 276
Eschholzkopf 143
Ettlingen 236
Eurasische Lithosphären-Platte 16
Eutingen 202
euxinisch 64
Exfoliation 29, 37, 44, 81
Extension 72
Exter-Formation 56, 59
Eyach 181, 184, 290
Eyachmühle 186
Eyachtal 186, 294

F
Falkenburg 289
Falkenfelsen 136
Falkenstein bei Bad Herrenalb 164
Falkenstein bei Kentheim 191
Falkenstein bei Oberkollbach 191
Farrenberg 299
Fazies 12
Feldkapazität 109
Felsenmeere 43, 102, 257
felsisch 15
Felsquellen 29
Festgesteine 12
Finkenberg 179
Firnfelder 100
Flasergneise 20
Flexur 71
Fließerden, periglaziale 98
Florentiner Berg 160
Flugsand-Decken 105
Flurabstände 127
Flussanzapfung 87
Flussnetz 87
Foliation 19
Forbach 167, 172, 178

Forbach-Granit 28, 135
Formationen 12
Forst 242, 284
Frankenbach 209
Frankenbacher Sande 96
Frankweiler 280
Franzosenfels 193
Frauenweiler 77, 246
Fremersberg 152
Freudenstadt 86, 168
Freudenstadt, Besucherbergwerk 180
Freudenstadt-Formation 48
Freudenstadt-Graben 72, 166, 168, 178, 222
Freudenstein 214
Freudenstein-Tunnel 60, 214
Freudental 212
Friedrichsfeld 252
Friesenberg 158, 159
Friesenberg-Granit 26
Frischglück, Besucherbergwerk 185
Frommern 63, 295
Fuchsschroffen 138
Füllenfelsen 172
Furschenbach 139

**G**
Gäbelesberg 297
Gaiberg 255
Gaisberg 212
Gaishölle 138
Galgenfelsen 289
Gallenbach 156
Gallenbach-Komplex 35
Gallenbach-Rhyolith 156
Gallische Schwelle 32
Gänge 24, 73, 113
Gäßnerklinge 265
Gausbach 172
Geierstein 289
Geisberg 142
Geislingen-Formation 47, 49
Gemmingen 83, 209
geodätische Vermessungen 124
Geologie 11
geologische Karte 3, 4, 8, 11
Geothermie 121, 278
geothermische Anomalien 121, 219
geothermische Gradienten 121
Germanisches Becken 7, 30, 32
Germanische Tafel 15, 33, 70, 129, 197
Gernsbach 153, 167, 170, 171
Gernsbach-Neuenbürg-Flexur 71, 197, 221, 223, 224
Gernsbach, Sportanlagen 153
Gernsberg 153
Geroldsauer Wasserfall 135
Gertelbach-Klamm 136
Gesteinsstrukturen 13
Gickelfelsen 262
Gierisstein 149
Gießmühle 295
Gimmeldingen 284
Gimpelstein 191
Gipskeuper-Formation 56
Gipsspiegel 59, 60
Glashütte 137
Glashütte-Störungszone 131, 134, 136, 220
Glaswald-See 149
Glatt 178
Glatten 179
Glaukonitbank 61
Gleishorbach 274
Gletschererosion 100
Gneis 15, 79
Göbrichen 201
Gochsheim 242
Gochsheim-Antiklinale 71, 226, 242
Göckelberg 288
Grabenentwicklung, ältere 75
Grabenentwicklung, jüngere 76
Grabenfüllung 74
Grabeninneres 73, 268
Grabenrand-Hauptabschiebungen 73
Grabenschultern Titelbild, 73, 230, 268, 277
Grabenuntergrund 74
Grabfeld-Formation 56, 60
Grafenrain/Mauer 249, 259, 261
Granit 15, 28
Granit-Plutone 24
Granitgänge 26
granitische Intrusivkomplexe 17, 23
Granitporphyr-Gänge 26
Granodiorite 26, 272, 275
Granulit-Gneise 20
Graphitschiefer 19
Gräselberger Böden 98
Graue Mergel-Formation 76
Grenz-Bonebed 52
Grenzhof 252
Grenzlager-Gruppe 34
Grinde 45, 109, 169
Grombach 232

Große Enz 181, 184, 186
Große Muhr 174
Größeltal 185
Großer Schärtenkopf 144
Großer Volzemer Stein 186
Großes Loch 163
Grötzingen 240
Grube Clara 150
Grube Königswart 175
Grube Wenzel 150
Grundwasser 126, 199, 293
Grünberg 144
Grüne-Mergel-Formation 5, 75
Gruppen 12
Grus 29
Gündelbach 212
Gündringen 195
Gunstett 271
Guttenbach 262
Guttenberg, Schloss 264

**H**

Haardt 82, 283
Haardt-Abschiebung 228, 274
Haarlaß 253
Häfnerhaslach 213
Hagenau, Forst 267
Haigerachtal 144
Haigerloch 294
Haiterbach 194
Halbgräben 74
Halden 117
Hallwangen 180
Hambach 259, 282
Hambacher Schloss 282
Hangende Bankkalk-Formation 61, 67
Hangschutt-Decken 43
Hardberg 235
Hardegsen-Formation 42
Hardenburg 280
Hardt-Schotter 267
Hardtwald 231
Hardtwald, Autobahn-Raststätte 248
Harmersbach 148
Hartfelsen 136, 137
Hartgründe 48
Hartkopf-Waldmatt 132
Hartwald 231
Haslach 194
Haslach-Schnellingen 151
Hasselkopf 288
Haßmersheim 264
Haßmersheimer-Schichten 51
Haueneberstein 235
Hauenstein 285, 289
Hauptbuntsandstein 41
Hauptkonglomerat-Formation 34, 42
Hauptkonglomerat-Zyklus 34, 40, 41
Hauptmuschelkalk 51
Hauptrogenstein-Formation 61, 65
Hausauser-Bach 269
Hausen am Tann 297
Hausen im Killertal 299
Hauskopf 145
Hechingen 290, 298
Hechingen-Stein 298
Hechingen-Stein, römisches Freilichtmuseum 298
Heckengäu 183
Heidel-Berg 282
Heidelberg 230, 250, 251, 253
Heidelberg-Granit 25, 257
Heidelberger Schloss 255, 257
Heidenknie 142
Heidenstein 148
Heilbronn 197, 206
Heilbronn-Formation 47, 49
Heiligenberg-Quelle 282
Heinsheim 265
Hella-Glück 192
Herrenberg 194
Herrenwieser See 168, 173
Herxheim 269
Herxheimweyher 269
Heselbach 175
Hessigheim-Antiklinale 71, 197, 224
Hessigheimer Felsengärten 204
Hessigheimer Neckarstaustufe 205
Heuchelberg 197, 198, 208
Heuchelheim 270
Heustätt-Kuppe 241
Hexenfelsen 191
Hilpertsau 171
Himmlisch Heer 180
Hinterweidenthal 289
Hirsau 191
Hirschacker 253
Hirschbach 136
Hirschbreischüssel 265
Hirschhorn 258
Hirschkopf 146, 187
Hochgestade-Stufe 103, 225, 226, 228, 266

Hochhelle 244
Hochkopf 169
Hochmoore 45, 85, 106
Hochreine Kalksteine 70
Hochstein 289
Hochterrassenschotter 95, 198
Hochwald-Horst 228, 272
Höfen 186
Hohen Schar 171
Hohenhaslach 84, 211
Hohenjungingen, Ruine 299
Höhenschotter 89, 91, 198
Hohenstein 139
Hohenwettersbach 239
Hohenzollern, Burg 293, 299
Hohenzollern-Graben 72, 125, 229, 292
Hohe Reute 211
Hohloh-See 188
Hohlwege 110
Holderbauerhof 244
Holozän-Epoche 102, 105
Holzwald 148
Homo heidelbergensis 96, 249, 253, 259, 261
Hörden 165
Horizonte 12
Horn 214
Hornberg, Burg 265
Hornblende-Granite 26
Horneck, Schloss 265
Hornfelsen-Gruppe 172
Hornisgrinde 139, 167, 169, 174
Hornsee 188
Horrheim 212
Hub 130
Hummelberg 245
Hummelsberg 212
Humuszonen 98
Hundsbach 173
Hundsrücken 296
Hurste 103
Huzenbach 175
Huzenbacher See 168, 169, 175
Hydrobien-Schichten 77
Hydrothermalfluide 113

**I**

Iberst-Rücken 157
Iffezheim 85, 234
Iffezheim-Formation 78, 89, 90
Iffezheim, Staustufe 234
Igelsbach 258
Ilbesheim 276, 277
Im Guckinsdorf 146
Impressamergel-Formation 61, 66
In den Mauern 147
Inflata-Schichten 77
informelle Lokalnamen 13
Ingenheim 270
Irrenberg 296
Ittersbach 240

**J**

Jagdhäuserwald 235
Jägerhaus 209
Jahresmittel-Temperaturen 108
Jahresniederschläge 107
Jakobs-Felsen 289
Jena-Formation 47, 48, 83
Jockgrim 269
Jungfernsprung 289
Jungingen 299
Jungtertiär II-Schichten 89
Jura-Periode 32, 61
Jurensismergel-Formation 61, 64

**K**

Käfersteige, Bergbau 196
Kaiser Wilhelm-Turm 189
Kaiserbach 275
Kaiserberg 270
Kälberbronn 194
Kalifeldspat-Megacrysten 24
Kalkmikrit-Bänke 47
Kalksilikat-Lagen 19
Kalksteine 53
Kalmit 280, 282
Kalmit-Störung 228, 275, 277
Kaltenbach 179
Kaltenbronn 85, 188
Kammerloch-Karsee 175
Kanzel/Riesensteine 254
Kapf 50, 194
Kappelrodeck 138
Kare 97, 100, 101
Kargletscher 100
Karlsruhe 104, 237
Karlsruher Grat 140
Karlstadt-Formation 47, 49
Karlstal-Schichten 34, 41, 285
Karlstor, Bahnhof 256
Karmulden 101
Karneole 42

Karseen 101, 106, 168
Karten 129, 151, 166, 181, 197, 230, 250, 265, 289
Karwände 100
Kataklasite 22, 86
Katharinentalerhof 201
Katzenberg 241
Katzenbuckel 73, 251, 260
Katzenstein 136, 160, 191
Kegelbach 188
keltische Siedlungen 107
Kentheim 191
Kerogen 119
Kesselberg 280
Ketscher Rheininsel 238
Keuper-Gruppe 5, 32, 55, 56, 197
Keuper-Sandstein-Schichtstufen 87
Kienberg 179, 180
Kiesbasis 218
Kieselsandstein 58
Kiesgruben 126
Kinzig 135, 141
Kinzigit 21
Kinzigtal 130
Kirbach 199
Kirchbach 199
Kirchberg 241
Kirchheim 50, 205
Kirchheim, Talmäander 205
Kirchheimer-Stollen 154
Kirschbaumwasen, Staubecken 173
Klebsande 89
Kleine Enz 181, 184, 186
Kleine Kalmit 276, 277
Kleine Kinzig 148, 178
Kleiner Schärtenkopf 144
Kleiner Staufenberg 162
Klingbach 267, 275
Klingen 87
Klingenbächle-Klamm 263
Klingenberg 206
Klingenmünster 270, 274
Klosterreichenbach 176
Klüfte 27
Klüfte, Tektonische 27
Kluftscharen 27, 72
Kluftsysteme 27
Kniebis 169
Knittlingen 202, 213
Knollenmergel-Formation 56
Kochendorf 208
Kohlhäusle 188
Komplexe 12
Königsbach 240, 284
Königsbach-Stein, Bahnhof 241
Königsmühle 283
Königstuhl-Horst 227, 254
konnates Wasser 112
konsequent 87
Korbmattenkopf 157
Kornebene 144
Kornstein-Fazies 48
Korrelation 13
Kraichbach 232
Kraichgau-Senke 32, 72, 227
Krämerstein 172
Krappenfelsen 206
Krebsbach 158, 163
Kreuzberg Tiefenbach 244
Kristalliner Sockel 5, 15, 16, 34, 129
Kronau 248
Kropsburg 281
Krumbach 245
Krustenbewegungen, aktive 124
Kübelkopf 166
Kuckucksfelsen 172, 191
Kuppenheim 235

L

Laacher-See-Tephra 98
Lacunosamergel-Formation 61, 66
Ladenburg-Horizont 93
Lagerstätten 112
Lalaye-Lubine-Scherzone 18
Lamprecht 280
Lamprophyr-Gänge 26, 279
Landau 120, 219, 278
Landau, Erdölfeld 120, 219, 278
Landnahme 107
Landoberfläche 102
Landschneckenmergel-Formation 77
Landterrassen 87
Langeck-Rücken 168, 174
Längenberg, Steinbruch 136
Langenbrand 172
Langenbrücken-Synklinale 71, 226, 227, 245
Lanzenbach 258
Lanzenfelsen 28, 135
Latschigfelsen 172
Laubbäume 108
Laufen 297

Lauffen, Talmäander 205
Lauftal 130
Lautenbach 144, 155
Lautenfelsen 171
Lautenhof 187
Lauter 267
Lauterbach-Rücken 267
Lauterbad 179
Lauterbad-Störung 178, 222
Lautertal 272
Lautlingen 298
Legelsau 139
Leimbach-Talrandrinne 248
Leimen 254
Lein 199
Leisberg 36, 156
Leitersweiler-Abschiebung 228, 269
Lembach-Graben 228, 272
Leonbronn 215
Leptinite 20
Lesesteine 12
Lettenkeuper-Formation 56
Letzenberg 245
Leukosome 21
Lichtenberg-Formation 153
Lichtental 156
Lichtental-Formation 33, 34, 155
Liebeneck, Ruine 196
Liebenzell, Burg 191
Liebfrauenberg 274
Liedolsheim 238
Liegende Bankkalk-Formation 61, 67
Lierbach 145
Lierenbach 138
Lierenbach-Abschiebung 138
Lindenberg 280, 283
Linkenboldshöhle 300
Lithosphäre 16
Lobsann 270
Lochen-Fazies 61, 66
Lochen-Formation 66
Lochenstein 297
Lochwald 210
Lockergesteine 12
Loffenau 155, 163
Lohner Böden 98
Löss 96, 97, 99, 249, 253
Lösung 113
Löwenfelsen 260
Löwenstein-Formation 56, 58
Luisfelsen 157
Lusshardt 231
Luttenbach 264
Luvisol-Böden 98
Lymnaeenmergel-Formation 75

**M**

Ma 13
Mäander 87
Mäanderhals-Durchbrüche 96
Mäanderhälse 88
Maare 78
Maarseen 73
Madenburg, Ruine 276, 277
mafische Lagerintrusionen 16
Mahlberg 166
Mainzer Becken 74
Maisach 146
Malsch 94, 236, 246
Malsch, Sondermülldeponie 246
Mandelsteine 34
Mannheim-Formation 93
Margaretenschlucht 262
Marxzell 237
Massenkalk-Formation 61, 67
Matrix 24
Mauer 249, 259, 261
Mauer, Talmäander 259
Mauerer Sande 96, 249, 259, 261
Maulbronn 84, 214
Meissner-Formation 47, 50, 51, 84
Meistern-Rücken 186
Meistern-Tunnel 188
Melangen 21
Melanosome 21
Melaphyr 34
Melaphyr-Steinbruch 275
Mergel-Tonstein-Lagen 48
Mergelsteine 53
Merklingen 195
Merkur 162, 221
Merkurbahn 162
Mesosome 21
Messel-Formation 75
Messtetten 298
metamorphe Komplexe 17
Metamorphose 17, 19, 20
Metamorphose, retrograde 20
Metatexite 21
meteorisches Wasser 112
Metter 199
Meutersloch 258

Michaelsberg 243
Michaelstunnel 158
Michelbach 81, 165, 166
Michelbach-Formation 34, 35, 80, 81, 153, 161
Michelfeld-Antiklinale 71, 226, 227, 244
Migmatite 21
Mikroseismizität 124
Mikrosuturen 48, 71
Mindersbach 193
Mineralisationsphasen, ältere 114
Mineralisationsphasen, jüngere 114
Mineralwässer 117
Missen 45, 106
Mitteltal 177
Mittlere Muschelkalk-Subgruppe 47, 49
Modenbach 267
Moder 108
Moder-Auflage 45
Moho-Diskontinuität 16
Moldanubikum 18
Molkenkur 255
Molkenkur-Störung 227, 254
Monakam 190
Monbach-Schlucht 190
Moosbronn 165
Mooswald-Rücken 142
Moränenrücken 101
Mörtelstein 263
Mosbach 264
Mosbach-Schichten 47, 48
Mosbacher Böden 98
Mosbacher Sande 92
Mössingen 290, 299
Mötzingen 194, 195
Mothern 269
Mückenloch 258
Muggensturm 234
Mühlacker 203
Mühlbach 215
Mull 108
Müllenbach 154
Mummelsee 139, 168, 174
Munchhausen 269
Mundelsheimer Bank 51
Murg 232
Murg-Formation 34, 40
Murgtal 166
Muschelkalk-Aquifer 54
Muschelkalk-Gruppe 5, 32, 46, 47, 178, 181, 197, 233, 274
Muskovit-Granit 26
Mutzig-Rücken 212
Mylonite 22, 79
Myophorien-Bänke 48

**N**

Nadelbäume 108
Nagold 181, 189, 193
Nagoldtal 189
Nagoldtalsperre 194
Nassbaggerung 126
Neckar 232
Neckarbischofsheim 251, 261
Neckarblick 260
Neckarelz 251
Neckargemünd 258
Neckargerach 82, 262
Neckarkatzenbach 263
Neckarkatzenbach, Talmäander 263
Neckarsteinach 258
Neckartal 197, 201
Neckarwestheim, Talmäander 205
Neckarzimmern 83, 264
Neibsheim 152
Neipperg 210
Neubulach 192
Neubulach-Horst 192, 223
Neubulach, Mineralienmuseum 192
Neuburg, Schloss 264
Neuenbürg 86, 184
Neuenbürg, Bahnhof 184
Neuenburg-Formation 93
Neuenheim 253
Neues Schloss 160
Neumalsch 234
Neustadt 280, 282
Neuweier 152, 153, 155, 156
Neuwindeck 135
Nickersberg 136
Niederhorbach 270
Niederrödern-Formation 5, 9, 10, 76
Niederschlettenbach 273
Niederterrasse 103, 220, 225, 226, 231
Niederwald 234
Niederwasser-Regulierung 111
Niefern 202
Nivationsmulden 101
Nodosus-Schichten 47, 51
Nonnenmiß 188
Nordrach 148
Nordrach-Granit 26, 134
Nordschwarzwald-Antiklinale 71, 181, 223

Nordschwarzwald-Granitkomplex 19, 133, 167, 220
Nordschweizer-(= Bodensee-)Becken 31
Nothburgahöhle 264
Nothweiler 273
Numismalismergel-Formation 61, 63
Nußloch 247, 249
Nußloch, Naturerlebnispfad Steinbruch 247
Nußloch-Störung 72, 248

**O**

Oberbeuren 155
Oberderdingen 214
Oberdorf-Staufenberg 162
Obere Dolomit-Formation 51
Obere Felsenkalk-Formation 61, 66
Obere Gau 183
Obere Muschelkalk-Schichtstufe 87
Obere Muschelkalk-Subgruppe 47, 51, 83
Oberer Zwischenhorizont 93
Oberkirch 143
Oberkirch-Biotit-Granit 133
Oberkirch-Granite 25
Oberkruste 15
Oberöwisheim 243
Oberrhein-Graben 6, 8, 9, 10, 72, 73, 216, 217, 230
Obertal 177
Oberwolfach 151
Obrigheim 263
obsequent 87
Obsthof 202
Obtususton-Formation 61, 63
Ochsenbach 212
Ochsenbach-Bank 59
Ochsenkopf-Rücken 168
Ochsenmatten 163
Odenheim 99, 244
Odenwald-Perikline 71, 227
Odenwald-Störungen 72
Offenburg 129
Offenburg-Becken 31, 140, 220
Ohrsberg 260
Ölbronn 213
Omerskopf 136
Omerskopf-Gneis 131, 133, 135
Oos 235
Oos-Becken 31, 151, 221
Opalinuston-Formation 61, 64, 65
Oppenau 145
Orgelfelsen 171
Ornatenton-Formation 61, 65
Ortenau-Formation 93
Ortenberg 297
Orthogneise 20, 279
Ortsteinkrusten 45
Ostreenkalk-Formation 61, 65
Östringen 245
Ottenau 161, 165
Ottenhöfen 86, 139
Otterbach 267

**P**

Parabraunerde-Böden 98, 109
Pechelbronn 219, 270
Pechelbronn-Formation 75
Pechelbronn-Gruppe 5, 75, 77, 219, 270
Pegmatit-Gänge 25, 26
Peridotit 16, 21
Perikline 71
Perioden 13
Permafrost 100
Peterstal-Antiform 133, 220
Pfaffenhofen 210
Pfalzblick 284
Pfälzer Synklinale 71
Pfannwald 244
Pfefferwald 213
Pfeffingen 67, 296
Pfeifersfels 157
Pfinz 232
Pfinztal 239
Pfinztal-Graben 72, 225, 240
Pflastersteine 30
Pforzheim 152, 181, 184, 189, 197
Philippsburger Altrhein 238
Philosophenweg 254
phreatomagmatische Eruptionen 73
Phytoplankton 127
Pilatus-Felsen 144
Pingen 117
Pinitporphyrtuffe 34
Plagioklase 24
Planorben-Kalke 75
Plattensandstein-Formation 34, 42, 83
Playa(= Trockensee)-Fazies 35
Pleidelsheim-Synklinale 71, 197, 224
Pleistozän-Epoche 92
Plettenberg 67, 296
Pliozän-Epoche 87
Plutone 24
polyphas 113

Pommerlesloch 195
Porphyroblasten 24
Posidonienschiefer-Formation 61, 63
Potzsägemühle 164
Präboreal-Zeiten 105
Profilschnitte 13
prograd 20
Progradation 40
Progradationszyklen 48
Protolithe 19
Pseudomorphosen 24
Pseudomorphosensandstein 41
Psilonotenton-Formation 61, 62
Pudelstein 176
Pulverstein 160

**Q**
Quartär-Periode 92
Quarz-Adern 27, 113
Quarz-Biotit-Plagioklas(Oligoklas)-Paragneise 19
Quarz-Feldspat(Orthoklas-Albit)-Orthogneise 20
Quarz-Plagioklas-Orthogneise 20
Quarzite 19
Quarzporphyre 34
Queich 267, 275, 288
Queich-Schichten 34, 38
Queichhambach 280
Quellketten 44
Quellmulden 44
Quellnischen 87
Quelltrichter 44

**R**
Ramsbach 145
Randschollen 74
Rankach 150
Ranker-Rohböden 29
Rappenschliff 147
Rappenschrofen 140
Rastatt 234
Rastatt-Abfolge 5, 78, 92, 93, 94, 216, 217
Ratshausen 296
Rauenberg 245
Raufels 176
Raumünzach 173
Raumünzach-Granit 135, 173
Rechtmurg 177
Rectification 111
Rehberg-Schichten 34, 41, 285
Reichental 171
Reliefinversion 87
Rench-Gneise 19
Renchen 143
Renchtal 135, 141, 143
Rendzina-Böden 53
Retrogradation 40
Rettigheim 245
Rhätkeuper-Formation 56, 59
Rhein-Hauptabschiebung 228, 271, 272, 277
Rhein-Korrektion 110, 111
Rheinaue 103
Rheingold 103
Rheinhauptdeiche 111
Rheinniederung 103, 225, 226, 231, 266
Rheinschlick 110
Rheinseitenkanals 111
Rheinzabern 269
Rhenoherzynikum 18
Rhyolith 36
Rhyolith-Gänge 27
Ried-Gruppe 89, 277
Riedel-Rücken 89
Riedle 143
Riedseltz 90, 269
Riedseltz-Formation 5, 78, 89, 90, 216, 269
Riersbach-Dörfle 148
Riftsystem, westeuropäisches 73
Rindsberg 288
Ringelsberg 280
Rinkenkopf 176
Rinnthal 288
Rittersprung 213
Rittnerstraße 239
Rockenau 260
Rockertkopf 171
Rohhumus-Auflage 45
Röhricht-Gürtel 127
Röhrsbächle 177
Römerberg 269
römische Kolonisation 107
Rossbrunnen 257
Rosswag 203
Rot 246
Röt-Formation 34, 42, 83
Rot-Malsch-Randscholle 246
Röt-Tonstein 42
Röt-Zyklus 34, 40, 42
Rote Wand 58, 84
Rotenbach-Störungszone 159
Rotenkopf 145

Roter Schliff 146
Rothenberg-Schichten 38
Rotliegend-Becken 7
Rotliegend-Gruppe 5, 31, 33, 34, 151, 255, 271, 275, 279
Rotmurg 177
Rotmurg-Jägerhaus 177
Rottweil-Formation 47, 51
Rudersberg 191
Ruhestein 178
Ruhestein, Naturschutzzentrum 169, 174
Rußheimer Altrhein 238

**S**

Saalbach 232
Saalbachtal 201
Saar-Nahe-Becken 31
Saarbrücken-Antiklinale 71
Saarbrücken-Überschiebung 71
Salinar-Formation 49
Sandgrube 139
Sandhausen 248
Sankenbachsee 168, 178
Sarnstall 288
Sasbachtal 135, 137
Sasbachwalden 138
Sauer 267
Säuerlingen 118
Sauerstein 144
Säulenprofile 13
Saxothuringikum 18
Schachtsee 208
Schadeck, Burg 258
Schalentrümmerkalke 47
Schanze 213
Schapbach 149
Schapbachgneise 20
Scharfenberg, Burg 288
Schartenberg 136
Schaumkalke 47
Scheibenhardt 270
Schichten 12
Schichtflexuren 72, 75
Schichtglieder 12
Schichtstufen 87
Schieferung, tektonische 23
Schilfsandstein-Formation 56, 57
Schillbänke 47
Schillerhöhe 191
Schindelklamm-Traischbach-Komplex 79, 158
Schindhard 289
Schlach 64
Schlatt 299
Schlichem 290
Schlichemtal 296
Schlierbach 256, 257
Schlieren 26
Schliffkopf 146, 169
Schlossberg 265
Schlote 73
Schmalbühler Felsen 288
Schmie 199
Schmiecha 290
Schneitbach 183
Schollen 26
Schöllkopf 179
Schönegründ 175
Schönmünzach 168, 170, 174
Schotter 125
Schotterbruch 141
Schramberg-Becken 31
Schuhmacherfels 298
Schürkopf 159
Schürkopf-Komplex 159, 165
Schurmsee 168, 169, 174
Schuttquellen 29
Schuttvorlagen 102
Schwäbisches Lineament 72
Schwaigern 210
Schwalbenstein-Rücken 144
Schwarzenbach-Talsperre 173
Schwarzenberg 175
Schwarzjura-Gruppe 5, 61, 62, 233, 290
Schwarzwald-Hochstrasse 129
Schwarzwald-Perikline 71
Schwedenschanze 256
Schwemmfächer 103
Schwemmfächer-Fazies 35
Schwemmlöss-Decken 98, 109
Schwetzinger Hardt 231
Schwimmblatt-Gürtel 127
Sedimentgesteine 22
Seebach 28
Seebach-Granit 26, 28, 134
Seekopf 174
Seewiesen 196
Segen Gottes Grube bei Altwiesloch 248
Segen Gottes Grube bei Haslach 150
Seibelseckle 140
Seismizität 124
Selbach 80, 161

Sengach 202
Senken 72
Sesselfelsen 140
Siderolith-Formation 5, 75
Siegel 119
Siegelsbach 265
Silbergründle 139
Silizifizierung 22
sinistral 72
sinistrale Horizontalverschiebungen 125
Sinterablagerungen 118
Sinterkalk 117
Sinzheim 230, 235
Solling-Formation 42
Söllingen 240
Sommerdämme 111
Sophienruhe 160
Soufflenheim 266, 269
Soultz-sous-Forêts 271
Soultz-sous-Forêts, Forschungs- und Geothermiebohrung 121, 219
Spannungsfeld 125
Speyer 266
Speyerbach 267
Speyerer Stadtwald 267
Spiriferina-Bänke 48
spröde Störungszonen 22
Sprollenhaus 188
Sprollenhaus-Granit 26
St. Anna, Schaubergwerk 273
St. Anna-Kapelle 281
St. Anton 142
St. Germanshof 272, 273
St. Martin 281
St. Michaelskapelle 244
St. Wendelin 142
Starzel 64, 290
Staufenberg 157
Staufenberg-Formation 33, 34, 153
Stausee 148
Staustufen 111
Steinach 193
Steinbrüche 126
Steinmüsse-Kar 176
Steinsalz 55
Steinsberg 73, 251
Stenzelberg 283
Sternenfels 215
Stetten 294
Stierfelsen 138
Störungen 16, 71, 72
Strassberg 69, 300
Strassenschotter 30
Streckungslineationen 22, 79
Streitwald 244
Stromberg 197, 198, 210
Stromberg-Heilbronn-Synklinale 71, 197, 224
Stubenfels 191
Stubensandstein-Formation 56, 58
Stufen 13
Stufenraine 109
Stuttgart-Formation 56, 57, 84
Stylolithen 71
Subatlantikum-Zeit 106
Subboreal-Zeit 106
Subgruppen 12
subsequent 87
Subsidenz 32, 74
Subsolution 52
Subvariszisches Vorlandbecken 18
Sulz am Eck 194, 195
Sulzbach 144, 158, 159, 165
Sulzkar 187
Süßenkopf 187
Synform 19
Synklinale 71

**T**

Tafoni 44, 81
Tairnbach 245
Talheim 206
Talmäander 87
Talrandrinnen 103, 104
Tannbach 183
Tannenfels, Ruine 177
Tannschachberg 166
Taschenpolder 112
Taschenwald 207
Tempestite 48, 50
Terebratel-Bänke 48
Terra Fusca 53
Teufelsberg 211
Teufelshaus 189
Teufelskanzel 149, 162, 256, 260
Teufelsmühle 164, 189
Teufelstisch 289
Thermalwässer 29, 118, 131
Tiefenbach 265
Tiefengrundkar 187
Tiefensteigklinge 262
Tiefenwässer 29, 113

Tieringen 297
Tigersandstein 40
Tischfelsen 44
Tobeln 87
Tonbach 178
Tongruben 126
Tonplatten-Fazies 48
Traischbach 159
Transfer-Störungen 74
Transposition 19
Travertin-Kalksinter 52, 69, 117
Trias-Formation 32
Trias-Periode 32
Triberg-Biotit-Granit 133
Triberg-Granit 25, 26
Trifels 81, 287
Trifels-Schichten 34, 41, 81, 82, 285
Trigonodus-Dolomit 51
Trigonodus-Schichten 47, 51
Trochitenkalk-Bänke 47
Trochitenkalk-Formation 47, 50, 51
Trockenbaggerung 126
Trossingen-Formation 56
Truchtelfingen 300

**U**
Übelsbach 157
Überskopf 147
Ubstadt-Weiher 242
Ufergürtel 127
ultramafische Gesteine 16
Umlaufberge 96
Untere Dolomite 49
Untere Felsenkalk-Formation 61, 66
Untere Muschelkalk-Subgruppe 47, 48, 83
Unterer See 211
Untergrombach 241, 243
Unterkruste 15
untermeerische Rampe 46
Unterreichenbach 190
Unterstmatt 137
Untertalheim 194
Unterwasser 139
Uracher Wärmeanomalie 54, 122
Urgeschichtliches Museum 260
UTM-Netze 2

**V**
Vaihingen 203
Variszisches Gebirge 6, 16, 17
Varnhalt 36, 156
Vegetationsdecke, kontinentale 107
Vegetationsdecke, ozeanische 107
Verformung 17
Verkarstung 52, 68, 84
Verkieselung 37, 113
Verlobungsfelsen 174
Vindelizische Schwelle 32
Violette Horizonte 42, 83
Vogesen 23
Vogesen-Perikline 71
Vogesen-Schotter 267
Vogesen-Störung 273
Vogesen-Störungszone 72, 228, 272
Volpriehausen-Formation 41
Voltziensandstein 42
Vor Seebach 149
Vorbergzonen 74, 225
Vorhügel-Hochterrassen-Zone 74, 89, 220, 225, 232
Vormberg 160
Vulkanite 22

**W**
Wadern-Formation 35
Waghäusel 238
Waldach 193
Waldangelbach 245
Waldbronn 152
Waldeck, Ruine 193
Waldhambach 275
Waldhilsbach 252
Waldkatzenbach 251, 260
Waldprechtsweier 235
Waldsee am Michelbach 156
Waldseebad 79, 158
Walldorf 248
Walzbach 232
Wanderheim 158
Wanderschutt 102
Wattkopf-Straßentunnel 237
Wedelsandstein-Formation 61, 65
Weichsel-(=Würm-)Glazial 95, 98
Weiher 246
Weiherfeld 239
Weil der Stadt 196
Weiler 251, 272
Weilerwald 299
Weingarten 241
Weingartener Moor 238
Weisenbach 171
Weiße Hohle 249

Weißer Stein 159
Weißer Steinbruch 213
Weißjura-Gruppe 5, 61, 66, 290
Weißjura-Schichtstufen 87
Weißsand-Schichten 89, 90
Wellenkalk-Bänke 47
Wellenkalk-Schichten 47, 49, 83
Welzberg 191
Werder-Berg 281
Werksteine 30, 125
Weser-Formation 56, 58, 84
Wiedenfelsen 136
Wiederbegrünung 126
Wiesenbach 259
Wiesenbacher Höhenschotter 251
Wiesloch 246, 247, 248
Wiesloch, Städtisches Museum 248
Wilckensfels 256
Wildbad-Granite 25
Wildbad-Nord, Bahnstation 187
Wildberg 193
Wildschapbach 150
Wildsee 85, 168, 188, 174
Wilferdingen 83, 240
Wilgartswiesen 285, 288, 289
Windstein 272
Winkelgrat 297
Winterlingen 301
Wissembourg 271, 272
Wittichen 151
Wohlgeschichtete-Kalk-Formation 61, 66, 67
Wolf 148
Wolfach 79, 148, 151, 178
Wolfartsbergs 162
Wolfsbrunnen 140, 256
Wolfsbrunnenhang 257
Wolfsburg 283
Wolfsschlucht 162, 262
Wollsäcke 29
Worms-Subgruppe 5, 77
Wöschbach 240
Wössingen 241
Wössingen, Zementwerk 84, 241
Würm 181, 195
Würm-Glazial 95, 98
Würzbach 189

X
Xanderklinge 193
Xenolithe 26

Y
Yburg 156, 157
Yburg-Rhyolith-Komplex 35, 36, 156

Z
Zaber 199
Zaberner Bruchfeld 74, 228, 272
Zechstein-Gruppe 5, 32, 34, 38, 272
Zeitskala, geologische 13, 14
Zeller Horn 299
Zementmergel-Formation 61, 67
Zentralschwarzwälder Gneiskomplex 18, 133, 168, 220
Ziegelberg 194
Ziegelhausen 255, 256
Zieselberg 139
Zillhausen 296
Zimmerplatz 155
Zinsbach 193
Zollern, Bahnhof 298
Zuflucht 169
Zweigabschiebungen 74
Zwergfauna-Schichten 51
Zwingenberg 262
Zwingenberg, Burg 262
Zwischenschichten 34, 42

## Sammlung geologischer Führer, lieferbare Bände

*Format der Bände 42 bis 47: 11,2 x 16 cm, in Leinen gebunden, ab Band 48 im Format 19,5 x 13,5 cm, in flexiblem Kunststoff:*

Band 42: Flügel, H.:
**Das Steirische Randgebirge**
1963. XVI, 160 S., 15 Abb., 4 Photos, 1 geol. Karte
ISBN 978-3-443-39044-0

Band 48: Richter, Dieter:
**Aachen und Umgebung**; [Nordeifel und Nordardennen mit Vorland.];
3., vollk. überarb. Aufl.
1985. 3. Auflage. XVI, 302 S., 46 Abb., 7 Tab., 7 Faltbeilagen, 10 Karten
ISBN 978-3-443-15044-0

Band 49: Richter, Max:
**Vorarlberger Alpen**; 2. veränd. Aufl.
1978. X, 171 S., 58 Abb., 2 Faltbeil., 1 Karte
ISBN 978-3-443-15023-5

Band 50: Schröder, Bernt:
**Fränkische Schweiz und Vorland**;
3. Aufl. 1977, Nachdr. 1992
1992. VIII, 86 S., 20 Abb., 4 Faltbeil.
ISBN 978-3-443-15004-4

Band 53: Purtscheller, F.:
**Ötztaler und Stubaier Alpen**;
2. veränd. Aufl.
1978. VIII, 129 S., 21 Abb., 1 Karte
ISBN 978-3-443-15022-8

Band 55: Richter, Dieter:
**Ruhrgebiet und Bergisches Land**;
[Zwischen Ruhr und Wupper.]
3. vollk. überarb. Aufl.
1996. VIII, 222 S., 68 Abb., 5 Tab., 5 Faltbeilagen, 11 Karten
ISBN 978-3-443-15063-1

Band 57: Streif, Hansjörg:
**Das ostfriesische Küstengebiet**
[Nordsee, Inseln, Watten und Marschen]
2. völlig neubearb. Aufl.
1990. VII, 376 S., 48 Abb., 10 Tab., 1 Faltbeilage
ISBN 978-3-443-15051-8

Band 58: Mohr, Kurt:
**Harz. Westlicher Teil**
5. erg. Aufl.
1998. XII, 216 S., 33 Abb., 17 Tab., 1 Karte, 18 Routenkarten, 1 Routenübersicht
ISBN 978-3-443-15071-6

Band 59: Plöchinger, B.; Prey, S.:
**Der Wienerwald**; 2. völlig neu bearb. Aufl.; Red.: Schnabel, W.
1993. XIV, 168 S., 28 Abb., 3 Tab., 2 Faltbeilage
ISBN 978-3-443-15059-4

Band 62: Schreiner, Albert:
**Hegau und westlicher Bodensee**;
3. ber. Aufl. 2008
X, 90 S., 22 Abb., 1 Tab.
ISBN 978-3-443-15040-2

Band 63: Labhart, Toni P.:
**Aarmassiv und Gotthardmassiv**
1977. XI, 173 S., 22 Abb., 1 Tab., 1 Karte, 1 Faltbeilage
ISBN 978-3-443-15019-8

Band 64: Waldeck, Hans:
**Die Insel Elba und die kleineren Inseln des Toskanischen Archipels**;
[Mineralogie, Geologie, Geographie, Kulturgeschichte.]
2., verbesserte u. erweiterte Aufl.
1986. VIII, 216 S., 82 Abb., 8 Tab.
ISBN 978-3-443-15046-4

Band 66: Sindowski, Karl-Heinz:
**Zwischen Jadebusen und Unterelbe**
1979. X, 145 S., 15 Abb., 13 Tab., 1 Faltbeilage
ISBN 978-3-443-15025-9

Band 67: Geyer, Otto F.; Gwinner, Manfred P.:
**Die Schwäbische Alb und ihr Vorland**
3. verb. Aufl. 1984, unveränd. Nachdr.
1997. VI, 275 S., 36 Abb., 14 Tafeln, 1 Faltbeilage
ISBN 978-3-443-15041-9

Band 68: Grabert, Hellmut:
**Oberbergisches Land**
[Zwischen Wupper und Sieg]
1980. VIII, 178 S., 65 Abb., 2 Tab., 2 Faltbeilagen
ISBN 978-3-443-15027-3

Band 69: Pichler, Hans:
**Italienische Vulkan-Gebiete III**
[Lipari, Vulcano, Stromboli, Tyrrhenisches Meer]
1990. XIX, 272 S., 53 Abb., 11 Tab., 4 Tafeln, 3 Faltbeil., 1 Karte
ISBN 978-3-443-15052-5

Band 70: Mohr, Kurt:
**Harzvorland – westlicher Teil**
1982. VIII, 155 S., 30 Abb., 12 Tab.
ISBN 978-3-443-15029-7

Band 73: Plöchinger, Benno:
**Salzburger Kalkalpen**
1983. X, 144 S., 34 Abb., 3 Fossiltafeln, 1 geol. Karte, 2 Tab.
ISBN 978-3-443-15034-1

Band 74: Rutte, Erwin; Wilczewski, Norbert:
**Mainfranken und Rhön**
3. überarb. Aufl.
1995. VI, 232 S., 65 Abb., 3 Tab., 4 Tafeln, 1 Karte
ISBN 978-3-443-15067-9

Band 81: Rothe, Peter:
**Kanarische Inseln** [Lanzarote, Fuerteventura, Gran Canaria, Tenerife, Gomera, La Palma, Hierro]
3. Auflage 2008. XVI , 338 S., 100 Abb., 13 Tab., 1 Beilage
ISBN 978-3-443-15081-5

Band 82: Schmidt-Thomé, Paul:
**Helgoland**
[Seine Dünen-Inseln, die umgebenden Klippen und Meeresgründe]
1987. X, 111 S., 53 Abb., 3 Faltbeil.
ISBN 978-3-443-15049-5

Band 83: Pichler, Hans:
**Italienische Vulkangebiete V**
[Mte. Vúlture, Äolische Inseln II (Salina, Filicudi, Alicudi, Panarea), Mti. Iblei, Capo Pássero, Ustica, Pantelleria und Linosa]
1989. X, 271 S., 56 Abb., 7 Tab., 11 Tafeln, 6 Faltbeilagen
ISBN 978-3-443-15050-1

Band 84: Schneider, Horst:
**Saarland**
mit Beiträgen von Dieter Jung
1992. X, 271 S., 61 Abb., 12 Tab., 1 Faltbeilage, 1 Karte
ISBN 978-3-443-15053-2

Band 85: Seidel, Gerd:
**Thüringer Becken**
1992. VII, 204 S., 70 Abb., 17 Tab., 2 Faltbeilagen
ISBN 978-3-443-15058-7

Band 86: Geyer, Otto F.:
**Die Südalpen zwischen Gardasee und Friaul** [Trentino, Veronese, Vicentino, Bellunese]
1993. XIII, 576 S., 175 Abb., 4 Tab.
ISBN 978-3-443-15060-0

Band 87: Beeger, Dieter; Quellmalz, Werner:
**Dresden und Umgebung**
1994. VIII, 205 S., 61 Abb.
ISBN 978-3-443-15062-4

Band 88: **Die deutsche Ostseeküste**
Hrsg.: Duphorn, Klaus; Kliewe, Heinz; Niedermeyer, Ralf-Otto; Janke, Wolfgang; Werner, Friedrich.
1995. VIII, 281 S., 87 Abb., 6 Tab., 1 Faltbeilage
ISBN 978-3-443-15065-5

Band 89: Meyer, Wilhelm; Stets, Johannes:
**Das Rheintal zwischen Bingen und Bonn**
1996. XII, 386 S., 44 Abb., 2 Faltbeil.
ISBN 978-3-443-15069-3

Band 90: Bachmann, Gerhard H.; Brunner, Horst:
**Nordwürttemberg**
[Stuttgart, Heibronn und weitere Umgebung].
1998. XIV, 403 S., 61 Abb., 3 Tab.
ISBN 978-3-443-15072-3

Band 91:
**Ungarn**
[Bergland um Budapest, Balaton-Oberland, Südbakony]
Hrsg.: Trunkó, László unter Mitarbeit von Pál Müller u.a.
2000. IX, 158 S., 26 Abb., 11 Photos, 1 Karte
ISBN 978-3-443-15073-0

Band 92: Groiss, Josef Th.; Haunschild, Hellmut; Zeiss, Arnold:
**Das Ries und sein Vorland**
2000. XII, 271 S., 58 Abb., 6 Tab., 4 Beilagen
ISBN 978-3-443-15074-7

Band 93: Prinz-Grimm, Peter; Grimm, Ingeborg:
**Wetterau und Mainebene**
2002. IX, 167 S., 50 Abb., 2 Tab., 1 Karte mit den Exkursionsrouten
ISBN 978-3-443-15076-1

Band 94: Geyer, Otto F.; Schober, Thomas; Geyer, Matthias:
**Die Hochrhein-Regionen zwischen Bodensee und Basel**
2003. XI, 526 S., 110 Abb.
ISBN 978-3-443-15077-8

Band 95: Martens, Thomas:
**Thüringer Wald**
2003. X, 252 S., 68 Abb., 17 Tab., 12 Photos, viele Routenkärtchen im Text
ISBN 978-3-443-15078-5

Band 96: Patzelt, Gerald:
**Nördliches Harzvorland**
2003. 182 S., 50 Abb., 1. Tab., 11 Exkursionsrouten
ISBN 978-3-443-15079-2

Band 97: Schneider, Gabi:
**The Roadside Geology of Namibia**
2. Aufl. 2008. X, 294 pages, 112 fig., 1 tab., 29 route descriptions
ISBN 978-3-443-15084-6

Band 98: Frisch, Wolfgang; Meschede, Martin; Kuhlemann, Joachim:
**Elba** [Geologie, Struktur, Exkursionen und Natur]
2008. VIII, 216 S., 24 Abb., 3 Tab., 104 Farbabb.
ISBN 978-3-443-15082-2

Band 99: Kuhlemann, Joachim; Frisch, Wolfgang; Meschede, Martin:
**Korsika**
[Geologie, Natur und Landschaft, Exkursionen]
2009. XII , 236 S., 37 Abb., 4 Karten, 103 Farbabb.
ISBN 978-3-443-15085-3

Band 100: Walter, Roland:
**Aachen und südliche Umgebung**
[Nordeifel und Nordost-Ardennen]
2010. VIII, 360 S., 122 Abb., 102 Farbabbildungen
ISBN 978-3-443-15086-0

Band 101: Walter, Roland:
**Aachen und nördliche Umgebung**
[Mechernicher Voreifel, Aachen-Südlimburger Hügelland und westliche Niederrheinische Bucht]
2010. X, 214 S., 76 Abb., 77 Farbabb.
ISBN 978-3-443-15087-7

Band 102: Günther, Dieter:
**Der Schwarzwald und seine Umgebung**
2010. VI, 302 S., 85 Abb., 78 Farbabb., 10 Tab.
ISBN 978-3-443-15088-4